普通高等教育智能建筑系列教材

建筑电气施工技术

第2版

李英姿　等编著

机　械　工　业　出　版　社

本书以国家最新颁布的与建筑电气施工安装有关的设计规范、安装工程施工及验收规范、标准安装图集为依据编写而成。全书共分 7 章，全面、系统地介绍了建筑电气施工安装中主要分部工程的施工标准、工程质量验收规范，以及目前最新的施工技术和具体的施工方法。

本书重点且详细地阐述了建筑电气工程中架空线路、电缆线路、室内布线、电气设备、电气照明灯具、防雷接地等系统线路敷设、设备安装的施工技术要求，其内容基本覆盖了分部工程的各分项工程内容。

全书重点突出，图文并茂，内容丰富，力求实用。本书在作为高等院校相关专业教材的同时，也可供建筑电气领域和相关行业内的工程设计人员、施工技术人员、工程监理人员、管理人员、运行维护人员参考阅读，还可作为建筑电气施工技术培训教材。

本书配有电子课件，欢迎选用本书作教材的老师登录 www.cmpedu.com 注册下载，或发邮件至 jinacmp@163.com 索取。

图书在版编目（CIP）数据

建筑电气施工技术/李英姿等编著. —2 版. —北京：机械工业出版社，2016.12（2024.6 重印）
普通高等教育智能建筑系列教材
ISBN 978-7-111-55371-7

Ⅰ.①建… Ⅱ.①李… Ⅲ.①房屋建筑设备-电气设备-电气施工-高等学校-教材 Ⅳ.①TU85

中国版本图书馆 CIP 数据核字（2016）第 274880 号

机械工业出版社（北京市百万庄大街 22 号　邮政编码 100037）
策划编辑：吉　玲　责任编辑：吉　玲　张利萍　刘丽敏
责任校对：肖　琳　封面设计：张　静
责任印制：邓　博
北京盛通数码印刷有限公司印刷
2024 年 6 月第 2 版第 8 次印刷
184mm×260mm · 19.75 印张 · 490 千字
标准书号：ISBN 978-7-111-55371-7
定价：49.80 元

电话服务　网络服务
客服电话：010-88361066　机　工　官　网：www.cmpbook.com
010-88379833　机　工　官　博：weibo.com/cmp1952
010-68326294　金　书　网：www.golden-book.com
封底无防伪标均为盗版　机工教育服务网：www.cmpedu.com

前　言

本书是普通高等教育智能建筑系列教材之一，根据编审组通过的《建筑电气施工技术编写大纲》编写。在编写过程中，除了对传统内容进行精选、系统介绍外，力求把当前有关建筑电气中最新科技技术、最新研究成果、最新产品及最新施工工艺与施工方法及时反映到教材当中。

建筑电气施工技术属于工程应用类型课程，是建筑供电、建筑照明、建筑物防雷与接地、智能建筑技术、建筑设备等多门本科专业课程教学的后续课程，一般滞后于以上课程的理论教学。因此，本书在注重将相关课程的基本理论与具体工程实践相结合的同时，按照建筑电气工程中的分部工程到分项工程、施工安装到工程调试的顺序安排各个章节的内容。设备安装的顺序一般按照从整体箱柜到元件的组装、缆线的敷设一般从室外到室内、从电源进线到分配网络的末端插座，力求做到内容全面、语言简练、叙述清晰、前后连贯、衔接紧密。

本书针对建筑电气工程实用性的特点，以最新的国标及相关标准、施工验收规范、标准图集为根据来编写。本书内容划分为7章，具体各章内容如下。

第一章建筑电气工程施工概述，主要介绍建筑工程项目中的建设项目、建筑电气安装工程、施工安装依据、准备阶段要求、施工过程与验收、质量验收等内容。

第二章架空线路，主要介绍架空线路施工内容和施工工艺，具体包括基础工程、立杆组立、拉线、横担、绝缘子、导线架设、接户线、杆上变压器、接地工程等具体施工安装要求、施工技术等内容。

第三章电力电缆线路，主要介绍电力电缆线路施工内容和施工工艺，主要包括电缆敷设、电缆附件及其安装，电缆敷设方式中的直埋、电缆槽、电缆排管敷设，电缆在构筑物内、沿桥梁的敷设，同时对电缆的阻火与防水、电缆井、电缆接地和工程交接验收等做详细说明。

第四章室内布线系统，主要介绍室内布线系统相关产品，母线槽、梯架、托盘和槽盒的安装，导管、电缆、矿物绝缘电缆的敷设，导管内穿线和槽盒内敷线、塑料护套线直敷布线、钢索配线、电气竖井布线等内容。

第五章电气设备的安装，主要介绍电气设备安装施工内容和施工工艺，包括变压器、箱式变电所安装；成套配电柜、控制柜（屏、台）和动力、照明配电箱（盘）安装；柴油发电机组安装；不间断电源装置（UPS）及应急电源装置（EPS）安装；电动机、电加热器及电动执行机构检查接线等内容。

第六章电气照明灯具的安装，主要介绍照明灯具施工内容和施工工艺，包括普通灯具、专用灯具、插座、开关、风扇、照明配电箱（板）的安装，以及通电试运行及测量等内容。

第七章防雷与接地工程安装，主要介绍防雷与接地工程施工内容和施工工艺，包括接闪器、引下线、接地装置、等电位联结等内容。

本书中除第四章第六节内容由美国理想工业公司的任长宁撰写外，其余部分由李英姿撰写，全书由李英姿统稿。

全书在编写过程中，参阅了大量的参考书籍和国家有关规范和标准，将其中比较成熟的内容加以引用，并作为参考书目列于本书之后，以便读者查阅。同时对参考书籍的原作者表示衷心感谢。

由于目前建筑电气施工技术发展迅速，而作者的认识和专业水平有限，加之时间仓促，书中必定存在不妥、疏忽或错误之处，敬请专家和读者批评指正。

编　者

目　　录

第一章　建筑电气工程施工概述

第一节　建筑电气工程项目

一、建筑工程

1. 建筑工程概述

建筑工程是通过对各类房屋建筑及其附属设施的建造和与其配套线路、管道、设备等的安装所形成的工程实体。

建筑工程是为新建、改建或扩建房屋建筑物和附属构筑物设施所进行的规划、勘察、设计和施工、竣工等各项技术工作和完成的工程实体以及现代大厦建筑工程与其配套的线路、管道、设备的安装工程。

1）新建是指从基础开始建造的建设项目。

2）扩建是指在原有基础上加以扩充的建设项目，对于建筑工程，扩建主要是指在原有基础上加高加层（需重新建造基础的工程属于新建项目）。

3）改建是指不增加建筑物或建设项目体量，在原有基础上，为提高生产效率，改进产品质量或改变产品方向，或改善建筑物使用功能、改变使用目的，对原有工程进行改造的建设项目。

装修工程也是改建。企业为了平衡生产能力，增加一些附属、辅助车间或非生产性工程，也属于改建项目。

4）房屋建筑物的建造工程包括厂房、剧院、旅馆、商店、学校、医院和住宅等，其新建、改建或扩建必须兴工动料，通过施工活动才能实现。

5）附属构筑物设施指与房屋建筑配套的水塔、自行车棚、水池等。

6）线路、管道、设备的安装指与房屋建筑及其附属设施相配套的电气、给水排水、暖通、通信、智能化、电梯等线路、管道、设备的安装活动。

2. 民用建筑工程

民用建筑工程是指新建、扩建、改建的民用建筑结构工程和装修工程的统称。

二、建筑工程项目

建筑工程项目包括工程建设项目、单项工程、单位工程、分部工程和分项工程。建设项目组成结构如图 1-1 所示。

1. 建设项目

建设项目指具有一个设计任务书和总体设计，经济上实行独立核算，管理上具有独立组织形式的工程建设项目。如：一个工厂、一个住宅小区、一所学校等。

一个建设项目往往由一个或几个单项工程组成。

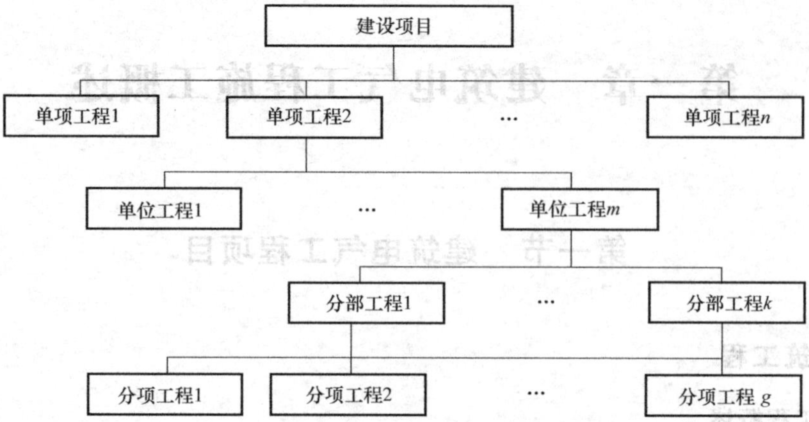

图 1-1 建设项目组成结构

2. 单项工程

单项工程是指在一个建设项目中具有独立的设计文件，建成后能够独立发挥生产能力或工程效益的工程。如：工厂中的生产车间、办公楼、住宅；学校中的教学楼、食堂、宿舍等。

单项工程是工程建设项目的组成部分，应单独编制工程概预算。

3. 单位工程

单位工程是指具有独立设计，可以独立组织施工，但建成后一般不能进行生产或发挥效益的工程。如：土建工程、安装工程等。

单位工程是单项工程的组成部分。

建筑规模较大的单位工程，可将其能形成独立使用功能的部分作为一个子单位工程。

4. 分部工程

根据建筑部位及专业性质将一个单位工程划分为几个部分。一般情况下，一个单位工程最多可分为地基与基础、主体结构、建筑装饰装修、建筑屋面、建筑给水排水及采暖、建筑电气、智能建筑、通风与空调及电梯九大分部工程。

当分部工程较大或较复杂时，可按材料种类、施工特点、施工顺序、专业系统和类别等划分成若干子分部工程。

5. 分项工程

通过较为简单的施工过程就可以生产出来，以适当的计量单位就可以进行工程量及其单价计算的建筑工程或安装工程称为分项工程。如基础工程中的土方工程、钢筋工程等。

三、建筑电气及安装工程

1. 建筑电气工程

建筑电气工程（装置）是为实现一个或几个具体目的，且特性相配合的，由电气装置、布线系统和用电设备电气部分构成的组合，这种组合能满足建筑物预期的使用功能和安全要求；也能满足使用建筑物的人的安全需要。

1）电气装置指的是变压器、高低压配电柜及控制设备等。

电气装置主要指变配电所及分配电所的设备和就地分散的动力、照明配电箱，例如：干式电力变压器、成套高压低压配电柜、控制操动用直流柜（带蓄电池）、备用不间断电源柜、照明配电箱、动力配电箱（柜）、功率因数电容补偿柜，以及备用柴油发电机组等。

其特征是有独立功能的电气元器件的组合，额定电压大多为10kV或220V/380V，仅在控制系统中电压有24V或12V。

2）布线系统指的是以220V/380V为主的电缆、电线及桥架、线槽和导管等。

布线系统是指电线、电缆和母线以及固定或保护它们的部件组合，主要起输送电力的作用，例如：电线、电缆、裸母线、封闭母线、低压封闭插接式母线、照明插接式小母线、电缆桥架和梯架、金属或塑料线槽、刚性金属或塑料导管、柔性金属或塑料导管和可挠金属电线导管等。建筑电气工程中的布线系统，额定电压大多为220V/380V。

3）用电设备电气部分指的是电动机、电加热器和照明灯具等直接消耗电能部分。

用电设备电气部分主要是指与其他建筑设备配套电力驱动、电加热、电照明等直接消耗电能并转换成其他能的部分。例如：电动机和电加热器及其起动控制设备、照明装饰灯具和开关插座、通信影视和智能化工程等的专供或变换电源以及环保除尘和厨房除油烟等特殊直流电源等。

2. 建筑电气安装工程

建筑电气安装工程是依据设计与生产工艺的要求，依照施工平面图、规程规范、设计文件、施工标准图集等技术文件的具体规定，按特定的线路保护和敷设方式将电能合理分配输送至已安装就绪的用电设备及用电器具上；通电前，经过元器件各种性能的测试，系统的调整试验，在试验合格的基础上，送电试运行，使之与生产工艺系统配套，使系统具备使用和投产条件。其安装质量必须符合设计要求，符合施工及验收规范，符合施工质量检验评定标准。

建筑电气安装工程施工，通常可分为三大阶段，即施工准备阶段、安装施工阶段、竣工验收阶段。

第二节 建筑电气安装工程施工依据

一、建筑电气施工图

1. 作用

建筑电气施工图是建筑工程施工图的主要组成部分。将电气工程设计内容简明、全面、正确地表示出来，是施工技术人员及工人安装电气设施的依据。

图样的种类很多，常见的工程图样分为两类：建筑工程图和机械工程图。建筑中使用的图样是建筑工程图。按专业可划分为建筑图、结构图、采暖通风图、给水排水图、电气图、工艺流程图等。各种图样都有各自的特点及表达方式。

2. 组成

首页内容包括电气工程图的目录、图例、设备明细表、设计说明等。图例一般是列出本套图样涉及的一些特殊图例。设备明细表只列出该项电气工程中主要电气设备的名称、型号、规格和数量等。设计说明主要阐述该电气工程设计的依据、基本指导思想与原则，补充图中未能表明的工程特点、安装方法、工艺要求、特殊设备的使用方法及其他使用与维护注意事项等。

二、施工验收规范、标准

建筑电气安装工程常用的施工验收规范、标准见表1-1。

表1-1 建筑电气安装工程常用的施工验收规范、标准

序号	标准号	名称
1	GB 50173—2014	电气装置安装工程 66kV 及以下架空电力线路施工及验收规范
2	GB 50194—2014	建设工程施工现场供用电安全规范
3	GB 50254—2014	电气装置安装工程 低压电器施工及验收规范
4	GB/T 50976—2014	继电保护及二次回路安装及验收规范
5	GB/T 50064—2014	交流电气装置的过电压保护和绝缘配合设计规范
6	GB 16895.6—2014	低压电气装置 第5-52部分:电气设备的选择和安装 布线系统
7	GB 50944—2013	防静电工程施工与质量验收规范
8	GB 50171—2012	电气装置安装工程 盘、柜及二次回路接线施工及验收规范
9	GB 19215.3—2012	电气安装用电缆槽管系统 第2部分:特殊要求 第2节:安装在地板下和与地板齐平的电缆槽管系统
10	GB 50172—2012	电气装置安装工程 蓄电池施工及验收规范
11	GB/T 50065—2011	交流电气装置的接地设计规范
12	GB 50149—2010	电气装置安装工程 母线装置施工及验收规范
13	GB 50617—2010	建筑电气照明装置施工与验收规范
14	GB 50148—2010	电气装置安装工程 电力变压器、油浸电抗器、互感器施工及验收规范
15	GB 50147—2010	电气装置安装工程 高压电器施工及验收规范
16	GB 50462—2008	电子信息系统机房施工及验收规范
17	GB 50166—2007	火灾自动报警系统施工及验收规范
18	GB 50168—2006	电气装置安装工程 电缆线路施工及验收规范
19	GB 50169—2006	电气装置安装工程 接地装置施工及验收规范
20	GB 50150—2006	电气装置安装工程 电气设备交接试验标准
21	GB 50170—2006	电气装置安装工程 旋转电机施工及验收规范
22	GB 16895.3—2004	建筑物电气装置 第5-54部分:电气设备的选择和安装—接地配置、保护导体和保护联结导体
23	GB 50303—2015	建筑电气工程施工质量验收规范
24	GB 50257—2014	电气装置安装工程 爆炸和火灾危险环境电气装置施工及验收规范

三、工程材料技术标准

工程材料技术标准见表1-2。

表1-2 工程材料技术标准

序号	标准号	名称
1	GB/T 30552—2014	电缆导体用铝合金线
2	GB 29415—2013	耐火电缆槽盒
3	GB/T 14315—2008	电力电缆导体用压接型铜、铝接线端子和连接管

（续）

序号	标准号	名称
4	GB/T 3956—2008	电缆的导体
5	GB/T 20041.1—2015	电气安装用导管系统　第1部分:通用要求
6	GB/T 19215.1—2003	电气安装用电缆槽管系统　第1部分:通用要求
7	GB/T 19215.2—2003	电气安装用电缆槽管系统　第2部分:特殊要求　第1节:用于安装在墙上或天花板上的电缆槽管系统
8	GB/T 17194—1997	电气导管　电气安装用导管的外径和导管与配件的螺纹
9	GB/T 17193—1997	电气安装用超重荷型刚性钢导管
10	GB/T 16316—1996	电气安装用导管配件的技术要求　第1部分:通用要求

第三节　建筑电气安装工程准备阶段

一、施工准备工作

1. 施工准备工作简介

施工准备工作应包括：项目前期准备、技术准备、物资准备、劳动组织准备、施工准备、资金准备、工程实施准备。

施工准备是以施工项目为对象而进行的全面施工准备工作的总称。准备工作是项目施工的前提和基础，也是加强项目管理和目标控制的关键。

2. 按施工范围分类

1）单项工程施工准备是以一个单项工程为对象所进行的施工准备工作；它是为单项工程施工服务的准备工作，同时也要兼顾单位工程施工条件准备。

2）全场施工准备是以一个建设项目为对象所进行的全面施工准备；它是为整个建设项目施工服务的准备工作，同时也要兼顾单项工程施工准备工作。

3）分部（项）工程作业条件准备是以一个分部（项）工程或冬雨期施工项目为对象所进行的作业条件准备。

4）单位工程施工条件准备是以一个单位工程为对象而进行的施工条件准备。

3. 按施工阶段分类

1）施工阶段前施工准备。各施工阶段前施工准备是在项目开工之后、每个阶段之前所进行的相应施工准备工作。

为落实项目施工准备工作，加强对其检查和监督，必须根据施工准备工作的项目名称、具体内容、完成时间和负责人员，编制出项目施工准备工作计划。

2）开工前施工准备是在工程项目正式开工之前所进行的全面施工准备工作；它既可能是全场性施工准备，又可能是单项工程施工准备。

二、阶段性施工准备

所谓阶段性施工准备，就是指工程开工之前针对工程所做的各项准备工作，它是带有全局性的，属于建设前期工作。

1. 经济技术调查

为了签订承包合同、制订施工计划、编制施工组织设计，应进行的经济技术调查主要包括：

① 建设项目的计划任务书、性质、规模和建设要求。

② 设计进度、工程特点、设计概算、投资计划和工期计划。

③ 工地所在地的自然条件、社会和技术经济条件（如气象、水文、地质等情况，地方材料供应情况，交通运输条件，施工地区可供应的施工机械情况，技术标准等）。

④ 施工现场情况，包括施工占地、拆迁规模、现场地形、可利用的原有建筑物及设施、现场交通情况。

⑤ 如为引进项目，则应查清引进设备、材料、零部件的质量及数量、相应的配合要求、特殊要求、引进合同条款等。

2. 技术经济条件

创造施工的技术经济条件。

3. 施工物质条件

创造施工的物质条件，包括组织材料、零部件的生产和运输，组织施工机械的进场、安装和调试，搭建临时设施等。

4. 施工力量准备

组织施工力量。建立施工现场管理机构，派遣干部和管理人员，集结施工队伍，进行技术培训，落实协作配合条件，签订专业合同和劳动合同，招募临时施工力量，并进行安全教育。

5. 施工现场准备

搞好施工现场准备。拆迁原有建筑物，平整场地，架设施工用电线路，修筑施工现场道路，进行场区测量，修建用水管路等。

6. 开工报告

提出开工报告。开工报告由负责工程任务的工区或工程处提出，一般由公司审批。开工报告要说明：开工前的准备工作情况，具有法律效力的文件具备情况（如施工执照及有关文件等）。开工报告须经监理单位批准下达“开工令”后才能开工。

三、作业条件施工准备

所谓作业条件的施工准备，是为某一个施工阶段，某个分部、分项工程或者某一个施工环节所做的准备工作，它是局部性的、经常性的施工准备工作（如冬期或雨期的施工准备工作等）。具体内容包括：

1）编制分阶段施工组织设计和分部、分项工程施工方案。

2）对采用的新设备、新材料、新技术进行中间试验，并编制相应的工艺规程和培养缺口技术工种的施工人员。

3）编制作业计划。

4）编制并下达施工任务书，或签订对组定包合同。

5）进行计划、技术、质量安全和经济责任交底。

6）进行工程变更的洽商。

7）按计划组织材料、施工机具进场，保证连续施工。

8）合理调配劳动力，做到进场及时、连续工作。任务饱满、完工后及时退场。

9）做好必要的对组间、工序间的交接手续。

10）办理工程隐检、预检手续，按规定顺序施工并进行记录。

11）做好各专业施工的现场协调工作，保证按规定工序施工。

12）冬期、雨期施工前和施工中，要编制季节施工技术组织措施，做好施工现场的保温、供热、排水等临时设施的准备工作，供应必要的机具和材料，配备必要的专职人员。

四、电气施工技术交底

技术交底是设计人员向施工单位交代设计意图的行之有效的方法。施工人员在设计交底时，应尽可能多地了解设计意图，明确工程所采用的设备和材料以及对工程要求的程度。

1）技术交底使用的施工图必须是经过图样会审和设计修改后的正式施工图，满足设计要求。

2）施工技术交底应依据国家现行施工规范强制性标准，现行国家验收规范，工艺标准，国家已批准的新材料、新工艺进行交底，满足客户的需求。

3）技术交底所执行的施工组织设计必须经过公司有关部门批准了的正式施工组织设计或施工方案。

4）施工交底时，应结合本工程的实际情况有针对性地进行，把有关规范、验收标准的具体要求贯彻到施工图中去，做到具体、细致，有必要时还应标出具体数据，以控制施工质量，对主要部位的施工进行书面和会议交底两者结合，并做出书面交底。施工人员对所施工工程供电系统的进线方式，电气设备的安装位置、高度、容量，防雷设施的设置，配电线路的走向，敷设的方式，导线截面积，各层平面图与配电系统图的呼应，弱电系统的组成，综合布线的布局走向等应该清楚。同时还要对土建和其他专业的图样有所了解，避免与其他专业交叉。好的施工技术交底应达到施工标准与验收规范，工艺要求细化到施工图中，充分体现施工交底的意图，使施工人员依据技术交底合理安排施工，以使施工质量达到验收标准。

五、施工准备阶段与土建的配合

1. 施工图及工艺准备

在工程项目的设计阶段，由电气设计人员对土建设计提出技术要求。如开关柜的基础型钢预埋；电气设备和线路的固定件预埋，这些要求应在土建结构施工图中得到反映。

土建施工前，电气安装人员应会同土建施工技术人员共同对建筑工程全套土建施工和电气安装工程的图样进行全面、深入的会审，查对建筑、结构、安装图样是否相符，内部结构及工艺管线、工艺设备有无矛盾。对屋面、装饰、安装等工程设计采用的做法，应认真研究是否容易出现质量通病，有无可靠的替代做法。

如：当埋设线管较密或线管交叉时，板厚不宜小于120mm，以防止楼板出现裂缝。

电气安装人员应该了解土建施工进度计划和施工方法，尤其是墙面、地面、屋面的做法和相互间的连接方式，并仔细地校核自己准备采用的电气安装方法能否和这一项目的土建施工相适应。土建施工开始前，还需对土建施工过程中需要预埋的各种预埋件、预埋管道和零配件进行加工制作并运至施工现场准备好。对某些特殊部位，在读审图样时还应着重审查，必要时进行相应的修改。

2. 对施工单位施工方案的检查

施工单位施工方案是施工单位指导施工完成各项工作的纲领性文件。编制的是否适用、清楚，对以后的施工质量起到很大的作用。施工单位根据设计图样、设计交底、图样自审、会审情况编制出切实可行且有可操作性、实用性的施工方案。应对该施工方案重点检查其工作程序、工作方法和工作重点控制部位，必要时，局部施工重点可要求施工方编制更详细的施工方案，以后如有设计变更等变动情况，视影响情况决定是否对施工方案做一些补充方案。

如：地下室设备较多，穿越地下剪力墙管线很多，防水处理就显得尤为重要，则相应的预埋管线与土建的配合程序必须明确、清楚，预埋管的止水环检查安装及管底砼浇筑要有特别的施工方案，且相应土建防水措施也要配合到位，以防止渗漏水发生。

3. 对施工单位施工前准备工作的检查

1）检查施工单位生产资料准备情况，人员安排情况等各种前期准备工作是否都到位。

2）对施工单位各班组的施工方案交底检查。

3）现场工作主要操作者是各班组人员，因此，对各班组的技术交底是保证合理施工的关键，对交底记录要仔细检查，必要时应抽查一下，以防技术交底流于形式。

如：砌体内管道与土建配合的交底，砌体管道预埋，管线的走向、开槽、孔深宽度都必须详细交底于各安装专业班组。以防止对墙体结构造成破坏，产生裂缝及墙体渗水。对土建班组则要求在各安装专业确定完成后，才能按设计要求加钢丝网，用水泥砂浆添补密实。

第四节 建筑电气工程的施工过程与验收

一、电气工程施工对土建工程的要求与配合

建筑电气工程施工是与主体工程（土建工程）及其他安装工程（给水排水管道、工艺管道、采暖通风空调管道、通信线路、消防系统及机械设备等安装工程）施工相互配合进行的。所以建筑电气工程图与建筑结构图及其他安装工程图不能发生冲突。

1. 电气工程与基础施工的配合

基础施工期间，电气施工人员应与土建施工人员密切配合，预埋好电气进户线的管路，因为电气施工图中强、弱电的电缆进户位置、标高、穿墙留洞等内容有的未注明在土建施工图中，因此施工人员就应该将以上内容随土建施工一起预留在建筑中，有的工程将基础主筋作为防雷工程的接地极，对这部分施工时就应该配合土建施工人员将基础主筋焊接牢固，并标明钢筋编号引至防雷主引下线，同时做好隐蔽检查记录，签字应齐全、及时，并注明钢筋的截面积、编号、防腐等内容。当防雷部分需单独做接地极时，这时就应配合土建人员，利用已挖好的基础，在图样标高的位置做好接地极，并按规范焊接牢固，做好防腐，并做好隐蔽记录。

2. 电气工程与主体工程的配合

当图样要求管路暗敷设在主体内时，就应该配合土建人员做好以下工作：

1）按平面位置确定好配电柜、配电箱的位置，然后按管路走向确定敷设位置。应沿最近的路径进行施工，按照图样标出的配管截面将管路敷设在墙体内。现浇混凝土墙体内敷设时一般应把管子绑扎在钢筋内侧，这样可以减小管与盒连接时的弯曲。当敷设的钢管与钢筋有冲突时，可将竖直钢筋沿墙面左右弯曲，横向钢筋上下弯曲。

2）配电箱处的引上、引下管，敷设时应按配管的多少，按主次管路依次横向排好，位置应准确，随着钢筋绑扎，在钢筋网中间与配电箱箱体连接敷设一次到位。如箱体不能与土建同时施工时，应用比箱体高的简易木箱套预埋在墙体内，配电箱引上管敷设至与木箱套上部平齐，待拆下木箱套再安装配电箱箱体。

3）利用柱子主筋做防雷引下线时，应根据图样要求及时地与主体工程敷设到位，每遇到钢筋接头时，都需要焊接而且保证其编号自上而下保持不变直至屋面。电气施工人员做到心中有数，为了保证其施工质量，还要与钢筋工配合好，质量管理者还应做好隐蔽记录，及时签字。

4）对于土建结构中已注明的预埋件、预留孔、洞应该由土建施工人员负责。电气施工人员要按设计要求查对核实，符合要求后将箱盒安装好。建筑电气安装工程除和土建工程有密切关系需要协调配合外，还和其他安装工程，如给水排水、采暖、通风工程等有着密切联系，施工前应做好图样会审工作，避免发生安装位置的冲突。管路互相平行或交叉安装时，要保证满足对安全距离的要求，不能满足时，应采取保护措施。

二、对施工过程的检查

1. 检查各工序交接会签表

根据施工组织方案制定的工作流程，核查各专业班组是否按要求进行施工，如楼板施工时，梁、板筋在安装前，各专业安装班组应将楼板上的预留口留好，签字后梁板钢筋才开始安装，在梁筋就位前，梁预埋管道应同时预埋好后才能就位，以防以后安装导致梁主筋偏位。板底筋安装完毕后，应通知各安装班组，进场在板上安装，各安装班组安装完毕，应会签后才能进行板上附筋安装，以防附筋移位倒塌。同时，各安装班组应派专人护管，直至混凝土浇筑完毕。

2. 加强对各专业班组的成品保护意识教育和检查

现场施工时，如果能够按照施工方案有序施工，很多问题都可以消灭在萌芽状态，但由于各专业班组施工方案交接频繁，很容易引起对成品保护意识的松懈，如装修阶段损坏了对方专业班组的安装而不相互转告，则隐蔽后会造成不必要的麻烦和损失，同时还会产生一些矛盾，非常不利于各班组的配合施工，所以应会同监理方组织各专业班组对整个隐蔽项目进行一次总巡查，确认无误后，才能进行最终的隐蔽。

三、分部（子分部）工程划分及验收

1. 工程划分

建筑电气分部工程的质量验收，按检验批、分项工程、子分部工程逐级进行验收，各子分部工程、分项工程和检验批的划分见表1-3。

表 1-3 各子分部工程所含的分项工程和检验批

分项工程		子分部工程						
		01	02	03	04	05	06	07
序号	名称	室外电气安装工程	变配电室安装工程	供电干线安装工程	电气动力安装工程	电气照明安装工程	备用和不间断电源安装工程	防雷及接地装置安装工程
04	变压器、箱式变电所安装	●	●					
05	成套配电柜、控制柜（屏、台）和动力、照明配电箱（盘）安装	●	●		●	●	●	
06	电动机、电加热器及电动执行机构检查接线				●			
07	柴油发电机组安装						●	
08	不间断电源装置（UPS）及应急电源装置（EPS）安装						●	
09	电气设备试验和试运行			●	●			
10	母线槽安装		●	●			●	
11	梯架、托盘和槽盒安装	●	●	●	●	●		
12	导管敷设	●		●	●	●	●	
13	电缆敷设	●	●	●	●	●		
14	管内穿线和槽盒内敷线	●		●	●	●		
15	塑料护套线直敷布线					●		
16	钢索配线					●		
17	电缆头制作、导线连接和线路绝缘测试	●	●	●	●	●		
18	普通灯具安装	●				●		
19	专用灯具安装	●				●		
20	开关、插座、风扇安装				●	●		
21	建筑物照明通电试运行	●				●		
22	接地装置安装	●	●				●	●
23	接地干线敷设		●	●				
24	防雷引下线及接闪器安装							●
25	建筑物等电位联结							●

注：1. 本表有●符号者为该子分部工程所含的分项工程。
2. 每个分项工程至少含1个及以上检验批。

2. 检验批的划分

检验批的划分应符合下列规定：

1）变配电室安装工程中分项工程的检验批，主变配电室为1个检验批；有数个分变配电室，且不属于子单位工程的子分部工程，各为1个检验批，其验收记录汇入所有变配电室有关分项工程的验收记录中；如各分变配电室属于各子单位工程的子分部工程，所属分项工程各为1个检验批，其验收记录即为分项工程验收记录，经子分部工程验收记录汇总后纳入分部工程验收记录中。

2）供电干线安装工程中分项工程的检验批，依据供电区段和电气线缆竖井的编号划分。

3）电气动力和电气照明安装工程中分项工程的检验批，其界区的划分，应与建筑土建工程一致。

4）备用和不间断电源安装工程中分项工程各自成为1个检验批。

5）防雷及接地装置安装工程中分项工程的检验批，人工接地装置和利用建筑物基础钢筋的接地体各为1个检验批，大型基础可按区块划分成几个检验批；防雷引下线安装6层以下的建筑为1个检验批，高层建筑依均压环设置间隔的层数为1个检验批；接闪器安装同一屋面为1个检验批；建筑物总等电位联结为1个检验批，每个局部等电位联结为1个检验批，电子系统设备机房为1个检验批。

6）室外电气安装工程中分项工程的检验批，依据庭院大小、投运时间先后、功能区块不同划分。

3. 资料

当验收建筑电气工程时，应核查下列各项质量控制资料，资料内容应真实、齐全、完整，具体包括：

1）施工图设计文件和图样会审记录及设计变更与工程洽商记录。

2）主要设备、器具、材料的合格证和进场验收记录。

3）隐蔽工程检查记录。

4）电气设备交接试验检验记录。

5）电动机检查（抽心）记录。

6）接地电阻测试记录。

7）绝缘电阻测试记录。

8）接地故障回路阻抗测试记录。

9）剩余电流动作保护器测试记录。

10）电气设备空载试运行和负荷试运行记录。

11）应急电源装置（EPS）应急持续供电时间记录。

12）灯具固定装置及悬吊装置的载荷强度试验记录。

13）建筑照明通电试运行记录。

14）接闪线和接闪带固定支架的垂直拉力测试记录。

15）接地（等电位）联结导通性测试记录。

16）工序交接合格等施工安装记录。

根据单位工程实际情况，检查建筑电气分部（子分部）工程和所含分项工程的质量验收记录应无遗漏缺项、填写正确。

核查各类技术资料应齐全，且符合工序要求，有可追溯性；责任单位和责任人均确认且签章齐全。

4. 抽查

本规范主控项目和一般项目中规定的检查数量，其抽查比例是针对检验批验收时的抽查数量，非施工单位过程检查的抽查比例，施工单位应进行全数检查。

单位工程质量验收时，建筑电气分部（子分部）工程实物质量的抽检部位如下，且抽检结果应符合本规范规定。

1）变配电室，技术层、设备层的动力工程，供电干线的竖井，建筑顶部的防雷工程，电气系统接地，重要的或大面积活动场所的照明工程，以及5%自然间的建筑电气动力、照明工程。

2）室外电气工程以变配电室为主，各类灯具按总数的5%抽检。

为方便检测验收，高低压配电装置的调整试验应提前通知监理和有关监督部门，对试验结果进行确认。变配电室通电后可抽测的项目主要是：各类电源自动切换或通断装置、馈电线路的绝缘电阻、接地故障回路阻抗、开关插座的接线正确性、剩余电流动作保护器的动作电流和时间、接地装置的接地电阻和由照明设计确定的照度等。抽测结果应符合本规范规定和设计要求。

第五节　建筑电气工程的质量验收

一、工程质量检查（检验）

1. 项目分类

工程质量检查（检验）项目分类，应符合下列规定：

检查（检验）项目可分为关键项目、重要项目、一般项目与外观项目。

1）关键项目是影响工程结构、性能、强度和安全性，且不易修复或处理的项目。

2）重要项目是影响寿命和可靠性，但可修补和返工处理的项目。

3）一般项目一般不影响施工安装和运行安全。

4）外观项目显示工艺水平、环境协调及美观。

2. 质量评定标准

工程项目质量评定和验收程序是按分项工程、分部工程、单位工程依次进行。

对于分项工程的质量评定，由于涉及分部工程、单位工程的质量评定的工程能否验收，所以应仔细评定，以确定能否验收。按现行《建筑安装工程质量检验评定标准》分项工程的质量评定主要有以下内容：

（1）保证项目

保证项目是涉及结构安全或重要使用性能的分项工程，它们应全部满足标准规定的要求。保证项目中包括的主要内容是以下三方面：

1）重要材料、成品、半成品及附件的材质，检查出厂证明及试验数据。

2）结构的强度、刚度和稳定性等数据，检查试验报告。

3）工程进行中和完毕后必须进行检测，现场抽查或检查测试记录。

（2）基本项目

基本项目是对结构的使用要求、使用功能、美观等都有较大影响，必须通过抽样检查来确定能否合格，是否达到优良的工程内容，它在分项工程质量评定中的重要性仅次于保证项目。基本项目的主要内容是：

1）允许有一定的偏差项目，但又不宜纳入允许偏差项目内，因此在基本项目中用数据规定出“优良”和“合格”的标准。

2）对不能确定偏差值而又允许出现一定缺陷的项目，则以缺陷的数量来区分“合格”与“优良”。

3）采用不同影响部位区别对待的方法来划分“优良”与“合格”。

4）用程度来区分项目的“合格”与“优良”。当无法定量时，就用不同程度的用词来区分合格与优良。

（3）允许偏差项目

允许偏差项目是结合对结构性能或使用功能、观感等的影响程度，根据一般操作水平允许有一定偏差，但偏差值在规定范围内的工程内容。允许偏差值的数据有以下几种情况：

1）有“正”“负”要求的数值。

2）偏差值无“正”“负”概念的数值，直接注明数字，不标符号。

3）要求大于或小于某一数值。

4）要求在一定范围内的数值。

5）采用相对比例值确定偏差值。

3. 评定等级

按照我国现行标准，分项、分部、单位工程质量的评定等级只分为“合格”与“优良”两级，凡不合格的项目则不予验收。因此，在工程质量的评定与验收中，也只能按合同要求和质量等级来进行验收。

（1）分项工程

1）合格：

① 保证项目必须符合相应质量检验评定标准的规定。

② 基本项目抽检处（件）应符合相应质量检验评定标准的合格规定。

③ 允许偏差项目抽检的点数中，建筑工程有70%及其以上，建筑设备安装工程有80%及其以上的实测值在相应质量检验评定标准的允许偏差范围内。

2）优良：

① 保证项目必须符合相应质量检验评定标准的规定。

② 基本项目每项抽检处（件）应符合相应质量检验评定标准的合格规定，其中50%及其以上处（件）符合优良规定，该项即为优良；优良项数占检验项数50%及其以上。

③ 允许偏差项目抽检的点数中，有90%及其以上的实测值在相应质量检验评定标准的允许偏差范围内。

（2）分部工程

1）合格：所含分项工程的质量全部合格。

2）优良：所含分项工程的质量全部合格，其中有50%及其以上为优良（建筑安装工程中，必须含指定的主要分项工程）。

（3）单位工程

1）合格：

① 所含分部工程的质量全部合格。

② 质量保证资料应基本齐全。

③ 观感质量的评定得分率达到70%及其以上。

2）优良：

① 所含分部工程的质量全部合格，其中有50%及以上优良，建筑工程必须含主体与装饰工程，以建筑设备安装工程为主的单位工程，其指定的分部工程必须优良。

② 质量保证资料应基本齐全。

③ 观感质量的评定得分率达到85%及其以上。

二、工程验收

工程验收应按隐蔽工程验收、中间验收和竣工验收的规定项目、内容进行。

1. 隐蔽工程验收

隐蔽工程是指在施工过程中，上一工序的工作结果将被下一工序所掩盖，是否符合质量要求，无法再次进行检查的工程部位。

隐蔽工程验收是指隐蔽在装饰表面内部的管线工程和结构工程。管线工程包括电器回路、给水排水、煤气管道、空调系统等，结构工程指用于固定、支撑房屋荷载的内部构造。

隐蔽工程在验收前应由施工单位通知有关单位进行验收，并形成验收文件，由施工单位项目技术负责人主持，监理工程师，建设单位参加。隐蔽验收应有施工标准及名称、代号、验收时间，通常按合同规定。

隐蔽工程验收的流程如图1-2所示。

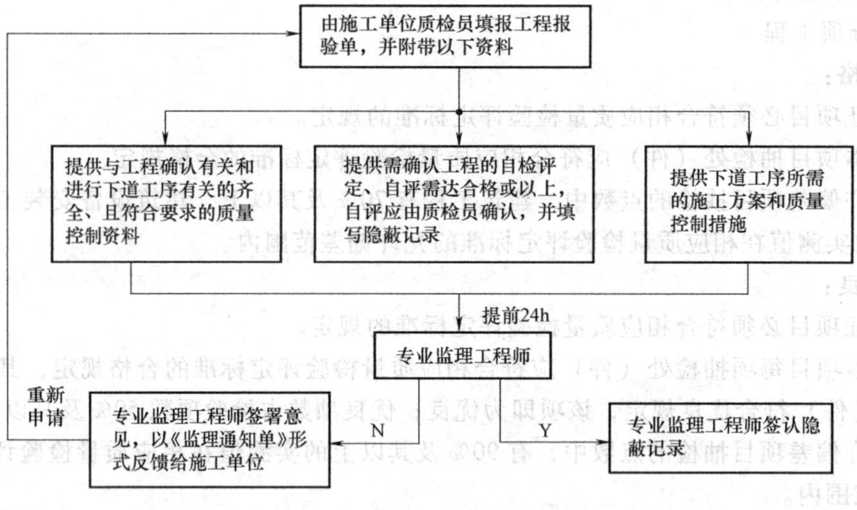

图1-2 隐蔽工程验收的流程

一般情况下，施工单位应在48h前通知，24h内监理，建设单位应认可签认。如监理建设单位未派人参加，施工单位可自行验收，由项目技术负责人签字，按合同规定，如建设、监理单位有怀疑可剥揭检验，或凿除钻孔检查。如合格，费用由建设单位负责，如不合格，开挖费用由施工单位负责。

2. 中间验收

对于重要的分项工程，由监理工程师按照工程合同的质量等级要求，根据该分项工程施工的实际情况，参照前述的质量检验评定标准进行验收。

在分项工程验收中，必须严格按有关验收规范选择检查点数，然后计算出检验项目和实测项目的合格或优良的百分比，最后确定出该分项工程的质量等级，从而确定能否验收。

在分项工程验收的基础上，根据各分项工程质量验收结论，参照分部工程质量标准，便可得出该分部工程的质量等级，以便决定可否验收。

对单位或分部土建工程完工后转交安装工程施工前，或其他中间过程，均应进行中间验收。承包单位得到监理工程师中间验收认可的凭证后，才能继续施工。

分部（子分部）工程应由施工单位将自行检查评定合格的表填写好后，由项目经理交监理单位或建设单位验收。由总监理工程师组织施工项目经理及有关勘察（地基与基础部分）、设计（地基与基础及主体结构等）单位项目负责人进行验收，并按表的要求进行记录。

中间验收的流程如图 1-3 所示。

在完工后 30 个工作日内，施工单位应按照国家有关验收规范及标准全面检查工程质量，整理技术资料，填写《分部（子分部）工程质量验收申请表》，连同工程技术资料提交监理公司审核。

监理公司在 5 个工作日内审核完毕，同时按照有关规定对工程实物进行检查，经总监理工程师签署意见连同工程技术资料送负责该工程的质量监督机构（监督员）抽查。

监督机构在 5 个工作日内对工程技术资料进行抽查，在《分部（子分部）工程质量核查记录表》上填写资料抽查意见，并将抽查意见书面通知监理公司。

监理单位通知勘察、设计、施工、建设等单位的有关人员进行验收，并须提前通知质量监督机构（监督员）到场实施验收监督。

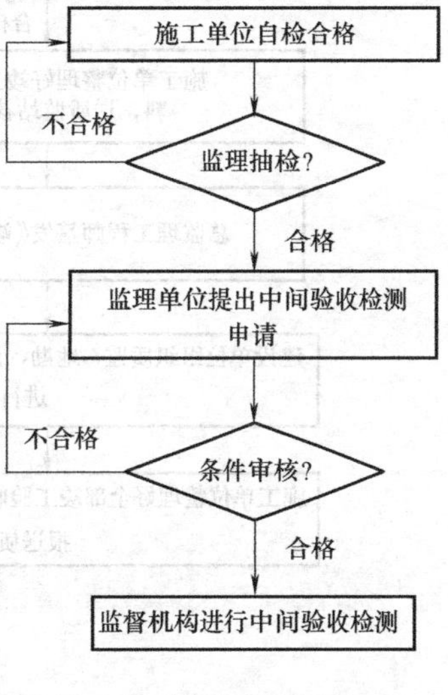

图 1-3 中间验收的流程

在组织完验收后，监理应在5日内将填写、签章齐全的《分部（子分部）工程质量验收记录》及其他有关资料文件送交质监站办理重要分部（子分部）工程中间验收登记手续。

监督机构对符合要求的分部（子分部）工程办理中间验收登记，并签署登记意见及盖章后，将《分部（子分部）工程质量验收记录》及《分部（子分部）工程质量验收登记表》一式三份退回，建设单位、施工单位及档案馆各持一份。

《分部（子分部）工程质量验收登记表》是单位工程竣工验收资料的必备文件，没有办理重要分部（子分部）工程中间验收登记手续的将视为质量控制资料不齐全。

3. 竣工验收

竣工验收指建设工程项目竣工后开发建设单位会同设计、施工、设备供应单位及工程质量监督部门，对该项目是否符合规划设计要求以及建筑施工和设备安装质量进行全面检验，取得竣工合格资料、数据和凭证。

工程竣工验收流程如图 1-4 所示。

工程竣工验收指建设工程项目竣工后开发建设单位会同设计、施工、设备供应单位及工程质量监督部门，对该项目是否符合规划设计要求以及建筑施工和设备安装质量进行全面检

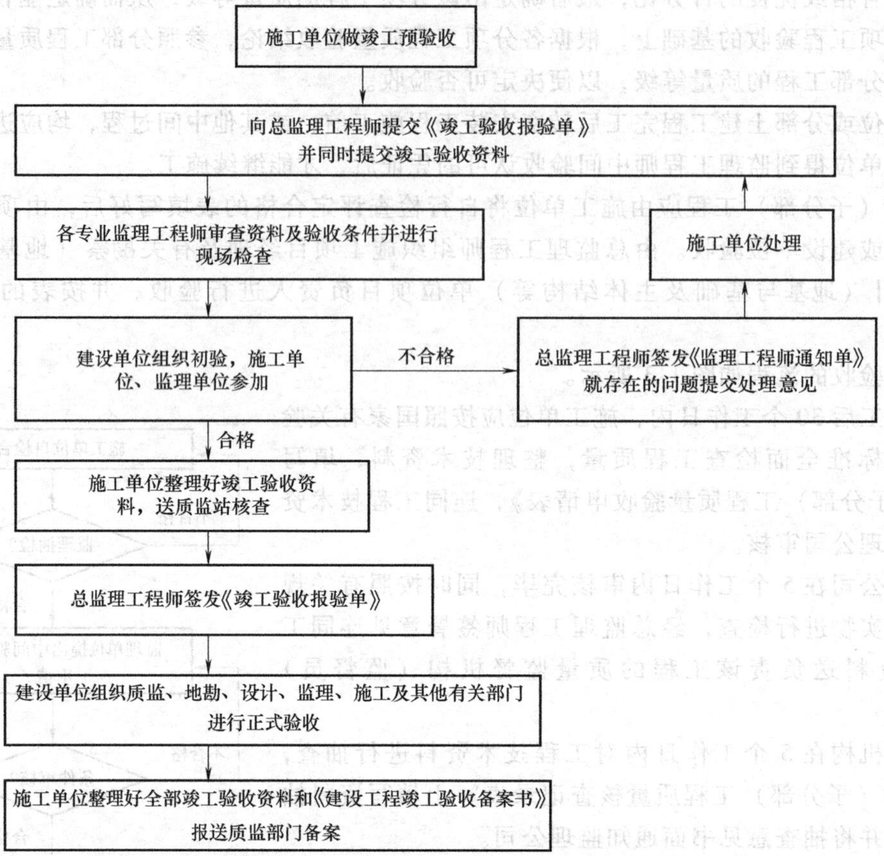
施工单位做竣工预验收
向总监理工程师提交《竣工验收报验单》
并同时提交竣工验收资料
各专业监理工程师审查资料及验收条件并进行
现场检查
施工单位处理
建设单位组织初验，施工单
位、监理单位参加
不合格
总监理工程师签发《监理工程师通知单》
就存在的问题提交处理意见
合格
施工单位整理好竣工验收资
料，送质监站核查
总监理工程师签发《竣工验收报验单》
建设单位组织质监、地勘、设计、监理、施工及其他有关部门
进行正式验收
施工单位整理好全部竣工验收资料和《建设工程竣工验收备案书》
报送质监部门备案

图 1-4 工程竣工验收流程

验，取得竣工合格资料、数据和凭证。应该指出的是，竣工验收是建立在分阶段验收的基础之上，前面已经完成验收的工程项目一般在房屋竣工验收时就不再重新验收。

（1）单位工程（或专业工程）竣工验收

以单位工程或某专业工程内容为对象，独立签订建设工程施工合同的，达到竣工条件后，承包人可单独进行交工，发包人根据竣工验收的依据和标准，按施工合同约定的工程内容组织竣工验收，比较灵活地适应了工程承包的普遍性。

按照现行建设工程项目划分标准，单位工程是单项工程的组成部分，有独立的施工图，承包人施工完毕，征得发包人同意，或原施工合同已有约定的，可进行分阶段验收。这种验收方式，在一些较大型的、群体式的、技术较复杂的建设工程中比较普遍地存在。

（2）全部工程竣工验收

指整个建设项目已按设计要求全部建设完成，并已符合竣工验收标准，应由发包人组织设计、施工、监理等单位和档案部门进行全部工程的竣工验收。全部工程的竣工验收，一般是在单位工程、单项工程竣工验收的基础上进行。对已经交付竣工验收的单位工程（中间交工）或单项工程并已办理了移交手续的，原则上不再重复办理验收手续，但应将单位工程或单项工程竣工验收报告作为全部工程竣工验收的附件加以说明。

对一个建设项目的全部工程竣工验收而言，大量的竣工验收基础工作已在单位工程和单项工程竣工验收中进行。实际上，全部工程竣工验收的组织工作，大多由发包人负责，承包人主要是为竣工验收创造必要的条件。

全部工程竣工验收的主要任务是：负责审查建设工程的各个环节验收情况；听取各有关单位（设计、施工、监理等）的工作报告；审阅工程竣工档案资料的情况；实地察验工程并对设计、施工、监理等方面工作和工程质量、试车情况等做综合全面评价。承包人作为建设工程的承包（施工）主体，应全过程参加有关的工程竣工验收。

思　考　题

1-1　建筑工程项目包括哪些内容？

1-2　建筑电气安装工程分为几个阶段？

1-3　建筑电气安装工程施工准备需要完成哪些工作？

1-4　电气施工技术交底的作用是什么？交底的内容包括什么？

1-5　施工过程中电气工程与基础施工和主体工程配合中应注意哪些方面？

1-6　建筑电气分部工程的质量验收阶段，各子分部工程所含的分项工程是如何划分的？

1-7　建筑电气分部工程的质量验收阶段，各子分部工程所含的检验批是如何划分的？

1-8　建筑电气工程质量检查的评定标准和评定等级是如何确定的？

1-9　建筑电气工程不同阶段验收的流程是什么？

1-10　建筑电气工程的竣工验收包括哪些？

第二章 架空线路

第一节 架空线路组成

架空电力线路的施工主要项目包括线路的勘测定位、基础施工、立杆、拉线制作和安装、横担安装、导线架设及弛度观测等。

一、组成

架空电力线路由电杆、导线、横担、金具、绝缘子和拉线等组成，如图2-1所示。

二、作用

1）导线。架空配电导线是架空电力线路的主要组成部件。架空配电导线的材料有铜、铝、钢、铝合金等。

2）架空地线与接地体。架空地线（又称接闪线）悬挂于杆塔顶部，并在每基杆塔上均通过接地导体与接地体相连接。

3）杆塔。杆塔用来支持导线和接闪线及其附件，并使导线、架空地线、杆塔之间，导线和地面及交叉跨越物或其他建筑物之间保持一定的安全距离。

4）绝缘子和绝缘串。绝缘子是线路绝缘的主要元件，用来支撑或悬吊导线，使之与杆塔绝缘，保证线路具有可靠的电气绝缘强度。绝缘子具有足够的机械强度、绝缘水平和抗腐蚀能力。

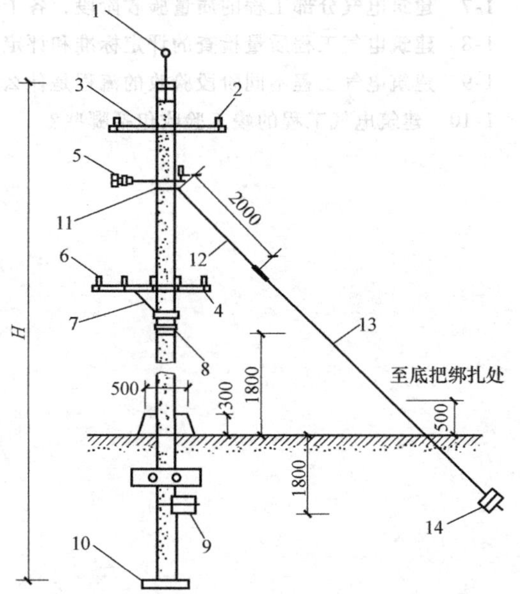

图2-1 架空线路组成元件

1—高压杆头 2—高压针式绝缘子 3—高压横担 4—低压横担 5—高压悬式绝缘子 6—低压针式绝缘子 7—横担支撑 8—抱箍 9—卡盘 10—底盘 11—拉线抱箍 12—拉线上把 13—拉线底把 14—拉线盘

5）横担。横担是杆塔中重要的组成部分，用来安装绝缘子及金具，以支承导线、架空地线（接闪线），并使之按规定保持一定的安全距离。

6）金具。线路金具在架空配电线路中起着支持、固定、接续保护导线和接闪线的作用，且能使接线坚固。

7）基础。杆塔基础是将杆塔固定在地面上，以保证杆塔不发生倾斜、倒塌、下沉等的设施。

第二节 基础工程

一、电杆基坑

1. 组成

电杆的基坑结构如图 2-2 所示。

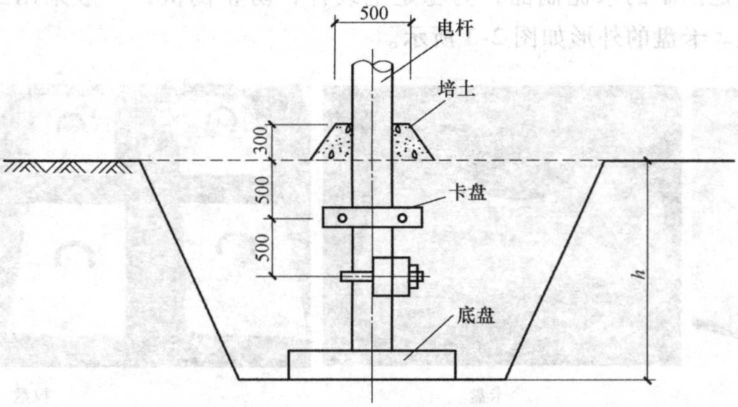

图 2-2 电杆的基坑

一般电线杆采用三盘固定，即拉盘、卡盘和底盘。底盘垫在电线杆下，防止下陷，一根电线杆一块；拉盘用拉线拉住电线杆防倒，有拉线的地方才需要拉盘，一根拉线一个拉盘；卡盘是夹住电线杆，也埋在地下，用于防止电线杆上拔与下陷，一根电线杆一个卡盘。

2. 定位

电杆定位时应根据设计图检查线路经过的各种不同地形、位置及对线路产生的影响，确定线路跨越距离及大致的方位，从而确定架空配电线路的起点、转角和终点的电杆杆位。

为便于高低压线路和路灯共杆架设及建筑物进线方便，高低压线路宜沿道路平行架设，电杆距路边为 0.5～1m。

3. 坑深

电杆埋设深度应计算确定。单回路的架空配电线路电杆埋设深度宜采用表 2-1 所列数值。

表 2-1 电杆埋设深度 （单位：m）

杆高	8	9	10	11	12	13	15
埋深	1.50	1.60	1.70	1.80	1.90	2.00	2.30

注：埋电杆地点土壤如遇有土质松软、流沙、地下水位较高等情况时，应做特殊处理。

4. 偏差

电杆基础坑深度的允许偏差应为 +100mm、-50mm，坑底应平整。同基础坑应在允许偏差范围内按最深基坑持平。岩石基础坑的深度不应小于设计规定的数值。双杆基坑根开的中心偏差不应超过 ±30mm。两杆坑深度宜一致。一般电杆的埋深为电杆杆长的 1/6，并不应小于表 2-1 所列数值。装设变压器的电杆，其埋设深度不宜小于 2m。

严寒地区应埋设在冻土层以下。遇特殊土质或无法保证电杆的稳固时，应采取加卡盘、围桩、打人字拉线等加固措施。

为确保坑位正确、尺寸符合要求，杆坑深度偏差不得超过5%，横向偏移不得超过0.1m。

二、卡盘安装

1. 种类

电线杆卡盘是预制的水泥制品，为稳定电线杆，防止倒伏，一般采用三盘固定，即拉盘、卡盘和底盘。卡盘的外形如图2-3所示。

底盘 卡盘 拉盘

图2-3 卡盘

2. 底盘

电杆的基础坑底使用底盘时，底盘的圆槽面应与电杆中心线垂直，底盘表面应保持水平，应使电杆组立后满足电杆允许偏差的规定。

1）底盘的中心及两底盘中心连线的中点与中心桩之间的横向及纵向允许偏差为50mm。

2）同一基杆的各底盘在满足设计坑深的允许误差值后，其相互间允许高差为20mm。

3）双杆两底盘中心的根开允许误差为±30mm。

3. 卡盘

在土质松软及斜坡上埋设电杆时，应增设卡盘，并应符合下列规定：

1）卡盘的上口距地面不应小于500mm。

2）直线杆的卡盘应与线路平行，并应在线路电杆的左右侧交替埋设。

3）耐张杆的卡盘应埋设在承力侧。

4）卡盘在安装前，应先将其下部的土分层回填夯实，安装深度允许偏差为±50mm。卡盘如图2-4所示。

三、基坑回填

基坑回填土的土块应打碎，35kV架空配电线路基坑每回填0.3m应夯实一次；10kV及以下架空配电线路基坑每回填0.5m应夯实一次。松软土质的基坑，回填土时应增加夯实次数或采取加固措施。

回填基础坑时应符合下列规定：

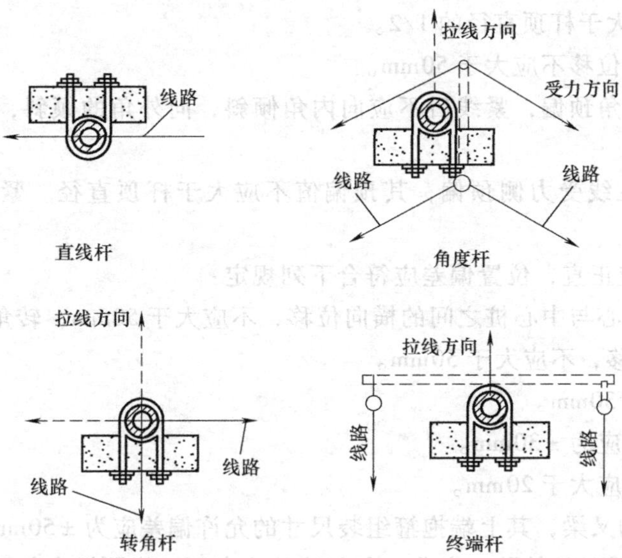

图 2-4 卡盘

1）普通土质回填时，应将土块打碎，每填入 300～500mm 夯实一次。

2）回填水坑时应排除坑内积水。

3）冻土回填时，应将大冻块打碎再回填。

4）拉线基础坑回填，应注意保证拉线棒的方向正确。

杆坑和拉线坑应设防沉土层，土层上部面积不宜小于坑口面积，一般培土高度应超出地面 300mm，砌有水泥花砖的便道不应留防沉土台。

山坡及河道附近易受冲刷的基础，应根据设计资料采取加围桩、围台等防护措施。

第三节 立杆组立

一、立杆

1. 步骤

立杆的过程需要立杆、校正和埋杆三个步骤。

立杆前，先将汽车起重机的钢丝绳结在距电杆底部 1/3～1/2 处，再在距杆顶 500mm 处结 3 根调整绳。电杆竖起后，要调整电杆的中心，使其与线路中心的偏差不超过 50mm。直线杆的轴线应与地面垂直，其倾斜度不得大于电杆梢径的 1/4。

2. 混凝土电杆

混凝土电杆上端应封堵。设计无特殊要求时，下端不应封堵，放水孔应打通。

混凝土电杆在组立前应在根部标有明显埋入深度标志，埋入深度应符合设计要求。

1）单电杆立好后应正直，位置偏差应符合下列规定：

① 直线杆的横向位移不应大于 50mm。

② 直线杆的倾斜，10kV 以上架空电力线路不应大于杆长的3‰；10kV 及以下架空电力线路杆顶的倾斜不应大于杆顶直径的1/2。

③ 转角杆的横向位移不应大于50mm。

④ 转角杆应向外角预偏，紧线后不应向内角倾斜，向外角的倾斜，其杆顶倾斜不应大于杆顶直径。

2）终端杆应向拉线受力侧预偏，其预偏值不应大于杆顶直径。紧线后不应向受力侧倾斜。

3）双杆立好后应正直，位置偏差应符合下列规定：

① 直线杆结构中心与中心桩之间的横向位移，不应大于50mm；转角杆结构中心与中心桩之间的横、顺向位移，不应大于50mm。

② 迈步不应大于30mm。

③ 根开允许偏差应为 ±30mm。

④ 两杆高低差不应大于20mm。

4）以抱箍连接的叉梁，其上端抱箍组装尺寸的允许偏差应为 ±50mm；分段组合叉梁组合后应正直，不应有明显的鼓肚、弯曲，各部连接应牢固。横隔梁安装后，应保持水平，组装尺寸允许偏差应为 ±50mm。

3. 钢管电杆

电杆在装卸及运输中，杆端应有保护措施。运至桩位的杆段及构件不应有明显的凹坑、扭曲等变形。

杆段间为焊接连接时，应符合有关规定。杆段间为插接连接时，其插接长度不得小于设计插接长度。

钢管电杆连接后，其分段及整根电杆的弯曲均不应超过其对应长度的2‰。

架线后，直线电杆的倾斜不应超过杆高的5‰，转角杆组立前宜向受力侧预倾斜，预倾斜值应由设计确定。

二、埋杆

当电杆竖起并调整好后，即可用铁锹沿电杆四周将挖出的土填回坑内，边填边夯实。夯实时，应在电杆两侧交叉进行，以防挤动杆位。多余的土应推在电杆根部周围，形成土台，最好高出地面300mm 左右。

对交通繁忙路口有可能被车撞击、对山坡或河边有可能被冲刷的电杆，应根据现场情况采取安装防护标志、护桩或护台的措施。

第四节 拉 线

一、组成

拉线用来平衡电杆，使电杆不因导线的拉力或风力等影响而倾斜。凡导线拉力不平衡的电杆，以及杆上装有电气设备的电杆，均需要装设拉线。

拉线一般由上把、中把、下把和地锚把等组成，其示意图如图2-5 所示。

拉线的制作可采用线夹绑扎，常用的线夹有U形线夹、花篮螺栓线夹和UT可调式线夹等。拉线安装的基本操作分埋设地锚、上把安装、中把安装和下把安装等步骤。

拉线的绝缘子及金具应齐全，位置正确，承力拉线应与线路中心线方向一致，转角拉线与线路分角线方向一致，拉线应收紧，收紧程度相适配。

二、拉线坑

1. 拉线盘

挖好拉线坑后，将拉线棒与拉线盘相连接，并将拉线棒的开口环套入拉线盘的U形环内，用镀锌线将圆环开口扎紧，如图2-6所示。

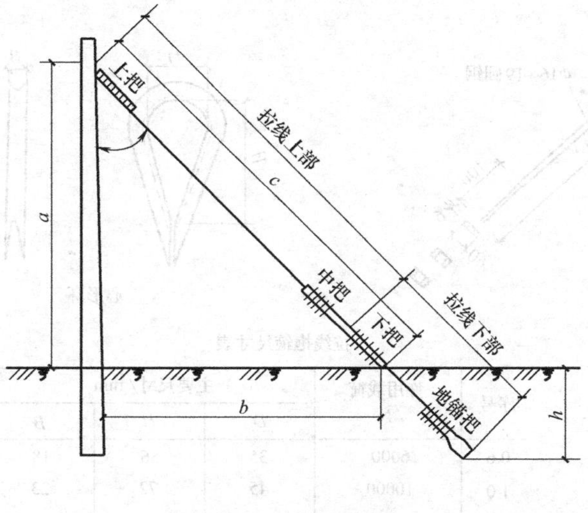

图2-5 拉线示意图

a—拉线抱箍至地面高度 *b*—电杆与拉线入地距离 *c*—拉线的长度 *h*—地锚把埋深

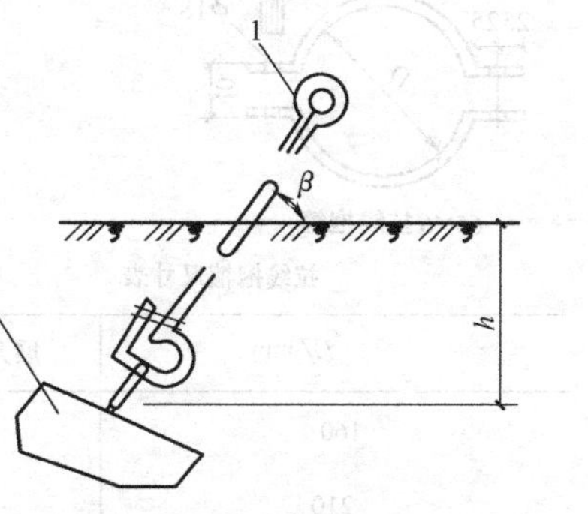

图2-6 拉线盘安装示意图

1—拉线棒 2—拉线盘

拉线盘的埋设深度和方向，应符合设计要求。拉线棒与拉线盘应垂直，连接处应采用双螺母，其外露地面部分的长度应为500~700mm。

2. 下拉线盘

将连接好的拉线盘下到坑底，使拉线棒沿马道方向与电杆中心对正。调整拉线棒角度（其对地夹角一般为45°），并使拉线盘面垂直于拉线棒。拉线棒上部环的回头应向下。

3. 回填

清除回填土中的树根杂草，每填入500mm厚即夯实一次。回填中应保证拉线棒的方向正确。回填后的坑位应有防沉土台，其培土高度应高出地面300mm，土台上部面积应大于原坑口。

三、拉线施工

1. 普通拉线

拉线的安装如图2-7所示。

1）拉线的安装应符合下列规定。

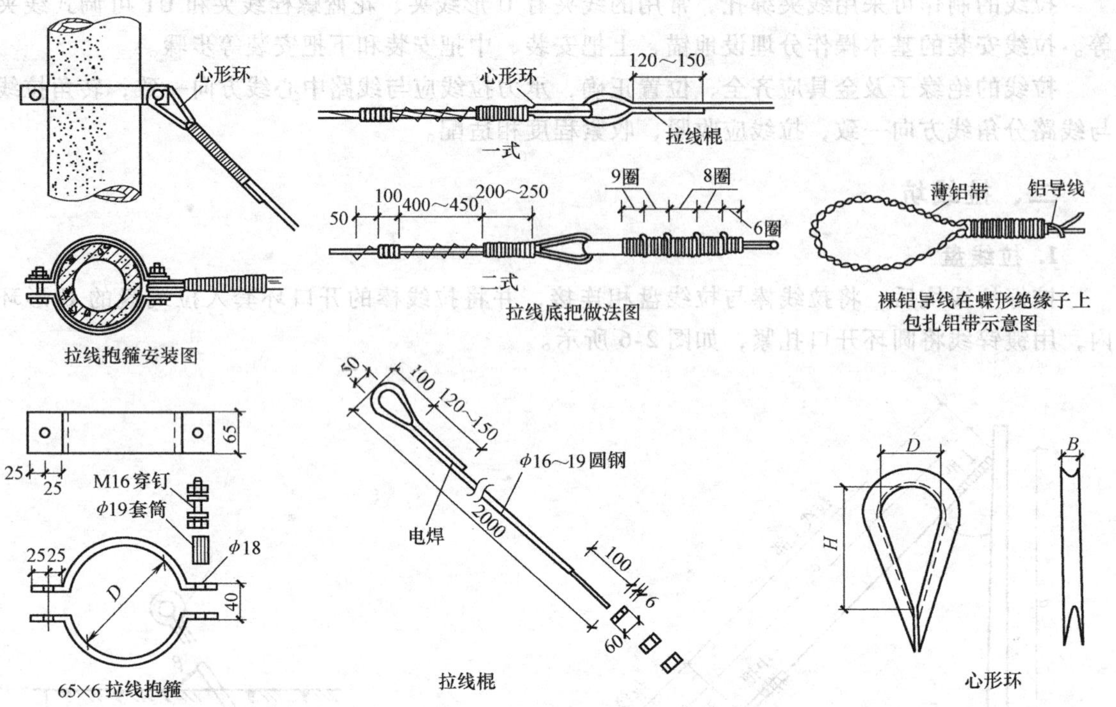

拉线抱箍尺寸表

D/ mm	展开长度 / mm
160	660
210	780
260	980

拉线抱箍尺寸表

序号	许用载荷 /N	主要尺寸/ mm		
		D	H	B
0.6	6000	35	56	18
1.0	10000	45	72	23
1.7	17000	55	88	27
3.0	30000	75	120	38

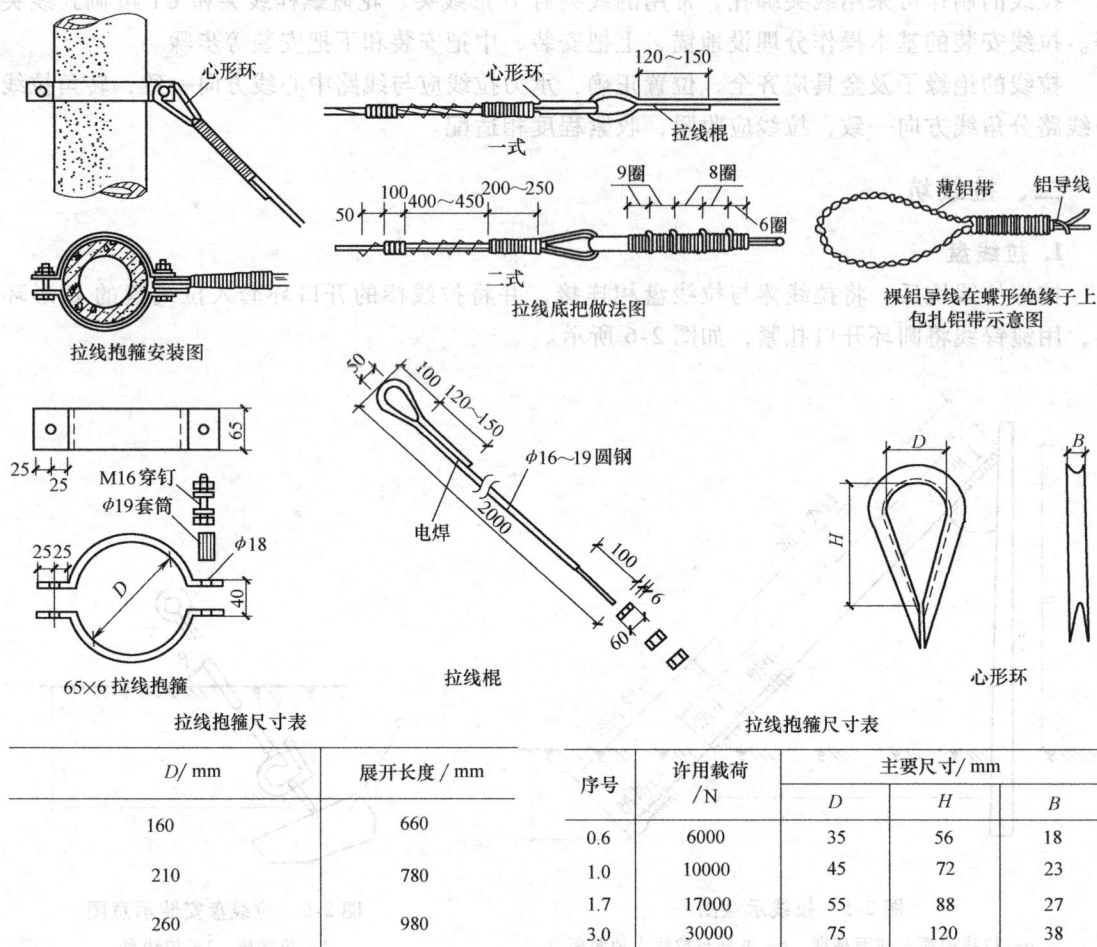

图 2-7 拉线的安装

安装后对地平面夹角与设计值的允许偏差，应符合下列规定：

① 35 ~ 66kV 架空电力线路不应大于 1°。

② 10kV 及以下架空电力线路不应大于 3°。

特殊地段应符合设计要求。

2）承力拉线应与线路方向的中心线对正；分角拉线应与线路分角线方向对正；防风拉线应与线路方向垂直。

3）当采用 UT 型线夹及楔形线夹固定安装时，应符合下列规定。

安装前丝扣上应涂润滑剂。

线夹舌板与拉线接触应紧密，受力后无滑动现象，线夹凸肚在尾线侧，安装时不应损伤线股，线夹凸肚朝向应统一。

楔形线夹处拉线尾线应露出线夹 200 ~ 300mm，用直径 2mm 镀锌铁线与主拉线绑扎 20mm；楔形 UT 线夹处拉线尾线应露出线夹 300 ~ 500mm，用直径 2mm 镀锌铁线与主拉线绑扎 40mm。拉线回弯部分不应有明显松脱、灯笼，不得用钢线卡子代替镀锌铁线绑扎。

当同一组拉线使用双线夹并采用连板时，其尾线端的方向应统一。

UT型线夹或花篮螺栓的螺杆应露扣，并应有不小于1/2螺杆丝扣长度可供调紧，调整后，UT型线夹的双螺母应并紧，花篮螺栓应封固，应有防御措施。

4）当采用绑扎固定安装时，应符合下列规定。

拉线两端应设置心形环。

钢绞线拉线，应采用直径不大于3.2mm的镀锌铁线绑扎固定。绑扎应整齐、紧密，最小缠绕长度应符合表2-2的规定。

表2-2　最小缠绕长度

钢绞线截面积/mm²	最小缠绕长度/mm				
	上段	中段有绝缘子的两端	与拉棒连接处		
			下端	花缠	上端
25	200	200	150	250	80
35	250	250	200	250	80
50	300	300	250	250	80

2. 水平拉线与拉桩杆

跨越道路的水平拉线与拉桩杆的安装应符合下列规定：

拉桩杆的埋设深度，当设计无要求，采用坠线时，不应小于拉线柱长的1/6；采用无坠线时，应按其受力情况确定。

拉桩杆应向受力反方向倾斜，倾斜角宜为10°~20°。

拉桩杆与坠线夹角不应小于30°。

拉线抱箍距拉桩杆顶端应为250~300mm，拉桩杆的拉线抱箍距地距离不应小于4.5m。

跨越道路的拉线，除应满足设计要求外，均应设置反光标志，对路边的垂直距离不宜小于6m。

坠线采用镀锌铁线绑扎固定时，最小缠绕长度应符合表2-2的规定。

3. 顶（撑）杆

顶（撑）杆的安装如图2-8所示。

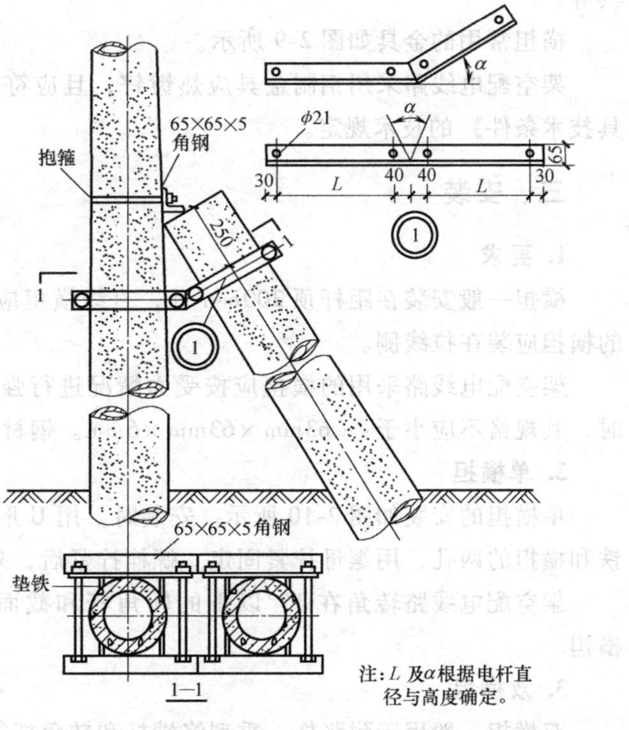

图2-8　顶（撑）杆的安装

顶（撑）杆的安装应符合下列规定：

1）顶杆底部埋深不宜小于0.5m，应采取防沉措施。

2）与主杆之间的夹角应满足设计要求，允许偏差应为±5°。

3）与主杆连接应紧密、牢固。

当一基电杆上装设多条拉线时，各条拉线的受力应一致。

拉线应避免设在通道处，当无法避免时应在拉线下部设反光标志，且拉线上部应设绝缘子。

第五节 横担及安装

一、横担

为了施工方便，一般都在立杆前先将电杆顶部的横担和金具等安装完毕，然后整体立杆，立杆后再进行调整。若在立杆后组装横担，则应从电杆最上端开始，依次往下组装。

横担根据受力情况分为中间型、耐张型、终端型。直线杆横担应装在负荷侧，多层横担应装设在同一侧。终端杆、转角杆、分支杆以及导线张力不平衡处的横担应装在张力的反向侧。横担靠抱箍固定在电杆上。

直线杆的横担应安装在负荷侧（与电源相反方向），90°转角杆的横担应装在拉线侧。

转角杆、分支杆、终端杆以及受导线张力不平衡的电杆，横担应装在导线张力的反方向侧。

多层横担均装在同一侧。

二、金具

金具种类很多，按照金具的性能及用途可分为线夹、连接金具、保护金具和拉线金具等。

横担常用的金具如图2-9所示。

架空配电线路采用钢制金具应热镀锌，且应符合DL/T 765.1—2001《架空配电线路金具技术条件》的技术规定。

三、安装

1. 要求

横担一般安装在距杆顶300mm处，直线横担应装在受电侧，转角杆、终端杆、分支杆的横担应装在拉线侧。

架空配电线路采用的横担应按受力情况进行强度计算，选用应规格化。采用钢材横担时，其规格不应小于：∟63mm×63mm×6mm。钢材的横担及附件应热镀锌。

2. 单横担

单横担的安装如图2-10所示。安装时，用U形抱箍从电杆背部抱过杆身，穿过M形抱铁和横担的两孔，用螺母拧紧固定。螺栓拧紧后，外露长度不应大于30mm。

架空配电线路转角在15°以下的转角杆和截面积在$50mm^2$及以下的终端杆宜采用单横担。

3. 双横担

双横担一般用于耐张杆、重型终端杆和转角杆等受力较大的电杆上。双横担的安装方法如图2-11所示。

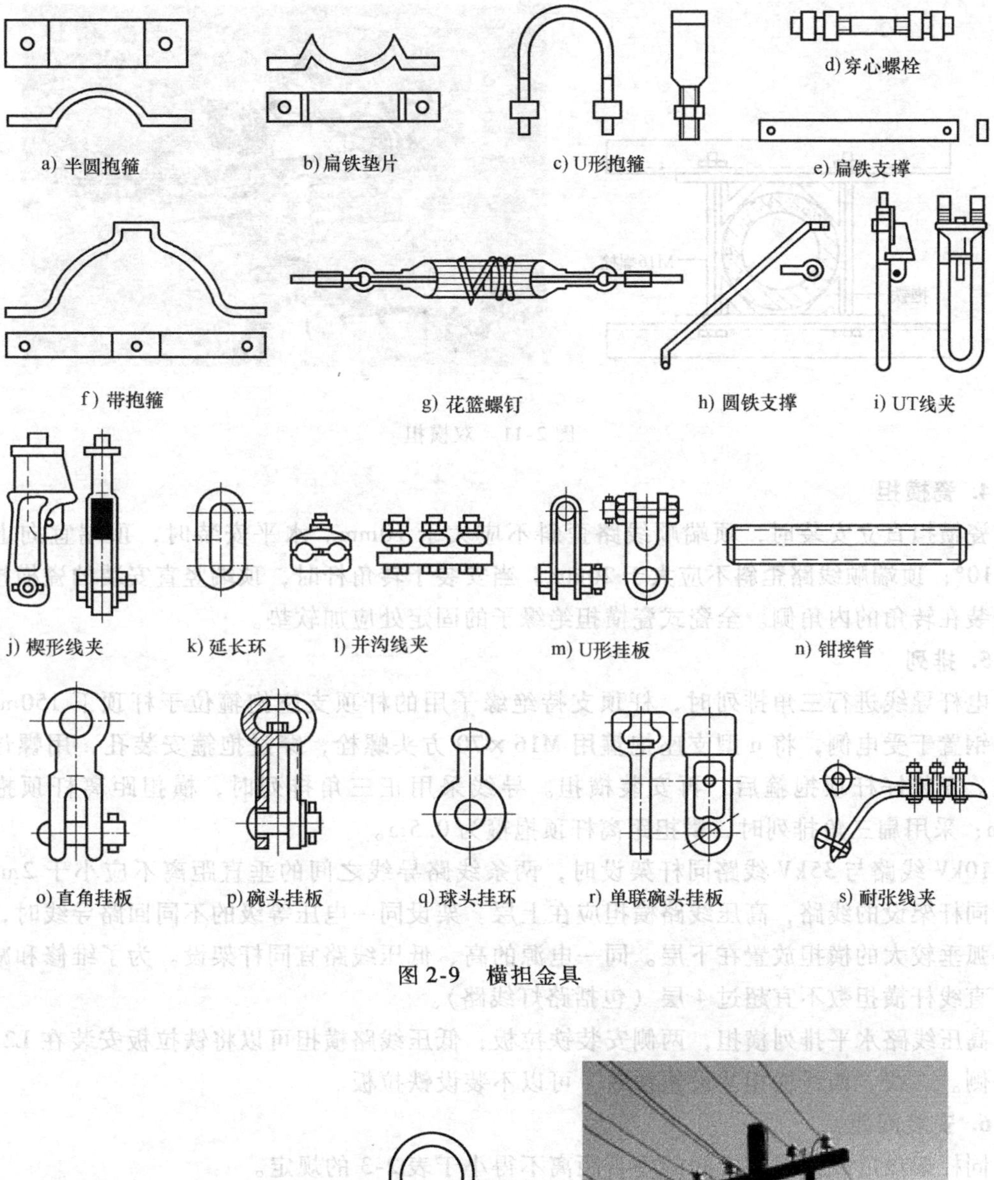

图 2-9 横担金具

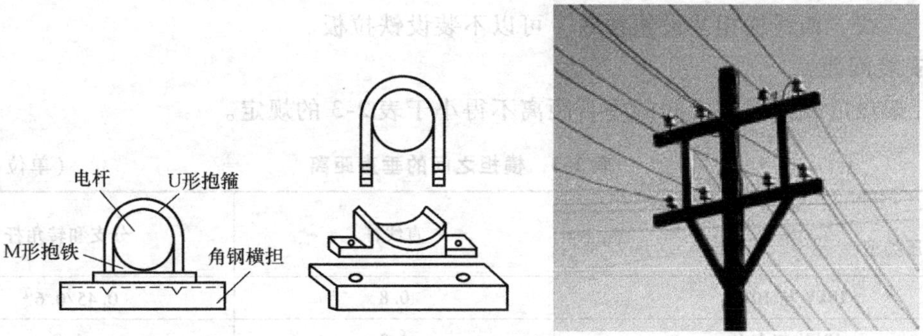

图 2-10 单横担

根据横担的受力情况，转角在15°以上的转角杆、耐张杆、终端杆、分支杆皆采用双横担。截面积在70mm^{2}及以下的终端杆宜采用双横担。

45°以上的转角杆宜采用十字横担。

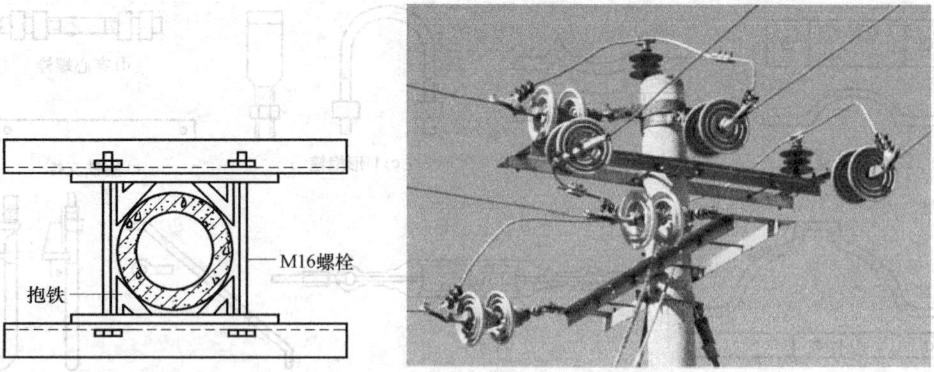

图 2-11 双横担

4. 瓷横担

瓷横担直立安装时，顶端顺线路歪斜不应大于 10mm。水平安装时，顶端宜向上翘起 5°~10°；顶端顺线路歪斜不应大于 20mm。当安装于转角杆时，顶端竖直安装的瓷横担支架应安装在转角的内角侧。全瓷式瓷横担绝缘子的固定处应加软垫。

5. 排列

电杆导线进行三角排列时，杆顶支持绝缘子用的杆顶支座抱箍位于杆顶下 150mm 处。将角钢置于受电侧，将 α 型支座抱箍用 M16×70 方头螺栓，穿过抱箍安装孔，用螺母拧紧固定。安装好杆顶抱箍后，再安装横担。导线采用正三角排列时，横担距离杆顶抱箍为 0.8m；采用扁三角排列时，横担距离杆顶抱箍为 0.5m。

10kV 线路与 35kV 线路同杆架设时，两条线路导线之间的垂直距离不应小于 2m。高、低压同杆架设的线路，高压线路横担应在上层。架设同一电压等级的不同回路导线时，应把线路弧垂较大的横担放置在下层。同一电源的高、低压线路宜同杆架设。为了维修和减少停电，直线杆横担数不宜超过 4 层（包括路灯线路）。

高压线路水平排列横担，两侧安装铁拉板；低压线路横担可以将铁拉板安装在 L2 和 L3 相一侧。二线、四线横担装设垫铁时，可以不装设铁拉板。

6. 安装间距

同杆架设的线路横担之间的垂直距离不得小于表 2-3 的规定。

表 2-3 横担之间的垂直距离 （单位：m）

杆型 / 电压类型	直线杆	分支和转角杆
10kV 与 10kV	0.8	0.45/0.6①
10kV 与 1kV	1.2	1.0
1kV 以下与 1kV 以下	0.6	0.3

① 转角或分支线如为单回线，则分支线横担距主干线横担为 0.60m；如为双回路，则分支线横担距上排主干线横担取 0.45m；距下排主干线横担取 0.6m。

同电压等级同杆架设的双回绝缘线路或 1~10kV、1kV 以下同杆架设的绝缘线路、横担间的垂直距离不应小于表 2-4 所列数值。

表 2-4 同杆架设绝缘线路横担之间的最小垂直距离 （单位：m）

杆型 / 电压类型	直线杆	分支和转角杆
10kV 与 10kV	0.5	0.5
10kV 与 1kV	1.0	—
1kV 以下与 1kV 以下	0.3	0.3

第六节 绝 缘 子

一、要求

绝缘子的瓷件与铁件组合无歪斜现象，组合紧密，软铁件镀锌良好；瓷釉光滑，无裂痕、缺釉、半斑点、烧痕、气泡或瓷釉烧坏等缺陷；弹簧销、弹簧垫的弹力适宜。

绝缘子安装应牢固，连接可靠，防止积水。安装时应清除表面灰垢、附着物及不应有的涂料。绝缘子裙边与带电部位的间隙不应小于 50mm。

绝缘子的额定电压应符合线路电压等级要求。

安装前应进行外观检查和测量绝缘电阻，有裂纹、釉面脱落等缺陷不能使用。

绝缘电阻值用 2500V 绝缘电阻表测量，应不低于 300MΩ，如有条件最好做交流耐压试验，以防止使用不合格产品。

二、10kV 绝缘子

1）10kV 直线杆绝缘子采用针式和瓷横担两种，针式绝缘子采用外胶装形式。

2）10kV 耐张杆组装方式为 2 片盘形悬式绝缘子或棒式绝缘子，如图 2-12 和图 2-13 所示。

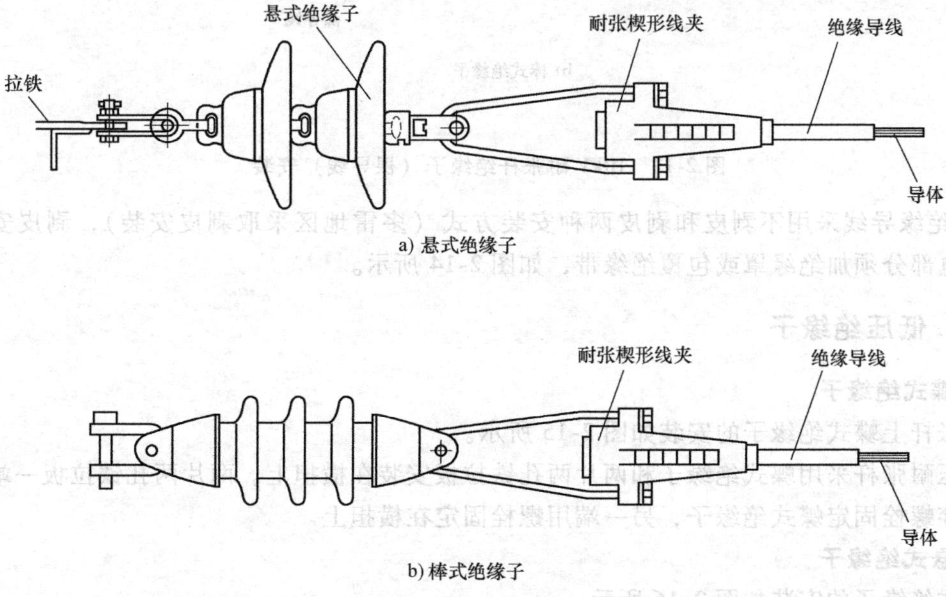

图 2-12 10kV 耐张杆绝缘子（不剥皮）安装

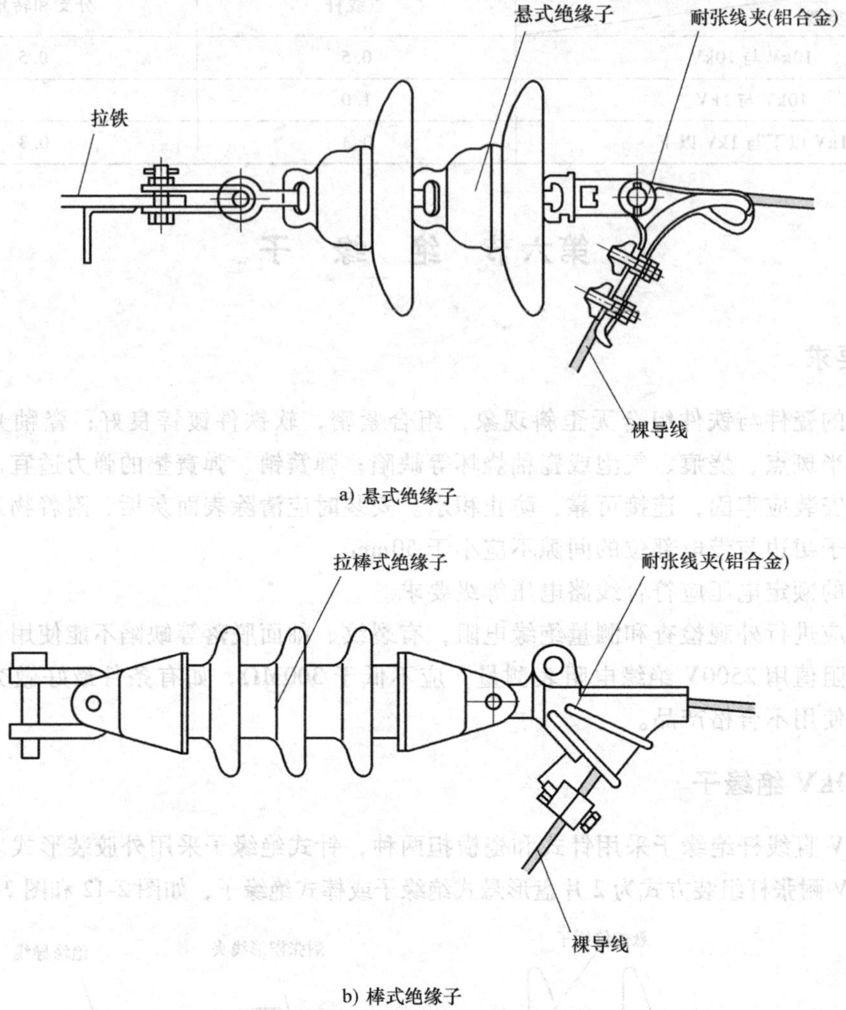

图 2-13 10kV 耐张杆绝缘子（裸导线）安装

3）绝缘导线采用不剥皮和剥皮两种安装方式（多雷地区采取剥皮安装），剥皮安装时裸露带电部分须加绝缘罩或包覆绝缘带，如图 2-14 所示。

三、低压绝缘子

1. 蝶式绝缘子

耐张杆上蝶式绝缘子的安装如图 2-15 所示。

低压耐张杆采用蝶式绝缘子和两片两孔铁拉板安装在横担上。两片两孔铁拉板一端的两孔中间穿螺栓固定蝶式绝缘子，另一端用螺栓固定在横担上。

2. 悬式绝缘子

悬式绝缘子的安装如图 2-16 所示。

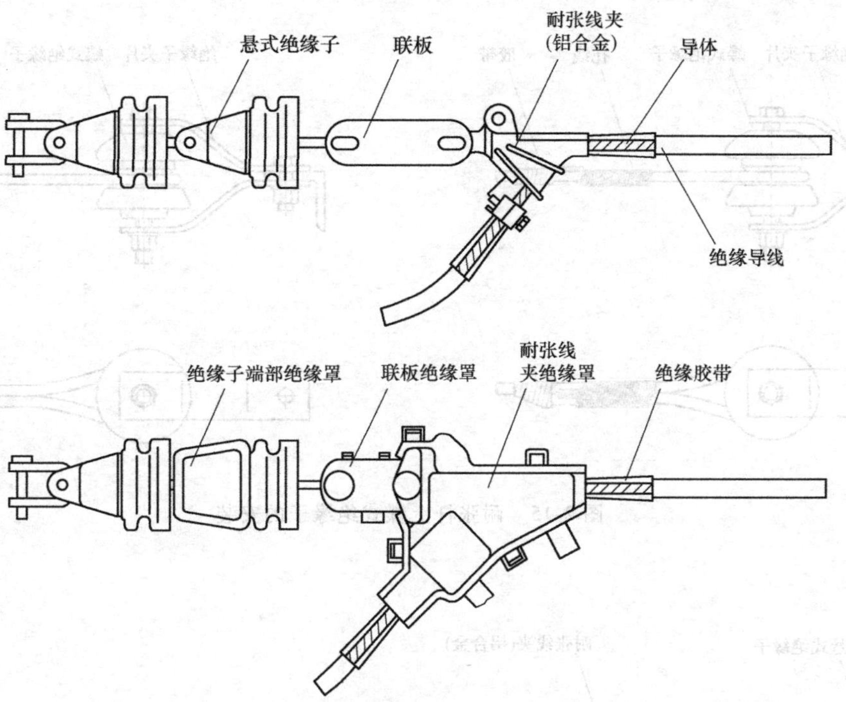

a) 悬式绝缘子

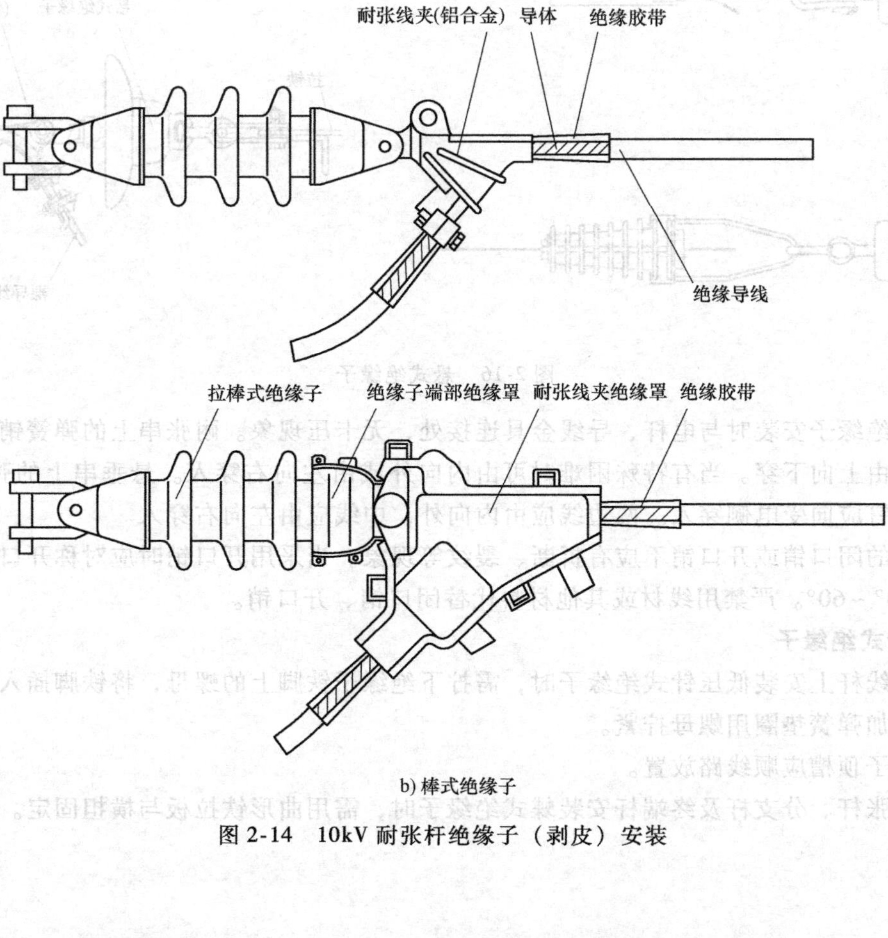

b) 棒式绝缘子

图 2-14　10kV 耐张杆绝缘子（剥皮）安装

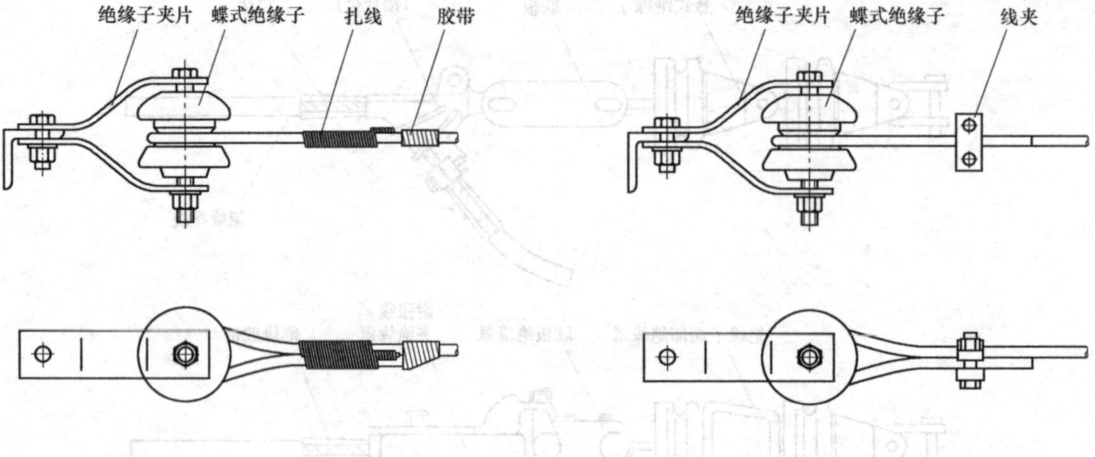

图 2-15 耐张杆上蝶式绝缘子的安装

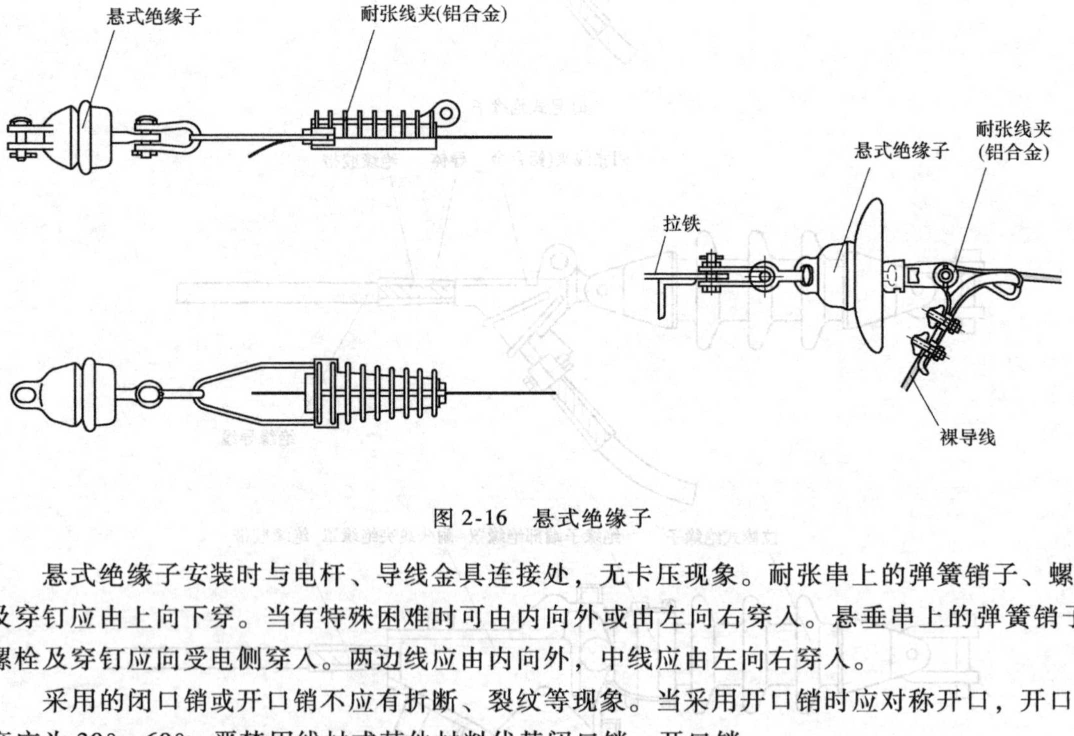

图 2-16 悬式绝缘子

悬式绝缘子安装时与电杆、导线金具连接处，无卡压现象。耐张串上的弹簧销子、螺栓及穿钉应由上向下穿。当有特殊困难时可由内向外或由左向右穿入。悬垂串上的弹簧销子、螺栓及穿钉应向受电侧穿入。两边线应由内向外，中线应由左向右穿入。

采用的闭口销或开口销不应有折断、裂纹等现象。当采用开口销时应对称开口，开口角度应为30°~60°。严禁用线材或其他材料代替闭口销、开口销。

3. 针式绝缘子

在直线杆上安装低压针式绝缘子时，需拧下绝缘子铁脚上的螺母，将铁脚插入横担的安装孔内，加弹簧垫圈用螺母拧紧。

绝缘子顶槽应顺线路放置。

在耐张杆、分支杆及终端杆安装蝶式绝缘子时，需用曲形铁拉板与横担固定。

第七节 导线架设

一、导线布置

1. 导线排列

1～10kV架空配电线路的导线应采用三角排列、水平排列、垂直排列。

1）单回架空线采用三角和水平两种基本方式。三角形排列方式因采用棒形针式绝缘子和瓷横担又分为两种。转角杆不考虑瓷横担的三角布置方式。

2）双回架空线采用左右对称的双三角、双垂直、上层三角形加下层水平以及两层水平排列四种布置方式。

3）三回架空线采用上层双回加下层单回的基本组合方式。上层双回采用的排列方式有双三角形、双垂直两种布置方式，下层一回只采用水平排列方式（含对称和不对称的方式），双回和单回组合起来形成四种三回的杆头布置。

4）10kV与220V/380V共杆架设，除三回共杆线路外，单回、双回均可加单回低压架空线。

5）1kV以下架空配电线路的导线宜采用水平排列。

城镇的1～10kV架空配电线路和1kV以下架空配电线路宜同杆架设，且应是同一电源并应有明显的标志。

2. 杆塔回路数

1）单回10kV线路，可同杆架设单回220V/380V线路。

2）双回10kV线路，可同杆架设单回220V/380V线路。

3）三回10kV线路，不考虑低压线路同杆架设。

3. 相序排列

架空配电线路的排列相序应符合下述规定：

1）高压线路：面向负荷从左至右为L1、L2、L3。

2）低压线路：面向负荷从左至右为L1、N、L2、L3。

同一地区1kV以下架空配电线路的导线在电杆上的排列应统一。中性导体应靠近电杆或建筑物侧。同一回路的中性导体，不应高于相线。

1kV以下路灯线在电杆上的位置，不应高于其他相线和中性导体。

二、导线距离

1. 档距

架空配电线路的档距（跨距）是指同一线路上相邻两根电杆之间的水平距离。

架空配电线路的档距，宜采用表2-5所列数值。耐张段的长度不应大于1km。

2. 水平距离

沿建（构）筑物架设的1kV以下架空配电线路应采用绝缘线，导线支持点之间的距离不宜大于15m。

架空配电线路导线的线间距离，应结合地区运行经验确定。如无可靠资料，导线的线间距离不应小于表2-6所列数值。

表2-5 架空配电线路的档距 （单位：m）

地段＼电压	1～10kV	1kV以下
城镇	40～50	40～50
空旷	60～100	40～60

注：1kV以下线路当采用集束型绝缘导线时，档距不宜大于30m。

表2-6 架空配电线路导线最小线间距离 （单位：m）

线路电压＼档距	40及以下	50	60	70	80	90	100
1～10kV	0.6 (0.4)	0.65 (0.5)	0.7	0.75	0.85	0.9	1.0
1kV以下	0.3 (0.3)	0.4 (0.4)	0.45	—	—	—	—

注：括号内为绝缘导线数值；1kV以下架空配电线路靠近电杆两侧导线间水平距离不应小于0.5m。

3. 垂直距离

1～10kV架空配电线路与35kV线路同杆架设时，两线路导线间的垂直距离不应小于2.0m。

1～10kV架空配电线路与66kV线路同杆架设时，两线路导线间的垂直距离不宜小于3.5m，当1～10kV架空配电线路采用绝缘导线时，垂直距离不应小于3.0m。

10kV与220V/380V共杆架设，380V横担距离10kV最下层横担1.2～2.0m安装。

4. 弧垂

架空配电线路导线的弧垂，又称弛垂，是指架空配电线路一个档距内导线最低点与两端电杆上导线固定点间的垂直距离。

导线的弧垂应根据计算确定。导线架设后塑性伸长对弧垂的影响，宜采用减小弧垂法补偿，弧垂减小的百分数如下：

1）铝绞线、铝芯绝缘线为20%。

2）钢芯铝绞线为12%。

3）铜绞线、铜芯绝缘线为7%～8%。

5. 净空距离

架空配电线路每相的过引线、引下线与邻相的过引线、引下线或导线之间的净空距离，不应小于下列数值：

1）1～10kV为0.3m。

2）1kV以下为0.15m。

3）1～10kV引下线与1kV以下的架空配电线路导线间距离不应小于0.2m。

架空配电线路的导线与拉线、电杆或构架间的净空距离，不应小于下列数值：

1）1～10kV为0.2m。

2）1kV以下为0.1m。

6. 与地面或水面的距离

架空线路导线与地面距离在最大弧垂情况下，导线与地面或水面的距离，不应小于表2-7所列数值。

表 2-7 导线与地面或水面的最小距离 （单位：m）

线路经过地区	线路电压	
	1~10kV	1kV 以下
居民区	6.5	6
非居民区	5.5	5
不能通航也不能浮运的河、湖（至冬季冰面）	5	5
不能通航也不能浮运的河、湖（至50年一遇洪水位）	3	3
交通困难地区	4.5(3)	4(3)

注：括号内为绝缘线数值。

7. 与山坡、峭壁、岩石地段之间的净空距离

导线与山坡、峭壁、岩石地段之间的净空距离，在最大计算风偏情况下，不应小于表 2-8 所列数值。

表 2-8 导线与山坡、峭壁、岩石之间的最小距离 （单位：m）

线路经过地区	线路电压	
	1~10kV	1kV 以下
步行可以到达的山坡	4.5	3.0
步行不能到达的山坡、峭壁和岩石	1.5	1.0

8. 跨越距离

1~10kV 配电线路不应跨越屋顶为易燃材料做成的建筑物，对耐火屋顶的建筑物，应尽量不跨越，如需跨越，导线与建筑物的垂直距离在最大计算弧垂情况下，裸导线不应小于 3m，绝缘导线不应小于 2.5m。

1kV 以下配电线路跨越建筑物，导线与建筑物的垂直距离在最大计算弧垂情况下，裸导线不应小于 2.5m，绝缘导线不应小于 2m。

线路边线与永久建筑物之间的距离在最大风偏情况下，不应小于下列数值：

1~10kV：裸导线 1.5m，绝缘导线 0.75m（相邻建筑物无门窗或实墙）。

1kV 以下：裸导线 1m，绝缘导线 0.2m（相邻建筑物无门窗或实墙）。

在无风情况下，导线与不在规划范围内城市建筑物之间的水平距离，不应小于上述数值的一半。

注 1：导线与城市多层建筑物或规划建筑线间的距离，指水平距离。

注 2：导线与不在规划范围内的城市建筑物间的距离，指净空距离。

9. 与街道行道树的距离

1~10kV 配电线路通过林区应砍伐出通道，通道净宽度为导线边线向外侧水平延伸 5m，绝缘线为 3m，当采用绝缘导线时不应小于 1m。

在下列情况下，如不妨碍架线施工，可不砍伐通道：

1）树木自然生长高度不超过 2m。

2）导线与树木（考虑自然生长高度）之间的垂直距离，不小于 3m。

配电线路通过公园、绿化区和防护林带，导线与树木的净空距离在最大风偏情况下不应小于 3m。

配电线路通过果林、经济作物以及城市灌木林，不应砍伐通道，但导线至树梢的距离不应小于1.5m。

配电线路的导线与街道行道树之间的距离，不应小于表2-9所列数值。

表2-9 导线与街道行道树之间的最小距离 （单位：m）

最大弧垂情况的垂直距离		最大风偏情况的水平距离	
1～10kV	1kV以下	1～10kV	1kV以下
1.5(0.8)	1.0(0.2)	2.0(1.0)	1.0(0.5)

注：括号内为绝缘导线数值。

校验导线与树木之间的垂直距离，应考虑树木在修剪周期内生长的高度。

10. 交叉距离

1～10kV线路与特殊管道交叉时，应避开管道的检查井或检查孔，同时，交叉处管道上所有金属部件应接地。

配电线路与甲类厂房、库房，易燃材料堆场，甲、乙类液体贮罐，液化石油气贮罐，可燃、助燃气体贮罐最近水平距离，不应小于杆塔高度的1.5倍，丙类液体贮罐不应小于1.2倍。

配电线路与弱电线路交叉，应符合下列要求：

1）交叉角应符合表2-10的要求。

表2-10 配电线路与弱电线路的交叉角

弱电线路等级	一级	二级	三级
交叉角	≥45°	≥30°	不限制

2）配电线路一般架在弱电线路上方。配电线路的电杆，应尽量接近交叉点，但不宜小于7m（城区的线路，不受7m的限制）。

配电线路与铁路、道路、河流、管道、索道、人行天桥及各种架空线路交叉或接近，应符合表2-11的要求。

三、导线连接

1. 连接方法

1）钢芯铝绞线，铝绞线在档距内的连接，宜采用钳压方法。

2）铜绞线在档距内的连接，宜采用插接或钳压方法。

3）铜绞线与铝绞线的跳线连接，宜采用铜铝过渡线夹、铜铝过渡线。

4）铜绞线、铝绞线的跳线连接，宜采用线夹、钳压连接方法。

架空配电线路的铝绞线、钢芯铝绞线，在与绝缘子或金具接触处，应缠绕铝包带。

2. 钳压连接

钳压连接是将钳压型接续管用钳压器把导线进行直线接续。钳压连接的主要原理是：利用钳压器的杠杆或液压顶升的方法，将力传递给钳压钢模，把被连接导线端头和钳接管一起压成间隔凹槽，借助管壁和导线的局部变形，获得摩擦阻力，从而达到把导线接续的目的。

钳压连接适用于中小截面导线的直线接续。

钳压的压口位置及操作顺序应符合图2-17要求，连接后端头的绑线应保留。

表 2-11 架空配电线路与铁路、道路、河流、管道、索道及各种架空线路交叉或接近的基本要求

项目		铁路			公路		电车道	河流				弱电线路		电力线路/kV						特殊管道	一般管道、索道	人行天桥
		标准轨距	窄轨	电气化线路	高速公路，一级公路	二、三、四级公路	有轨及无轨	通航		不通航		一、二级	三级	1 以下	1~10	35~110	154~220	330	500			
导线最小截面积		铝线及铝合金线 $50mm^2$，铜线为 $16mm^2$																				
导线在跨越档内的接头		不应接头	—	—	不应接头	—	不应接头	不应接头		—		不应接头	—	交叉不应接头	交叉不应接头	—	—	—	—	不应接头		—
导线支持方式		双固定		—	双固定	单固定	双固定	双固定		单固定		双固定	单固定	单固定	双固定	—	—	—	—	双固定		—
最小垂直距离/m	项目 线路电压	至轨顶		接触线或承力索	至路面		至承力索或接触线 至路面	至常年高水位	至最高航行水位的最高船桅顶	至最高洪水位	冬季至冰面	至被跨越线		至导线						电力线在下面：电力线在下面	电力线在下面：电力线在下面至电力线上的保护设施	—
	1~10kV	7.5	6.0	平原地区配电线路入地	7.0		3.0/9.0	6	1.5	3.0	5.0	2.0		2	2	3	4	5	8.5	3.0	2.0/2.0	5(4)
	1kV 以下	7.5	6.0	平原地区配电线路入地	6.0		3.0/9.0	6	1.0	3.0	5.0	1.0		1	2	3	4	5	8.5	1.5/1.5		4(3)
最小水平距离/m	项目 线咱电压	电杆外缘至轨道中心			电杆中心至路面边缘		电杆中心至路面边缘 电杆外缘至轨道中心	与拉纤小路平等的线路，边导线至斜坡上缘				在路径受限制地区，两线路边导线间		在路径受限制地区，两线路边导线间						在路径受限制地区，至管道、索道任何部分		导线边线至行天桥边缘

（续）

项目		铁路			公路		电车道	河流		弱电线路		电力线路/kV						特殊管道	一般管道、索道	人行天桥
		标准轨距	窄轨	电气化线路	高速公路，一级公路	二、三、四级公路	有轨及无轨	通航	不通航	一、二级	三级	1以下	1~10	35~110	154~220	330	500			
最小水平距离/m	1~10kV	交叉:5.0 平行:杆高+3.0		平行杆高+3.0	0.5		0.5/3.0	最高电杆高度		2.0		2.5	2.5	5.0	7.0	9.0	13.0	2.0		4.0
	1kV以下						0.5/3.0			1.0								1.5		2.0
备注				山区入地困难时，应协商，并签订协议	城市道路的分级，参照公路的规定			最高洪水位时，有抗洪抢险船只航行的河流，垂直距离应协商确定		两平行线路在开阔地区的水平距离不应小于电杆高度		两平行线路开阔地区的水平距离不应小于电杆高度						①特殊管道指架设在地面上的输送易燃、易爆物的管道；②交叉点不应选在管道检查井（孔）处，与管道、索道平行、交叉时，管道、索道应接地		

注：1. 1kV以下配电线路与二、三级弱电线路，与公路交叉时，导线支持方式不限制。
2. 架空配电线路与弱电线路交叉时，交叉档弱电线路的木质电杆应有防雷措施。
3. 1~10kV电力接户线与工业企业内自用的同电压等级的架空线路交叉时，接户线宜架设在上方。
4. 不能通航河流指不能通航也不能浮运的河流。
5. 对路径受限制的地区的最小水平距离的要求，应计及架空电力线路导线的最大风偏。
6. 公路等级应符合 JTG B01—2014《公路工程技术标准》的规定。
7. 括号内数值为绝缘导线线路。

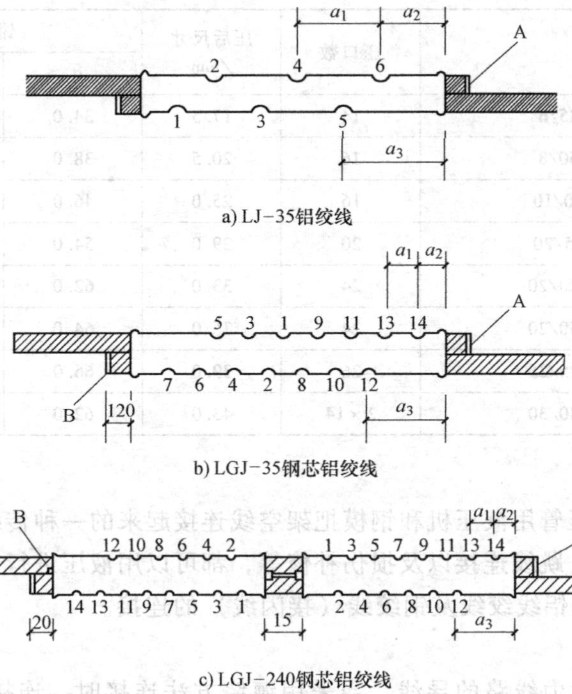

图 2-17 钳压管连接图

A—绑线 B—垫片 a_1—同侧压口与压口之间的距离 a_2—钳压管端部至其最近的压口中心的距离 a_3—在与 a_2 所在侧相反的一侧，钳压管端部至其最近的压口中心的距离 1、2、3…表示压接操作顺序

钳压管压口数及压后尺寸应符合表 2-12 的规定。铝绞线钳接管压后尺寸允许偏差应为 ±1.0mm；钢芯铝绞线钳接管压后尺寸允许偏差应为 ±0.5mm。

表 2-12 钳压压口数及压后尺寸

导线型号		压口数	压后尺寸/mm	钳压部位尺寸/mm		
				a_1	a_2	a_3
铝绞线	LJ-16	6	10.5	28.0	20.0	34.0
	LJ-25	6	12.5	32.0	20.0	36.0
	LJ-35	6	14.0	36.0	25.0	43.0
	LJ-50	8	16.5	40.0	25.0	45.0
	LJ-70	8	19.5	44.0	28.0	50.0
	LJ-95	10	23.0	48.0	32.0	56.0
	LJ120	10	26.0	52.0	33.0	59.0
	LJ-150	10	30.0	56.0	34.0	62.0
	LJ-185	10	33.5	60.0	35.0	65.0
钢芯铝绞线	LGJ-16/3	12	12.5	28.0	14.0	28.0
	LGJ-25/4	14	14.5	32.0	15.0	31.0

（续）

导线型号		压口数	压后尺寸/mm	钳压部位尺寸/mm		
				a_1	a_2	a_3
钢芯铝绞线	LGJ-35/6	14	17.5	34.0	42.5	93.5
	LGJ-50/8	16	20.5	38.0	48.5	105.5
	LGJ-70/10	16	25.0	46.0	54.5	123.5
	LGJ-95/20	20	29.0	54.0	61.5	142.5
	LGJ-120/20	24	33.0	62.0	67.5	160.5
	LGJ-150/20	24	36.0	64.0	70.0	166.0
	LGJ-185/25	26	39.0	66.0	74.5	173.5
	LGJ-240/30	2×14	43.0	62.0	68.5	161.5

3. 液压连接

液压连接是将液压管用液压机和钢模把架空线连接起来的一种传统工艺方法。架空线的直接接续、耐张连接、跳线连接以及损伤补修等，都可以用液压进行。目前，液压连接一般用于240mm^{2}以上钢芯铝线绞线及钢绞线（接闪线）的连接。

4. 绝缘导线连接

1kV及以下架空电力线路的导线，当采用缠绕方法连接时，连接部分的线股应缠绕良好，不应有断股、松股等缺陷。

绝缘导线的连接不得缠绕，应采用专用的线夹、接续管连接；绝缘导线连接后应进行绝缘处理；绝缘导线的全部端头、接头应进行绝缘护封，不得有导线、接头裸露，防止进水、进潮；绝缘导线接头应进行屏蔽处理。

绝缘导线的承力接头的连接应采用钳压法、液压法施工在接头处应安装绝缘护套，绝缘护套管径应为被处理部位接续管的1.5~2.0倍。

绝缘导线承力接续应符合下列规定：

1）不同金属、不同规格、不同绞向的导线不得在档距内承力连接。

2）新建线路在一个档距内，每根导线不得超过一个接头。

3）导线接头距导线固定点不应小于0.5m。

4）10kV绝缘线及低压绝缘线在档距内承力连接宜采用液压对接接续管。

5）铜绞线在档距内承力连接可采用液压对接接续管。

绝缘导线剥离绝缘层、半导体层时应使用专用切削工具，不得损伤导线，绝缘层剥离长度应与连接金具长度相同，误差不应大于+10mm，绝缘层切口处应有45°倒角。

四、绝缘子的绑扎

1. 绑扎长度

在线路末端将导线卡固在耐张线夹上或绑回头挂在蝶式绝缘子上。

裸铝导线在线夹上或在蝶式绝缘子上固定时，应缠包铝带，缠绕方向应与导线外层绞股方向一致，缠绕长度应超出接触部分30mm。

裸铝导线在蝶式绝缘子上的绑扎长度见表2-13。

表 2-13 绑扎长度值

导线截面积/mm^2	绑扎长度/mm
LJ-50、LGJ-50 及以下	150
LJ-70	200

绑扎用的绑线，应选择与导线同金属的单股线，其直径不应小于 2mm。

2. 绝缘子绑扎

直线杆的导线在针式绝缘子上的固定绑扎，应先由直线角度杆或中间杆开始，然后逐个向两端绑扎。

导线用绑扎的方法在瓷绝缘子上固定。为了防止铝导线磨损，在绑扎部分应包一层铝带。绑扎用的扎线一般是采用导线的零头拆股使用。绑扎方法如图 2-18 所示。

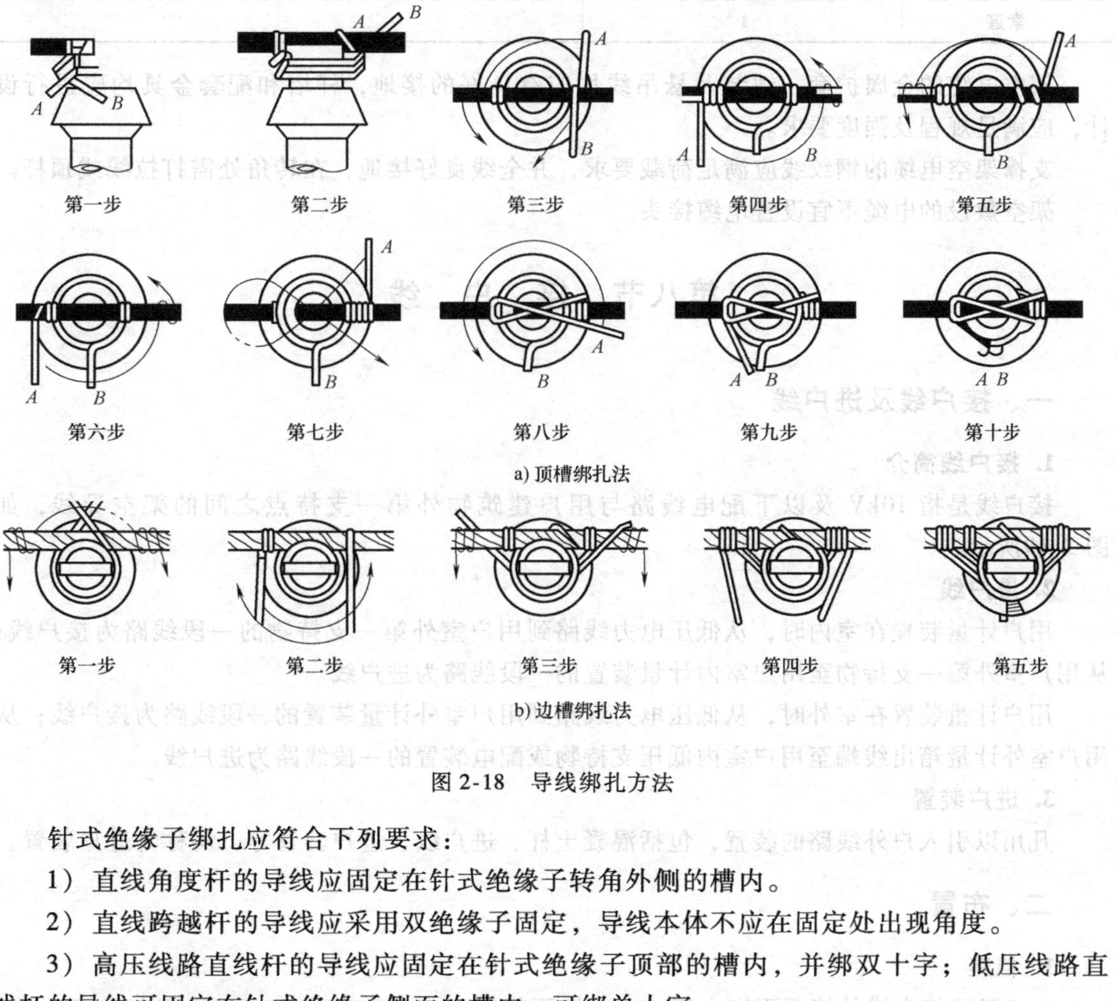

图 2-18 导线绑扎方法

针式绝缘子绑扎应符合下列要求：

1）直线角度杆的导线应固定在针式绝缘子转角外侧的槽内。

2）直线跨越杆的导线应采用双绝缘子固定，导线本体不应在固定处出现角度。

3）高压线路直线杆的导线应固定在针式绝缘子顶部的槽内，并绑双十字；低压线路直线杆的导线可固定在针式绝缘子侧面的槽内，可绑单十字。

五、电缆架空敷设

1. 悬吊间距

架空电缆悬吊点或固定的间距，应符合电缆各支持点间的距离的规定。

2. 净距

架空电缆与公路、铁路、架空线路交叉跨越时，应符合表2-14的规定。

表2-14 架空电缆与公路、铁路、架空线路交叉跨越时最小允许距离 （单位：m）

交叉设施	最小允许距离	备注
铁路	7.5	—
公路	6	—
电车路	3/9	至承力索或接触线/至路面
弱电流线路	1	—
电力线路	1/2/3/4/5	电压(kV)1以下/6～10/35～110/154～220/330
河道	6/1	五年一遇洪水位/至最高航行水位的最高船桅顶
索道	1	

架空电缆的金属护套、铠装及悬吊线均应有良好的接地，杆塔和配套金具均应进行设计，应满足规程及强度要求。

支撑架空电缆的钢绞线应满足荷载要求，并全线良好接地，在转角处需打拉线或顶杆。

架空敷设的电缆不宜设置电缆接头。

第八节 接 户 线

一、接户线及进户线

1. 接户线简介

接户线是指10kV及以下配电线路与用户建筑物外第一支持点之间的架空导线，如图2-19所示。

2. 进户线

用户计量装置在室内时，从低压电力线路到用户室外第一支持物的一段线路为接户线；从用户室外第一支持物至用户室内计量装置的一段线路为进户线。

用户计量装置在室外时，从低压电力线路到用户室外计量装置的一段线路为接户线；从用户室外计量箱出线端至用户室内低压支持物或配电装置的一段线路为进户线。

3. 进户装置

凡用以引入户外线路的装置，包括混凝土杆、进户线、进户套管等，均称为进户装置。

二、布置

1. 档距

1～10kV接户线的档距不宜大于40m。档距超过40m时，应按1～10kV配电线路设计。1kV以下接户线的档距不宜大于25m，超过25m时宜设接户杆。

2. 导线截面积

接户线应选用绝缘导线，1～10kV接户线其截面积不应小于下列数值：

1）铜芯绝缘导线为25mm^2。

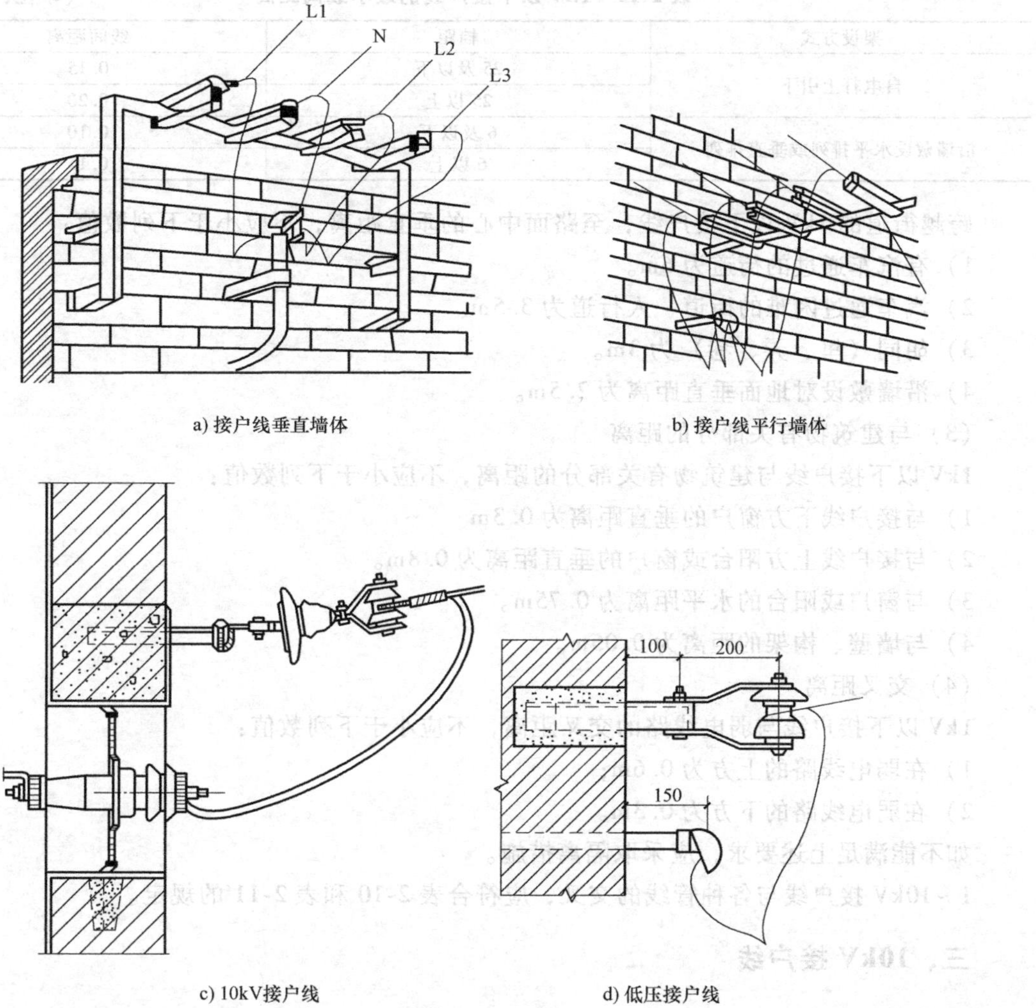

a) 接户线垂直墙体　b) 接户线平行墙体

c) 10kV接户线　d) 低压接户线

图 2-19　接户线

2）铝芯绝缘导线为 $35mm^2$。

1kV 以下接户线的导线截面积应根据允许载流量选择，且不应小于下列数值：

1）铜芯绝缘导线为 $10mm^2$。

2）铝芯绝缘导线为 $16mm^2$。

3. 间距

（1）线间距离

1 ~ 10kV 接户线，线间距离不应小于 0.40m。1kV 以下接户线的线间距离，不应小于表 2-15 所列数值。1kV 以下接户线的中性导体和相线交叉处，应保持一定的距离或采取加强绝缘措施。

（2）垂直距离

接户线受电端的对地面垂直距离，不应小于下列数值：

1）1 ~ 10kV 为 4m。

2）1kV 以下为 2.5m。

表 2-15 1kV 以下接户线的最小线间距离 （单位：m）

架设方式	档距	线间距离
自电杆上引下	25 及以下	0.15
	25 以上	0.20
沿墙敷设水平排列或垂直排列	6 及以下	0.10
	6 以上	0.15

跨越街道的 1kV 以下接户线，至路面中心的垂直距离，不应小于下列数值：

1）有汽车通过的街道为 6m。

2）汽车通过困难的街道、人行道为 3.5m。

3）胡同（里、弄、巷）为 3m。

4）沿墙敷设对地面垂直距离为 2.5m。

（3）与建筑物有关部分的距离

1kV 以下接户线与建筑物有关部分的距离，不应小于下列数值：

1）与接户线下方窗户的垂直距离为 0.3m。

2）与接户线上方阳台或窗户的垂直距离为 0.8m。

3）与窗户或阳台的水平距离为 0.75m。

4）与墙壁、构架的距离为 0.05m。

（4）交叉距离

1kV 以下接户线与弱电线路的交叉距离，不应小于下列数值：

1）在弱电线路的上方为 0.6m；

2）在弱电线路的下方为 0.3m。

如不能满足上述要求，应采取隔离措施。

1～10kV 接户线与各种管线的交叉，应符合表 2-10 和表 2-11 的规定。

三、10kV 接户线

1. 安装

10kV 及以下电力接户线的安装，尚应符合下列规定：

1）档距内不应有接头。

2）两端应设绝缘子固定，绝缘子安装应防止瓷裙积水。

3）采用绝缘线时，外露部位应进行绝缘处理。

4）两端遇有铜铝连接时，应设有过渡措施。

5）进户端支持物应牢固。

6）在最大摆动时，不应有接触树木和其他建筑物现象。

7）1kV 及以下的接户线不应从高压引线间穿过，不应跨越铁路。

8）10kV 及以下由两个不同电源引入的接户线不宜同杆架设。

9）10kV 及以下接户线固定端当采用绑扎固定时，其绑扎长度应符合表 2-16 的规定。

表 2-16 绑扎长度

导线截面积/mm^2	绑扎长度/mm	导线截面积/mm^2	绑扎长度/mm
10 及以下	≥50	25～50	≥120
16 及以下	≥80	70～120	≥200

10）接户线及其装置的防雷、接地应符合设计要求。

2. 穿墙

进户线穿墙时要加装进户套管，进户套管的壁厚：钢管不小于2.5mm，硬塑料管不小于2mm，管子伸出墙外部分应做防水弯头。其屋外露出部分不得小于60mm，如图2-20所示。

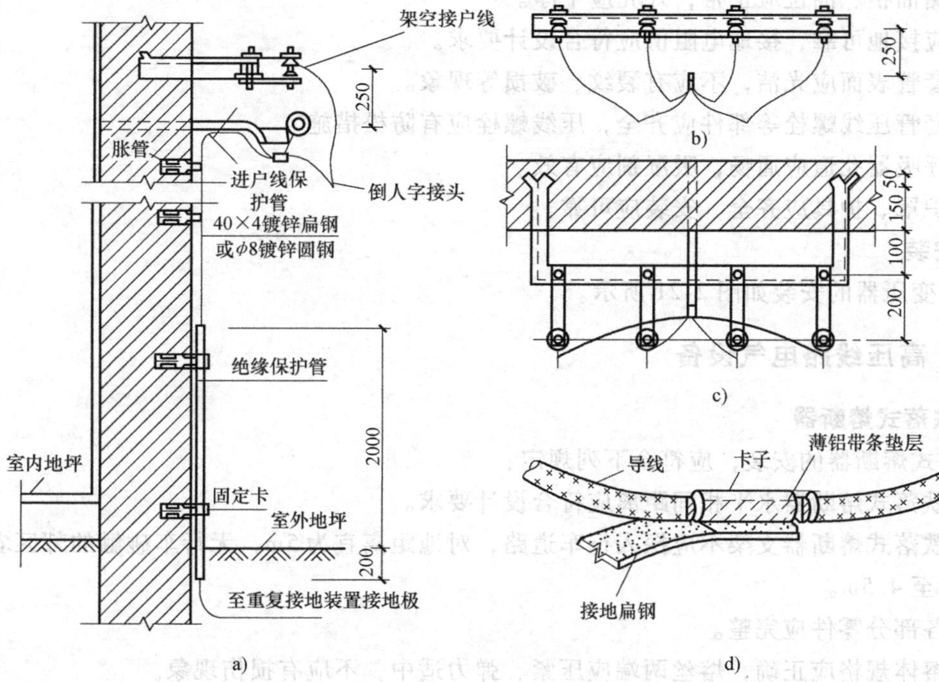

图2-20 进户线穿墙

3. 导线连接

1）首先量好导线的长度，削出线芯，找对相序后，进行导线连接。然后，将接头用绝缘胶带半幅重叠各包扎一层。最后，整理好“倒人字”形接头，使之排列整齐。

2）接户线与进入建筑物的导线在第一支持物端应采用“倒人字”形接头，一般连接方法如下：铝导线间可采用铝钳压管压接；铜导线间可采用钳压管压接；铜、铝导线间可将铜导线涮锡后在铝线上缠绕。

3）接户线与电杆上的主导线应使用并沟线夹进行连接；铜、铝导线间应使用铜、铝过渡线夹。

第九节 杆上变压器

一、变压器

杆上式变压器台底部距地面高度，不应小于2.5m。其带电部分，应综合考虑周围环境等条件。

1. 要求

变压器的安装，应符合下列规定：

1）变压器台的水平倾斜不应大于台架根开的1/100。

2）变压器安装平台对地高度不应小于2.5m。

3）一、二次引线排列应整齐、绑扎牢固。

4）储油柜、油位应正常，外壳应干净。

5）应接地可靠，接地电阻值应符合设计要求。

6）套管表面应光洁，不应有裂纹、破损等现象。

7）套管压线螺栓等部件应齐全，压线螺栓应有防松措施。

8）呼吸器孔道应通畅，吸湿剂应有效。

9）护罩、护具应齐全，安装应可靠。

2. 安装

杆上变压器的安装如图2-21所示。

二、高压线路电气设备

1. 跌落式熔断器

跌落式熔断器的安装，应符合下列规定：

1）跌落式熔断器水平相间距离应符合设计要求。

2）跌落式熔断器支架不应探入行车道路，对地距离宜为5m，无行车碰触的郊区农田线路可降低至4.5m。

3）各部分零件应完整。

4）熔体规格应正确，熔丝两端应压紧、弹力适中，不应有损伤现象。

5）转轴应光滑灵活，铸件不应有裂纹、砂眼、锈蚀。

6）熔管不应有吸潮膨胀或弯曲现象。

7）熔断器应安装牢固、排列整齐，熔管轴线与地面的垂线夹角应为15°~30°。

8）操作时应灵活可靠、接触紧密。合熔管时上触头应有一定的压缩行程。

9）上、下引线应压紧，线路导线线径与熔断器接线端子应匹配且连接紧密可靠。

10）动、静触头应可靠扣接。

11）熔管跌落时不应危及其他设备及人身安全。

2. 断路器、负荷开关和高压计量箱

断路器、负荷开关和高压计量箱的安装如图2-22所示。

断路器、负荷开关和高压计量箱的安装，应符合下列规定：

1）断路器、负荷开关和高压计量箱的水平倾斜不应大于托架长度的1/100。

2）引线应连接紧密。

3）密封应良好，不应有油或气的渗漏现象，油位或气压应正常。

4）操作应方便灵活，分、合位置指示应清晰可见、便于观察。

5）外壳接地应可靠，接地电阻值应符合设计要求。

3. 隔离开关

隔离开关的安装如图2-23所示。

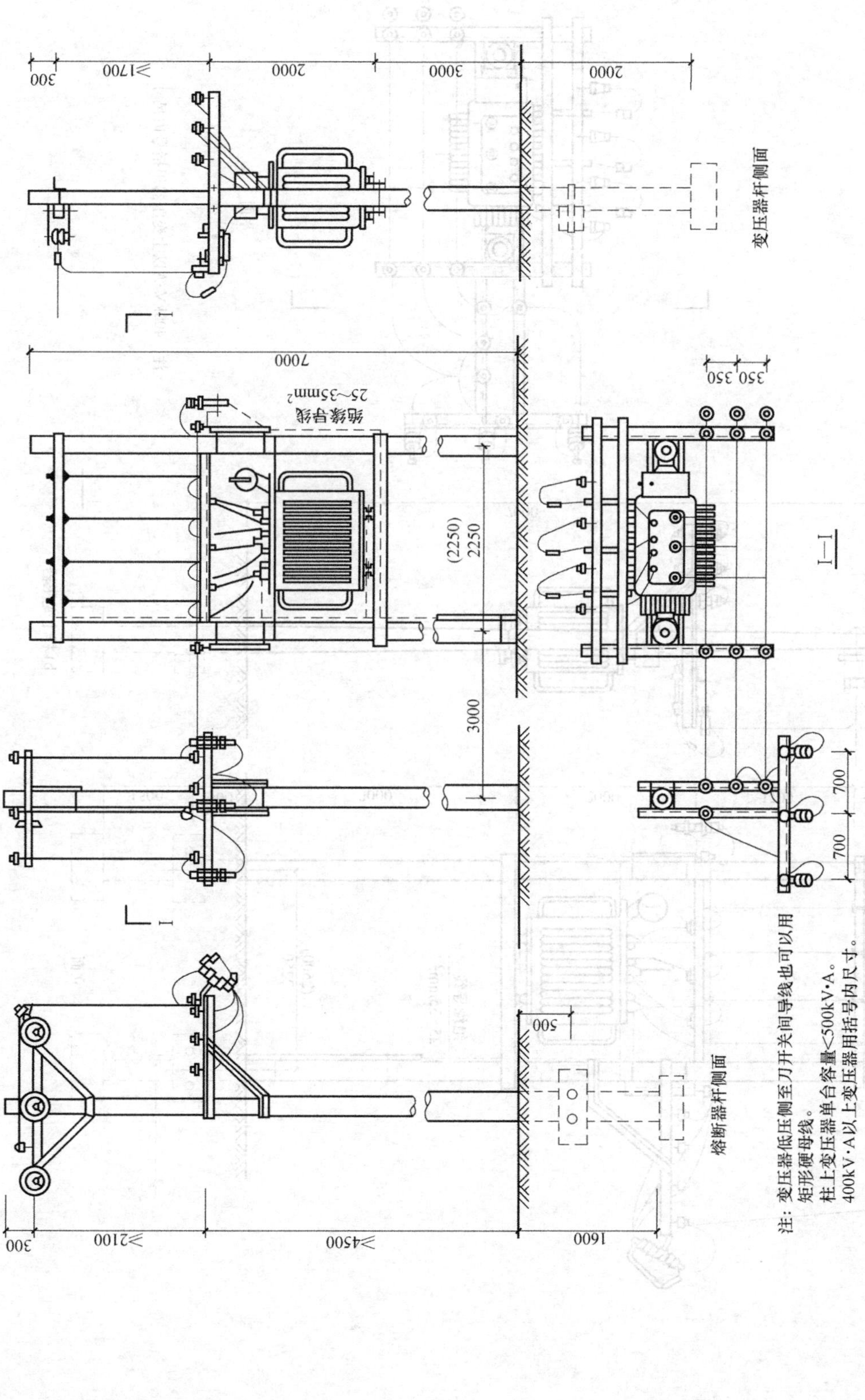

a) 三杆上变压器

图 2-21 杆上变压器安装

注：变压器低压侧至刀开关间导线也可以用矩形硬母线。
柱上变压器单台容量≤500kV·A。
400kV·A以上变压器用括号内尺寸。

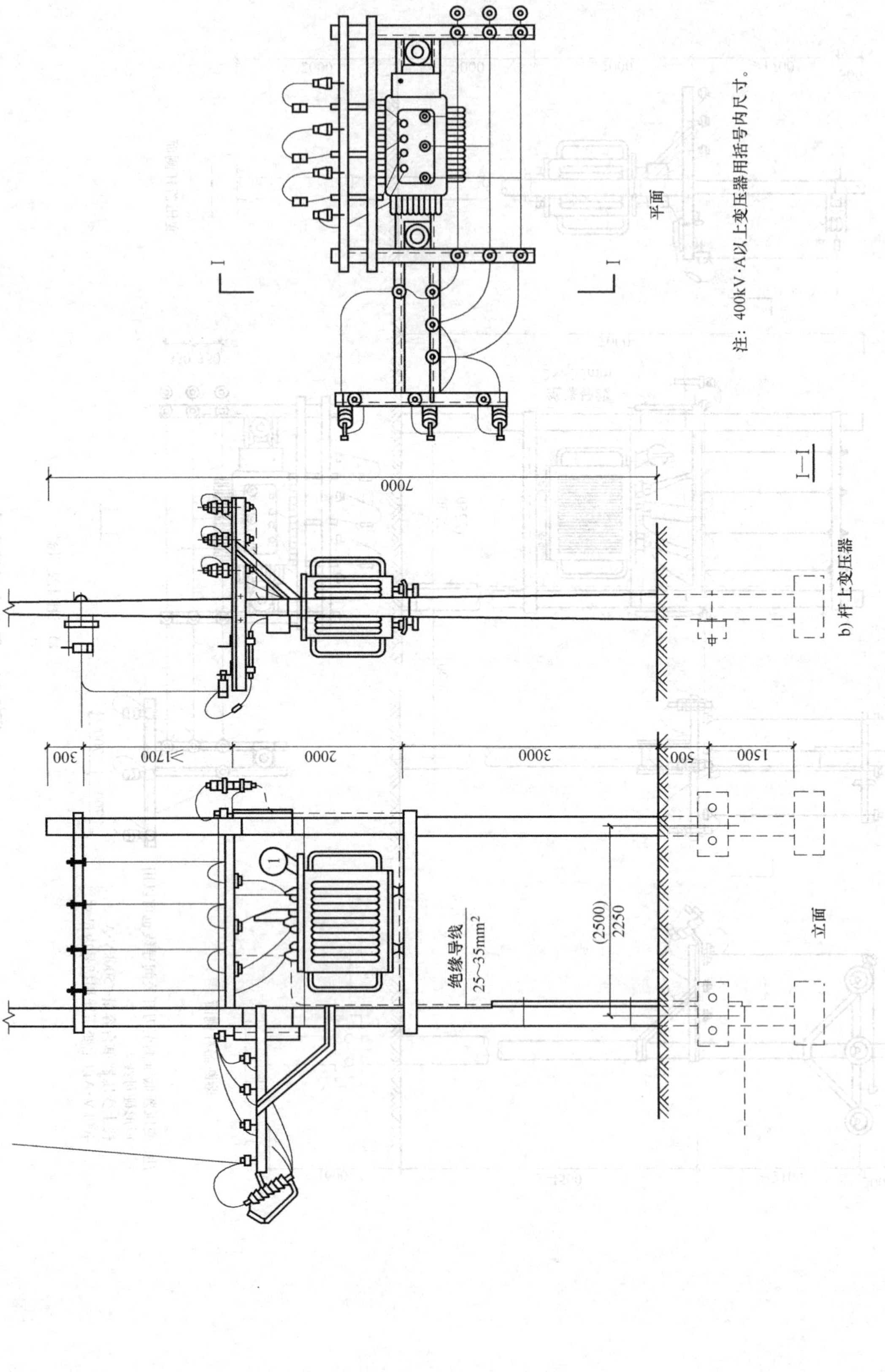

图 2-21 杆上变压器安装（续）

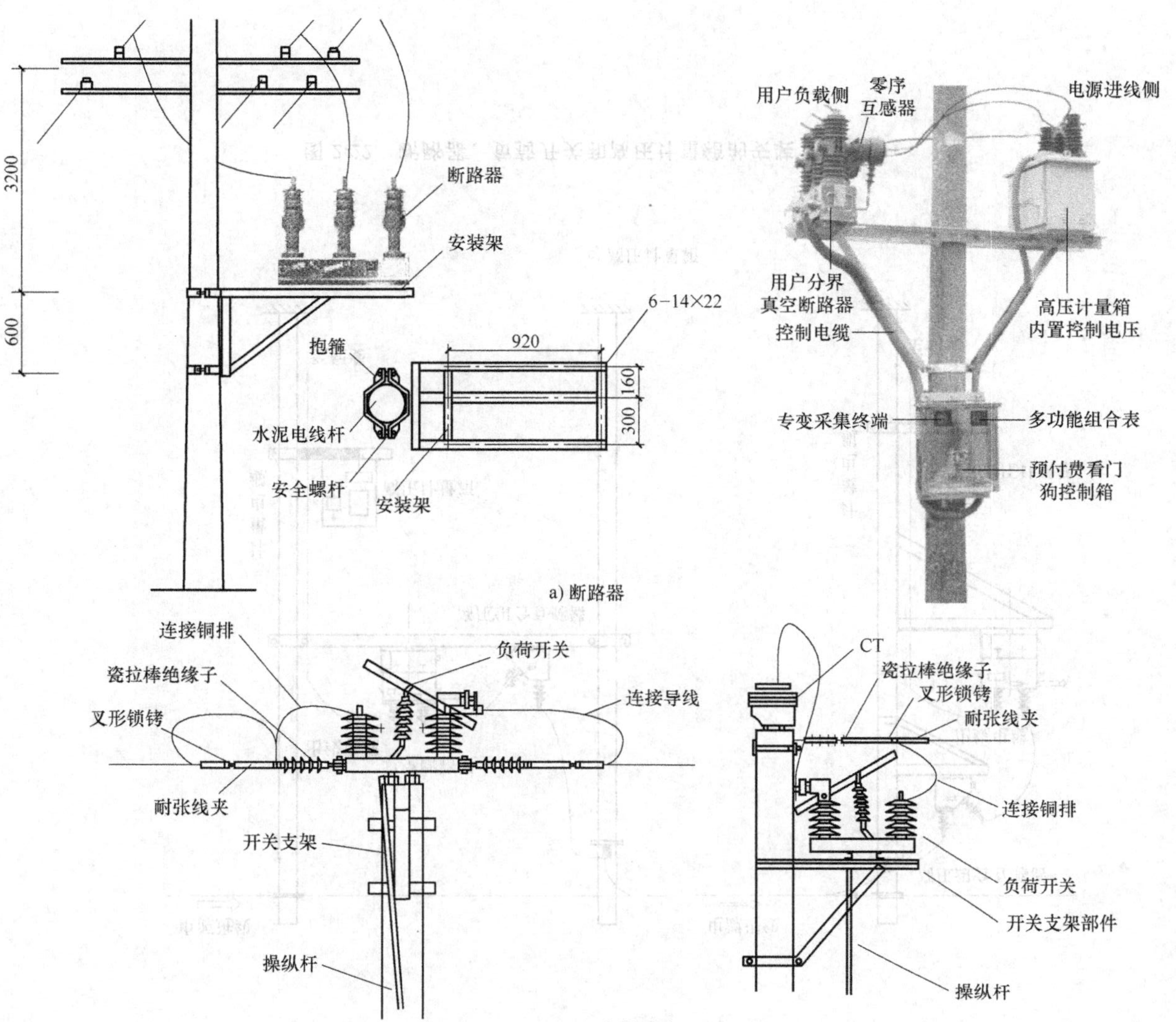

b) 负荷开关

图 2-22 断路器、负荷开关和高压计量箱的安装

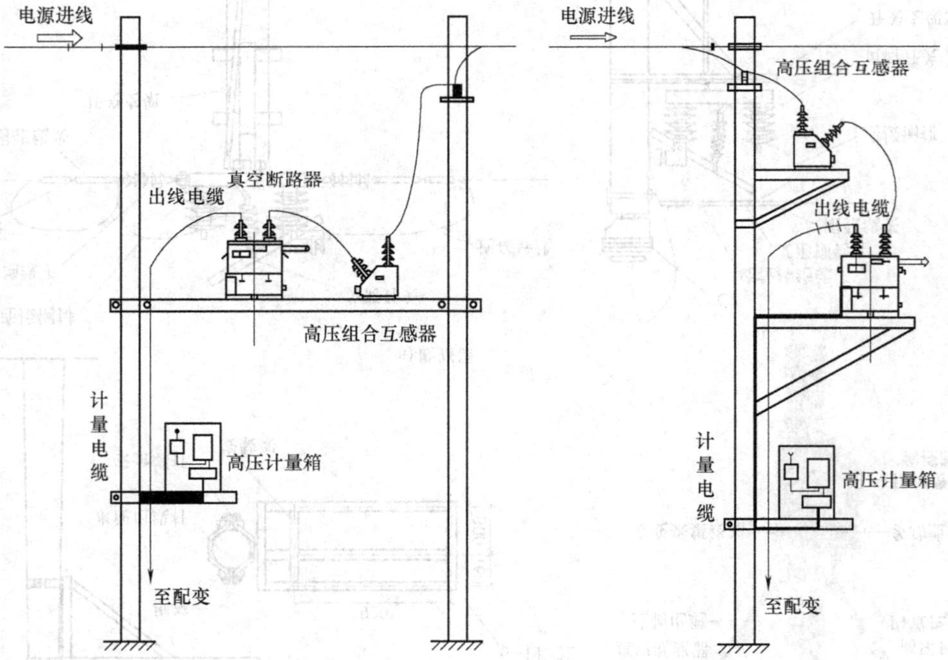

c) 高压计量箱

图 2-22　断路器、负荷开关和高压计量箱的安装（续）

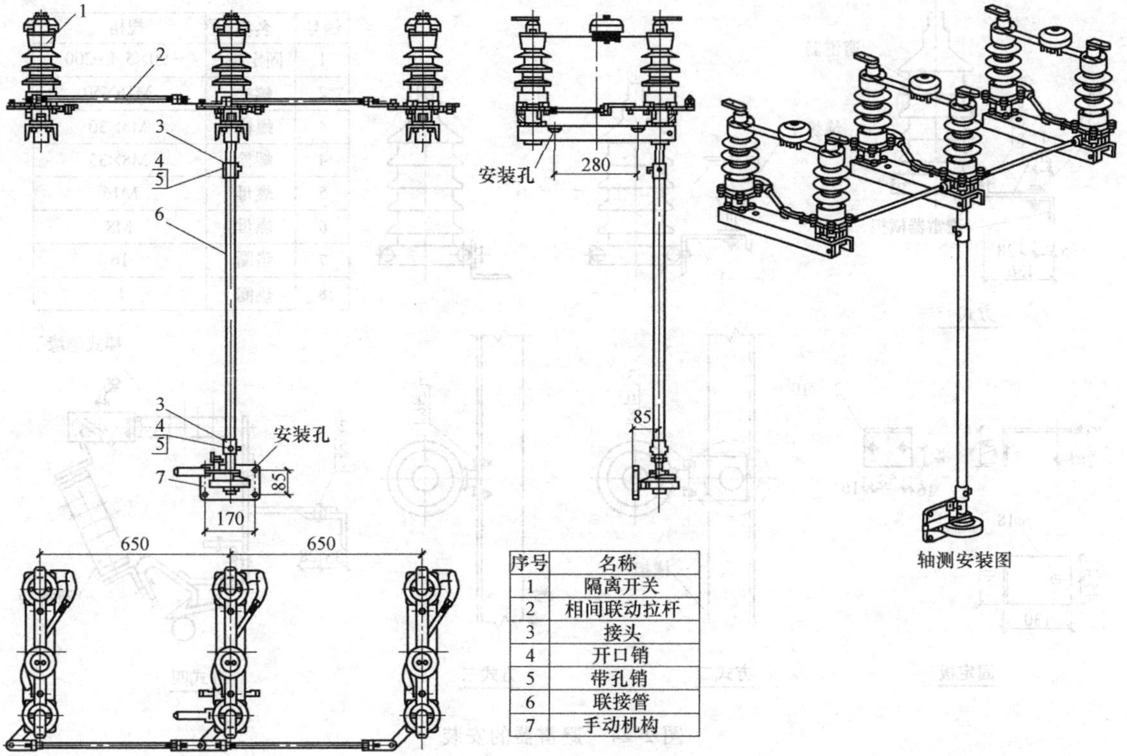

序号	名称
1	隔离开关
2	相间联动拉杆
3	接头
4	开口销
5	带孔销
6	联接管
7	手动机构

图 2-23 隔离开关的安装

隔离开关的安装，应符合下列规定：

1）分相安装的隔离开关水平相间距离应符合设计要求。

2）操作机构应动作灵活，合闸时动、静触头应接触紧密，分闸时应可靠到位。

3）与引线的连接应紧密可靠。

4）安装的隔离开关，分闸时，宜使静触头带电。

5）三相联动隔离开关的分、合闸同期性应满足产品技术要求。

4. 避雷器

避雷器的安装如图 2-24 所示。

避雷器的安装，应符合下列规定：

1）避雷器的水平相间距离应符合设计要求。

2）避雷器与地面垂直距离不宜小于 4.5m。

3）引线应短而直、连接紧密，其截面积应符合设计要求。

4）带间隙避雷器的间隙尺寸及安装误差应满足产品要求。

5）接地应可靠，接地电阻值符合设计要求。

5. 无功补偿箱

无功补偿箱的安装如图 2-25 所示。

无功补偿箱的安装，应符合下列规定：

1）无功补偿箱安装应牢固可靠。

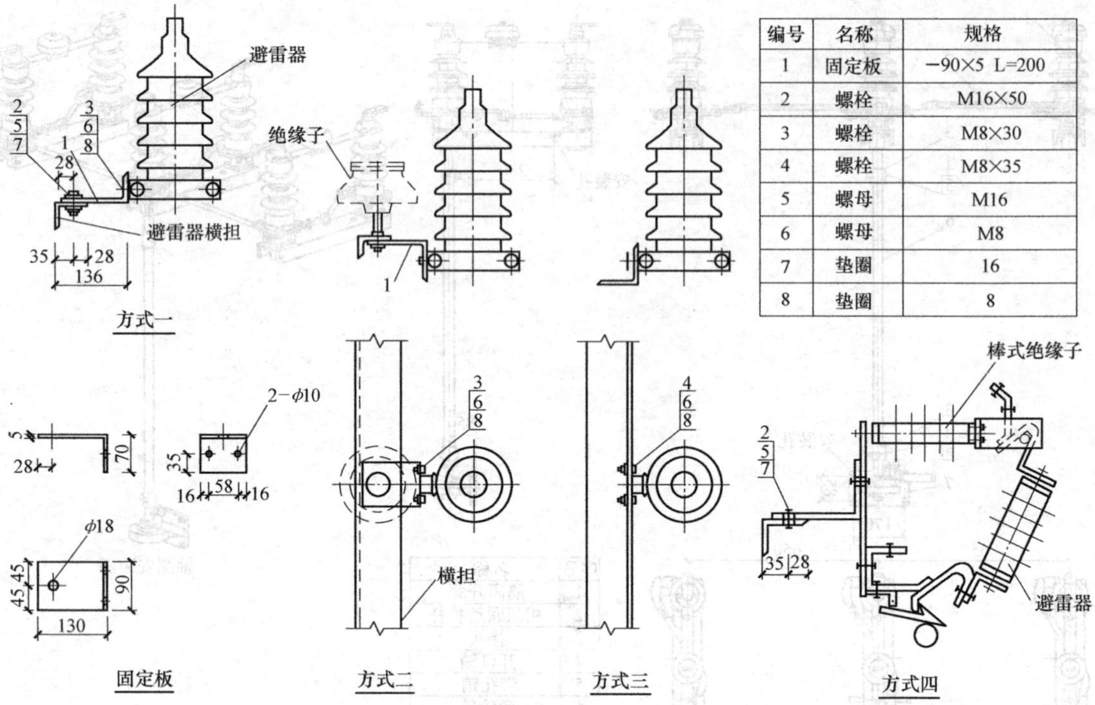

编号	名称	规格
1	固定板	−90×5 L=200
2	螺栓	M16×50
3	螺栓	M8×30
4	螺栓	M8×35
5	螺母	M16
6	螺母	M8
7	垫圈	16
8	垫圈	8

图 2-24 避雷器的安装

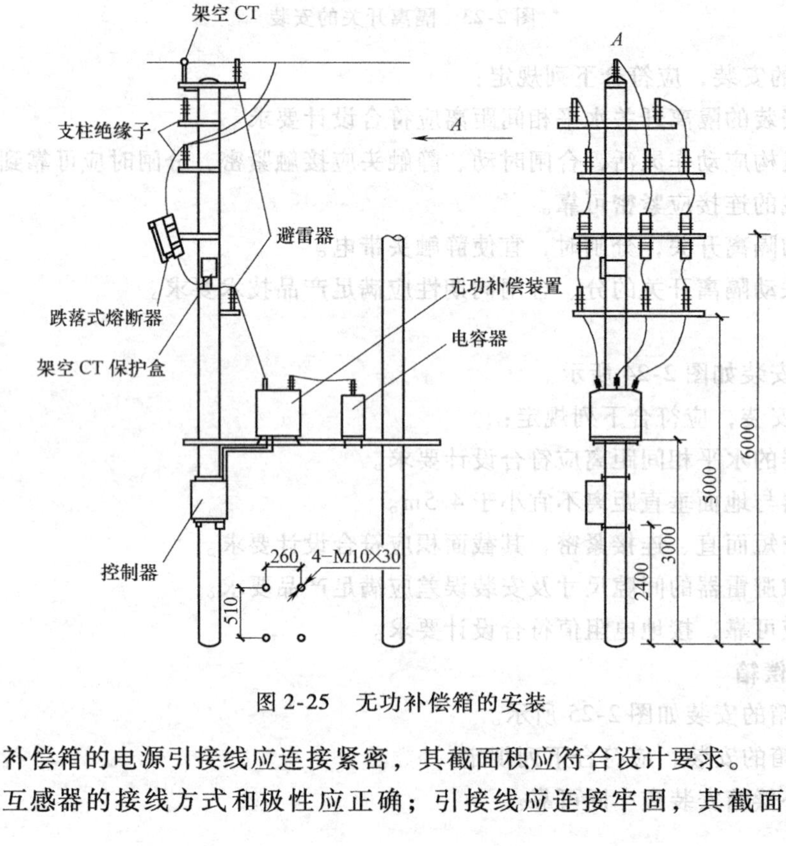

图 2-25 无功补偿箱的安装

2）无功补偿箱的电源引接线应连接紧密，其截面积应符合设计要求。

3）电流互感器的接线方式和极性应正确；引接线应连接牢固，其截面积应符合设计要求。

4）无功补偿控制装置的手动和自动投切功能应正常可靠。

5）接地应可靠，接地电阻值应符合设计要求。

三、低压线路电气设备

1. 低压交流配电箱

低压交流配电箱安装，应符合下列规定：

1）低压交流配电箱的安装托架应具有无法借助其攀登变压器台架的结构且安装牢固可靠。

2）配置无功补偿装置的低压交流配电箱，当电流互感器安装在箱内时，接线、投运正确性要求应符合规定。

3）设备接线应牢固可靠，电线线芯破口应在箱内，进出线预留洞应封堵。

4）当低压空气断路器带剩余电流保护功能时，应使馈出线的低压空气断路器的剩余电流保护功能投入运行。

2. 低压熔断器和开关

低压熔断器和开关安装，其各部位接触应紧密，弹簧垫圈应压平，并应便于操作。

3. 低压熔丝（片）

低压熔丝（片）安装，应符合下列规定：

1）应无弯折、压偏、伤痕等现象。

2）不得用线材代替熔丝（片）。

第十节 接地工程

一、接地要求

1. 要求

1）防雷装置位置，应尽量靠近变压器，其接地导体应与变压器二次侧中性点以及金属外壳相连并接地。

2）中性点直接接地的1kV以下配电线路中的中性导体，应在电源点接地。在干线和分干线终端处，应重复接地。

2. 连接

1kV以下配电线路在引入大型建筑物处，如距接地点超过50m，应将中性导体重复接地，如图2-26所示。

配电线路通过耕地时，接地体应埋设在耕作深度以下，且不宜小于0.6m。

二、接地体

1. 架空线路

接地体宜采用垂直敷设的角钢、圆钢、钢管或水平敷设的圆钢、扁钢。接地体和埋入土壤内接地导体的规格，不应小于表2-17所列数值。

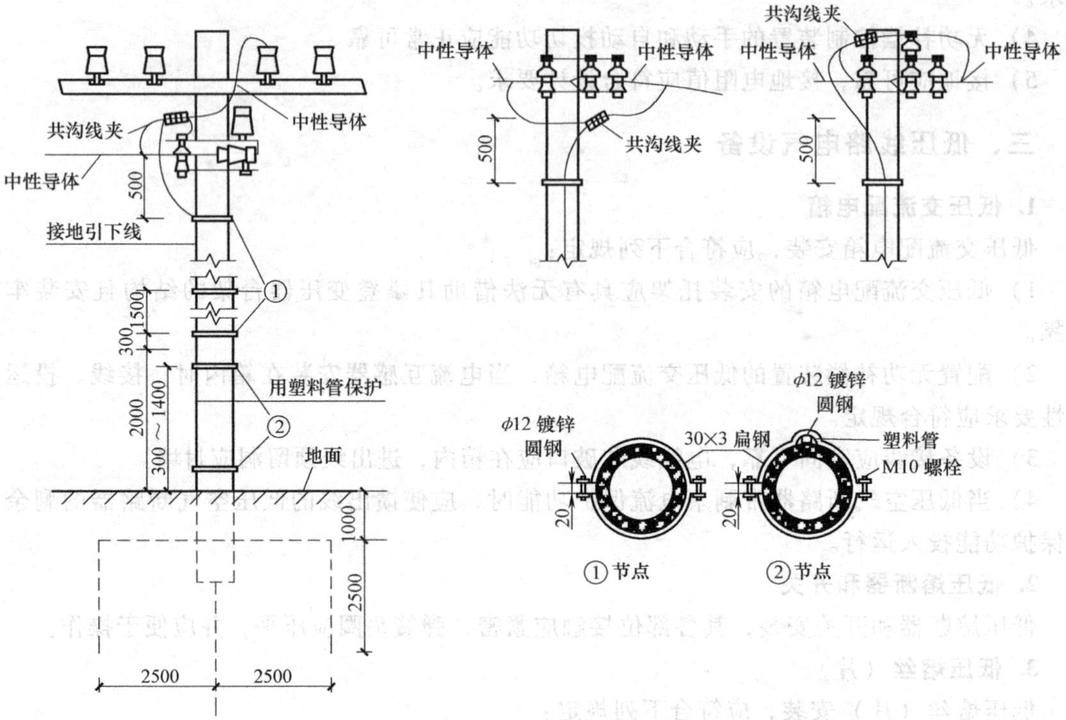

图 2-26 架空线路上中性导体重复接地

表 2-17 接地体和埋入土壤内接地导体的最小规格

名称		地上	地下
圆钢直径/mm		8	10
扁钢	截面积/mm²	48	48
	厚/mm	4	4
角钢厚/mm		—	4
钢管壁厚/mm		—	3.5
镀锌钢绞线截面积/mm²		25	50

注：电器装置设置的接地端子的引下线，当采用镀锌钢绞线时，截面积不应小于 $25m^2$，腐蚀地区上述截面积应适当加大，并采取防腐措施。

2. 杆上变压器

杆上变压器要求接地体采用∟50×5×2500 的角钢，在电杆外侧挖 60cm 深的沟，按照标准化施工图的要求，将三根接地体打入地下，接地体之间距离分别为 2.5m，用-40×4×5000 带钢连接，地平面以下连接处全部采用焊接，并做好防腐处理。

三、施工

1. 架空线路

1）接地体埋设深度和防腐应符合设计要求。

2）接地装置应按设计图敷设，受地质地形条件限制时可做局部修改，但不论修改与否均应在施工质量验收记录中绘制接地装置敷设简图，并标示相对位置和尺寸。原设计图仍应为环形。

3）接地装置的连接应可靠。连接前，应清除连接部位的铁锈等附着物。

4）采用水平敷设的接地体，应符合下列规定：

① 遇倾斜地形宜沿等高线敷设。

② 两接地体间的平行距离不应小于5m。

③ 接地体铺设应平直。

5）采用垂直接地体时，应垂直打入，并应与土壤保持良好接触。

6）接地体的连接采用搭接焊时，应符合下列规定：

① 扁钢的搭接长度不应小于宽度的2倍，应四面施焊。

② 圆钢的搭接长度不应小于其直径的6倍，应双面施焊。

③ 圆钢与扁钢连接时，其搭接长度不应小于圆钢直径的6倍，应双面施焊。

④ 扁钢与钢管、扁钢与角钢焊接时，除应在其接触部位两侧进行焊接外，并应辅以由钢带弯成的弧形或直角形，应与钢管或角钢焊接。

⑤ 所有焊接部位均应进行防腐处理。

7）当接地圆钢采用液压压接方式连接时，其接续管的型号与规格应与所压圆钢匹配。接续管的壁厚不得小于3mm；搭接时接续管的长度不得小于圆钢直径的10倍，对接时接续管的长度不得小于圆钢直径的20倍。

8）接地引下线与接地体连接应接触良好可靠并便于解开进行接地电阻的测量和检修。当引下线从架空地线上引下时，接地引下线应紧靠杆身，并应每隔一定距离与杆身固定。

9）架空线路杆塔的每一腿均应与接地体引下线连接。

10）接地电阻值应符合设计要求。

2. 杆上变压器

综合配变全部采用TT接地方式，从正面看（高压熔断器与变压器低压出线柱头侧），避雷器单独沿变台左侧电杆内侧接地，变压器外壳、中性点、柜外壳沿变台右侧电杆内侧接地。

避雷器下端应采用绝缘线将三相连接在一起，接地引线沿避雷器横担和电杆内侧敷设。变压器外壳接地引线沿变压器托担敷设，变压器中性导体沿变压器散热片外侧垂直向下顺变压器托担敷设。柜接地引线沿柜托担敷设。接地引下线在适当位置处采用钢包带固定。

接地扁钢采用-40×4×2400扁钢，扁钢露出地面约1.8m，用黄（10cm）绿（10cm）相间的相色漆（带）进行喷刷（粘贴）。

思　考　题

2-1　架空线路基础工程中电杆的埋设深度是多少？施工步骤有哪些？

2-2　混凝土电杆和钢管电杆在立杆施工步骤中允许的偏差是多少？

2-3　拉线由哪些器件构成？拉线施工安装的要求有哪些？

2-4　架空线路的金具包括哪些？横担之间的距离是多少？

2-5　10kV高压绝缘子和低压绝缘子与导线之间是如何连接的？

2-6　架空线路与导线之间的档距、线间距离是多少？与地面、山坡等之间的最小距离是多少？

2-7　接户线、进户线之间有何区别？10kV接户线穿墙是如何施工的？

2-8　杆上变压器中高压电气设备是如何安装的？

2-9　架空线路接地工程中接地导体的最小规格是多少？

第三章　电力电缆线路

第一节　电缆敷设

一、敷设

1. 数量

同一通道内电缆数量较多时，若在同一侧的多层支架上敷设，应符合下列规定：

1）应按电压等级由高至低的电力电缆、强电至弱电的控制和信号电缆、通信电缆“由上而下”的顺序排列。当水平通道中含有35kV以上高压电缆，或为满足引入柜盘的电缆符合允许弯曲半径要求时，宜按“由下而上”的顺序排列。在同一工程中或电缆通道延伸于不同工程的情况，均应按相同的上下排列顺序配置。

2）支架层数受通道空间限制时，35kV及以下的相邻电压级电力电缆，可排列于同一层支架上，1kV及以下电力电缆也可与强电控制和信号电缆配置在同一层支架上。

3）同一重要回路的工作与备用电缆实行耐火分隔时，应配置在不同层的支架上。

2. 排列

同一层支架上电缆排列的配置，宜符合下列规定：

1）控制和信号电缆可紧靠或多层叠置。

2）除交流系统用单芯电力电缆的同一回路可采取品字形（三叶形）配置外，对重要的同一回路多根电力电缆，不宜叠置。

3）除交流系统用单芯电缆情况外，电力电缆相互间宜有1倍电缆外径的空隙。

交流系统用单芯电力电缆的相序配置及其相间距离，应同时满足电缆金属护层的正常感应电压不超过允许值，并宜保证按持续工作电流选择电缆截面积小的原则确定。

未呈品字形配置的单芯电力电缆，有两回线及以上配置在同一通路时，应计入相互影响。

交流系统用单芯电力电缆与公用通信线路相距较近时，宜维持技术经济上有利的电缆路径，必要时可采取下列抑制感应电动势的措施：

1）使电缆支架形成电气通路，且计入其他并行电缆抑制因素的影响。

2）对电缆隧道的钢筋混凝土结构实行钢筋网焊接连通。

3）沿电缆线路适当附加并行的金属屏蔽线或罩盒等。

3. 管道间距

明敷的电缆不宜平行敷设在热力管道的上部。电缆与管道之间无隔板防护时的允许距离，除城市公共场所应按现行国家标准GB 50289—2016《城市工程管线综合规划规范》执行外，尚应符合表3-1的规定。

表 3-1 电缆与管道之间无隔板防护时的允许距离 （单位：mm）

电缆与管道之间的走向		电力电缆	控制和信号电缆
热力管道	平行	1000	500
	交叉	500	250
其他管道	平行	150	100

在隧道、沟、浅槽、竖井、夹层等封闭式电缆通道中，不得布置热力管道，严禁有易燃气体或易燃液体的管道穿越。

4. 爆炸性气体危险场所

爆炸性气体危险场所敷设电缆，应符合下列规定：

1）在可能范围应保证电缆距爆炸释放源较远，敷设在爆炸危险较小的场所，并应符合下列规定：

易燃气体比空气重时，电缆应埋地或在较高处架空敷设，且对非铠装电缆采取穿管或置于托盘、槽盒中等机械性保护。

易燃气体比空气轻时，电缆应敷设在较低处的管、沟内，沟内非铠装电缆应埋砂。

2）电缆在空气中沿输送易燃气体的管道敷设时，应配置在危险程度较低的管道一侧，并应符合下列规定：

易燃气体比空气重时，电缆宜配置在管道上方。

易燃气体比空气轻时，电缆宜配置在管道下方。

电缆及其管、沟穿过不同区域之间的墙、板孔洞处，应采用非燃性材料严密堵塞。

电缆线路中不应有接头；如采用接头时，必须具有防爆性。

5. 保护

用于下列场所、部位的非铠装电缆，应采用具有机械强度的管或罩加以保护：

1）非电气人员经常活动场所的地坪以上 2m 内、地中引出的地坪以下 0.3m 深电缆区段。

2）可能有载重设备移经电缆上面的区段。

除架空绝缘型电缆外的非户外型电缆，户外使用时，宜采取罩、盖等遮阳措施。

电缆敷设在有周期性振动的场所，应采取下列措施：

1）在支持电缆部位设置由橡胶等弹性材料制成的衬垫。

2）使电缆敷设成波浪状且留有伸缩节。

6. 其他

在有行人通过的地坪、堤坝、桥面、地下商业设施的路面，以及通行的隧洞中，电缆不得敞露敷设于地坪或楼梯走道上。

在工厂的风道、建筑物的风道、煤矿里机械提升的除运输机通行的斜井通风巷道或木支架的竖井井筒中，严禁敷设敞露式电缆。

7. 安装

1）电缆在角钢支架上沿墙垂直敷设如图 3-1 所示。

2）电缆在楼板及沿梁吊架敷设如图 3-2 所示。

3）电缆在楼板及沿梁吊钩敷设如图 3-3 所示。

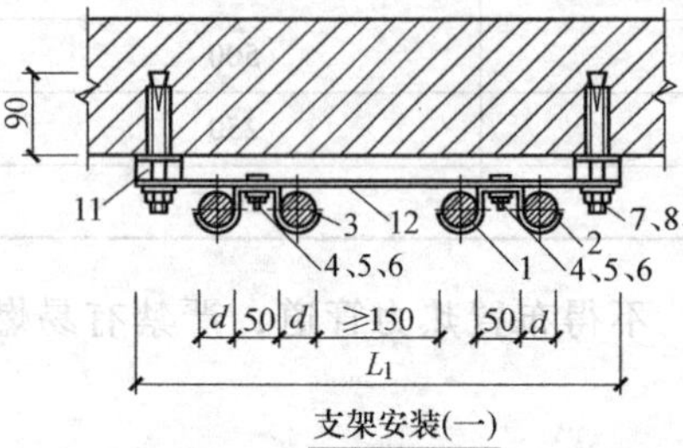

支架安装(一)

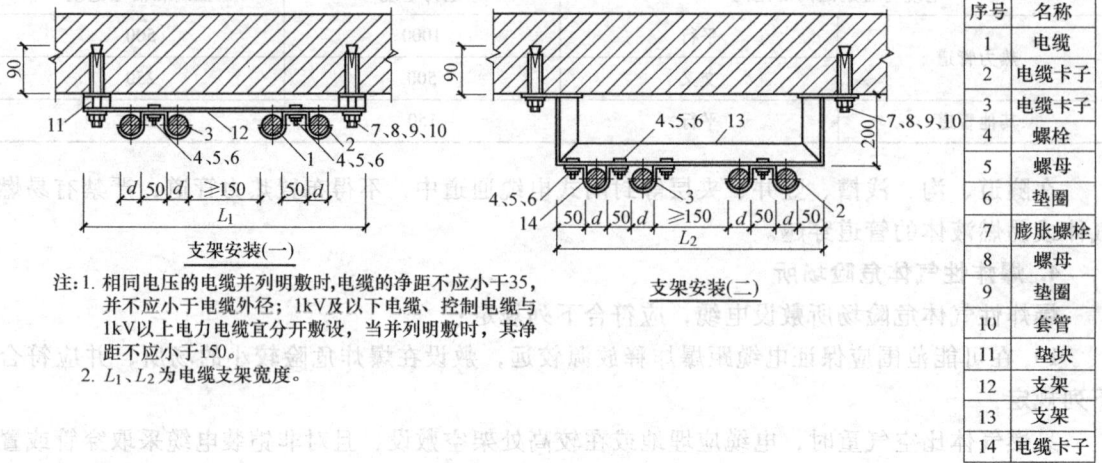

注：1. 相同电压的电缆并列明敷时，电缆的净距不应小于35，并不应小于电缆外径；1kV及以下电缆、控制电缆与1kV以上电力电缆宜分开敷设，当并列明敷时，其净距不应小于150。
2. L_1、L_2为电缆支架宽度。

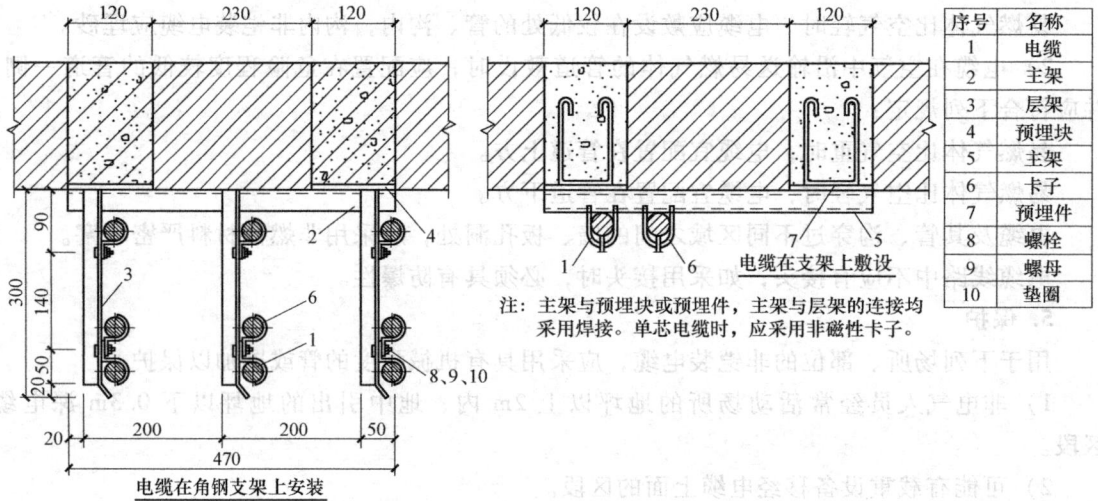

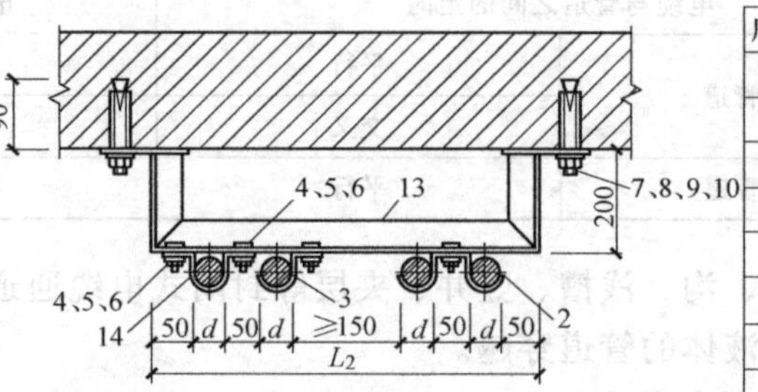

支架安装(二)

序号	名称
1	电缆
2	电缆卡子
3	电缆卡子
4	螺栓
5	螺母
6	垫圈
7	膨胀螺栓
8	螺母
9	垫圈
10	套管
11	垫块
12	支架
13	支架
14	电缆卡子

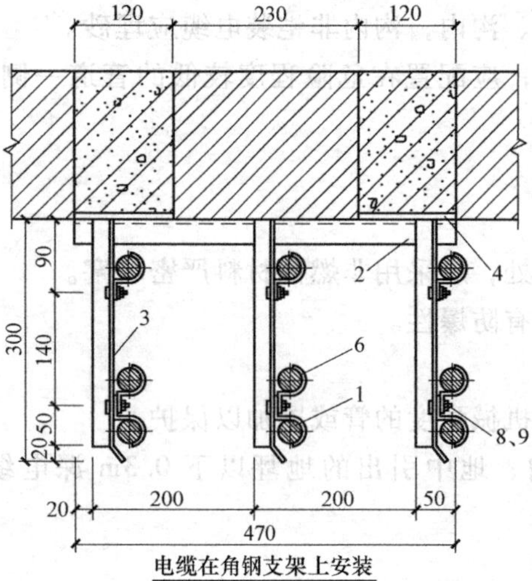

电缆在角钢支架上安装

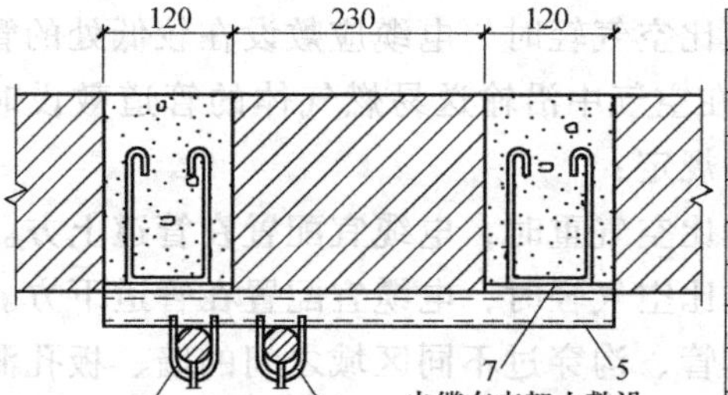

电缆在支架上敷设

注：主架与预埋块或预埋件，主架与层架的连接均采用焊接。单芯电缆时，应采用非磁性卡子。

序号	名称
1	电缆
2	主架
3	层架
4	预埋块
5	主架
6	卡子
7	预埋件
8	螺栓
9	螺母
10	垫圈

图 3-1 电缆在角钢支架上沿墙垂直敷设

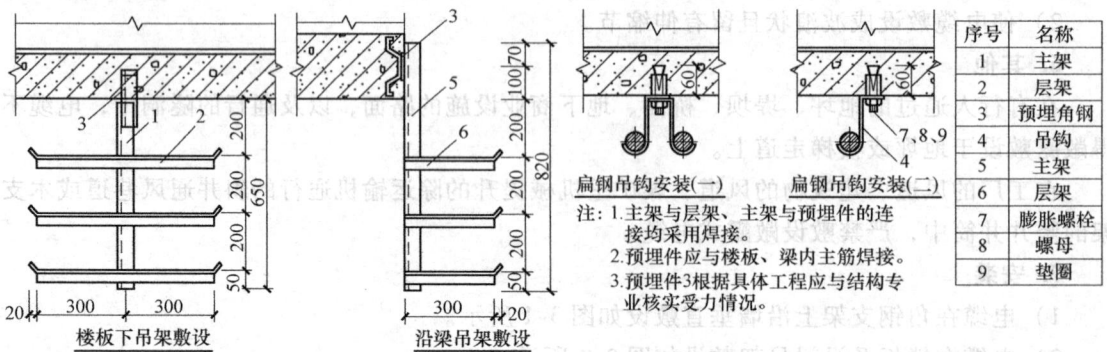

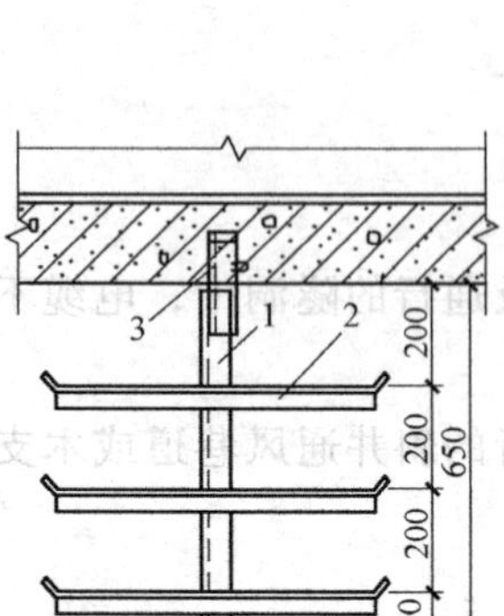

楼板下吊架敷设

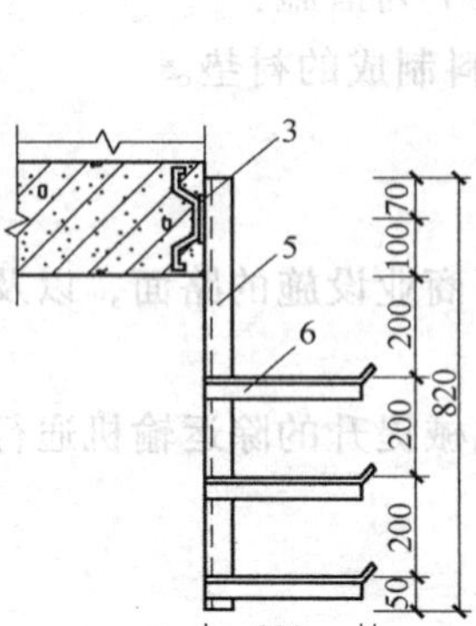

沿梁吊架敷设

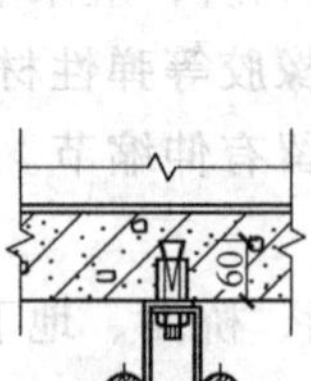

扁钢吊钩安装(一)

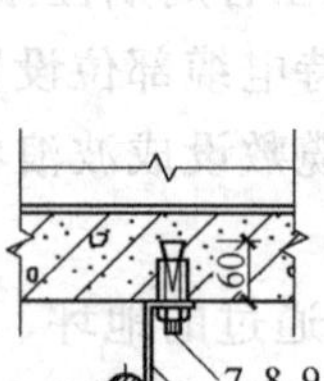

扁钢吊钩安装(二)

注：1.主架与层架、主架与预埋件的连接均采用焊接。
2.预埋件应与楼板、梁内主筋焊接。
3.预埋件3根据具体工程应与结构专业核实受力情况。

序号	名称
1	主架
2	层架
3	预埋角钢
4	吊钩
5	主架
6	层架
7	膨胀螺栓
8	螺母
9	垫圈

图 3-2 电缆在楼板及沿梁吊架敷设

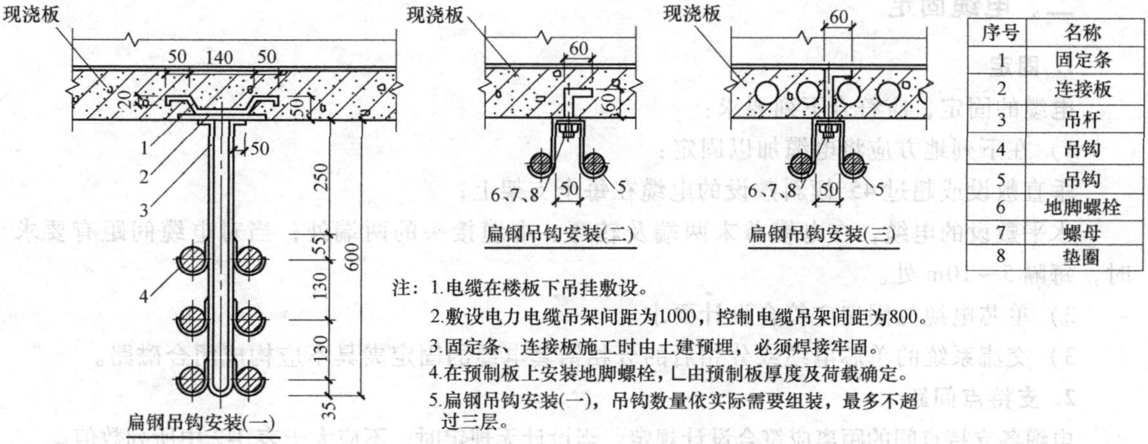

序号	名称
1	固定条
2	连接板
3	吊杆
4	吊钩
5	吊钩
6	地脚螺栓
7	螺母
8	垫圈

注：1.电缆在楼板下吊挂敷设。
2.敷设电力电缆吊架间距为1000，控制电缆吊架间距为800。
3.固定条、连接板施工时由土建预埋，必须焊接牢固。
4.在预制板上安装地脚螺栓，L由预制板厚度及荷载确定。
5.扁钢吊钩安装(一)，吊钩数量依实际需要组装，最多不超过三层。

图 3-3　电缆在楼板及沿梁吊钩敷设

4）电缆沿墙敷设如图 3-4 所示。

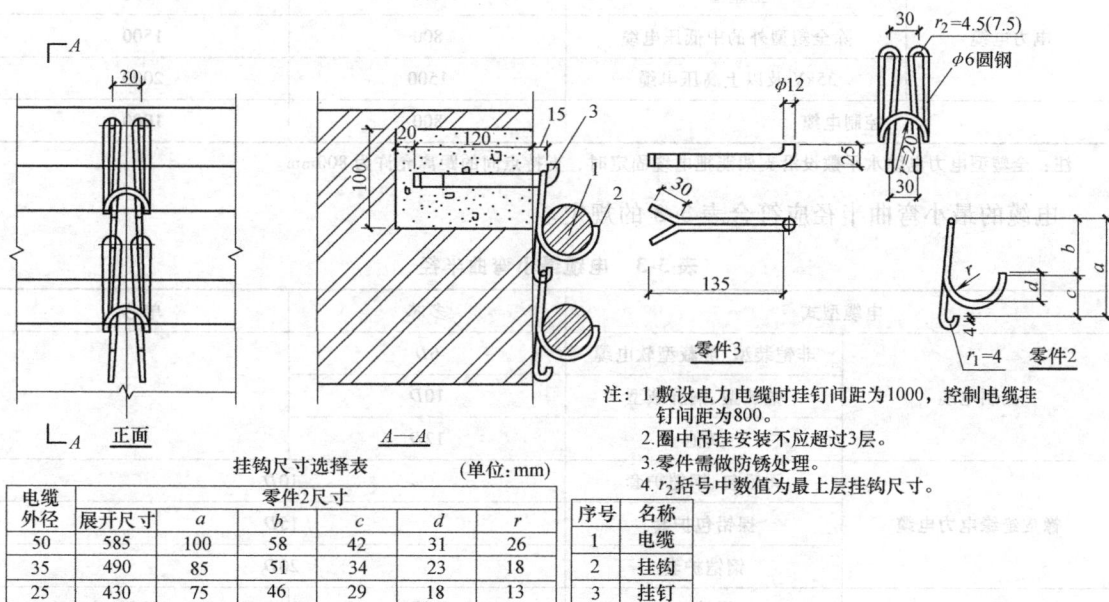

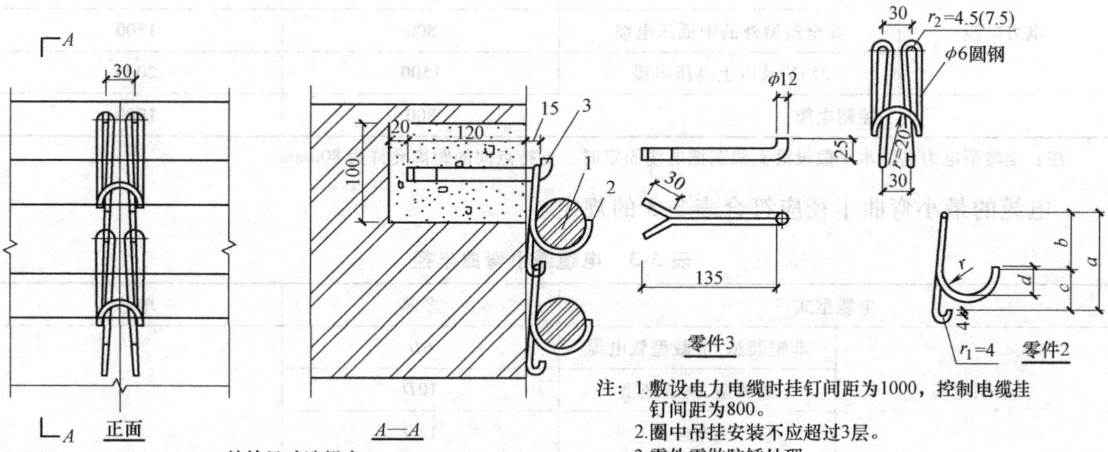

挂钩尺寸选择表　(单位: mm)

电缆外径	零件2尺寸					
	展开尺寸	*a*	*b*	*c*	*d*	*r*
50	585	100	58	42	31	26
35	490	85	51	34	23	18
25	430	75	46	29	18	13

序号	名称
1	电缆
2	挂钩
3	挂钉

注：1.敷设电力电缆时挂钉间距为1000，控制电缆挂钉间距为800。
2.圈中吊挂安装不应超过3层。
3.零件需做防锈处理。
4.r_2括号中数值为最上层挂钩尺寸。

图 3-4　电缆沿墙敷设

8. 低压电缆

1kV 以下电源直接接地且配置独立分开的保护中性导体和保护接地导体构成的系统，采用独立于相芯线和保护中性导体以外的电缆作保护接地导体时，同一回路的这两部分电缆敷设方式，应符合下列规定：

1）在爆炸性气体环境中，应敷设在同一路径的同一结构管、沟或盒中。

2）除上述情况外，宜敷设在同一路径的同一构筑物中。

二、电缆固定

1. 固定

电缆的固定，应符合下列要求：

1）在下列地方应将电缆加以固定：

垂直敷设或超过45°倾斜敷设的电缆在每个支架上；

水平敷设的电缆，在电缆首末两端及转弯、电缆接头的两端处；当对电缆间距有要求时，每隔5～10m处。

2）单芯电缆的固定应符合设计要求。

3）交流系统的单芯电缆或分相后的分相铅套电缆的固定夹具不应构成闭合磁路。

2. 支持点间距

电缆各支持点间的距离应符合设计规定。当设计无规定时，不应大于表3-2中所列数值。

表3-2 电缆各支持点间的距离 （单位：mm）

电缆种类		敷设方式	
		水平	垂直
电力电缆	全塑型	400	1000
	除全塑型外的中低压电缆	800	1500
	35kV及以上高压电缆	1500	2000
控制电缆		800	1000

注：全塑型电力电缆水平敷设沿支架能把电缆固定时，支持点间的距离允许为800mm。

电缆的最小弯曲半径应符合表3-3的规定。

表3-3 电缆最小弯曲半径

电缆型式			多芯	单芯
控制电缆	非铠装型、屏蔽型软电缆		6*D*	—
	铠装型、铜屏蔽型		10*D*	
	其他		12*D*	
橡皮绝缘电力电缆	无铅包、钢铠护套		10*D*	
	裸铅包护套		15*D*	
	钢铠护套		20*D*	
塑料绝缘电力电缆	无铠装		15*D*	20*D*
	有铠装		12*D*	15*D*
油浸纸绝缘电力电缆	铝套		30*D*	
	铅套	无铠装	15*D*	20*D*
		有铠装	20*D*	—
自容式充油（铅包）电缆			—	20*D*

注：表中*D*为电缆外径。

3. 位差

粘性油浸纸绝缘电缆最高点与最低点之间的最大位差，不应超过表3-4的规定；当不能满足要求时，应采用适应于高位差的电缆。

表 3-4 粘性油浸纸绝缘铅包电力电缆的最大允许敷设位差

电压/kV	电缆护层结构	最大允许敷设位差/m
1	无铠装	20
	铠装	25
6～10	铠装或无铠装	15
35	铠装或无铠装	5

第二节 电缆附件及其安装

一、电缆管

1. 种类

电缆导管种类主要包括以下几种：

1）有机高分子材料电缆导管，如碳素波纹管、PVC 管等。

2）金属材料类电缆导管，如涂塑钢管、镀锌钢管等。

3）树脂基纤维增强复合材料类电缆导管，如玻璃钢管等。

4）水泥基纤维增强复合材料类电缆导管，如低摩擦纤维水泥管、维纶水泥管等。

2. 室外敷设

1）电缆管明敷时应符合下列要求：

① 电缆管应安装牢固；电缆管支持点间的距离应符合设计规定；当设计无规定时，不宜超过 3m。

② 当塑料管的直线长度超过 30m 时，宜加装伸缩节。

③ 对于非金属类电缆管在敷设时宜采用预制的支架固定，支架间距不宜超过 2m。

2）敷设混凝土类电缆管时，其地基应坚实、平整，不应有沉陷。敷设低碱玻璃钢管等抗压不抗拉的电缆管材时，应在其下部添加钢筋混凝土垫层。电缆管直埋敷设应符合下列要求：

① 电缆管的埋设深度不应小于 0.7m；在人行道下面敷设时，不应小于 0.5m。

② 电缆管应有不小于 0.1% 的排水坡度。

3）埋地导管与公路、铁路交叉时，管顶埋入深度应大于 1m，与排水沟交叉时导管与地下管道交顶离沟底净距离应大于 0.5m，管并延伸出路基或排水沟外 1m 以上。

3. 室内敷设

1）电缆、电线、补偿导线导管（以下简称导管）宜选用薄壁镀锌钢管，但防爆区域厂房内应采用厚壁镀锌钢管，管内径应为线束外径的 1.5～2 倍，导管不应有变形及裂缝，内壁应清洁、光滑、无毛刺。当采用非镀锌钢管时，管外应除锈涂漆。当埋地敷设时必须采取防腐措施，但埋入混凝土内的导管，管外不应涂漆。

2）导管弯制应采用冷弯法。薄壁管采用弯管机煨弯 DN50 以上的管子宜采用标准预制弯头。弯制导管时，应符合下列规定：

① 弯曲角度不应小于90°。

② 弯曲半径应符合下列要求：

a. 当穿无铠装的电缆且明敷设时，不应小于导管外径的6倍。

b. 当穿铠装电缆以及埋设于地下或混凝土内时，不应小于导管外径的10倍。

③ 导管弯曲处不应有凹陷、裂缝。

④ 单根导管的直角弯不得超过两个。

3）导管的直线长度超过30m或弯曲角度的总和超过270m时，中间应加穿线和盒，遇到梁柱时应按规定进行配管，不得在混凝土梁柱上凿孔或钢结构梁柱上开孔，但可采用预埋导管方法。

4）当导管直线长度超过30m且沿塔、槽、加热炉或过建筑物伸缩缝时，可采取下列措施之一进行热膨胀补偿：

① 根据现场情况，弯管形成自然补偿。

② 在两管连接处，预留适当的间距。

③ 增加一段软管。

④ 增加一个鹤首弯。

5）导管之间及导管与连接件之间，应采用螺纹连接。管端螺纹的有效长度应大于管接头长度的1/2，并保持管路的电气连续性。当采用大管径钢管埋地敷设时，可加套管，焊接管子对口应处于套管的中心位置，对口应光滑，焊口应严密。

6）导管与仪表盘、就地仪表箱、接线箱、穿线盒等部件连接时应用锁紧螺母固定管口，并应加护线帽。导管与检测元件或就地仪表之间采用挠性管连接时，管口应低于进线口约250mm。

系统导管从上向下敷设时，在管末端应加排水三通，仪表及仪表设备进线口应用密封垫密封。当导管与仪表之间不采用挠性管连接时，管末端应加工成喇叭口或带护线帽。

7）暗配导管应按最短距离敷设，在抹面或浇灌混凝土之前安装，埋入墙或混凝土的深度应保证离表面的净距离大于15mm，外露的管端应加木塞封堵或用塑料布包扎保护螺纹。

8）明配导管应排列整齐，横平竖直。支架的间距不宜大于2m，且在拐弯、伸缩处的固定卡宜用U形螺栓或管卡。垂直安装时，可适当增大距离。

9）导管穿过楼板和钢平台时，应符合下列要求：

① 开孔准确，大小适宜。

② 不得切割楼板内钢筋或平台钢梁。

③ 穿过楼板时，应加保护套管。穿过钢平台时，应焊接保护套或防水圈。

10）明敷电缆穿过楼板、钢平台或隔墙处，应预留导管，管段宜高出楼面1m，穿墙导管段两端伸出墙面净长度应小于30mm。

11）在户外和潮湿场所敷设导管，应采取以下防雨或防潮措施：

① 在可能积水的位置或最低处安装排水三通。

② 导管引入接线箱或仪表盘（箱）时，宜从底部进出。

③ 朝上的导管末端应封闭。电缆敷设后，在电缆周围充填密封填料。

12）现场分线箱安装应符合下列规定：

① 周围环境温度不宜高于45°。

② 箱体中心距地面的高度宜为 1.2m。

③ 到检测点的距离应尽量短。

④ 不应影响操作、通行和维修，宜设在汇线槽或梯架的两侧。

⑤ 箱体应密封，并标明编号、位号。

4. 接地

利用电缆保护钢管作保护接地导体时，应先焊好保护接地导体，再敷设电缆。有螺纹连接的电缆管，管接头处，应焊接跨接线，跨接线截面积应不小于 $30mm^2$。

二、电缆支架

1. 种类

角铁支架通常是角铁型材经焊接或紧固件联拼接装而成的。它包括玻璃钢电缆支架、复合电缆支架（通过模压而成）、预埋式电缆支架、螺钉式电缆支架、组合式电缆支架和整体弧形电缆支架等。

2. 间距

电缆支架的层间允许最小距离，当设计无规定时，可采用表 3-5 的规定。但层间净距不应小于 2 倍电缆外径加 10mm，35kV 及以上高压电缆不应小于 2 倍电缆外径加 50mm。

表 3-5 电缆支架的层间允许最小距离值 （单位：mm）

电缆类型和敷设特征		支(吊)架	梯架
控制电缆明敷		120	200
电力电缆明敷	10kV 及以下(除 6～10kV 交联聚乙烯绝缘外)	150～200	250
	6～10kV 交联聚乙烯绝缘	200～250	300
	35kV 单芯 66kV 及以上,每层 1 根	250	300
	35kV 三芯 66kV 及以上,每层多于 1 根	300	350
电缆敷设于槽盒内		$h+80$	$h+100$

注：h 表示槽盒外壳高度。

电缆支架应安装牢固，横平竖直；托架支吊架的固定方式应按设计要求进行。各支架的同层横档应在同一水平面上，其高低偏差不应大于 5mm。托架支吊架与梯架走向左右的偏差不应大于 10mm。

在有坡度的电缆沟内或建筑物上安装的电缆支架，应有与电缆沟或建筑物相同的坡度。

电缆支架最上层及最下层至沟顶、楼板或沟底、地面的距离，当设计无规定时，不宜小于表 3-6 的数值。

表 3-6 电缆支架最上层及最下层至沟顶、楼板或沟底、地面的距离 （单位：mm）

敷设方式	电缆隧道及夹层	电缆沟	吊架	梯架
最上层至沟顶或楼板	300～350	150～200	150～200	350～450
最下层至沟底或地面	100～150	50～100	—	100～150

组装后的钢结构竖井，其垂直偏差不应大于其长度的 2‰；支架横撑的水平误差不应大于其宽度的 2‰；竖井对角线的偏差不应大于其对角线长度的 5‰。

3. 安装

1）电缆沟支架组合如图 3-5 所示。

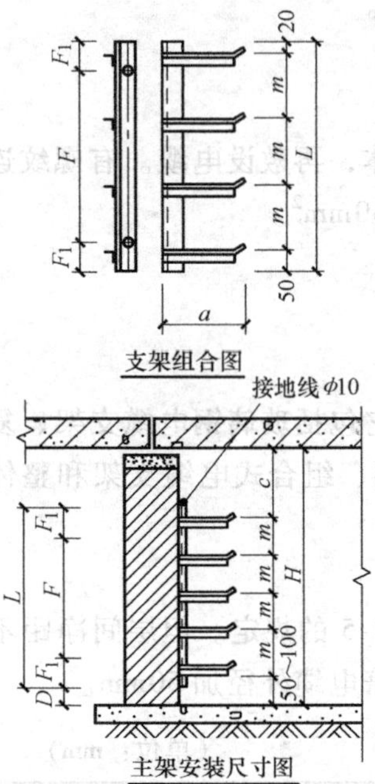

电缆沟支架组合、主架安装尺寸

沟深	主架长度	层架总间距($n\times m$)					层架层数	安装距离(F)	
H	L	$n\times300$	$n\times250$	$n\times200$	$n\times150$	$n\times120$		膨胀螺栓	预埋件
500	270	—	—	200	—	—	2	170	150
700	470	—	—	2×200	—	—	3	370	350
700	470	—	250	—	150	—	3	370	350
700	490	—	—	—	2×150	120	4	390	370
700	490	300	—	—	—	120	3	390	370
900	670	—	—	3×200	—	—	4	530	550
900	670	—	250	200	150	—	4	530	550
900	670	300	—	—	2×150	—	4	530	550
900	690	—	—	200	2×150	120	5	550	570
1100	870	—	—	4×200	—	—	5	730	750
1100	870	—	250	2×200	150	—	5	730	750
1100	890	300	—	2×200	—	120	5	750	770
1300	1070	—	—	5×200	—	—	6	930	950
1300	1090	300	250	200	150	120	6	950	970
1300	1070	300	—	2×200	2×150	—	6	930	950

注：1.当主架安装采用膨胀螺栓时F_1=50或70；采用预埋件时F_1=60。
2.m分别为120、150、200、250、300五种间距，由工程设计确定。250是安装35kV单芯电力电缆最小间距值。
3.c值为150～200，D值为50。
4.电缆在电缆沟内敷设时，支架的长度a不宜大于350。电缆在电缆隧道内敷设时，支架的长度a不宜大于500。

图 3-5 电缆沟支架组合

2）电缆隧道内敷设如图 3-6 所示。

3）电缆支架沿墙及落地安装如图 3-7 所示。

三、电缆梯架

1. 种类

电缆梯架分为槽式、托盘式、梯架式、网格式等结构，由支架、托臂和安装附件等组成。建筑物内梯架可以独立架设，也可以附设在各种建（构）筑物和管廊支架上，如图 3-8 所示。安装在建筑物外露天的梯架全部零件均需进行镀锌处理。

2. 安装

电缆梯架水平敷设时，支撑跨距一般为 1.5～3m，电缆梯架垂直敷设时固定点间距不宜大于 2m。梯架弯通弯曲半径不大于 300mm 时，应在距弯曲段与直线段结合处 300～600mm 的直线段侧设置一个支吊架。当弯曲半径大于 300mm 时，还应在弯通中部增设一个支吊架。电缆梯架转弯处的转弯半径，不应小于该梯架上的电缆最小允许弯曲半径的最大者。

金属槽盒的安装如图 3-9 所示。

电缆梯架应敷设在易燃易爆气体管和热力管道的下方，当设计无要求时，与管道的最小净距，符合表 3-7 的规定。

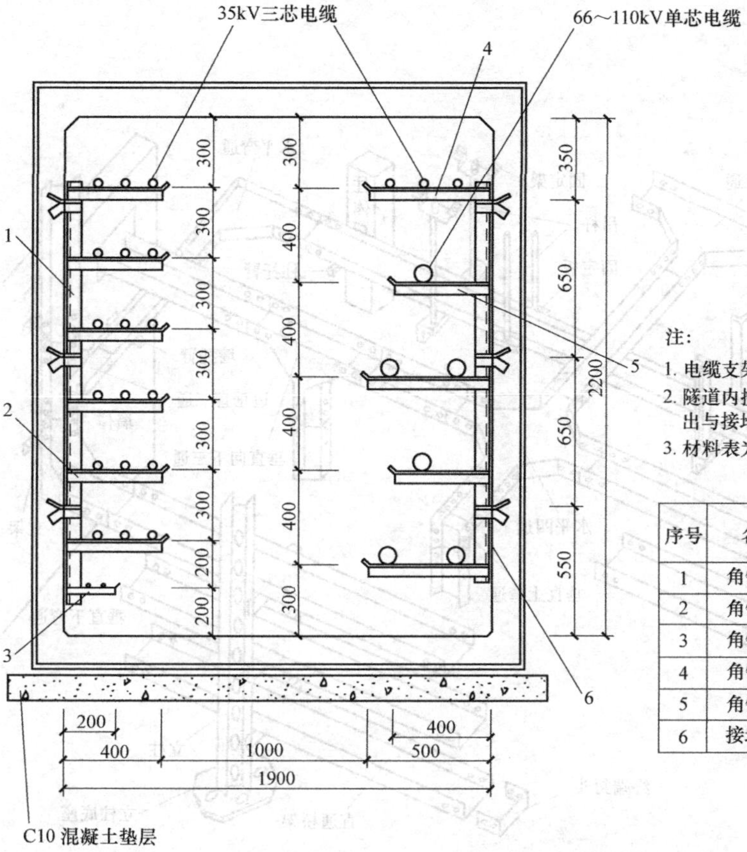

注:
1. 电缆支架间距 1.0m。
2. 隧道内接地扁钢每侧上、下两根，并从隧道顶部引出与接地装置相连。
3. 材料表为每 10m 电缆隧道所需材料。

序号	名称	规格	单位	数量
1	角钢支架	∟63×6×1935	根	2
2	角钢层架	∟63×6×430	根	6
3	角钢层架	∟30×4×230	根	1
4	角钢层架	∟63×6×530	根	3
5	角钢层架	∟50×5×430	根	2
6	接地扁钢	−50×5	根	4

图 3-6 电缆隧道内敷设

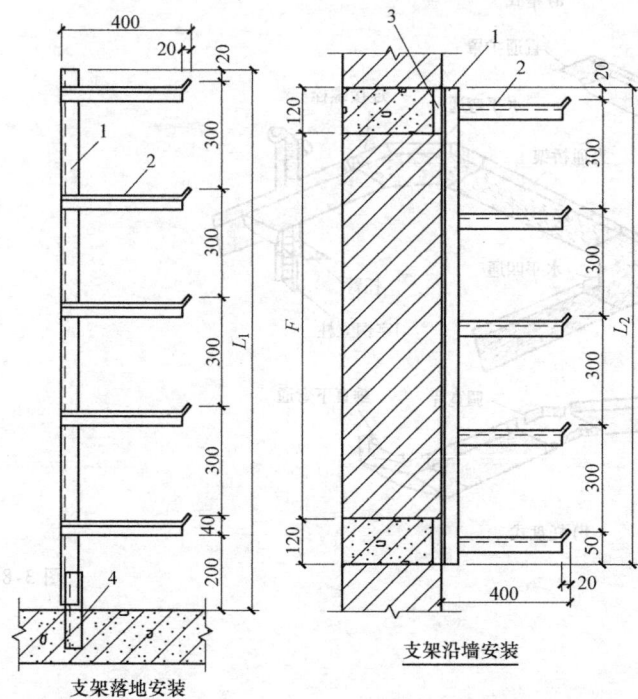

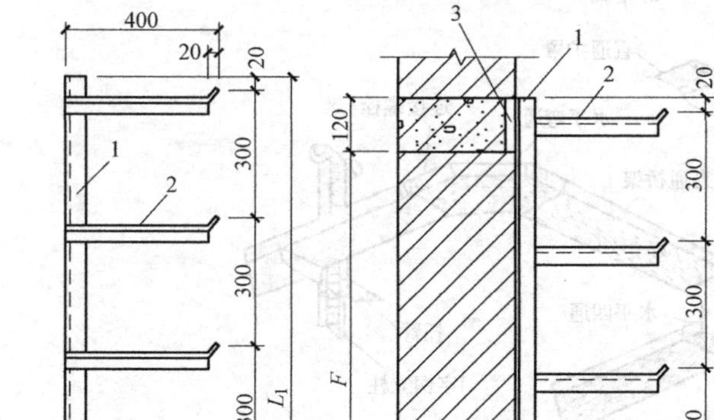

支架选择 （单位：mm）

电缆层数	二层	三层	四层	五层
角钢支架长度 L_1	560	860	1160	1460
角钢支架长度 L_2	370	670	970	1270
支点间距 F	130	430	730	1030

主架与预埋块或预埋件、主架与层架的连接均采用焊接。

序号	名称	型号及规格
1	主架	∟75×5
2	层架	∟40×4
3	预埋块	120×120×240
4	预埋角钢	∟50×50 L=180

图 3-7 电缆支架沿墙及落地安装

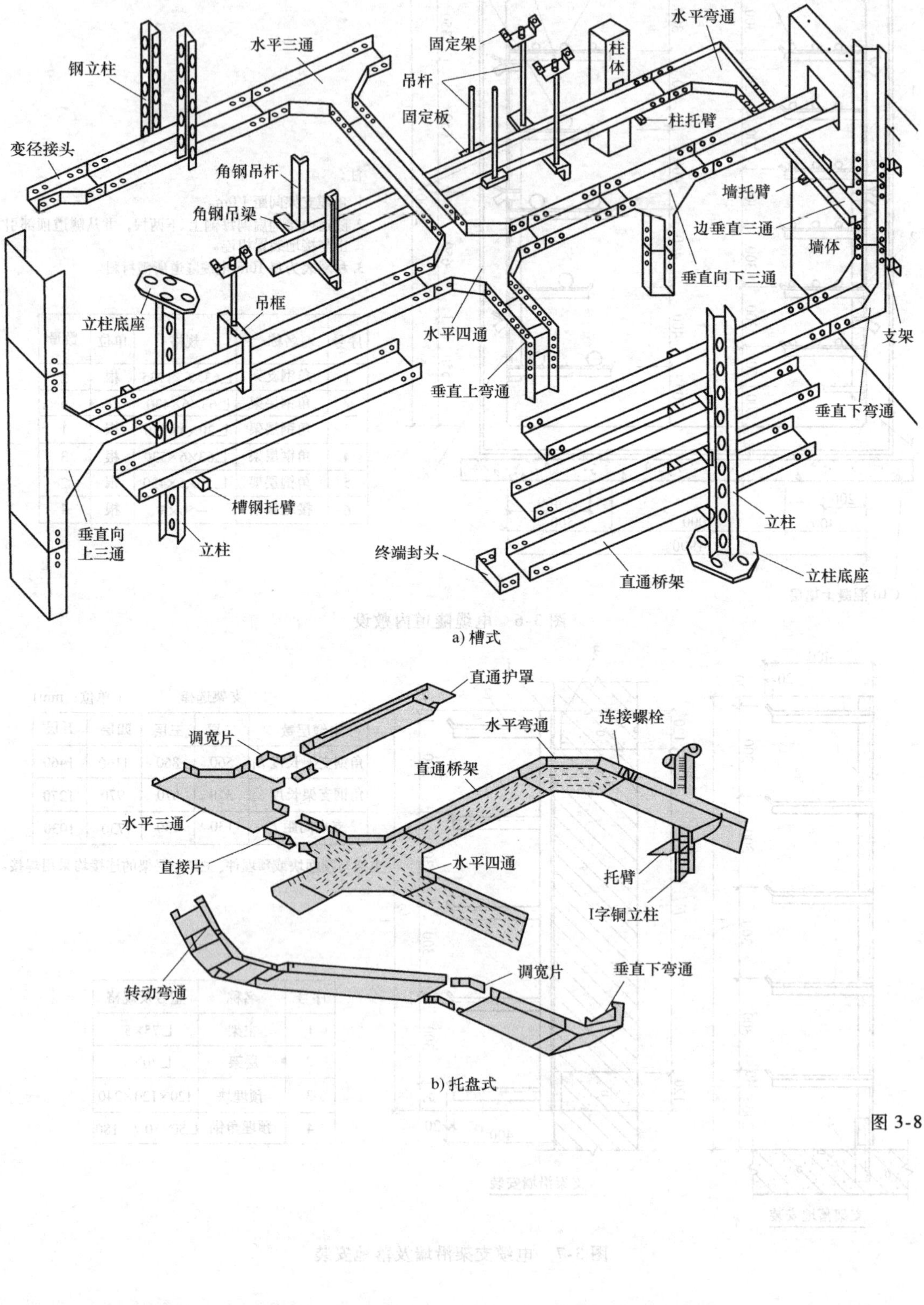

钢立柱
水平三通
固定架
柱体
水平弯通
吊杆
固定板
柱托臂
变径接头
角钢吊杆
墙托臂
角钢吊梁
边垂直三通
墙体
垂直向下三通
立柱底座
吊框
水平四通
支架
垂直上弯通
垂直下弯通
槽钢托臂
立柱
垂直向
上三通
立柱
终端封头
直通桥架
立柱底座

a) 槽式

直通护罩
调宽片
水平弯通
连接螺栓
直通桥架
水平三通
直接片
水平四通
托臂
I字钢立柱
调宽片
垂直下弯通
转动弯通

b) 托盘式

图 3-8

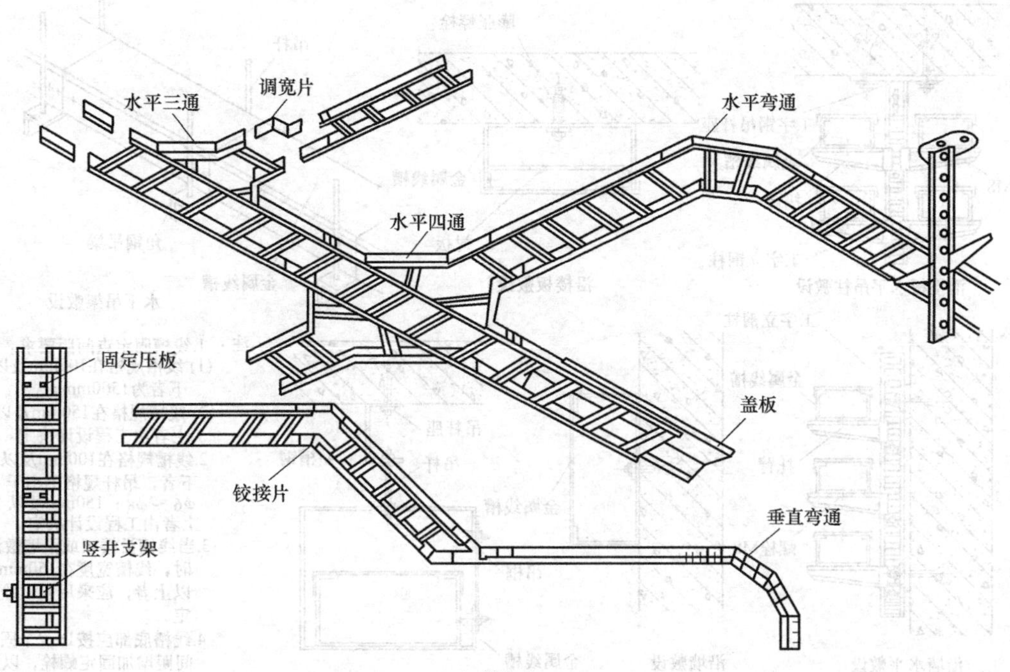

c) 梯架式

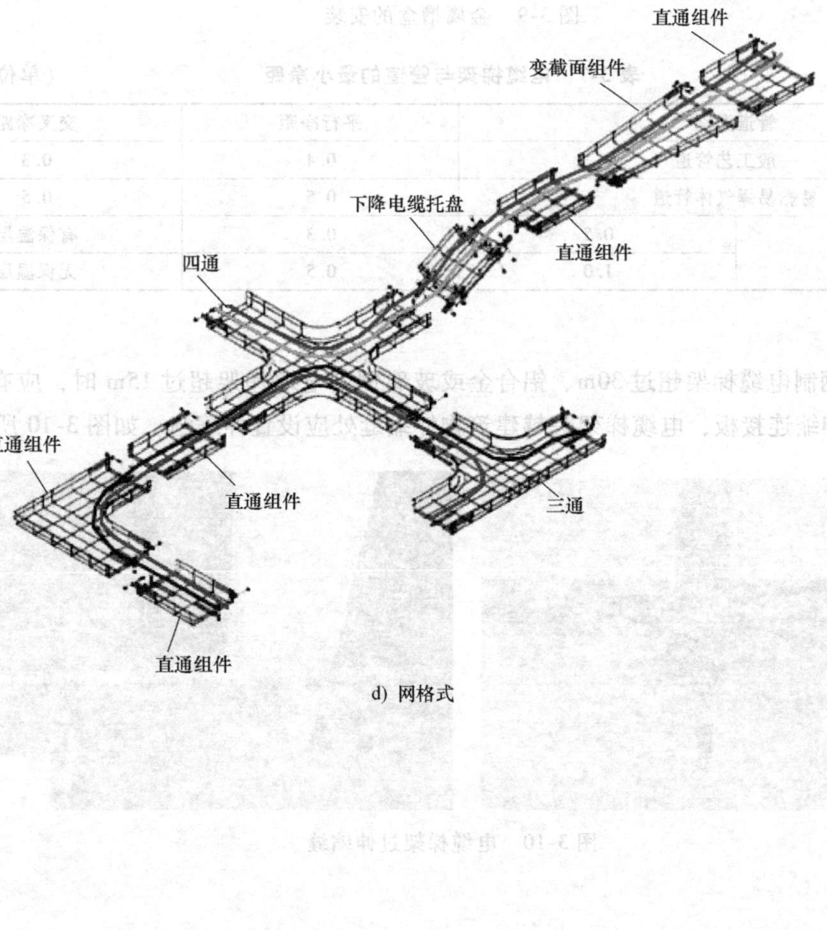

d) 网格式

电缆梯架

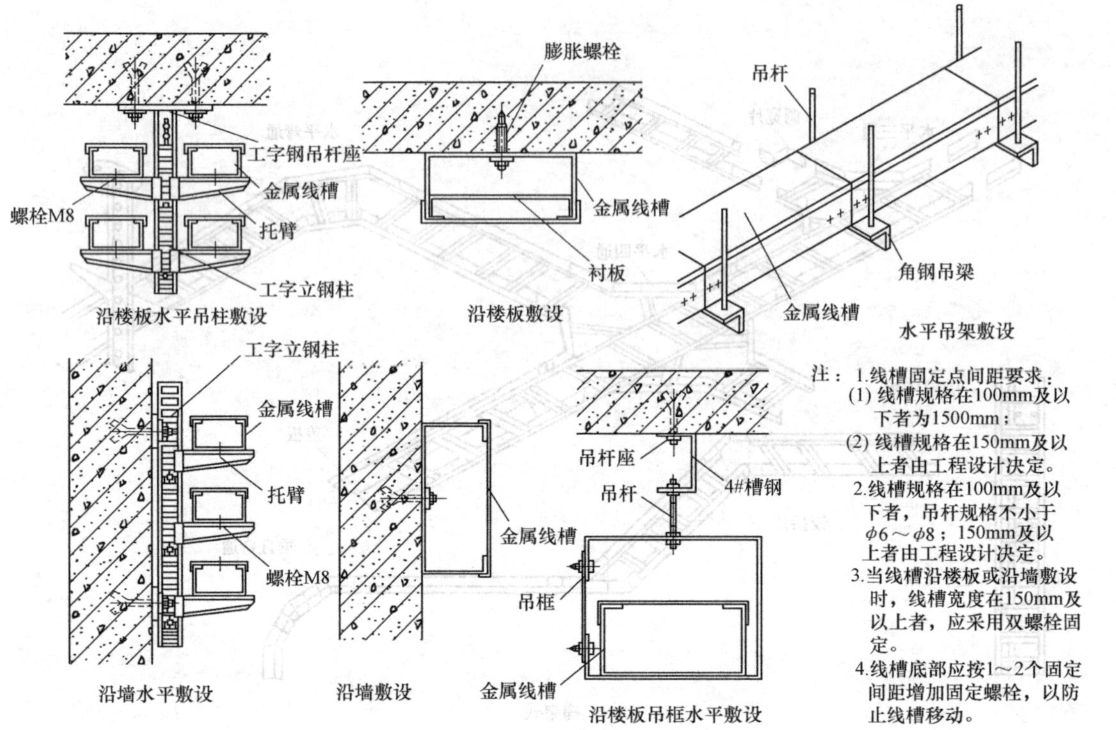

图 3-9 金属槽盒的安装

表 3-7 电缆梯架与管道的最小净距 （单位：m）

管道类别		平行净距	交叉净距
一般工艺管道		0.4	0.3
易燃易爆气体管道		0.5	0.5
热力管道	0.5	0.3	有保温层
	1.0	0.5	无保温层

3. 伸缩缝

当直线段钢制电缆梯架超过30m、铝合金或玻璃钢制电缆梯架超过15m时，应有伸缩缝，其连接宜采用伸缩连接板；电缆梯架跨越建筑物伸缩缝处应设置伸缩缝，如图3-10所示。

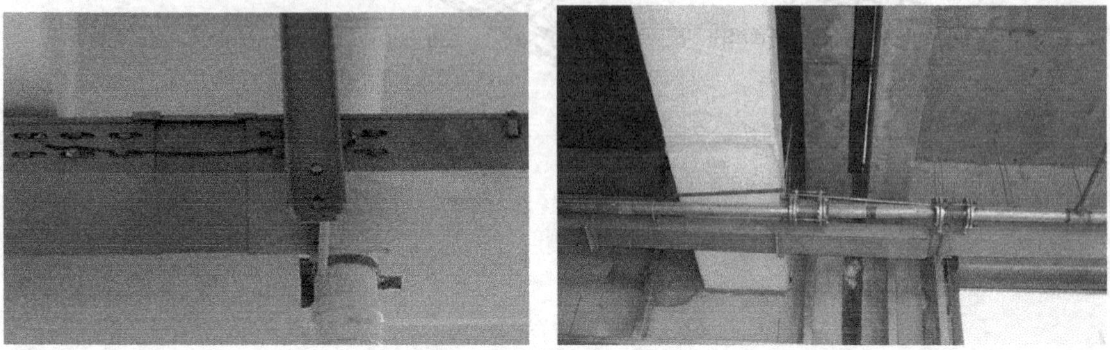

图 3-10 电缆梯架过伸缩缝

4. 转弯半径

电缆梯架转弯处的转弯半径，不应小于该梯架上的电缆最小允许弯曲半径的最大者。电缆的最小弯曲半径应符合表3-3的规定。

第三节 直埋电缆

一、路径

直埋敷设电缆的路径选择，应避开含有酸、碱强腐蚀或杂散电流电化学腐蚀严重影响的地段。无防护措施时，宜避开白蚁危害地带、热源影响和易遭外力损伤的区段。

在电缆线路路径上有可能使电缆受到机械性损伤、化学作用、地下电流、振动、热影响、腐蚀物质、虫鼠等危害的地段，应采取保护措施。

在土壤中含有对电缆有腐蚀性物质（如酸、碱、矿渣、石灰等）或有杂散电流的区段，不宜采用电缆直接埋地敷设。如必须敷设时，视腐蚀程度，采用塑料护套电缆或防腐电缆。

二、电缆沟

电缆应敷设于沟里，并应沿电缆全长的上、下紧邻侧铺以厚度不少于100mm的软土或砂层，如图3-11所示。

直埋电缆的上、下部应铺以不小于100mm厚的软土砂层，并加盖保护板，其覆盖宽度应超过电缆两侧各50mm。保护板可采用混凝土盖板或砖块。

软土或砂子中不应有石块或其他硬质杂物。

当采用电缆穿波纹管敷设于壕沟时，应沿波纹管顶全长浇注厚度不小于100mm的素混凝土，宽度不应小于管外侧50mm，电缆可不含铠装。

三、敷设

1. 埋设深度

直埋敷设于非冻土地区时，电缆埋置深度应符合下列规定：

1）电缆外皮至地下构筑物基础，不得小于0.3m。

2）电缆外皮至地面深度，不得小于0.7m；当位于行车道或耕地下时，应适当加深，且不宜小于1.0m，如图3-11所示。

直埋敷设于冻土地区时，宜埋入冻土层以下，当无法深埋时可埋设在土壤排水性好的干燥冻土层或回填土中，也可采取其他防止电缆受到损伤的措施。

2. 最小净距

电缆直接埋地的最小允许距离如图3-12所示。

电缆之间，电缆与其他管道、道路、建筑物等之间平行和交叉时的最小净距，应符合表3-8的规定。

电缆与铁路、公路、城市街道、厂区道路交叉时，应敷设于坚固的导管或隧道内。电缆管的两端宜伸出道路路基两边0.5m以上；伸出排水沟0.5m；在城市街道应伸出车道路面，如图3-13所示。

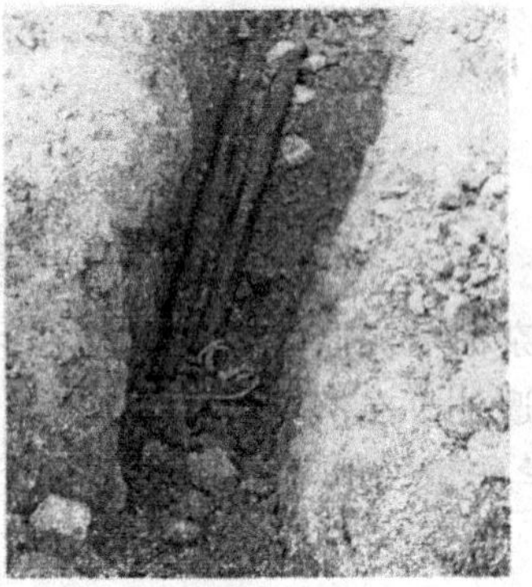

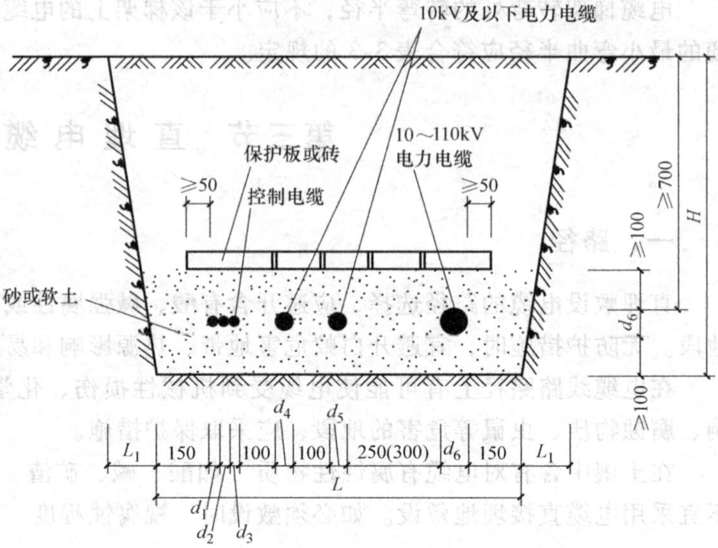

电缆直接埋地敷设

沟槽最大边坡坡度比($H:L_1$)

土壤名称	边坡坡度	土壤名称	边坡坡度
砂土	1:1	含砾石卵石土	1:0.67
亚砂土	1:0.67	泥炭岩白墨土	1:0.33
亚黏土	1:0.50	干黄土	1:0.25
黏土	1:0.33	—	—

注：本表指人工挖土将土掩于沟边。

1.L为电缆壕沟的宽度，应根据电缆根数和外径由工程设计确定。
2.控制电缆间距不做规定。
3.单芯电力电缆直埋敷设时，可将单芯电力电缆按品字形排列，并每隔1m采用电缆卡带进行捆扎，捆扎后电缆外径按单芯电缆外径的2倍计算。
4.d_1～d_6为电缆外径，H为沟深。
5.当电缆穿保护管埋地时，可不加砂、保护板或砖保护。

图 3-11 直埋电缆

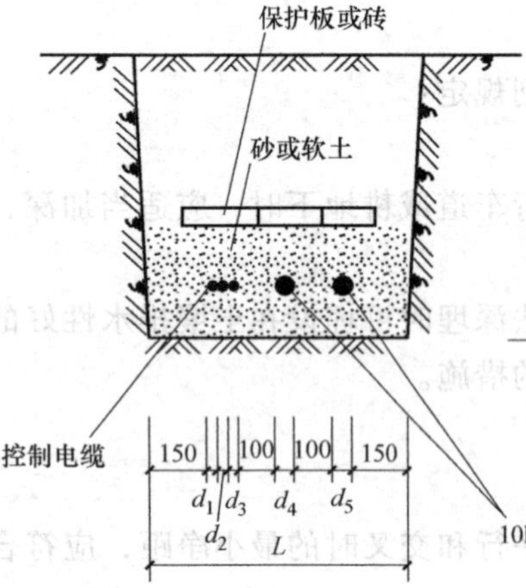

10kV及以下电缆平行

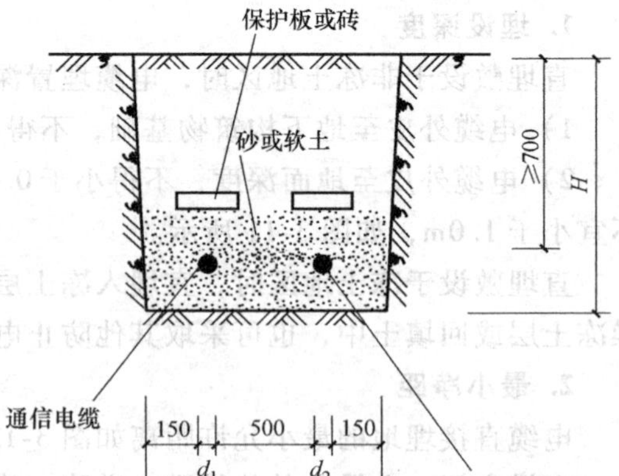

电力电缆与通信电缆平行

L为电缆壕沟的宽度，d_1～d_5为电缆外径，D_1、D_2为保护管外径，H为沟深。

图 3-12 电缆直接埋地的最小允许距离

表 3-8　电缆之间，电缆与管道、道路、建筑物之间平行和交叉时的最小净距

（单位：m）

项目		最小净距	
		平行	交叉
电力电缆间及其与控制电缆间	10kV 及以下	0.1	0.5
	10kV 以上	0.25	0.5
控制电缆间		—	0.5
不同使用部门的电缆间		0.5	0.5
热管道(管沟)及热力设备		2.0	0.5
油管道(管沟)		1.0	0.5
可燃气体及易燃液体管道(沟)		1.0	0.5
其他管道(管沟)		0.5	0.5
铁路路轨		3.0	1.0
电气化铁路路轨	交流	3.0	1.0
	直流	10.0	1.0
公路		1.5	1.0
城市街道路面		1.0	0.7
杆基础(边线)		1.0	—
建筑物基础(边线)		0.6	—
排水沟		1.0	0.5

注：1. 电缆与公路平行的净距，当情况特殊时可酌减。
2. 当电缆穿管或者其他管道有保温层等防护设施时，表中净距应从管壁或防护设施的外壁算起。
3. 电缆穿管敷设时，与公路、街道路面、杆塔基础、建筑物基础、排水沟等的平行最小间距可按表中数据减半。

严禁将电缆平行敷设于管道的上方或下方。特殊情况应按下列规定执行：

1）电力电缆间及其与控制电缆间或不同使用部门的电缆间，当电缆穿管或用隔板隔开时，平行净距可降低为 0.1m，如图 3-14 所示。

2）电力电缆间、控制电缆间以及它们相互之间，不同使用部门的电缆间在交叉点前后 1m 范围内，当电缆穿入管中或用隔板隔开时，其交叉净距可降低为 0.25m。

3）电缆与热管道（沟）、油管道（沟）、可燃气体及易燃液体管道（沟）、热力设备或其他管道（沟）之间，虽净距能满足要求，但检修管路可能伤及电缆时，在交叉点前后 1m 范围内，尚应采取保护措施；当交叉净距不能满足要求时，应将电缆穿入管中，其净距可降低为 0.25m；如图 3-15 所示。

电缆与热管道（沟）及热力设备平行、交叉时，应采取隔热措施，使电缆周围土壤的温升不超过 10℃。

当直流电缆与电气化铁路路轨平行、交叉其净距不能满足要求时，应采取防电化腐蚀措施。

高电压等级的电缆宜敷设在低电压等级电缆的下面。

3. 穿管保护

电缆管道内部应无积水，且无杂物堵塞。穿电缆时，不得损伤护层，可采用无腐蚀性的润滑剂（粉）。

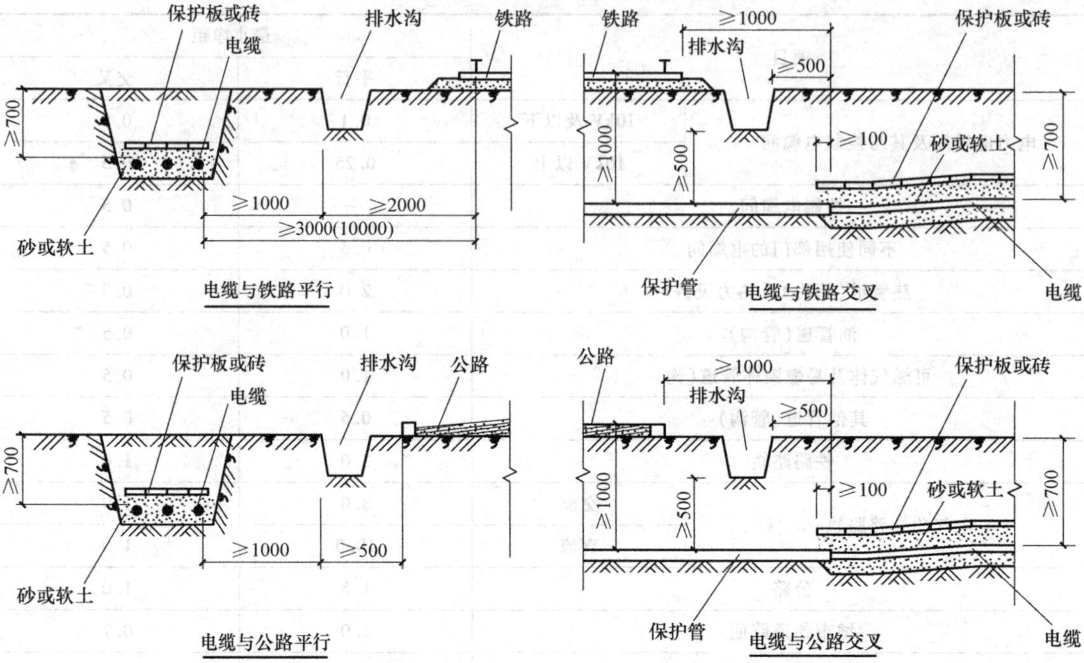

注：当电缆和直流电气化铁路平行时，净距不应小于10m(图中括号内数值)；
与交流电气化铁路平行时，净距不应小于3m。

图 3-13 电缆与道路之间平行和交叉时的最小净距

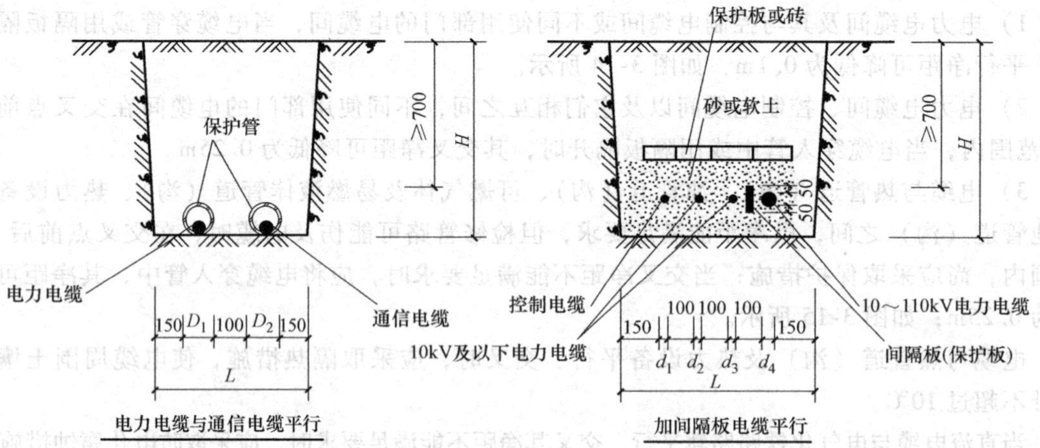

注：L为电缆壕沟的宽度，d_1～d_4为电缆外径，D_1、D_2为保护管外径，H为沟深。

a) 导管 b) 隔板

图 3-14 电缆穿管或隔板保护

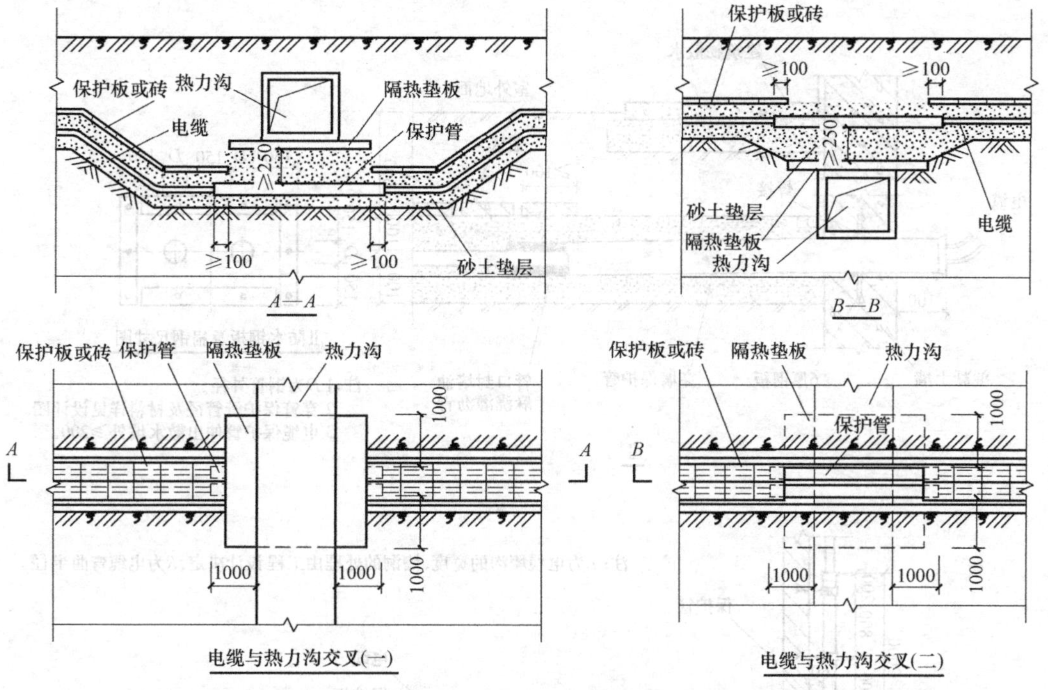

注：隔热板采用矿棉保温板、岩棉保温板、微孔硅酸钙保温板，其厚度不应小于50，并外包二毡三油。

图 3-15 电缆穿入管与热管沟之间的交叉距离

穿入管中电缆的数量应符合设计要求；交流单芯电缆不得单独穿入钢管内。

电缆在下列情况下应穿管保护，穿管的内径不应小于电缆外径的 1.5 倍。

1）电缆通过建筑物和构筑物的基础、散水坡、楼板和穿过墙体等处，如图 3-16 所示。

2）电缆通过铁路、道路处和可能受到机械损伤的地段或场所。

3）电缆伸出地面 2m 至地下 200mm 处的一段和人容易接触使电缆可能受到机械损伤的地方（电气专用房间除外），除了穿管保护外，也可采用保护罩；如图 3-17 所示。

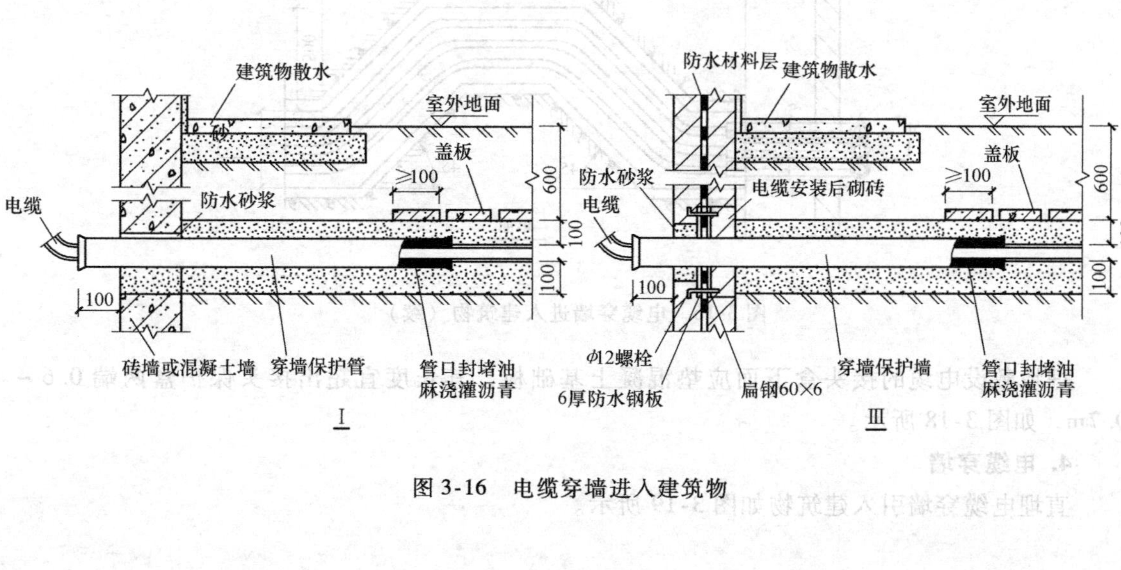

图 3-16 电缆穿墙进入建筑物

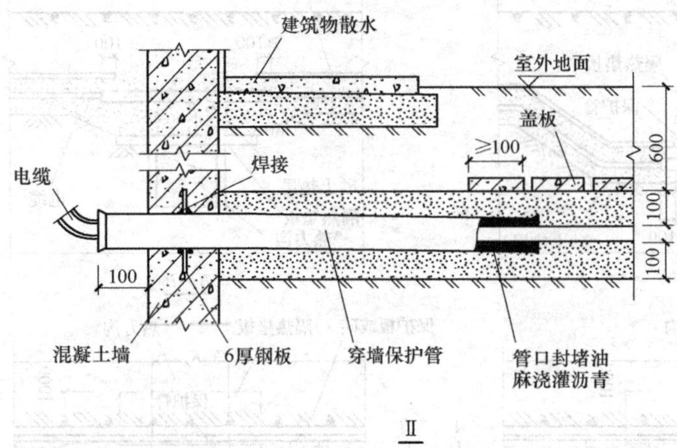

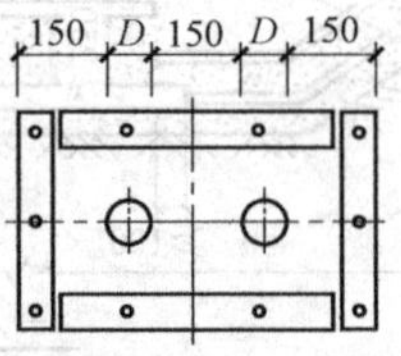

Ⅱ防水钢板及扁钢尺寸图

注：1.D为钢管外径。
2.穿管保护管管径及材料详见设计图。
3.电缆保护管伸出散水坡外≥200。

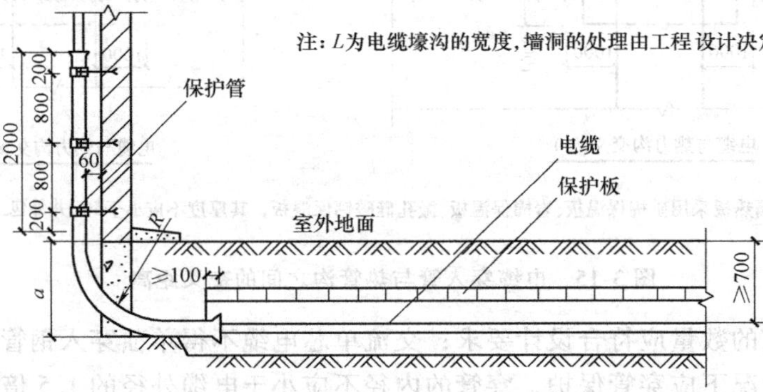

注：L为电缆壕沟的宽度，墙洞的处理由工程设计决定，R为电缆弯曲半径。

1—1

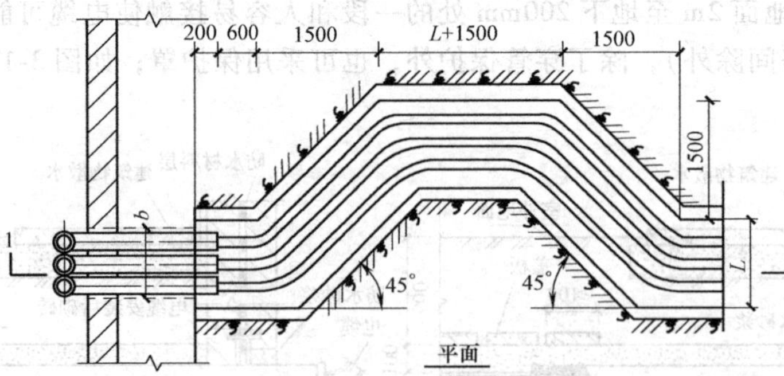

图 3-16 电缆穿墙进入建筑物（续）

埋地敷设电缆的接头盒下面应垫混凝土基础板，其长度宜超出接头保护盒两端 0.6 ~ 0.7m，如图 3-18 所示。

4. 电缆穿墙

直埋电缆穿墙引入建筑物如图 3-19 所示。

5. 封堵

直埋电缆穿越城市街道、公路、铁路，或穿过有载重车辆通过的大门，进入建筑物的墙角处，进入隧道、人孔井，或从地下引出到地面时，应将电缆敷设在满足强度要求的管道内，并将管口封堵好。

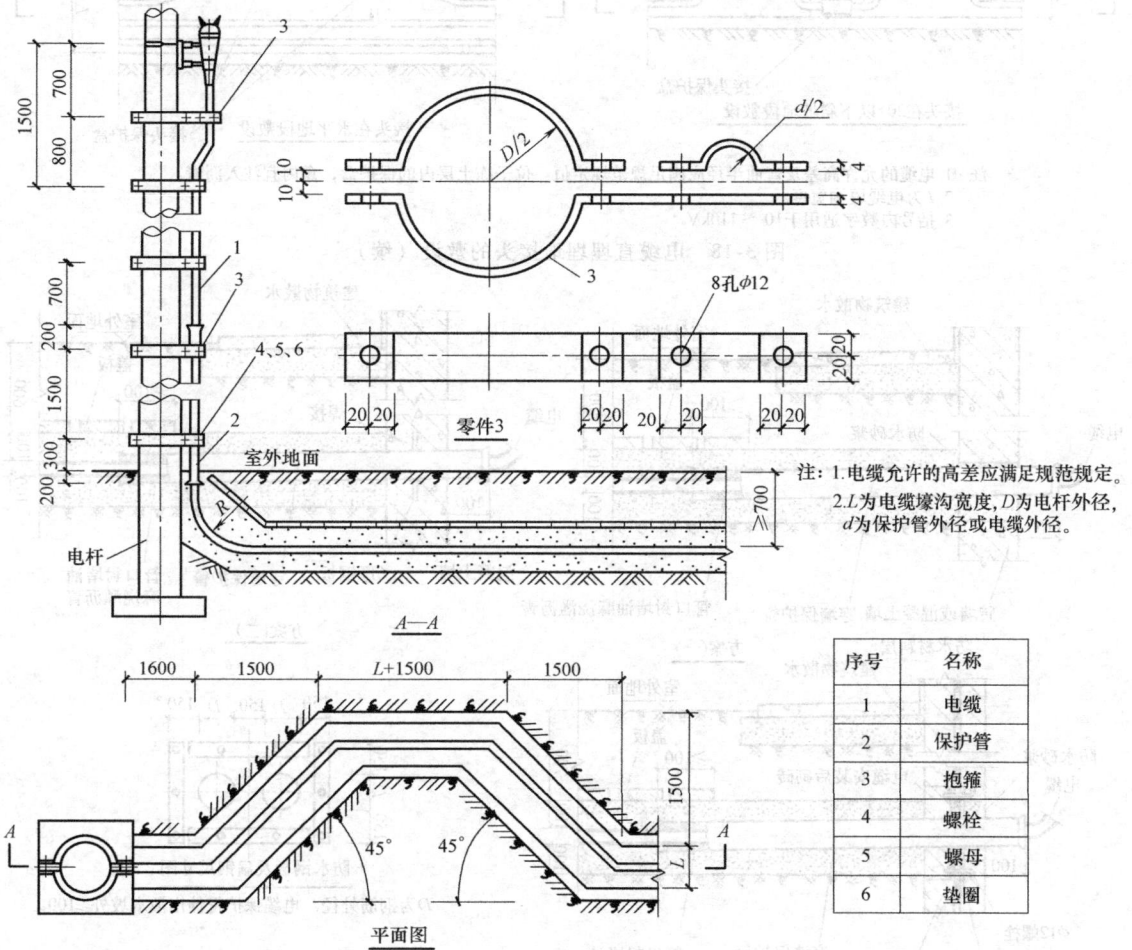

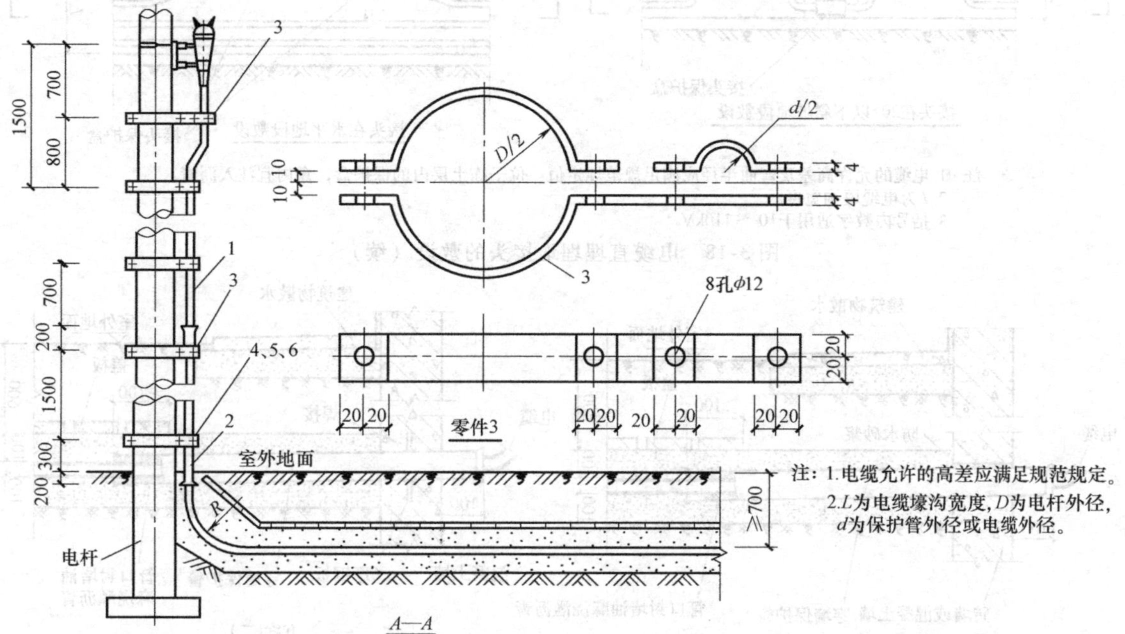

序号	名称
1	电缆
2	保护管
3	抱箍
4	螺栓
5	螺母
6	垫圈

图 3-17　电缆从沟道引至电杆

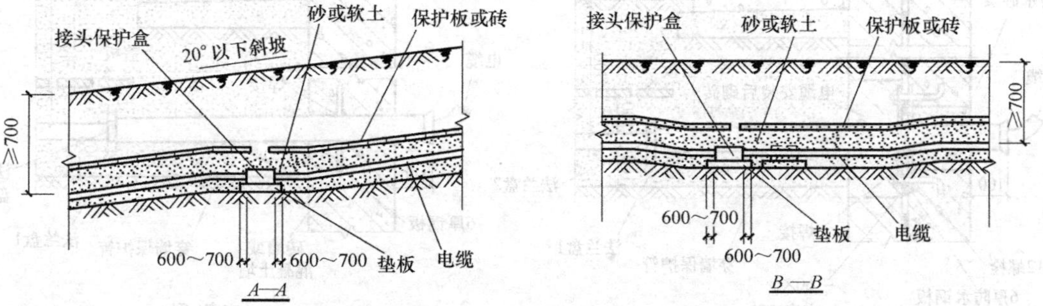

图 3-18　电缆直埋埋地接头的敷设

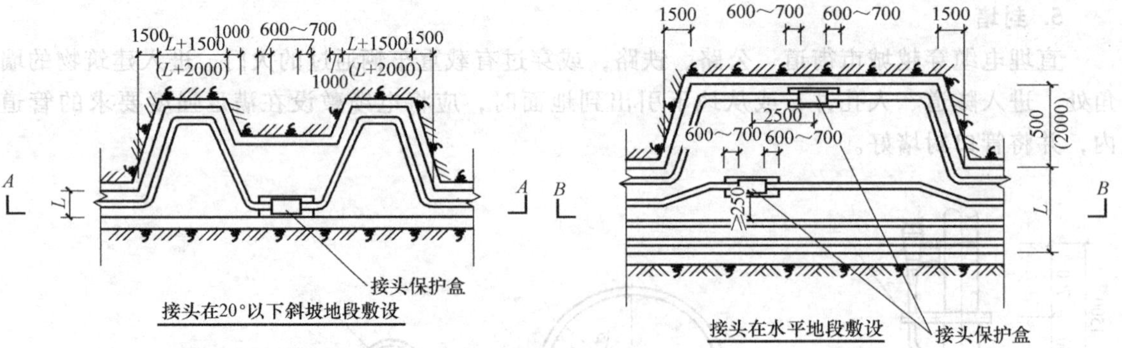

注：1. 电缆的允许高差及弯曲半径应满足规范规定值。位于冻土层内的保护盒，盒内宜注入沥青。

2. L为电缆壕沟宽度。

3. 括号内数字适用于10～110kV。

图 3-18 电缆直埋埋地接头的敷设（续）

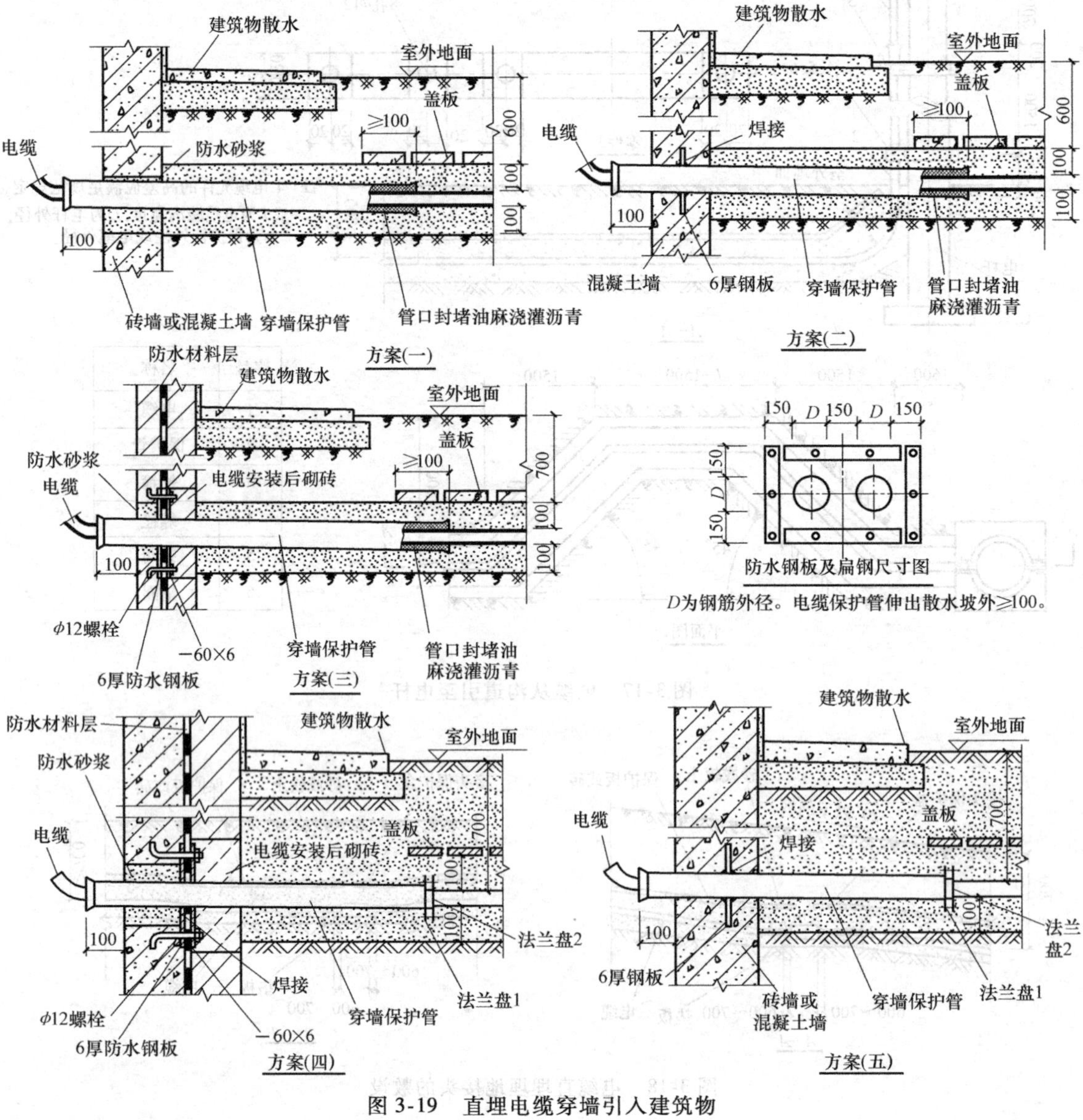

图 3-19 直埋电缆穿墙引入建筑物

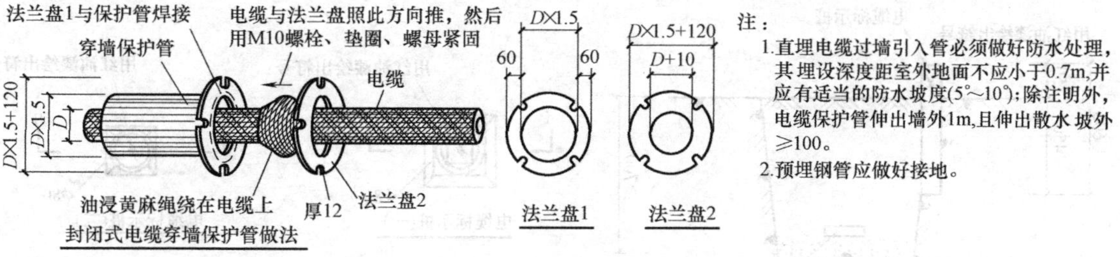

图 3-19　直埋电缆穿墙引入建筑物（续）

6. 电缆标志

（1）设置

电缆敷设时应排列整齐，不宜交叉，加以固定，并及时装设标志牌。

标志牌的装设应符合下列要求：

1）生产厂房及变电站内应在电缆终端头、电缆接头处装设电缆标志牌。

2）城市电网电缆线路应在下列部位装设电缆标志牌：

① 电缆终端及电缆接头处。

② 电缆管两端，人孔及工作井处。

③ 电缆隧道内转弯处、电缆分支处、直线段每隔 50～100m。

3）标志牌上应注明线路编号。当无编号时，应写明电缆型号、规格及起讫地点；并联使用的电缆应有顺序号。标志牌的字迹应清晰不易脱落。

4）标志牌规格宜统一。标志牌应能防腐，挂装应牢固。

（2）安装

城镇电缆直埋敷设时，宜在保护板上层铺设醒目标志带、方位标志或标示桩。

直埋电缆在直线段每隔 50～100m 处、电缆接头处、转弯处、进入建筑物等处，应设置明显的方位标志或标示桩，如图 3-20 所示。

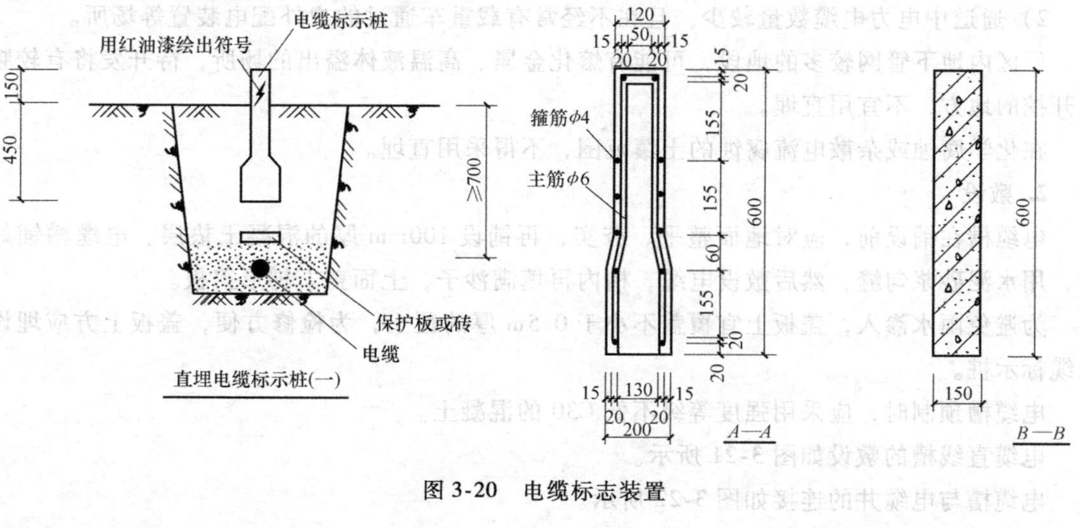

图 3-20　电缆标志装置

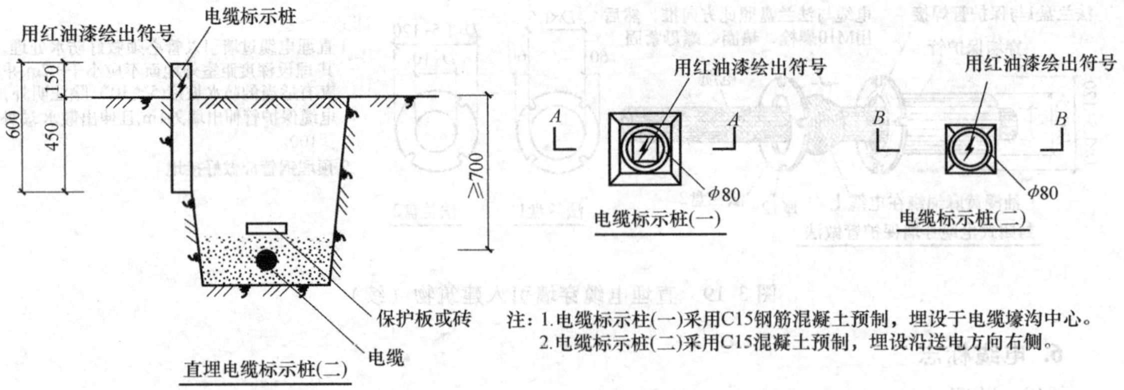

图 3-20 电缆标志装置（续）

第四节 电缆槽敷设

一、土建要求

电缆槽敷设是在开挖后，沟槽底板采用 100 ~ 150mm 厚混凝土垫层，两侧沟壁采用 240mm 砖墙，沟底铺 100mm 厚的细土或黄沙，敷设后再加盖 100mm 的细土或黄沙，盖板采用水泥盖板。深度不应小于 0.7m，穿越农田时不应小于 1.0m。这种方式相对直埋敷设来说，对电缆的保护稍好，适用于地形稍复杂的地段。

二、敷设

1. 要求

电缆浅槽敷设方式的选择，应符合下列规定：

1）地下水位较高的地方。

2）通道中电力电缆数量较少，且在不经常有载重车通过的户外配电装置等场所。

厂区内地下管网较多的地段，可能有熔化金属、高温液体溢出的场所，待开发将有较频繁开挖的地方，不宜用直埋。

在化学腐蚀或杂散电流腐蚀的土壤范围，不得采用直埋。

2. 敷设

电缆槽在铺设前，应对地面整平、夯实，再铺设 100mm 厚的混凝土垫层。电缆槽铺好后，用水泥砂浆勾缝，然后敷设电缆，槽内再填满沙子，上面盖上梯形盖板。

为避免雨水渗入，盖板上宜覆盖不小于 0.5m 厚的覆土，为检修方便，盖板上方应埋设电缆标示桩。

电缆槽预制时，应采用强度等级不低 C30 的混凝土。

电缆直线槽的敷设如图 3-21 所示。

电缆槽与电缆井的连接如图 3-22 所示。

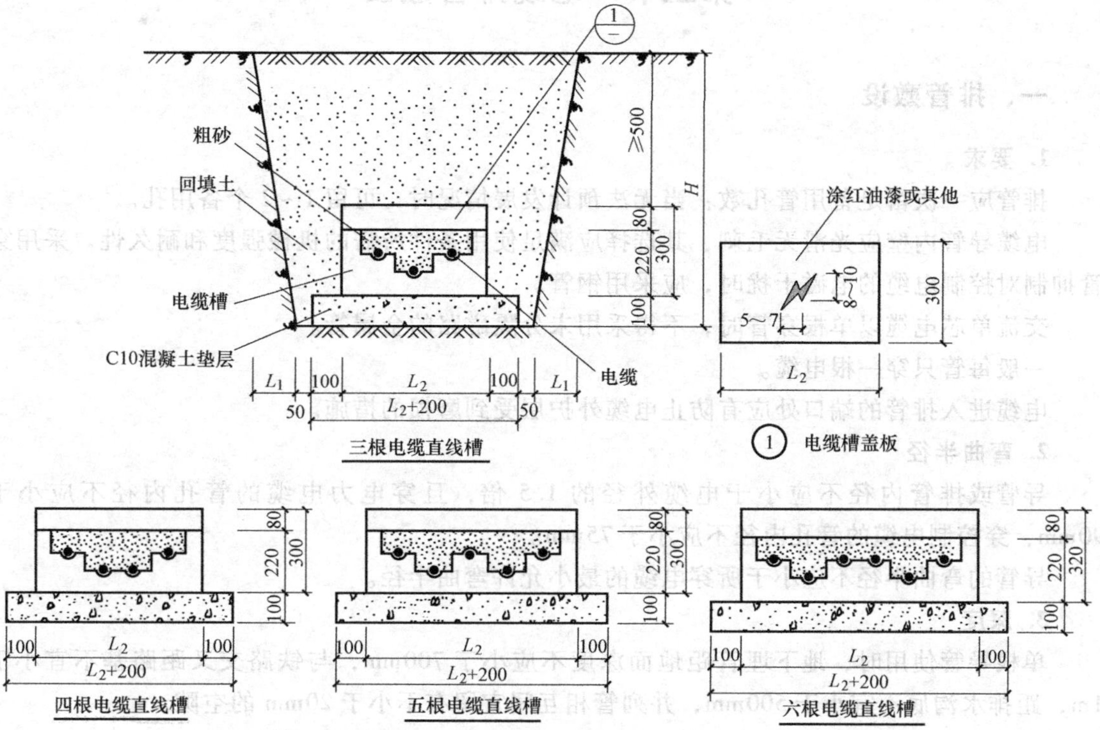

注：1. L_1详见图3-11沟槽最大边坡坡度比。
2. L_2为电缆直线槽宽度。
3. 本图中四根、五根、六根电缆直线槽敷设方式与三根电缆直线相同。
4. 盖板的正面预制成凹形的电力短路符号。

图 3-21 电缆直线槽的敷设

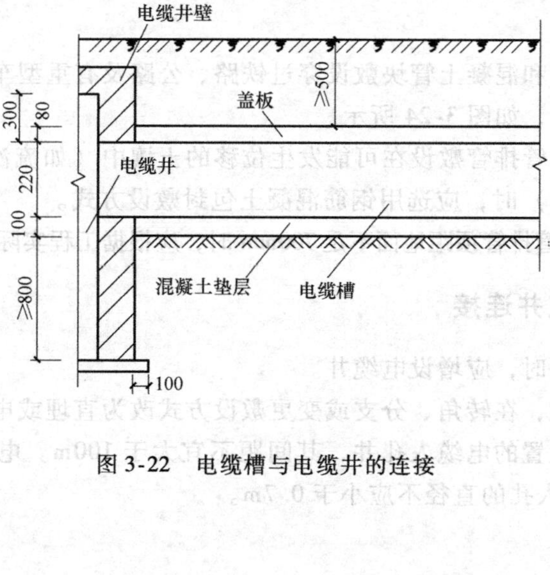

图 3-22 电缆槽与电缆井的连接

第五节 电缆排管敷设

一、排管敷设

1. 要求

排管应一次留足备用管孔数：当无法预计发展情况时，可留1~2个备用孔。

电缆导管内壁应光滑无毛刺，其选择应满足使用条件所需的机械强度和耐久性。采用穿管抑制对控制电缆的电磁干扰时，应采用钢管。

交流单芯电缆以单根穿管时，不得采用未分隔磁路的金属管。

一般每管只穿一根电缆。

电缆进入排管的端口处应有防止电缆外护层受到磨损的措施。

2. 弯曲半径

导管或排管内径不应小于电缆外径的1.5倍，且穿电力电缆的管孔内径不应小于90mm，穿控制电缆的管孔内径不应小于75mm。

导管的弯曲半径不应小于所穿电缆的最小允许弯曲半径。

3. 深度

单根导管使用时，地下埋管距地面深度不应小于700mm，与铁路交叉距路基不宜小于1m，距排水沟底不宜小于500mm，并列管相互间宜留有不小于20mm的空隙。

多孔导管的敷设，应符合下列规定：

1）多孔导管敷设时，应有倾向人孔井侧大于或等于0.2%的排水坡度，并在人孔井内设集水坑，以便集中排水。

2）多孔导管顶部距地面不应小于0.7m，在人行道下面时不应小于0.5m。

3）多孔导管沟底部应垫平夯实，并应铺设厚度大于或等于60mm的混凝土垫层。

图3-23是氯化聚氯乙烯（CPVC）电缆导管排管敷设。

当地面上均匀荷载超过$10t/m^2$或通过铁路及遇有类似情况时，应采取防止多孔导管受到机械损伤的措施。

4. 混凝土包封

海泡石纤维水泥管和混凝土管块敷设穿过铁路、公路及有重型车辆通过的场所时，应选用混凝土包封敷设方式，如图3-24所示。

当海泡石纤维水泥管排管敷设在可能发生位移的土壤中（如流沙层，8度及以上地震基本烈度区，回填土段等）时，应选用钢筋混凝土包封敷设方式。

当海泡石纤维水泥管排管顶距地面不足700mm时，应根据工程实际另行计算确定配筋数量。

二、排管与电缆井连接

当电缆有中间接头时，应增设电缆井。

采用多孔导管敷设，在转角、分支或变更敷设方式改为直埋或电缆沟敷设时，应设电缆人孔井。在直线段上设置的电缆人孔井，其间距不宜大于100m。电缆人孔井的净空高度不应小于1.8m，其上部人孔的直径不应小于0.7m。

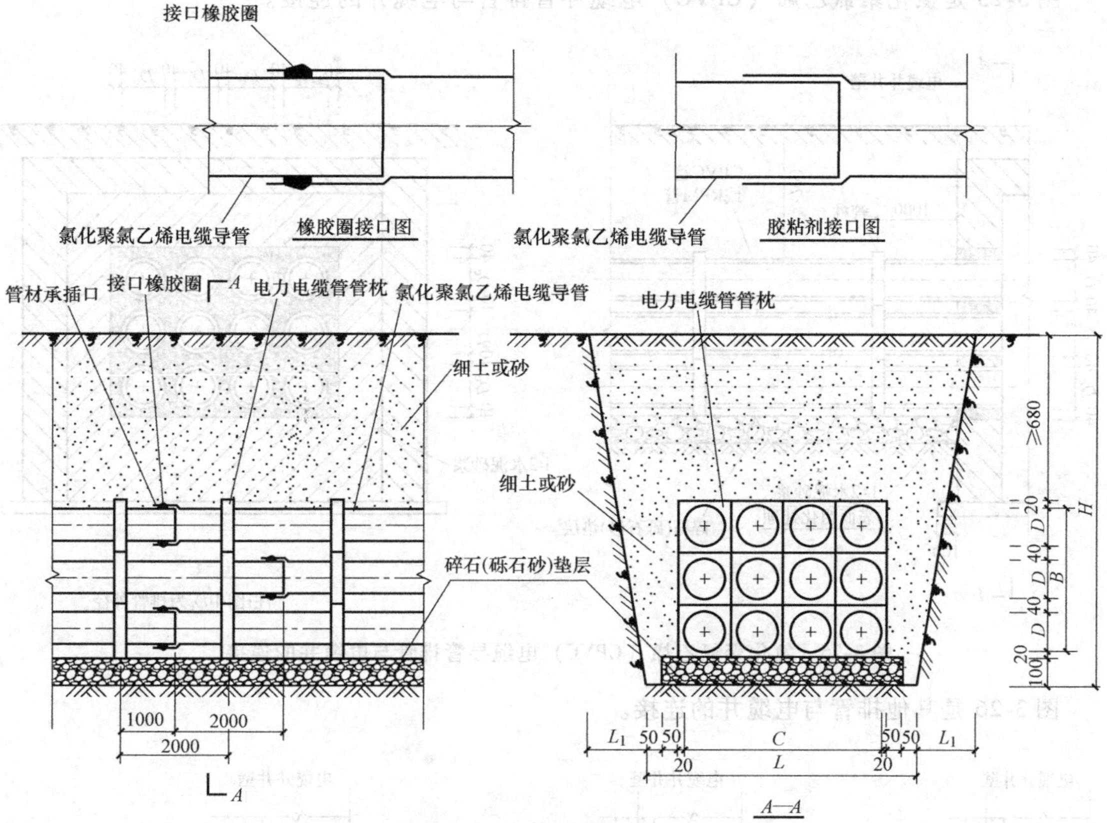

注：1.接头应相互错开，D为氯化聚氯乙烯管外径。

2.L、L_1、H由工程设计确定，B、C分别为排管组合的高度和宽度。

图 3-23　氯化聚氯乙烯电缆导管排管敷设

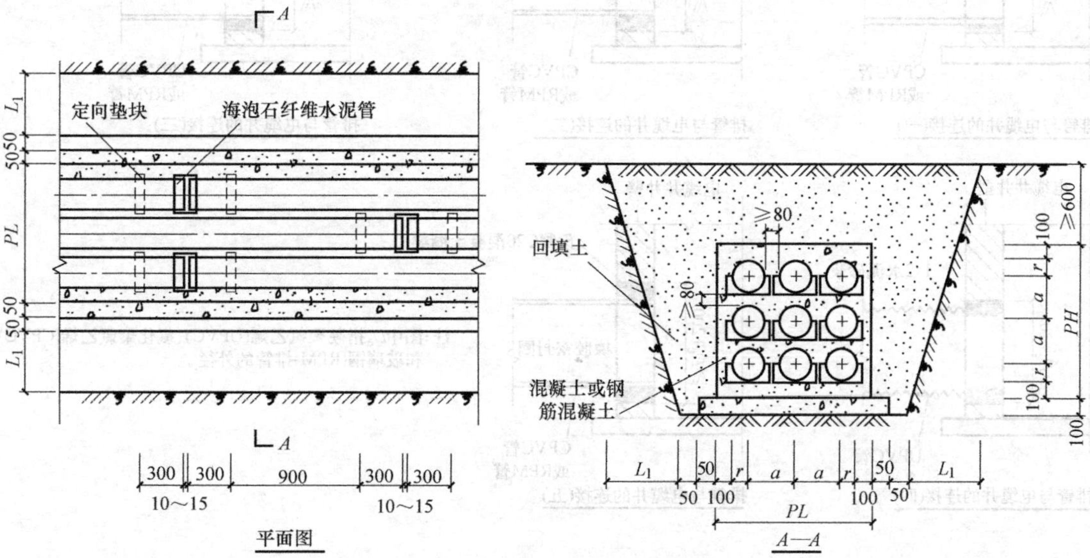

图 3-24　海泡石纤维水泥管和混凝土管块包封敷设

图3-25是氯化聚氯乙烯（CPVC）电缆导管排管与电缆井的连接。

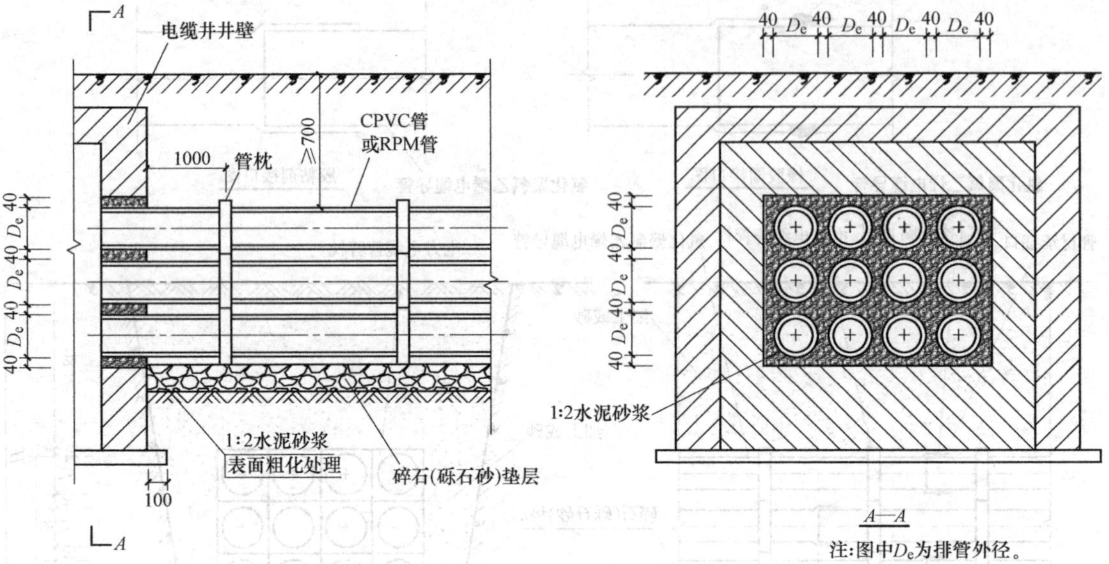

图3-25 氯化聚氯乙烯（CPVC）电缆导管排管与电缆井的连接

图3-26是其他排管与电缆井的连接。

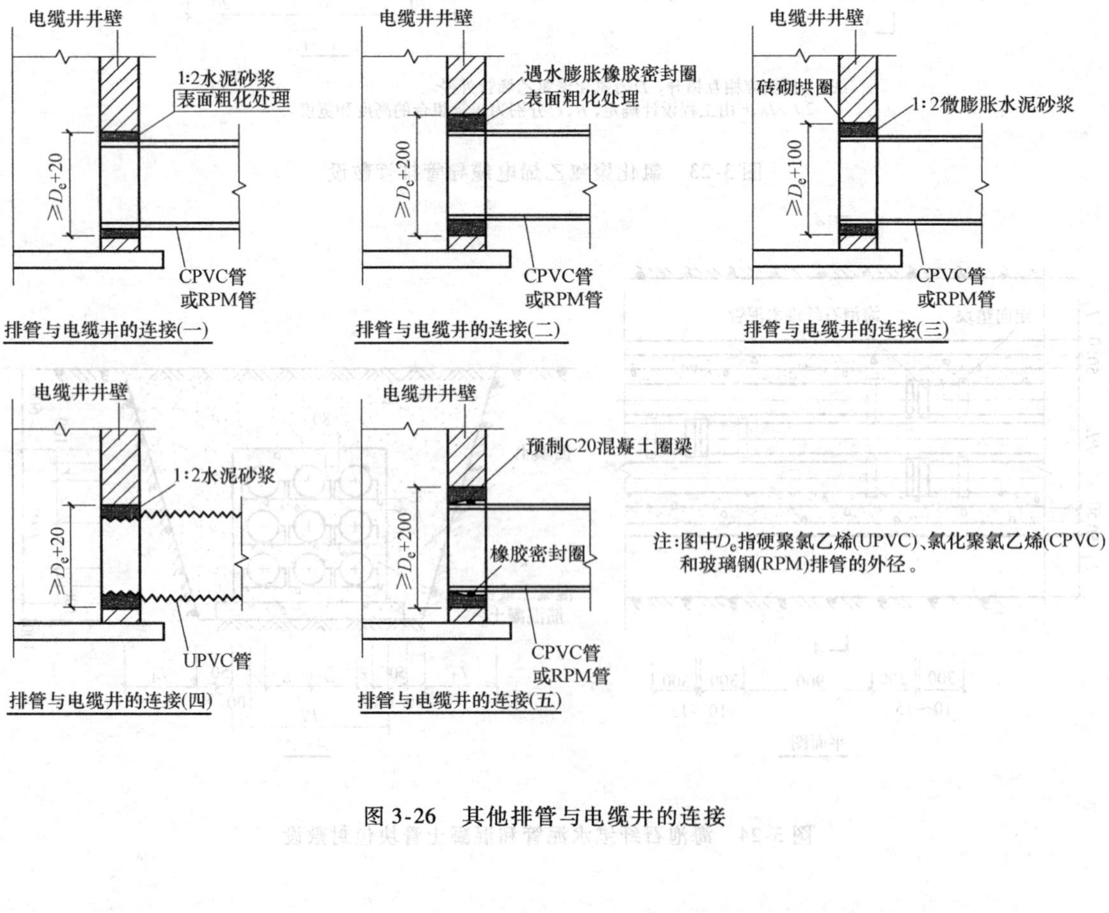

图3-26 其他排管与电缆井的连接

第六节　电缆在构筑物内敷设

一、电缆沟

1. 结构

室外电缆沟一般可分为单层支架沟、单侧多层支架沟、双侧多层支架沟三种（按有无覆盖层可分为无覆盖层电缆沟和有覆盖层电缆沟）。当电缆根数不多（一般不超过 5 根）时，可采用无支架沟，电缆平行敷设于沟底，如图 3-27 所示。

电缆在沟内敷设时，支架的长度不宜大于 350mm。

室外电缆沟的沟口宜高出地面 50mm，以减少地面排水进入沟内。但当盖板高出地面影响地面排水或交通时，可采用具有覆盖层的电缆沟，盖板顶部一般低于地面 30mm。

室外电缆沟一般采用钢筋混凝土盖板，盖板质量不宜超过 50kg。

2. 防火

室外电缆沟在进入建筑物（或变电所）处，应设有防火隔墙。

3. 防水

电缆沟应采取防水措施，其底部排水沟的坡度不应小于 0.5%，并应设集水坑，积水可经集水坑用泵排出。当有条件时，积水可直接排入下水道，电缆沟较长时，应考虑分段排水，每隔 50m 左右设一个集水井，如图 3-28 所示。

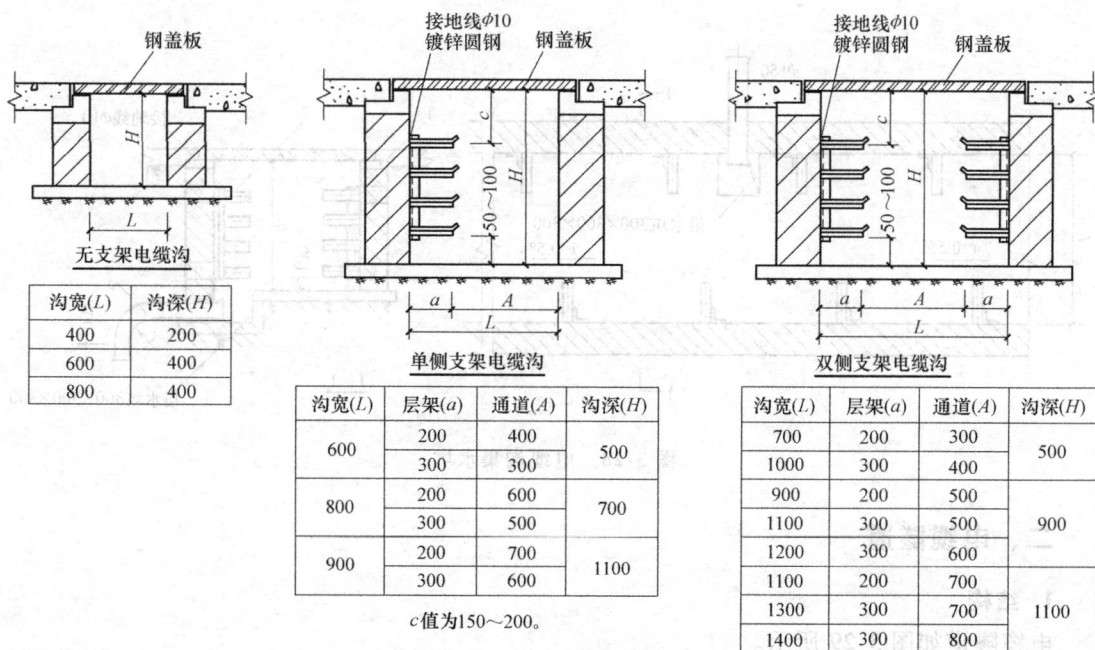

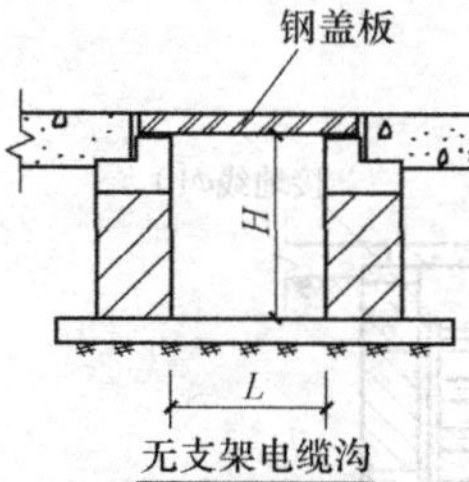

无支架电缆沟

沟宽(L)	沟深(H)
400	200
600	400
800	400

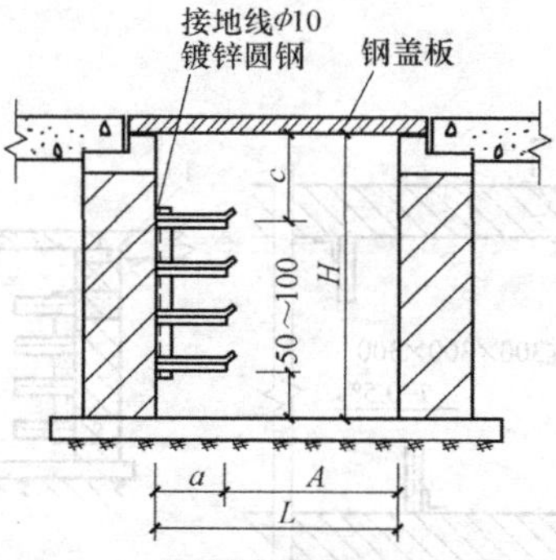

单侧支架电缆沟

沟宽(L)	层架(a)	通道(A)	沟深(H)
600	200	400	500
	300	300	
800	200	600	700
	300	500	
900	200	700	1100
	300	600	

c值为150～200。

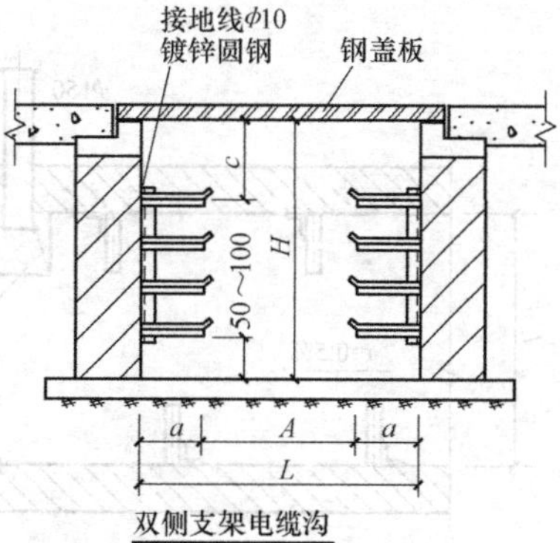

双侧支架电缆沟

沟宽(L)	层架(a)	通道(A)	沟深(H)
700	200	300	500
1000	300	400	
900	200	500	900
1100	300	500	
1200	300	600	
1100	200	700	1100
1300	300	700	
1400	300	800	

a) 室内

图 3-27　电缆沟结构

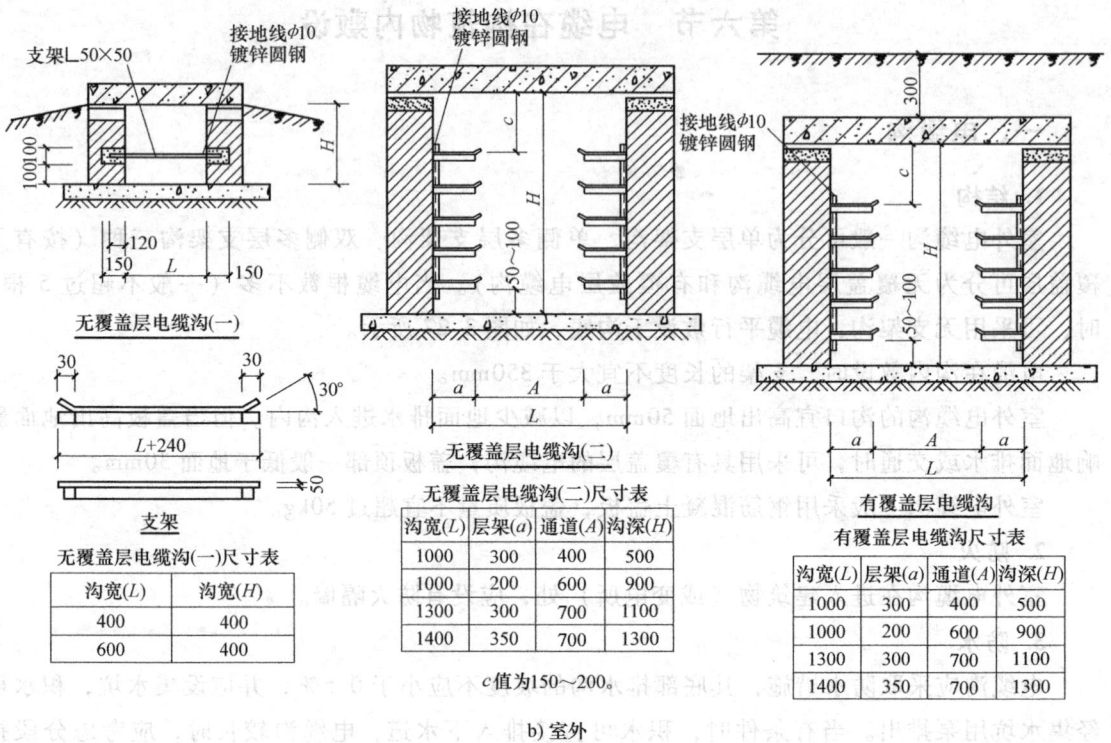

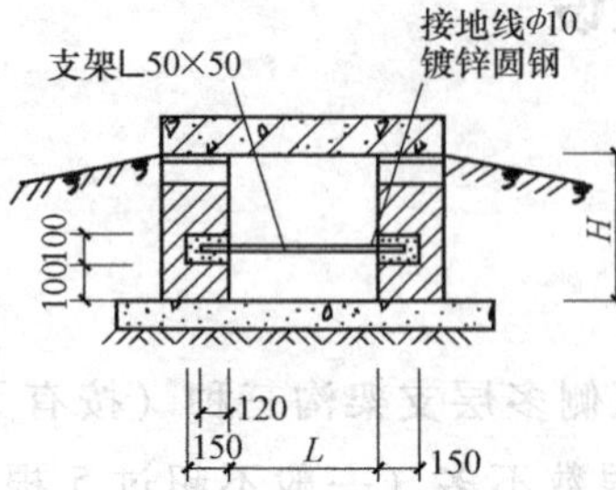

无覆盖层电缆沟(一)

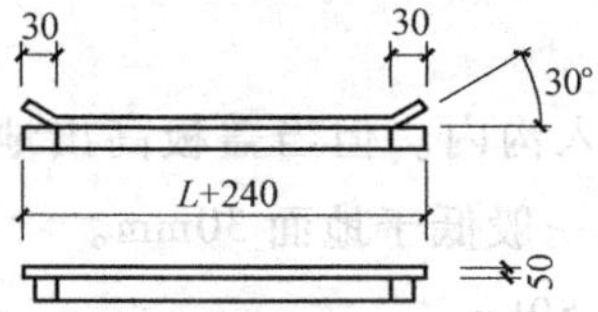

支架

无覆盖层电缆沟(一)尺寸表

沟宽(L)	沟宽(H)
400	400
600	400

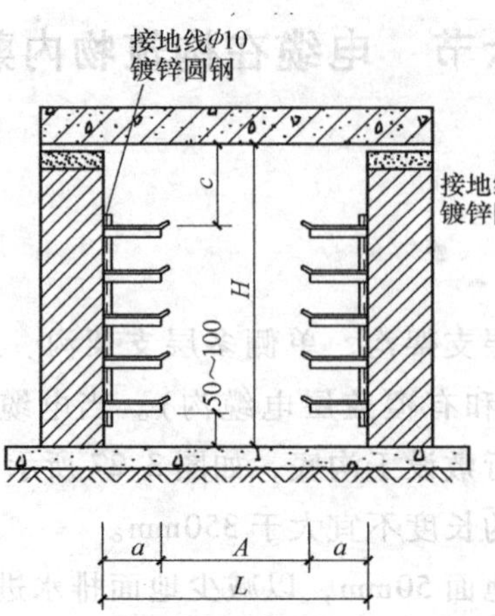

无覆盖层电缆沟(二)

无覆盖层电缆沟(二)尺寸表

沟宽(L)	层架(a)	通道(A)	沟深(H)
1000	300	400	500
1000	200	600	900
1300	300	700	1100
1400	350	700	1300

c值为150~200。

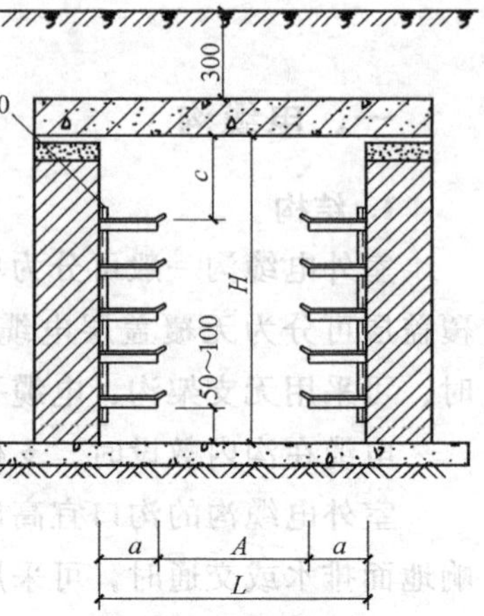

有覆盖层电缆沟

有覆盖层电缆沟尺寸表

沟宽(L)	层架(a)	通道(A)	沟深(H)
1000	300	400	500
1000	200	600	900
1300	300	700	1100
1400	350	700	1300

b) 室外

图 3-27 电缆沟结构（续）

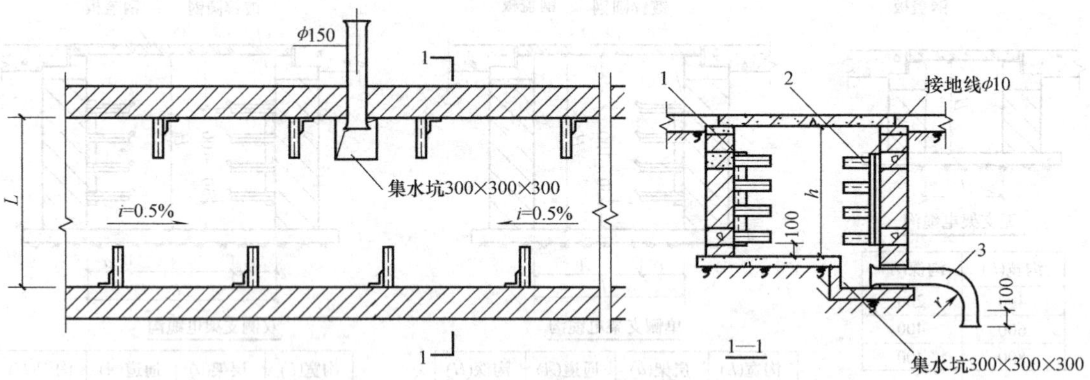

图 3-28 电缆沟集水坑

二、电缆隧道

1. 结构

电缆隧道如图 3-29 所示。

隧道内净高不应低于 1.9m，局部或与管道交叉处净高不宜低于 1.4m。

电缆隧道长度大于 7m 时，两端应设出口（包括人孔井）。当两个出口之间的距离超过 75m 时，应增加出口。人孔井的直径不应小于 700mm。

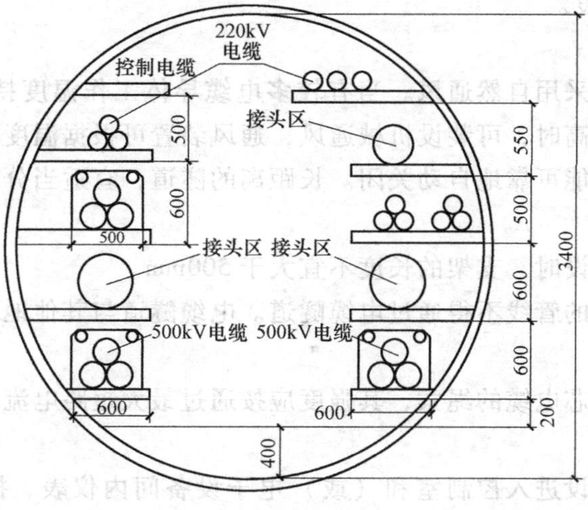

a) 圆形电缆隧道尺寸

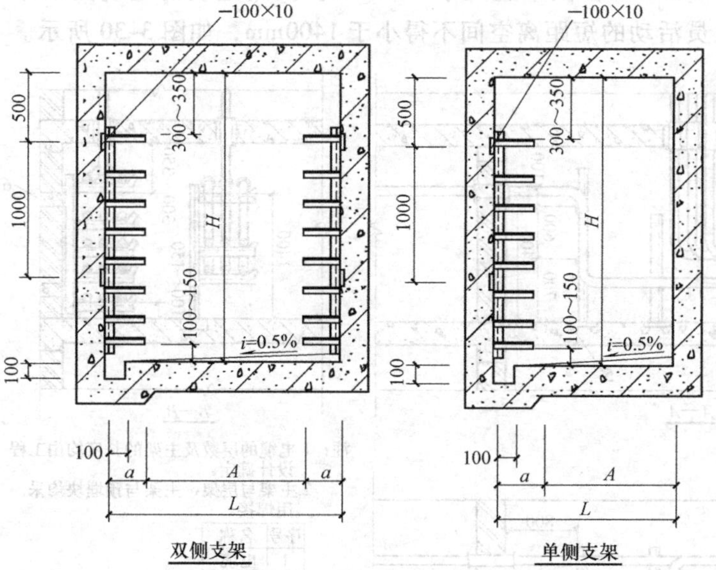

隧道尺寸表

支架形式	隧道宽	层架宽	通道宽	隧道高
	L	a	A	H
单侧支架	1200	300	900	1900
	1400	400	1000	1900
	1400	500	900	1900
双侧支架	1600	300	1000	1900
	1800	400	1000	2100
	2000	400	1200	2100
	2000	500	1000	2300
	1900 2100	400 500	1100	2300

预埋件(扁钢)在主架安装处应与主筋焊接，预埋件间距为800～1000。

b) 直线电缆隧道尺寸

图 3-29 电缆隧道

电缆隧道内应设有照明，其电压不应超过36V，否则需采取安全措施。

2. 防火

电缆隧道进入建筑物处，在变电所围墙处以及长距离隧道中每隔200m处，宜设置带门的防火隔墙。该门应由非燃烧材料制作，并应装锁。电缆过墙时的导管两端应用阻燃材料封堵。

在安全性要求较高的电缆密集场所或封闭通道中．应配备监控报警、测温和固定自动灭火装置。

3. 防水

电缆隧道应有防水措施，局部还应做成不小于0.5%的纵向排水坡度，排水边沟坡向集水井应有0.5%的坡度。

4. 通风

电缆隧道应尽量采用自然通风。当有较多电缆导体工作温度持续达到70℃以上或其他影响环境温度显著升高时，可装设机械通风；通风装置可根据温度自动控制；机械通风装置应在一旦发生火灾时能可靠地自动关闭。长距离的隧道，宜适当分区段实行。

5. 其他

电缆在隧道内敷设时，支架的长度不宜大于500mm。

与电缆隧道无关的管线不得通过电缆隧道。电缆隧道与其他地下管线交叉时，应避免隧道局部下降。

固定蛇形敷设单芯电缆的绳索，其强度应按通过最大短路电流所产生的电动力验算。

三、电缆夹层

电缆夹层是供敷设进入控制室和（或）电子设备间内仪表、控制装置、盘、台、柜电缆的结构层。

电缆夹层室的净高不得小于2000mm，但不宜大于3000mm。民用建筑的电缆夹层净高可稍降低，但在电缆配置上供人员活动的短距离空间不得小于1400mm，如图3-30所示。

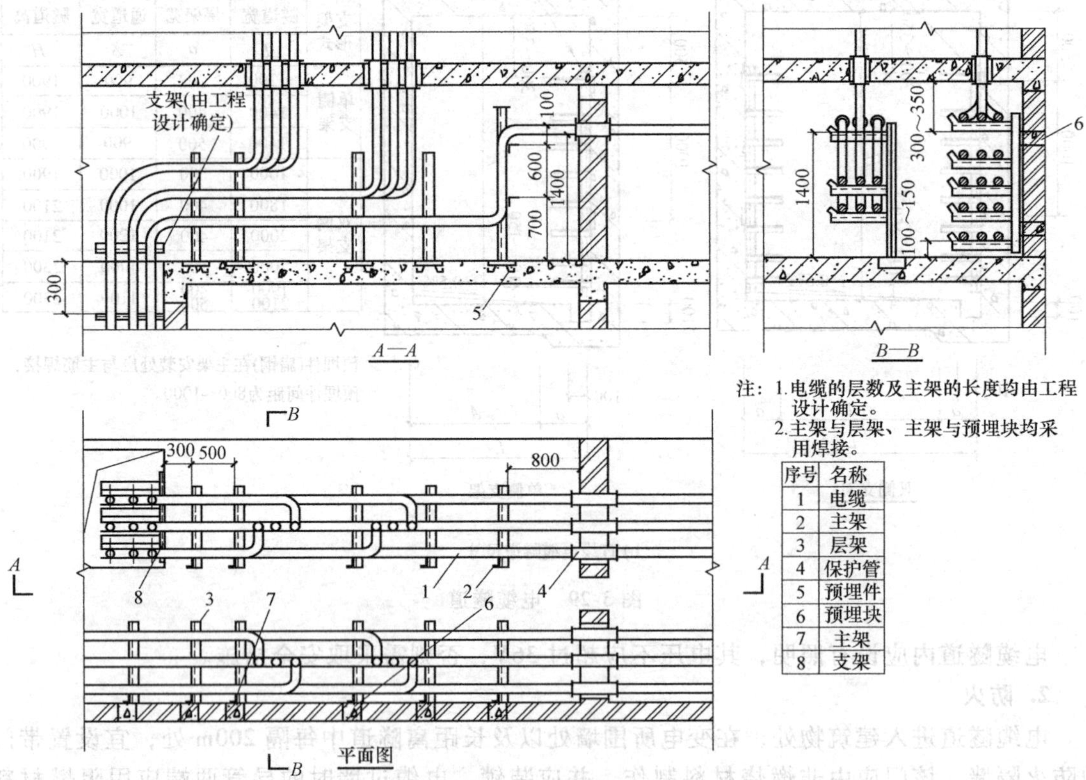

注：1.电缆的层数及主架的长度均由工程设计确定。
2.主架与层架、主架与预埋块均采用焊接。

序号	名称
1	电缆
2	主架
3	层架
4	保护管
5	预埋件
6	预埋块
7	主架
8	支架

图3-30 电缆夹层

四、电缆敷设

1. 电缆排列

电缆的排列，应符合下列要求：

1）电力电缆和控制电缆不宜配置在同一层支架上。

2）高低压电力电缆，强电、弱电控制电缆应按顺序分层配置，一般情况宜由上而下配置；但在含有35kV以上高压电缆引入柜盘时，为满足弯曲半径要求，可由下而上配置。

3）并列敷设的电力电缆，其相互间的净距应符合设计要求。

2. 敷设

电缆在支架上的敷设应符合下列要求：

1）控制电缆在普通支架上，不宜超过1层；梯架上不宜超过3层。

2）交流三芯电力电缆，在普通支吊架上不宜超过1层；梯架上不宜超过2层。

3）交流单芯电力电缆，应布置在同侧支架上，并加以固定。当按紧贴正三角形排列时，应每隔一定的距离用绑带扎牢，以免其松散。

明敷在室内及电缆沟、隧道、竖井内带有麻护层的电缆，应剥除麻护层，并对其铠装加以防腐。

电缆敷设完毕后，应及时清除杂物，盖好盖板。必要时，尚应将盖板缝隙密封。

3. 最小净距

电缆构筑物的尺寸应按容纳的全部电缆确定，电缆的配置应无碍安全运行，满足敷设施工作业与维护巡视活动所需空间，并应符合下列规定：

1）隧道内通道净高不宜小于1900mm；在较短的隧道中与其他沟道交叉的局部段，净高可降低，但不应小于1400mm。

2）封闭式工作井的净高不宜小于1900mm。

3）电缆夹层室的净高不得小于2000mm，但不宜大于3000mm。民用建筑的电缆夹层净高可稍降低，但在电缆配置上供人员活动的短距离空间不得小于1400mm。

4）电缆沟、隧道或工作井内通道的净宽，不宜小于表3-9所列值。

表3-9 电缆沟、隧道或工作井内通道的净宽 （单位：mm）

电缆支架配置方式	具有下列沟深的电缆沟			开挖式隧道或封闭式工作井	非开挖式隧道
	<600	600~1000	>1000		
两侧	300	500	700	1000	800
单侧	300	450	600	900	800

注：浅沟内可不设置支架，勿需有通道。

4. 电缆支架

电缆支架、梯架或托盘的层间距离，应满足能方便地敷设电缆及其固定、安置接头的要求，且在多根电缆同置于一层情况下，可更换或增设任一根电缆及其接头。

在采用电缆截面积或接头外径尚非很大的情况下，符合上述要求的电缆支架、梯架或托盘的层间距离的最小值，可取表3-10所列数值。

水平敷设时电缆支架的最上层、最下层布置尺寸，应符合下列规定：

1）最上层支架距构筑物顶板或梁底的净距允许最小值，应满足电缆引接至上侧柜盘时的允许弯曲半径要求，且不宜小于表3-10所列数再加80~150mm的和值。

2）最上层支架距其他设备的净距，不应小于300mm；当无法满足时应设置防护板。

3）最下层支架距地坪、沟道底部的最小净距，不宜小于表3-11所列值。

表 3-10 电缆支架、梯架或托盘的层间距离的最小值 (单位：mm)

电缆电压级和类型、敷设特征		普通支架、吊架	梯架
控制电缆明敷		120	200
电力电缆明敷	6kV 及以下	150	250
	6~10kV 交联聚乙烯	200	300
	35kV 单芯 35kV 三芯	250	300
	110~220kV，每层 1 根以上	300	350
	330kV，500kV	350	400
电缆敷设于槽盒中		$h+80$	h

注：h 为槽盒外壳高度。

表 3-11 最下层支架距地坪、沟道底部的最小净距 (单位：mm)

电缆敷设场所及其特征		垂直净距
电缆沟		50
隧道		100
电缆夹层	非通道处	200
	至少在一侧不小于 800mm 宽通道处	1400
公共廊道中电缆支架无围栏防护		1500
室内		2000
室外	无车辆通过	2500
	有车辆通过	4500
屋顶		200

电缆与热力管道、热力设备之间的净距，平行时应不小于 1m，交叉时应不小于 0.5m；当受条件限制时，应采取隔热保护措施。电缆通道应避开锅炉的看火孔和制粉系统的防爆门；当受条件限制时，应采取穿管或封闭槽盒等隔热防火措施。电缆不宜平行敷设于热力设备和热力管道的上部。

第七节 电缆阻火与防水

一、防火材料

封堵材料包括有机封堵、无机封堵、耐火隔板、防火涂料、防火包带和防火包。

1）有机堵料主要应用在建筑管道和电线电缆贯穿孔洞的防火封堵工程中，并与无机防火堵料、阻火包配合使用。

2）无机防火堵料是一种灰色粉末状材料，将其与水混合后可用于电线电缆的孔洞封堵或用作电线隧道的阻火墙。

3）防火隔板也称无机防火隔板或不燃阻火板等，主要适用于各类电压等级的电缆在支架或梯架上敷设时的防火保护和耐火分隔。也可用防火隔板装制成各种形式的电缆防火槽盒，板缝隙处使用。

4）防火涂料是按照防火涂料的使用对象以及防火涂料的涂层厚度来看，一般分为饰面型防火涂料和钢结构防火涂料。饰面型防火涂料一般用作可燃基材的保护性材料，具有一定的装饰性和防火性，又分为水性和溶剂型两大类。而钢结构防火涂料主要是用作不燃烧体构件的保护性材料，这类防火涂料的涂层比较厚，而且密度小、热导率低，所以具有优良的隔热性能，又分为有机防火涂料和无机防火涂料。

5）防火包带用于大型及重要电缆防火隔离。包带可缠绕于重要单根电缆外表，火焰接触时能迅速膨胀形成炭化体，防止火焰引燃电缆可燃材料。一般按 1/2 搭盖叠绕于电缆上，若能缠绕包覆两层，效果更好。

6）防火包用于电缆竖井，用阻火网、阻火板或铁板做支垫，将防火包平铺于垫上，垒成隔层，电缆隧道和电缆沟根据国内电缆隧道和电缆竖井的有关间距规定，在需要设置隔墙处，将防火包垒成防火墙即可。必要时可用角钢做成支架以方便封堵。

二、防火封堵施工

1. 封堵部位

对易受外部影响着火的电缆密集场所或可能着火蔓延而酿成严重事故的电缆回路，必须按设计要求的防火阻燃措施施工。

1）凡穿越墙壁、楼板和电缆沟道而进入控制室、开关室、电容器室、消弧线（接地变）室、所用变室、保护室、电缆夹层、电气柜（盘）、交直流柜（盘）控制屏及仪表盘、保护盘等处的电缆孔、洞。

2）竖井和进入油区的电缆入口处。

3）室外端子箱、电源箱、控制箱等电缆穿入处。

4）室内电缆沟电缆穿至开关柜的入口处。

5）其他需要封堵的部位。

在竖井中，宜每隔 7m 设置阻火隔层。

2. 措施

电缆的防火阻燃尚应采取下列措施：

1）在电缆穿过竖井、墙壁、楼板或进入电气盘、柜的孔洞处，用防火堵料密实封堵，如图 3-31 所示。

2）在重要的电缆沟和隧道中，按要求分段或用软质耐火材料设置阻火墙，如图 3-32 所示。

3）对重要回路的电缆，可单独敷设于专门的沟道中或耐火封闭槽盒内，或对其施加防火涂料、防火包带，如图 3-33 所示。

4）在电力电缆接头两侧及相邻电缆 2～3m 长的区段施加防火涂料或防火包带，必要时采用高强防爆耐火槽盒进行封闭，如图 3-34 所示。

5）按设计采用耐火或阻燃型电缆。

6）按设计设置报警和灭火装置。

7）防火重点部位的出入口，应按设计要求设置防火门或防火卷帘。

8）改、扩建工程施工中，对于贯穿已运行的电缆孔洞、阻火墙，应及时恢复封堵。

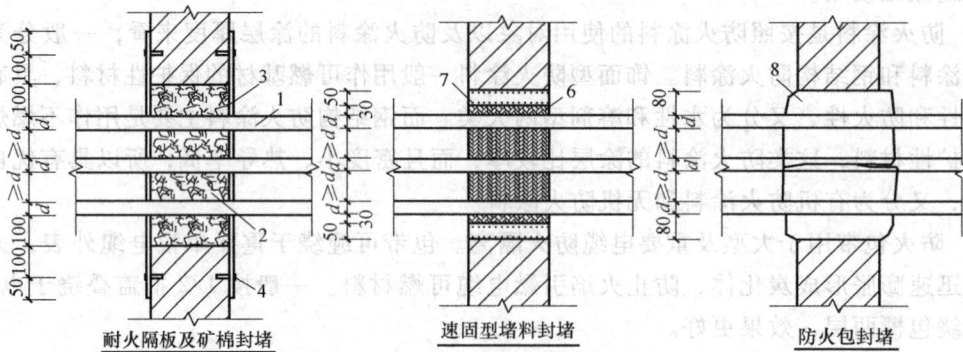

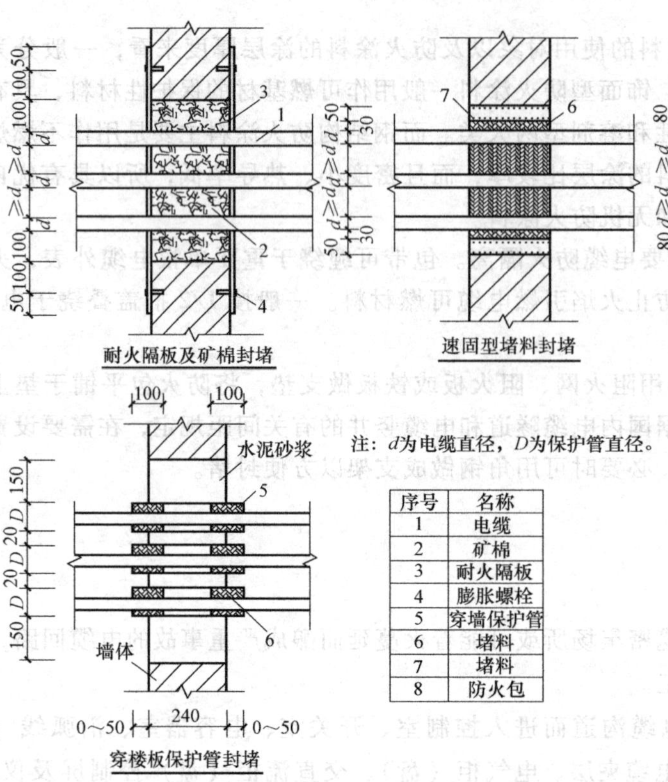

序号	名称
1	电缆
2	矿棉
3	耐火隔板
4	膨胀螺栓
5	穿墙保护管
6	堵料
7	堵料
8	防火包

a)

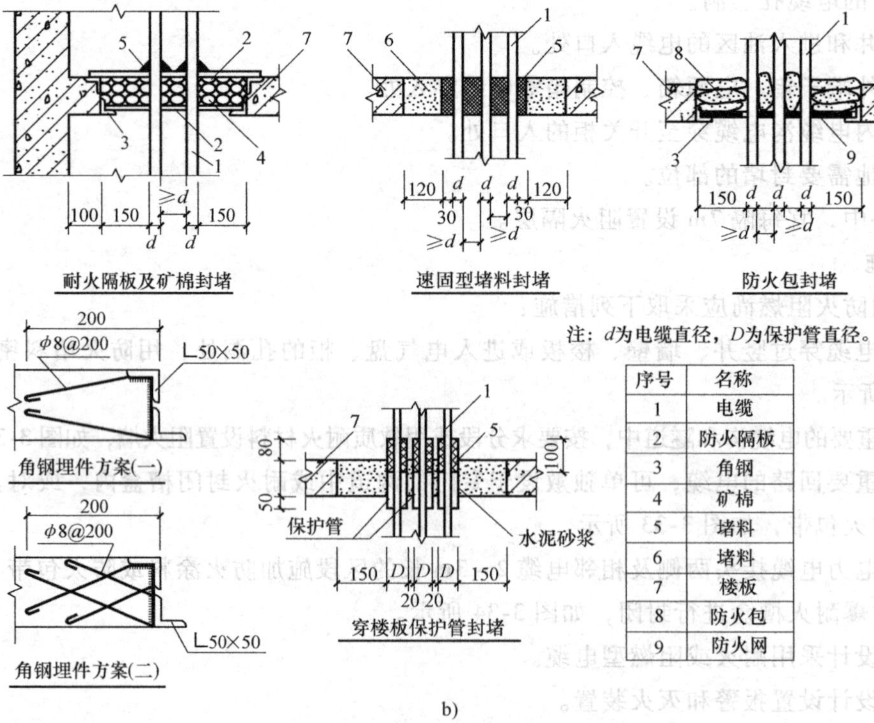

序号	名称
1	电缆
2	防火隔板
3	角钢
4	矿棉
5	堵料
6	堵料
7	楼板
8	防火包
9	防火网

b)

图 3-31 电缆穿墙空洞阻火封堵

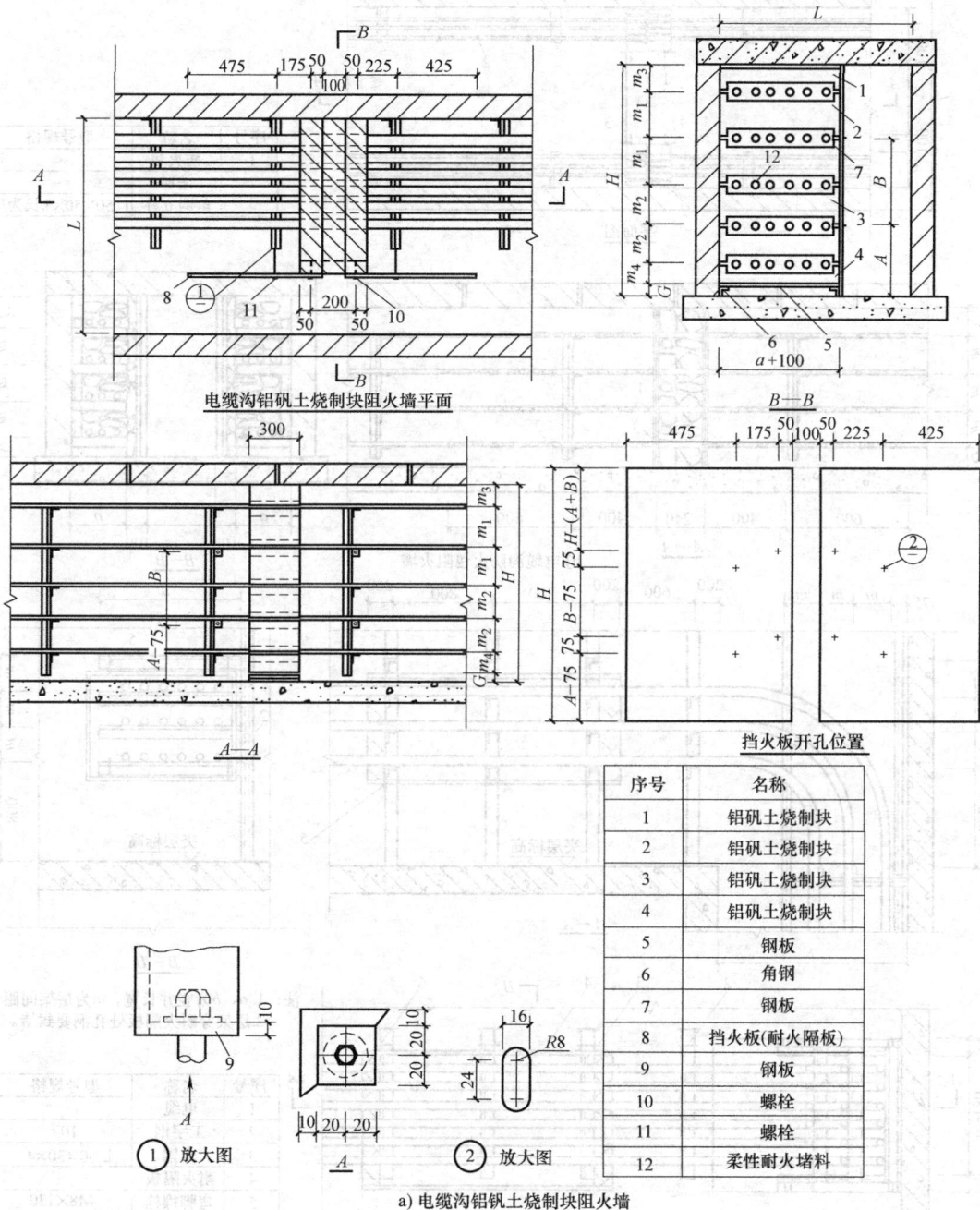

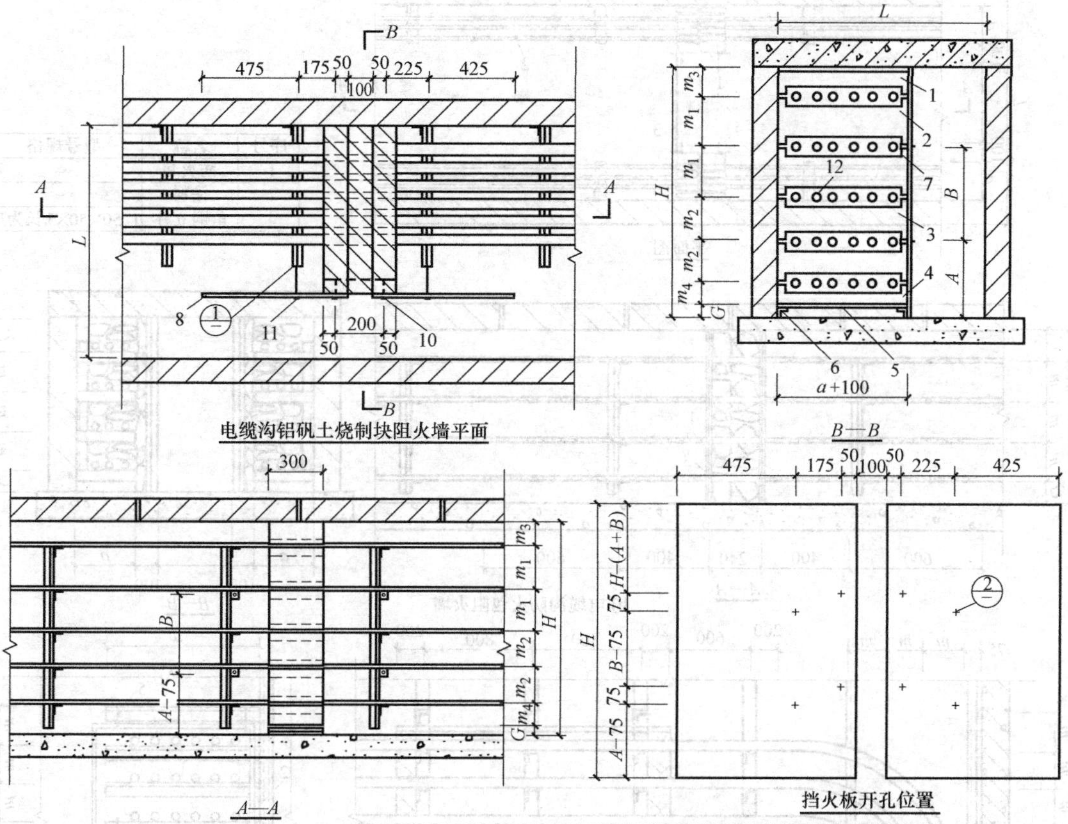

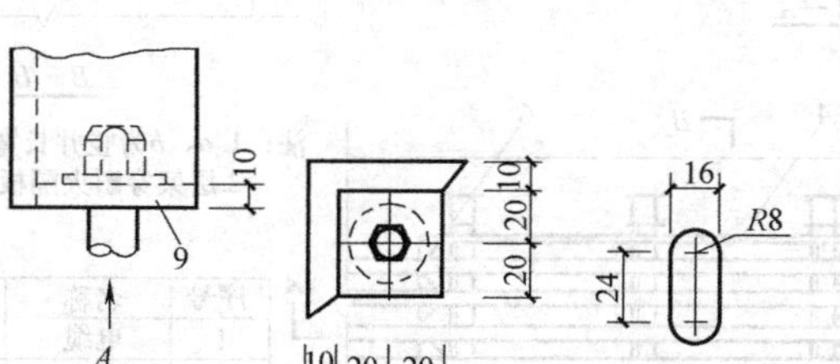

序号	名称
1	铝矾土烧制块
2	铝矾土烧制块
3	铝矾土烧制块
4	铝矾土烧制块
5	钢板
6	角钢
7	钢板
8	挡火板(耐火隔板)
9	钢板
10	螺栓
11	螺栓
12	柔性耐火堵料

a) 电缆沟铝钒土烧制块阻火墙

图 3-32　用软质耐火材料设置阻火墙

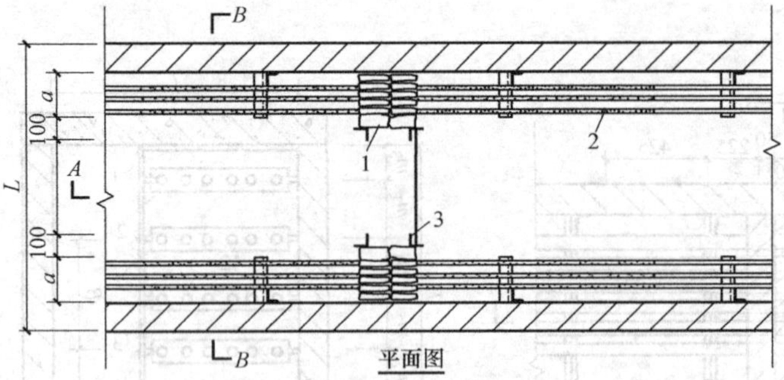

序号	名称	型号规格
1	防火包	–
2	涂料	–
3	角钢立柱	∟50×50×5,长为H

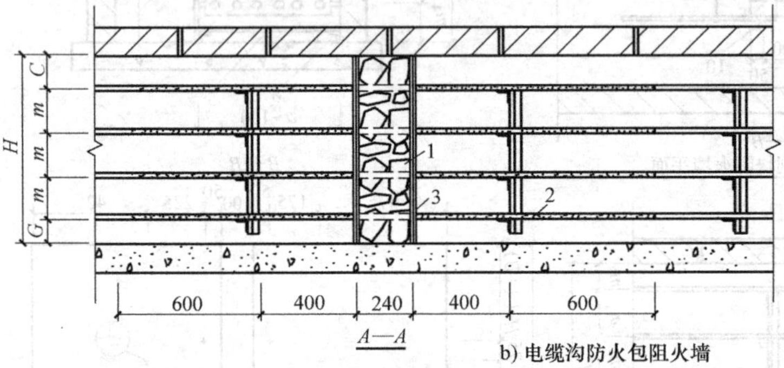

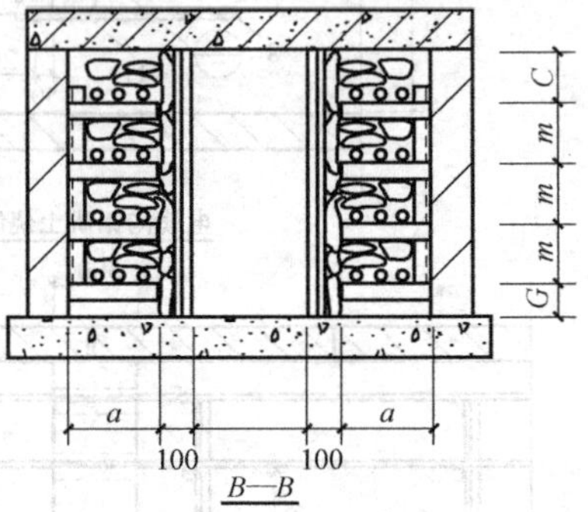

b) 电缆沟防火包阻火墙

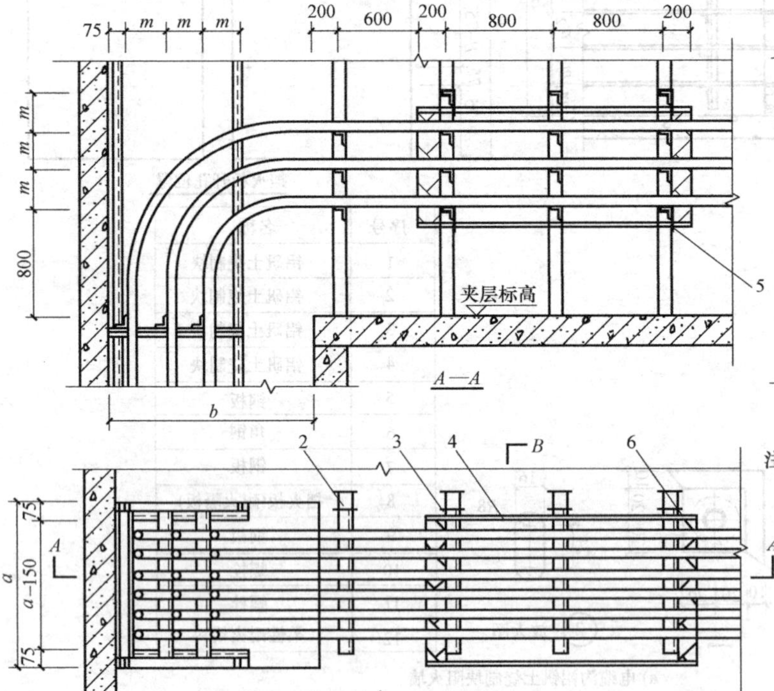

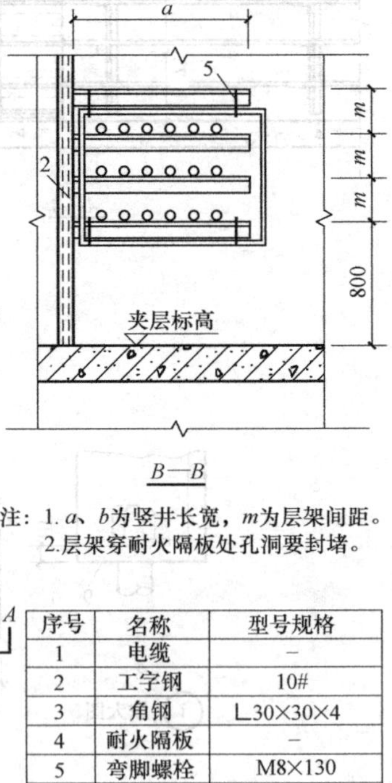

注：1. a、b为竖井长宽，m为层架间距。
2.层架穿耐火隔板处孔洞要封堵。

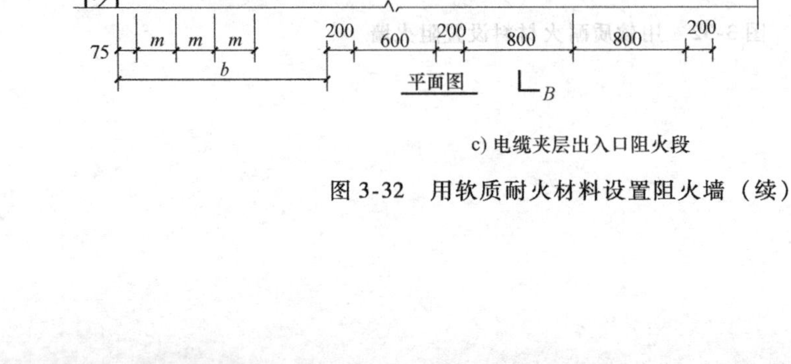

序号	名称	型号规格
1	电缆	–
2	工字钢	10#
3	角钢	∟30×30×4
4	耐火隔板	–
5	弯脚螺栓	M8×130
6	堵料	–

c) 电缆夹层出入口阻火段

图 3-32 用软质耐火材料设置阻火墙（续）

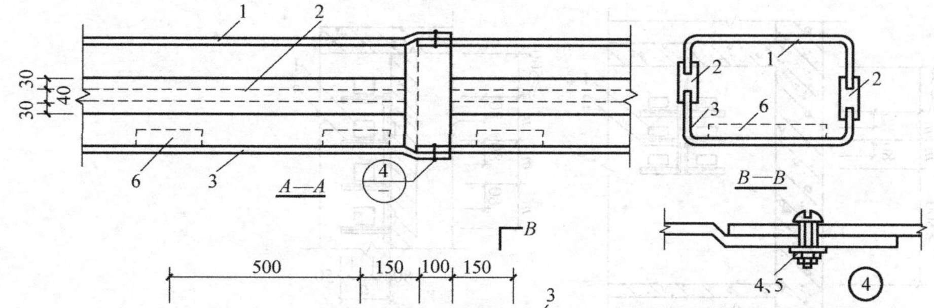

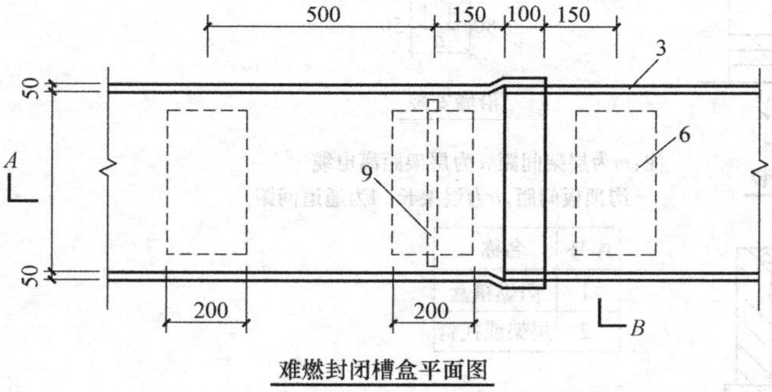

序号	名称
1	上盖
2	卡条
3	下底
4	螺钉螺母
5	垫圈
6	隔热垫块
7	封闭橡皮垫
8	插心铆钉
9	捆扎带

a) 难燃封闭槽盒及其附件

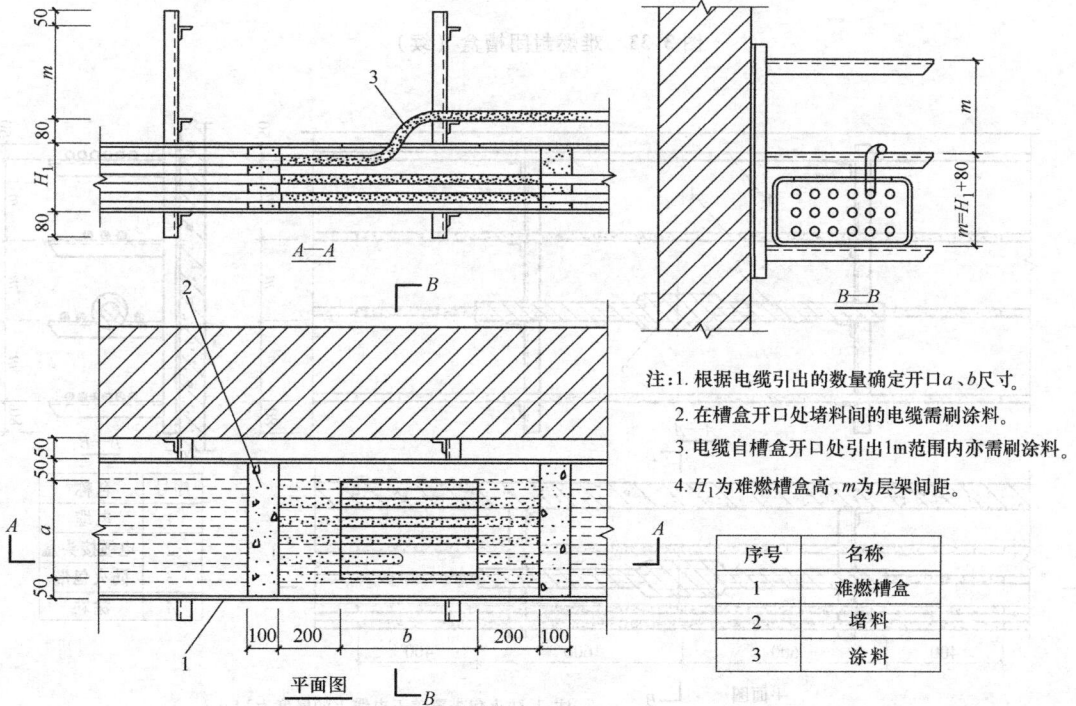

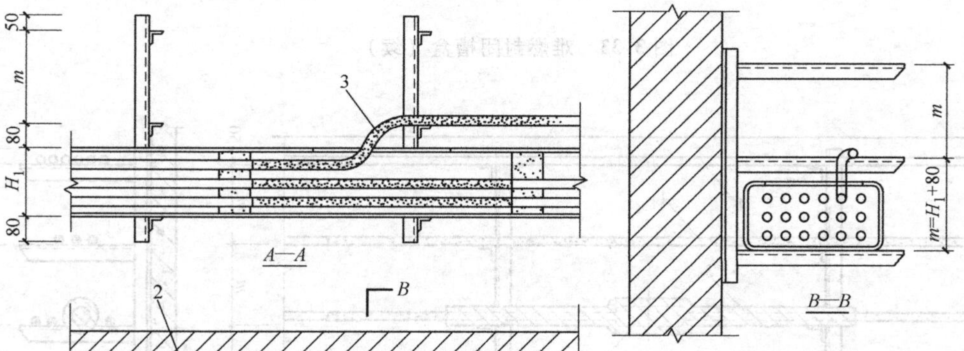

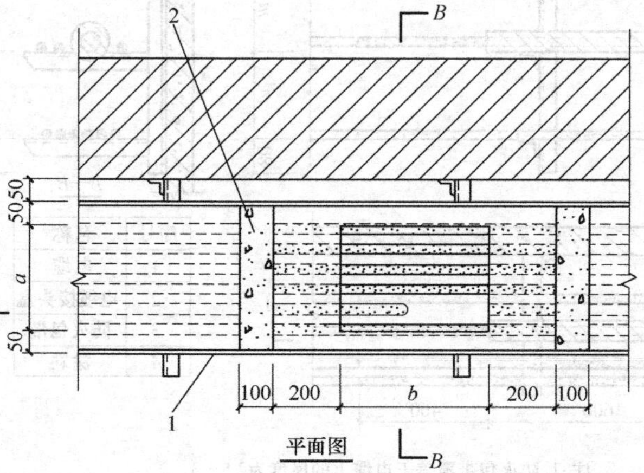

注：1. 根据电缆引出的数量确定开口a、b尺寸。

2. 在槽盒开口处堵料间的电缆需刷涂料。

3. 电缆自槽盒开口处引出1m范围内亦需刷涂料。

4. H_1为难燃槽盒高，m为层架间距。

序号	名称
1	难燃槽盒
2	堵料
3	涂料

b) 电缆引出难燃槽盒

图 3-33 难燃封闭槽盒

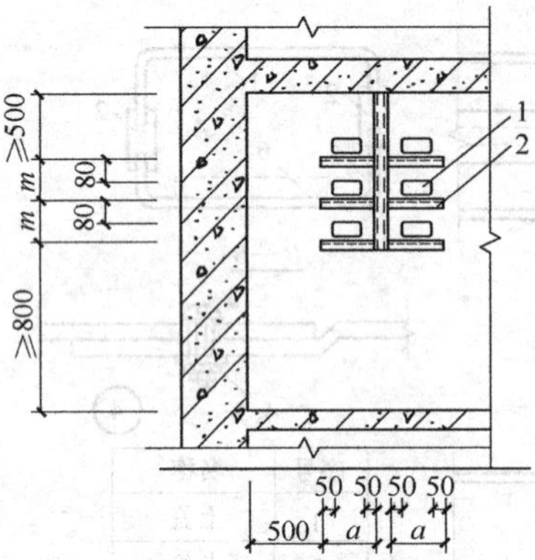

在电缆夹层中安装

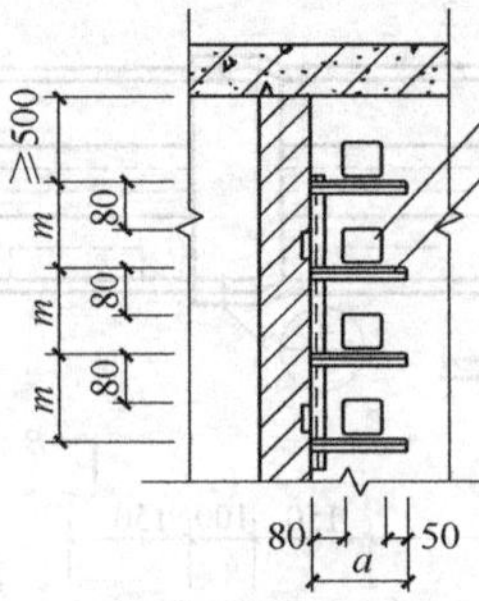

沿墙安装

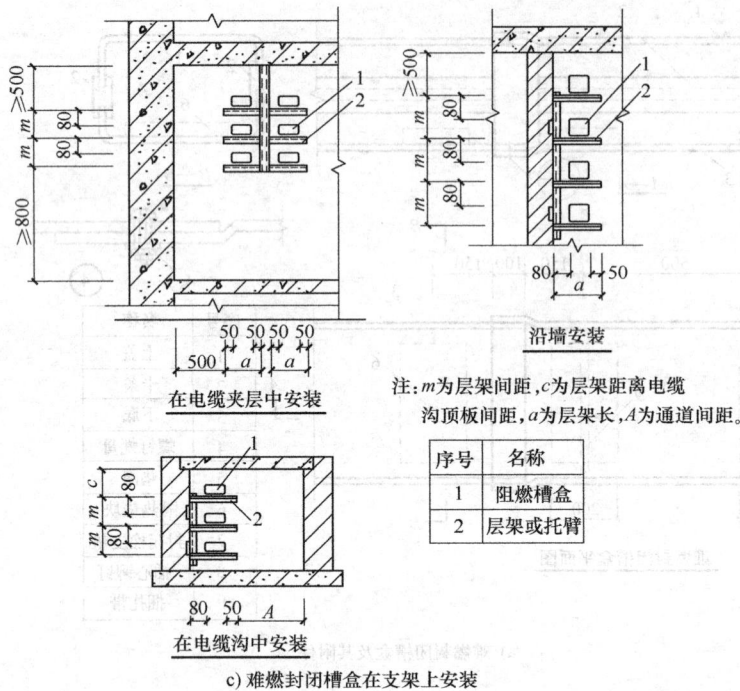

注：m为层架间距，c为层架距离电缆沟顶板间距，a为层架长，A为通道间距。

序号	名称
1	阻燃槽盒
2	层架或托臂

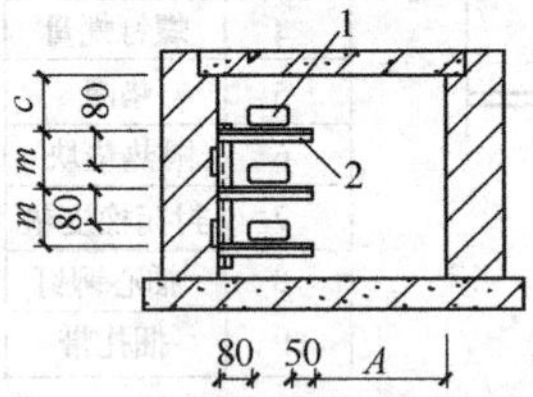

在电缆沟中安装

c) 难燃封闭槽盒在支架上安装

图3-33 难燃封闭槽盒（续）

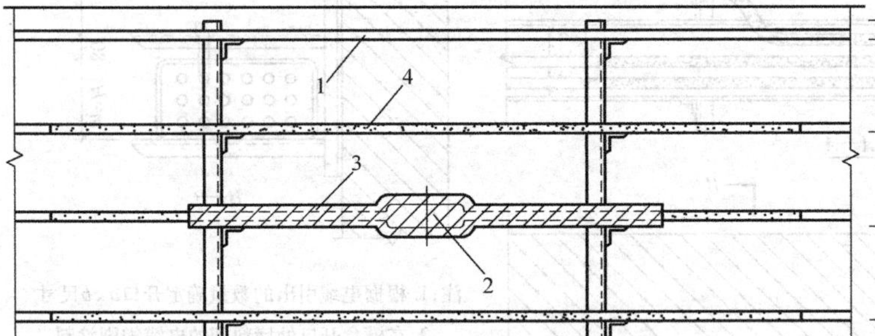

A—A

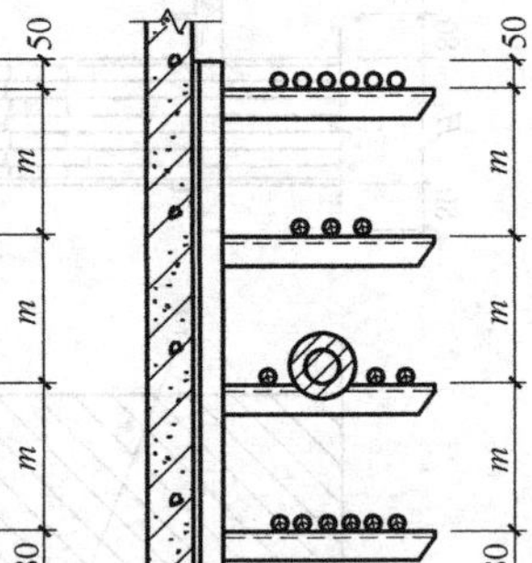

B—B

序号	名称
1	电缆
2	电缆接头盒
3	防火包带
4	涂料

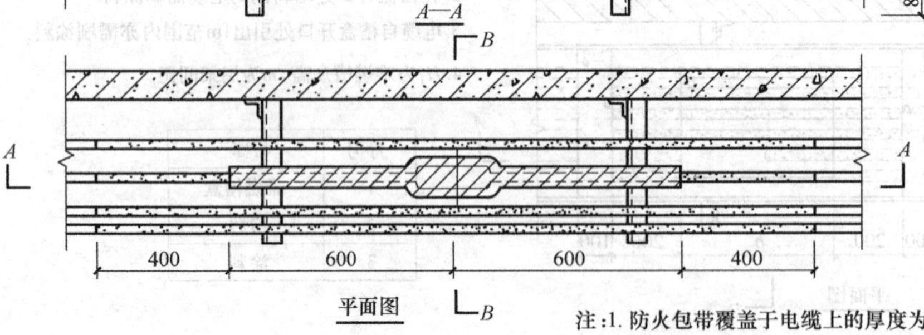

平面图

注：1. 防火包带覆盖于电缆上的厚度为2.5～3。
2. m为层架间距。
3. 包带以1/2搭盖绕包电缆至所需长度。
4. 涂料可仅涂刷在紧邻电缆接头盒的电缆上。

图3-34 电缆接头盒阻火段

3. 封堵

在封堵电缆孔洞时，封堵应严实可靠，不应有明显的裂缝和可见的孔隙，孔洞较大者应加耐火衬板后再进行封堵。

阻火墙上的防火门应严密，孔洞应封堵；阻火墙两侧电缆应施加防火包带或涂料。

阻火包的堆砌应密实牢固，外观整齐，不应透光，如图 3-35 所示。

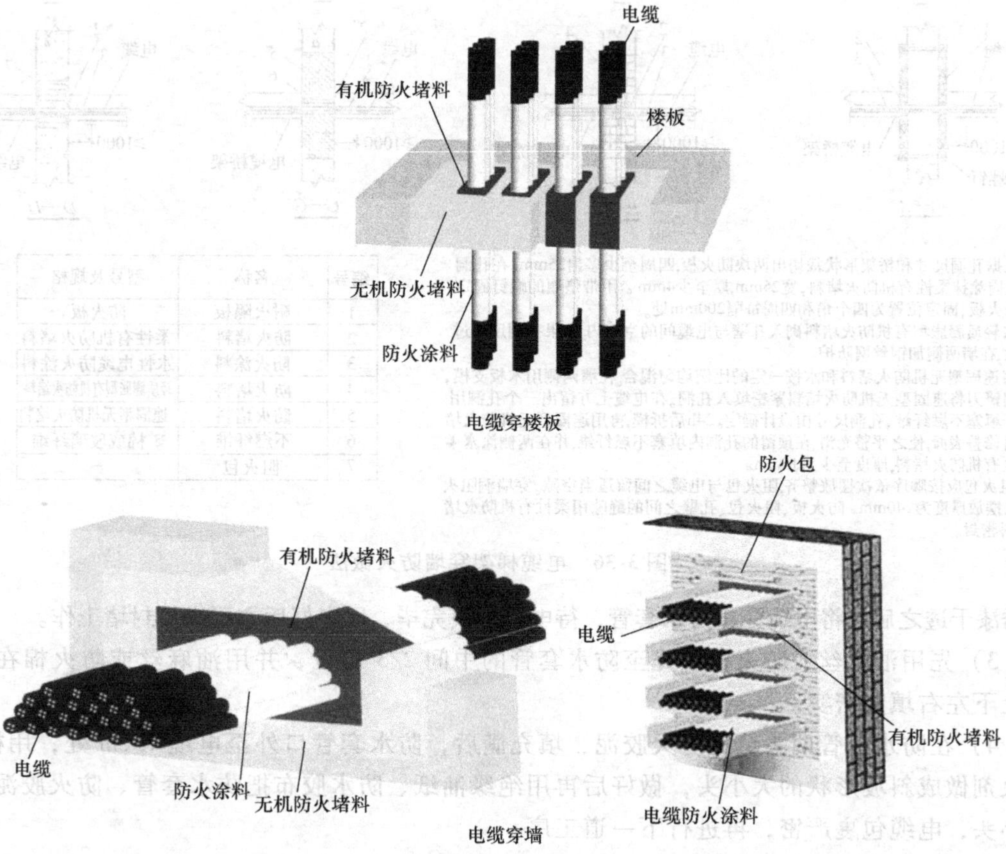

图 3-35 防火封堵

三、梯架防火

电缆梯架在穿过防火墙及防火楼板时，应采取防火隔离措施，防止火灾沿线路延燃；防火隔离墙、板，应配合土建施工预留洞口，在洞口处预埋好护边角钢，施工时根据电缆敷设的层数和根数用∟ 50×50×5 角钢作固定框，同时将固定柜焊在护边角钢上；也可以先做好框在土建施工中砌体或浇灌混凝土时安装在墙、板中。电缆梯架穿墙防火做法如图 3-36 所示。

四、电缆穿墙防水封堵

防水套管用作穿墙电缆管时的封堵方法：

1）穿好电缆的导管穿过防水套管，则封堵方法和穿墙套管的封堵方法相同。

2）电缆直接穿过防水套管时，应先清除防水套管内的杂物和铁锈，防水套管壁喷涂防锈漆，

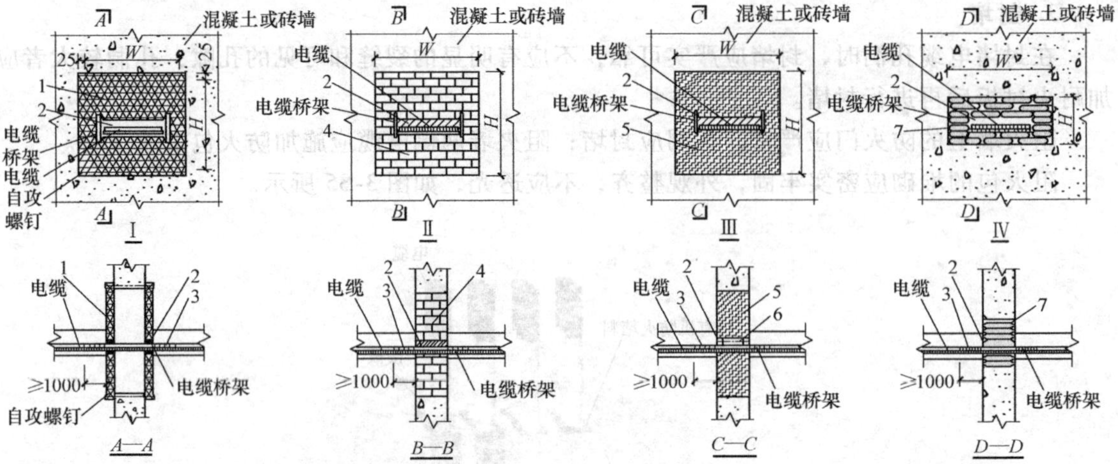

注:

1. 根据孔洞尺寸和桥架形状裁切出两块防火板,四周至少多出25mm。在孔洞四周涂抹柔性有机防火堵料,宽25mm,厚至少4mm。用带垫圈的螺钉固定防火板,固定位置为四个角和四周每隔200mm处。
2. 将轻质膨胀型有机防火堵料砌入孔壁与电缆间的空隙内。如果孔洞尺寸过大,在墙两侧加钢丝网防护。
3. 将速固型无机防火堵料和水按一定的比例均匀混合。在墙两侧用木板支模,用铲刀将速固型无机防火堵料紧密填入孔洞。在电缆上方留出一个孔洞用于填塞不燃纤维,孔洞尺寸由设计确定。24h后拆模,再用速固型无机防火堵料修整表面,使之平整光滑。在预留的孔洞内填塞不燃纤维,并在两侧涂塞柔性有机防火堵料,厚度至少为15mm。
4. 阻火包应按顺序依次摆放整齐,阻火包与电缆之间留适当空隙。穿墙洞阻火包摆放厚度为240mm。防火板、阻火包、孔壁之间的缝隙用柔性有机防火堵料密封。

编号	名称	型号及规格
1	耐火隔板	防火板
2	防火堵料	柔性有机防火堵料
3	防火涂料	水性电缆防火涂料
4	防火堵料	轻质膨胀型有机防火堵料
5	防火堵料	速固型无机防火堵料
6	不燃纤维	矿棉或玻璃纤维
7	阻火包	—

图3-36 电缆梯架穿墙防火做法

防锈漆干透之后才将电缆穿过防水套管,待电缆敷设完毕、固定好后方可进行封堵工作。

3)先用油麻丝或防火棉填充至防水套管的中间2/3部位,并用油麻丝或防火棉在管道的上下左右填充密实。

4)在防水套管两头填充防火胶泥,填充满后,防水套管口外至电缆15cm处,用树脂、防火剂做成斜坡形状的大小头,做好后再用绝缘油纸、防水胶布把防水套管、防火胶泥做成大小头,电缆包裹严密,再进行下一道工序。

电缆穿墙的防水做法如图3-37所示。

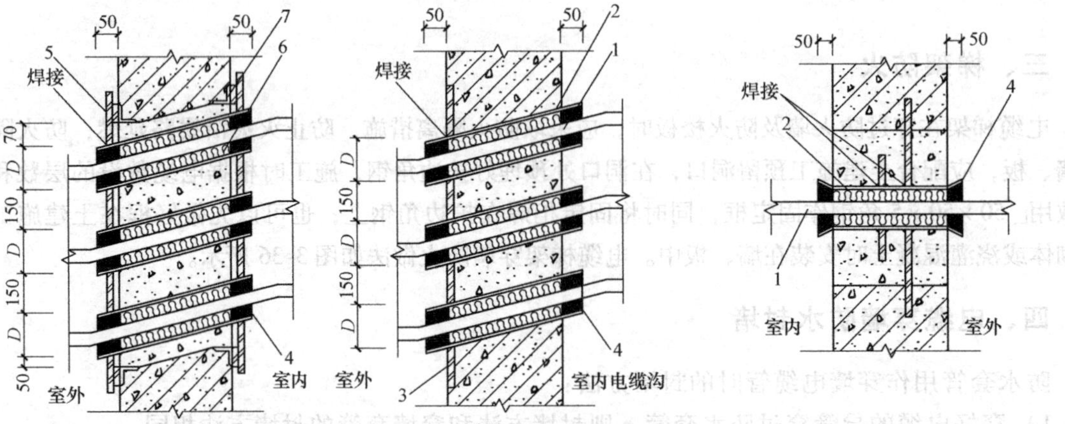

图3-37 电缆穿墙的防水做法

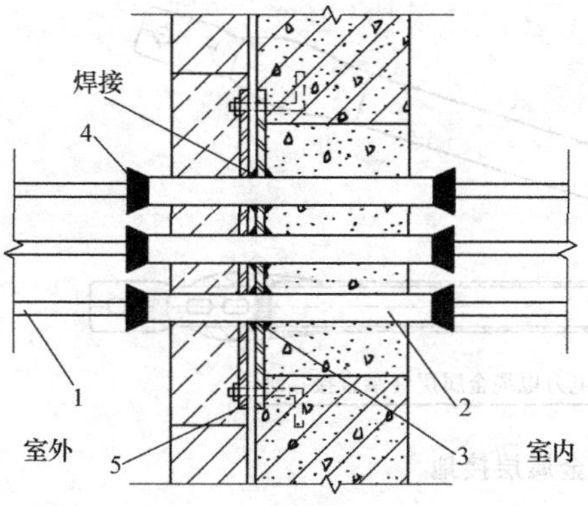

方案(四)

注 1. 穿墙套管与钢板需事先焊好。

2. 电缆直埋引入建筑物时保护管应伸出散水坡外100mm。

3. 方案(一)适用于电缆自室外引入地下室，穿墙套管向外倾斜≤15°。方案(二)适用于电缆自室外引入电缆沟，穿墙套管向外倾斜≤15°。方案(三)适用于单根电缆引入室内。方案(四)适用于外防水。

4. 方案(一)和方案(二)穿墙保护管间距宜为150mm。

序号	名称
1	电缆
2	穿墙保护墙
3	钢板
4	嵌缝油膏
5	钢板
6	沥青麻丝
7	护边角钢

图 3-37　电缆穿墙的防水做法（续）

目前，采用密封袋防水的做法是，密封袋两侧贴有防水胶，防水胶在充气达到 2.6～2.8kg 气压时，会将管道、充气管塞、电缆三者之间的空隙完全填充，既不会损坏电缆盒管道，也能达到完全密封的效果，无论是塑料、钢铁还是水泥等几乎任何材质的管道均可实现。密封袋防水的做法如图 3-38 所示。

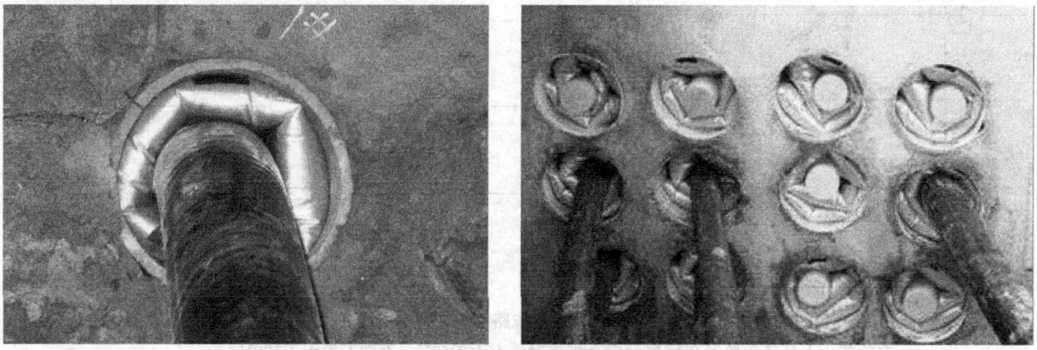

图 3-38　密封袋防水的做法

第八节　电缆接地及支架接地

一、电缆接地

1. 三芯电缆接地

电力电缆金属层必须直接接地。交流系统中三芯电缆的金属层，应在电缆线路两终端和接头等部位实施接地，如图 3-39 所示。

三芯动力电缆的铠装一般要求两端接地。

2. 单芯电缆接地

交流系统单芯电力电缆金属层接地方式的选择应符合下列规定：

1）线路不长，且电缆线路的正常感应电动势不大于 50V，应采取在线路一端或中央部

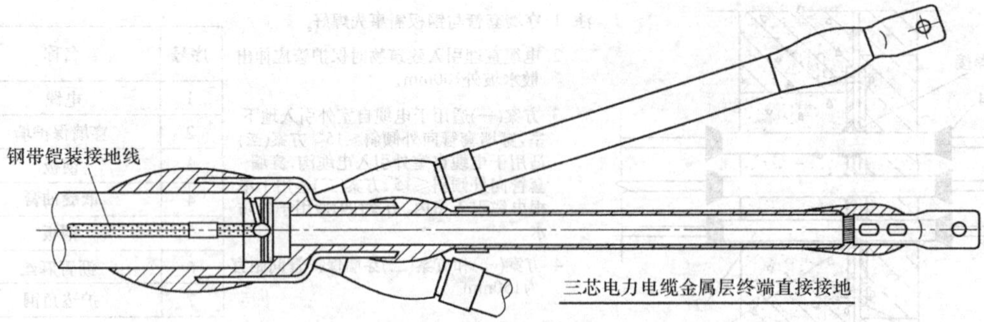

图 3-39 交流系统中三芯电缆的金属层接地

位单点直接接地。

2）线路较长，单点直接接地方式无法满足电缆线路的正常感应电动势小于50V。35kV及以下电缆或输送容量较小的35kV以上电缆，可采取在线路两端直接接地。

3）除上述情况外的长线路，宜划分适当的单元，且在每个单元内按3个长度尽可能均等区段，应设置绝缘接头或实施电缆金属层的绝缘分隔，以交叉互联接地。

这三种接地方式如图3-40所示。

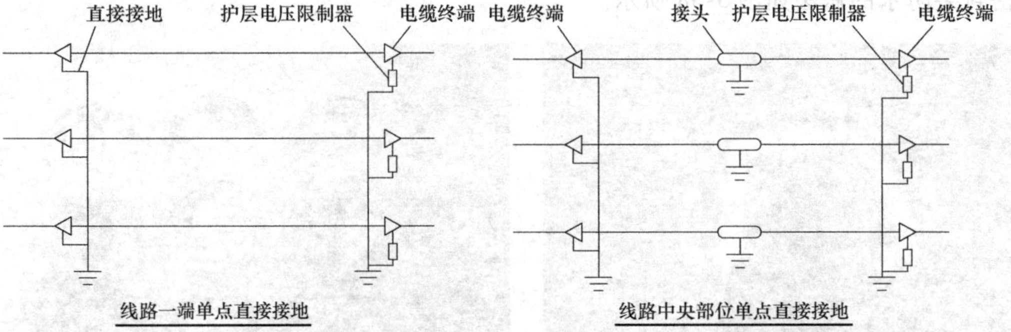

注：1.单点直接接地方式适用于交流单芯电力电缆线路不长，且电缆线路的正常感应电动势最大值在未采取能有效防止人员任意接触金属层的安全措施时，不大于50V，否则不得大于300V。

2.单点直接接地的电缆线路，在其金属层电气通路的末端应设置护层电压限制器。护层电压限制器适合35～110kV电缆，35kV电缆需要时可设置，35kV以下电缆不需设置。

a) 单芯电力电缆金属层单点直接接地

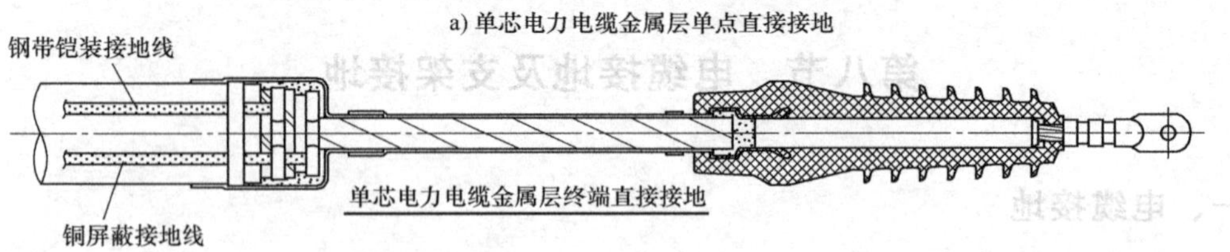

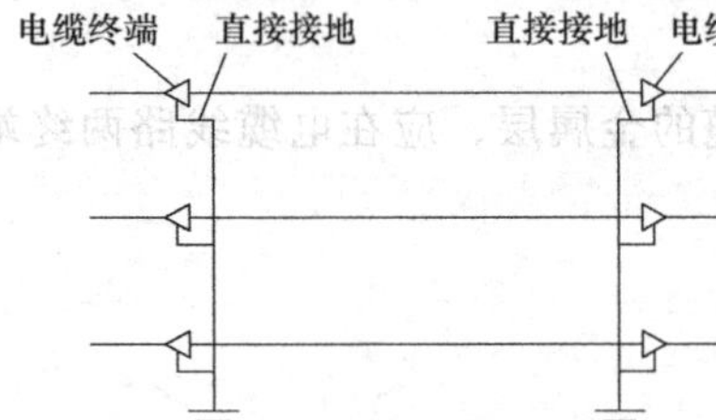

注：1.两端直接接地方式适用于交流单芯电力电缆线路较长，单点直接接地方式无法满足要求（正常感应电动势最大值在未采取能有效防止人员任意接触金属层的安全措施时，不大于50V，否则不不得大于300V），或水下电缆、35kV及以下电缆或输送容量较小的35kV以上电缆，可采用在线路两端直接接地。

2.钢带铠装接地线和铜屏蔽接地线材质选用软铜编织带，可共用一个接地电阻。

b) 单芯电力电缆金属层两端直接接地

图 3-40 单芯电力电缆金属层直接接地

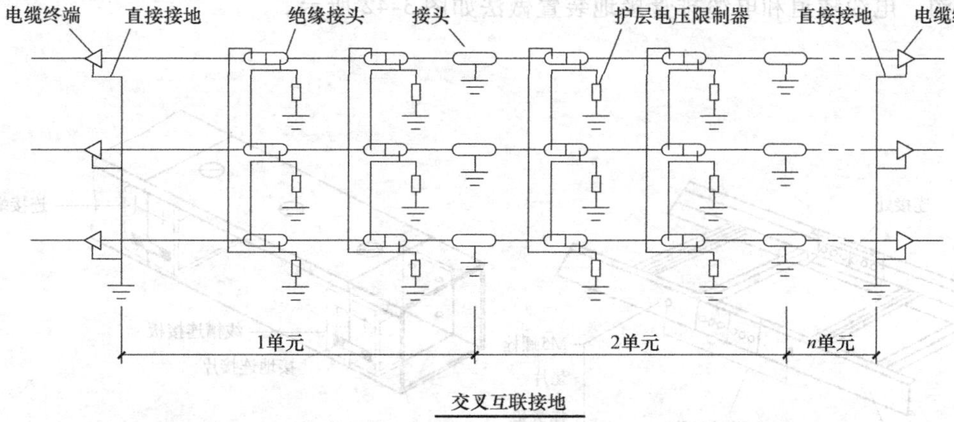

注：1.交叉互联接地方式适用于交流单芯电力电缆线路长，宜划分适当的单元，且在每个单元内按3个长度尽可能均等的区段内，应设置绝缘接头或实施电缆金属层的绝缘分隔，以交叉互联接地。

2.交叉互联接地的电缆线路，每个绝缘接头应设置护层电压限制器。线路终端非直接接地时，该终端部分应设置护层电压限制器。图中护层电压限制器配置示例按Y_0接线。

c) 单芯电力电缆金属层交叉互联接地

图 3-40 单芯电力电缆金属层直接接地（续）

二、电缆支架接地

1. 支架接地

金属电缆支架全长均应有良好的接地。

1）在金属电缆支架的立柱内或外侧，敷设接地扁钢或圆钢作保护接地导体。

2）保护接地导体与立柱采用焊接方式，电缆支架及其保护接地导体焊接部位必须进行防腐处理。

3）电缆支架的保护接地导体与接地干线可靠连接。

4）对焊接部位进行焊接及防腐处理。

2. 梯架接地

金属电缆梯架及其支架和引入或引出的金属电缆导管的保护接地导体（PE）或保护中性导体（PEN）必须可靠，且必须符合下列规定：

1）金属电缆梯架及其支架全长应不少于 2 处与保护接地导体（PE）或保护中性导体（PEN）干线相连接。

2）非镀锌电缆梯架间连接板的两端跨接铜芯保护接地导体，保护接地导体最小允许截面积不小于 $4mm^2$。

3）镀锌电缆梯架间连接板的两端不跨接保护接地导体，但连接板两端不少于 2 个有防松螺母或防松垫圈的连接固定螺栓，如图 3-41 所示。

三、构筑物接地

电缆沟、电缆隧道和电缆排管接地装置做法如图 3-42 所示。

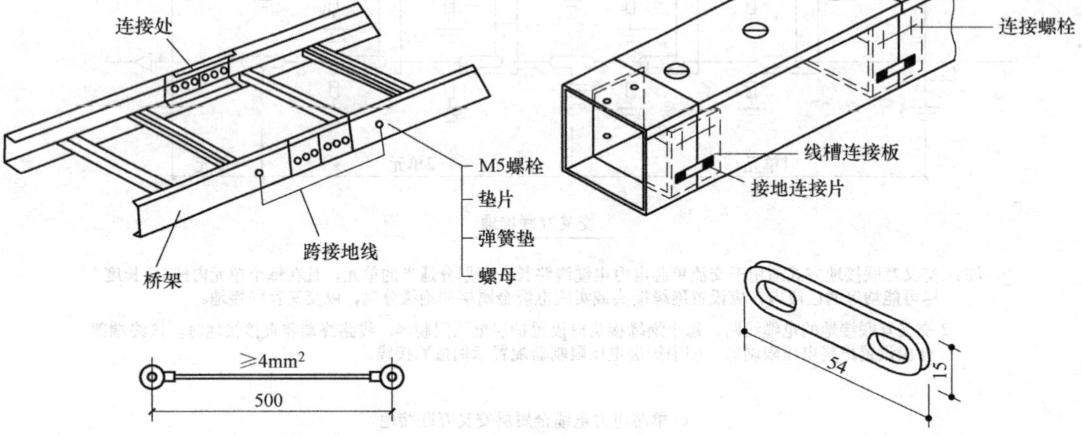

a) 梯架接地　　b) 跨接地线

图 3-41　金属线槽接地

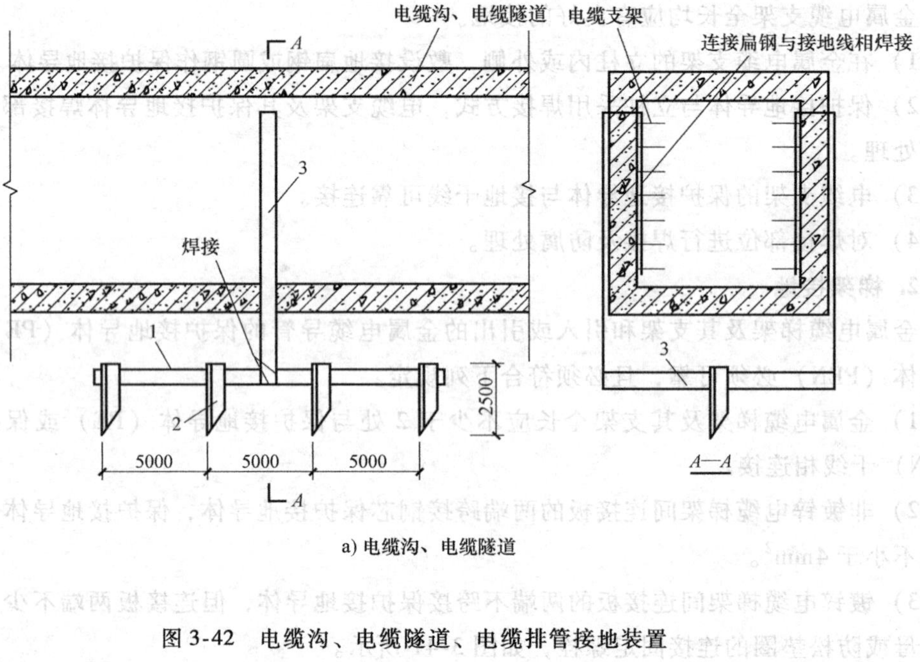

a) 电缆沟、电缆隧道

图 3-42　电缆沟、电缆隧道、电缆排管接地装置

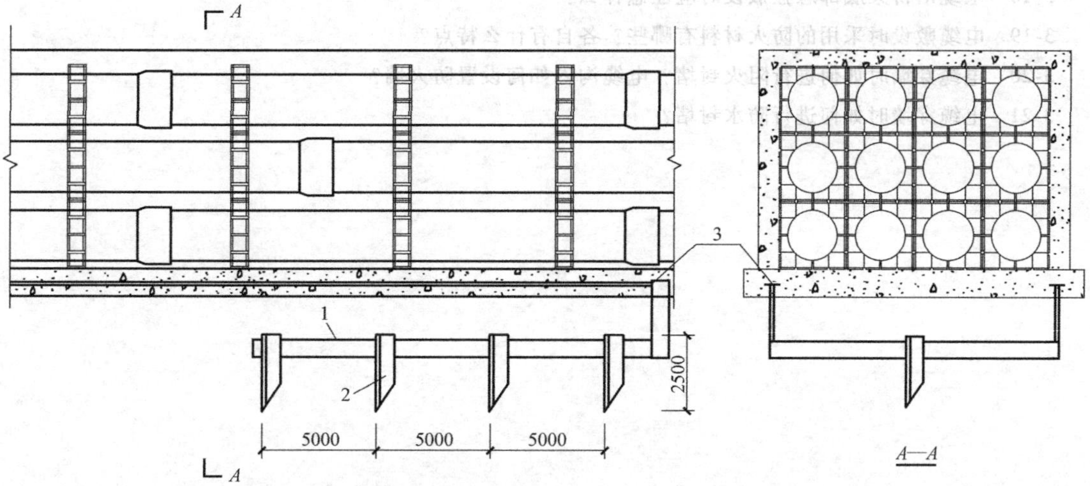

注：1.在电缆沟和电缆隧道两端及中间各敷设一组接地装置，接地装置应低于电缆沟和电缆隧道底部。
2.电缆沟、电缆隧道外包防水材料时，序号3连接扁钢要从隧道顶部引出，再翻下与接地装置连接，以防隧道漏水。
3.接地装置中的钢部件需热镀锌防腐，各连接点需焊牢。
4.接地电阻值不应大于4Ω。
5.材料表为每组接地装置所需材料。

序号	名称	规格
1	扁钢	−50×5×15100
2	角钢	∟50×5×2500
3	连接扁钢	−50×5×L

b) 电缆排管

图 3-42　电缆沟、电缆隧道、电缆排管接地装置（续）

思　考　题

3-1　电缆敷设主要有几种方式？其应用特点是什么？

3-2　电缆在有爆炸性气体场所敷设时有何要求？

3-3　电缆沿角钢支架、楼板或梁吊钩如何敷设？

3-4　室外电缆明敷有何要求？

3-5　室内电缆导管如何施工？

3-6　电缆支架有几种？

3-7　电缆支架的层间间距是多少？

3-8　电缆梯架有几种？电缆梯架与管道的最小净距是多少？

3-9　电缆的最小弯曲半径是多少？

3-10　电缆直埋施工有何要求？电缆与管道、道路、建筑物之间的平行和交叉时的最小净距是多少？

3-11　电缆采用保护管通过建筑物或构筑物时，在施工安装中需要注意什么？

3-12　直埋电缆的埋地接头应该敷设在哪里？

3-13　直埋电缆如何穿墙进入建筑物？

3-14　电缆槽敷设的要求有哪些？

3-15　电缆排管敷设时的埋设深度是多少？怎样进行包封？

3-16　电缆在电缆沟或隧道内敷设时，如何做好防水和防火？

3-17 电缆夹层敷设时如何进行？

3-18 电缆沿桥梁底部悬挂敷设时应注意什么？

3-19 电缆敷设时采用的防火材料有哪些？各自有什么特点？

3-20 电缆穿墙时如何进行阻火封堵？电缆沟内如何设置防火墙？

3-21 电缆穿墙时如何进行防水封堵？

第四章　室内布线系统

第一节　母　线　槽

一、安装

1. 要求

封闭式母线布线适用于干燥、无腐蚀气体、无冷热急剧变化的场所。

封闭式母线不得敷设在易燃、易爆的气体管道上方。

封闭式母线的插接分支点应设在安全可靠及安装维修方便的地方。

封闭式母线的连接不应在穿过楼板或墙壁处进行。

母线与母线间，母线与电气接线端连接应牢固，搭接面应清洁并涂以电力复合脂。

除采用扭剪型螺栓外，连接母线的螺栓应采用力矩扳手拧紧，紧固力矩值应符合现行国家标准 GB 50149—2010《电气装置安装工程　母线装置施工及验收规范》的有关规定。

2. 支架

固定母线用的支架、吊架和部件的构造应符合产品技术文件的要求，水平或垂直敷设的固定点间距均不宜大于 2m，距拐弯 0.5m 处应设置支架；支架、吊架设置应使母线有伸缩的活动余地；母线直线段距离超过 80m 时，每 50 ~ 60m 应设置膨胀节。

当制造厂有特殊要求时，应按产品技术文件的要求执行。

母线槽支架安装应符合下列规定：

1）除设计要求外，承力建筑钢结构构件上不得熔焊连接母线槽支架，且不得热加工开孔。

2）与预埋铁件采用焊接固定时，焊缝应饱满；采用膨胀螺栓固定时，选用的螺栓应适配，连接应牢固。

3）支架应安装牢固、无明显扭曲，采用金属吊架固定时应有防晃支架，配电母线槽的圆钢吊架直径不得小于 8mm；照明母线槽的圆钢吊架直径不得小于 6mm。

4）金属支架应进行防腐，位于室外及潮湿场所应按设计要求做特殊处理。

3. 水平安装

母线槽安装应符合下列规定：

1）母线槽不宜安装在水管正下方。

2）母线应与外壳同心，允许偏差为 ±5mm。

3）当段与段连接时，两相邻段母线及外壳宜对准，相序应正确，连接后不应使母线及外壳受额外应力。

4）母线的连接方法应符合产品技术文件要求。

5）母线槽连接用部件的防护等级应与母线槽本体的防护等级一致。

封闭式母线水平敷设时距地的高度一般不宜低于2.2m，垂直敷设时距地1.8m以下部分应采取防止机械损伤措施，但敷设在配电室、电机室、电气竖井等电气专用房间内时不受此限制。

封闭式母线水平敷设时支撑点间距不应大于2m，当母线转弯时，应在其两侧500mm左右处采用支架固定；垂直敷设时应在通过楼板处采用专用附件支撑，其固定间距不应小于2.5m，垂直敷设的封闭式母线，当进线盒、箱及末端悬空时应采用支架固定。

水平或垂直敷设的母线槽固定点每段设置一个，且每层不得少于一个支架，其间距应符合产品技术文件规定，距拐弯0.4～0.6m处设置支架，固定点位置不应设置在母线槽的连接处或分接单元处。

母线直线段的连接，馈电部件、支接部件、端封部件、柔性连接等的连接以及固定于母线上的灯具安装等，均应按产品技术文件进行操作，并应确保其连接的可靠性。

母线可侧装于建筑物或构筑物墙体表面，也可吊装于吊顶下部，应采用配套的支持件固定，固定点间距应均匀，固定点距离不宜大于2m。母线槽水平安装如图4-1所示。

母线槽跨越建筑物变形缝处，应设置补偿装置；母线槽直线敷设长度超过80m，每50～60m宜设置伸缩节。

母线槽上无插接部件的接插口及母线端部应用专用的封板封堵完好。不接馈电单元的母线端部应封闭完好，端部离建筑物或构筑物的可操作距离不应小于200mm。

母线槽与各类管道平行或交叉的净距应符合表4-1的规定。

表4-1　母线槽及电缆梯架、托盘和槽盒与管道的最小净距　（单位：mm）

管道类别		平行净距	交叉净距
一般工艺管道		400	300
可燃或易燃易爆气体管道		500	500
热力管道	有保温层	500	300
	无保温层	1000	500

母线段与段的连接以及与支架、吊架等的固定不应强行组装，不应使母线受到额外的附加应力。

4. 垂直安装

母线槽垂直安装时，接头距地面垂直距离不应小于0.6m。

母线槽在楼层间垂直安装时，母线槽单根直线长度不应大于3.6m；单层超过3.6m的楼层，应分两节以上制作，层间应安装中间固定支架。

母线槽垂直安装时，应先将弹簧支架安装于母线槽上，再将母线槽及弹簧支架固定于槽钢固定架上，锁紧支架的弹簧螺母；待安装4～5层后，由上向下逐层松开螺母，使母线槽重量自然承载于支架弹簧上。母线槽连接紧固后，其弯曲度不大于1mm/m。

两条垂直相邻安装的母线槽，边间距不应小于0.1m。

母线槽段与段的连接口不应设置在穿越楼板或墙体处，垂直穿越楼板处应有与建（构）筑物固定的专用部件支座，其孔洞四周应设置高度为50mm及以上的防水台，并有防火封堵措施，如图4-2所示。

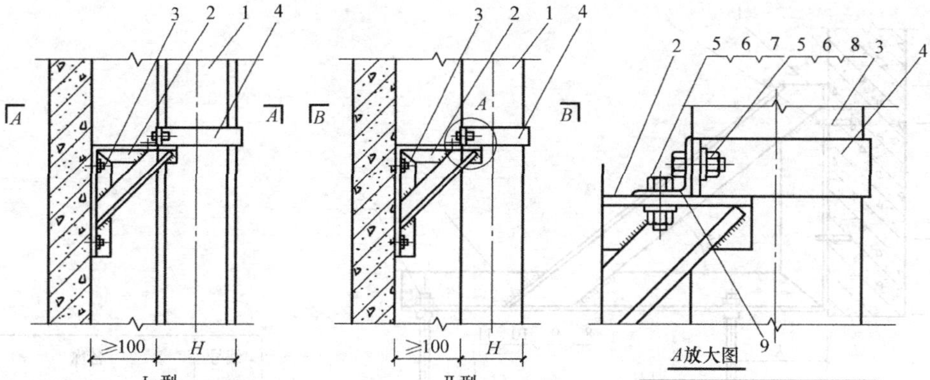

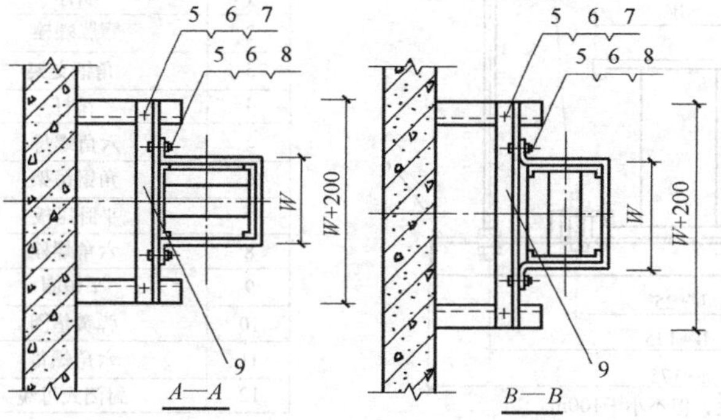

编号	名称
1	封闭式母线
2	支架
3	膨胀螺栓
4	抱箍
5	螺栓
6	螺母
7	垫圈
8	弹簧垫圈
9	角钢

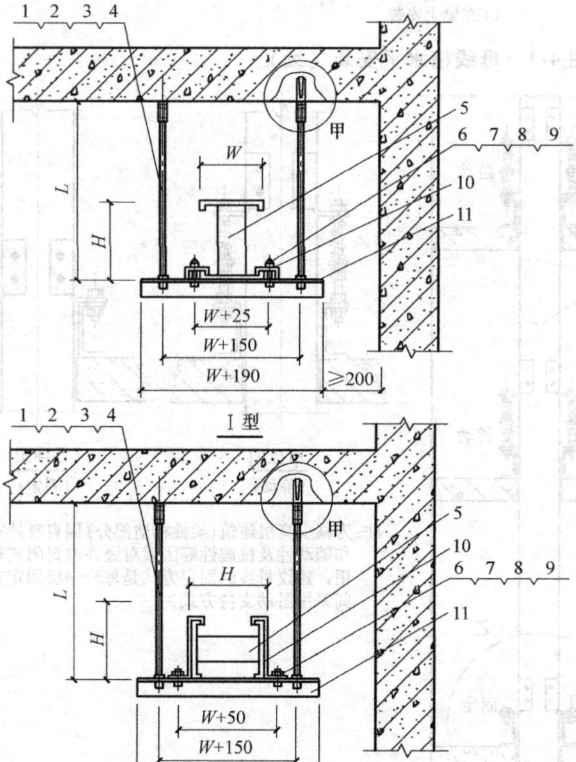

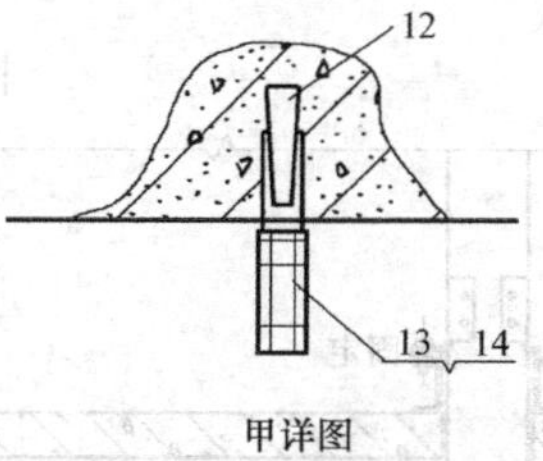
甲详图

注：吊杆长度L由设计确定。

编号	名称
1	吊杆
2	螺母
3	垫圈
4	弹簧垫圈
5	封闭式母线
6	螺栓
7	螺母
8	垫圈
9	弹簧垫圈
10	压板
11	角钢吊架
12	膨胀螺栓
13	连接螺母
14	螺母

a）沿墙固定（角钢）

图 4-1　母线槽水平安装

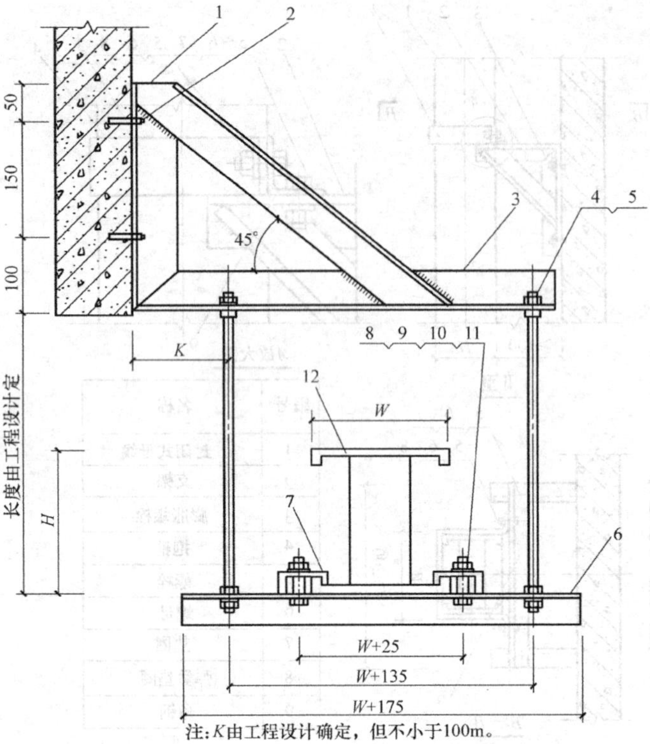

编号	名称
1	斜撑
2	膨胀螺栓
3	角钢支架
4	吊杆
5	六角螺母
6	角钢吊架
7	平卧压板
8	六角螺栓
9	平垫圈
10	弹簧垫圈
11	六角螺母
12	封闭式母线

注:K由工程设计确定，但不小于100m。

b) 在梁上安装

图 4-1 母线槽水平安装（续）

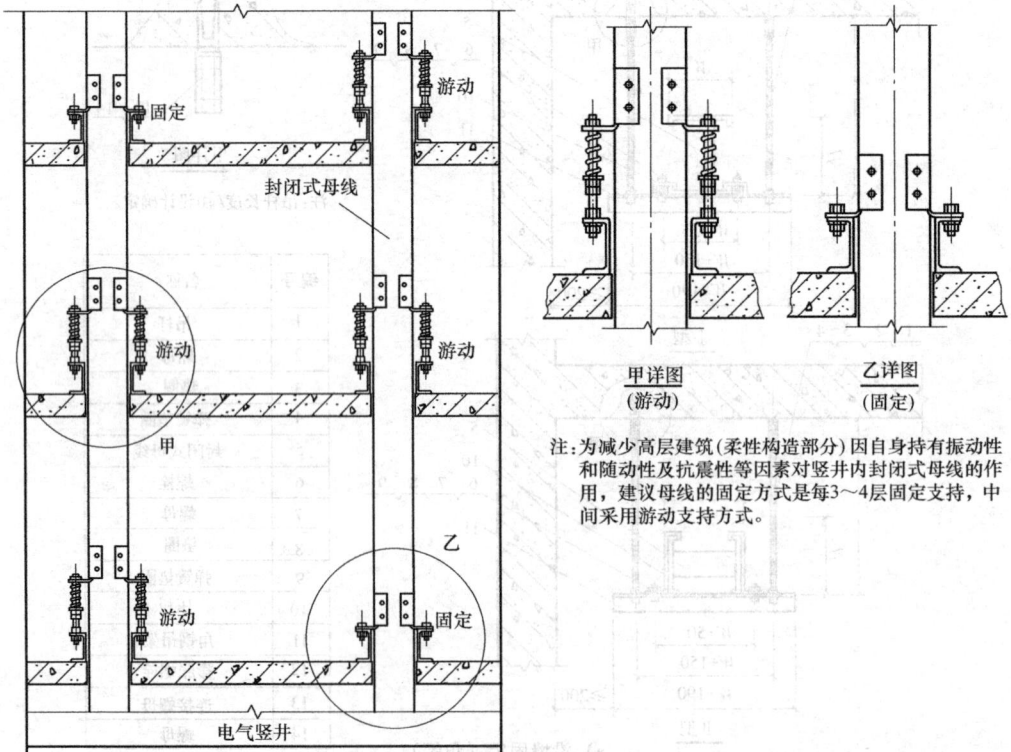

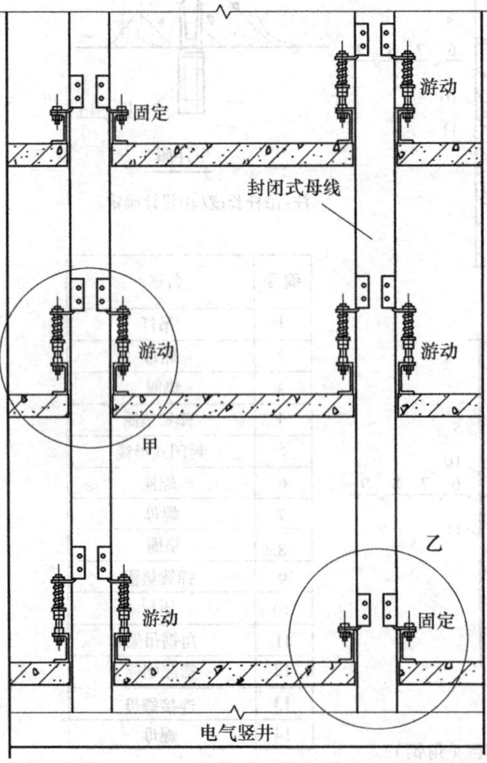

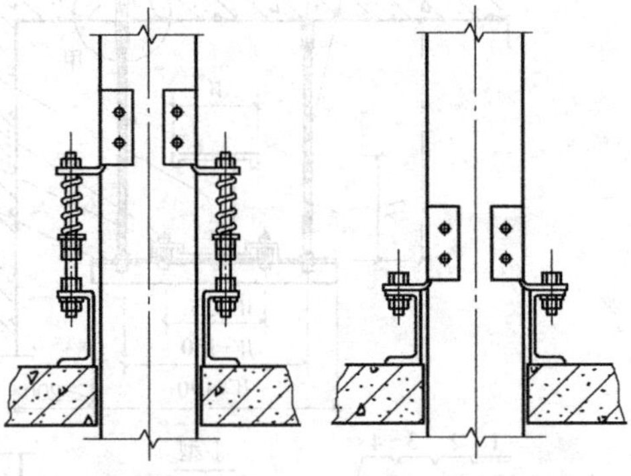

甲详图
(游动)

乙详图
(固定)

注:为减少高层建筑(柔性构造部分)因自身持有振动性和随动性及抗震性等因素对竖井内封闭式母线的作用，建议母线的固定方式是每3～4层固定支持，中间采用游动支持方式。

图 4-2 母线槽竖井内安装

5. 偏差

组对连接后的母线导体应与外壳同心，其偏差不应大于 5mm。

母线槽直线段安装应平直，水平度与垂直度偏差不宜大于 1.5‰，全长最大偏差不宜大于 20mm。

照明用母线槽水平偏差全长不应大于 5mm，垂直偏差不应大于 10mm。

6. 连接

封闭式母线与变压器的连接应采用软连接。

母线槽始端与配电柜接线端连接，应采用镀锡硬铜排过渡连接，如图 4-3 所示。

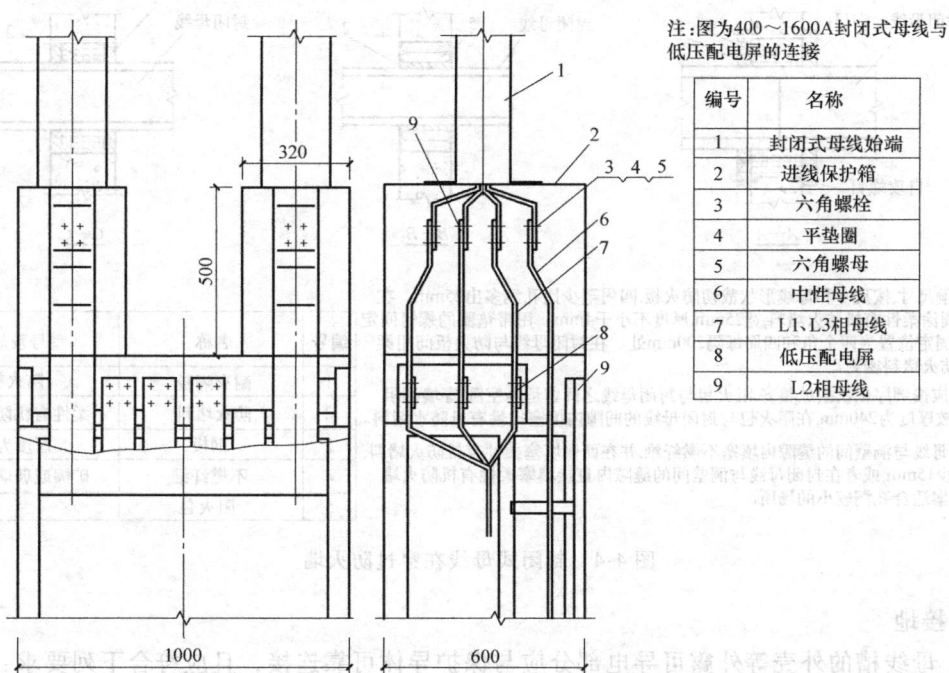

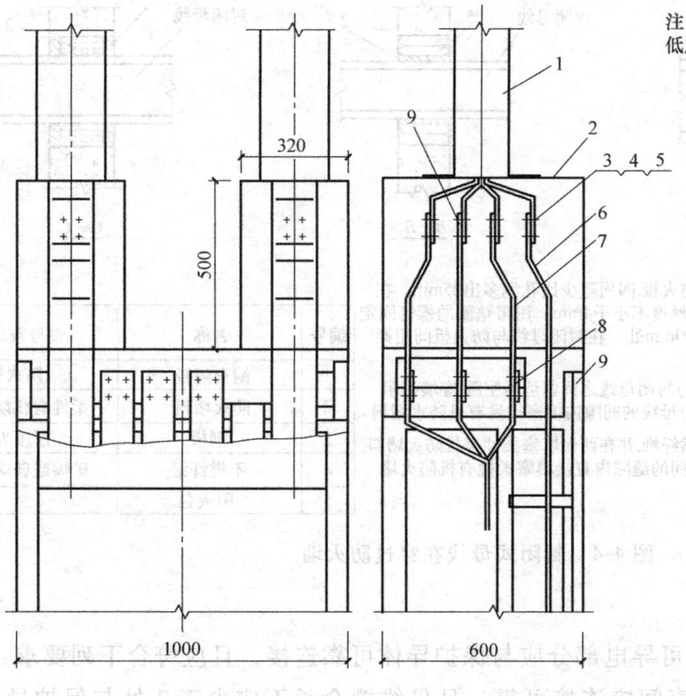

注：图为400～1600A封闭式母线与低压配电屏的连接

编号	名称
1	封闭式母线始端
2	进线保护箱
3	六角螺栓
4	平垫圈
5	六角螺母
6	中性母线
7	L1、L3相母线
8	低压配电屏
9	L2相母线

图 4-3　母线槽始端与配电柜接线端连接

7. 防火

母线段与段的连接接口不应设置在穿越楼板或墙体处，垂直穿越楼板处应有与建筑物或构筑物相固定的专用部件支座，母线穿越楼板处应做防火封堵处理，如图 4-4 所示。

8. 插接箱的安装

插接式开关箱或母线的分支接口应插接紧密，并应设置在既安全又便于检查维护的位置。

母线槽插接箱安装前，应打开母线槽插孔处的安全挡板，先将箱内开关推至 OFF 断开档位置，将插接箱插脚按相序从母线槽插口处插入母线槽内，并保证插入到位。禁止带电插拔。

插接箱安装后，应将其前后两处爪形卡板固定于母线槽两侧，并拧紧螺钉。内装大型开关的插接箱，其垂直安装时，底部应加装承重托臂；水平安装时，应加装承重包箍。

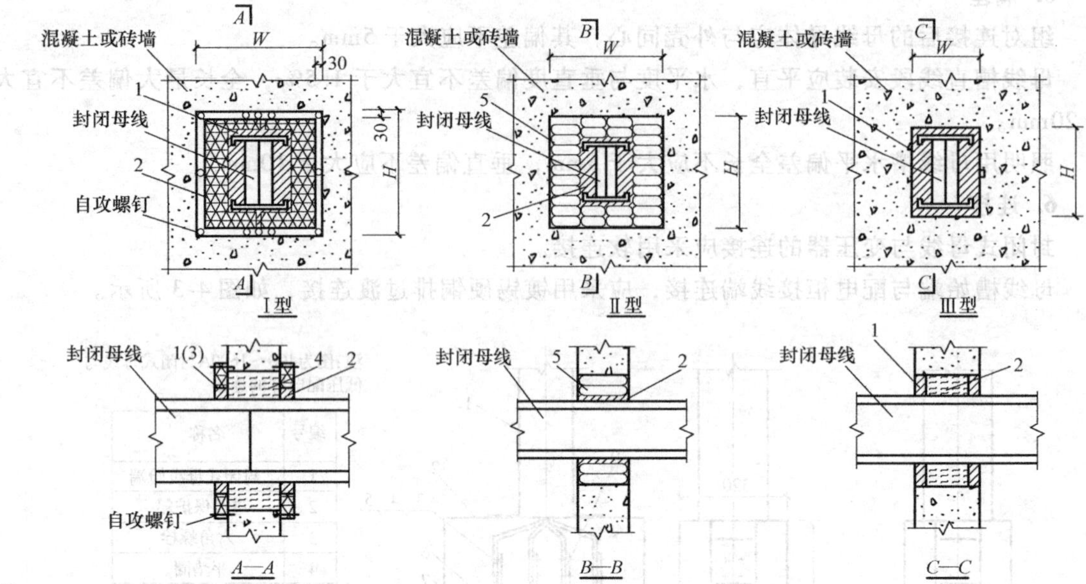

注：

1. 测量孔洞尺寸,按尺寸和母线形状裁切防火板,四周至少比孔洞多出25mm。在孔洞四周涂柔性有机防火堵料,宽25mm,厚度不小于4mm。用带垫圈的螺钉固定防火板,固定位置为四个角和四周每隔200mm处。在封闭母线与防火板间用柔性有机防火堵料密封。
2. 阻火包应按顺序依次摆放整齐,阻火包与封闭母线之间留适当空隙,穿墙洞阻火包摆放厚度为240mm,在阻火包与封闭母线的间隙内填塞柔性有机防水堵料。
3. 在封闭母线与洞壁间的缝隙内填塞不燃纤维,并在两侧填塞柔性有机防火堵料,厚度至少15mm,或者在封闭母线与洞壁间的缝隙内直接填塞柔性有机防火堵料,本方案适合孔洞较小的场所。

编号	名称	型号及规格
1	耐火隔板	防火板
2	防火堵料	柔性有机防火堵料
3	钢板	厚度为4
4	不燃纤维	矿棉或玻璃纤维
5	阻火包	–

图4-4 封闭式母线在穿过防火墙

9. 接地

1）母线槽的外壳等外露可导电部分应与保护导体可靠连接，且应符合下列要求：

① 每段母线槽的金属外壳间应连接可靠，且母线槽全长不应少于2处与保护导体可靠连接，分支端部也应做接地保护；母线的金属外壳不应作为接地的接续导体。

② 连接导体的材质、截面积应符合设计要求。

2）当设计将母线槽的金属外壳作为保护接地导体（PE）时，其外壳导体应具有连续性且符合GB 7251.1—2013《低压成套开关设备和控制设备 第1部分：总则》的规定。

3）应用1kV绝缘电阻测试仪测量每个单元母线槽的绝缘电阻（含相间，相地间，相零间和零地间绝缘电阻）。绝缘电阻值必须在20MΩ以上。安装后母线槽绝缘电阻值不应小于20MΩ。封闭式母线整体连接后，应检查其接地电阻。

二、检验或试验

母线槽通电运行前应进行下列检验或试验，并符合下列规定：

1）高压母线交流工频耐压试验应按规定交接试验合格。

2）低压母线绝缘电阻值不应小于0.5MΩ。

3）检查分接单元插入时，接地触头应先于相线触头接触，且触头连接紧密，退出时，接地触头应后于相线触头脱开。

4）检查母线槽与配电柜、电气设备的接线相序应一致。

第二节　梯架、托盘和槽盒

一、支架

1. 要求

当设计无要求时，梯架、托盘、槽盒及支架安装尚应符合下列规定：

1）电缆梯架、托盘和槽盒宜敷设在易燃易爆气体管道和热力管道的下方，与各类管道的最小净距应符合表4-2的规定。

表4-2　导管或配线槽盒与热水管、蒸汽管间的最小距离　（单位：mm）

导管或配线槽盒的敷设位置	管道种类	
	热水	蒸汽
在热水、蒸汽管道上面平行敷设	300	1000
在热水、蒸汽管道下面或水平平行敷设	200	500
与热水、蒸汽管道交叉敷设	不应小于其平行的净距	

注：1. 对有保温措施的热水管、蒸汽管，其最小距离不宜小于200mm。
2. 导管或配线槽盒与不含可燃及易燃易爆气体的其他管道的距离，平行或交叉敷设不应小于100mm。
3. 导管或配线槽盒与可燃及易燃易爆气体不宜平行敷设，交叉敷设处不应小于100mm。
4. 达不到规定距离时应采取可靠有效的隔离保护措施。

2）配线槽盒与水管同侧上下敷设时，宜安装在水管的上方；与热水管、蒸汽管平行上下敷设时，应敷设在热水管、蒸汽管的下方，当有困难时，可敷设在热水管、蒸汽管的上方。相互间的最小距离宜符合表4-2的规定。

3）敷设在竖井内穿楼板处和穿越不同防火区的梯架、托盘和槽盒，应有防火隔堵措施。

4）敷设在垂直竖井内的电缆梯架或托盘，其固定支架不应安装在固定电缆的横担上，且每隔3~5层应设置承重支架。

5）敷设在室外的梯架、托盘和槽盒，当进入室内或配电箱（柜）时应有防雨水措施，槽盒底部应有泄水孔。

6）承力建筑钢结构构件上不得熔焊支架，且不得热加工开孔。

7）水平安装的支架间距宜为1.5~3m；垂直安装的支架间距不应大于2m。

8）采用金属吊架固定时，圆钢直径不得小于8mm，并应有防晃支架，在分支处或端部0.3~0.5m处应有固定支架。

托臂的安装如图4-5所示。

2. 间距

电缆层架间距：

1）6~10kV交联聚乙烯绝缘电缆200~250mm。

2）控制电缆为120mm，当采用槽盒时，层架间距为$h+80$mm（h表示槽盒外壳高度）。

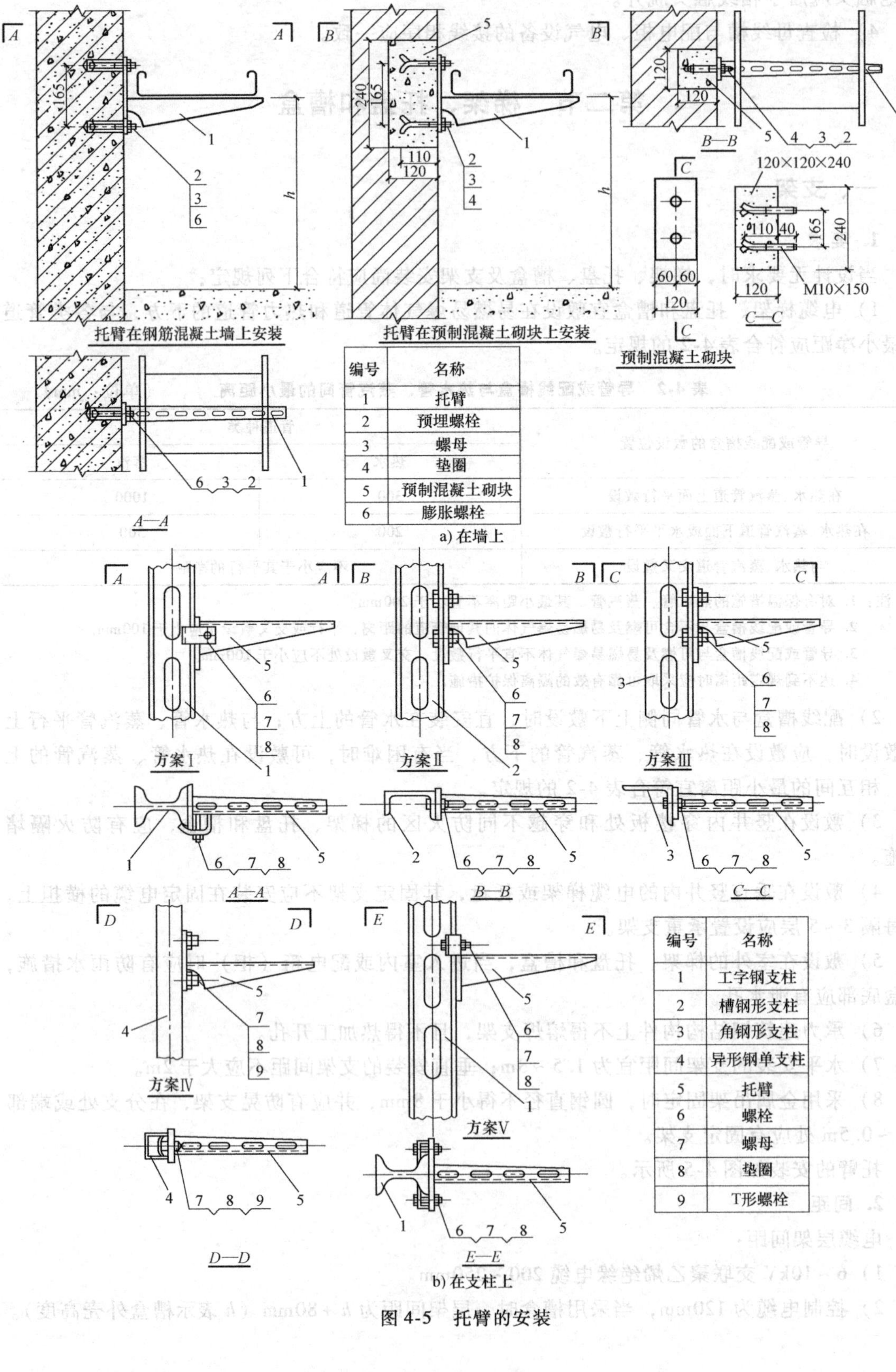

编号	名称
1	托臂
2	预埋螺栓
3	螺母
4	垫圈
5	预制混凝土砌块
6	膨胀螺栓

a) 在墙上

编号	名称
1	工字钢支柱
2	槽钢形支柱
3	角钢形支柱
4	异形钢单支柱
5	托臂
6	螺栓
7	螺母
8	垫圈
9	T形螺栓

b) 在支柱上

图 4-5　托臂的安装

直线段钢制或塑料梯架、托盘和槽盒长度超过30m、铝合金或玻璃钢制梯架、托盘和槽盒长度超过15m应设置伸缩节；梯架、托盘和槽盒跨越建筑物变形缝处，应设置补偿装置。

二、槽盒

1. 要求

槽盒及其部件应平整，无扭曲、变形等现象，内壁应光滑、无毛刺。

金属槽盒表面应经防腐处理，涂层应完整无损伤。

槽盒安装时应保证外形平直，敷设前应清理槽内杂物，安装时要进行整体调平，各配件间应做好防水密封处理。避免浇灌混凝土时砂浆进入槽盒内。并应有防止土建等专业施工造成槽盒移位的措施。

2. 敷设

槽盒不宜敷设在易受机械损伤、高温场所，且不宜敷设在潮湿或露天场所。金属槽盒不宜敷设在有腐蚀介质的场所。

槽盒的敷设应符合下列规定：

1）槽盒的转角、分支、终端以及与箱柜的连接处等宜采用专用部件。

2）槽盒敷设应连续无间断，沿墙敷设时每节槽盒直线段固定点不应少于2个，在转角、分支处和端部均应有固定点；槽盒在吊架或支架上敷设，直线段支架间间距不应大于2m，槽盒的接头、端部及接线盒和转角处均应设置支架或吊架，且离其边缘的距离不应大于0.5m。

3）槽盒的连接处不应设置在墙体或楼板内。

4）槽盒的接口应平直、严密，槽盖应齐全、平整、无翘角；连接或固定用的螺钉或其他紧固件，均应由内向外穿越，螺母在外侧。

槽盒的分支接口或与箱柜接口的连接端应设置在便于人员操作的位置。

5）槽盒敷设应平直整齐；水平或垂直敷设时，塑料槽盒的水平或垂直偏差均不应大于5‰，金属槽盒的水平或垂直偏差均不应大于2‰，且全长均不应大于20mm。

6）金属槽盒应接地可靠，且不得作为其他设备接地的接续导体，槽盒全长不应少于2处与接地保护干线相连接。全长大于30m时，应每隔20～30m增加与接地保护干线的连接点；槽盒的起始端和终点端均应可靠接地。

7）非镀锌槽盒连接板的两端应跨接铜芯软线接地线，接地线截面积不应小于$4mm^2$，镀锌槽盒可不跨接接地线，其连接板的螺栓应有防松螺母或垫圈。

8）金属槽盒与各种管道平行或交叉敷设时，其相互间最小距离应符合表4-2的规定。

9）槽盒直线段敷设长度大于30m时，应设置伸缩补偿装置或其他温度补偿装置。

沿墙垂直安装的槽盒宜每隔1～1.2m用线卡将导线、电缆束固定于槽盒或槽盒接线盒上，以免由于导线电缆自重使接线端受力。

3. 金属槽盒

槽盒的敷设应符合下列规定：

金属槽盒适用于预制墙板无法安装暗配线或需要便于维修和更换线路等场所。

金属槽盒及金属附件均应镀锌。

金属槽盒沿墙敷设如图4-6所示。

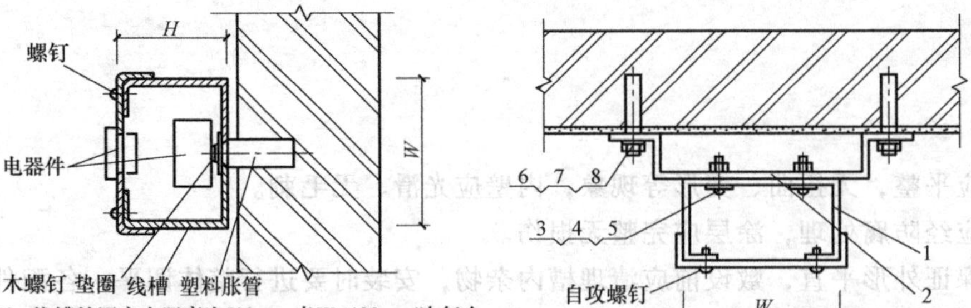

编号	名称
1	线槽
2	托架
3	螺钉
4	螺母
5	垫圈
6	膨胀螺栓
7	螺母
8	垫圈

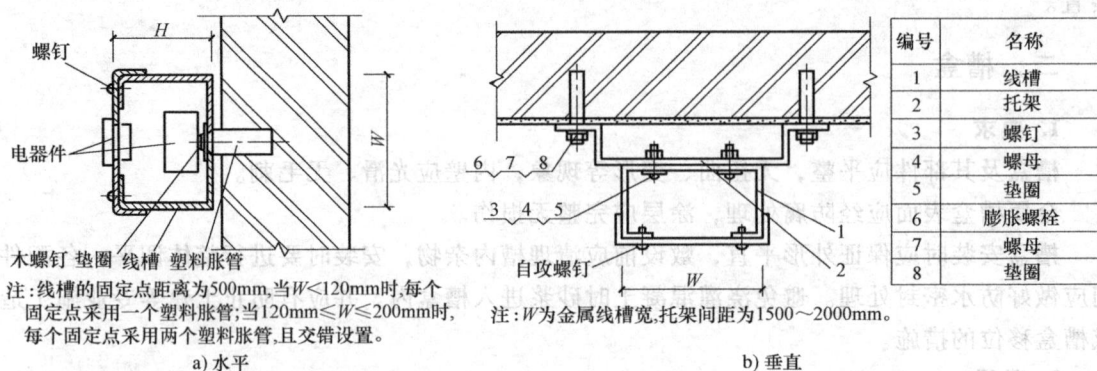

注：线槽的固定点距离为500mm，当$W<120$mm时，每个固定点采用一个塑料胀管；当$120\text{mm}\leq W\leq 200$mm时，每个固定点采用两个塑料胀管，且交错设置。

a) 水平

注：W为金属线槽宽，托架间距为1500～2000mm。

b) 垂直

图4-6 金属槽盒沿墙敷设

金属槽盒吊装支架安装间距，直线段不大于2000mm及槽盒接头处，首末端500mm处及槽盒走向改变或转角处应加装吊装支架。金属槽盒悬吊式敷设如图4-7所示。

金属槽盒在彩钢板上敷设时，槽盒吊装支架安装间距要求：直线段一般1500～2000mm，在槽盒始端及末端200mm处，槽盒走向改变或转角处应加装吊装支架。线槽规格不宜大于200mm×100mm。屋面檩条在侧面开孔，如图4-8所示。

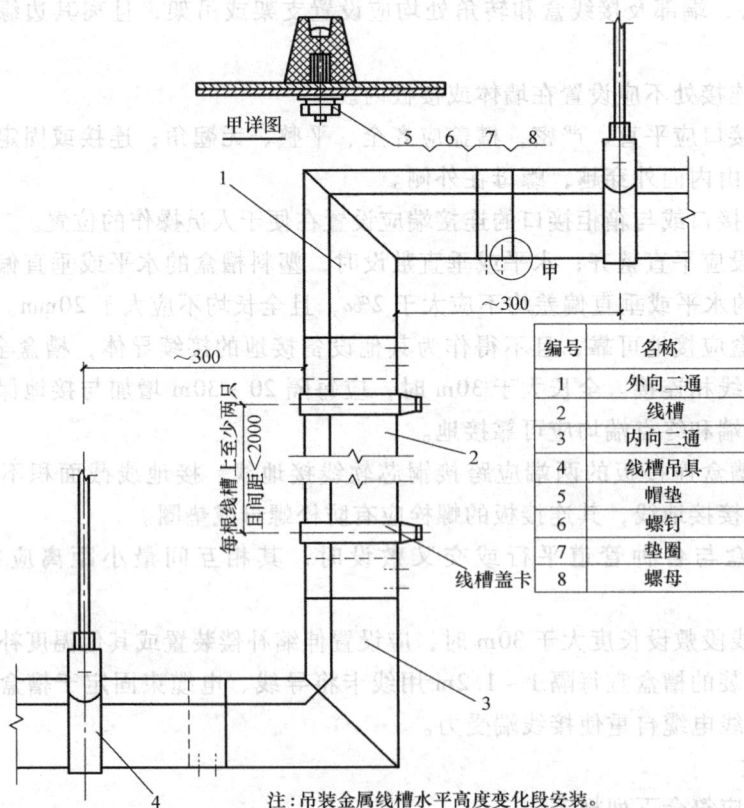

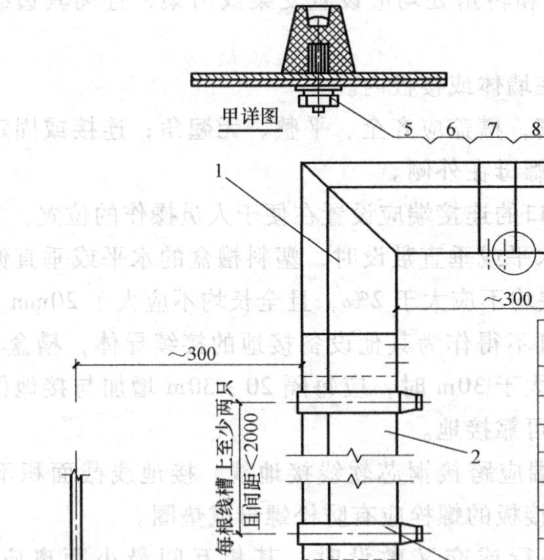

编号	名称
1	外向二通
2	线槽
3	内向二通
4	线槽吊具
5	帽垫
6	螺钉
7	垫圈
8	螺母

注：吊装金属线槽水平高度变化段安装。

图4-7 金属槽盒悬吊式敷设

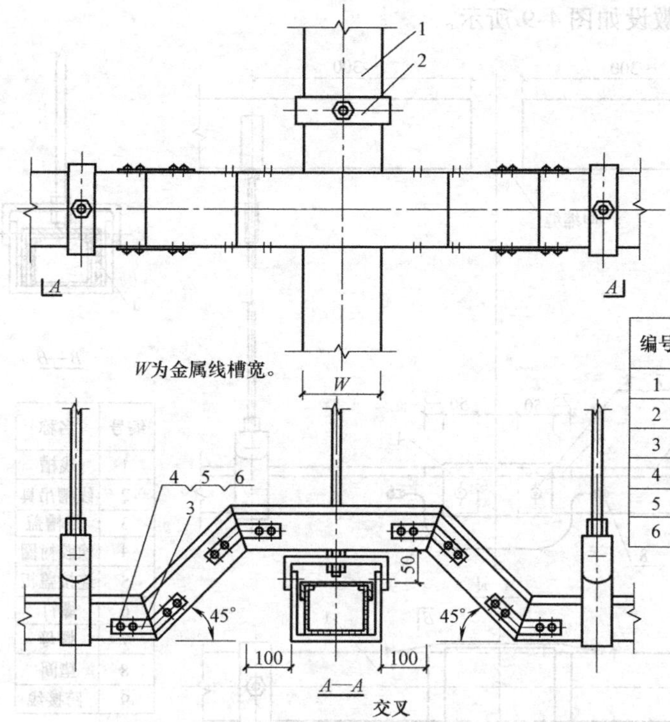

编号	名称
1	线槽
2	线槽吊具
3	连接板
4	螺钉
5	螺母
6	垫圈

图 4-7 金属槽盒悬吊式敷设（续）

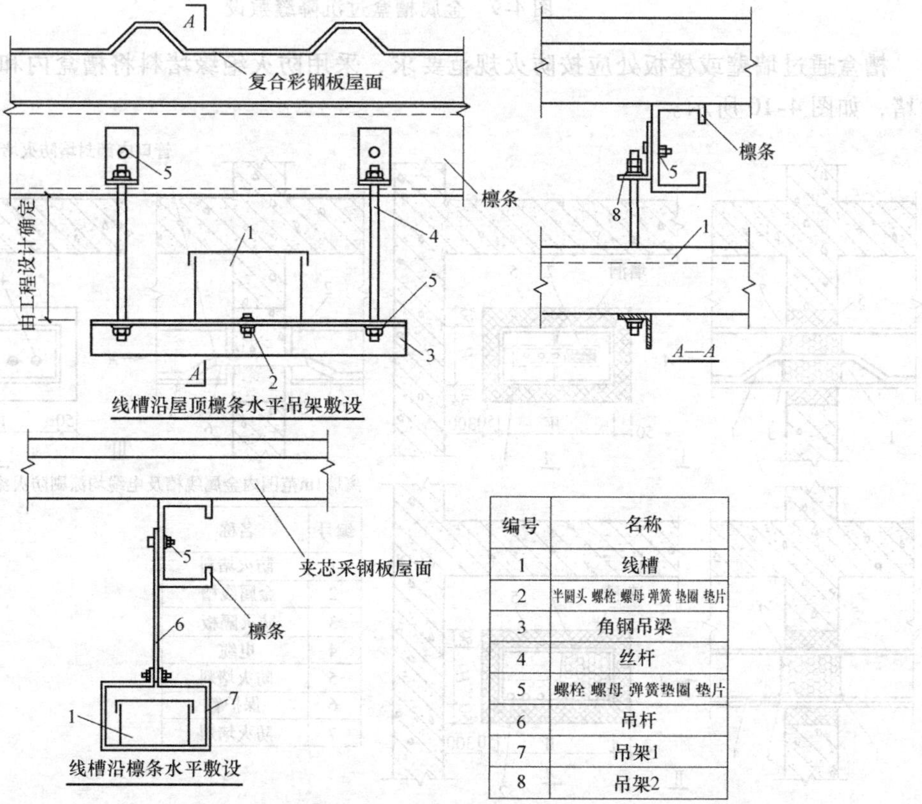

编号	名称
1	线槽
2	半圆头 螺栓 螺母 弹簧 垫圈 垫片
3	角钢吊梁
4	丝杆
5	螺栓 螺母 弹簧垫圈 垫片
6	吊杆
7	吊架1
8	吊架2

图 4-8 金属槽盒在彩钢板上敷设

金属槽盒过沉降缝敷设如图4-9所示。

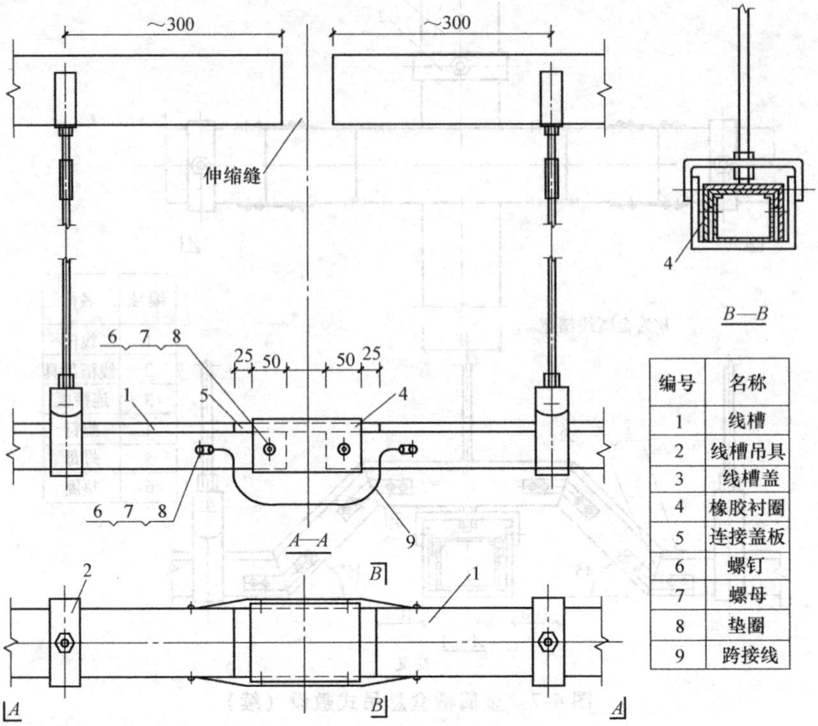

编号	名称
1	线槽
2	线槽吊具
3	线槽盖
4	橡胶衬圈
5	连接盖板
6	螺钉
7	螺母
8	垫圈
9	跨接线

图4-9 金属槽盒过沉降缝敷设

槽盒通过墙壁或楼板处应按防火规范要求，采用防火绝缘堵料将槽盒内和槽盒四周空隙封堵，如图4-10所示。

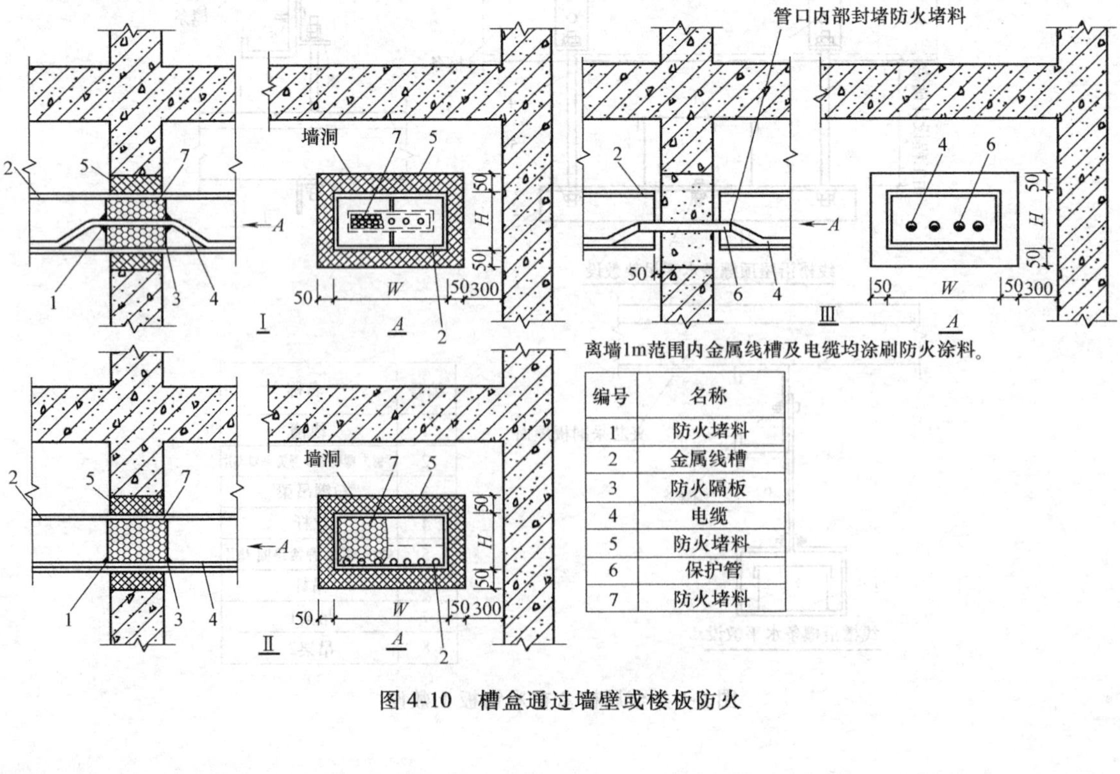

编号	名称
1	防火堵料
2	金属线槽
3	防火隔板
4	电缆
5	防火堵料
6	保护管
7	防火堵料

图4-10 槽盒通过墙壁或楼板防火

金属槽盒的外壳仅作承载用，不得作为保护接地导体（PE 线）用，但应用截面积不小于 4mm^2 的编织铜带跨接作等电位联结。

4. 地面槽盒

地面金属槽盒在地面内安装的位置如图 4-11 所示。

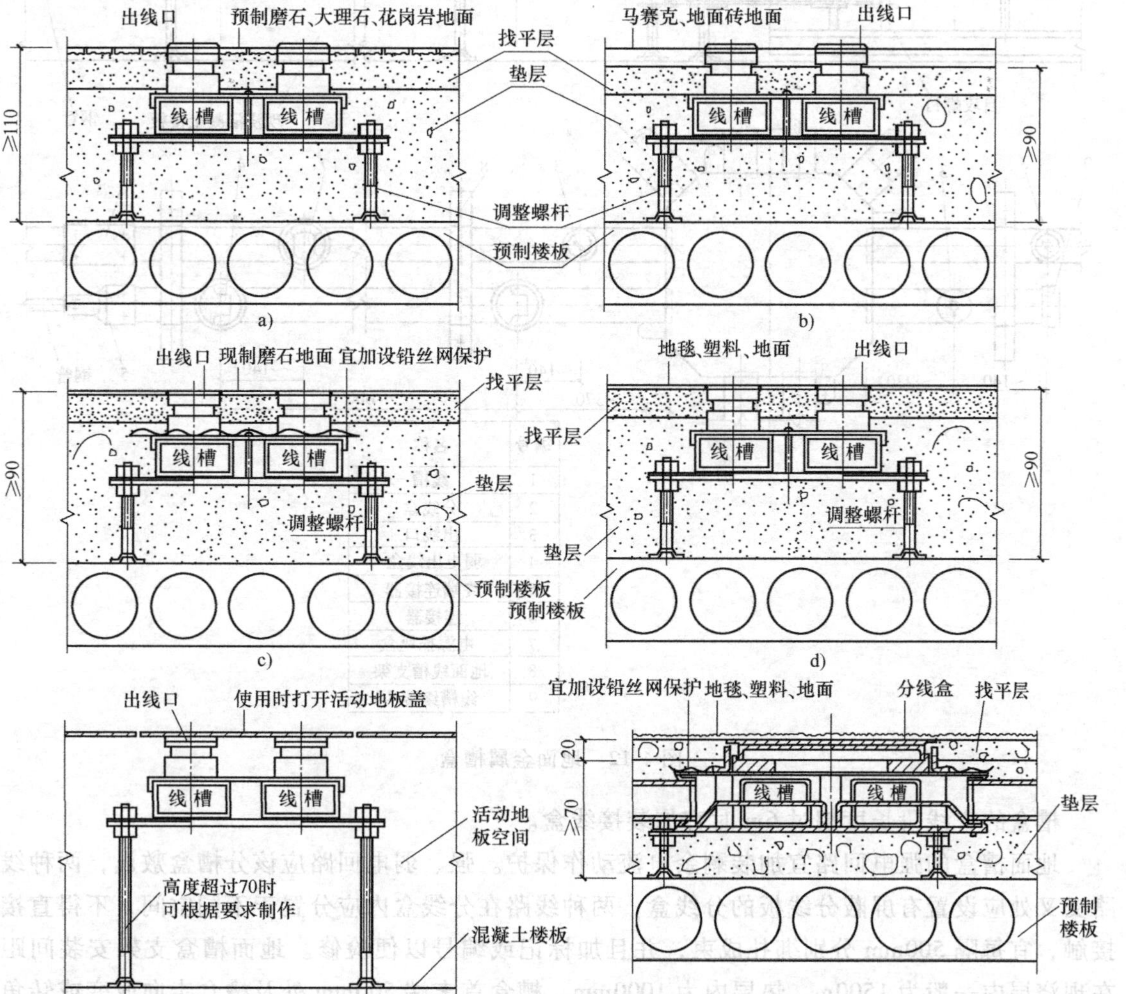

图 4-11　地面金属槽盒在地面内安装的位置

图 4-11a、b 的出线口出地面安装，槽盒出线口和分线盒出口必须与地面平齐；图 4-11c 的出线口出地面安装，双槽以上敷设时，宜沿槽盒体铺设铅丝网保护，以防地面开裂；图 4-11d 的出线口均在地毯下，安装插座时应将地毯剪口；图 4-11e 中出线口可在活动地板下面安装，安装插座时可将活动地板盖打开；图 4-11f 为地面槽盒分线盒安装，分线盒的上盘上方宜加设铅丝网保护，以防地面开裂。

地面槽盒适用在厚度≥150mm 的现浇混凝土楼板内或现浇及预制楼板垫层厚度≥70mm 的垫层内安装。当垫层为 45~70mm 时适宜采用地面出线盒。

地面金属槽盒应采用配套的附件，槽盒在转角、分支等处应设置分线盒。施工浇灌混凝土前宜在分线盒、箱及连接器件等连接处，用密封胶做防水密封处理，如图 4-12 所示。

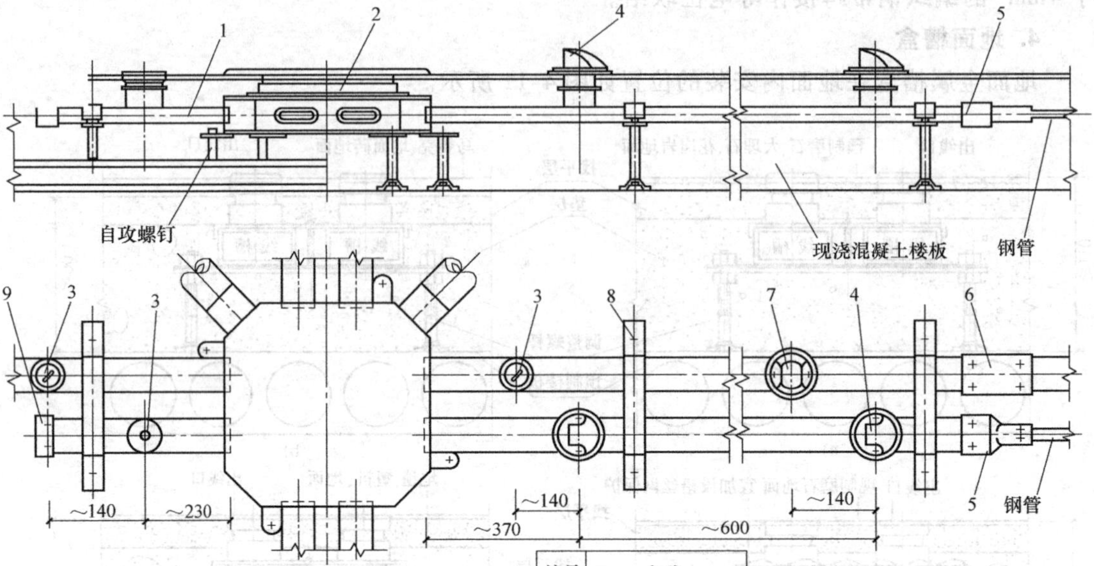

编号	名称
1	线槽
2	分线盒
3	出线口
4	弱电出线盒
5	终端连接器
6	连接器
7	电源插座盒
8	地面线槽支架
9	线槽终端头

图 4-12 地面金属槽盒

槽盒的直线段长度超过 6m 时宜加装接线盒。

地面槽盒的强电回路宜加装剩余电流动作保护。强、弱电回路应该分槽盒敷设，两种线路交叉处应设置有屏蔽分线板的分线盒，两种线路在分线盒内应分置于不同空间，不得直接接触，宜每隔 500mm 分别绑扎成束，并且加标记或编号以便检修。地面槽盒支架安装间距在现浇层内一般为 1500m，垫层内为 1000mm。槽盒首末端 500mm 处及槽盒走向改变或转角处应加装支架。

地面金属槽盒不宜穿越不同的防火分区及伸缩缝。

5. 塑料槽盒

塑料线槽适用于预制墙板无法安装暗配线或需要便于维修和更换线路等场所。塑料槽盒的氧指数应为 27 以上，其中 25mm 宽塑料槽盒适用于弱电及照明配线。

6. 导线

同一配电回路的所有相导体和中性导体应敷设在同一槽盒内。同一路径无电磁兼容要求的配电线路，可敷设于同一槽盒内。

槽盒内电线或电缆的总截面（包括外护层）积不应超过槽盒内截面积的 20%。载流导体不宜超过 30 根，控制和信号线路的电线或电缆的总截面积不应超过槽盒内截面积的

50%。电线或电缆根数不限。有电磁兼容要求的线路与其他线路敷设于同一金属槽盒内时，应用金属隔板隔离或采用屏蔽电线、电缆。

槽盒内的导线或电缆不应有接头，接头应在分线盒内或出线口进行。

三、桥架

1. 安装

沿电缆桥架水平走向的支吊架左右偏差不大于10mm，高低不大于5mm。

电缆桥架水平敷设时宜按荷载曲线选择最佳跨距进行支撑，跨距一般为1.5～3m，垂直敷设时其固定点间距不宜大于2m。

敷设在电缆桥架上的下列部位应固定：水平敷设电缆的首端和尾端、转弯处两侧、其他部位每隔5～10m处。垂直敷设电缆的上端，全塑电缆和控制电缆每隔1.0m，其他电缆每隔1.5m。

桥架沿墙垂直敷设的角钢燕尾安装做法如图4-13所示。图中支架埋深（300mm）适用于下列条件之一者：

1）$b = 600$mm，$c = 750$mm；

2）$b = 500$mm，$c = 850$mm；

3）$b < 400$mm，$c = 1100$mm。

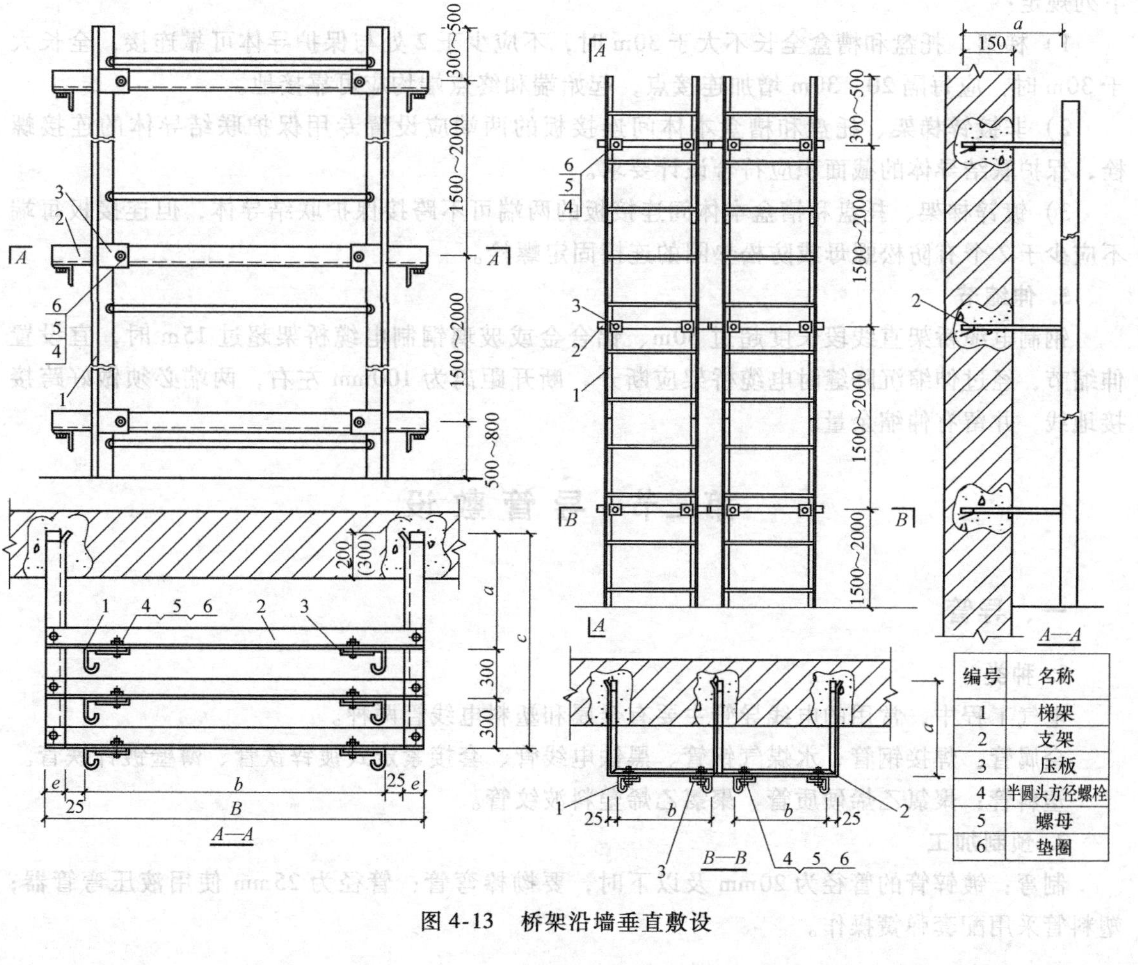

编号	名称
1	梯架
2	支架
3	压板
4	半圆头方径螺栓
5	螺母
6	垫圈

图4-13 桥架沿墙垂直敷设

电缆桥架在首尾端部200mm处及转弯处应加装吊装支架。

电缆桥架上部距离顶棚或其他障碍物应不小于300mm。

电缆桥架水平敷设时距地的高度一般不宜低于2.5m，垂直敷设时距地1.8m以下部分应加金属盖板保护，但敷设在电气专用房间（如配电室、电气竖井、技术层等）内时除外。

2. 间距

电缆桥架不宜敷设在有腐蚀性气体管道和热力管道的上方及腐蚀性液体管道的下方，否则应采取防腐、隔热措施，电缆桥架不得敷设在易燃、易爆的气体管道上。

电缆桥架与各种管道平行或交叉时，其最小净距应符合表4-2的要求。

电缆桥架多层敷设时其层间距离一般为控制电缆间不小于0.2m，电力电缆间不小于0.3m，弱电电缆与电力电缆间不小于0.5m（有屏蔽可减少到0.3m）。

3. 防火

室内电缆桥架不应采用易延燃材料外护层的电缆，在工程防火要求较高的场所，不宜采用铝合金电缆桥架。

电缆桥架在穿过防火墙及防火楼板时，应采取防火封堵措施。

4. 接地

金属梯架、托盘或槽盒间连接应牢固、接触可靠，并与保护导体可靠连接，且必须符合下列规定：

1）梯架、托盘和槽盒全长不大于30m时，不应少于2处与保护导体可靠连接，全长大于30m时，应每隔20～30m增加连接点，起始端和终点端均应可靠接地。

2）非镀锌梯架、托盘和槽盒本体间连接板的两端应设置专用保护联结导体的连接螺栓，保护联结导体的截面积应符合设计要求。

3）镀锌梯架、托盘和槽盒本体间连接板的两端可不跨接保护联结导体，但连接板每端不应少于2个有防松螺母或防松垫圈的连接固定螺栓。

5. 伸缩节

钢制电缆桥架直线段长度超过30m、铝合金或玻璃钢制电缆桥架超过15m时，宜设置伸缩节，经过伸缩沉降缝时电缆桥架应断开，断开距离为100mm左右，两端必须做好跨接接地线，并留有伸缩余量。

第三节　导管敷设

一、导管

1. 种类

电气工程中，常用的电线导管主要有金属和塑料电线管两种。

金属管：焊接钢管、水煤气钢管、黑铁电线管、套接紧定式镀锌铁管、薄壁镀锌铁管。

塑料管：聚氯乙烯硬质管、聚氯乙烯塑料波纹管。

2. 预制加工

制弯：镀锌管的管径为20mm及以下时，要拗棒弯管；管径为25mm使用液压弯管器；塑料管采用配套弹簧操作。

管子切断：钢管应用钢锯、割管锯、砂轮锯进行切割；将需要切割的管子量好尺寸，放入钳口内牢固进行切割，切割口应平整不歪斜，管口刮锉光滑、无毛刺，管内铁屑除净。塑料管采用配套截管器操作。

钢管套丝：钢管套丝采用套丝板，应根据管外径选择相应板牙，套丝过程中，要均匀用力。

导管的加工弯曲处，不应有折皱、凹陷和裂缝，且弯扁程度不应大于管外径的10%。

3. 盒、箱定位

测定盒、箱位置：应根据设计要求确定盒、箱轴线位置，以土建弹出的水平线为基准，挂线找正，标出盒、箱实际尺寸位置。

固定盒、箱：先稳定盒、箱，然后灌浆，要求砂浆饱满牢固、平整、位置正确。现浇混凝土板墙固定盒、箱加支铁固定；现浇混凝土楼板，将盒子堵好随底板钢筋固定牢固，管路配好后，随土建浇筑混凝土施工同时完成。

管路暗敷设时接线盒的备用敲落孔一律不应散落，中间接线盒应加盖封闭。

4. 导管支架

导管支架安装应符合下列要求：

1）除设计要求外，承力建筑钢结构构件上不得熔焊导管支架，且不得热加工开孔。

2）导管采用金属吊架固定时，圆钢直径不得小于8mm，并应有防晃支架，在距离盒（箱）、分支处或端部0.3~0.5m处应有固定支架。

3）金属支架应进行防腐，位于室外及潮湿场所应按设计要求做特殊处理。

4）导管支架应安装牢固，无明显扭曲。

5. 施工一般要求

1）施工中应遵守国家现行相关的规范和标准，工程中使用的电缆、管材、母线、桥架等均应符合国家和相关部门的产品技术标准。要求CCC强制认证的需有相应的认证标志。

2）内线工程使用的金属配件，金属管材等均应做防腐处理，除设计另有要求外，均应刷防锈底漆一道，明敷时应刷灰色面漆两道，潮湿场所等还可采取镀锌处理。钢管内外壁均应做防腐处理，暗敷于混凝土中的钢管外壁无需做防腐处理。

3）配线工程的支持件应采用预埋螺栓、预埋铁件、膨胀螺栓等方法固定，严禁使用木塞法固定。

4）各种金属构件的安装螺孔不得采用电气焊开孔。

5）室内电气线路与其他管道之间的最小净距如设计无特殊说明时按表4-3进行调整。

表4-3 室内电气线路与其他管道之间的最小净距 （单位：m）

敷设方式	名称	管线	电缆	绝缘导线	滑触线	封闭母线
平行	煤气（氧气）管	0.5	0.5	1.0	1.5	1.5
	蒸汽管	1.0/0.5	1.0/0.5	1.0/0.5	1.5	1.5
	天然气管	0.5	0.5	0.5	1.5	1.5
	通风管	0.1	0.5	0.1	1.5	0.1
	上下水管	0.1	0.5	0.1	1.5	0.1
	二氧化碳管	0.1	0.5	0.1	1.5	0.1
	压缩空气管	0.1	0.5	0.1	1.5	0.1
交叉	煤气（氧气）管	0.1	0.3	0.3	0.5	0.5
	蒸汽管	0.3	0.3	0.3	—	—

（续）

敷设方式	名称	管线	电缆	绝缘导线	滑触线	封闭母线
交叉	天然气管	0.5	0.3	1.0	0.5	0.5
	通风管	0.1	0.1	0.1	0.5	0.1
	压缩空气管	0.1	0.1	0.1	0.5	0.1
	上下水管	0.1	0.5	0.1	0.5	0.1
	二氧化碳管	0.1	0.5	0.1	0.5	0.1

注：线路与蒸汽管不能保持表中的距离时，在其中间加隔层，平行距离可减至0.2m。

6）导线在管内不应有接头，接头应在接线盒内进行。

7）导管的弯曲半径应符合下列规定：

① 明配的导管，其弯曲半径不宜小于管外径的6倍，当两个接线盒间只有一个弯曲时，其弯曲半径不宜小于管外径的4倍。

② 暗配的导管，当埋设于混凝土内时，其弯曲半径不应小于管外径的6倍；当埋设于地下时，其弯曲半径不应小于管外径的10倍。

8）当导管敷设遇下列情况时，中间宜增设接线盒或拉线盒，且盒子的位置应便于穿线。

① 导管长度每大于40m，无弯曲。

② 导管长度每大于30m，有1个弯曲。

③ 导管长度每大于20m，有2个弯曲。

④ 导管长度每大于10m，有3个弯曲。

9）垂直敷设的导管遇下列情况时，应设置固定电线用的拉线盒：

① 管内电线截面积为$50mm^2$及以下，长度每大于30m。

② 管内电线截面积为$70\sim95mm^2$，长度每大于20m。

③ 管内电线截面积为$120\sim240mm^2$，长度每大于18m。

10）敷设在潮湿或多尘场所，导管管口、盒（箱）盖板及其他各连接处均应密封。

11）导管不宜穿越设备或建筑物、构筑物的基础，当必须穿越时，应采取保护措施。

12）金属导管不宜穿越常温与低温的交界处，当必须穿越时在穿越处应有防止产生冷桥的措施。

二、钢保护管

钢管配线适用于工业与民用建筑正常、多尘、潮湿的场所，用钢管作为电气线路明暗敷设保护管。

1. 要求

潮湿场所明配或埋地暗配的钢导管其壁厚不应小于2.0mm，干燥场所明配或暗配的钢导管其壁厚不宜小于1.5mm。

钢导管严禁对口熔焊连接；镀锌钢导管或壁厚小于或等于2mm的钢导管不得套管熔焊连接。

钢管、接线盒、配件等均应按工程设计规定镀锌或涂漆，若无特殊要求可刷樟丹一道、灰漆一道，防腐要求较高的场所宜采用热镀锌钢管及配件。非镀锌钢导管内壁、外壁均应做防腐处理。当埋设于混凝土内时，钢导管外壁可不做防腐处理；镀锌钢导管的外壁锌层剥落处应用防腐漆修补。

钢导管不应有折扁和裂缝，管内壁光滑无铁屑和棱刺，加工的切口端面应平整，管口无毛刺。

2. 连接

1）钢导管的连接应符合下列规定：

① 采用螺纹联接时，管端螺纹长度不应小于管接头的1/2；联接后，其螺纹宜外露2~3扣。螺纹表面应光滑，无明显缺损现象。螺纹联接不应采用倒扣联接，联接困难时应加装盒（箱），如图4-14所示。

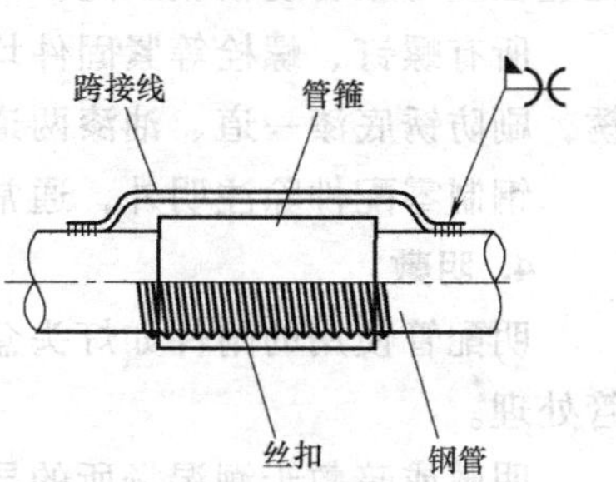

图4-14　钢导管的螺纹联接

② 采用套管焊接时，套管长度不应小于管外径D的2.2倍，管与管的对口处应位于套管的中心，焊缝密实，外观饱满，如图4-15所示。

③ 钢导管不得对口熔焊连接；壁厚小于或等于2.0mm的钢导管不得采用套管熔焊连接。

④ 镀锌钢导管对接应采用螺纹联接或其他形式的机械连接，埋入现浇混凝土中的接头连接处应有防止混凝土浆液渗入的措施。

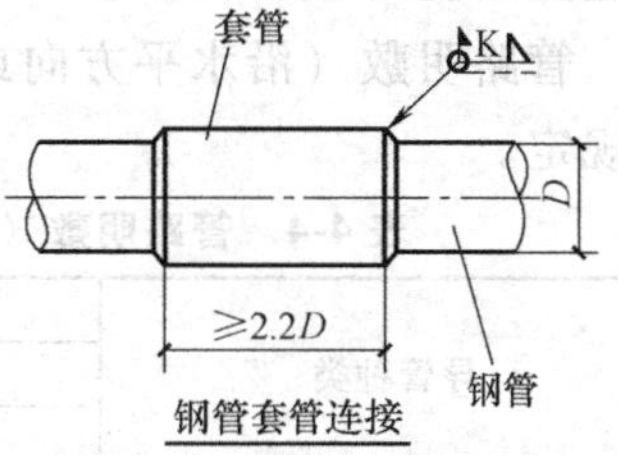

图4-15　钢导管的套管焊接

套接紧定式钢导管管径DN≥32mm时，连接套管每端的紧定螺钉不应少于2个，套接扣压式薄壁钢导管管径DN<25mm时，每端扣压点不应少于2处；管径DN≥32mm时，每端扣压点不应少于3处，连接扣压点深度不应小于1.0mm，管壁扣压形成时，每端扣压点不应少于3处，连接扣压点深度不直小于1.0mm，管壁扣压形成的凹、凸点不应有毛刺。

套接扣压式薄壁钢导管暗敷时，接口处的缝隙在扣压时应采用封堵措施，可采用导电胶封堵或采用胶带纸封包，紧定式薄壁钢导管考虑工艺要求，不宜在混凝土中暗敷。

在潮湿场所内钢导管之间的连接，以及钢管与接线盒等的连接处，应做防水防腐密封处理。

2）钢导管与盒（箱）或设备的连接应符合下列规定：

① 暗配的非镀锌钢导管与盒（箱）连接可采用焊接连接，管口宜凸出盒（箱）内壁3~5mm，且焊后在焊接处补涂防腐漆，防腐漆颜色应与盒（箱）面漆的颜色基本一致。

② 明配的钢导管或暗配的镀锌钢导管与盒（箱）的联接均应采用螺纹联接，用锁紧螺母进行联接固定，管端螺纹宜外露锁紧螺母2~3扣。紧定式或扣压式镀锌钢导管均应选用标准的连接部件。

③ 钢导管与用电设备直接连接时，宜将导管配入到设备的接线盒内。

导线在管内不应有接头，接头应在接线盒内。

3. 土建预埋

混凝土构件中有预埋件或建筑钢构件上允许焊接时，宜将各种支架与预埋件或钢构件焊接，而不采用抱箍或螺栓紧固方案。

多管排列吊杆敷设时，应校验土建结构和吊杆载荷。

混凝土构件上土建专业允许钻孔时，宜采用膨胀螺栓或塑料胀管作为紧固方案，并且钻孔直径应与胀管规格相匹配。

所有螺钉、螺栓等紧固件均应采用镀锌标准件，各种现场制作的金属支架及钢构件应除锈，刷防锈底漆一道、油漆两道。

钢制零配件除注明外，通常采用 Q235-A 钢制造。

4. 明敷

明配管使用的附件如灯头盒、开关盒、接线盒等应使用明装式，吊顶内配管附件按暗配管处理。

明敷或暗敷于潮湿场所的导管，应采用焊接钢管，且宜采用热镀锌焊接钢管，明配或暗配于干燥场所的导管，可采用电线管，暗配于楼板内的钢管宜采用焊接钢管，并且钻孔直径应与胀管规格相配合。

明配导管的布设宜与建筑物、构筑物的棱线相协调，对水平或垂直敷设的导管，其水平或垂直偏差均不应大于 1.5‰，全长偏差不应大于 10mm。

管路明敷（沿水平方向或垂直方向直线段敷设）固定点间最大允许距离应符合表 4-4 的规定。

表 4-4 管路明敷（沿水平方向或垂直方向直线段敷设）固定点间最大允许距离

导管种类	管径 DN/mm				
	15～20	25～32	32～40	50～65	65 以上
	最大允许距离/mm				
壁厚 >2mm 刚性钢导管	1500	2000	2500	2500	3500
壁厚 ≤2mm 刚性钢导管	1000	1500	2000	—	—
可挠金属电线保护管	<1000				

1）钢管采用支吊架固定安装如图 4-16 所示。

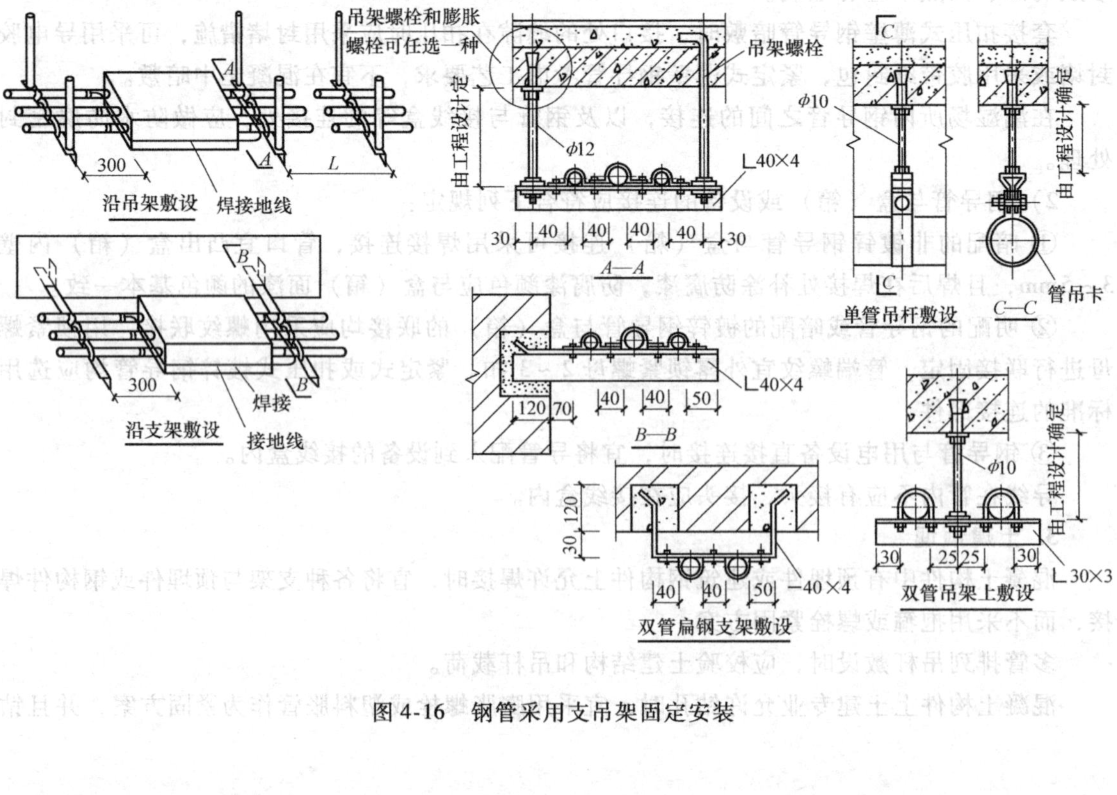

图 4-16 钢管采用支吊架固定安装

2）钢管采用支吊架在墙、梁柱等结构件上固定安装，如图 4-17 所示。

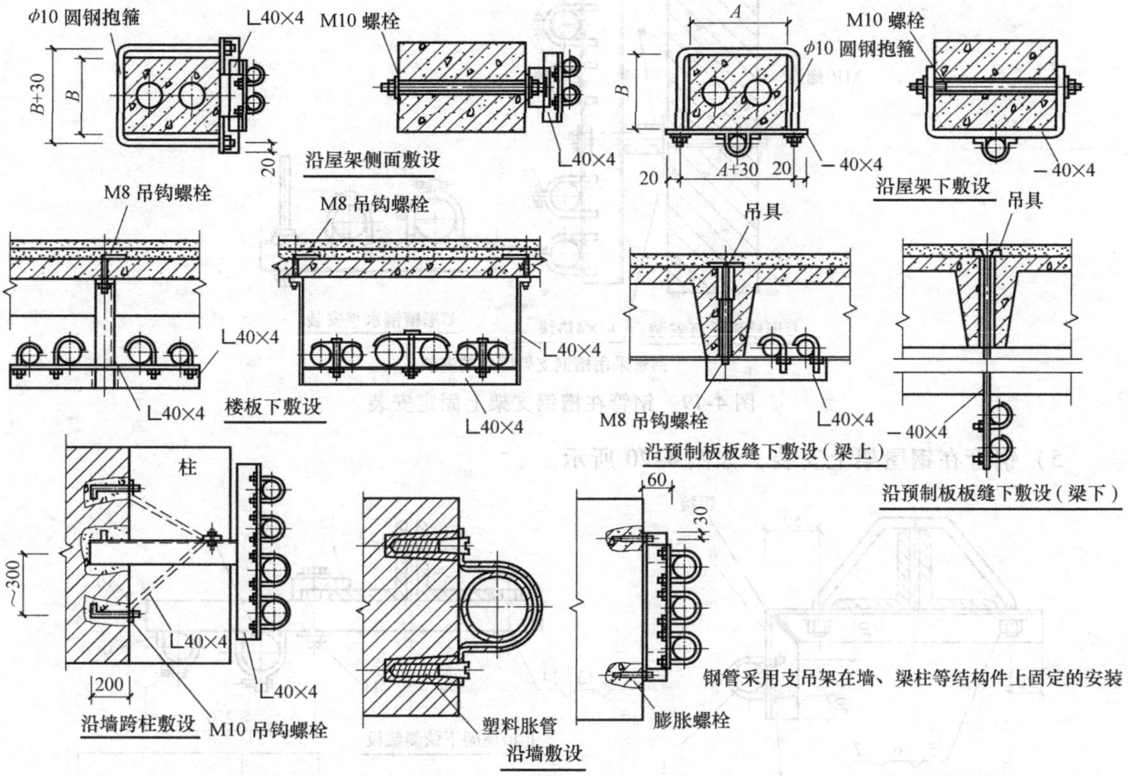

图 4-17 钢管采用支吊架在墙、梁柱等结构件上固定安装

3）钢管采用支吊架在钢柱、钢网架节点球等结构件上固定安装，如图 4-18 所示。

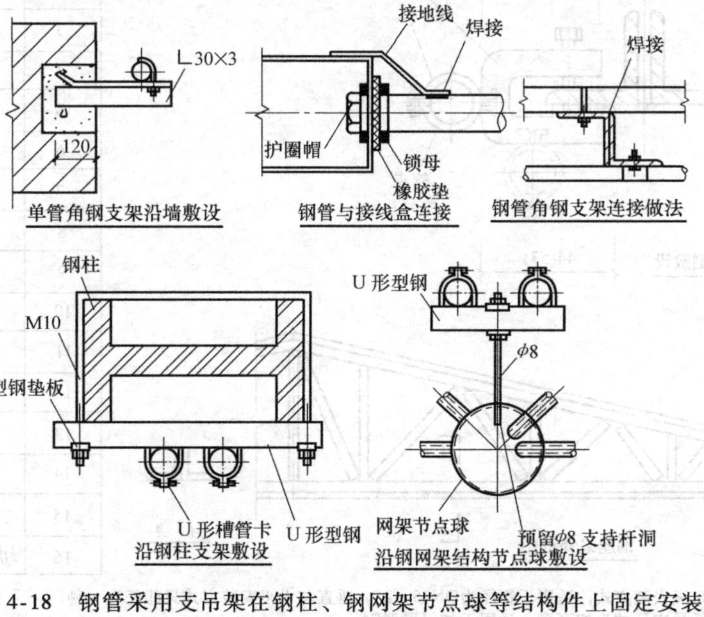

图 4-18 钢管采用支吊架在钢柱、钢网架节点球等结构件上固定安装

4）钢管在槽钢支架上固定安装，如图 4-19 所示。

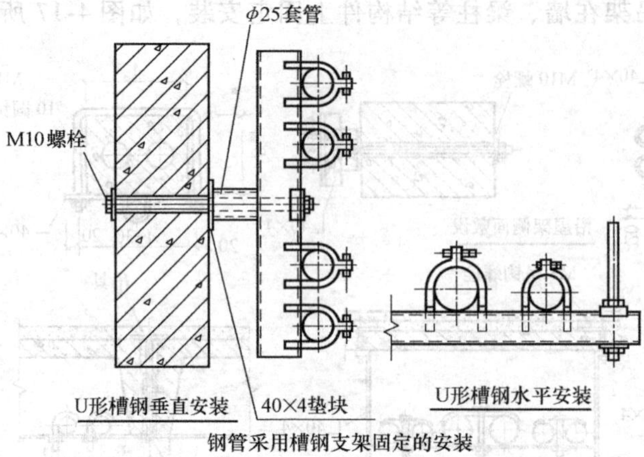

图 4-19 钢管在槽钢支架上固定安装

5）钢管在钢屋架上安装，如图 4-20 所示。

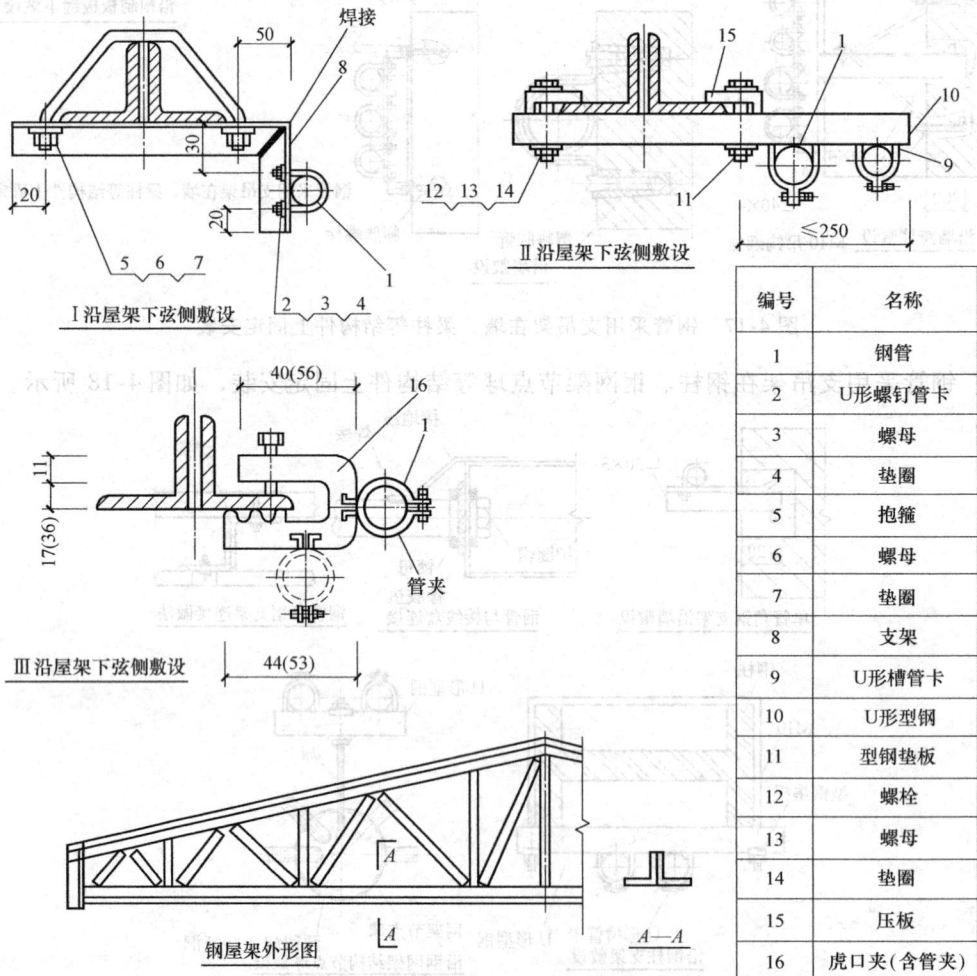

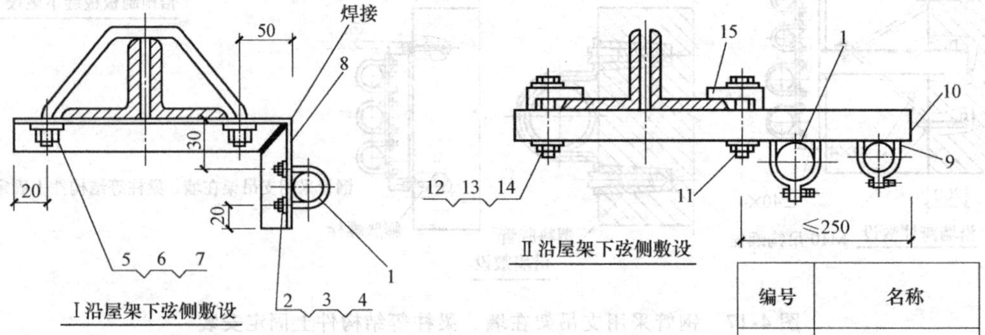

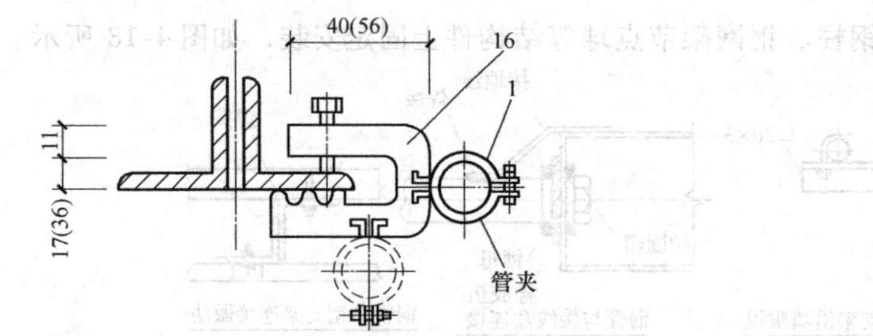

编号	名称
1	钢管
2	U形螺钉管卡
3	螺母
4	垫圈
5	抱箍
6	螺母
7	垫圈
8	支架
9	U形槽管卡
10	U形型钢
11	型钢垫板
12	螺栓
13	螺母
14	垫圈
15	压板
16	虎口夹(含管夹)

注：采用虎口夹安装方式，适用于管径为DN15～25，垂直与水平安装方式只能任选一种。
虎口夹括号内尺寸为加高型，适用于加厚形型钢。

图 4-20 钢管在钢屋架上安装

6）钢管沿墙穿楼板敷设，如图 4-21 所示。

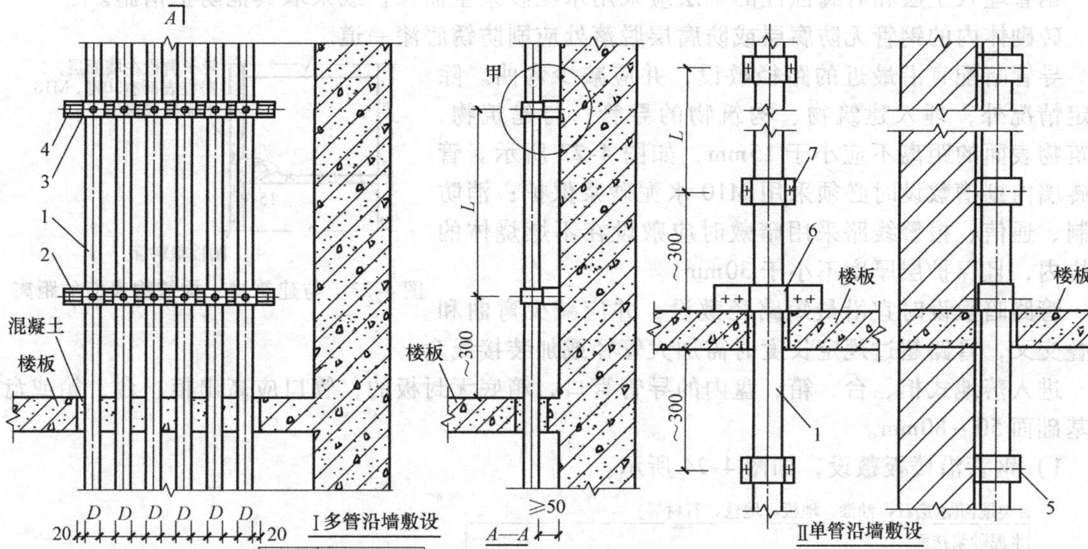

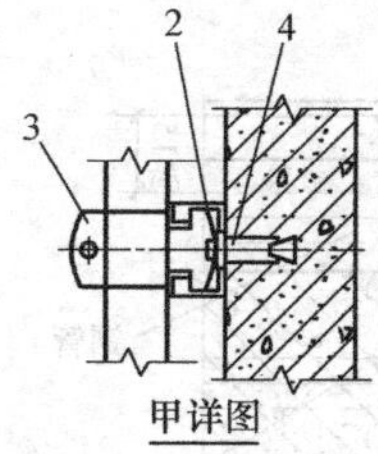

编号	名称
1	钢管
2	U形型钢
3	U形槽管卡
4	膨胀螺栓
5	离墙管卡
6	加长管卡
7	塑料胀管

注：

1. L见表4-4钢管用吊架、支架或沿墙敷设时管卡固定点间最大间距表。
2. D尺寸由工程设计确定，钢管之间的间距≥30。

图 4-21 钢管沿墙穿楼板敷设

7）钢管沿顶、墙敷设，如图 4-22 所示。

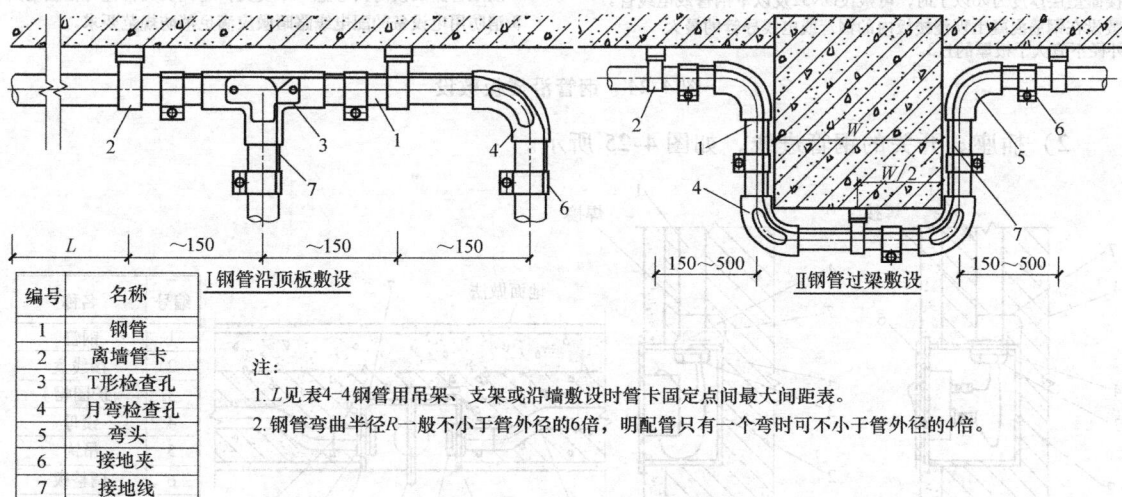

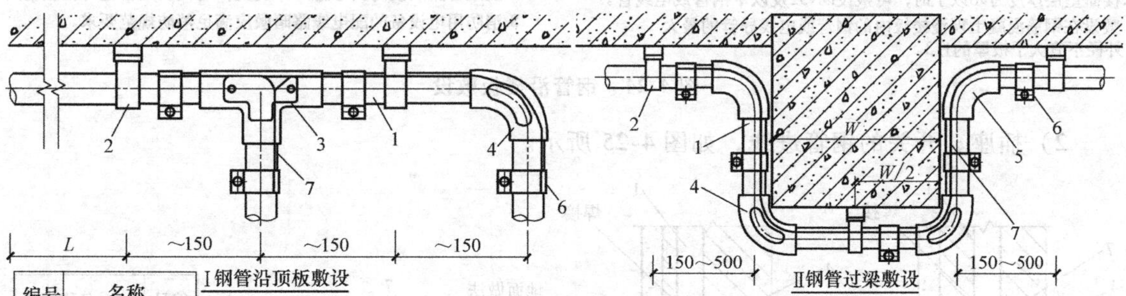

编号	名称
1	钢管
2	离墙管卡
3	T形检查孔
4	月弯检查孔
5	弯头
6	接地夹
7	接地线

注：

1. L见表4-4钢管用吊架、支架或沿墙敷设时管卡固定点间最大间距表。
2. 钢管弯曲半径R一般不小于管外径的6倍，明配管只有一个弯时可不小于管外径的4倍。

图 4-22 钢管沿顶、墙敷设

5. 暗敷

钢管埋入土层和有腐蚀性的垫层应采用水泥砂浆全面保护或采取其他防护措施。

砖砌体内的钢管无防腐层或防腐层脱落处应刷防锈底漆一道。

导管暗配宜沿最近的路径敷设，并应减少弯曲。除特定情况外，埋入建筑物、构筑物的导管，与建筑物、构筑物表面的距离不应小于15mm，如图4-23所示。管在砖墙内剔槽敷设时必须采用M10水泥砂浆保护；消防控制、通信、报警线路采用暗敷时应敷设在不燃烧体的结构内，且保护层厚度不小于30mm。

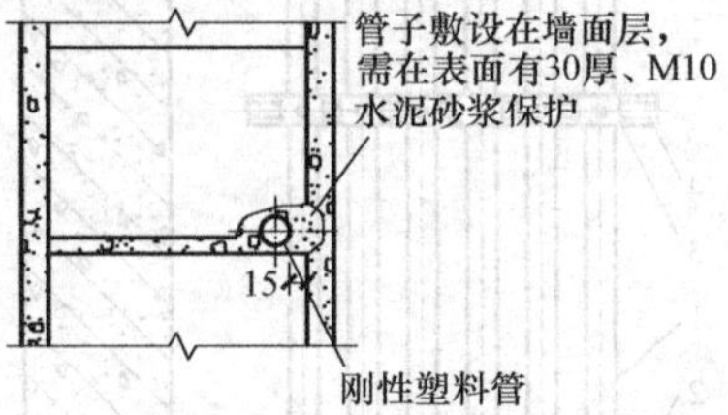

图4-23　与建筑物、构筑物表面的距离

管路暗敷设时宜沿最短路径敷设，并应减少弯曲和重叠交叉，管路超过规定长度时需加大管径或加装接线盒。

进入落地式柜、台、箱、盘内的导管管口，箱底无封板的，管口应高出柜、台、箱或盘的基础面50～80mm。

1）钢管沿楼板敷设，如图4-24所示。

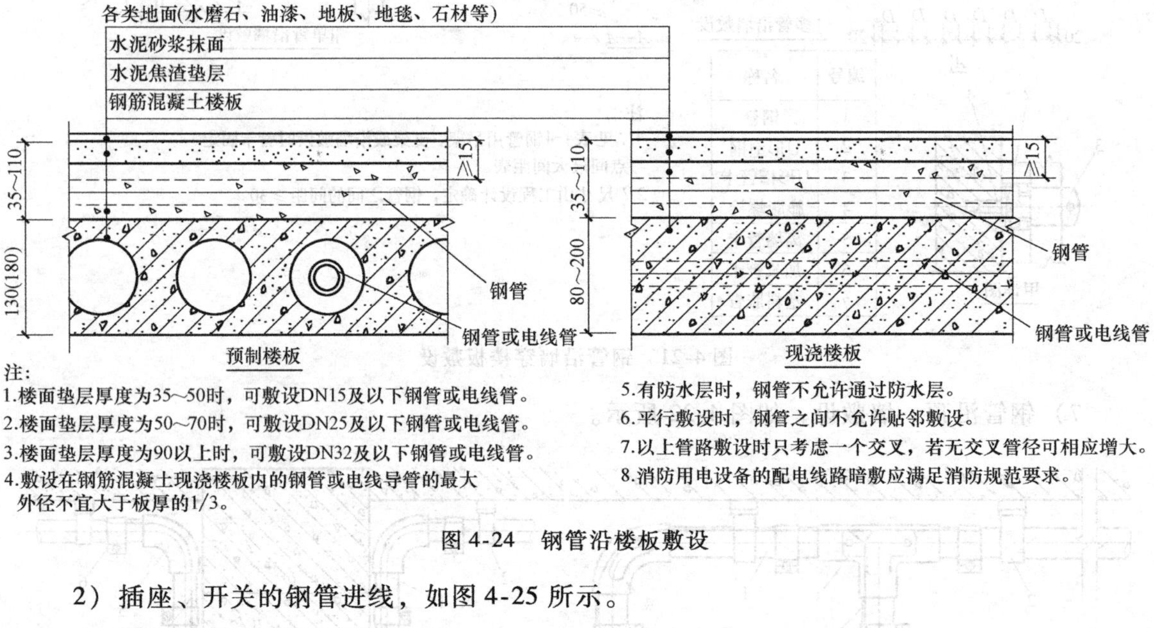

注：
1.楼面垫层厚度为35～50时，可敷设DN15及以下钢管或电线管。
2.楼面垫层厚度为50～70时，可敷设DN25及以下钢管或电线管。
3.楼面垫层厚度为90以上时，可敷设DN32及以下钢管或电线管。
4.敷设在钢筋混凝土现浇楼板内的钢管或电线导管的最大外径不宜大于板厚的1/3。
5.有防水层时，钢管不允许通过防水层。
6.平行敷设时，钢管之间不允许贴邻敷设。
7.以上管路敷设时只考虑一个交叉，若无交叉管径可相应增大。
8.消防用电设备的配电线路暗敷应满足消防规范要求。

图4-24　钢管沿楼板敷设

2）插座、开关的钢管进线，如图4-25所示。

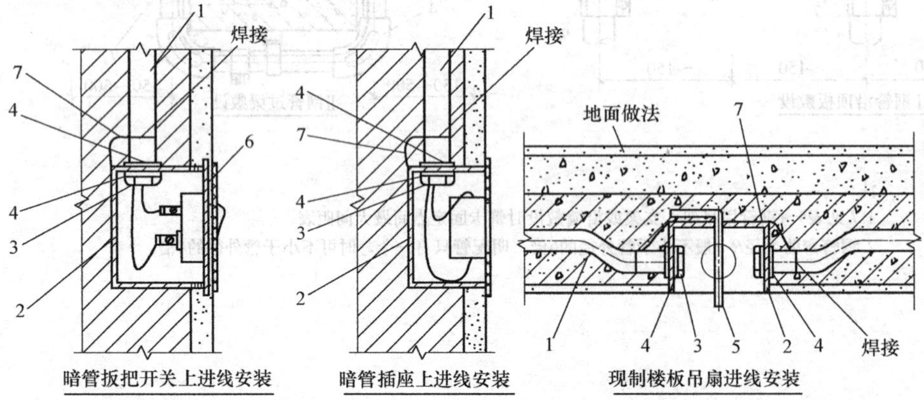

编号	名称
1	钢管
2	接线盒
3	护圈帽
4	锁母
5	吊钩
6	调整板
7	接地线

图4-25　插座、开关的钢管进线

3）灯线盒、吊扇的钢管进线，如图 4-26 所示。

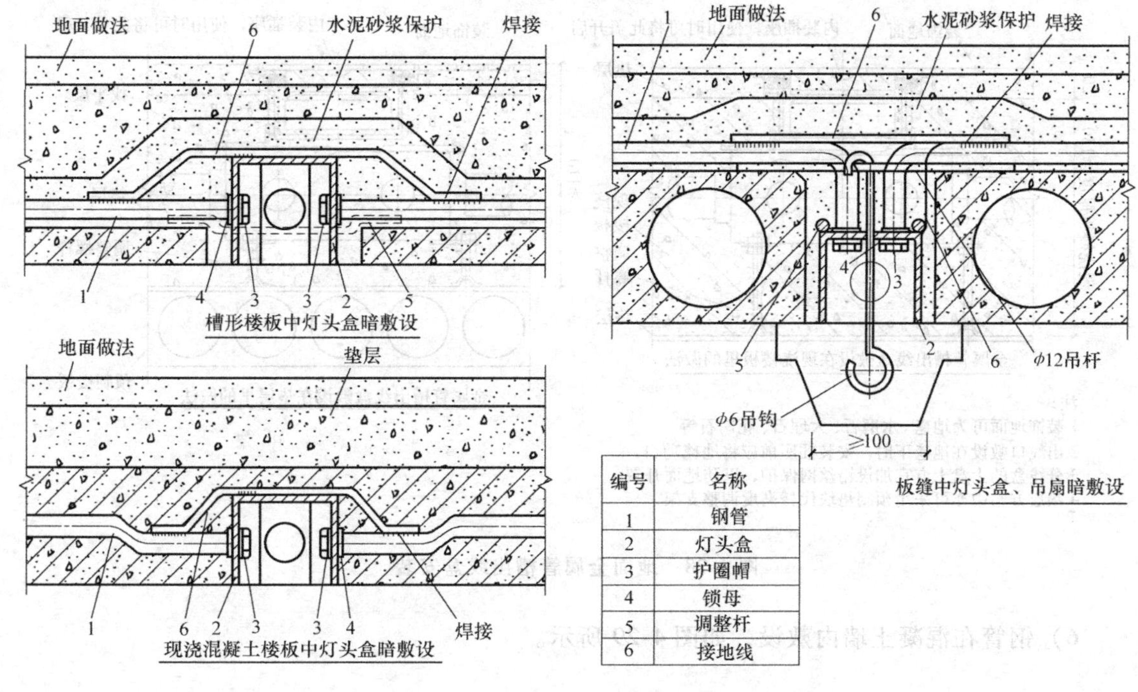

编号	名称
1	钢管
2	灯头盒
3	护圈帽
4	锁母
5	调整杆
6	接地线

图 4-26 灯线盒、吊扇的钢管进线

4）钢管与接线盒的连接，如图 4-27 所示。

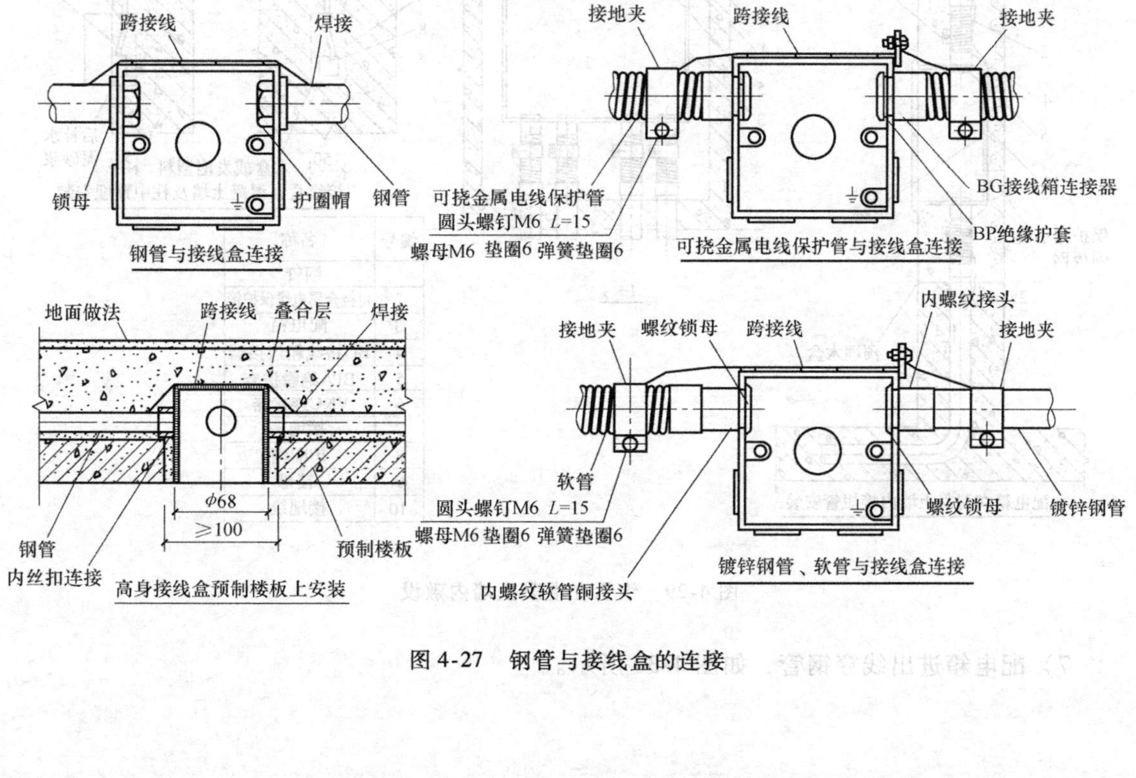

图 4-27 钢管与接线盒的连接

5）地面金属管槽出线盒安装，如图4-28所示。

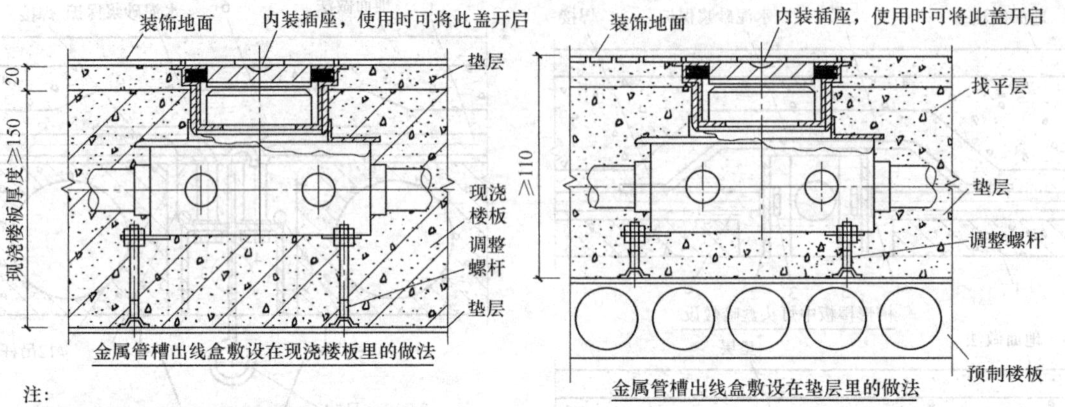

注：
1.装饰地面可为地毯、水磨石、大理石、花岗石等。
2.出线口敷设在地毯下时，安装插座前应将地毯剪口。
3.分线盒的上盘上方宜加设铅丝网保护，以防地面开裂。
4.垫层方案中亦可采用预制垫块代替高度调整支架。

图4-28 地面金属管槽出线盒安装

6）钢管在混凝土墙内敷设，如图4-29所示。

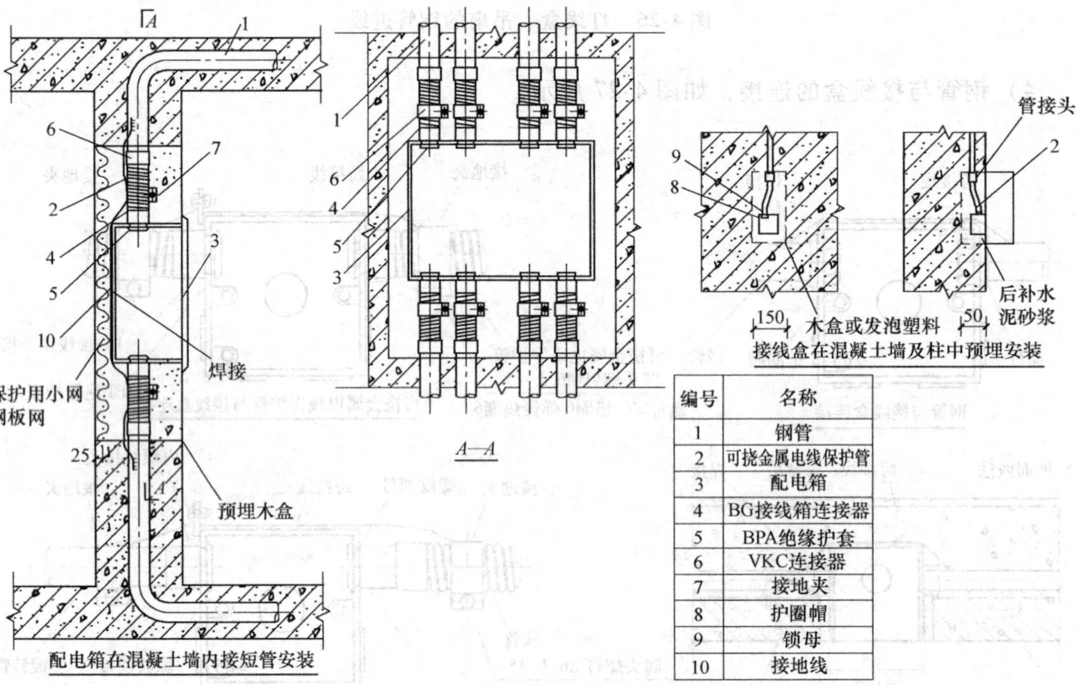

编号	名称
1	钢管
2	可挠金属电线保护管
3	配电箱
4	BG接线箱连接器
5	BPA绝缘护套
6	VKC连接器
7	接地夹
8	护圈帽
9	锁母
10	接地线

图4-29 钢管在混凝土墙内敷设

7）配电箱进出线穿钢管，如图4-30所示。

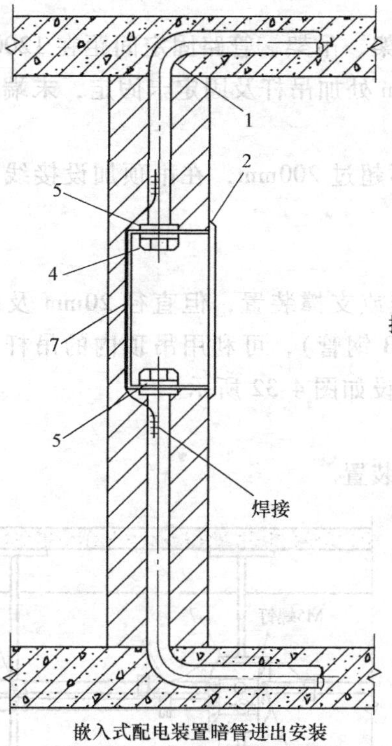

嵌入式配电装置暗管进出安装

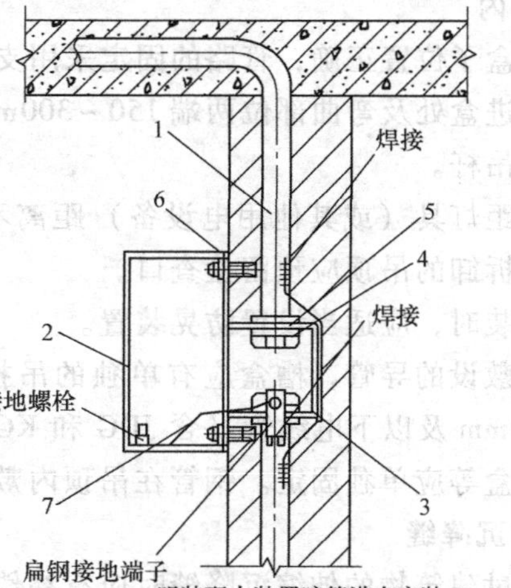

明装配电装置暗管进出安装

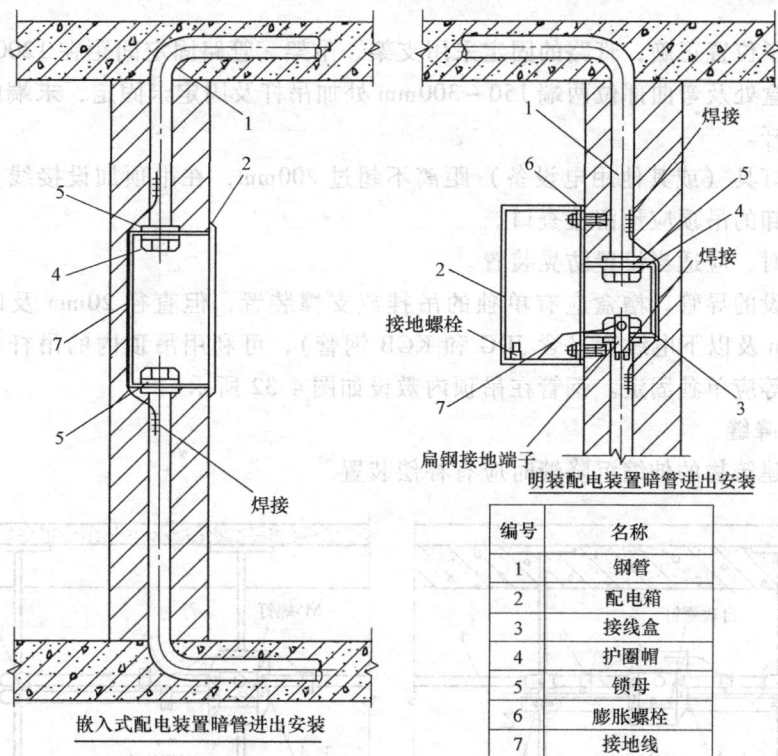

编号	名称
1	钢管
2	配电箱
3	接线盒
4	护圈帽
5	锁母
6	膨胀螺栓
7	接地线

图 4-30　配电箱进出线穿钢管

6. 隔墙内

导管穿越密闭或防护密闭隔墙时应设置预埋套管，预埋套管的制作和安装应符合设计要求，套管长度宜为 30 ~ 50mm，导管穿越密闭穿墙套管的两侧应设置过线盒，并应做好封堵。

钢管在轻钢龙骨隔墙内敷设如图 4-31 所示。

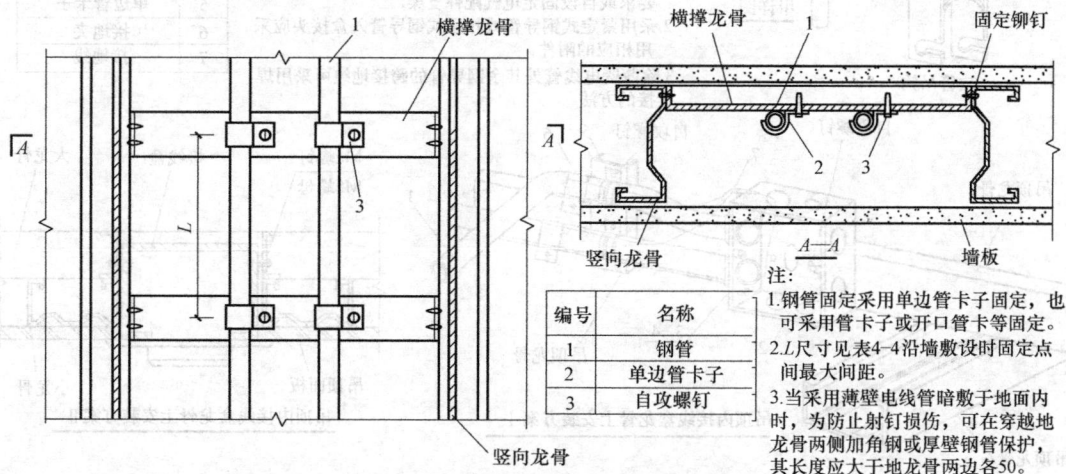

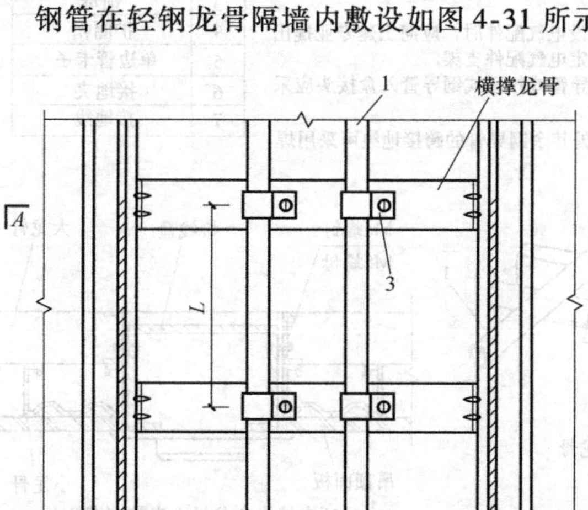

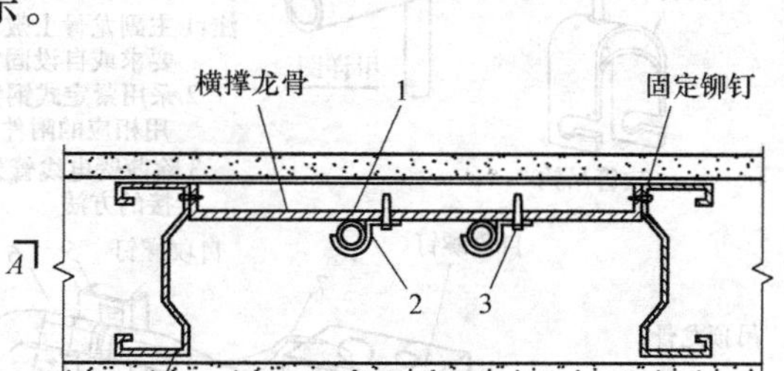

编号	名称
1	钢管
2	单边管卡子
3	自攻螺钉

注：
1. 钢管固定采用单边管卡子固定，也可采用管卡子或开口管卡等固定。
2. L尺寸见表4-4沿墙敷设时固定点间最大间距。
3. 当采用薄壁电线管暗敷于地面内时，为防止射钉损伤，可在穿越地龙骨两侧加角钢或厚壁钢管保护，其长度应大于地龙骨两边各50。

图 4-31　钢管在轻钢龙骨隔墙内敷设

7. 吊顶内

吊顶内盒子位置正确，管路的固定采用支架、吊架，管路固定间距在 1200 ~ 1500mm 之间，在管子进盒处及弯曲部位两端 150 ~ 300mm 处加吊杆及固定卡固定，末端的灯头盒要单独加设固定吊杆。

灯头盒距灯具（或其他用电设备）距离不超过 200mm，在吊顶加设接线盒时，要便于维修，不可拆卸的吊顶应预留检查口。

水平安装时，应适当设置防晃装置。

吊顶内敷设的导管，槽盒应有单独的吊挂或支撑装置，但直径 20mm 及以下的焊接钢管，直径 25mm 及以下电线管（含 JDG 和 KGB 钢管），可利用吊顶内的吊杆或主龙骨，吊顶内的接线盒等应单独固定。钢管在吊顶内敷设如图 4-32 所示。

8. 伸缩沉降缝

管线通过建筑物的伸缩沉降缝时应有补偿装置。

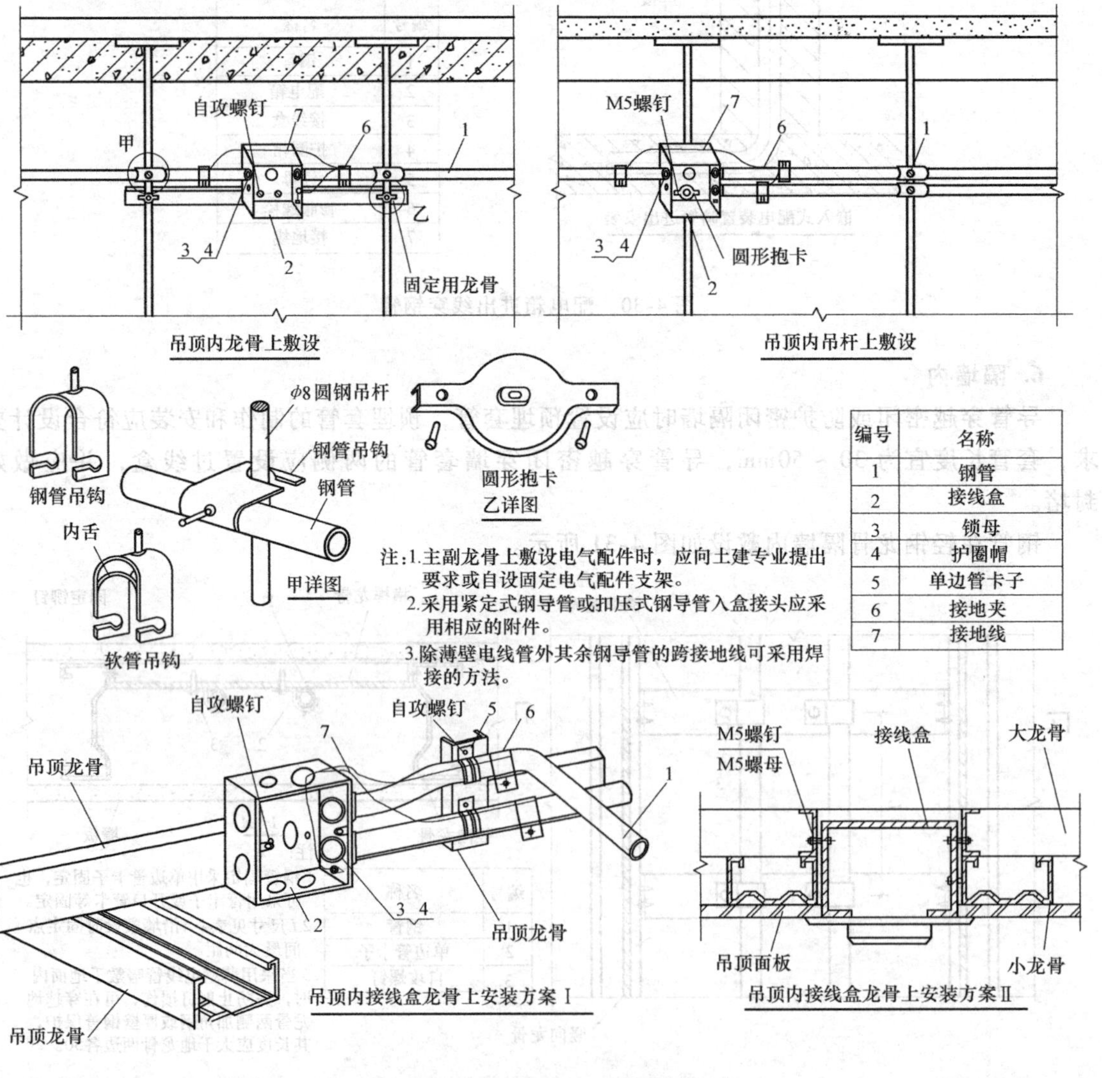

编号	名称
1	钢管
2	接线盒
3	锁母
4	护圈帽
5	单边管卡子
6	接地夹
7	接地线

注：1.主副龙骨上敷设电气配件时，应向土建专业提出要求或自设固定电气配件支架。
2.采用紧定式钢导管或扣压式钢导管入盒接头应采用相应的附件。
3.除薄壁电线管外其余钢导管的跨接地线可采用焊接的方法。

图 4-32 钢管在吊顶内敷设

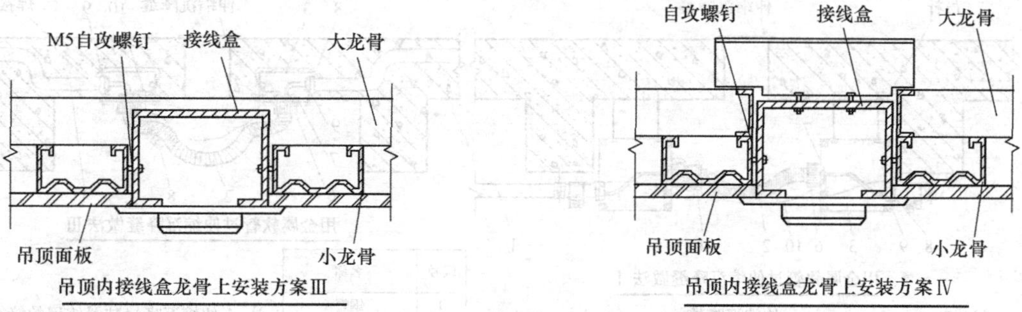

图 4-32　钢管在吊顶内敷设（续）

伸缩沉降缝两侧各预埋一个接线箱，先将管的一端固定在接线盒上，另一侧将接线盒的底部垂直方向开长孔，其孔径的宽度尺寸不小于被接入管直径的 2 倍，两侧连接好补偿跨接地线。

1）吊顶内钢管过伸缩沉降缝的做法如图 4-33 所示。

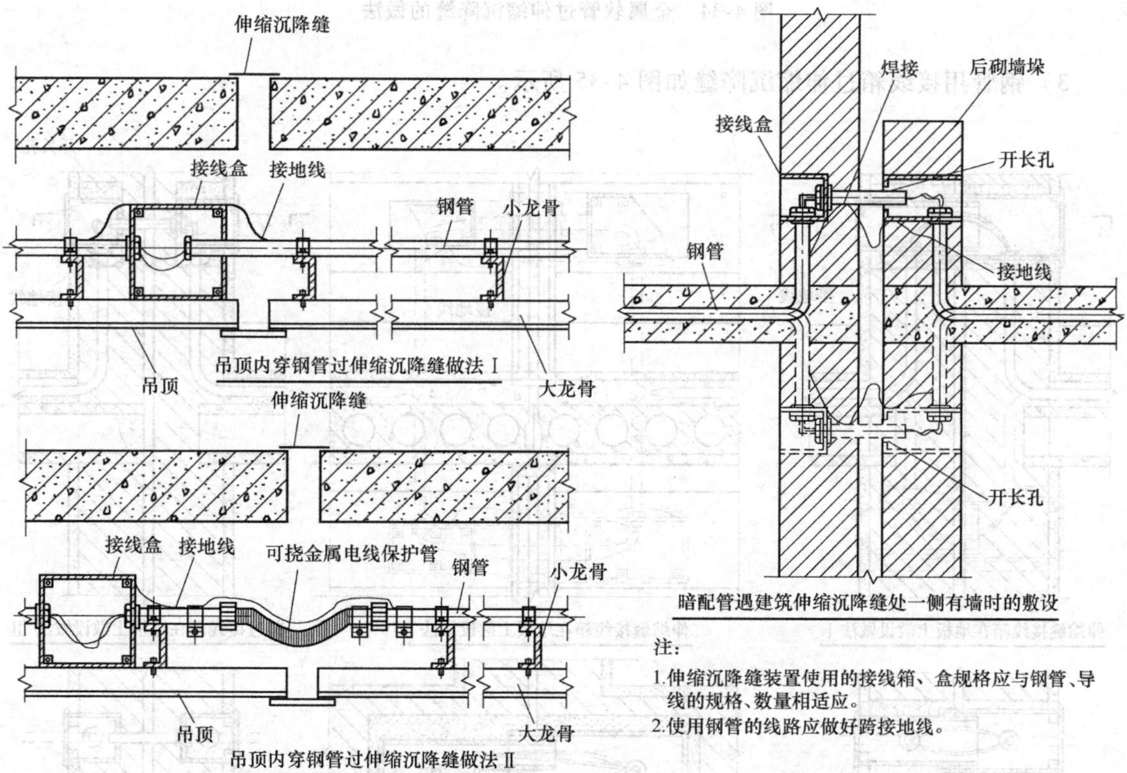

图 4-33　吊顶内管线过伸缩沉降缝的做法

2）金属软管过伸缩沉降缝的做法如图 4-34 所示。

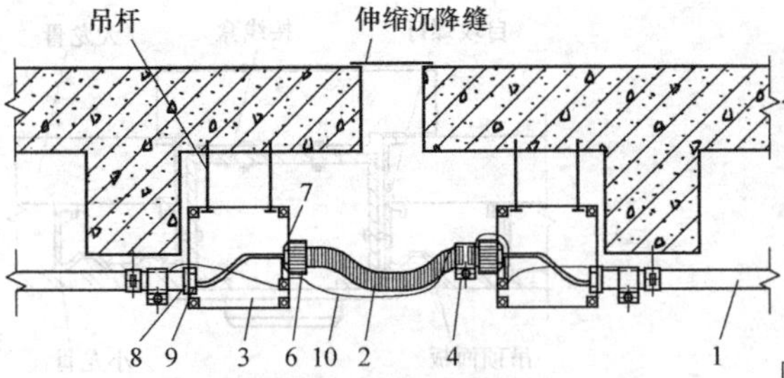

用金属软管过伸缩沉降缝做法Ⅰ

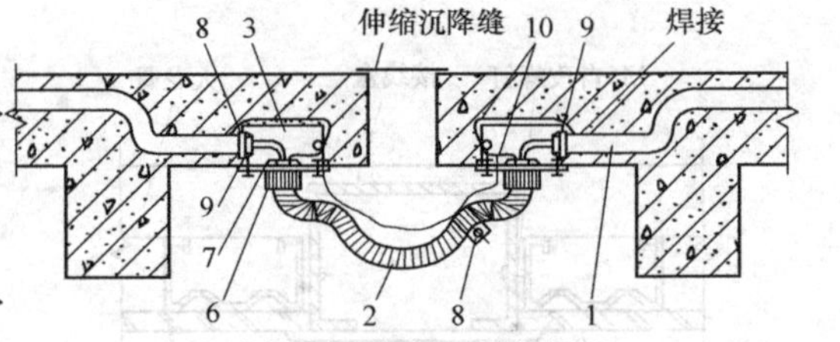

用金属软管过伸缩沉降缝做法Ⅲ

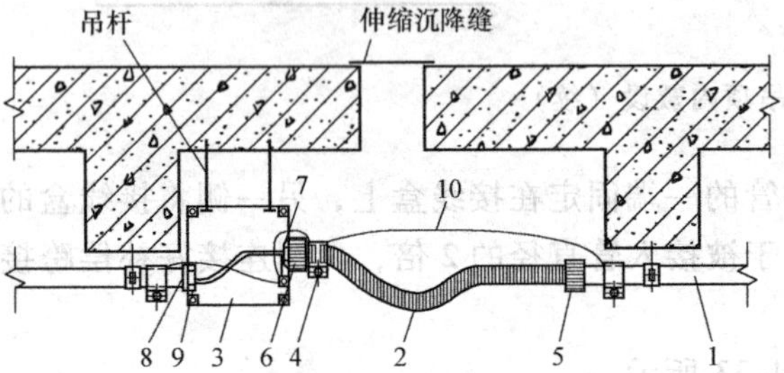

用金属软管过伸缩沉降缝做法Ⅱ

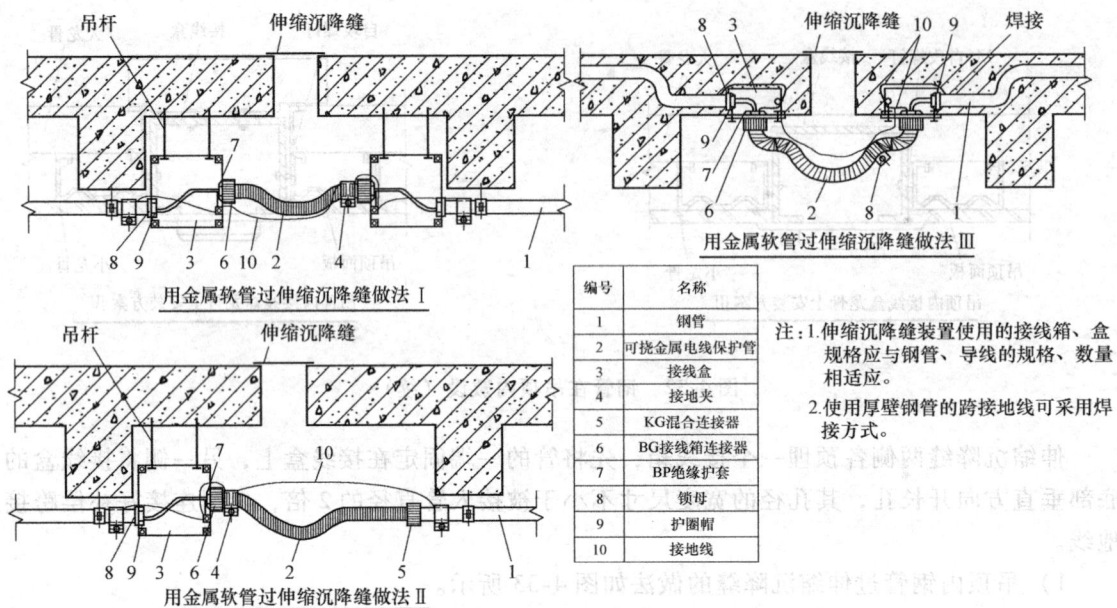

编号	名称
1	钢管
2	可挠金属电线保护管
3	接线盒
4	接地夹
5	KG混合连接器
6	BG接线箱连接器
7	BP绝缘护套
8	锁母
9	护圈帽
10	接地线

注：1.伸缩沉降缝装置使用的接线箱、盒规格应与钢管、导线的规格、数量相适应。

2.使用厚壁钢管的跨接地线可采用焊接方式。

图 4-34 金属软管过伸缩沉降缝的做法

3）钢管用接线箱过伸缩沉降缝如图 4-35 所示。

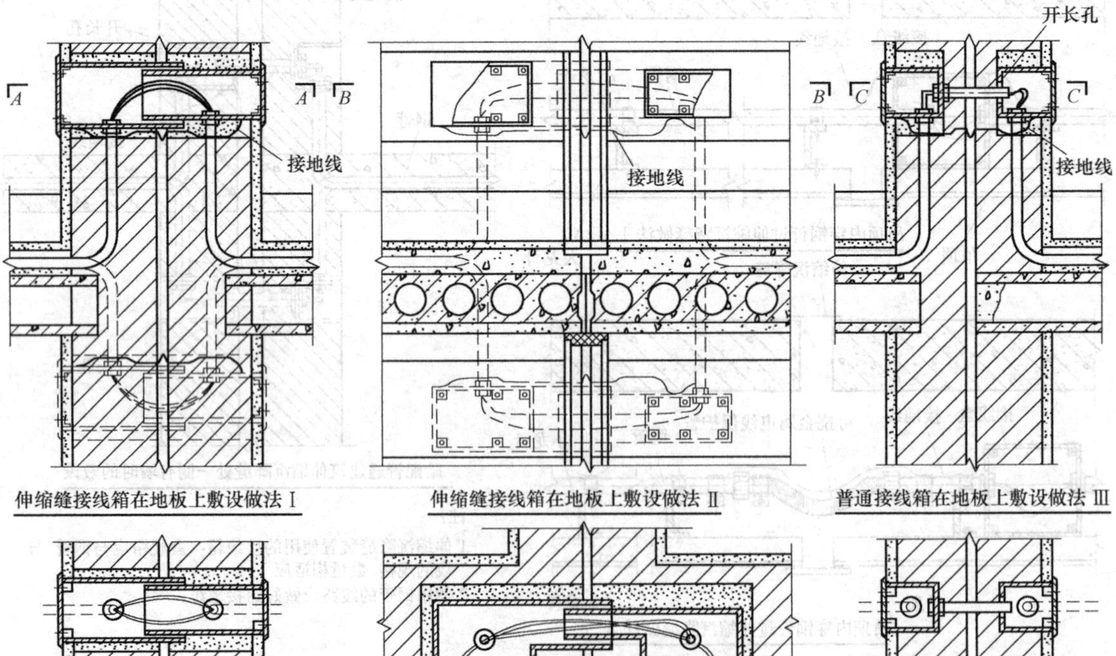

图 4-35 钢管用接线箱过伸缩沉降缝的做法

9. 接地

钢导管的接地连接应符合下列规定：

1）金属导管应与弯曲金属导管和金属柔性导管不得熔焊连接。

2）非镀锌钢导管采用螺纹联接时，联接处的两端应熔焊焊接保护连接导体。

3）镀锌钢导管的跨接接地线不得采用熔焊连接，宜采用专用接地线卡跨接，跨接接地线应采用截面积不小于4mm^2 的铜芯软线。

4）机械连接的金属导管，管与管、管与盒（箱）体的连接配件应选用配套部件，其连接应符合产品技术文件要求，连接处的接触电阻值满足现行国家标准 GB/T 20041.1—2015《电缆管理用导管系统　第 1 部分：通用要求》的相关要求时，连接处可不设置保护连接导体，但导管不应作为保护导体的接续导体。

5）金属导管与金属梯架、托盘连接时，镀锌材质的连接端宜用专用接地卡固定保护连接导体，非镀锌材质的连接处应熔焊焊接保护连接导体。

6）以专用接地卡固定的保护连接导体应为铜芯软导线，截面积不应小于 4mm^2；以熔焊焊接的保护连接导体宜为圆钢，直径不应小于 6mm，其搭接长度应为圆钢直径的 6 倍。

金属管接地如图 4-36 所示。

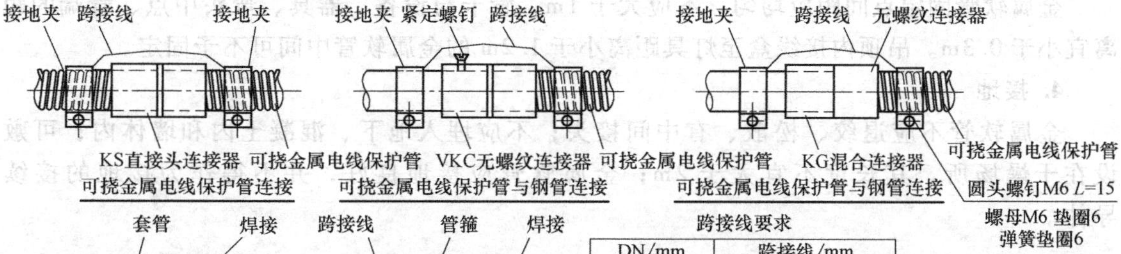

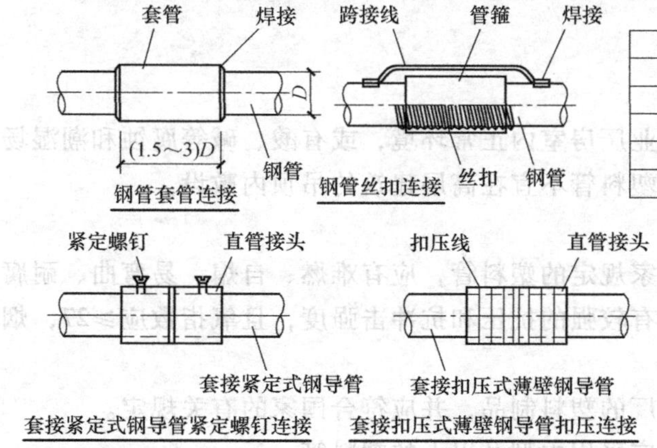

跨接线要求

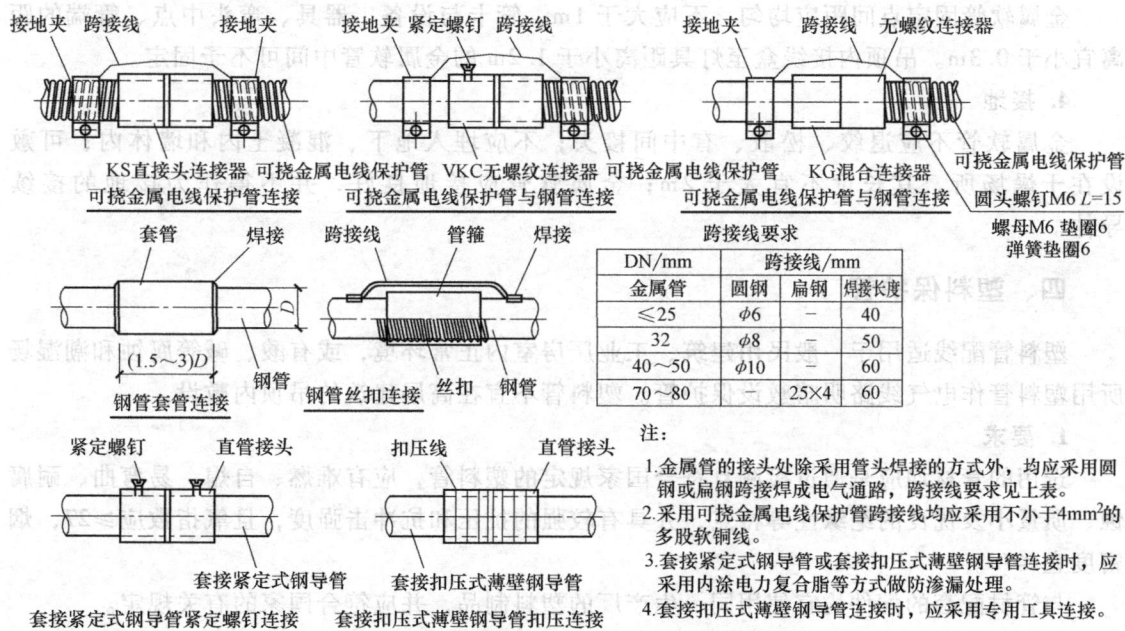

DN/mm	跨接线/mm		
金属管	圆钢	扁钢	焊接长度
≤25	ϕ6	–	40
32	ϕ8	–	50
40～50	ϕ10	–	60
70～80	–	25×4	60

注：

1.金属管的接头处除采用管头焊接的方式外，均应采用圆钢或扁钢跨接焊成电气通路，跨接线要求见上表。

2.采用可挠金属电线保护管跨接线均应采用不小于4mm^{2}的多股软铜线。

3.套接紧定式钢导管或套接扣压式薄壁钢导管连接时，应采用内涂电力复合脂等方式做防渗漏处理。

4.套接扣压式薄壁钢导管连接时，应采用专用工具连接。

图 4-36　金属管接地

三、可弯曲金属导管及金属软管

1. 应用

钢导管与电气设备器具间可采用可弯曲金属导管或金属软管等做过渡连接，其两端应有专用接头，连接可靠牢固、密闭良好。潮湿或多尘场所应采用能防水的导管。过渡连接的导管长度，动力工程不宜超过0.8m，照明工程不宜超过1.2m。

2. 敷设

可弯曲金属导管的敷设应符合下列规定：

1）敷设在干燥场所可采用基本型可弯曲金属导管；敷设在潮湿场所或直埋地下应采用防水型可弯曲金属导管；敷设在混凝土内可采用基本型或防水型可弯曲金属导管。

2）明配的可弯曲金属导管在有可能受到重物压力或有明显机械撞击的部位，应采取加套钢管或覆盖角钢等保护措施。

3）当可弯曲金属导管弯曲敷设时，在两盒（箱）之间的弯曲角度之和不应大于270°，且弯曲处不应多于4个，最大的弯曲角度不应大于90°。

4）可弯曲金属导管间和盒（箱）间的连接应采用与导管型号规格相适配的专用接头，连接应牢固可靠，并用配套的专用接地线卡跨接。

5）可弯曲金属导管不应作为接地线的接续导体。

6）可弯曲金属导管沿建筑钢结构明配时，应按施工设计详图做好防护措施。

7）明配的可弯曲金属导管固定点间距应均匀，不应大于1m，管卡与设备、器具、弯头中点和管端等边缘的距离应小于0.3m。

3. 固定

金属软管固定点间距应均匀，不应大于1m，管卡与设备、器具、弯头中点、管端的距离宜小于0.3m。吊顶内接线盒至灯具距离小于1.2m的金属软管中间可不予固定。

4. 接地

金属软管不应退绞、松散、有中间接头；不应埋入地下、混凝土内和墙体内；可敷设在干燥场所，其长度不宜大于2m；金属软管应接地良好，并不得作为接地的接续导体。

四、塑料保护管

塑料管配线适用于一般民用建筑、工业厂房室内正常环境，或有酸、碱等腐蚀和潮湿场所用塑料管作电气线路明暗敷设保护管。塑料管不宜在高层建筑的吊顶内敷设。

1. 要求

选用的管材均应是通过检测且符合国家规定的塑料管，应有难燃、自熄、易弯曲、耐腐蚀、质量小及优良的绝缘性等特点，并具有较强的抗压和抗冲击强度，且氧指数应≥27，烟密度宜≤75。

与管材配套的配件均宜使用同一生产厂的塑料制品，并应符合国家的有关规定。

埋设在墙内或混凝土内的硬塑料管，应采用中型及以上的塑料管。

塑料管布线工程中宜采用相应的塑料制品及附件。

2. 弯曲

导管及其配件在敷设加工煨弯时，应在原材料允许的环境温度下进行，且不宜低于-15℃。硬塑料管的弯曲注意事项如下：

1）冷弯法，适用于DN25及以下的小管径管材。

使用专用弯管弹簧弯曲管材，将弹簧插入管内需弯曲处，两手握紧管材两头，缓慢使其弯曲，考虑管材的回弹，在实际弯曲时应比所需弯度小15°左右。待回弹后，检查管材弯度，若不符合要求，应使其弯曲到符合要求为止，最后逆时针方向扭转弹簧，将其抽出，当管材较长时，可将弹簧两端系上绳或细铁丝，一边拉，一边放松，将弹簧拉出。

使用手扳弯管器弯曲管材，将管材插入相应的弯管器，手扳一次完成所需的弯度。

2）热弯法，适用于 DN32 及以上管径的管材。

先将管材需要弯曲处进行加热，加热可采用热风机、电热器或浸入 100～120℃液体中（严禁将管材接触明火），若有弹簧可先将弹簧插入管内，当管材变软后，立即将管材固定在定型器上，逐步弯成所需弯度，待管材冷却定型后，抽出弹簧即可。

3）明配时弯曲半径不宜小于管外径的 6 倍，当两个接线盒间只有一个弯曲时，弯曲半径不宜小于管外径的 4 倍，暗配时弯曲半径不应小于管外径的 6 倍，埋设于地下或混凝土内时，弯曲半径不应小于管外径的 10 倍。

3. 管路连接

管路垂直或水平敷设时，每隔 1m 距离应有一个固定点，在弯曲部位应以圆弧中心点为始点距两端 300～500mm 处各加一个固定点。

导管管口应平整光滑；管与管、管与盒（箱）等器件采用承插配件连接时，连接处结合面应涂专用胶粘剂，接口处牢固密封。

4. 硬塑料管

（1）明敷

明敷刚性塑料绝缘导管应排列整齐，固定点间距均匀，管卡间最大距离应符合表 4-5 的规定。管卡与终端、转弯中点、电气器具或盒（箱）边缘的距离宜为 150～500mm。

硬塑料管沿墙明敷设如图 4-37 所示。

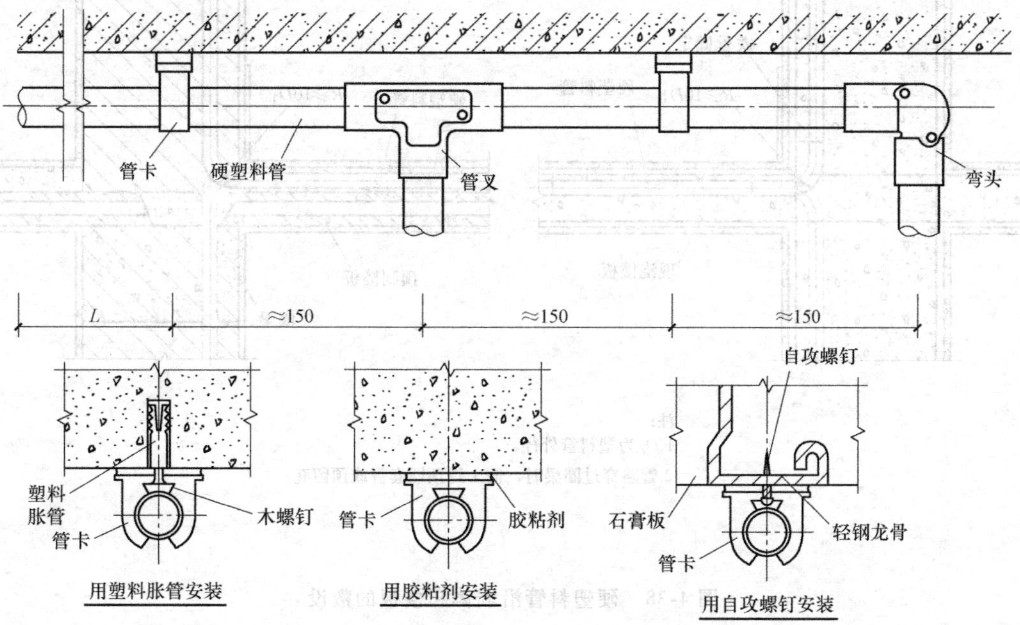

图 4-37　硬塑料管沿墙明敷设

表 4-5 刚性塑料绝缘导管管卡间最大距离 （单位：m）

敷设方式	管内径/mm		
	20 及以下	25～40	50 及以上
吊架、支架或沿墙敷设	1.0	1.5	2.0

（2）暗敷

暗敷在墙内或混凝土内的刚性塑料绝缘导管，应是中型及以上的塑料绝缘导管。

沿建筑物、构筑物表面和在支架上敷设的刚性塑料绝缘导管，在直线段部分，每隔 30m 宜加装伸缩接头或其他温度补偿装置。

塑料管在砖墙内必须局部剔槽敷设时，应用强度等级不小于 M10 的水泥砂浆抹面保护，其厚度不应小于 15mm。

塑料管在混凝土中暗敷，为防止浇灌时水泥砂浆进入管内，外露管口需用生产厂配套供应的管塞封口。

硬塑料管沿墙体和楼板的敷设，如图 4-38 所示。

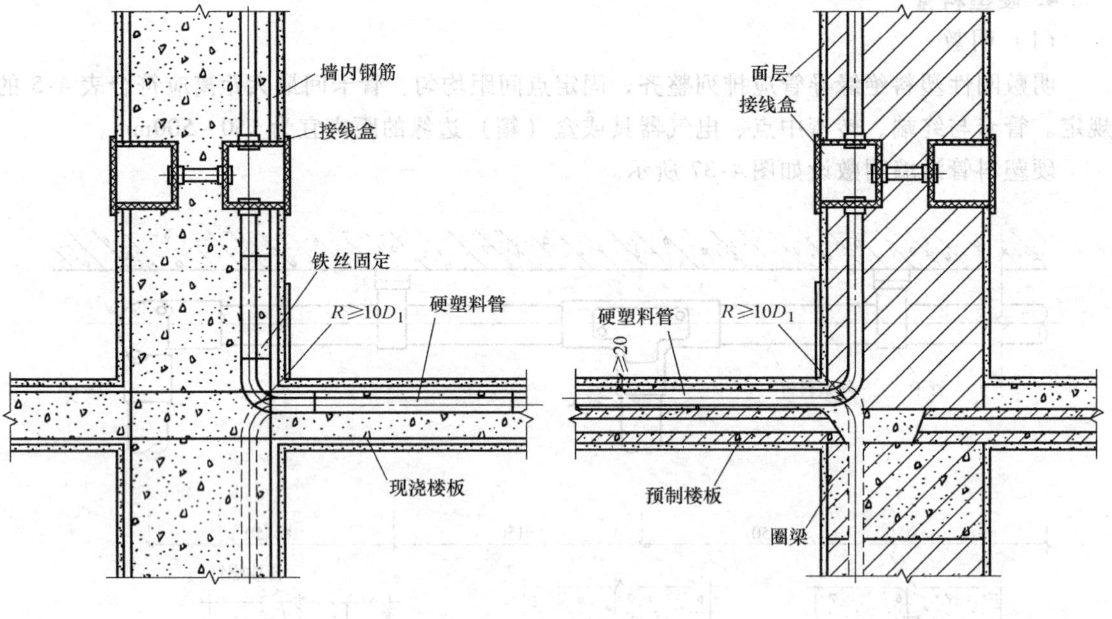

注：
1. D_1 为塑料管外径。
2. 管路穿过圈梁时，需土建预埋套管或预留孔。

图 4-38 硬塑料管沿墙体和楼板的敷设

硬塑料管楼板内引至吊顶敷设，如图 4-39 所示。

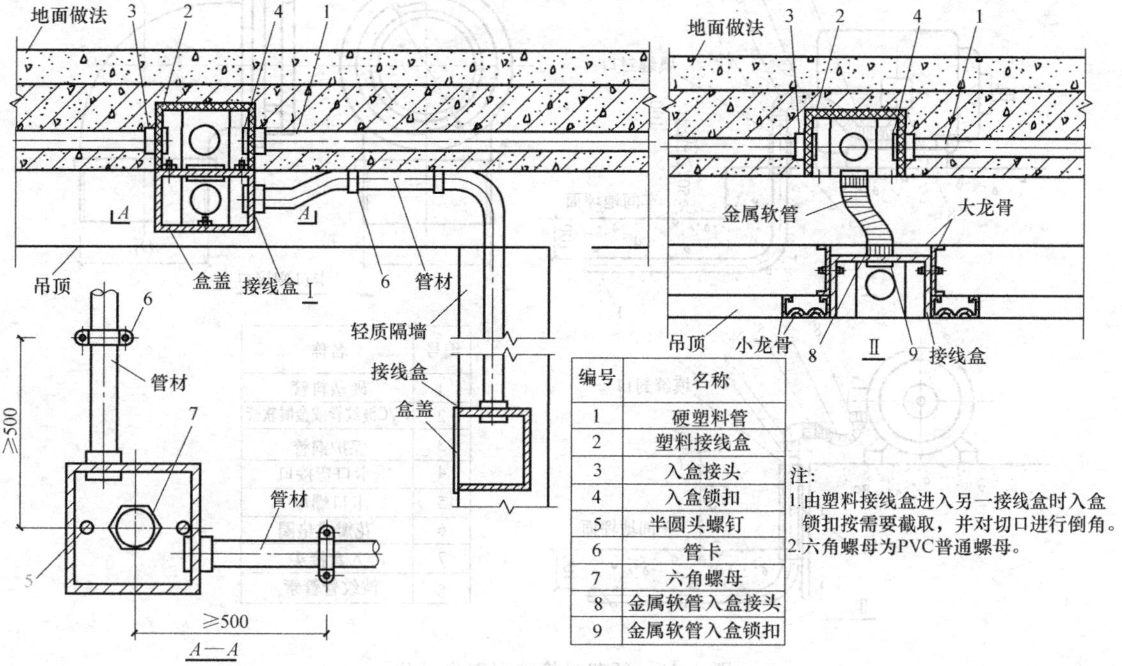

编号	名称
1	硬塑料管
2	塑料接线盒
3	入盒接头
4	入盒锁扣
5	半圆头螺钉
6	管卡
7	六角螺母
8	金属软管入盒接头
9	金属软管入盒锁扣

注:
1.由塑料接线盒进入另一接线盒时入盒锁扣按需要截取，并对切口进行倒角。
2.六角螺母为PVC普通螺母。

图 4-39 硬塑料管楼板内引至吊顶敷设

硬塑料管地坪内引至隔墙敷设，如图 4-40 所示。

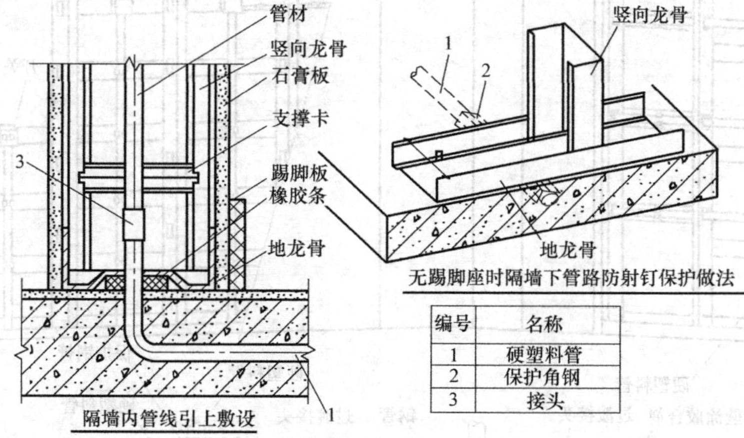

编号	名称
1	硬塑料管
2	保护角钢
3	接头

注:
1.将硬塑料管套入过渡接头内，并用专用胶水(PVC胶水粘牢),隔墙内管材伸入过渡接头另一头，采用螺纹连接。
2.防射钉保护亦可采用穿钢管保护，长度同角钢。

图 4-40 硬塑料管地坪内引至隔墙敷设

直埋于地下或楼板内的刚性塑料绝缘导管在穿出楼地面的一段，应有大于 500mm 高度的防机械撞击损伤的保护措施。硬塑料管暗引至电动机，如图 4-41 所示。

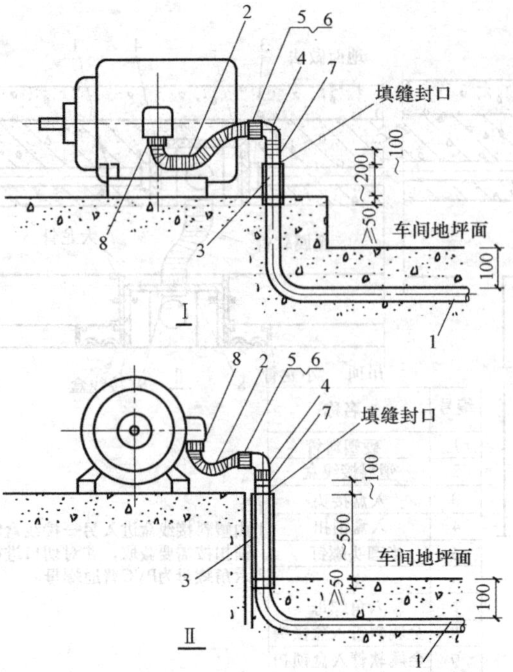

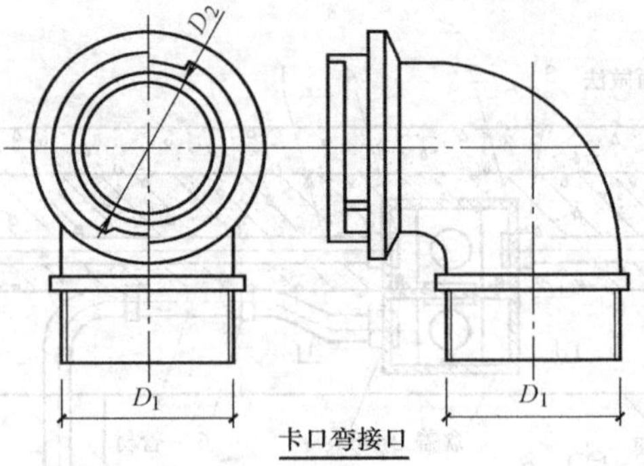

编号	名称
1	硬塑料管
2	PVC波纹管或金属软管
3	保护钢管
4	卡口弯接口
5	卡口螺母
6	花瓣式垫圈
7	入盒接头
8	波纹管管索

图 4-41 硬塑料管暗引至电动机

硬塑料管在轻钢龙骨隔墙内安装，如图 4-42 所示。

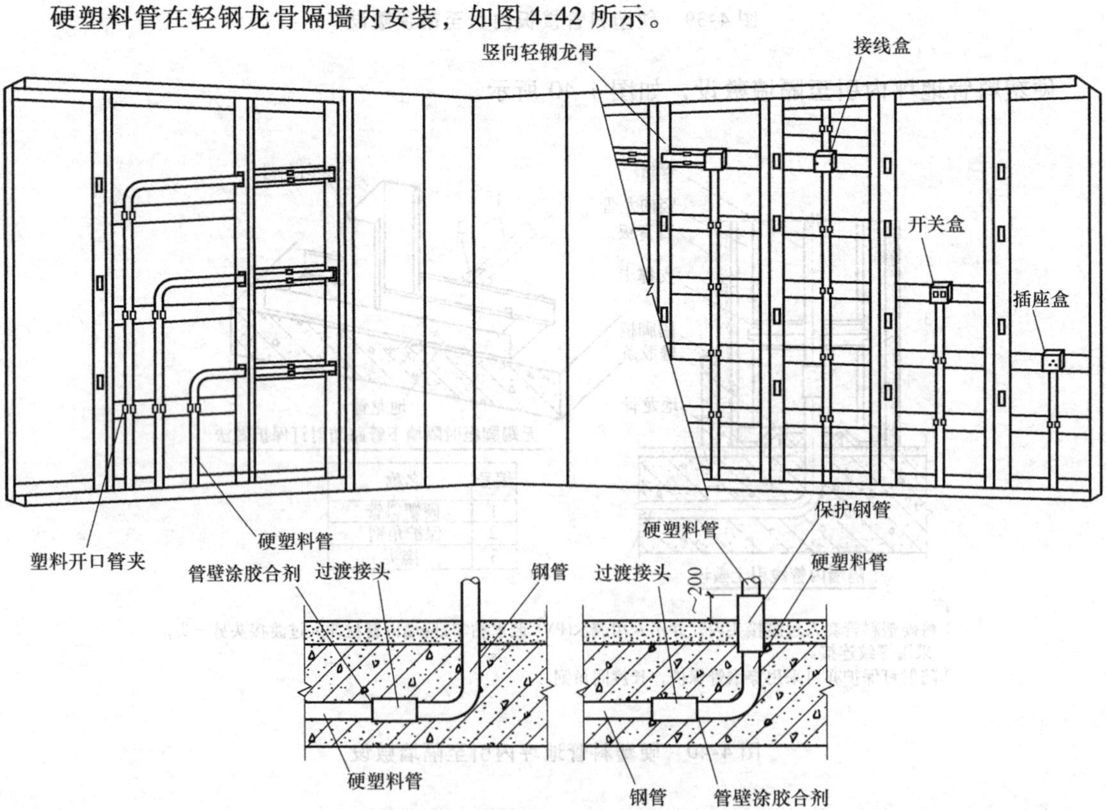

钢管与硬塑料管之间过渡做法示意

图 4-42 硬塑料管在轻钢龙骨隔墙内安装

5. 半硬塑料管

半硬塑料管在墙体内暗敷如图 4-43 所示。

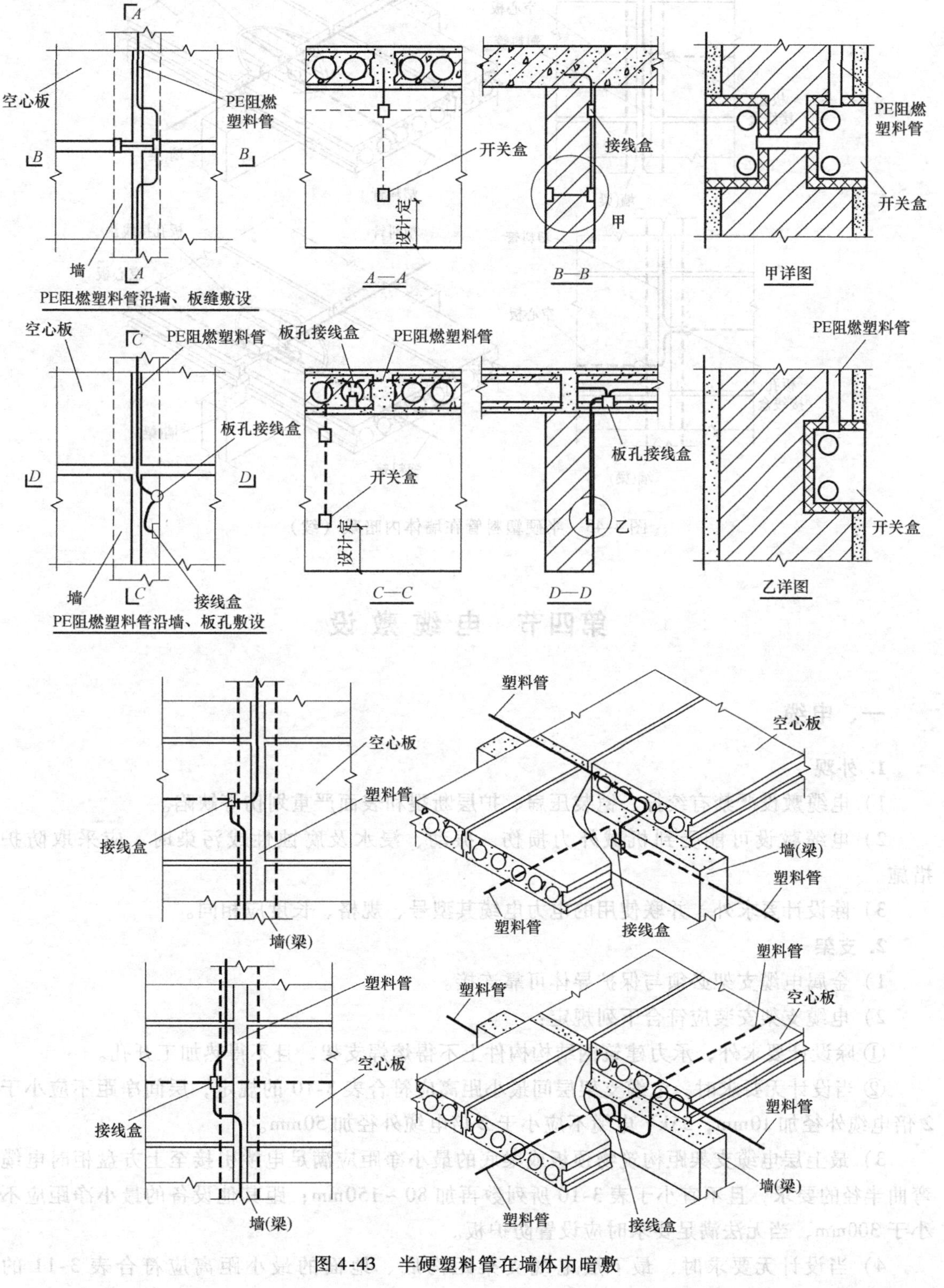

图 4-43　半硬塑料管在墙体内暗敷

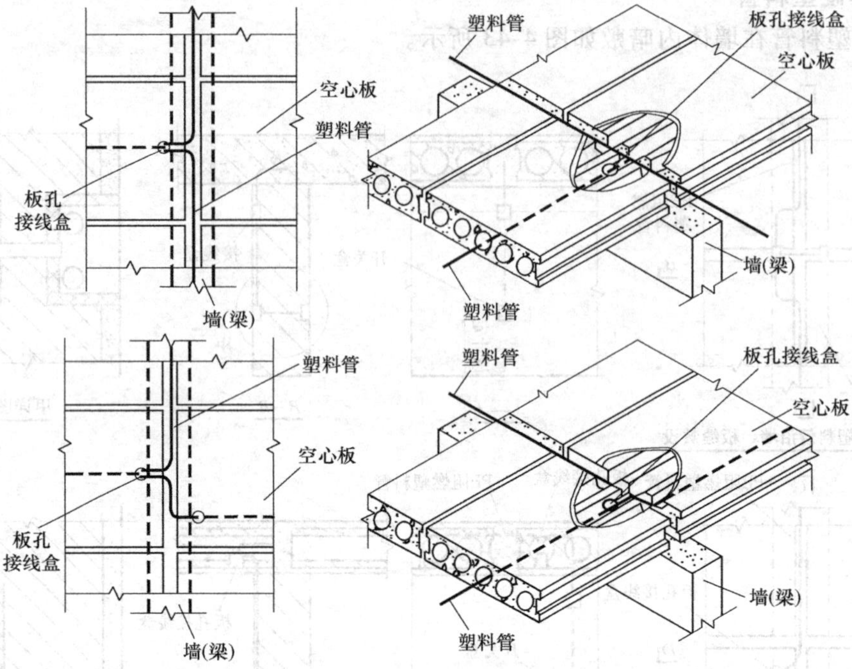

图 4-43 半硬塑料管在墙体内暗敷（续）

第四节 电缆敷设

一、电缆

1. 外观

1）电缆敷设严禁有绞拧、铠装压扁、护层断裂和表面严重划伤等缺陷。

2）电缆敷设可能受到机械外力损伤、振动、浸水及腐蚀性或污染时，应采取防护措施。

3）除设计要求外，并联使用的电力电缆其型号、规格、长度应相同。

2. 支架

1）金属电缆支架必须与保护导体可靠连接。

2）电缆支架安装应符合下列规定：

① 除设计要求外，承力建筑钢结构构件上不得熔焊支架，且不得热加工开孔。

② 当设计无要求时，电缆支架层间最小距离应符合表 3-10 的规定，层间净距不应小于2倍电缆外径加 10mm，35kV 电缆不应小于 2 倍电缆外径加 50mm。

3）最上层电缆支架距构筑物顶板或梁底的最小净距应满足电缆引接至上方盘柜时电缆弯曲半径的要求，且不宜小于表 3-10 所列数再加 80 ~ 150mm；距其他设备的最小净距应不小于 300mm，当无法满足要求时应设置防护板。

4）当设计无要求时，最下层电缆支架距沟底、地面的最小距离应符合表 3-11 的规定。

5）支架与预埋件焊接固定时，焊缝应饱满；用膨胀螺栓固定时，螺栓应选用适配、连接紧固、防松零件齐全，支架安装应牢固、无明显扭曲。

6）金属支架应进行防腐，位于室外及潮湿场所应按设计要求做特殊处理。

二、敷设

1. 要求

敷设的路径尽量避开和减少穿越热力管道、上下水管道、煤气管道和通信电缆等。

交流单芯电缆或分相后的每相电缆不得单独穿于钢导管内，固定用的夹具和支架，不应形成闭合磁路。

当电缆穿过零序电流互感器时，电缆金属护层和接地线应对地绝缘。对穿过零序电流互感器后制作的电缆头，其电缆接地线应回穿互感器后接地；对尚未穿过零序电流互感器的电缆接地线应在零序电流互感器前直接接地。

电缆的敷设和排布应符合设计要求，矿物绝缘电缆敷设在温度变化大的场所或振动场所或穿越建筑物变形缝时应采取“S”或“Ω”弯。

电缆敷设应符合下列规定：

1）电缆的敷设排列应顺直、整齐，宜少交叉。

2）电缆转弯处的最小弯曲半径应符合表4-6的规定。

表4-6　电缆最小允许弯曲半径

<table>
<tr><th colspan="4">电缆型式</th><th>多芯</th><th>单芯</th></tr>
<tr><td rowspan="2">塑料绝缘电缆</td><td colspan="3">无铠装</td><td>15D</td><td>20D</td></tr>
<tr><td colspan="3">有铠装</td><td>12D</td><td>15D</td></tr>
<tr><td colspan="4">橡皮绝缘电缆</td><td colspan="2">10D</td></tr>
<tr><td rowspan="3">控制电缆</td><td colspan="3">非铠装型、屏蔽型软电缆</td><td>6D</td><td rowspan="3">—</td></tr>
<tr><td colspan="3">铠装型、铜屏蔽型</td><td>12D</td></tr>
<tr><td colspan="3">其他</td><td>10D</td></tr>
<tr><td colspan="4">铝合金导体电力电缆</td><td colspan="2">7D</td></tr>
<tr><td rowspan="5">矿物绝缘电缆</td><td rowspan="4">氧化镁绝缘-刚性</td><td rowspan="4">电缆外径 D/mm</td><td>D<7</td><td colspan="2">2D</td></tr>
<tr><td>7≤D<12</td><td colspan="2">3D</td></tr>
<tr><td>12≤D<15</td><td colspan="2">4D</td></tr>
<tr><td>D≥15</td><td colspan="2">6D</td></tr>
<tr><td colspan="3">其他</td><td colspan="2">15D</td></tr>
</table>

3）在电缆沟或电缆竖井内垂直敷设或大于45°倾斜敷设的电缆应在每个支架上固定。

4）在梯架、托盘或槽盒内大于45°倾斜敷设的电缆应每隔2m固定，水平敷设的电缆，首尾两端、转弯两侧及每隔5～10m处应设固定点。

5）当设计无要求时，电缆与管道的最小净距应符合表4-1的规定。

6）无挤塑外护层电缆金属护套与金属支（吊）架直接接触的部位应有防电化腐蚀的措施。

7）电缆出入电缆沟、竖井、建筑物、柜（盘）、台处以及管子管口处等部位应有防火或密封措施。

8）电缆出入电缆梯架、托盘、槽盒及配电箱柜处应做固定。

9）电缆通过墙、楼板或室外敷设穿导管保护时，导管的内径不应小于电缆外径的1.5倍。

2. 支持点间距离

当设计无要求时，电缆支持点间距，不应大于表4-7的规定。

表4-7 电缆支持点间距 （单位：mm）

电缆种类			敷设方式	
			水平	垂直
电力电缆	全塑型电缆		400	1000
	除全塑型外的电缆		800	1500
	铝合金联锁铠装的铝合金电缆		1800	1800
控制电缆			800	1000
矿物绝缘电缆	电缆外径 D/mm	$D<9$	600	800
		$9 \leqslant D < 15$	900	1200
		$15 \leqslant D < 20$	1500	2000
		$D \geqslant 20$	2000	2500

3. 敷设

电缆在支架上水平敷设时，电力电缆间净距不小于35mm，且不应小于电缆外径。

控制电缆间净距不做规定，在沟底敷设时，1kV以上的电力电缆与控制电缆间净距不应小于100mm。

35kV及以下电缆明敷时，在首末端、转弯及接头两侧应加以固定，直线段固定点间距宜≤100m，垂直敷设时应在上、下端和中间适当数量位置处设固定点。

敷设电缆和计算电缆长度时，均应留有一定的裕量。

对运行中可能遭受机械损伤的电缆部位（如在非电气人员经常活动的地坪2m及地中引出的地坪下0.2m范围）应采取保护措施。

下列不同电压、不同用途的电缆不宜敷设在同一层桥架上：

1）1kV以上和1kV以下的电缆。

2）向同一负荷供电的两回路电源电缆。

3）应急照明和其他照明的电缆。

4）强电和弱电电缆（如需安装在同一层桥架上时，应用隔板隔开）。

4. 填充率

电缆在电缆桥架内横断面的填充率：电力电缆不宜大于40%，控制电缆不应大于50%，宜预留10%～25%工程发展裕量。

5. 标记

电缆桥架内的电缆应在首端、尾端、转弯及每隔50m处设有注明电缆编号、型号、规格和起止点等的标记牌。

6. 电缆构筑物

电缆构筑物中的电缆敷设：

不应在有易燃、易爆及可燃的气体或液体管道的沟道或隧道内敷设电缆；不应在热力管道的沟道或隧道内敷设电力电缆。

电缆沟应考虑分段排水，底部向集水井应有不小于 0.5% 的坡度，每隔 50m 设一集水井。

7. 排列

电缆在支架上敷设时，电力电缆在上，控制电缆在下，1kV 以下的电力电缆和控制电缆可以并列敷设，当双侧设有电缆支架时，1kV 以下的电力电缆和控制电缆，尽可能与 1kV 以上的电力电缆分别敷设于不同侧支架，当并列敷设时，其净距不应小于 150mm。

三、电缆阻火

电缆进入沟、隧道、夹层、竖井、工作井、建筑物以及配电屏、开关柜、控制屏和保护屏时，应做阻火封堵，电缆穿入保护管时管口应密封。

在电缆隧道及重要回路电缆沟中，应在下列部位设置防火墙：

1）电缆沟、隧道的分支处。

2）电缆进入控制室、配电装置室、建筑物和厂区围墙处。

3）长距离电缆沟，隧道每相距 100m 处应设置带防火门的阻火墙。

竖井中宜每隔 7m 设置阻火隔层。

阻火封堵和阻火隔层、阻火墙，均应满足等效工程条件下的标准试验的耐火极限不低于 1h。

各种金属构件、配件均需采取有效的防腐措施。

四、电缆的连接

电力电缆通电前必须按国家标准 GB 50150—2006《电气装置安装工程　电气设备交接试验标准》的规定确定耐压试验合格。

1. 与保护导体连接

电力电缆的铜屏蔽层和铠装护套及矿物绝缘电缆的金属护套和金属配件应采用铜绞线或镀锡铜编织线与保护导体做连接，其保护联结导体的截面积不应小于表 4-8 的规定。当铜屏蔽层和铠装护套及矿物绝缘电缆的金属护套和金属配件作保护导体时，其连接导体的截面积应符合设计要求。

表 4-8　电缆导体和保护联结导体截面积　（单位：mm^2）

电缆相导体截面积	保护联结导体截面积
≤16	与电缆导体截面积相同
16～120	16
≥150	25

2. 与设备或器具连接

与设备或器具连接应符合导体相互连接的规定。

电缆头应可靠固定，不应使电器元器件或设备端子承受额外应力。

铝、铝合金电缆头及端子压接应符合下列规定：

1）铝、铝合金电缆的联锁铠装不应作为保护接地导体（PE）使用，联锁铠装应与保护接地导体（PE）可靠连接。

2）导线压接面应去除氧化层并涂抗氧化剂，压接完成后应清洁表面。

3）导线压接工具及模具应与附件相匹配。

五、预分支电缆

预分支电缆安装顺序如下：

1）将吊钩安装在吊挂横梁上。将吊挂横梁安装在预定位置，并按设计要求做承载试验，图4-44是单芯电缆和多芯电缆的吊钩安装图。

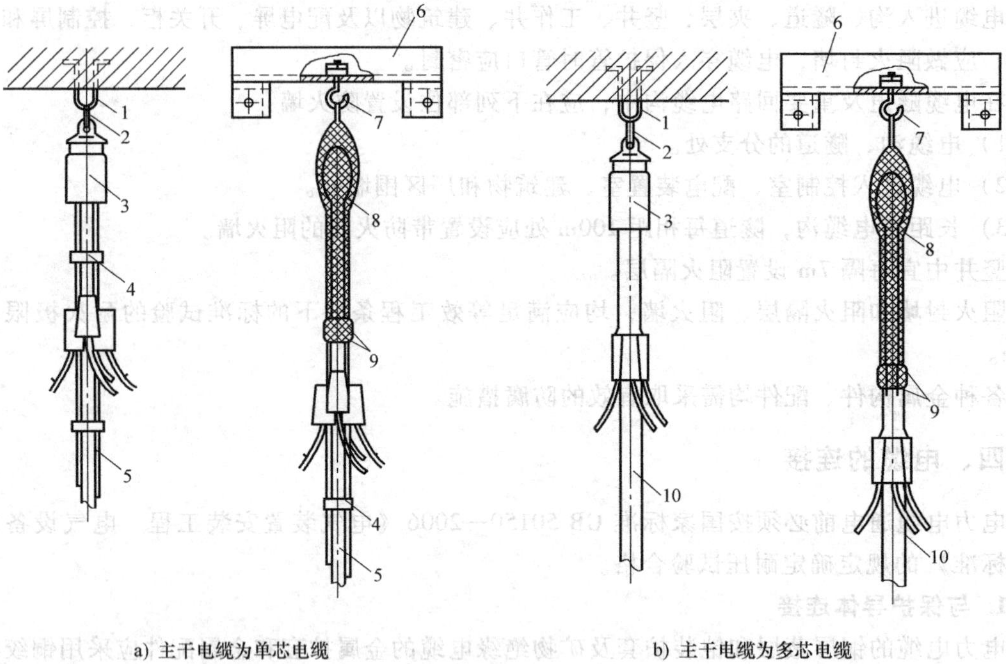

a) 主干电缆为单芯电缆　　b) 主干电缆为多芯电缆

图4-44　吊钩安装

1—预埋吊钩　2—U形吊环　3—吊具或吊挂装置　4—绑扎扣件　5—预制分支电力电缆

6—吊钩横担　7—吊钩　8—钢丝网吊具　9—绑扎带　10—预制分支电力电缆

吊钩及预埋吊钩安全系数≥4

在电缆井或电缆通道中，按主电缆截面积≤300mm^{2}的每2m间距，≥400mm^{2}每1.5m间距的要求，将支架固定在建筑物上。起吊到预定位置后将吊头挂于挂钩之上。

分支电缆绑扎在主干电缆上，待主干电缆安装固定后，再将分支电缆绑扎解开，按各分支电缆的走向要求理顺方向，用缆夹将主电缆紧固到支架上。

电缆固定后在其中端未加固定支座的位置按电缆的型号设置定位扣件（带橡胶护圈）。

电缆垂直和水平敷设时，穿楼板和墙体处应按防火规范要求，采用防火堵料将四周封堵。

电缆安装完毕后，在每层配电间或管道井内对主电缆做标志，标明电缆的走向、型号、用途以及线相，以利于以后的维护工作。

第五节 矿物绝缘电缆敷设

一、要求

矿物绝缘电缆敷设、布线的一般要求：

矿物绝缘电缆建议单独敷设，如无法与其他绝缘电缆分开敷设时，建议采用隔板分隔，当矿物绝缘电缆与其他绝缘电缆使用温度不一致时，应单独敷设或隔板分隔。

电缆在敷设前，均应检查电缆是否完好，且均应测试电缆的绝缘电阻是否达到相关标准规定的要求。

电缆在下列场合敷设时，由于环境条件可能造成电缆振动和伸缩，应考虑将电缆敷设成“S”或“Ω”弯，其弯曲半径应不小于电缆外径的6倍。

1）在温度变化大的场合，如北方地区室外敷设。

2）有振动源设备的布线，如电动机进线或发电机出线。

3）建筑物的沉降缝和伸缩缝之间。

电缆敷设时，在转弯处、中间连接器以及电缆分支接线箱、盒两侧应加以固定。电缆终端、中间连接器、分支接线箱、盒及敷设用配件宜由电缆生产厂家配套供应，施工专用工具可由电缆生产厂家提供。

计算敷设电缆所需长度时，应留有适当的余量。

二、敷设

1. 沿支架卡设

电缆在支架上卡设时，要求每一个支架处都有电缆卡子将其固定。固定用的角钢支架在某些场合需考虑耐火等级，如图4-45所示。

钢制电缆卡子只能用于单芯电缆三相一起固定，不能用于单根单芯电缆的固定，单侧固定的卡子除外。支架间距应符合表4-9的规定。

表4-9 固定点之间间距

电缆外径 D/mm		$D<9$	$9\leqslant D<15$	$D\geqslant 15$
固定点之间的最大间距/mm	水平	600	900	1500
	垂直	800	1200	2000

在明敷设部位，如果相同走向的电缆大、中、小规格都有，从整齐、美观方面考虑，可按最小规格电缆标准要求固定，也可分档距固定。若电缆倾斜敷设，则当电缆与垂直方向成

30°及以下时，按垂直间距固定；当大于30°时，按水平间距固定。

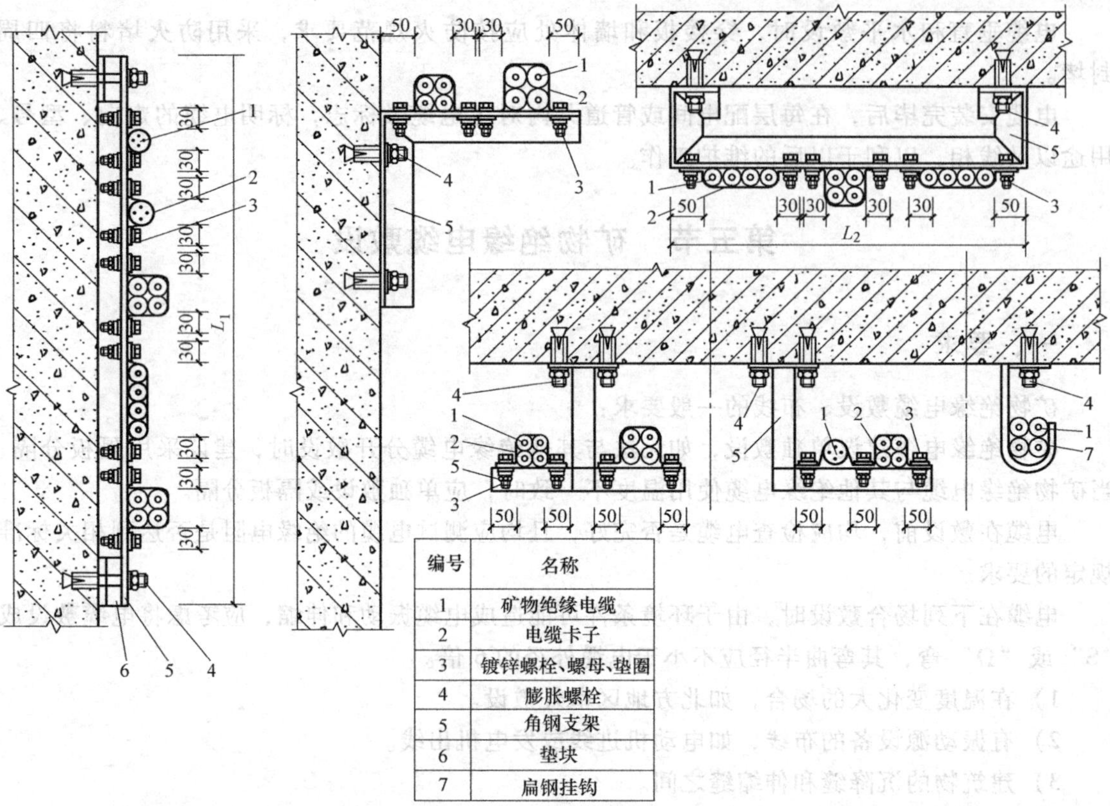

编号	名称
1	矿物绝缘电缆
2	电缆卡子
3	镀锌螺栓、螺母、垫圈
4	膨胀螺栓
5	角钢支架
6	垫块
7	扁钢挂钩

图4-45 电缆沿支架卡设

2. 沿墙面及平顶

沿墙面及平顶敷设时，首先必须将矿物绝缘电缆矫直，而后再牢靠地固定于墙面或平顶上，如图4-46所示。

固定间距应符合表4-10规定的要求。遇到转弯处，电缆弯曲半径应符合表4-12要求，在弯头两侧100mm处均应用电缆卡子固定。

表4-10 电缆允许最小弯曲半径

电缆外径 D/mm	$D<7$	$7\leqslant D<12$	$12\leqslant D<15$	$D\geqslant15$
电缆内侧最小弯曲半径 R/mm	$2D$	$3D$	$4D$	$6D$

各种规格电缆同时敷设时，电缆弯曲半径均按最大直径电缆的弯曲半径进行弯曲、整齐敷设。

多根不同外径的矿物绝缘电缆相同走向时，为达到整齐、美观的目的，电缆的弯曲半径参照外径最大的电缆的走向进行调整并符合相应的最小弯曲半径要求。

3. 沿电缆桥架

电缆沿桥架敷设分水平敷设和垂直敷设两种，如图4-47所示。

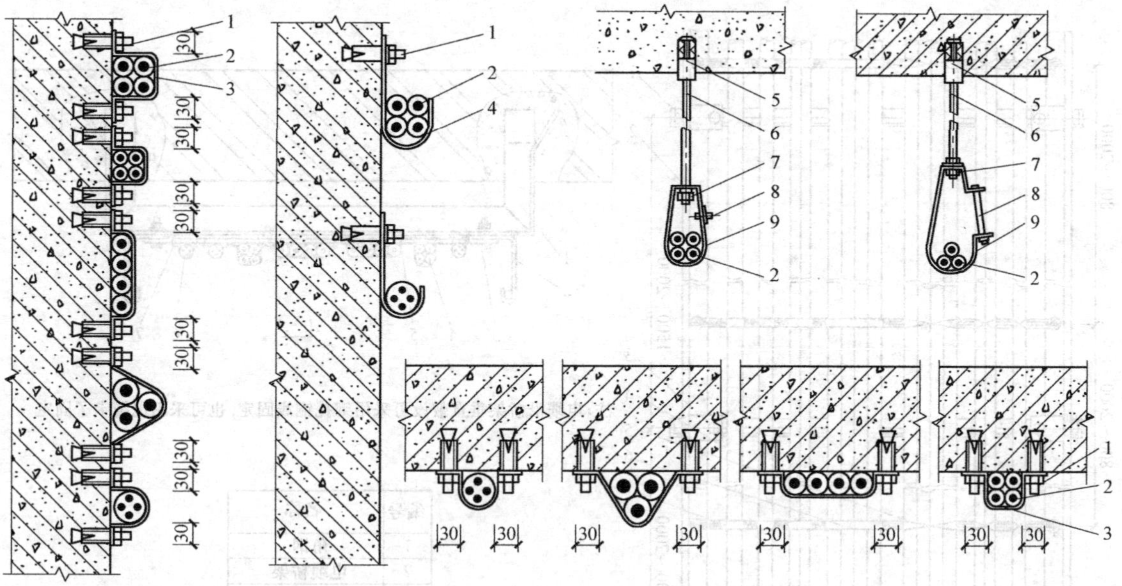

图 4-46　沿墙面及平顶敷设

1—膨胀螺栓　2—矿物绝缘电缆　3—电缆卡子　4—扁钢挂钩
5—预埋螺母或膨胀螺母　6—镀锌螺杆　7—螺母、垫圈、弹簧垫圈
8—镀锌螺栓、螺母、垫圈　9—镀锌扁钢挂钩

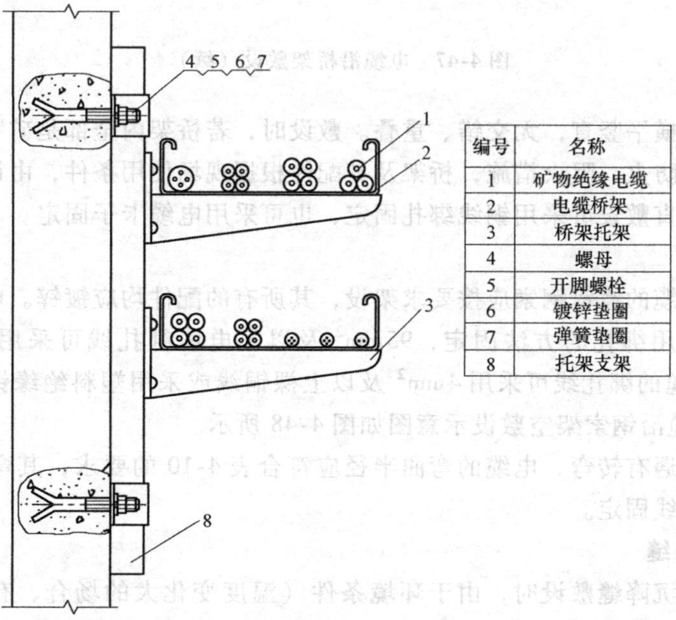

编号	名称
1	矿物绝缘电缆
2	电缆桥架
3	桥架托架
4	螺母
5	开脚螺栓
6	镀锌垫圈
7	弹簧垫圈
8	托架支架

a) 沿电缆桥架水平敷设

图 4-47　电缆沿桥架敷设

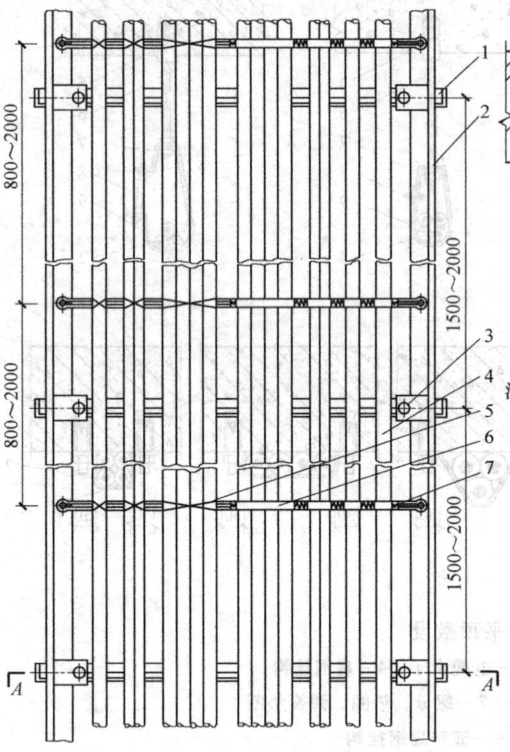

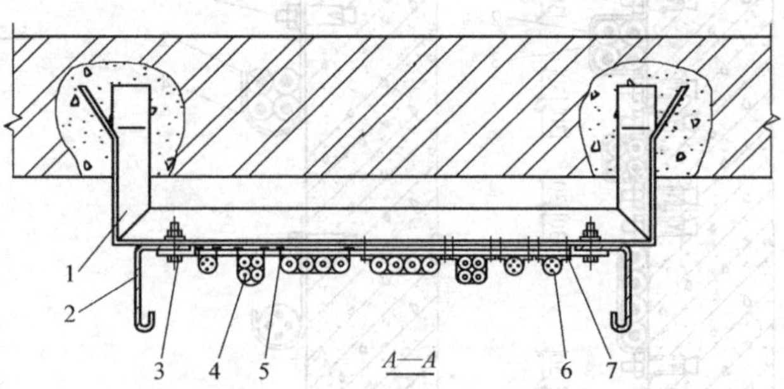

注：电缆沿桥架垂直敷设可采用绑扎铜线固定，也可采用电缆卡子固定。

编号	名称
1	角钢
2	电缆桥架
3	螺栓、螺母、垫圈
4	矿物绝缘电缆
5	绑扎线
6	电缆卡子
7	镀锌螺栓

b) 沿电缆桥架垂直敷设

图 4-47 电缆沿桥架敷设（续）

电缆敷设要求横平竖直，无交错、重叠。敷设时，若桥架内全部是矿物绝缘电缆，则不必考虑电缆本身的防火、阻火措施，桥架及其配件根据现场使用条件，由设计考虑确定。

电缆沿桥架垂直敷设可采用铜线绑扎固定，也可采用电缆卡子固定。

4. 沿钢索架空

架空敷设时电缆的镀锌钢索应按要求架设，其所有的配件均应镀锌。电缆的固定可采用专用挂钩，也可采用绑扎的方法固定，95mm^2 及以下电缆绑扎线可采用 2.5mm^2 裸铜线，120mm^2 及以上电缆的绑扎线可采用 4mm^2 及以上裸铜线或采用塑料绝缘铜线，其固定电缆的间距为 1m。电缆沿钢索架空敷设示意图如图 4-48 所示。

电缆架空时若遇有转弯，电缆的弯曲半径应符合表 4-10 的要求，其弯头的两侧 100mm 处再用挂钩或绑扎线固定。

5. 过伸缩沉降缝

电缆通过伸缩沉降缝敷设时，由于环境条件（温度变化大的场合、有振动源设备的布线、建筑物的伸缩沉降缝之间等）可能造成电缆振动和伸缩，电缆敷设，如图 4-49 所示。

6. 进配电箱、柜

电缆进配电箱、柜敷设时，当采用黄铜板或铜、铝母线作电缆固定支架时，可不采用接

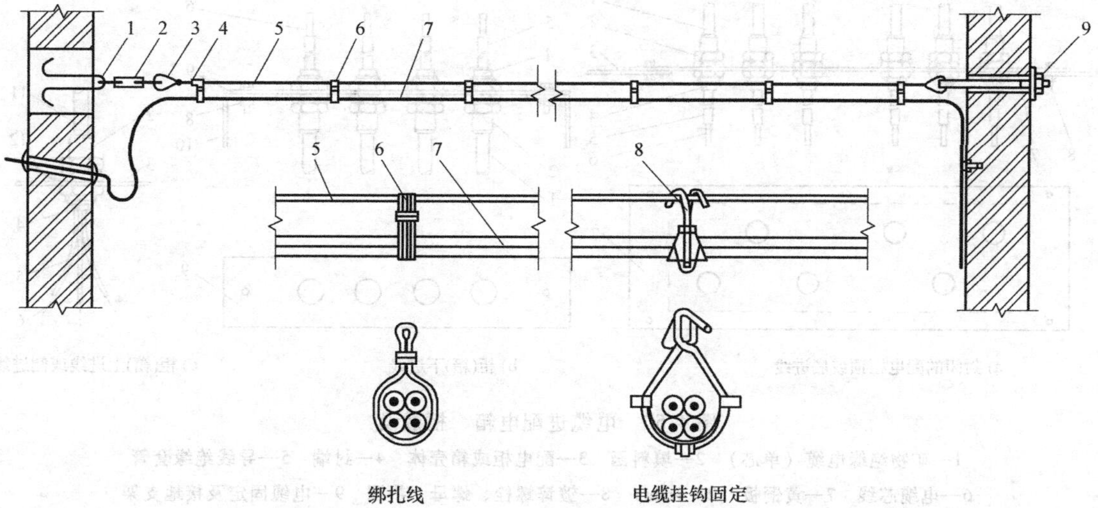

图 4-48　电缆沿钢索架空敷设示意图

1—预埋拉环　2—花篮螺钉　3—拉线衬环　4—钢线卡子　5—钢绞线
6—绑扎线　7—矿物绝缘电缆　8—镀锌电缆挂钩　9—穿墙螺栓拉环

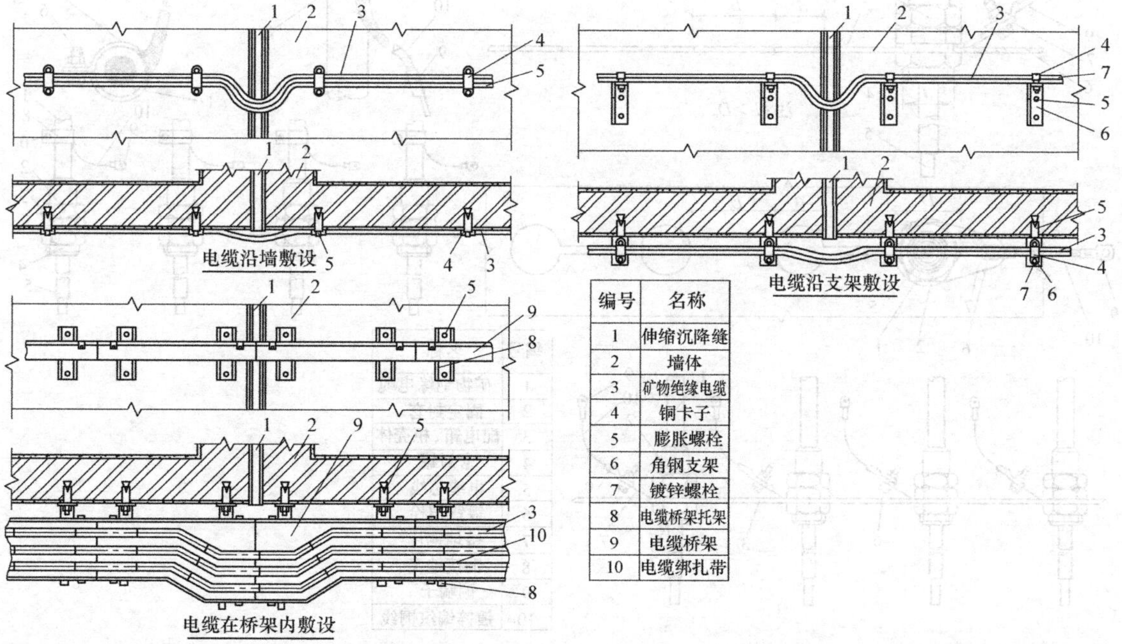

编号	名称
1	伸缩沉降缝
2	墙体
3	矿物绝缘电缆
4	铜卡子
5	膨胀螺栓
6	角钢支架
7	镀锌螺栓
8	电缆桥架托架
9	电缆桥架
10	电缆绑扎带

图 4-49　伸缩沉降缝

地铜片，但黄铜板或铜、铝母线支架应有可靠的接地。当采用钢支架作电缆固定支架时，则应采用接地铜片，如图 4-50 所示。

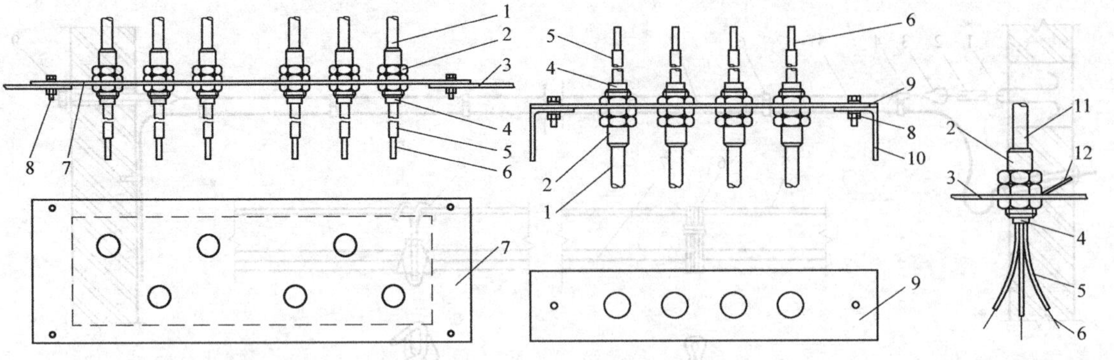

a) 封闭的配电柜顶或底进线　　b) 柜(箱)下进线　　c) 柜(箱)上进线或侧进线

图 4-50　电缆进配电箱、柜敷设

1—矿物绝缘电缆（单芯）　2—填料函　3—配电柜或箱壳体　4—封端　5—导线绝缘套管　6—电缆芯线　7—黄铜板（2~4mm）　8—镀锌螺栓、螺母、垫圈　9—电缆固定及接地支架　10—配电柜内的固定支架　11—矿物绝缘电缆（多芯）　12—接地铜片

7. 电缆接地

电缆接地如图 4-51 所示。

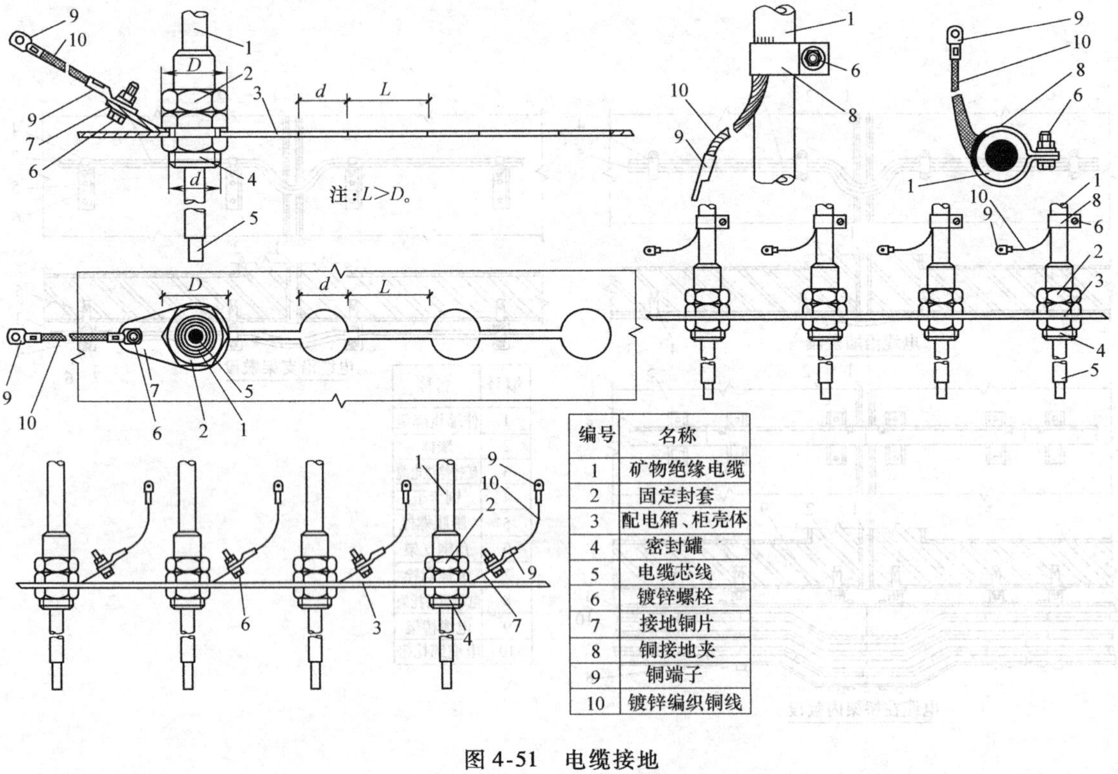

编号	名称
1	矿物绝缘电缆
2	固定封套
3	配电箱、柜壳体
4	密封罐
5	电缆芯线
6	镀锌螺栓
7	接地铜片
8	铜接地夹
9	铜端子
10	镀锌编织铜线

图 4-51　电缆接地

电缆接地时，电缆的金属护套应可靠接地，并应考虑以下几个方面：

1）成组敷设的电缆两端接地时，电缆两端的接地点必须是等电位接地，否则只能一端接地。

2）当需要将电缆铜护套在三相五线回路中作为地线用时，除按要求进行敷设外，还应正确选择引出的接地线导线截面积，选用接地线截面积参见表4-11。

表4-11　接地线导线截面积

MI电缆的导线截面积 S/mm^2	接地线最小截面积$/mm^2$
$S \leqslant 16$	S
$16 < S < 35$	16
$S \geqslant 35$	$S/2$

3）仅考虑电缆铜护套接地时，选用接地线截面积参见表4-12。

表4-12　接地线导线截面积

MI电缆的导线截面积 S/mm^2	接地线最小截面积$/mm^2$
$S < 95$	16
$95 \leqslant S \leqslant 240$	25
$300 \leqslant S \leqslant 400$	32

4）多拼电缆除每根单独接地外，还应采用相同截面积的接地铜线将每根电缆的接地铜片之间可靠连接。

第六节　导管内穿线和槽盒内敷线

一、施工

1. 一般要求

同一交流回路的绝缘导线应敷设于同一金属槽盒内或穿于同一金属导管内。

除塑料护套线外，绝缘导线应有导管或槽盒保护，不可外露明敷。

当采用多相供电时，同一建（构）筑物的绝缘导线绝缘层颜色选择应一致。

1）交流三相线路：Ll相为黄色，L2相为绿色，L3相为红色，N导体为淡蓝色，PE线为绿/黄双色。

2）直流线路：正极（+）为红褐色，负极（-）为蓝色。

3）绿黄双色只用于标记PE导体，不能用于其他标志，淡蓝色只能用于N导体。

4）导体色标可用规定的颜色或绝缘导体的表面颜色标志在导体的全部长度上，也可标记在导体上的易识别部位。

2. 管内穿线

绝缘导线穿管前，应清除管内杂物和积水，绝缘导线穿入导管的管口在穿线前应装设护线口。

除设计有特殊要求外，不同电压等级和交流与直流线路的电线不应穿于同一导管内。除下列情况外，不同回路的电线不宜穿于同一导管内：

1）额定工作电压50V及以下的回路。

2）同一设备或同一联动系统设备的主电路和无抗干扰要求的控制电路。

3）同一个照明器具的几个回路。

三相或单相的交流单芯线，不得单独穿于钢导管内。

管内电线的总截面积（包括外护层）不应大于导管内截面积的40%，且电线总数不宜多于8根。

电线穿入钢导管的管口在穿线前应装设护线口；对不进入盒（箱）的管口，穿入电线后应将管口密封。

导线在变形缝处，补偿装置应活动自如，导线应留有一定的余量。

敷设于垂直管路中的导线，当超过下列长度时，应在管口处和接线盒中加以固定：截面积为$50mm^2$及以下导线为30m，截面积为$70\sim95mm^2$导线为20m，截面积为$180\sim240mm^2$之间的导线为18m。

导线在管内不得有接头和扭结，其接头应在接线盒或器具内连接。

导线穿入钢管后，在导线出口处，应装护口保护导线，在不进入箱（盒）内的垂直管口，穿入导线后，应将管口做密封处理。

绝缘导线接头应设置在专用接线盒（箱）或器具内，严禁设置在导管和槽盒内，盒（箱）的设置位置应便于检修。

与槽盒连接的接线盒（箱）应选用明装盒（箱）；配线工程完成后，盒（箱）盖板应齐全、完好。

3. 槽盒内敷线

槽盒内敷线应符合下列规定：

1）同一槽盒内不宜同时敷设绝缘导线和电缆线路。

2）同一路径无防干扰要求的线路，可敷设于同一槽盒内。槽盒内的导线总截面积（包括外护套）不应超过槽盒内截面积的40%，且载流导体不宜超过30根。

3）控制和信号等非电力线路敷设于同一槽盒内时，导线的总截面积不应超过槽盒内截面积的50%。

4）分支接头处绝缘导线的总截面积（包括外护层）不应大于该点盒（箱）内截面积的75%。

5）导线在槽盒内有一定余量，并应按回路分段绑扎，绑扎点间距不应大于1.5m；当垂直或大于45°倾斜敷设时，应将绝缘导线分段固定在槽盒内壁的专用部件上，每段至少应有一个固定点；当直线段长度大于3.2m时，其固定点间距不应大于1.6m；槽盒内导线排列应整齐、有序。

6）敷线完成后，槽盒盖板应复位，盖板应齐全、平整、牢固。

二、导线连接

1. 导线间的连接

截面积在$6mm^2$及以下的铜芯线间的连接应采用导线连接器或缠绕搪锡连接。

1）导线连接器应符合GB 13140—2008《家用和类似用途低压电路用的连接器件》的相关要求，还应符合下列规定：

① 导线连接器应与导线截面积相匹配。

② 单芯导线与多芯软导线连接时，多芯软导线宜搪锡处理。

③ 与导线连接后不应明露芯线。

④ 多尘场所的导线连接应选用 IP5X 及以上的防护等级连接器；潮湿场所的导线连接应选用 IPX5 及以上的防护等级连接器。

2）导线采用缠绕搪锡连接时，连接接头缠绕搪锡后应采取可靠绝缘措施。

① 单芯线并接头：导线绝缘台并齐合拢，在距绝缘层 12mm 处用其中一根线芯在其连接端缠绕 5 ~7 圈后剪断，把余头并齐折回压在缠绕线上。

② 不同直径导线接头，如果是独根（导线截面积小于 $2.5mm^2$）或多芯软线，则先进行搪锡，再将细线在粗线端（独根）缠绕 5 ~7 圈，将粗导线端折回压在细线上。

③ 采用机械压紧方式制作导线接头时，应使用确保压接力的专用工具。

LC 型安全型压线帽：铜导线压线帽分为黄、白、红三种颜色，分别适用于截面积为 $1.0 \sim 4.0mm^2$ 的 2 ~4 根导线的连接。其操作方法是：将导线绝缘层剥去 8 ~10mm（按帽的型号决定），清除线芯表面的氧化物，按规格选用配套的压线帽，将线芯插入压线帽的压接管内，若填不实，可将线芯折回头（剥长加倍），直至填满为止，线芯插到底后，导线绝缘层应和压接管平齐，并包在帽壳上，用专用压接钳压紧即可。

截面积大于 $16mm^2$ 的铜芯电线在接线盒内分支连接时，不宜采用铜丝绑扎锡焊连接。

2. 导线与设备或器具的连接

导线与设备或器具的连接应符合下列规定：

1）截面积在 $10mm^2$ 及以下的单股铜芯线和单股铝芯线可直接与设备或器具的端子连接。

2）截面积在 $2.5mm^2$ 及以下的多芯铜芯线应接续端子或拧紧搪锡后与设备或器具的端子连接。

3）截面积大于 $2.5mm^2$ 的多芯铜芯线，除设备自带插接式端子外，应接续端子后与设备或器具的端子连接；多芯铜芯线与插接式端子连接前，端部应拧紧搪锡。

4）多芯铝芯线应接续端子后与设备、器具的端子连接，多芯铝芯线接续端子前应去除氧化层并涂抗氧化剂，连接完成后应清洁干净。

5）每个设备或器具的端子接线不多于 2 根导线或 2 个导线端子。

6）电线端子的材质和规格应与芯线的材质和规格适配，截面积大于 $1.5mm^2$ 的多股铜芯线与器具端子连接用的端子孔不应开口。

3. 接线端子压接

多股导线可采用与导线同材质且规格相应的接线端子。削去导线的绝缘层，但不要碰伤线芯，将线芯紧紧地绞在一起，清除接线端子孔内的氧化膜，将线芯插入，用压接钳压紧，导线外露部分应小于 1 ~2mm。

4. 导线与平压式接线桩连接

① 单芯线连接：用一字或十字螺钉旋具压接时，导线要顺着螺钉旋进方向紧绕一圈后再紧固，不允许反圈压接，盘圈开口不宜大于 2mm。

② 多股铜芯线螺钉压接时，应先安装（压接或焊接）端子（开口或不开口两种），然后用螺钉紧固。注意：该两种方法压接后外露线芯的长度不宜超过 1 ~2mm。

5. 导线与针孔式接线桩头连接（压接）

把要连接的导线的线芯插入接线桩头针孔内，导线裸露出针孔大于导线直径 1 倍时需要折回头插入压接。

三、导线连接器连接

导线连接器是由一个或多个端子及绝缘和/或附件（必要时）组成的能连接两根或多根导体的器件。

1. 种类

根据 GB 13140.1—2008/IEC 60998-1：2002《家用和类似用途低压电路用的连接器件 第1部分：通用要求》，连接器分为螺纹型连接器（包括螺纹型接线端子块或端子排）、无螺纹型连接器（又分为“通用型连接器”和“推线式连接器”）和扭接式连接器3种，如图4-52所示。三种导线连接器的特点见表4-13。其中“扭接式”和“无螺纹型”连接器优点突出，其用途最广、用量最多。

a) 无螺纹型　　b) 扭接式

图 4-52　导线连接器

表 4-13　三种导线连接器的特点

比较项目 \ 连接器类型	螺纹型	无螺纹型		扭接式
		通用型	推线式	
连接原理图例	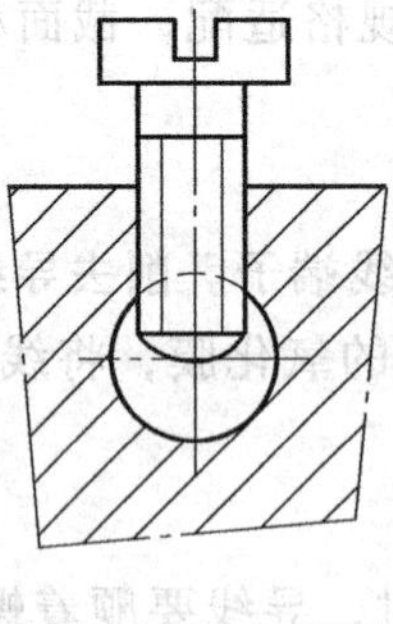	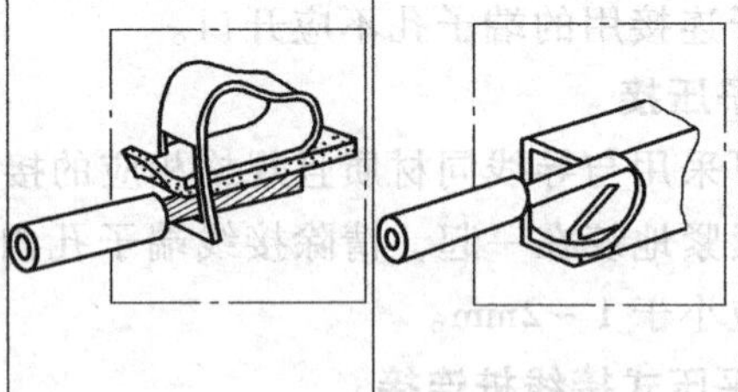		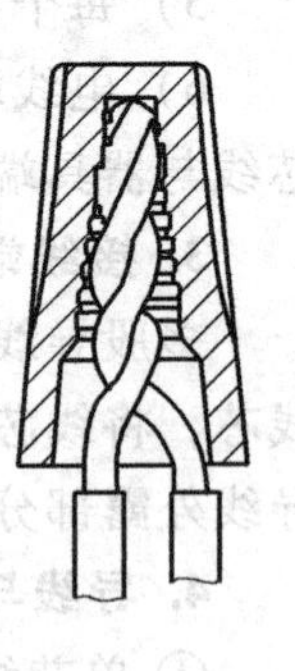
制造标准代号	GB 13140.2—2008	GB 13140.3—2008		GB 13140.5—2008
标准要求的周期性温度实验	—	192个循环		384个循环
连接硬导线(实芯或绞合)	适用	适用		适用
连接未经处理的软导线	适用	适用	不适用	适用
连接焊锡处理的软导线	不适用	适用	适用	适用
连接器是否参与导电	参与/不参与	参与		不参与

（续）

比较项目 \ 连接器类型	螺纹型	无螺纹型		扭接式
		通用型	推线式	
IP 防护等级	IP20	IP20		IP20 或 IP55
安装工具	普通螺钉旋具	徒手或使用辅助工具		徒手或使用辅助工具
是否重复使用	是	是		是

2. 选型

（1）一般原则

产品应符合 GB 13140—2008《家用和类似用途低压电路用的连接器件》系列标准。

产品应提供检测报告以及使用说明等技术文件。

除应在导线连接器本体上标注型号、制造商名称、商标或识别标志外，还应在其最小包装单元或说明页上标注以下内容，标注应经久耐用、清晰明了。

1）额定连接容量（mm^2）或 AWG（美国线规）。两者对应关系参见表 4-14。

表 4-14 建筑电气常用细导线标准截面积对照表

公制截面积/mm^2	AWG 线规（等效公制尺寸/mm^2）
0.5	20(0.519)
0.75	18(0.82)
1.0	—
1.5	16(1.3)
2.5	14(2.1)
4.0	12(3.3)
6.0	10(5.3)

注：引自 GB/T 14048.7—2006/IEC 60947-7-1：2002《低压开关设备和控制设备 第 7-1 部分：辅助器件 铜导体的接线端子排》的表 1。

2）额定电压（V）。

3）型号。

4）制造商名称、商标或识别标志。

5）防护等级大于 IP20 时的 IP 代码。

导线连接器的额定连接容量不宜大于 $6mm^2$，以便于徒手操作或仅借助常规简单工具即实现可靠安装。

应根据连接导体截面积选择导线连接器的额定连接容量，见表 4-15 ~ 表 4-17。

额定绝缘电压不得低于电源系统的标称电压，或不小于被连接导线的额定电压。

额定电流不应小于被连接导线的载流量。

导线连接器应与其使用环境温度相适应。导线连接器的技术文件中会明确“最高使用环境温度”一项，导线连接器所在线路正常工作条件下，其安装位置预期最高环境温度不应高于此指标值。

表 4-15 螺纹型连接器的额定连接容量

型号	外形	导线标称截面积/mm²、根数								
		2×0.5	2×0.75	2×1.0	2×1.5	3×1.5	2×2.5	3×2.5	4×2.5	3×4.0
IDEAL10 IDEAL11 IDEAL22		●	●	●	●	●	●			
					●	●	●	●		
						●	●	●	●	●

表 4-16 无螺纹型连接器的额定连接容量

推线式连接器		线芯形式		导线标称截面积/mm²					
型号	外形			0.5	0.75	1	1.5	2.5	4.0
PC2252C(2孔) PC2253C(3孔) PC2254C(4孔) PC2255C(5孔) PC2258C(8孔)	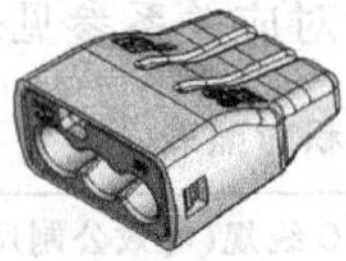	单股			●	●	●	●	
		多股	≤19股				●	●	
			≤7股		●	●	●	●	
		多股焊锡	≤19股		●	●	●	●	
			≤26股		●	●	●	●	
PC883(3孔)		单股						●	●
		多股	≤19股						●
		多股焊锡	≤19股					●	●

注：连接器的一个孔内只允许插入1根导线，连接器孔数等于连接导线的根数。

表 4-17 扭接式连接器的额定连接容量

类型	型号	外形	导线标称截面积/mm²、根数											
			2×0.5	2×0.75	2×1.0	2×1.5	3×1.5	2×2.5	3×2.5	4×2.5	3×4.0	4×4.0	3×6.0	4×6.0
基本型	P3	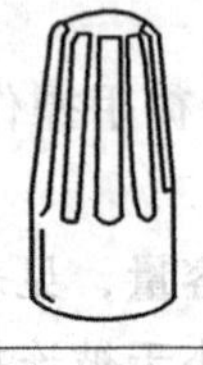	●	●	●	●	●	●						1
	P4			●	●	●	●	●	●	●				
	P6							●	●	●	●			
助力翼型	N1	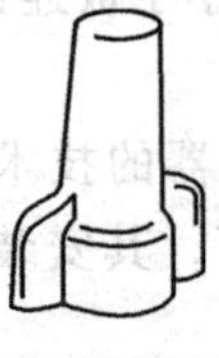		●	●	●	●	●						
	N2			●	●	●	●	●	●	●	●	●	●	
	N3									●	●	●	●	●

（续）

类型	型号	外形	导线标称截面积/mm²、根数											
			2×0.5	2×0.75	2×1.0	2×1.5	3×1.5	2×2.5	3×2.5	4×2.5	3×4.0	4×4.0	3×6.0	4×6.0
棱线助力翼型	P11		●	●	●	●	●	●	●	●				
	P12		●	●	●	●	●	●	●	●	●	●		
	P13								●	●	●	●	●	●
	P15			●	●	●	●	●	●	●	●	●	●	
防水型（IP55）	R1		●	●	●	●	●							
	R3			●	●	●	●	●	●	●	●	●		
	R6								●	●	●	●	●	●
直埋型（IP55）	R10			●	●	●	●	●	●	●				
	R40			●	●	●	●	●	●	●	●	●		
	R60									●	●	●	●	●

注：表中仅列出了连接相同标称截面积导线的根数。如果所连接的导线标称截面积不同，只要所连接的导线总截面积在连接器的额定连接容量范围之内，则仍适用。例如：P11 型连接器能连接 4 根 2.5mm² 导线，它也适用于连接 2 根 1.5mm² 和 2 根 2.5mm²，共 4 根导线的情况。

导线连接器应放置在接线盒（箱）内，其防护等级应满足线路设计要求。当连接器防护等级达不到线路设计要求时，接线盒（箱）应满足防护等级要求。

（2）螺纹型连接器

螺纹型连接器（含螺纹型接线端子块或端子排）连接经处理的导线时，不适用于直接连接经焊锡处理的软导线。

为便于紧固夹紧件的螺钉部件，安装螺纹型连接器时，宜使用配套握持工具。

（3）无螺纹型连接器

通用型连接器适用于所有类型（硬或软）导线；推线式连接器适用于连接未经处理的硬导线（实芯或绞合导线）和经焊锡处理的软导线。

无螺纹型连接器所连接导线的截面积不得超过其额定连接容量。由于 1.5mm² 及以上导线截面积大于 AWG 线规的等效截面积，或称 AWG 线规导线载流量小于对应公制导线载流量，因此选择无螺纹型导线连接器时应予以注意。

推线式连接器外壳应为透明或部分透明，以便检查被连接导线的插入位置与连接状态。对于外壳不透明的连接器，连接器本体上应标识剥线长度，或具备确认剥线长度的结构。

通过透明外壳能够直观地确认导线插接是否到位。在满足制造商规定的剥线长度和安装要求的情况下，剥去绝缘层的导体不会暴露在连接器之外，因而通过外观检验可以间接确认导线是否连接到位。

（4）扭接式连接器

扭接式连接器适用于连接未经处理的导线和经焊锡处理的（软）导线。

扭接式连接器的外壳形状应满足徒手安装的要求。

为了便于徒手施加力矩，扭接式连接器的外壳应有棱线、翼状凸起，或六角形末端设计。当使用辅助工具时，类似设计可进一步提高安装效率。

3. 安装

(1) 准备工作

1) 安装工具符合以下要求：

① 安装无螺纹型连接器，除徒手操作外，应依据产品使用说明的规定选用辅助工具。

② 安装扭接式连接器，除徒手操作外，可选用施加力矩的辅助工具。

③ 安装螺纹型端子排的螺钉旋具刀口宽度，不应大于螺钉顶部直径。

④ 安装螺纹型连接器时，宜使用与连接器相匹配的握持工具。

2) 剥线要求：

① 剥除导线护层时，应避免损伤导体和需保留的绝缘层。护层剥离处不得附有残余绝缘层。正确剥线如图4-53a所示，只要不损伤绝缘层，剥线工具在导线绝缘层上造成的压痕是允许的。应避免出现图4-53b所示的错误剥线的情况。

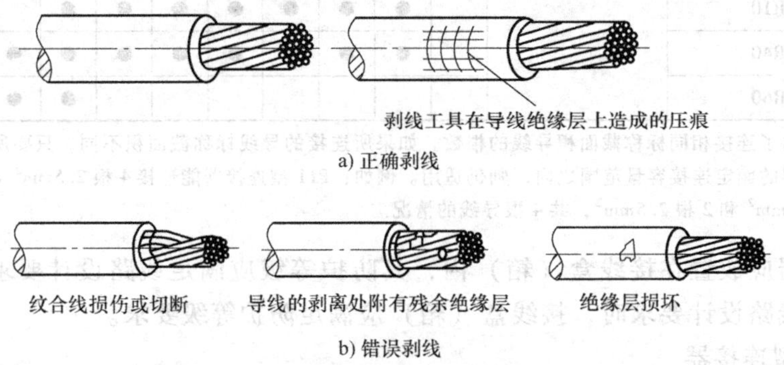

图4-53 剥线要求

② 剥线长度应符合导线连接器技术文件要求。

当连接器本体上未提供剥线长度参考标记时，也可通过以下方法估算剥线长度，即推线式连接器的剥线长度约与连接器高度相等；扭接式连接器剥线长度约与开口外径相等；螺纹型连接器的剥线长度约与端子深度相等。

③ 剥离多股软导线绝缘层时，若破坏了线芯绞合状态，则应轻捻一下，使之恢复。

(2) 螺纹型连接器的安装与拆卸

将符合剥线要求的导体并齐放入连接器，用与压紧螺钉相匹配的螺钉旋具将螺钉拧紧。按连接器技术要求进行绝缘防护。螺纹型连接器（含螺纹型接线端子块或端子排）夹紧件的拧紧力矩应符合表4-18的要求。

表4-18 螺纹型连接器或端子块（排）夹紧件的拧紧力矩

螺钉的标称直径/mm		拧紧力矩/N·m
公制标称值	直径(D)的范围	
1.6	$D\leqslant1.6$	0.05
2.0	$1.6<D\leqslant2.0$	0.1
2.5	$2.0<D\leqslant2.8$	0.2

注：引自《家用和类似用途低压电路用的连接器件第2部分：作为独立单元的带螺纹型夹紧件的连接器件的特殊要求》GB 13140.2—2008/IEC 60998-1：2002表102和《低压开关设备和控制设备第1部分：总则》GB/T 14048—2012/IEC 60947-1：2011表C.1中"I"类螺钉，即"拧紧时不突出孔外的无头螺钉和不能用刀口宽度大于螺钉顶部直径的螺钉旋具拧紧的其他螺钉"的拧紧力矩数据。

用与压紧螺钉相匹配的螺钉旋具拧松螺钉，被连接导线即可拆分。

正确使用条件下的螺纹型导线连接器，拆卸后肉眼观察如无明显损坏，则仍可重复使用。

（3）无螺纹连接器的安装与拆卸

安装通用型连接器时，先将导线夹紧件打开，如图 4-54 所示。将符合剥线要求的导体放入连接器孔并至最大深度，再将导线夹紧件复位，即完成安装。

拆卸通用型连接器时，将导线夹紧件打开，即可将被拆分导体从连接器中取出。

安装推线式连接器时，将符合剥线要求的导体推进连接器孔，并至最大深度即完成安装。如果导体不够平直，则需进行必要整形，以免影响连接效果。

拆卸推线式连接器时，双手分别握持被拆分导线和连接器，往复转动连接器，同时向外拔，如图 4-55 所示，即可拆下被连接导线。

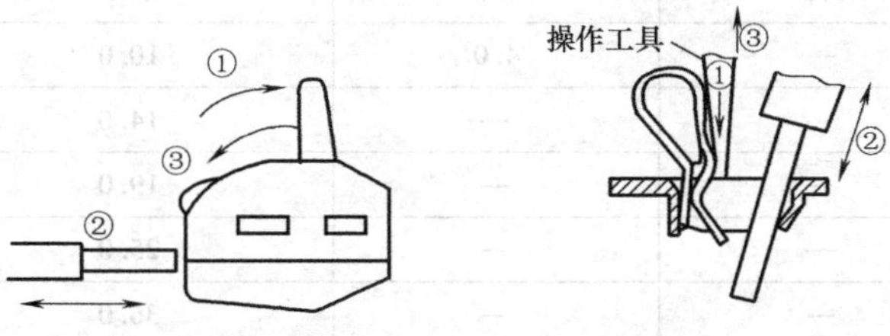

a) 带辅助装置(摇杆式)的连接器操作　　b) 使用简单的工具操作

图 4-54　通用型连接器的安装与拆卸

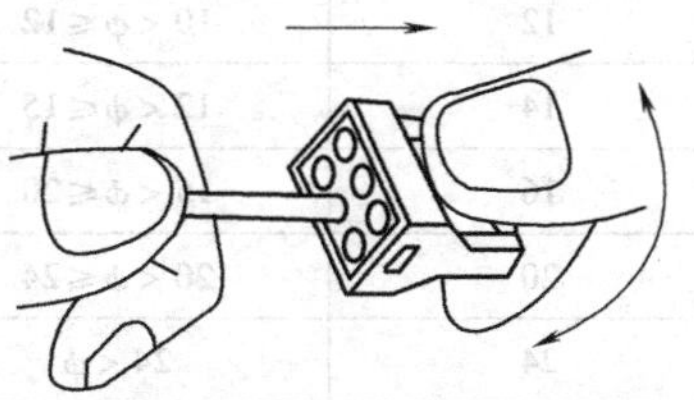

图 4-55　推线式连接器的导线拆卸示例

正确使用条件下的无螺纹导线连接器，拆卸导线后肉眼观察如无明显损坏，则仍可重复使用。

（4）扭接式连接器的安装与拆卸

将符合剥线要求的导体并齐，无需预绞拧，直接放入连接器并右旋拧紧，被连接导线外露部分应出现至少 1 圈扭绞状态即完成安装，如图 4-56 所示。必要时，可使用施加力矩的辅助工具。

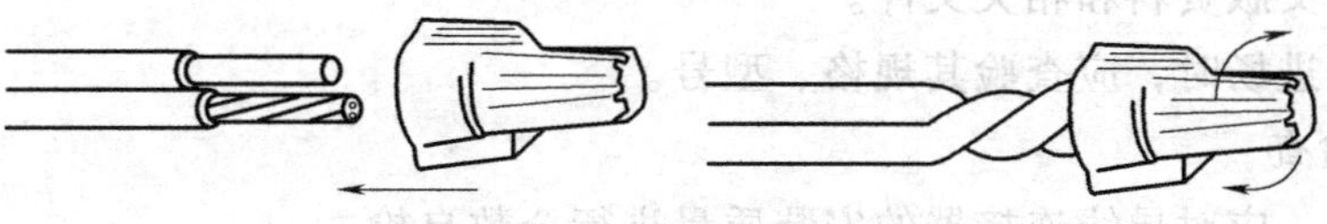

图 4-56　扭接式连接器的安装

将连接器向拧紧的反方向旋转，即可拆卸连接器。

正确使用条件下的扭接式导线连接器，拆卸后肉眼观察如无明显损坏，则仍可重复使用。

（5）拧紧力矩

当采用螺纹型接线端子与导线或母排连接时，其拧紧力矩值应符合产品技术文件的要求，当无要求时，应符合表 4-19 的规定。

表 4-19 螺纹型接线端子的拧紧力矩

螺纹直径/mm		拧紧力矩/N·m		
标准值	直径范围	Ⅰ	Ⅱ	Ⅲ
2.5	$\phi \leqslant 2.8$	0.2	0.4	0.4
3.0	$2.8 < \phi \leqslant 3.0$	0.25	0.5	0.5
—	$3.0 < \phi \leqslant 3.2$	0.3	0.6	0.6
3.5	$3.2 < \phi \leqslant 3.6$	0.4	0.8	0.8
4	$3.6 < \phi \leqslant 4.1$	0.7	1.2	1.2
4.5	$4.1 < \phi \leqslant 4.7$	0.8	1.8	1.8
5	$4.7 < \phi \leqslant 5.3$	0.8	2.0	2.0
6	$5.3 < \phi \leqslant 6.0$	1.2	2.5	3.0
8	$6.0 < \phi \leqslant 8.0$	2.5	3.5	6.0
10	$8.0 < \phi \leqslant 10.0$	—	4.0	10.0
12	$10 < \phi \leqslant 12$	—	—	14.0
14	$12 < \phi \leqslant 15$	—	—	19.0
16	$15 < \phi \leqslant 20$	—	—	25.0
20	$20 < \phi \leqslant 24$	—	—	36.0
24	$24 < \phi$	—	—	50.0

第Ⅰ列：适用于拧紧时不突出孔外的无头螺钉和不能用刀口宽度大于螺钉顶部直径的螺钉旋具拧紧的其他螺钉。
第Ⅱ列：适用于可用螺钉旋具拧紧的螺钉和螺母。
第Ⅲ列：适用于不可用螺钉旋具拧紧的螺钉和螺母。

绝缘导线、电缆的线芯连接金具（连接管和端子），规格应与线芯的规格适配，且不得采用开口端子，其性能应符合国家相关产品标准的要求。

4. 验收

（1）进场查验

导线连接器进场时，应查验其质量合格证明、使用说明等技术文件。如果为进口产品，则应查验上述中文版资料和相关文件。

导线连接器进场时，应查验其规格、型号。

（2）施工检查

工序过程中，应对导线连接器的安装质量进行全数自检。

工序结束后，应对导线连接器的安装质量进行抽检。

导线连接器的安装质量检查应包括但不限于以下项目：

1）外壳应完好无损。

2）被连接导线的导体部分不应外露。

3）螺纹型连接器（含螺纹型接线端子块或端子排）的夹紧螺钉应拧紧。

4）无螺纹型连接器所连接的导线应插接到位。

5）扭接式连接器所连接导线外露部分应至少出现1圈扭绞状态。

（3）拉力测试

当对连接质量有疑议时，可对连接点进行拉力测试。

使用测力计沿导线轴向平稳施加拉力 1min，不得使用爆发力，导线不应从连接器中脱出或在连接处断裂。导线连接器与被连接导线所能承受的最小拉力应符合本规程表 4-20 的规定。

表 4-20　连接器与被连接导线所能承受的最小拉力与截面积的关系

导线截面积/mm^2		0.5	0.75	1.0	1.5	2.5	4	6
拉力/N	无螺纹型/螺纹型连接器	20	30	35	40	50	60	80
	扭接式连接器	35	45	55	65	110	150	180

注：引自《家用和类似用途低压电路用的连接器件第 2 部分：作为独立单元的带螺纹型夹紧件的连接器件的特殊要求》（GB 13140.2—2008/IEC 60998-1：2002 表 104）、《家用和类似用途低压电路用的连接器件第 2 部分：作为独立单元的带无螺纹型夹紧件的连接器件的特殊要求》（GB 13140.3—2008/IEC 60998-2-2：2002 表 103）、《家用和类似用途低压电路用的连接器件第 2 部分：扭接式连接器件的特殊要求》（GB 13140.5—2008/IEC 60998-2-4：2004 表 104）。

（4）电气测试

当对连接质量有疑议时，可对连接点进行电气测试。电气测试可代替拉力测试。

连接点电气测试可选择但不限于以下项目之一：

1）连接点的直流电阻值。连接示意图如图 4-57 所示。

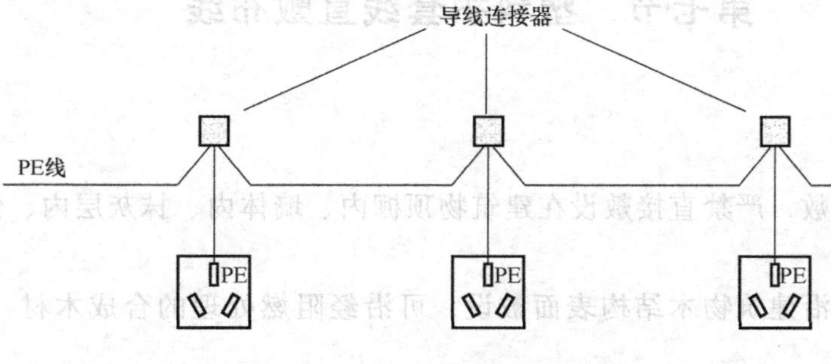

图 4-57　插座分线连接

（图中仅表示了 PE 线的连接方式，N 与 L 线的连接方式与此相同）

在断电状态下，将欧姆表（万用表低阻电阻档）校准为 0（或记录表笔短接时的基础读数），分别将表笔接入相邻两个墙壁插座的相同极性插孔（例如 N 线插孔）。此时仪表读数由以下各部分构成：

2）故障回路阻抗。

3）回路电压降。

四、绝缘电阻测试

1. 绝缘电阻值

低压或特低压配电线路线间和线对地间的绝缘电阻测试电压及绝缘电阻值不应小于表 4-21 的规定，矿物绝缘电缆线间和线对地间的绝缘电阻应符合产品技术标准的规定。

2. 线路检查及绝缘摇测

1）线路检查：接、焊、包全部完成后，应进行自检和互检；检查导线接、焊、包是否

表 4-21 低压或特低压配电线路绝缘电阻测试电压及绝缘电阻最小值

标称回路电压/V	直流测试电压/V	绝缘电阻/MΩ
SELV 和 PELV	250	0.5
500V 及以下,包括 FELV	500	1.0
500V 以上	1000	1.0

符合设计要求及有关施工验收规范及质量验评标准的规定。不符合规定时应立即纠正，检查无误后再进行绝缘摇测。

2）绝缘摇测：照明线路的绝缘摇测一般选用500V，量程为0～500MΩ的绝缘电阻表。一般照明线路绝缘摇测有以下两种情况：

① 电气器具未安装前进行线路绝缘摇测时，首先将灯头盒内导线分开，开关盒内导线连通。摇测应将干线和支线分开，一人摇测，一人应及时读数并记录。摇动速度应保持在120r/min左右，读数应以1min后的读数为宜。

② 电气器具全部安装完，在送电前进行摇测时，应先将线路上的开关、刀开关、仪表、设备等用电开关全部置于断开位置，摇测方法同上所述，确认绝缘摇测无误后再进行送电试运行。

第七节 塑料护套线直敷布线

一、要求

塑料护套线应明敷，严禁直接敷设在建筑物顶棚内、墙体内、抹灰层内、保温层内或装饰面内。

塑料护套线不应沿建筑物木结构表面敷设，可沿经阻燃处理的合成木材（型材）构成的建筑物表面敷设。

室外受阳光直射的场所，不宜直接敷设塑料护套线。

二、敷设

塑料护套线与保护导体或不发热管道等紧贴交叉处及穿梁、墙、楼板等易受机械损伤的部位，应有保护。

塑料护套线在室内沿建筑物表面水平敷设高度距地面不应小于2.5m；垂直敷设时距地面高度1.8m以下的部分应有保护。

塑料护套线不论侧弯或平弯，其弯曲处护套和导线绝缘层均应完整无损伤，侧弯或平弯弯曲半径应分别不小于护套线宽度或厚度的3倍。

塑料护套线进入盒（箱）或与设备、器具连接，其护套层应进入盒（箱）或设备、器具内，护套层与盒（箱）入口处应密封。

塑料护套线的固定应符合下列规定：

1）固定应顺直，不松弛、扭绞。

2）护套线应采用线卡固定，固定点间距应均匀、不松动，固定点间距宜为

150 ~ 200mm。

3）在终端、转弯和进入盒（箱）、设备或器具等处，均应装设线卡固定，线卡距终端、转弯中点、盒（箱）、设备或器具边缘的距离宜为 50 ~ 100mm。

4）塑料护套线的接头应设在明装盒（箱）或器具内，多尘场所应采用 IP5X 等级的密闭式盒（箱），潮湿场所应采用 IPX5 等级的密闭式盒（箱），盒（箱）的配件应齐全，固定应可靠。

多根塑料护套线平行敷设的间距应一致，分支和弯头处整齐，弯头一致。

第八节 钢索配线

一、钢索

1. 要求

配线用钢索宜为镀锌钢索，不应采用带油芯的钢索。在潮湿、有腐蚀性介质及多尘的场所，应采用塑料护套的钢索。

室内场所钢索宜采用镀锌钢绞线。屋外布线及敷设在室外，潮湿及有酸、碱、盐腐蚀的场所应采取防腐蚀措施，如用塑料护套钢索。钢索上绝缘导线至地面的距离，在室内时为≥2.5m，室外时为≥2.7m。

钢索终端拉环应牢固可靠，并应能承受在钢索全部负载下的拉力，在挂索前应对拉环做过载试验，过载试验的拉力应为设计承载拉力的 3.5 倍。

2. 截面积

钢索的钢丝直径应小于 0.5mm，钢索不应有扭曲和断股等现象。

钢索所用的钢绞线的截面积应根据跨距、荷重和机械强度选择，最小截面积不宜小于 $10mm^2$。钢索的安全系数不应小于 2.5。

3. 附件

钢索与终端拉环套接应采用心形环，固定钢索的线卡不应少于 2 个，钢索端头应用镀锌铁线绑扎紧密，且应与保护导体可靠连接。

当钢索长度在 50m 及以下时，应在钢索一端装设索具螺旋扣紧固；当钢索长度大于 50m 时，应在钢索两端装设索具螺旋扣紧固。钢索总长度超过 50m 时，钢索两端均加花篮螺栓，每超 50m 加一个，钢索尾端与花篮螺栓固定处不得少于 2 个钢索卡。

钢索拉紧后其弛度不应大于 100mm，跨距较大时应在钢索中间增加支撑点，花篮螺栓在最终调整后应锁定。

钢索中间吊架间距不应大于 12m，吊架与钢索连接处的吊钩深度不应小于 20mm，并应有防止钢索跳出的锁定零件。

钢索应可靠接地，且不应作为接地的接续导体。

二、敷设

1. 要求

钢索布线用绝缘导线明敷时，应采用绝缘子固定在钢索上，用护套绝缘导线、电缆、金属管或硬质塑料管布线时，可直接固定在钢索上。

绝缘导线和灯具在钢索上安装后，钢索应承受全部负载，且钢索表面应整洁、无锈蚀。

钢索配线的支持件之间及支持件与灯头盒之间的最大距离应符合表4-22的规定。

表4-22 钢索配线的支持件之间及支持件与灯头盒之间的最大距离（单位：mm）

配线类别	支持件之间的最大距离	支持件与灯头盒之间的最大距离
钢管	1500	200
塑料导管	1000	150
塑料护套线	200	100

2. 始端和终端

墙上安装钢索始端和终端做法如图4-58所示。

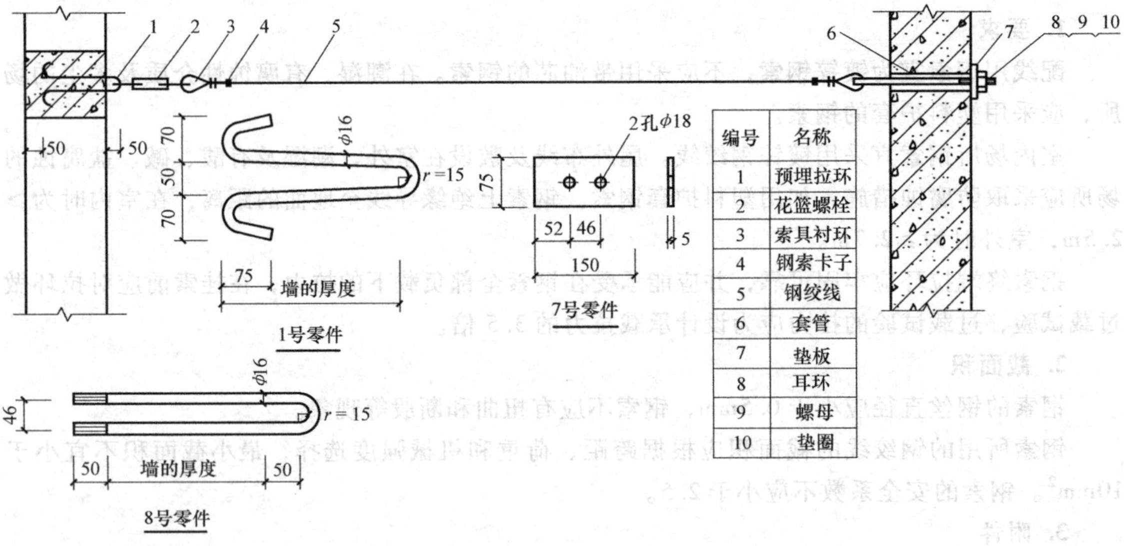

图4-58 墙上安装钢索始端和终端做法

3. 始端和中间支架

柱上安装钢索始端和中间支架做法如图4-59所示。

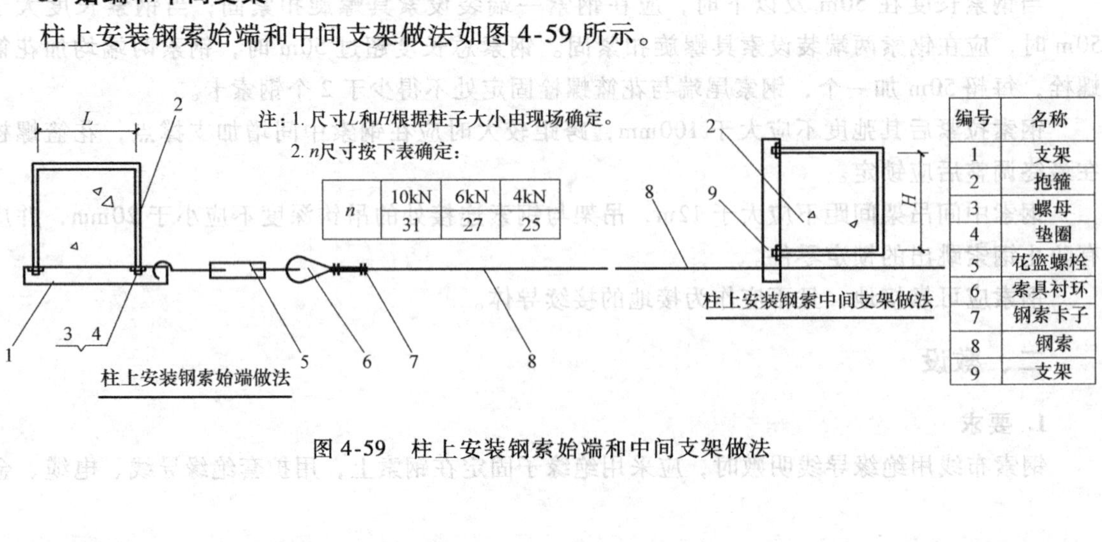

图4-59 柱上安装钢索始端和中间支架做法

混凝土梁上钢索始端和中间支架做法如图 4-60 所示。

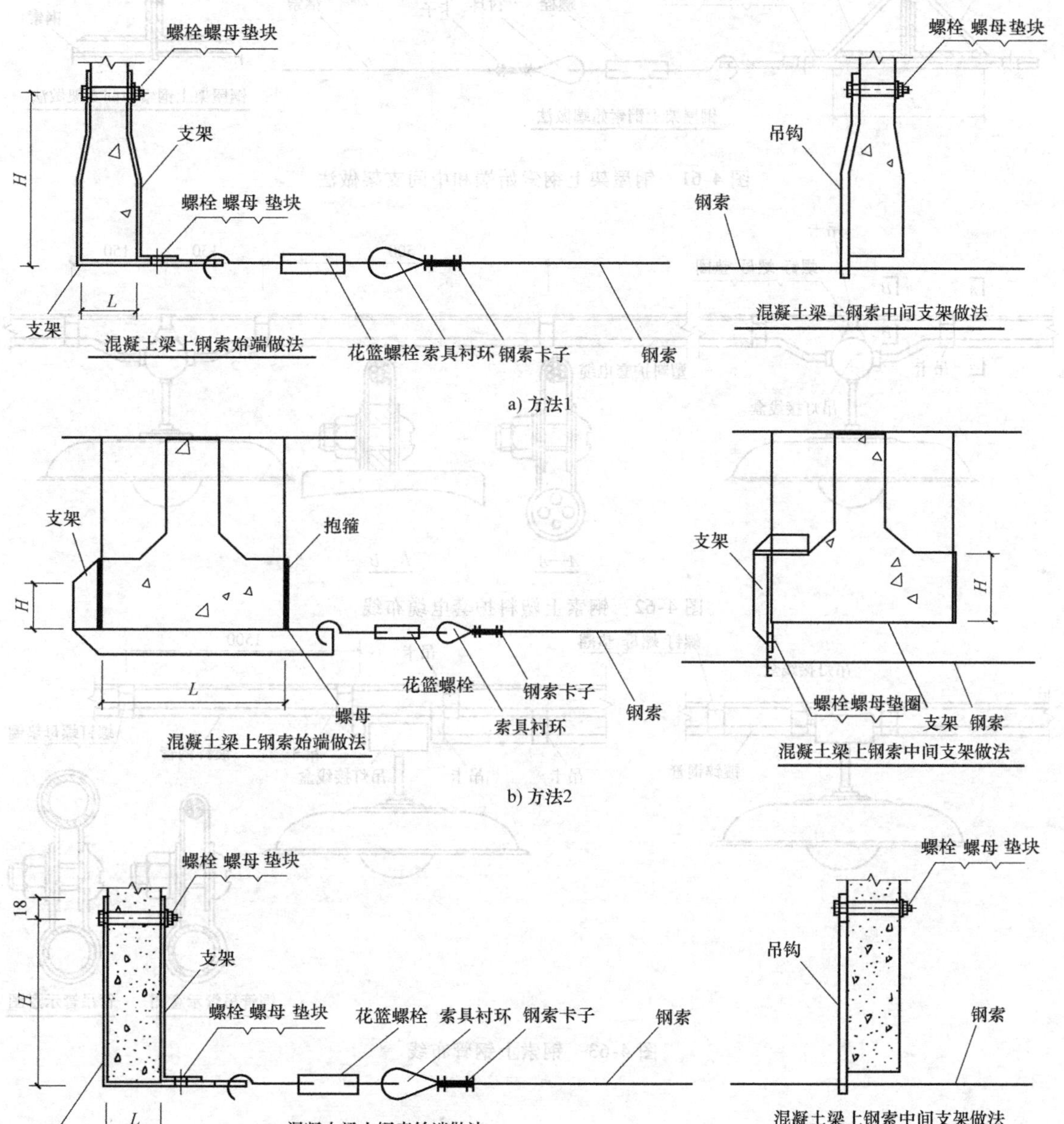

图 4-60　混凝土梁上钢索始端和中间支架做法

钢屋架上钢索始端和中间支架做法如图 4-61 所示。

4. 穿管

钢索上塑料护套电缆布线如图 4-62 所示。塑料护套电缆亦可用铝卡子（钢筋扎头）固定在钢索上，铝卡子之间距离不应大于 200mm。

钢索上钢管布线如图 4-63 所示。

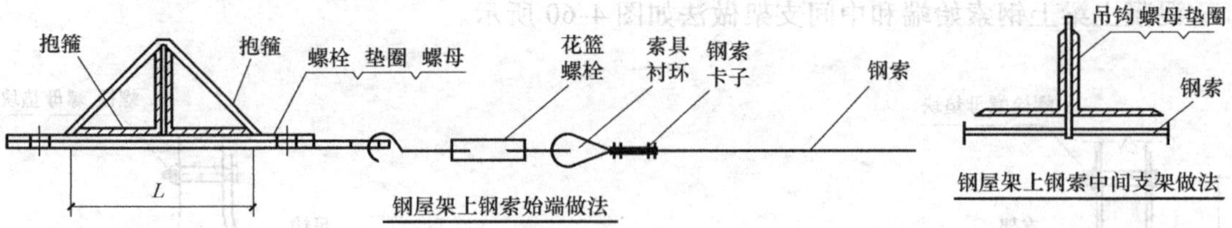

图 4-61 钢屋架上钢索始端和中间支架做法

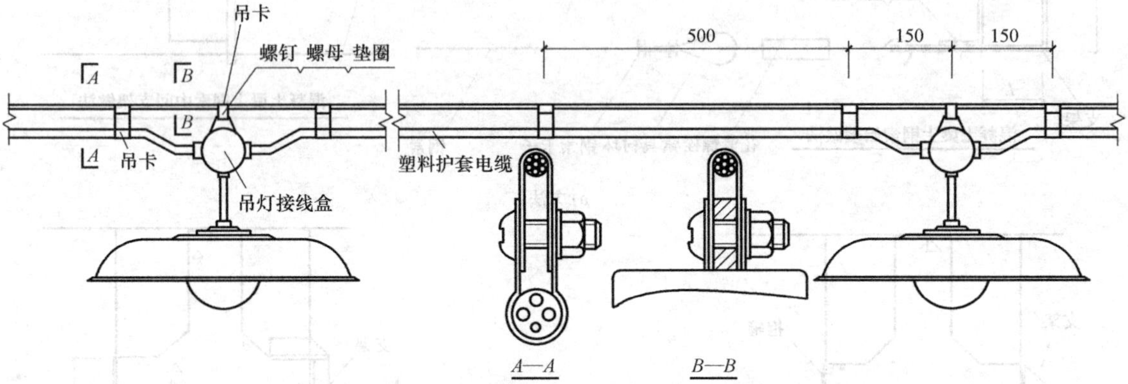

图 4-62 钢索上塑料护套电缆布线

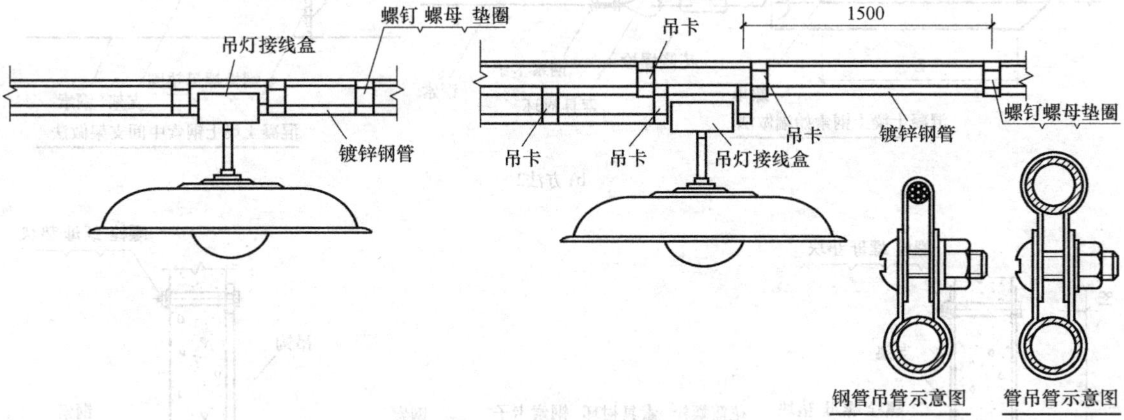

图 4-63 钢索上钢管布线

第九节 电气竖井布线

一、电缆桥架

支架、隔板等部件的固定宜采用膨胀螺栓和塑料胀管作为紧固方案。

现场加工制作金属支架及支撑钢构件若无特殊要求应除锈，刷樟丹一道、灰漆一道，保护钢管等配件应按工程设计规定镀锌或涂漆处理。

电气竖井内电缆桥架垂直安装时电缆采用塑料电缆卡子固定，接地干线用螺钉固定，如图 4-64 所示。

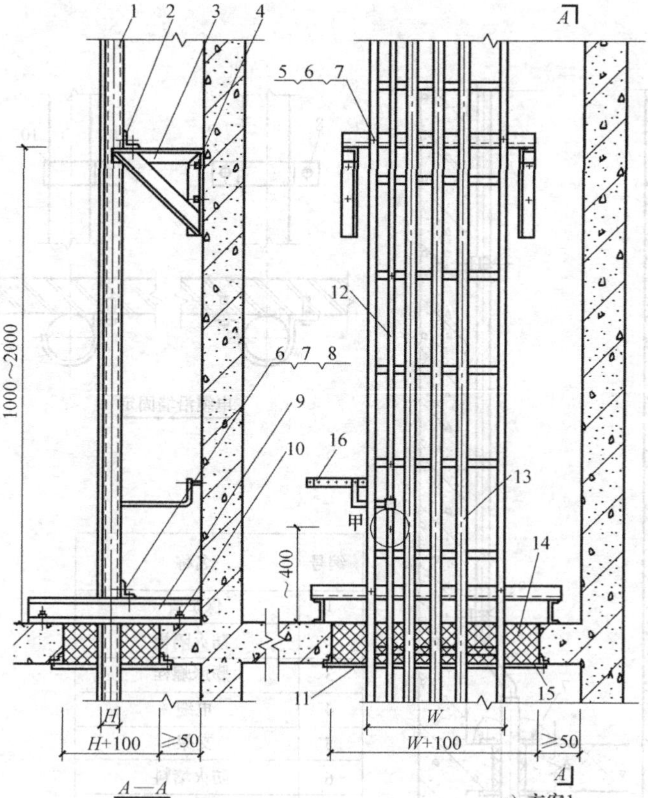

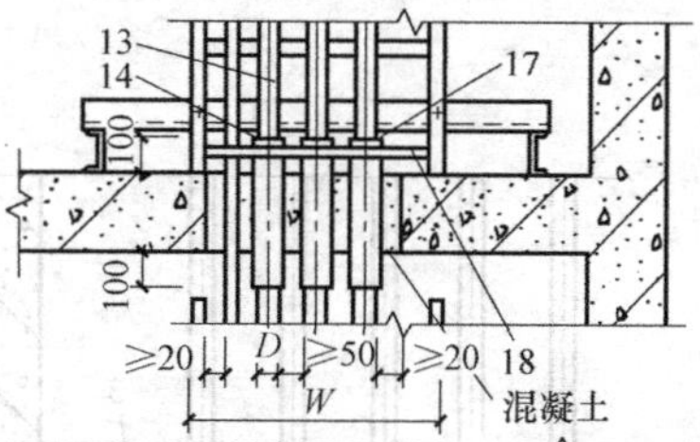

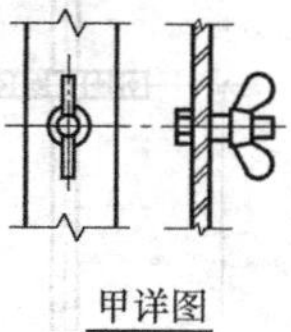

编号	名称
1	电缆桥架
2	支架
3	支架
4	膨胀螺栓
5	固定螺栓
6	螺栓
7	螺母
8	垫圈
9	槽钢支架
10	膨胀螺栓
11	防火隔板
12	接地干线
13	电缆
14	防火堵料
15	固定角钢
16	接地端子板
17	保护管
18	固定扁钢

a) 方案1

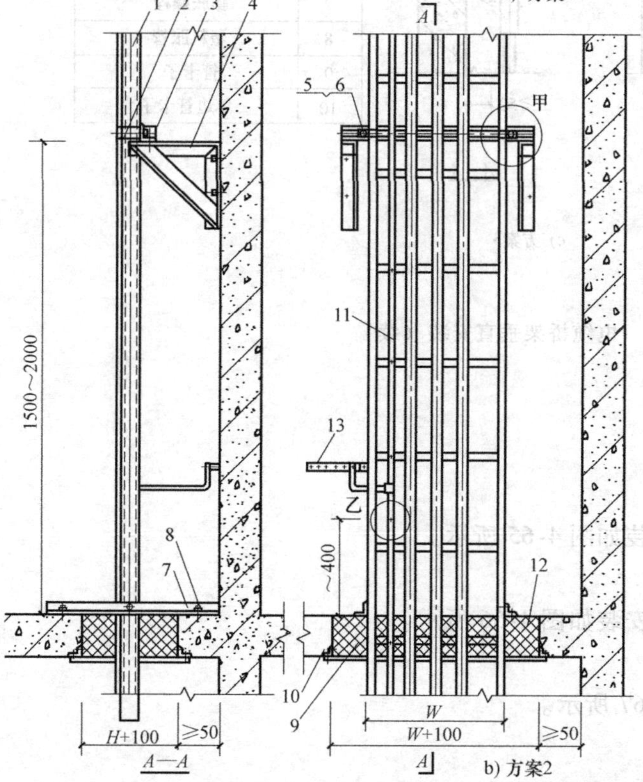

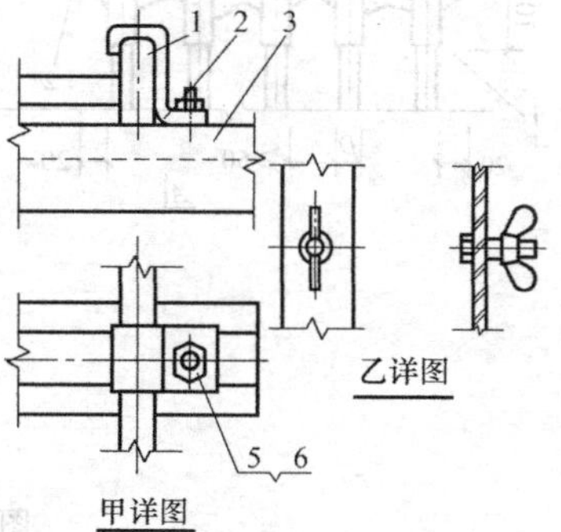

编号	名称
1	电缆桥架
2	压板
3	U形型钢
4	支架
5	T形螺栓
6	螺母
7	角钢支架
8	膨胀螺栓
9	防火隔板
10	固定角钢
11	接地干线
12	防火堵料
13	接地端子板

b) 方案2

图4-64 电缆桥架垂直安装

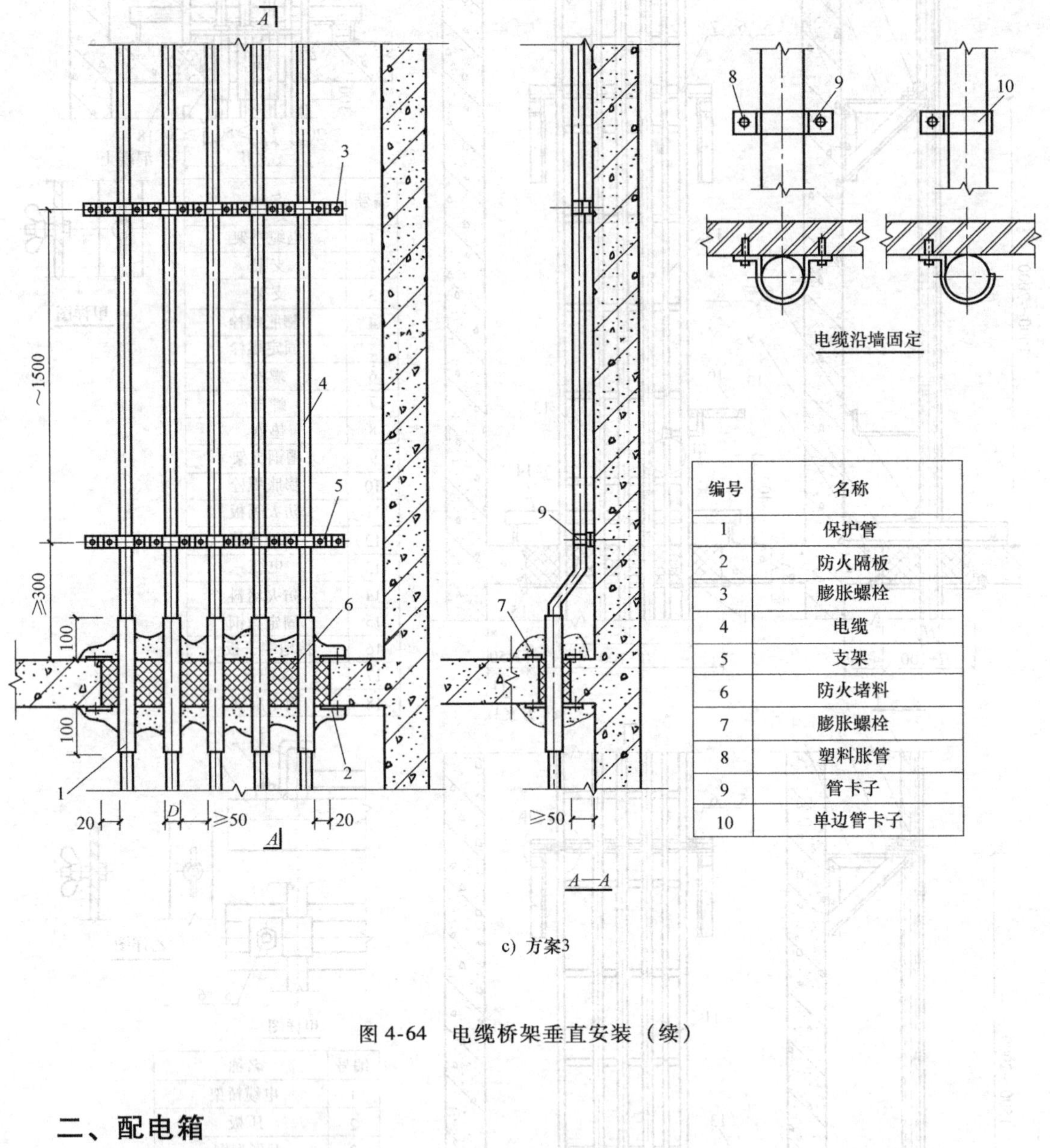

编号	名称
1	保护管
2	防火隔板
3	膨胀螺栓
4	电缆
5	支架
6	防火堵料
7	膨胀螺栓
8	塑料胀管
9	管卡子
10	单边管卡子

c) 方案3

图 4-64 电缆桥架垂直安装（续）

二、配电箱

1. 金属线槽与配电箱安装

电气竖井内金属线槽与配电箱安装如图 4-65 所示。

2. 封闭式母线与配电箱安装

电气竖井内封闭式母线与配电箱安装如图 4-66 所示。

3. 柜、箱安装

电缆接头盒、分线箱安装如图 4-67 所示。

端子箱安装如图 4-68 所示。

配电箱安装如图 4-69 所示。

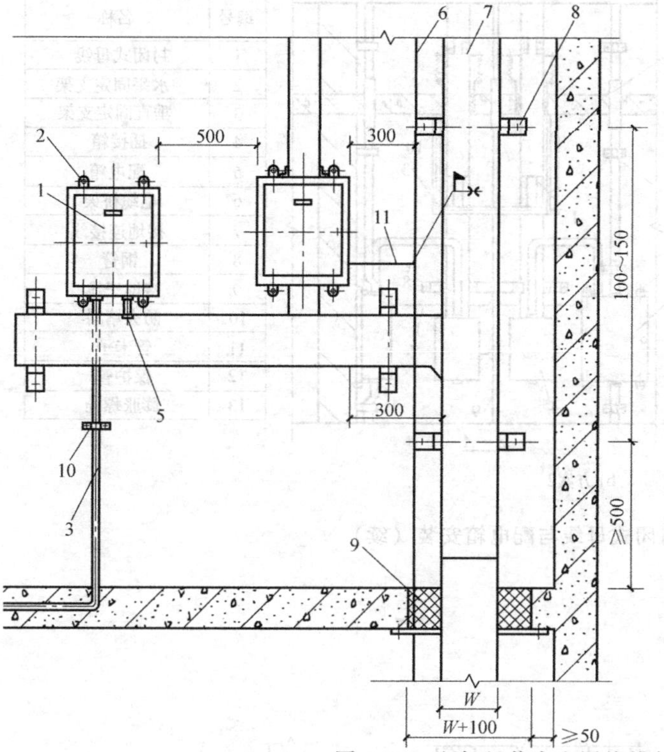

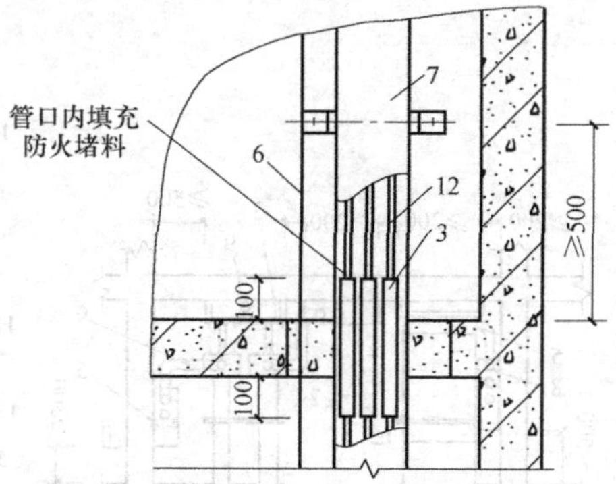

编号	名称
1	配电箱
2	膨胀螺栓
3	钢管
4	锁紧螺母
5	管帽
6	接地干线
7	金属线槽
8	膨胀螺栓
9	防火堵料
10	管卡子
11	接地连接线
12	电缆

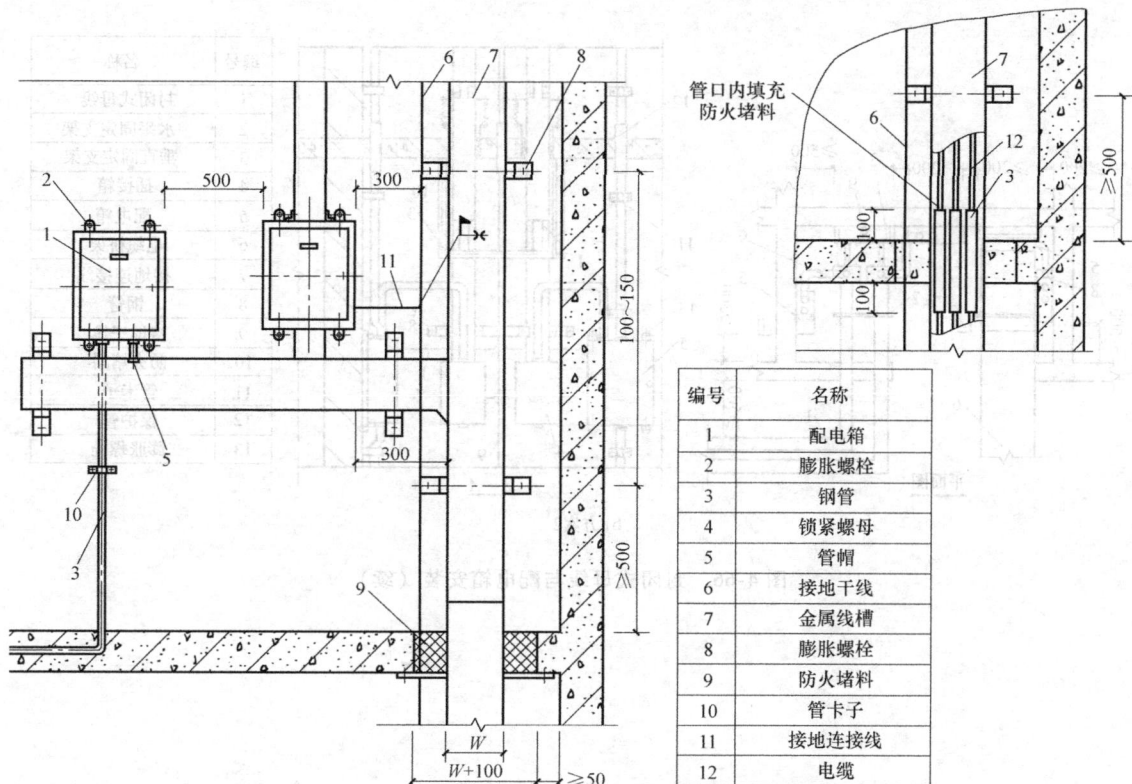

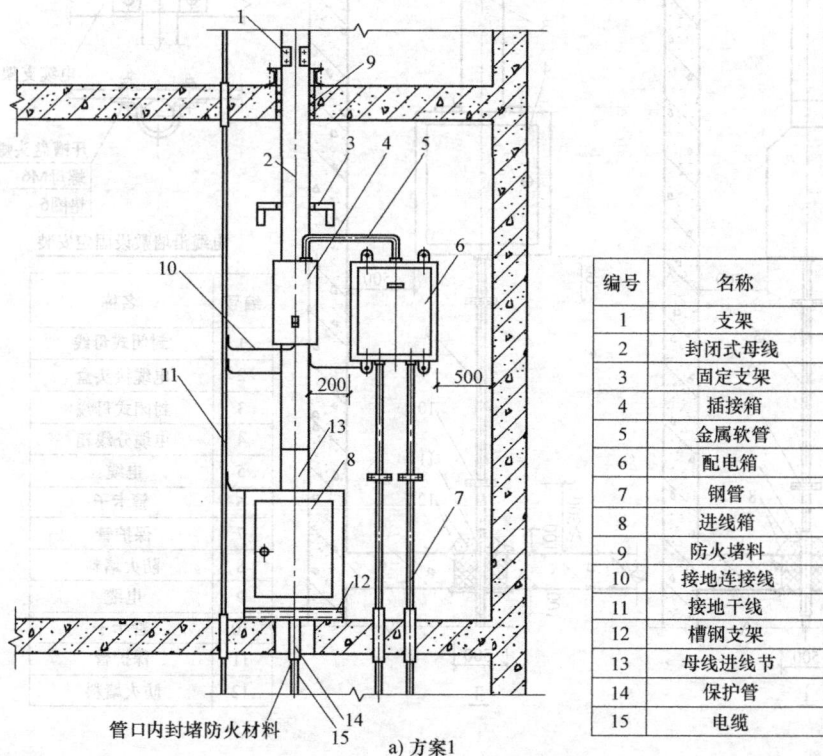

图 4-65 电气竖井内金属线槽与配电箱安装

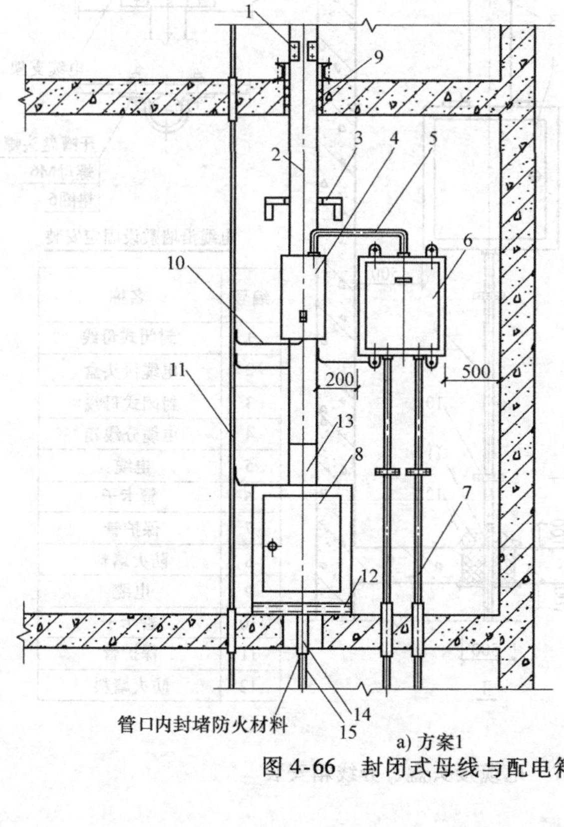

编号	名称
1	支架
2	封闭式母线
3	固定支架
4	插接箱
5	金属软管
6	配电箱
7	钢管
8	进线箱
9	防火堵料
10	接地连接线
11	接地干线
12	槽钢支架
13	母线进线节
14	保护管
15	电缆

a) 方案1

图 4-66 封闭式母线与配电箱安装

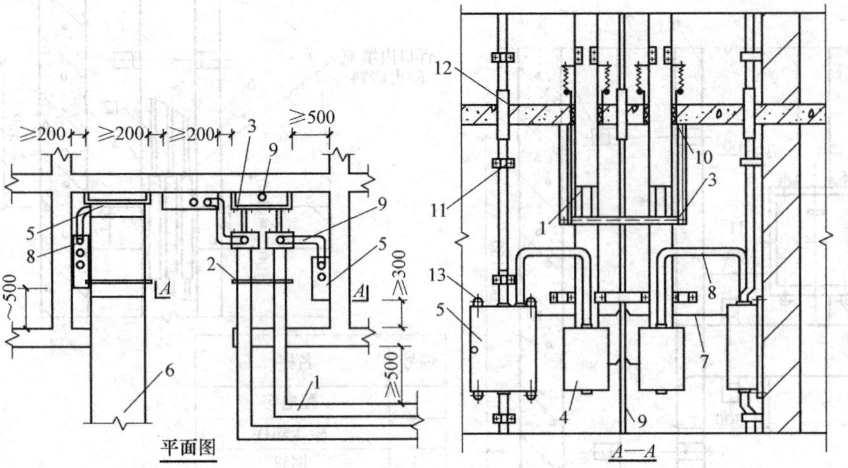

编号	名称
1	封闭式母线
2	水平固定支架
3	垂直固定支架
4	插接箱
5	配电箱
6	电缆桥架
7	接地连接线
8	钢管
9	接地干线
10	防火堵料
11	管卡子
12	保护管
13	膨胀螺栓

b) 方案2

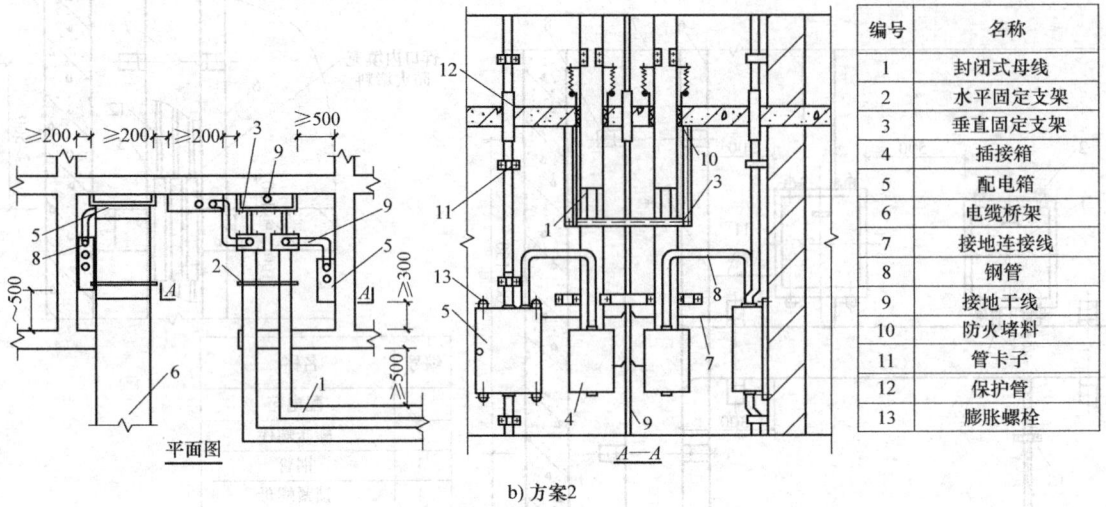

图 4-66 封闭式母线与配电箱安装（续）

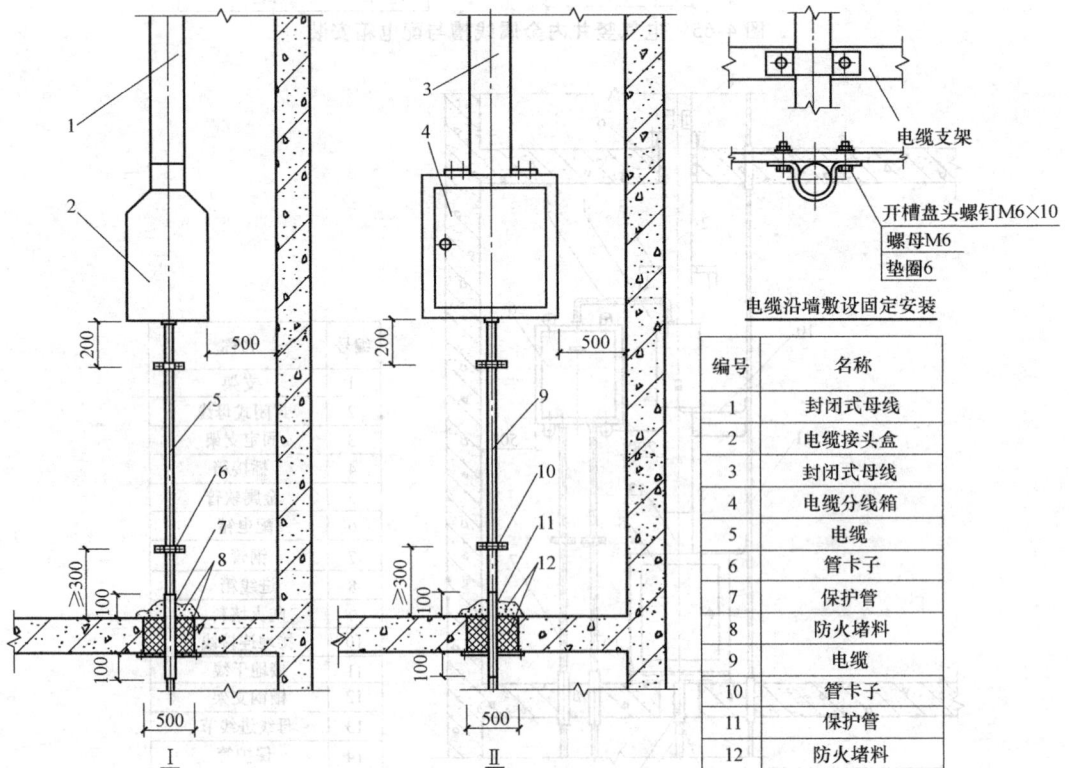

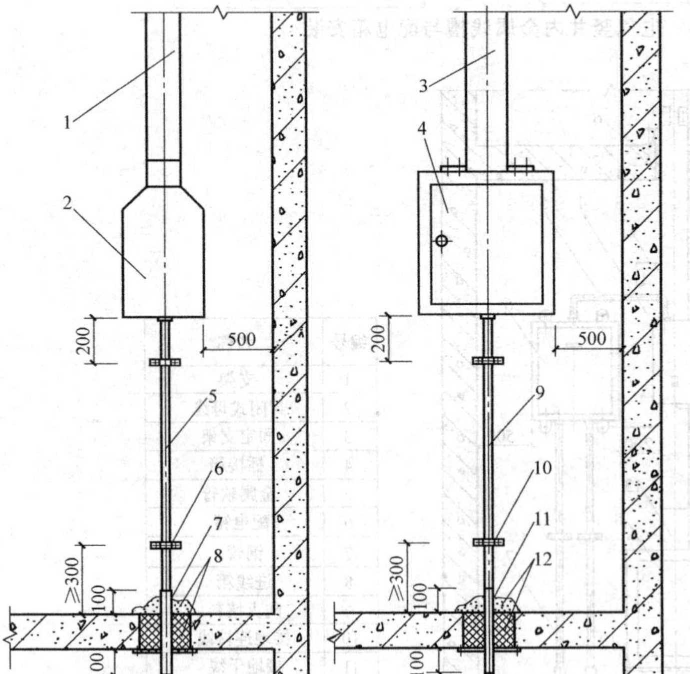

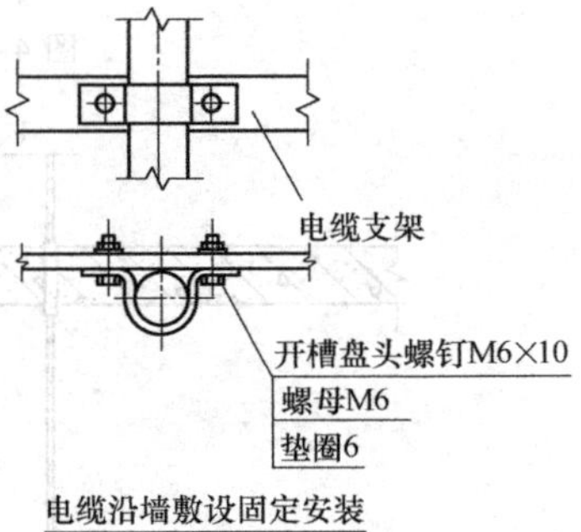

电缆沿墙敷设固定安装

编号	名称
1	封闭式母线
2	电缆接头盒
3	封闭式母线
4	电缆分线箱
5	电缆
6	管卡子
7	保护管
8	防火堵料
9	电缆
10	管卡子
11	保护管
12	防火堵料

图 4-67 电缆接头盒、分线箱安装

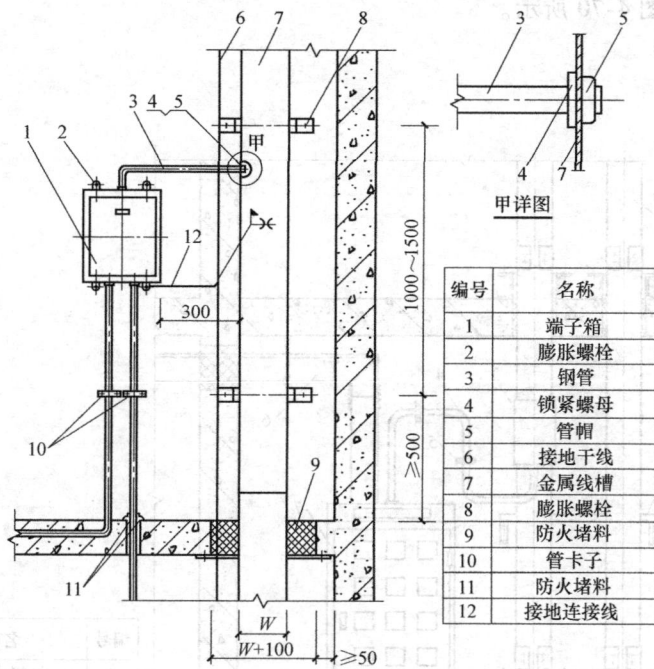

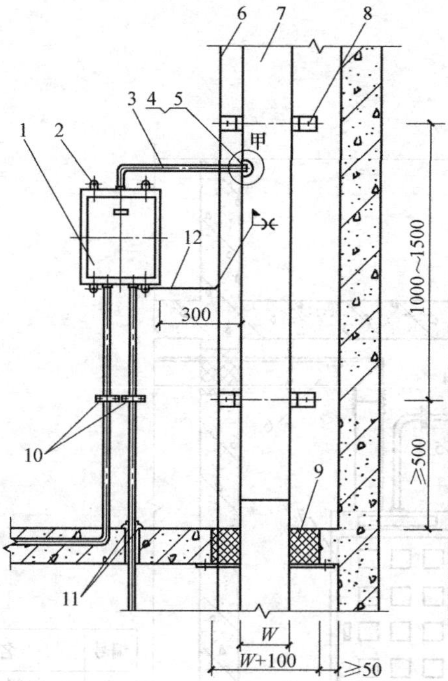

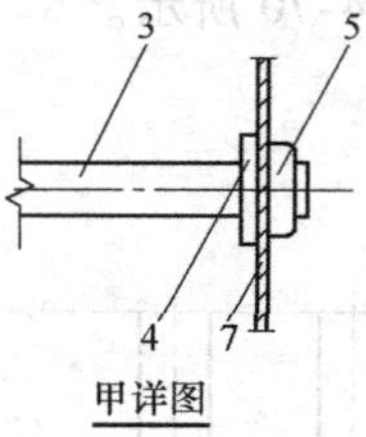

编号	名称
1	端子箱
2	膨胀螺栓
3	钢管
4	锁紧螺母
5	管帽
6	接地干线
7	金属线槽
8	膨胀螺栓
9	防火堵料
10	管卡子
11	防火堵料
12	接地连接线

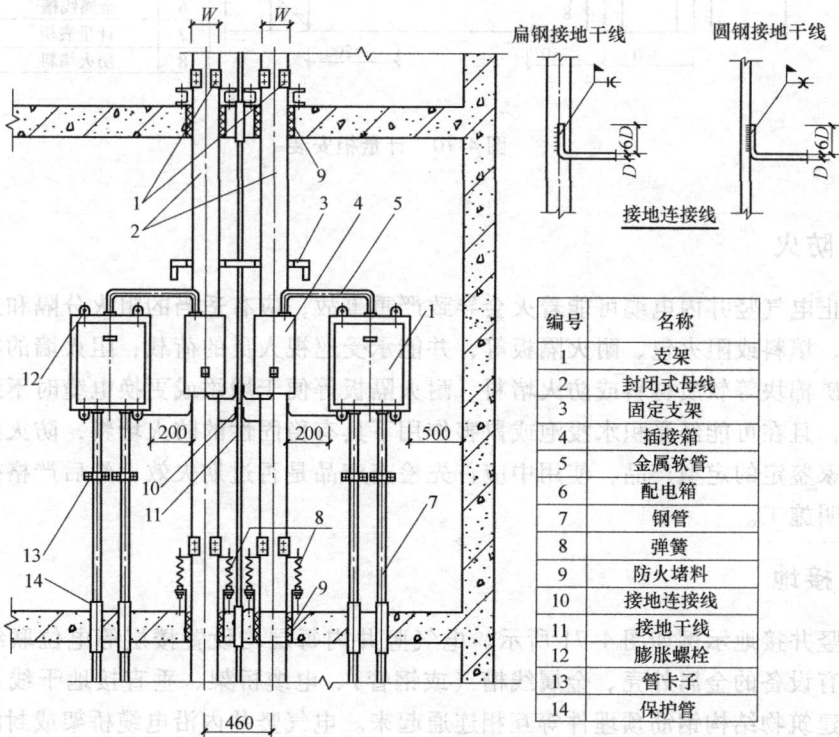

图 4-68　端子箱安装

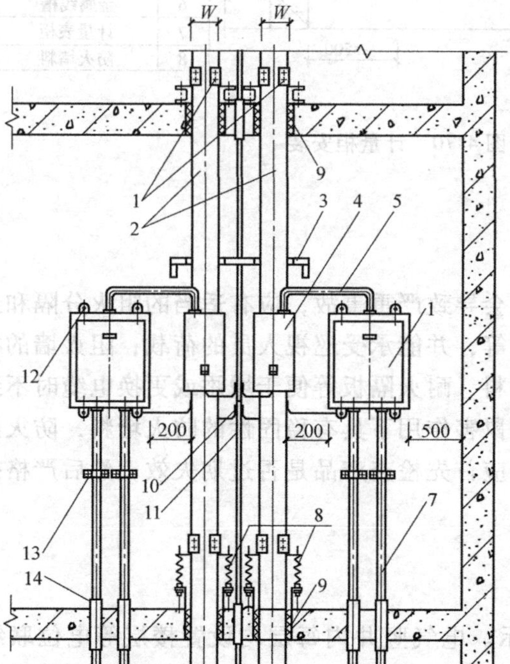

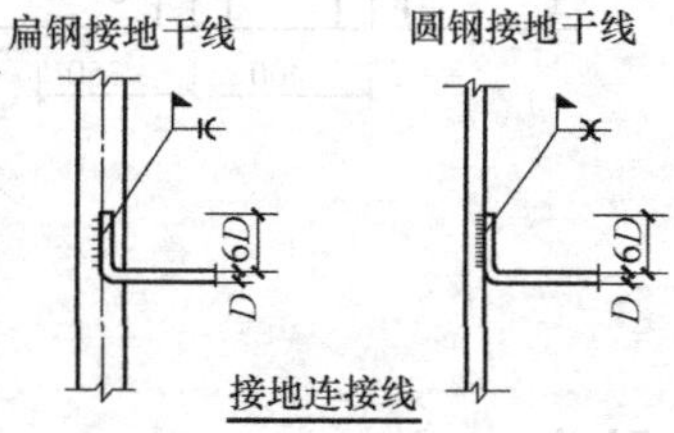

编号	名称
1	支架
2	封闭式母线
3	固定支架
4	插接箱
5	金属软管
6	配电箱
7	钢管
8	弹簧
9	防火堵料
10	接地连接线
11	接地干线
12	膨胀螺栓
13	管卡子
14	保护管

图 4-69　配电箱安装

计量柜安装如图4-70所示。

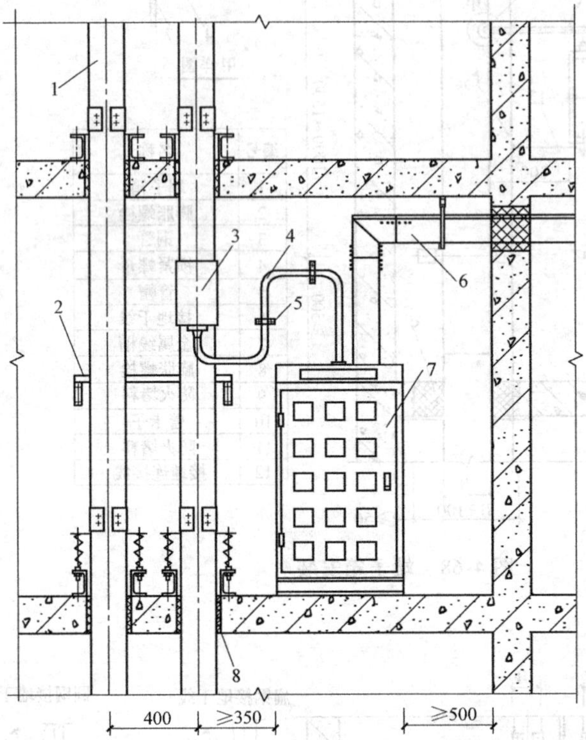

编号	名称
1	封闭式母线
2	固定支架
3	插接箱
4	金属软管
5	管卡子
6	金属线槽
7	计量表柜
8	防火堵料

图4-70 计量柜安装

三、防火

为防止电气竖井内电缆可能着火会导致严重事故，应有适当的阻火分隔和封堵，可采用防火堵料、填料或阻火包、耐火隔板等，并能承受巡视人员的荷载；阻火墙的构成，宜采用阻火包、矿棉块等软质材料或防火堵料、耐火隔板等便于增添或更换电缆时不致损伤其他电缆的方式，且在可能经受积水浸泡或鼠害作用下具有稳固性的防火堵料，防火涂料和阻火包应选用国家鉴定的定型产品，使用中应首先检查产品是否过期失效，然后严格按照制造厂家的使用说明施工。

四、接地

电气竖井接地示例如图4-71所示。电气竖井内每层均设置楼层等电位联结端子板，将竖井内所有设备的金属外壳、金属线槽（或钢管）、电缆桥架、垂直接地干线、浪涌保护器接地端和建筑物结构钢筋预埋件等互相连通起来。电气竖井内沿电缆桥架或封闭式母线或墙面垂直敷设接地干线，该接地干线应与楼层等电位联结端子板、总等电位联结端子板和基础钢筋相连。

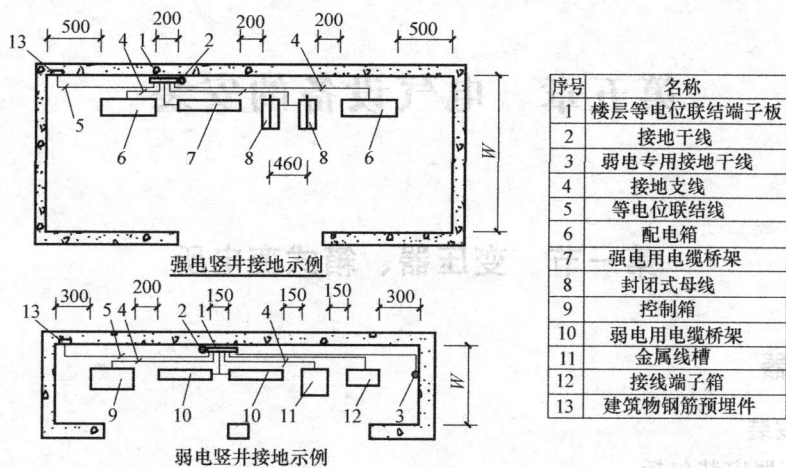

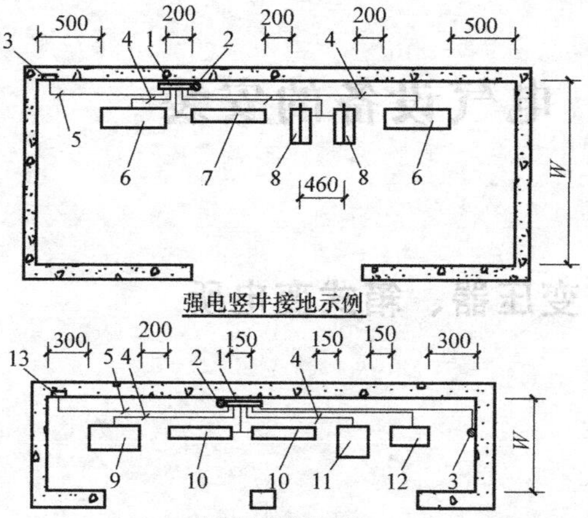

强电竖井接地示例

弱电竖井接地示例

序号	名称
1	楼层等电位联结端子板
2	接地干线
3	弱电专用接地干线
4	接地支线
5	等电位联结线
6	配电箱
7	强电用电缆桥架
8	封闭式母线
9	控制箱
10	弱电用电缆桥架
11	金属线槽
12	接线端子箱
13	建筑物钢筋预埋件

图 4-71　电气竖井接地

思　考　题

4-1　母线槽在水平和垂直安装时应注意什么？

4-2　导管或配线槽盒与各种管道的间距是多少？

4-3　金属槽盒如何沿墙敷设？如何做好接地和防火？

4-4　电缆桥架如何沿墙垂直安装？

4-5　钢导管如何进行连接？钢管沿顶和墙如何进行敷设？钢管怎样进出配电箱？

4-6　钢管与接线盒是如何进行连接的？钢管在吊顶内和隔墙内如何进行敷设？

4-7　硬塑料管沿楼板和墙如何敷设？

4-8　矿物绝缘电缆在沿墙面和盒上如何敷设？过伸缩缝时有何要求？

4-9　导线连接器如何进行导线连接？

4-10　钢索配线施工时应注意什么？

4-11　电气竖井内是如何布置的？

4-12　电缆桥架和金属线槽在竖井内如何进行垂直安装？配电箱如何安装？

第五章　电气设备的安装

第一节　变压器、箱式变电所

一、变压器

1. 变压器安装

油浸式变压器安装包括：

1）变压器高压侧进线方式：架空进线或电缆进线。

2）变压器低压侧出线方式：母线引出。

3）电源进线的断开点分为：不设断开点、设隔离（负荷）开关、设跌落式熔断器三种类型。

4）变压器室通风方式：自然通风，排风温度按45℃计算，进排风温差不超过15℃。

5）变压器室的布置尺寸能满足在运行中不停电进入室内维护和安全操作的要求，当不满足安全净距的要求时，应采取适当的安全措施。

6）当变压器容量≥800kV·A时，可按需要在顶板（梁）及后墙上安装吊心检查的吊钩及搬运的拉钩。

干式变压器安装包括：

1）变压器高压侧进线方式：高压电缆上（下）进线。

2）变压器低压侧出线方式：30～1250kV·A电缆出线，250～2500kV·A母线出线。

3）电源进线的断开点分为：不设断开点、设隔离（负荷）开关、设断路器三种类型。

4）变压器布置型式：高压配电装置与变压器同站布置、高压配电装置与变压器不同站布置。

5）变压器温控器电源从低压配电系统接取。

2. 通道与围栏

室内、外配电装置的最小电气安全净距应符合表5-1的规定。

露天或半露天变电所的变压器四周应设高度不低于1.5m的固定围栏或围墙，变压器外廓与围栏或围墙的净距不应小于0.5m，变压器底部距地面不应小于0.3m。油重小于1000kg的相邻油浸变压器外廓之间的净距不应小于1.5m；油重1000～2500kg的相邻油浸变压器外廓之间的净距不应小于3.0m；油重大于2500kg的相邻油浸变压器外廓之间的净距不应小于5m；当不能满足上述要求时，应设置防火墙。

当露天或半露天变压器供给一级负荷用电时，相邻油浸变压器的净距不应小于5m；当小于5m时，应设置防火墙。

油浸变压器外廓与变压器室墙壁和门的最小净距，应符合表5-2的规定。

表 5-1　室内、外配电装置的最小电气安全净距　　（单位：mm）

监控项目	场所	额定电压/kV						符号
		≤1	3	6	10	15	20	
无遮拦裸带电部分至地（楼）面之间	室内	2500	2500	2500	2500	2500	2500	
	室外	2500	2700	2700	2700	2800	2800	
裸带电部分至接地部分和不同的裸带电部分之间	室内	20	75	100	125	150	180	A
	室外	75	200	200	200	300	300	
距地面 2500mm 以下的遮拦防护等级为 IP2X 时，裸带电部分与遮护物间水平净距	室内	100	175	200	225	250	280	B
	室外	175	300	300	300	400	400	
不同时停电检修室内的无遮拦裸导体之间的水平距离	室内	1875	1875	1900	1925	1950	1980	—
	室外	2000	2200	2200	2200	2300	2300	
裸带电部分至无孔固定遮拦	室内	50	105	130	155			—
裸带电部分至用钥匙或工具才能打开或拆卸的栅栏	室内	800	825	850	875	900	930	C
	室外	825	950	950	950	1050	1050	
高低压引出线的套管至室外、户外通道地面	室外	3650	4000	4000	4000	4000	4000	—

注：1. 海拔超过 1000m 时，表中符号 A 后的数值应按每升高 100m 增大 1% 进行修正，符号 B、C 后的数值应加上符号 A 的修正值。
2. 裸带电部分的遮拦高度不小于 2.2m。

表 5-2　油浸变压器外廓与变压器室墙壁和门的最小净距　　（单位：mm）

变压器容量/kV · A	100～1000	1250 以上
变压器外廓与后壁、侧壁	600	800
变压器外廓与门	800	1000

注：不考虑室内油浸变压器的就地检修。

设置在变电所内的非封闭式干式变压器，应装设高度不低于 1.8m 的固定围栏，围栏网孔不应大于 40mm×40mm。变压器的外廓与围栏的净距不宜小于 0.6m，变压器之间的净距不应小于 1.0m。

3. 基础检验及现场布置

干式变压器基础预埋如图 5-1 所示。

1）检查孔洞位置正确，符合图样要求。

2）检查基础埋件布置符合图样要求，牢固可靠。

3）检查基础平台高低误差不大于 3mm。

4）检查接地引出线数量和位置符合图样要求。

5）大型工器具摆放整齐、合理。

6）现场消防器材布置合理。

4. 变压器稳装

变压器就位时，应注意其方位和距墙尺寸应与图样相符，允许误差为 ±25mm，图样无标注时，纵向按轨道定位，横向距离不得小于 800mm，距门不得小于 1000mm。干式变压器安装图样无注明时，安装、维修最小环境距离应符合图 5-2 要求。

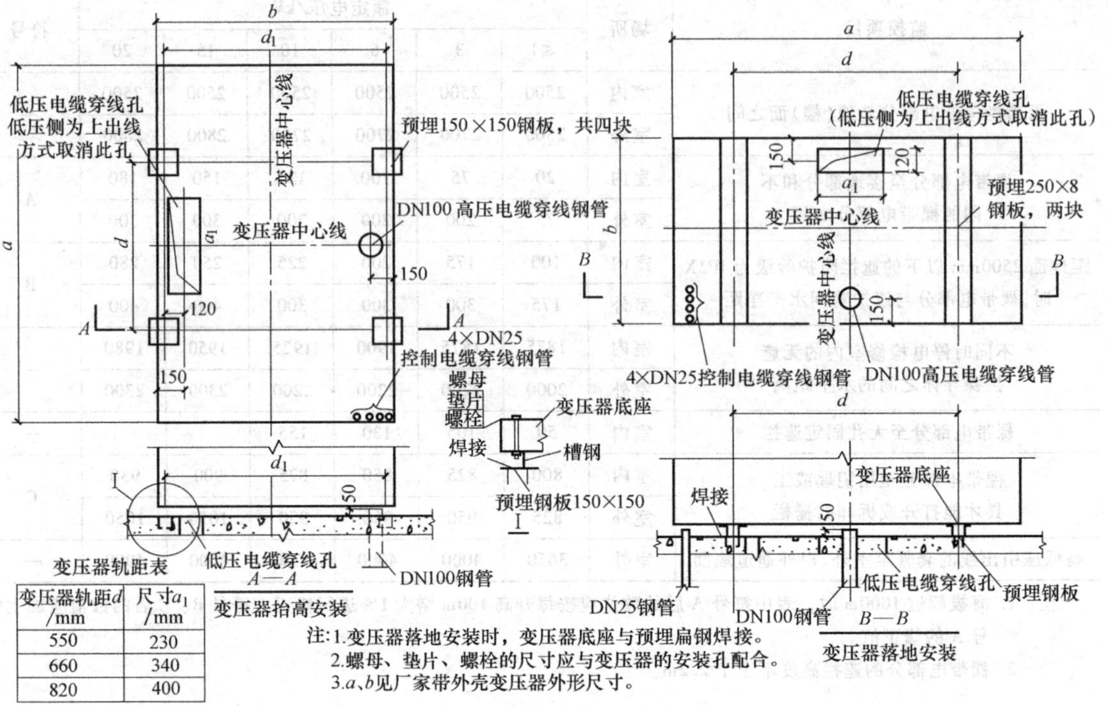

变压器轨距d /mm	尺寸a_1 /mm
550	230
660	340
820	400

图 5-1　干式变压器基础预埋

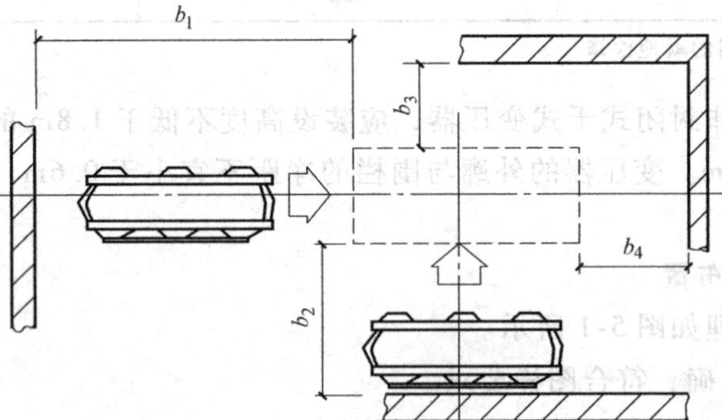

图 5-2　安装最小环境距离

变压器基础的轨道应水平，轨距与轮距应配合，装有气体继电器的变压器，应使其顶盖沿气体继电器气流方向有1% ~1.5%的升高坡度（制造厂规定不需安装坡度者除外）。

变压器宽面推进时，低压侧应向外；窄面推进时，储油柜侧一般应向外。

油浸变压器的安装，应考虑能在带电的情况下，便于检查储油柜中的油位、上层油温、气体继电器等。

变压器的安装应采取抗震措施。

5. 变压器连线

变压器的一、二次连线，地线、控制管线均应符合相应各工艺标准的规定。

变压器一、二次引线的施工不应使变压器的套管直接承受应力。

变压器中性导体与中性点接地导体应分别敷设。中性导体与接地极的连接宜采用焊接，接地线与电气设备的连接可用螺栓和焊接，用螺栓时应设防松螺母或防松垫片，PE 线可用电缆，一般与相线相等，但要不小于相线的一半，变压器中性点接地线大小要考虑最大不平衡电流的影响，中性点铜 25mm^2，钢 50mm^2。变压器的接地如图 5-3 所示。

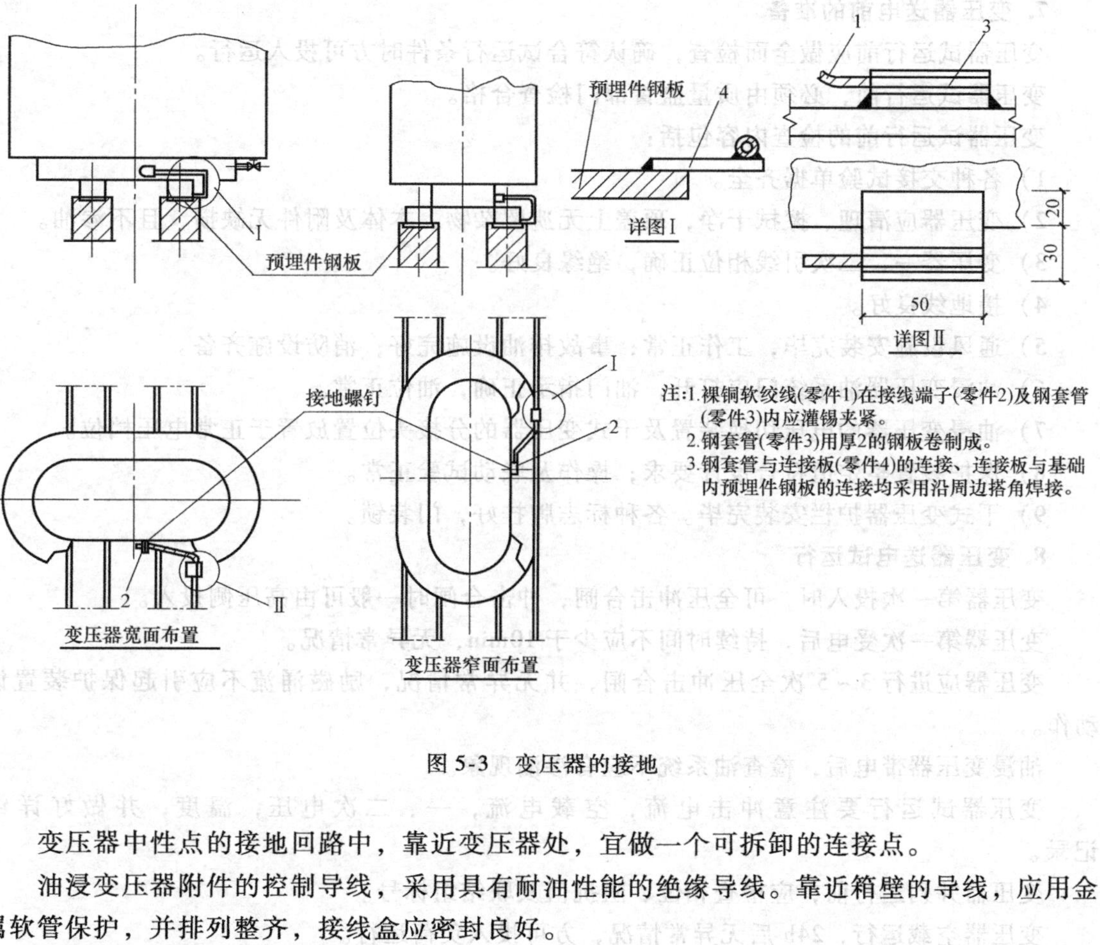
预埋件钢板
4
详图Ⅰ
1
3
20
30
50
详图Ⅱ
I
预埋件钢板
接地螺钉
I
2
2
Ⅱ
变压器宽面布置
变压器窄面布置
注:1.裸铜软绞线(零件1)在接线端子(零件2)及钢套管(零件3)内应灌锡夹紧。
2.钢套管(零件3)用厚2的钢板卷制成。
3.钢套管与连接板(零件4)的连接、连接板与基础内预埋件钢板的连接均采用沿周边搭角焊接。

图 5-3 变压器的接地

变压器中性点的接地回路中，靠近变压器处，宜做一个可拆卸的连接点。

油浸变压器附件的控制导线，采用具有耐油性能的绝缘导线。靠近箱壁的导线，应用金属软管保护，并排列整齐，接线盒应密封良好。

6. 变压器的交接试验

变压器的交接试验应由当地供电部门许可的实验室进行。试验标准应符合 GB 50150—2016《电气装置安装工程 电气设备交接试验标准》、当地供电部门规定及产品技术资料的要求。

变压器交接试验的内容包括：

1） 测量绕组连同套管的直流电阻。

2） 检查所有分接头的电压比。

3） 检查变压器的三相接线组别和单相变压器引出线的极性。

4）测量绕组连同套管的绝缘电阻、吸收比或极化指数。

5）绕组连同套管的交流耐压试验。

6）测量与铁心绝缘的各紧固件及铁心接地线引出套管对外壳的绝缘电阻。

7）绝缘油试验。

8）有载调压切换装置的检查和试验。

9）额定电压下的冲击合闸试验。

10）检查相位。

11）测量噪声。

7. 变压器送电前的准备

变压器试运行前应做全面检查，确认符合试运行条件时方可投入运行。

变压器试运行前，必须由质量监督部门检查合格。

变压器试运行前的检查内容包括：

1）各种交接试验单据齐全。

2）变压器应清理、擦拭干净，顶盖上无遗留杂物，本体及附件无缺损，且不渗油。

3）变压器一、二次引线相位正确，绝缘良好。

4）接地线良好。

5）通风设施安装完毕，工作正常；事故排油设施完好；消防设施齐备。

6）油浸变压器油系统门应打开，油门指示正确，油位正常。

7）油浸变压器的电压切换装置及干式变压器的分接头位置放置于正常电压档位。

8）保护装置整定值符合设计要求；操作及联动试验正常。

9）干式变压器护栏安装完毕。各种标志牌挂好，门装锁。

8. 变压器送电试运行

变压器第一次投入时，可全压冲击合闸，冲击合闸时一般可由高压侧投入。

变压器第一次受电后，持续时间不应少于10min，无异常情况。

变压器应进行3～5次全压冲击合闸，并无异常情况，励磁涌流不应引起保护装置误动作。

油浸变压器带电后，检查油系统不应有渗油现象。

变压器试运行要注意冲击电流，空载电流，一、二次电压，温度，并做好详细记录。

变压器并列运行前，应检查相位、阻抗值及联结组标号。

变压器空载运行，24h后无异常情况，方可投入负荷运行。

二、箱式变压器（箱变）

如图5-4所示，图中容量500kV·A及以下用括号内尺寸；预埋地脚采用螺钉固定或压板固定；进出线电缆导管两端做成喇叭口并磨光，内壁防腐，外壁防渗漏，导管穿电缆后密封处理；底座与基础间用水泥砂浆抹封，基础防水处理。

进行箱式变电站的基础施工，预埋相应的构件和电缆保护钢管。基础到达设计强度的70%以上后，箱式变电装置到达现场先进行检查，附件齐全、设备完好、无锈蚀或机械损伤后，方可进行设备的安装。

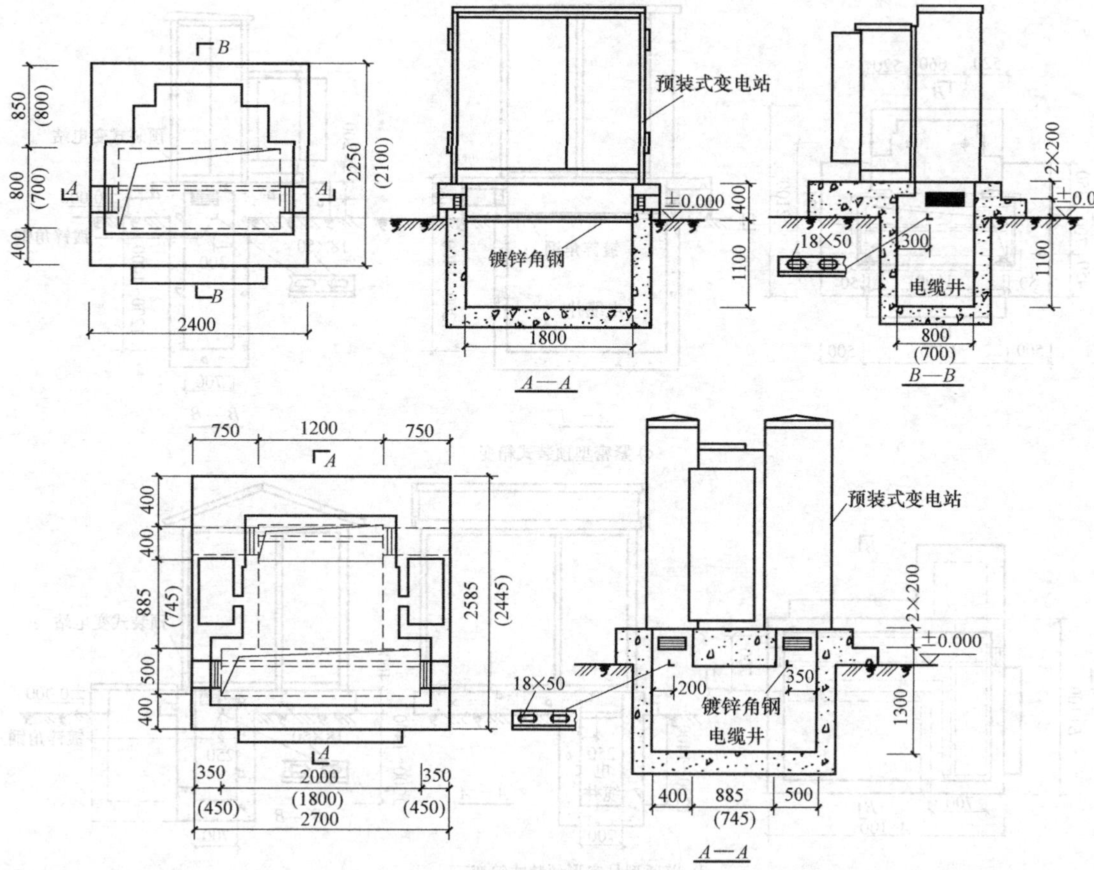

a) 组合共箱式品字形箱变

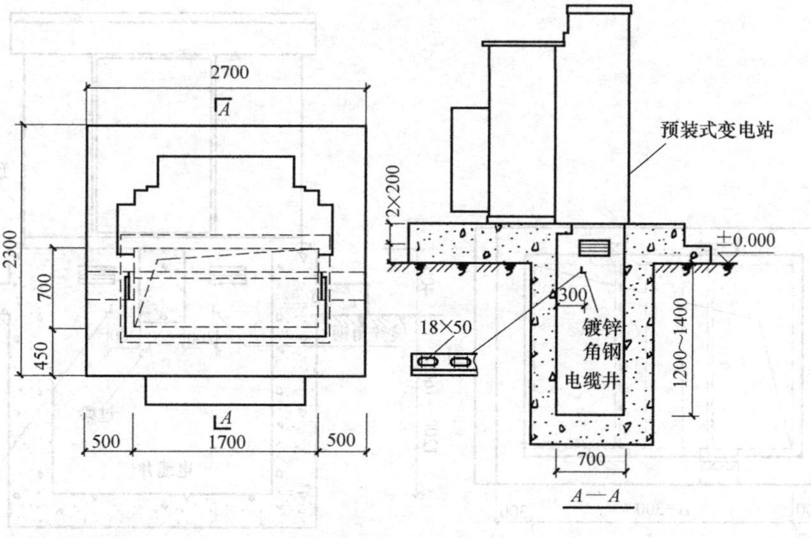

b) 预装型预装式箱变

图 5-4 预装式箱变安装

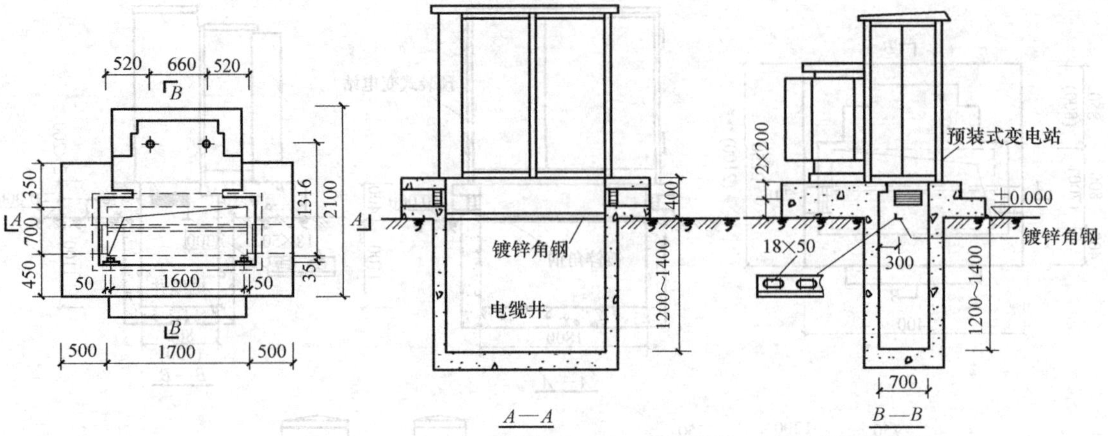

c) 紧密型预装式箱变

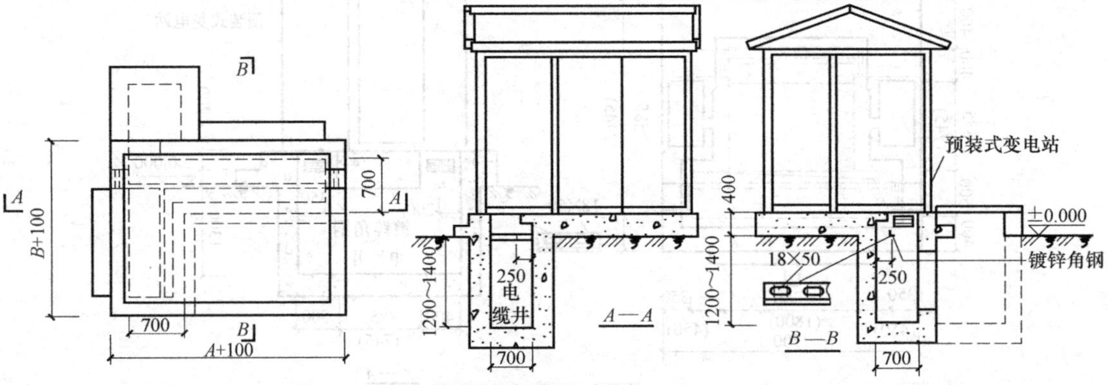

d) 普通型品字形预装式箱变

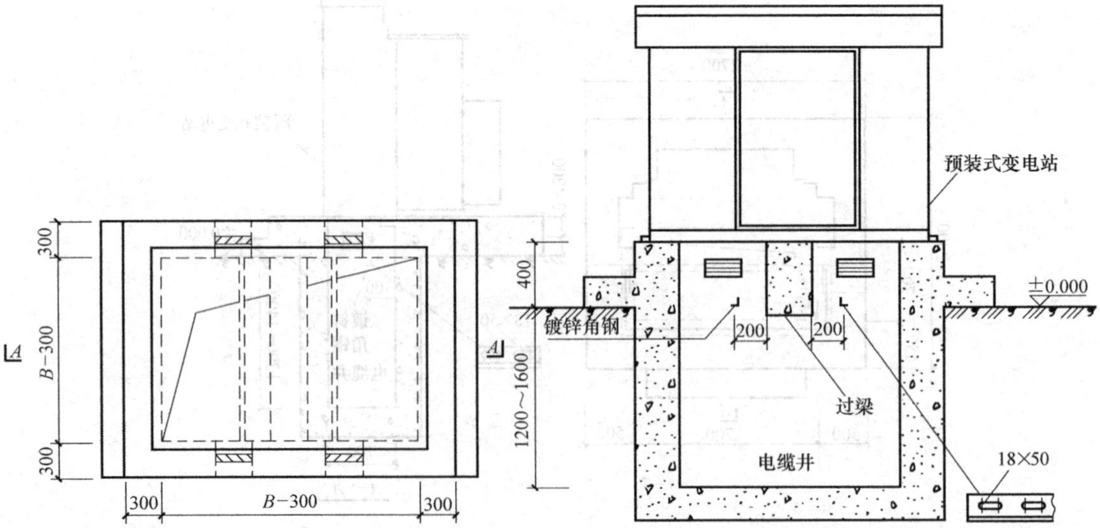

e) 普通型目字形预装式箱变

图 5-4 预装式箱变安装（续）

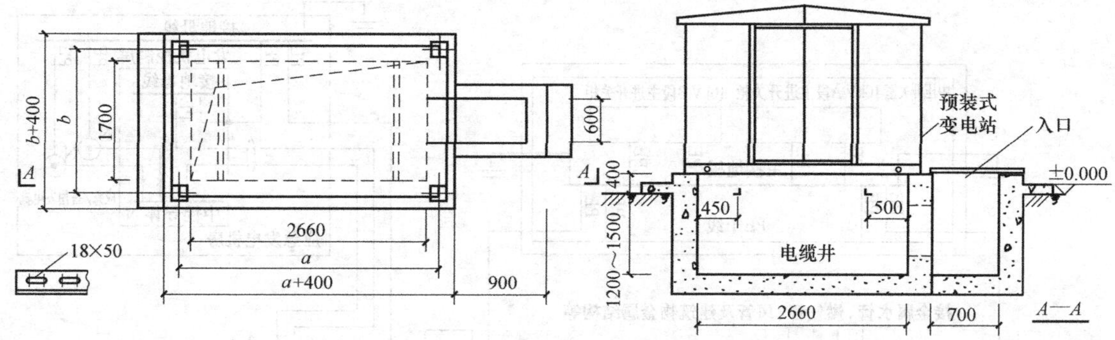

f) 智能型目字形预装式箱变

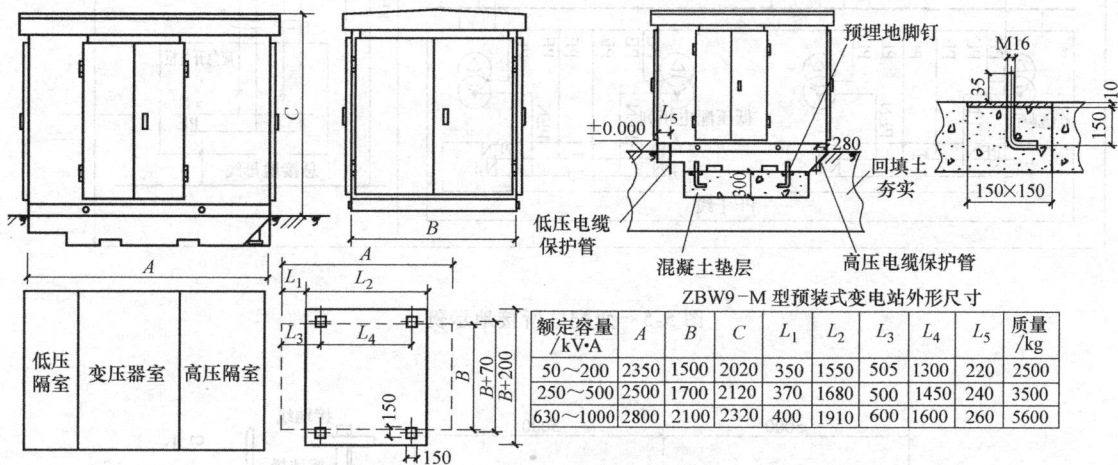

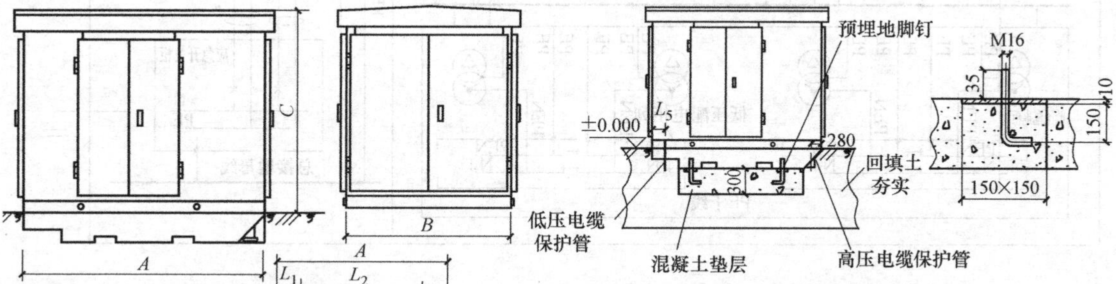

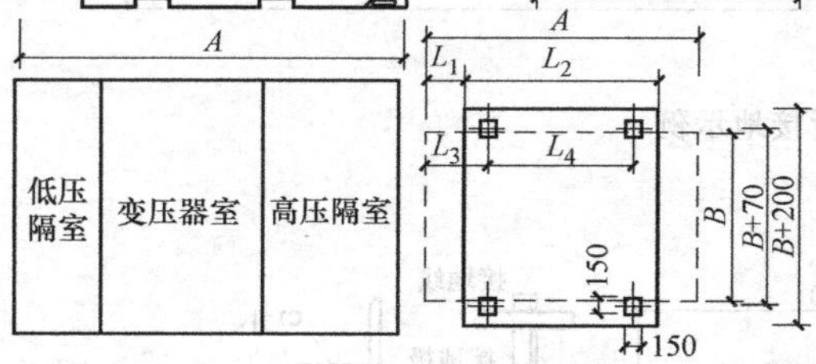

ZBW9-M 型预装式变电站外形尺寸

额定容量/kV·A	A	B	C	L_1	L_2	L_3	L_4	L_5	质量/kg
50～200	2350	1500	2020	350	1550	505	1300	220	2500
250～500	2500	1700	2120	370	1680	500	1450	240	3500
630～1000	2800	2100	2320	400	1910	600	1600	260	5600

g) 普通型沉箱型预装式箱变

图 5-4 预装式箱变安装（续）

三、接地

1. 变电所接地

变配电所接地示例如图 5-5 所示。低压配电系统接地型式按 TN-C-S 系统绘制，应急发电机系统接地型式按 IT 系统。

2. 箱式变接地

箱式变电站周围打接地网，接地网与周围建筑接地网相连，如图 5-6 所示。

接地电阻值要求不超过 4Ω，如不合格则补打接地板。接地极、接地线热镀锌。

3. 变压器中性点接地

1）TN-S 系统。TN-S 系统的中性导体与保护导体是分开的。变压器中性接地线采用电缆穿保护管敷设接至变压器室接地端子板。变压器外壳接地线接至设在变压器室的 PE 干线，变压器室接地端子板引至户外接地装置的接地线采用 2 根裸导体。配电变压器高压侧工作于不接地系统且保护接地电阻不大于 4Ω，变压器室为高式，变压器为全密封油浸变压器。TN-S 系统变压器中性点的接地如图 5-7 所示。

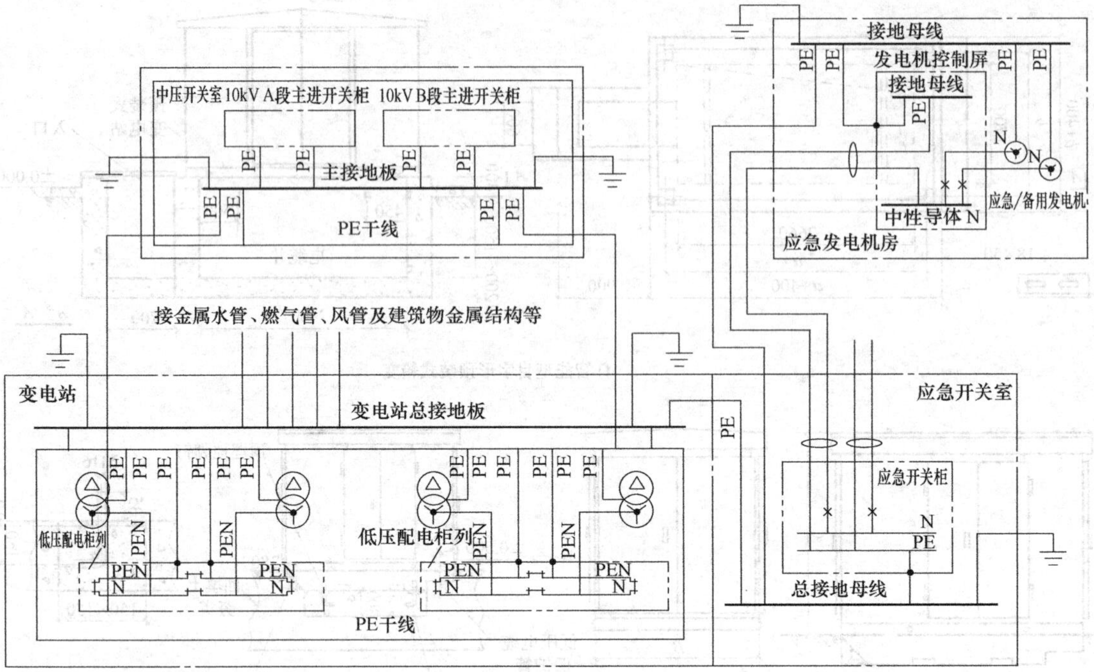

图5-5 变配电所接地示例

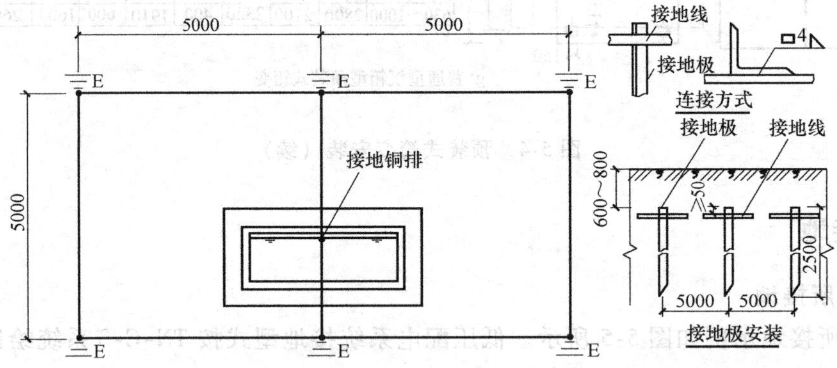

图5-6 接地

2）TN-C系统。TN-C系统变压器保护接地和功能接地共用接地装置时，为防止杂散电流，TN-C系统的保护中性接地线采用电缆穿保护管敷设接至变压器室接地端子板。配变电所低压总进线断路器不设剩余电流动作保护，PEN线可兼作保护导体和中性导体。变压器外壳接地线接至设在变压器室的接地线。变压器室接地端子板引至户外接地装置的接地线采用2根裸导体。配电变压器高压侧工作于不接地系统且保护接地电阻不大于4Ω，变压器室为高式，变压器为全密封油浸变压器。TN-C系统变压器中性点的接地如图5-8所示。

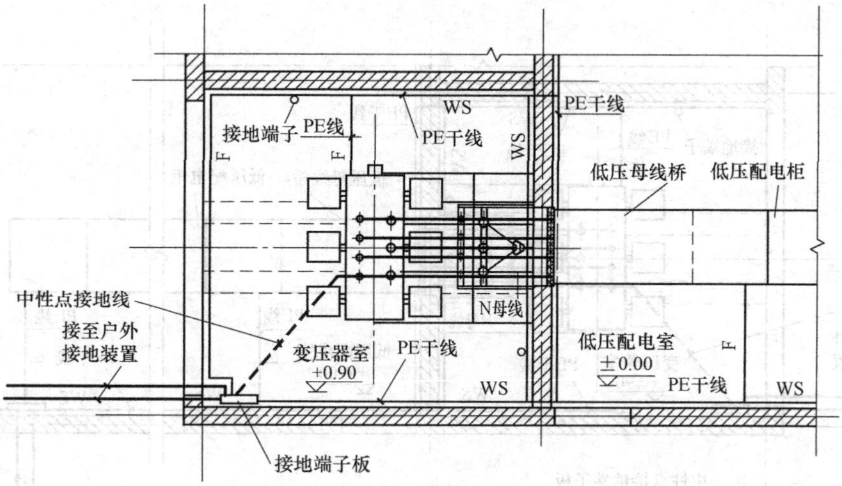

图 5-7 TN-S 系统变压器中性点的接地

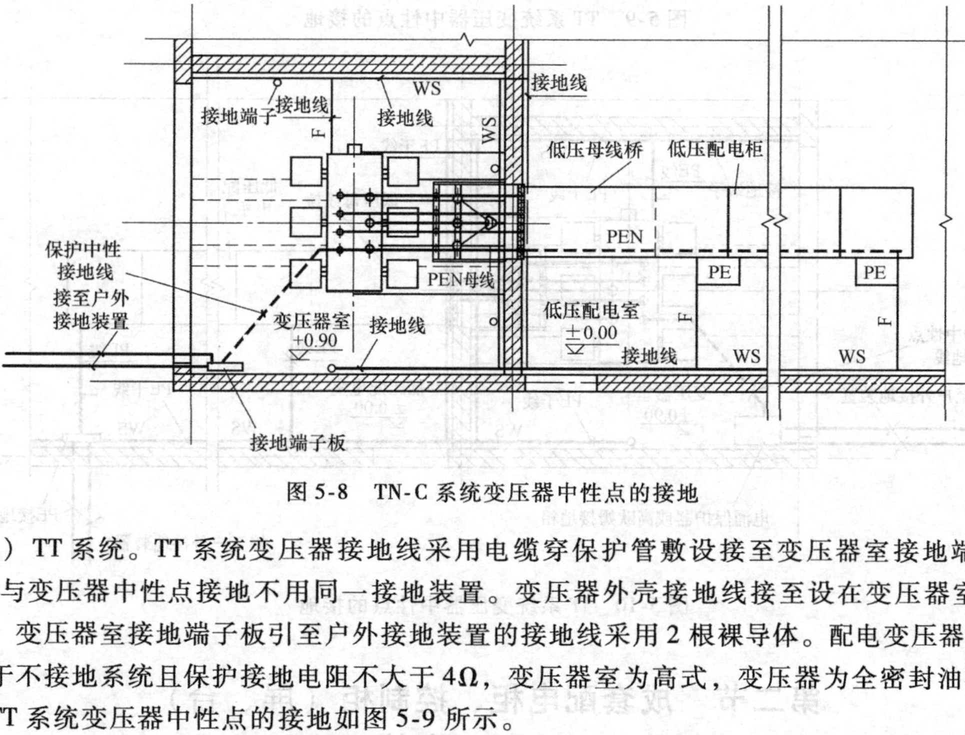

图 5-8 TN-C 系统变压器中性点的接地

3）TT 系统。TT 系统变压器接地线采用电缆穿保护管敷设接至变压器室接地端子板。PE 线与变压器中性点接地不用同一接地装置。变压器外壳接地线接至设在变压器室的 PE 干线。变压器室接地端子板引至户外接地装置的接地线采用 2 根裸导体。配电变压器高压侧工作于不接地系统且保护接地电阻不大于 4Ω，变压器室为高式，变压器为全密封油浸变压器。TT 系统变压器中性点的接地如图 5-9 所示。

4）IT 系统。IT 系统变压器中性点不接地或通过电涌保护器，高阻抗接地，IT 系统电气装置的外露可导电部分直接接地，变压器外壳接地利用低压配电室和变压器室的 PE 干线。IT 系统变压器中性点采用电缆穿保护管敷设至电涌保护器或高阻抗接地箱，不接地或通过电涌保护器，高阻抗接地。IT 系统电气装置的外露可导电部分直接接地，电缆及保护钢管型号规格由工程设计确定。变压器室接地端子板引至户外接地装置的接地线采用 2 根裸导体，配电变压器高压侧工作于不接地系统且保护接地电阻不大于 4Ω，变压器室为高式，变压器为全密封油浸变压器。IT 系统变压器中性点的接地如图 5-10 所示。

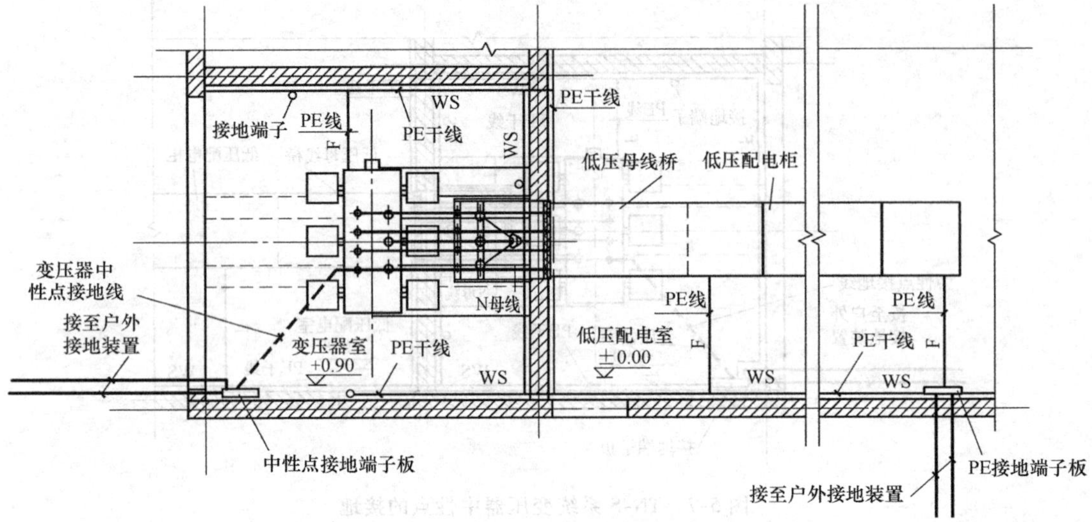

图 5-9 TT 系统变压器中性点的接地

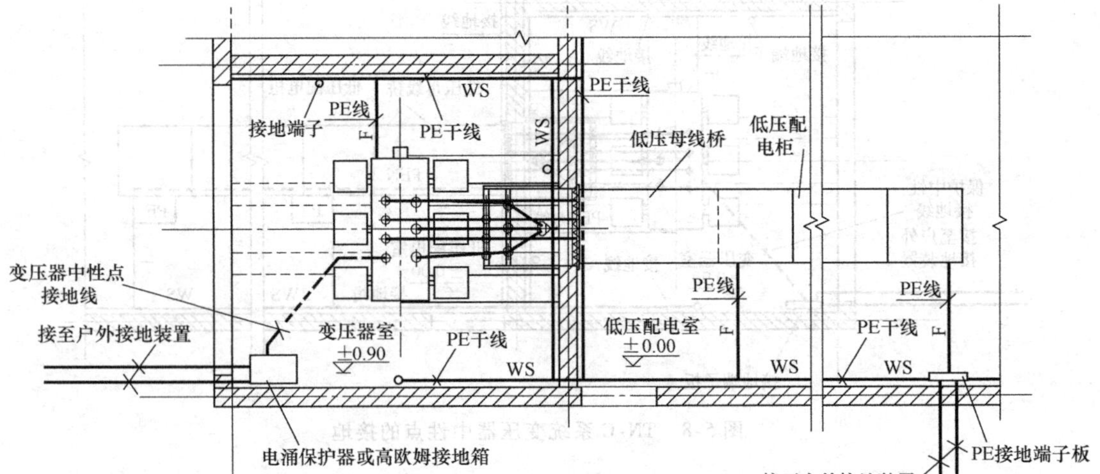

图 5-10 IT 系统变压器中性点的接地

第二节 成套配电柜、控制柜（屏、台）和动力、照明配电箱（盘）

一、基础

1. 高压开关柜基础及地沟

高压开关柜基础及地沟如图 5-11 所示。一次电缆沟及二次电缆沟的尺寸由用户根据实际情况确定，不应影响预埋槽钢的强度。*A* 为柜深，*B* 为柜宽。沟内电缆支架根据具体工程设计。

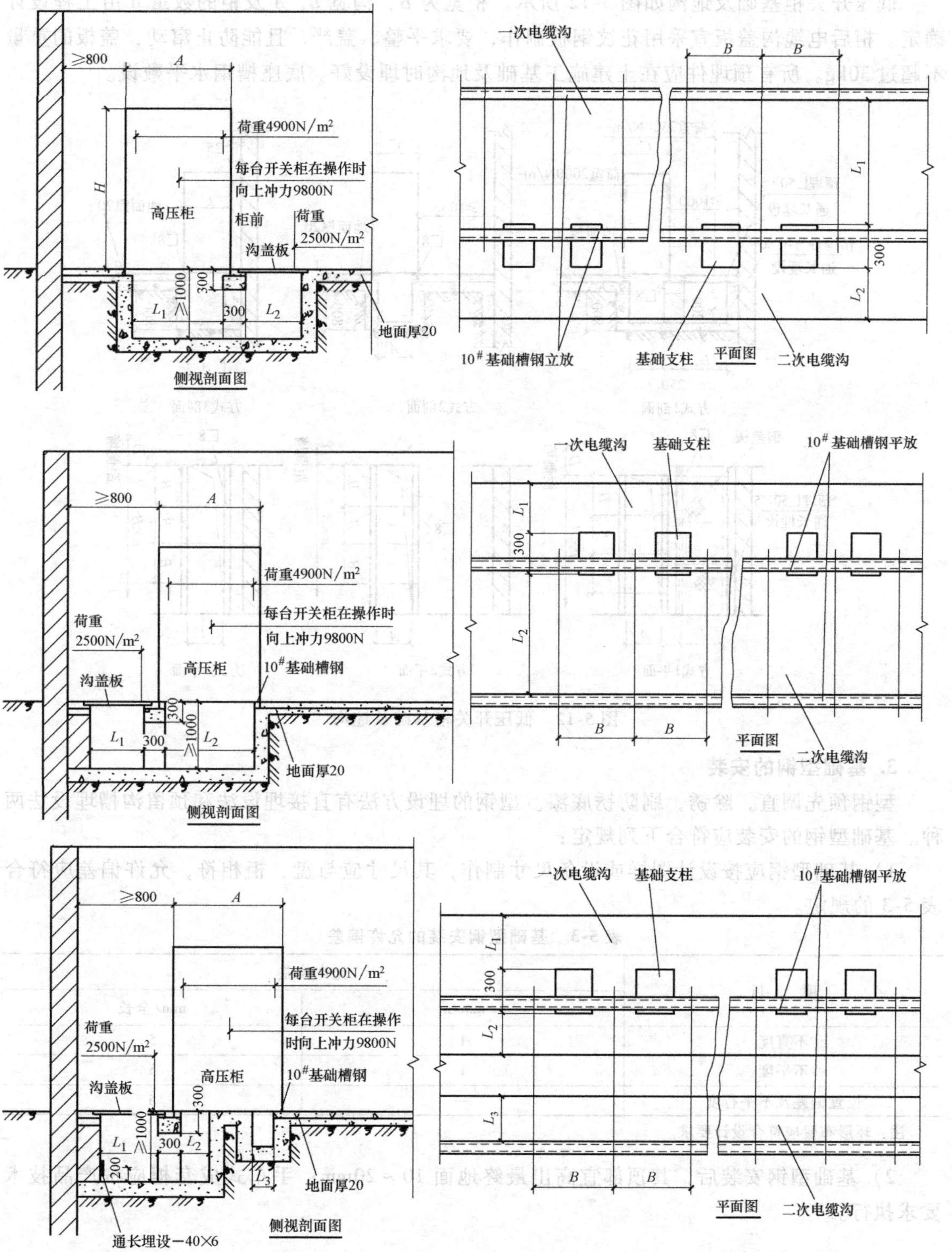

图 5-11　高压开关柜基础及地沟

2. 低压开关柜基础及地沟

低压开关柜基础及地沟如图5-12所示。柜宽为B，沟宽L，A及柜的数量n由工程设计确定。柜后电缆沟盖板宜采用花纹钢板制作，要求平整、盖严，且能防止窜动，盖板的重量不超过30kg。所有预埋件应在土建施工基础及地沟时埋设好。底座槽钢水平敷设。

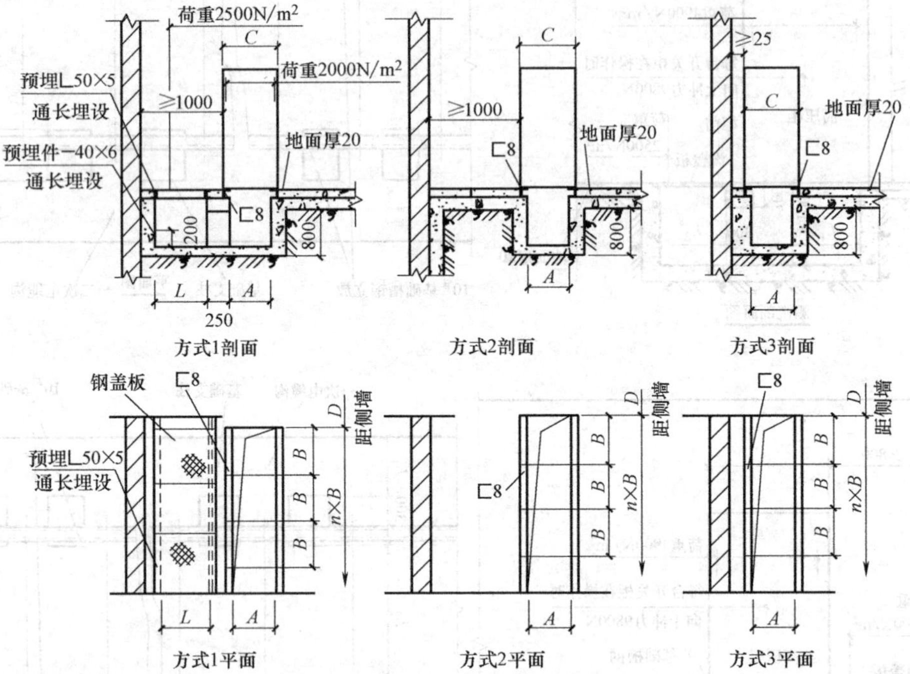

图5-12 低压开关柜基础及地沟

3. 基础型钢的安装

型钢预先调直，除锈，刷防锈底漆。型钢的埋设方法有直接埋设法和预留沟槽埋设法两种。基础型钢的安装应符合下列规定：

1）基础型钢应按设计图样或设备尺寸制作，其尺寸应与盘、柜相符，允许偏差应符合表5-3的规定。

表5-3 基础型钢安装的允许偏差

项 目	允许偏差	
	mm/m	mm/全长
不直度	1	5
不平度	1	5
位置偏差及不平行度	—	5

注：环形布置应符合设计要求。

2）基础型钢安装后，其顶部宜高出最终地面10～20mm；手车式成套柜应按产品技术要求执行。

二、开关柜的固定

开关柜的固定如图5-13所示。底板应在土建施工基础时预先埋入。安装时，先将底座槽钢与底板焊接，应保持底座槽钢平整。高压开关柜与底座槽钢沿周边点焊固定或用螺栓固定，二次浇灌层应与槽钢面一样平。低压开关柜将柜屏与底座槽钢沿周边断续焊接固定或用螺栓固定。柜屏下面基础的形式和电缆沟由工程设计确定。*A* 为开关柜柜深，*B* 为开关柜柜宽，*H* 为开关柜高度，*G*、*F* 由设计确定。

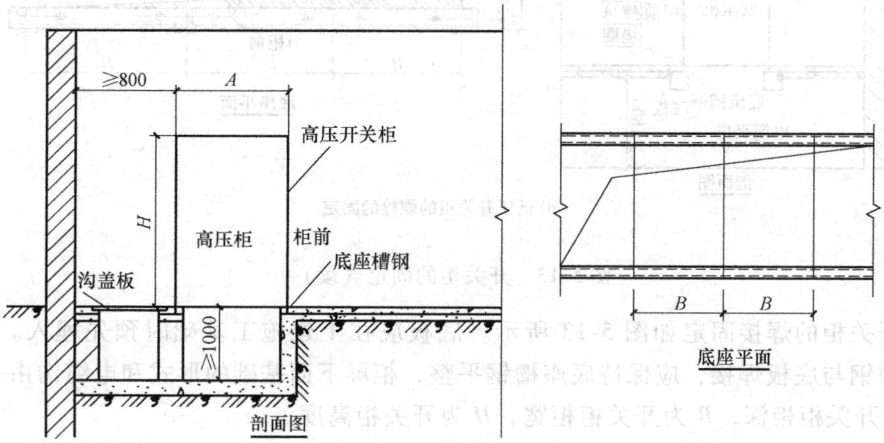

a) 高压开关柜的焊接的固定

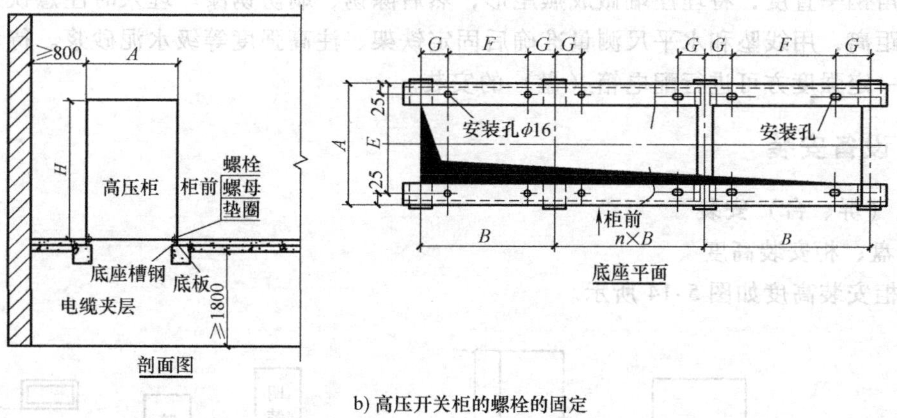

b) 高压开关柜的螺栓的固定

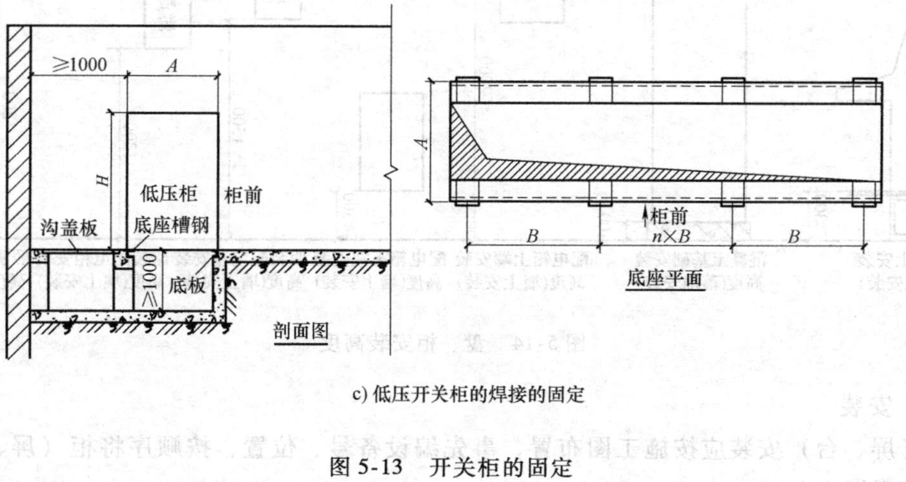

c) 低压开关柜的焊接的固定

图 5-13　开关柜的固定

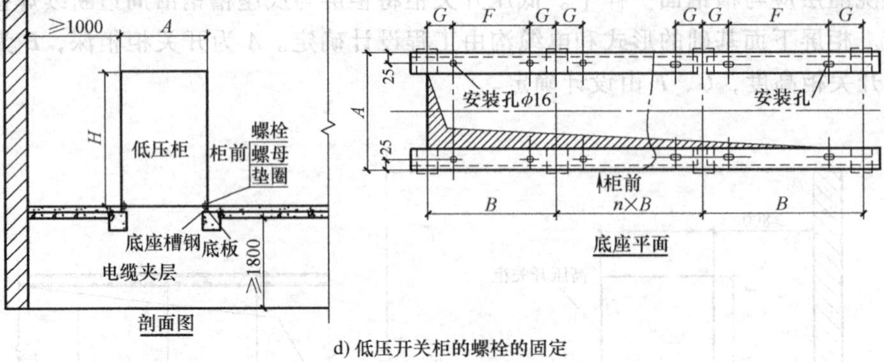

d) 低压开关柜的螺栓的固定

图5-13 开关柜的固定（续）

低压开关柜的焊接固定如图5-13所示。底板应在土建施工基础时预先埋入。安装时，先将底座槽钢与底板焊接，应保持底座槽钢平整，柜屏下面基础的形式和电缆沟由工程设计确定。A为开关柜柜深，B为开关柜柜宽，H为开关柜高度。

配电箱安装可用铁架固定或金属膨胀螺栓可靠连接、牢固固定。铁架加工应按尺寸下料，找好角钢平直度，将埋注端做成燕尾形，然后除锈，刷防锈漆。埋入时注意铁架平直度和螺孔间距离，用线坠和水平尺测量准确后固定铁架、注高强度等级水泥砂浆。待水泥砂浆凝固后达一定强度方可进行配电箱（盘）的安装。

三、设备安装

1. 柜（屏、台）安装

（1）盘、柜安装高度

盘、柜安装高度如图5-14所示。

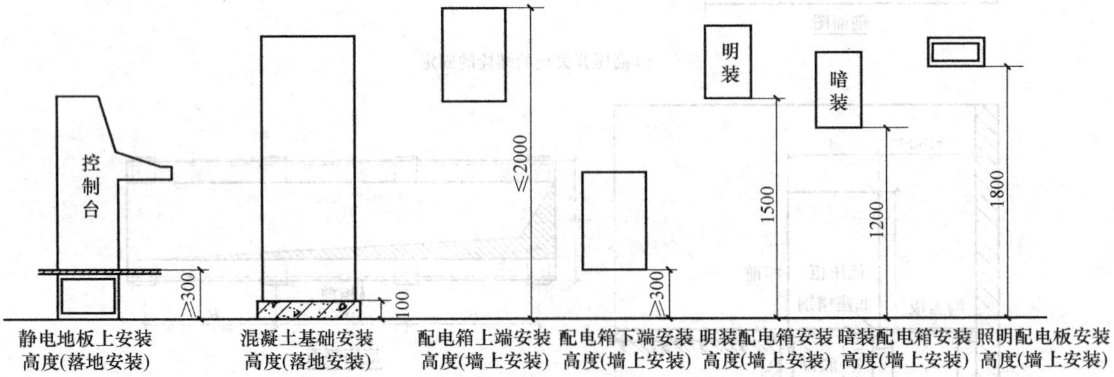

图5-14 盘、柜安装高度

（2）安装

柜（屏、台）安装应按施工图布置，事先编设备号、位置，按顺序将柜（屏、台）安放到基础型钢上。

单独柜（屏、台）只找下面板与侧面的垂直度。成列柜（屏、台）顺序就位后先找正两端的，然后在从柜下至上三分之二高的位置上挂小线逐台找正，以柜（屏、台）面为准。找正时采用0.5mm铁片调整，每处垫片最多不超过三片。然后，按底固定螺孔尺寸在基础型钢上定位钻孔，无特殊要求时，低压柜用M12，高压柜用M16镀锌螺栓固定。

落地式配电柜安装如图5-15所示。

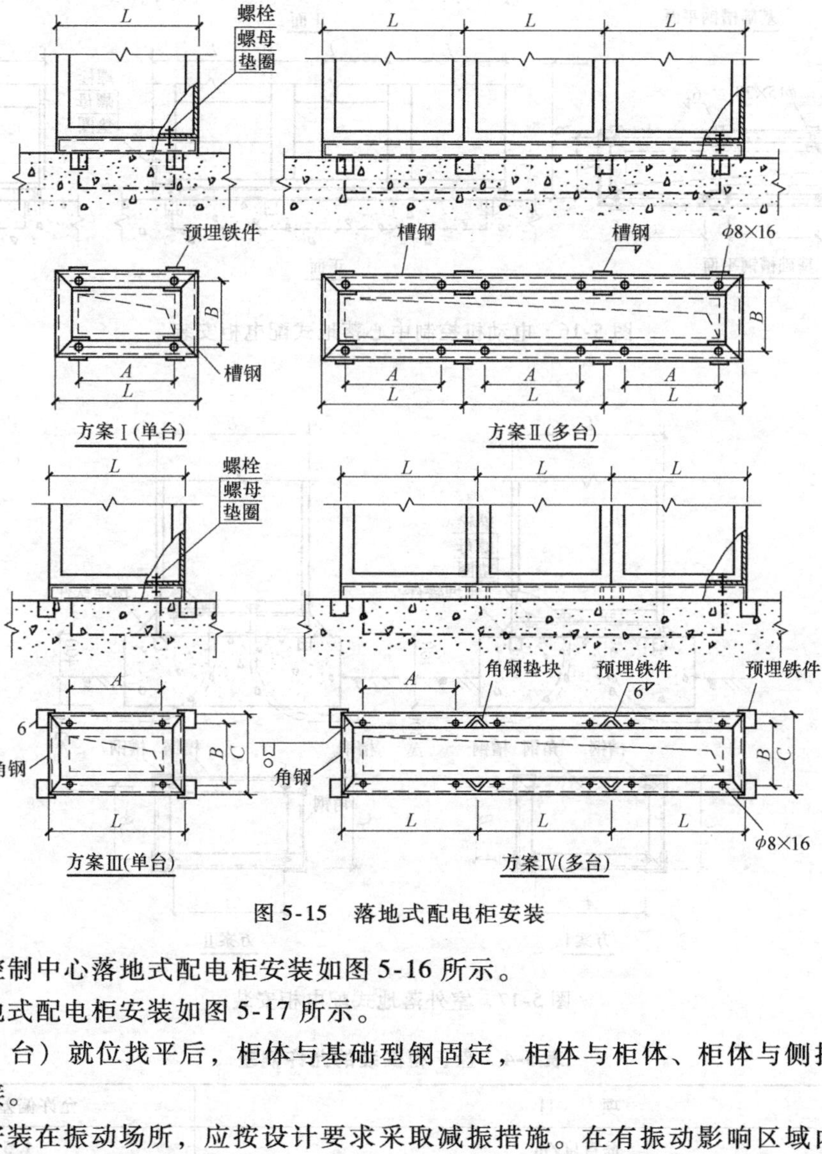

图5-15　落地式配电柜安装

电动机控制中心落地式配电柜安装如图5-16所示。

室外落地式配电柜安装如图5-17所示。

柜（屏、台）就位找平后，柜体与基础型钢固定，柜体与柜体、柜体与侧挡板均应用镀锌螺栓连接。

盘、柜安装在振动场所，应按设计要求采取减振措施。在有振动影响区域内的控制盘柜，盘与底座间应加垫减振橡皮垫。橡皮垫可先粘结在底座上，橡皮垫上要对应固定螺栓孔冲眼或在内侧切割缺口。

盘、柜间及盘、柜上的设备与各构件间连接应牢固。控制、保护盘、柜和自动装置盘等与基础型钢不宜焊接固定。

盘、柜单独或成列安装时，其垂直、水平偏差及盘、柜面偏差和盘、柜间接缝等的允许偏差应符合表5-4的规定。

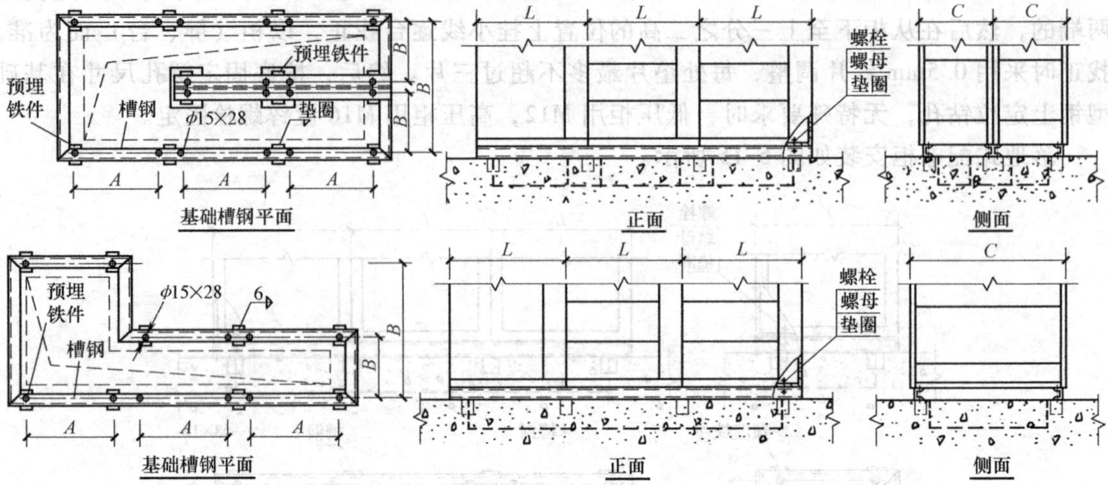

图 5-16 电动机控制中心落地式配电柜安装

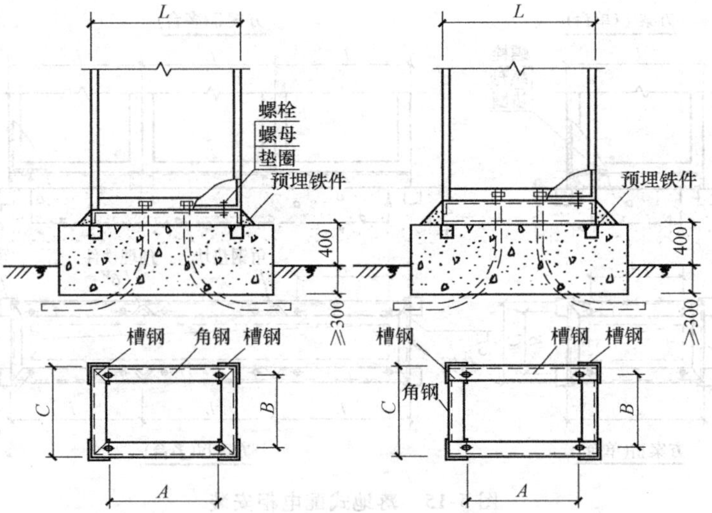

图 5-17 室外落地式配电柜安装

表 5-4 盘、柜安装的允许偏差

项目		允许偏差/mm
垂直度/m		1.5
水平偏差	相邻两盘顶部	2
	成列盘顶部	5
盘面偏差	相邻两盘边	1
	成列盘面	5
盘间接缝		2

端子箱安装应牢固、封闭良好，并应能防潮、防尘；安装位置应便于检查；成列安装时，应排列整齐。

柜（屏、台）漆层应完整无损，色泽一致。固定电器的支架均应刷漆。

2. 配电箱（盘）安装

弹线定位：根据设计要求找出配电箱（盘）位置，并按照箱（盘）处形尺寸进行弹线定位。配电箱安装底口距地一般为1.5m，明装电能表板底口距地不小于1.8m。在同一建筑物内，同类箱盘高度应一致，允许偏差10mm。

（1）配电箱具体安装要求

1）配电箱（盘）安装应牢固、平正，其允许偏差不应大于3mm，配电箱体高水平50cm，允许偏差1.5mm。

2）配电箱（盘）上配线要排列整齐、并绑扎成束，活动部位用长钉固定。盘面引出或引进线留有适当余度，以便于检修。

3）导线剥削处不应损坏芯线和芯线过长，导线接头应牢固可靠，多股导线应挂锡后再压接，不得减少导线股数。

4）配电箱（盘）盘面上安装的各种刀开关及自动开关等，当处于断路状态时刀片可动部分和动触头不应带电。

5）TN-C中的中性导体应在箱体（盘面上）进户线处做好接地。

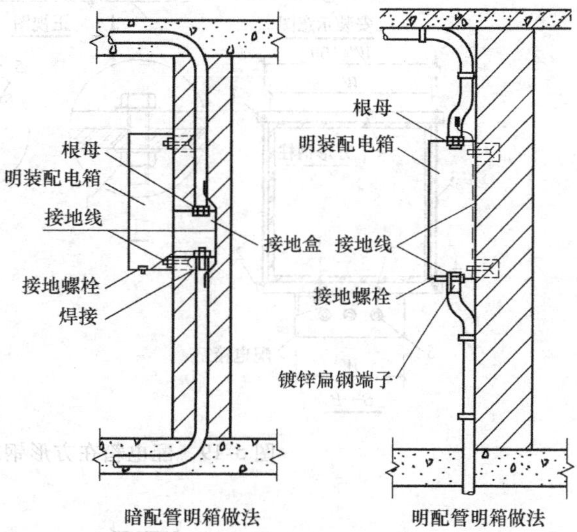

图5-18　明装

（2）明装配电箱（盘）

在混凝土墙上固定时，明装配电箱的进出线如图5-18所示。

配电箱在方形钢或工字钢柱上明装如图5-19所示。配电箱的宽度小于钢柱的宽度。

如有分线盒，先将分线盒内杂物清理干净，然后将导线理顺，分清支路和相序，接支路绑扎成束。

待箱（盘）找准位置后，将线端头引至箱内或盘上，逐个剥削导线端头，再逐个压接在器具上。同时将保护地线压在明显的地方，并将箱（盘）调整平直后用钢架或金属膨胀螺栓固定。在电具、仪表较多的盘面板安装后，应先用仪表核对有无差错，调整无误后试送电，并将卡片框内的卡片填写好部位，编上号。

（3）暗装配电箱

在混凝土墙上固定时，暗敷配电箱的进出线如图5-20所示。当水泥砂浆厚度小于30mm时，需钉铁丝网以防开裂。箱体宽度大于600mm时，宜加预制混凝土过梁。

配电箱在复合彩钢板墙上嵌入式安装适合于下进下出线，如图5-21所示。配电箱厚度应小于复合墙体梁宽度，宽度小于波谷宽度，不大于500mm。

在预留孔洞中将箱体找好标高及水平尺寸。稳住箱体后用水泥砂浆填实周边并抹齐，待水泥砂浆凝固后再安装盘面和贴脸。如箱底与外墙平齐时，应在外墙固定金属网后再做墙面

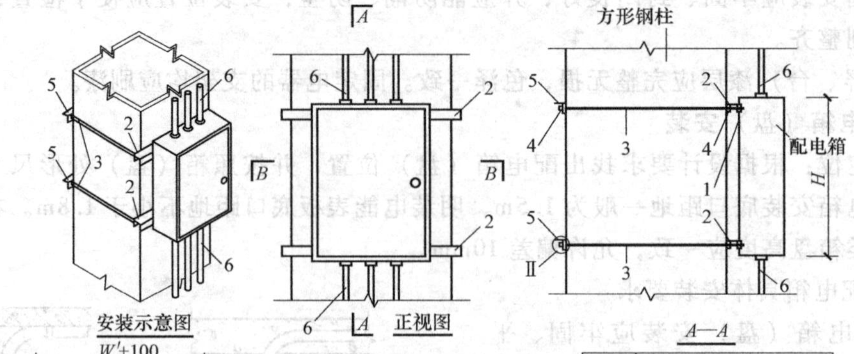

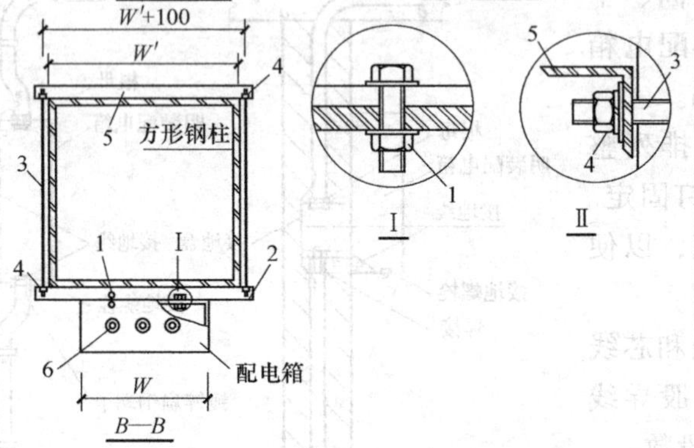

编号	名称
1	螺栓 螺母 弹簧垫圈 垫片
2	槽钢
3	丝杆
4	螺母 弹簧垫圈 垫片
5	角钢
6	电气管线

图 5-19　配电箱在方形钢或工字钢柱上明装

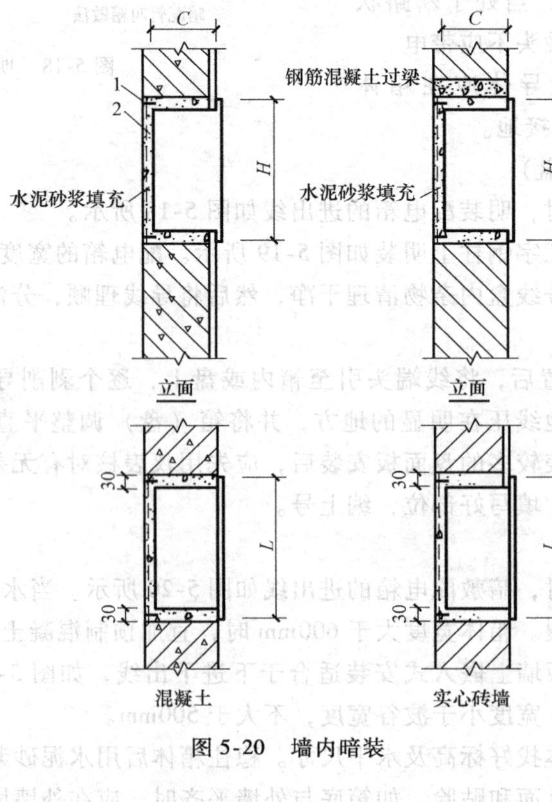

图 5-20　墙内暗装

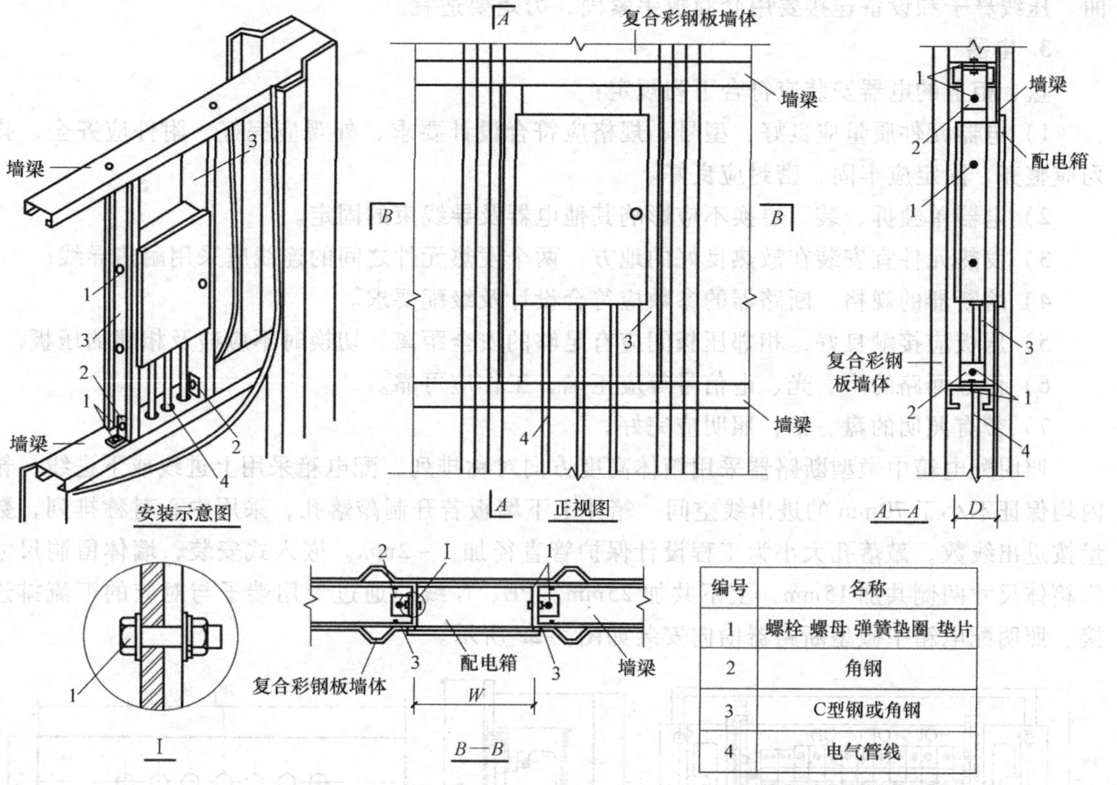

编号	名称
1	螺栓 螺母 弹簧垫圈 垫片
2	角钢
3	C型钢或角钢
4	电气管线

图 5-21 配电箱在复合彩钢板墙上嵌入式安装

抹灰，不得在箱底板上直接抹灰。安装盘面要求平整，周边间隙均匀对称，贴脸（门）平正，不歪斜，螺钉垂直受力均匀。

四、盘、柜上的电器安装

1. 母线

1）柜内母线安装，必须符合设计要求。

2）母线应镀锌，表面应光滑平整，不应有裂纹、变形和扭曲缺陷。

3）金属紧固件及卡件，必须符合设计要求，应是镀锌制品的标准件。

4）绝缘材料及瓷件的型号、规格、电压等级应符合设计要求。外观质量无损伤及裂纹、绝缘良好。

5）母线采用螺栓连接时，螺栓、平垫、弹簧垫必须匹配齐全，螺栓紧固后丝扣应露出螺母外 5～8mm。

6）母线相序排列必须符合规范要求。安装应平整、整齐、美观。

2. 电缆

1）馈电电缆进入柜内要做热缩电缆头，相线要套热缩相色带，电缆头制作好后，要牢固固定在柜底部电缆支架上。相线过长要加装绝缘橡胶垫，用卡子固定在柜体上。

2）电缆头与设备连接时相序颜色要一致。

3）$16mm^2$ 以上的导线要用压线鼻子和设备连接。电缆头的相线要顺直，不要受外力扭曲。压线鼻子和设备连接要用套筒扳手紧固，力矩要适宜。

3. 电器

盘、柜上的电器安装应符合下列规定：

1）电器元件质量应良好，型号、规格应符合设计要求，外观应完好，附件应齐全，排列应整齐，固定应牢固，密封应良好。

2）电器单独拆、装、更换不应影响其他电器及导线束的固定。

3）发热元件宜安装在散热良好的地方，两个发热元件之间的连线应采用耐热导线。

4）熔断器的规格、断路器的参数应符合设计及级配要求。

5）压板应接触良好，相邻压板间应有足够的安全距离，切换时不应碰及相邻的压板。

6）信号回路的声、光、电信号等应正确，工作应可靠。

7）带有照明的盘、柜，照明应完好。

照明配电箱中微型断路器采用箱体高度方向对称排列，配电箱采用上进线或下进线，箱内均保证不小于70mm的进出线空间。箱体上下堵板若开制敲落孔，采用中心对称排列，数量按进出线数，敲落孔大小为工程设计保护管直径加1～2mm。嵌入式安装，墙体留洞尺寸为箱体尺寸两侧共加15mm，上下共加25mm。PE、N线应通过专用端子与对应的汇流排连接。照明配电箱中微型断路器横向安装如图5-22所示。

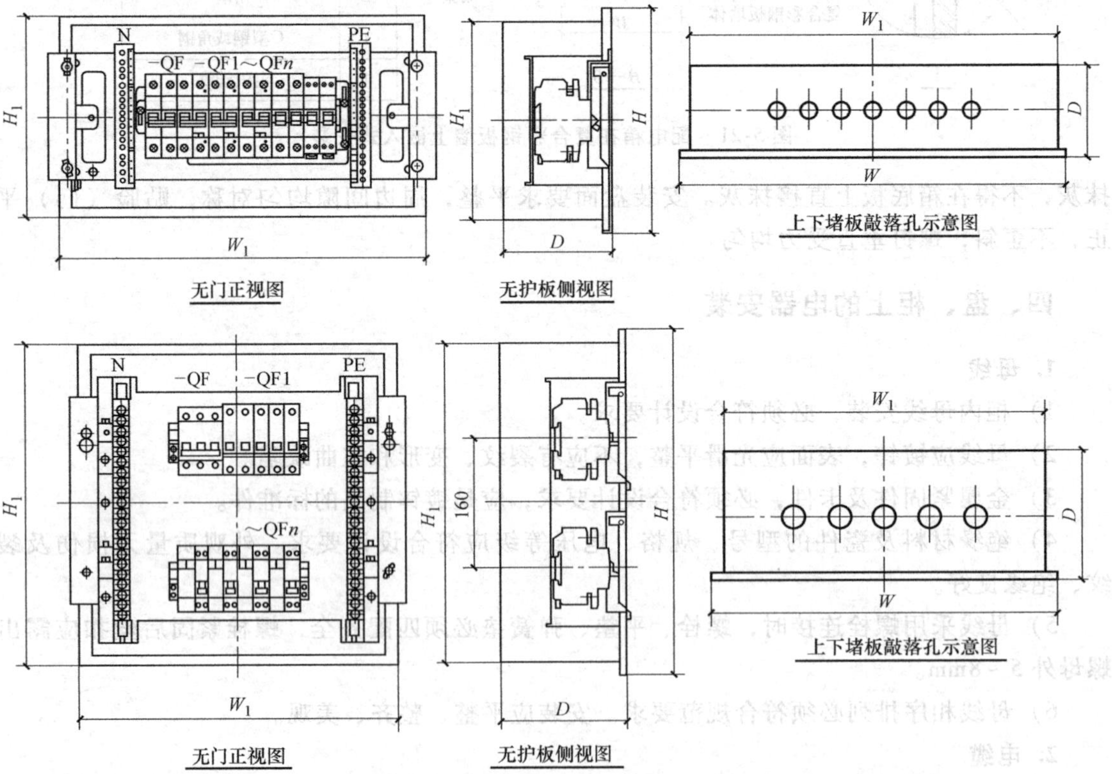

图5-22 照明配电箱中微型断路器横向安装

照明配电箱中微型断路器竖向安装如图5-23所示。支路开关竖向双列对称布置，随着开关路数的增减，箱体在高度方向按支路开关板数增减。上进或下进线，箱内均保证有不小于150mm的进出线空间。箱体上下堵板若开制敲落孔，采用中心对称排列，数量按进出线数，敲落孔大小为工程设计保护管直径加1~2mm。嵌入安装或挂墙安装，明装柜外形尺寸与暗装箱柜体尺寸相同，嵌入式安装墙体留洞尺寸为箱体尺寸两侧共加15mm，上下共加25mm。PE、N线应通过专用端子与对应的汇流排连接。

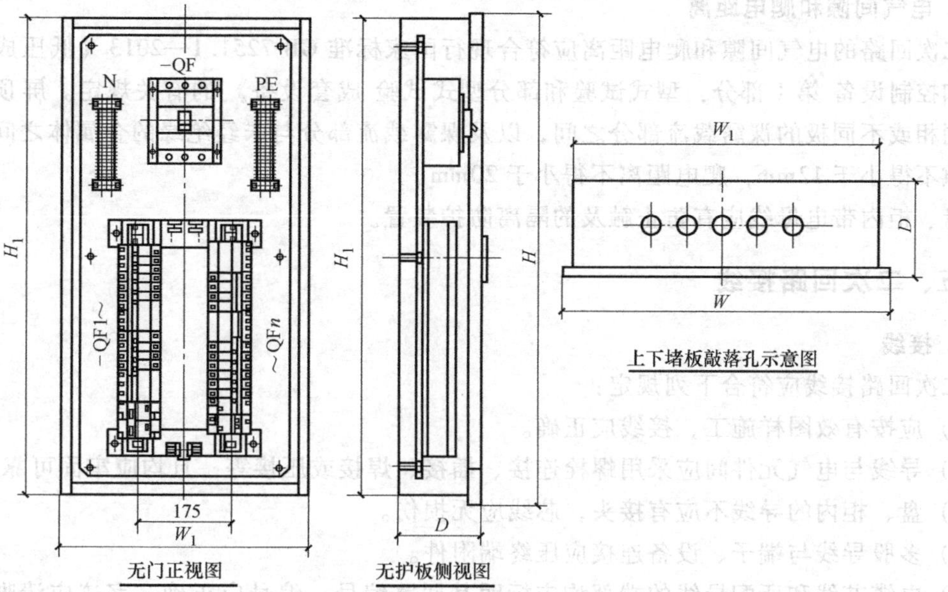

图5-23　照明配电箱中微型断路器竖向安装

4. 端子排

端子排的安装应符合下列规定：

1）端子排应无损坏，固定应牢固，绝缘应良好。

2）端子应有序号，端子排应便于更换且接线方便；离底面高度宜大于350mm。

3）回路电压超过380V的端子板应有足够的绝缘，并应涂以红色标志。

4）交、直流端子应分段布置。

5）强、弱电端子应分开布置，当有困难时，应有明显标志，并应设空端子隔开或设置绝缘的隔板。

6）正、负电源之间以及经常带电的正电源与合闸或跳闸回路之间，宜以空端子或绝缘隔板隔开。

7）电流回路应经过试验端子，其他需断开的回路宜经特殊端子或试验端子。试验端子应接触良好。

8）潮湿环境宜采用防潮端子。

9）接线端子应与导线截面积匹配，不得使用小端子配大截面积导线。

5. 连接件

二次回路的连接件均应采用铜质制品，绝缘件应采用自熄性阻燃材料。

6. 标志

盘、柜的正面及背面各电器、端子排等应标明编号、名称、用途及操作位置，且字迹应清晰、工整，不易脱色。

7. 小母线

盘、柜上的小母线应采用直径不小于6mm的铜棒或铜管，铜棒或铜管应加装绝缘套。

小母线两侧应有标明代号或名称的绝缘标志牌，标志牌的字迹应清晰、工整，不易脱色。

8. 电气间隙和爬电距离

二次回路的电气间隙和爬电距离应符合现行国家标准GB 7251.1—2013《低压成套开关设备和控制设备 第1部分：型式试验和部分型式试验 成套设备》的有关规定。屏顶上小母线不同相或不同极的裸露载流部分之间，以及裸露载流部分与未经绝缘的金属体之间，其电气间隙不得小于12mm，爬电距离不得小于20mm。

盘、柜内带电母线应有防止触及的隔离防护装置。

五、二次回路接线

1. 接线

二次回路接线应符合下列规定：

1）应按有效图样施工，接线应正确。

2）导线与电气元件间应采用螺栓连接、插接、焊接或压接等，且均应牢固可靠。

3）盘、柜内的导线不应有接头，芯线应无损伤。

4）多股导线与端子、设备连接应压终端附件。

5）电缆芯线和所配导线的端部均应标明其回路编号，编号应正确，字迹应清晰，不易脱色。

6）配线应整齐、清晰、美观，导线绝缘应良好。

7）每个接线端子的每侧接线宜为1根，不得超过2根；对于插接式端子，不同截面积的两根导线不得接在同一端子中；螺栓连接端子接两根导线时，中间应加平垫片。

2. 导线

盘、柜内电流回路配线应采用截面积不小于$2.5mm^2$、标称电压不低于450V/750V的铜芯绝缘导线，其他回路截面积不应小于$1.5mm^2$。

导线用于连接门上的电器、控制台板等可动部位时，尚应符合下列规定：

1）应采用多股软导线，敷设长度应有适当裕度。

2）线束应有外套塑料缠绕管保护。

3）与电器连接时，端部应压接终端附件。

4）在可动部位两端应固定牢固。

在油污环境中的二次回路应采用耐油的绝缘导线，在日光直射环境中的橡胶或塑料绝缘导线应采取防护措施。

控制线校线后要套上线号，将每根芯线煨成圈，用镀锌螺钉、垫圈、弹簧垫连接在每个端子板上。并应严格控制端子板上的接线数量，每侧一般一端子压一根线，最多不超过两根，必须在两根线间应加垫圈。多股线应涮锡，严禁产生断股缺陷。

3. 电缆

引入盘、柜内的电缆及其芯线应符合下列规定：

1）电缆、导线不应有中间接头，必要时，接头应接触良好、牢固，不承受机械拉力，并应保证原有的绝缘水平；屏蔽电缆应保证其原有的屏蔽电气连接作用。

2）电缆应排列整齐、编号清晰、避免交叉、固定牢固，不得使所接的端子承受机械应力。

3）铠装电缆进入盘、柜后，应将钢带切断，切断处应扎紧，钢带应在盘、柜侧一点接地。

4）屏蔽电缆的屏蔽层应接地良好。

5）橡胶绝缘芯线应外套绝缘管保护。

6）盘、柜内的电缆芯线接线应牢固、排列整齐，并应留有适当裕度；备用芯线应引至盘、柜顶部或线槽末端，并应标明备用标志，芯线导体不得外露。

7）强、弱电回路不应使用同一根电缆，线芯应分别成束排列。

8）电缆芯线及绝缘不应有损伤；单股芯线不应因弯曲半径过小而损坏线芯及绝缘。单股芯线弯圈接线时，其弯线方向应与螺栓紧固方向一致；多股软线与端子连接时，应压接相应规格的终端附件。

六、接地

1. 基础型钢

盘、柜基础型钢应有明显且不少于两点的可靠接地，如图 5-24 所示。

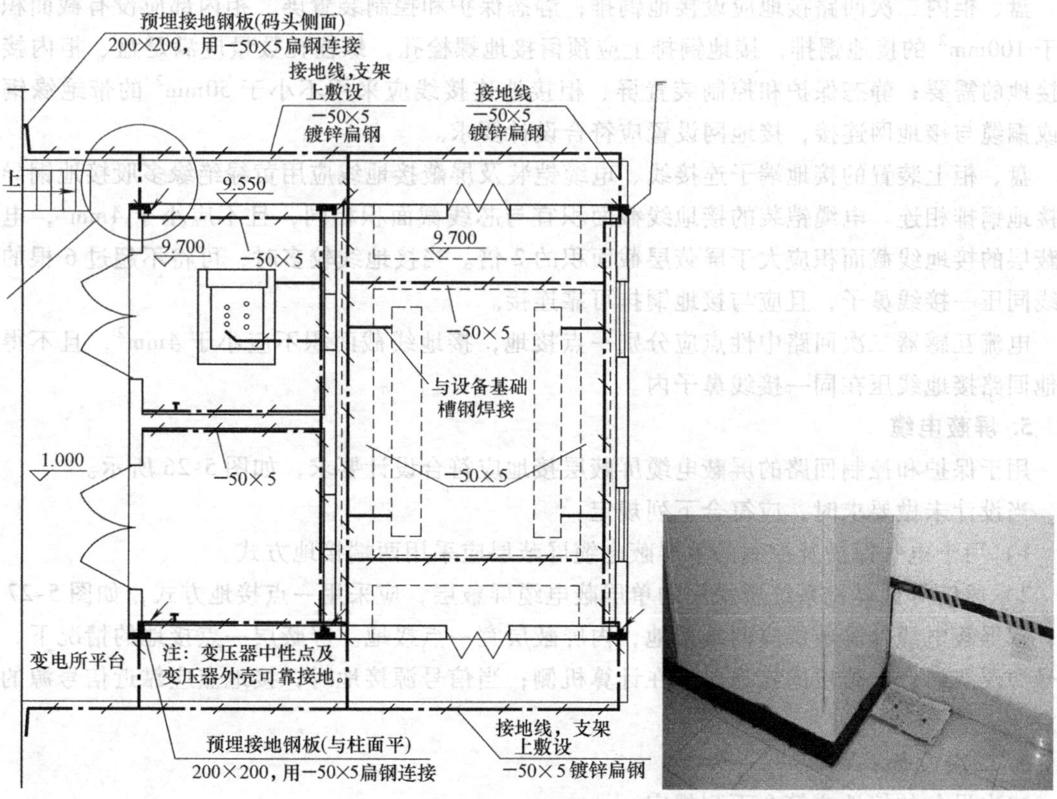

图 5-24　盘、柜基础型钢接地

基础型钢安装完毕后，应将接地线与基础型钢的两端焊牢，焊接面为扁钢宽度的两倍，然后与柜接地排可靠连接，并做好防腐处理。

2. 成套柜

成套柜的接地母线应与主接地网连接可靠，如图5-25所示。

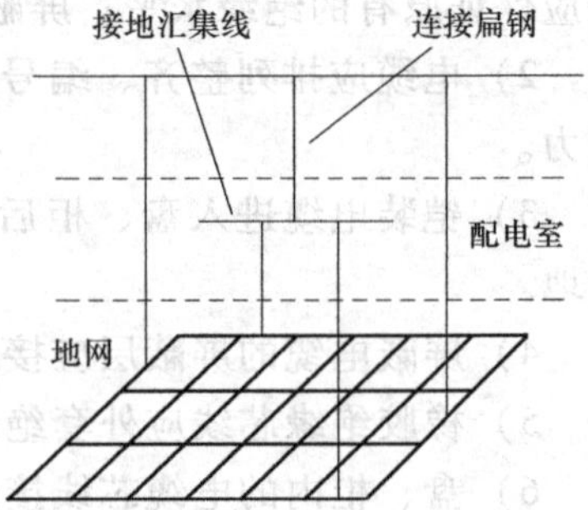

图5-25 接地母线应与主接地网连接

抽屉式配电柜抽屉与柜体间的接触应良好，柜体、框架的接地应良好。

手车式配电柜的手车与柜体的接地触头应接触可靠，当手车推入柜内时，接地触头应比主触头先接触，拉出时接地触头应比主触头后断开。

装有电器的可开启的门应采用截面积不小于$4mm^2$且端部压接有终端附件的多股软铜导线与接地的金属构架可靠连接。

盘、柜体接地应牢固可靠，标志应明显。

3. 专用接地网

计算机或控制装置设有专用接地网时，专用接地网与保护接地网的连接方式及接地电阻值均应符合设计要求。

4. 二次回路

盘、柜内二次回路接地应设接地铜排；静态保护和控制装置屏、柜内部应设有截面积不小于$100mm^2$的接地铜排，接地铜排上应预留接地螺栓孔，螺栓孔数量应满足盘、柜内接地线接地的需要；静态保护和控制装置屏、柜接地连接线应采用不小于$50mm^2$的带绝缘铜导线或铜缆与接地网连接，接地网设置应符合设计要求。

盘、柜上装置的接地端子连接线、电缆铠装及屏蔽接地线应用黄绿绝缘多股接地铜导线与接地铜排相连。电缆铠装的接地线截面积宜与芯线截面积相同，且不应小于$4mm^2$，电缆屏蔽层的接地线截面积应大于屏蔽层截面积的2倍。当接地线较多时，可将不超过6根的接地线同压一接线鼻子，且应与接地铜排可靠连接。

电流互感器二次回路中性点应分别一点接地，接地线截面积不应小于$4mm^2$，且不得与其他回路接地线压在同一接线鼻子内。

5. 屏蔽电缆

用于保护和控制回路的屏蔽电缆屏蔽层接地应符合设计要求，如图5-26所示。

当设计未做要求时，应符合下列规定：

1）用于电气保护及控制的单屏蔽电缆屏蔽层应采用两端接地方式。

2）通信等计算机系统所采用的单屏蔽电缆屏蔽层，应采用一点接地方式，如图5-27所示；双屏蔽电缆外屏蔽层应两端接地，内屏蔽层宜一点接地。屏蔽层一点接地的情况下，当信号源浮空时，屏蔽层的接地点应在计算机侧；当信号源接地时，接地点应靠近信号源的接地点。

6. 二次设备

二次设备的接地应符合下列规定：

1）计算机监控系统设备的信号接地不应与保护接地和交流工作接地混接。

2）当盘、柜上布置有多个子系统插件时，各插件的信号接地点均应与插件箱的箱体绝

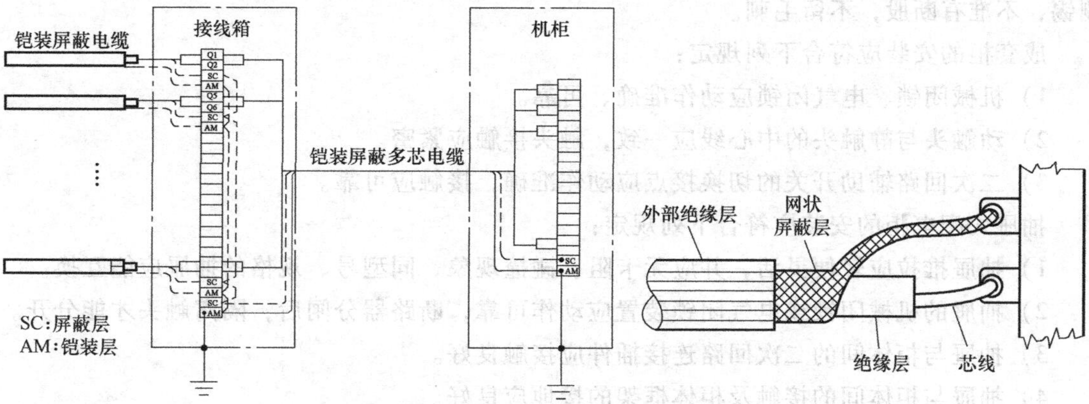

图 5-26 屏蔽电缆屏蔽层接地

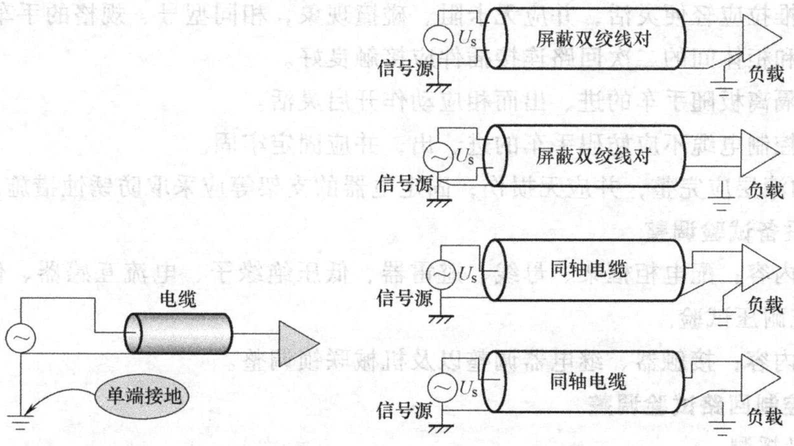

信号源端将屏蔽层接地　　　低频电缆单端接地方式

图 5-27 一点接地方式

缘，并应分别引接至盘、柜内专用的接地铜排母线。

3）信号接地宜采用并联一点接地方式。

4）盘、柜上装有装置性设备或其他有接地要求的电器时，其外壳应可靠接地。

七、配电柜检查、试验与调整

试验应符合 GB 50150—2006《电气装置安装工程 电气设备交接试验标准》的有关规定。

1. 检查

按原理图逐台检查柜（盘）上的全部电器元件是否相符，其额定电压和控制操作电源电压必须一致。

按图敷设柜与柜之间的控制电缆连接线，电缆敷设要求按电缆敷设工艺要求进行。

控制线校线后，将每根芯线煨成圆圈，用镀锌螺钉、平垫圈、弹簧垫圈连接在每个端子上。端子板每侧一个端子压一根线，最多不能超过两根，并且两根线间加平垫圈。多股线应涮锡，不准有断股，不留毛刺。

成套柜的安装应符合下列规定：

1）机械闭锁、电气闭锁应动作准确、可靠。

2）动触头与静触头的中心线应一致，触头接触应紧密。

3）二次回路辅助开关的切换接点应动作准确，接触应可靠。

抽屉式配电柜的安装应符合下列规定：

1）抽屉推拉应轻便灵活，并应无卡阻、碰撞现象，同型号、规格的抽屉应能互换。

2）抽屉的机械闭锁或电气闭锁装置应动作可靠，断路器分闸后，隔离触头才能分开。

3）抽屉与柜体间的二次回路连接插件应接触良好。

4）抽屉与柜体间的接触及柜体框架的接地应良好。

手车式柜的安装应符合下列规定：

1）机械闭锁、电气闭锁应动作准确、可靠。

2）手车推拉应轻便灵活，并应无卡阻、碰撞现象，相同型号、规格的手车应能互换。

3）手车和柜体间的二次回路连接插件应接触良好。

4）安全隔离板随手车的进、出而相应动作开启灵活。

5）柜内控制电缆不应妨碍手车的进、出，并应固定牢固。

盘、柜的漆层应完整，并应无损伤；固定电器的支架等应采取防锈蚀措施。

2. 一次设备试验调整

1）试验内容：配电柜框架、母线、避雷器、低压绝缘子、电流互感器、低压开关等的吸收比和交流耐压试验。

2）调整内容：接触器、继电器调整以及机械联锁调整。

3. 二次控制回路试验调整

（1）绝缘摇测

配电箱（盘）全部电器安装完毕后，用500V绝缘电阻表对线路进行绝缘摇测。摇测项目包括相线与相线之间，相线与中性导体之间，相线与接地导体之间，中性导体与中性导体之间，两人进行摇测，同时做好记录，做技术资料存档。

（2）绝缘电阻测试

1）小母线在断开所有其他并联支路时，不应小于10MΩ。

2）二次回路的每一支路和断路器、隔离开关的操动机构的电源回路等，均不小于1MΩ。

（3）交流耐压试验

1）试验电压为1000V。当回路绝缘电阻值在10MΩ以上时，可采用2500V绝缘电阻表代替，试验持续时间为1min。

2）48V及以下回路可不做交流耐压试验。

3）回路中有电子元件设备的，试验时应将插件拔出或将两端短接。

4. 模拟试验

按图样要求，接通临时控制和操作电源，分别模拟试验控制、联锁、操作继电保护和信号动作，应正确无误、灵敏可靠。

第三节　柴油发电机组

一、机房布置

机房布置如图5-28所示。装有减振器时，所有连接件，如排烟管、油管、水管等必须采用柔性连接。

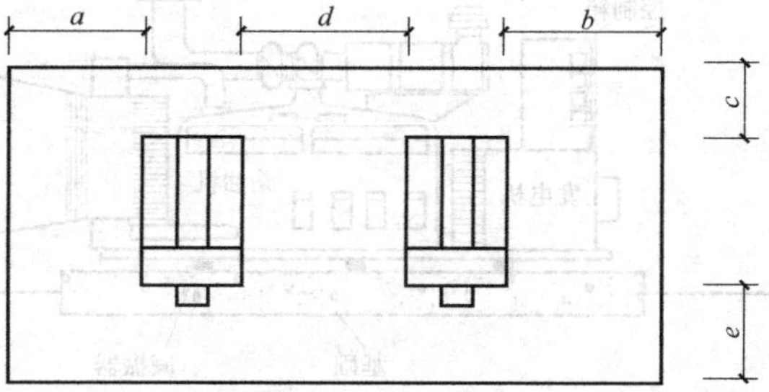

机组之间及机组外廓与墙壁的净距

(单位：m)

项目＼容量/kW	64以下	75～150	200～400	500～1500	1600～2000
机组操作面a	1.50	1.50	1.50	1.50～2.00	2.00～2.50
机组背面b	1.50	1.50	1.50	1.80	2.00
柴油机端c	0.70	0.70	1.00	1.00～1.50	1.50
机组间距d	1.50	1.50	1.50	1.5～2.00	2.50
发电机端e	1.50	1.50	1.50	1.80	2.00～2.50
机房净高h	2.50	3.00	3.00	4.00～5.00	5.00～7.00

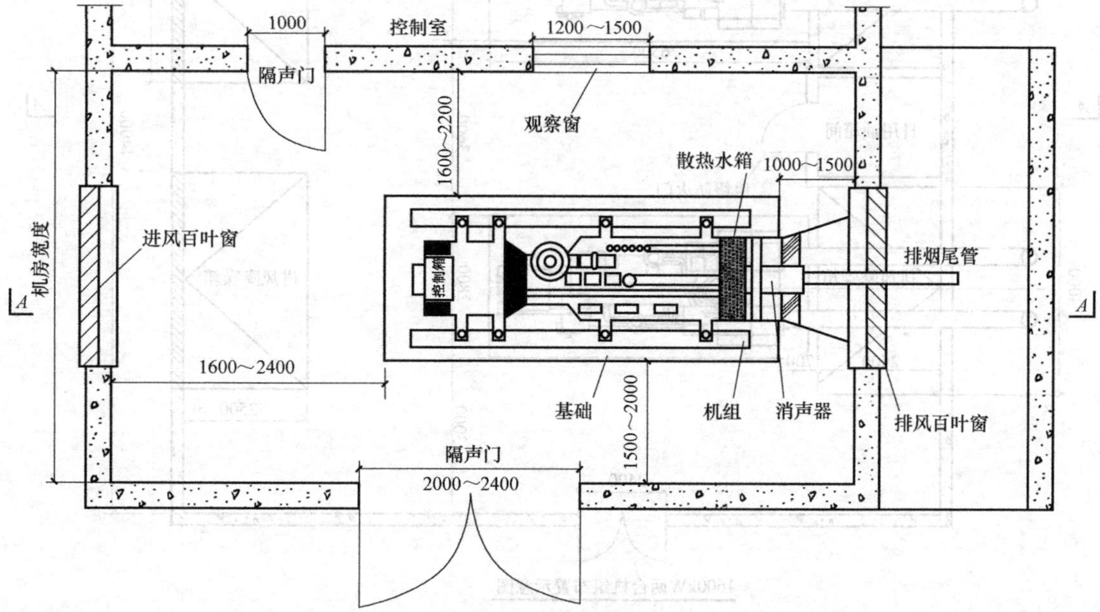

图5-28　机房布置

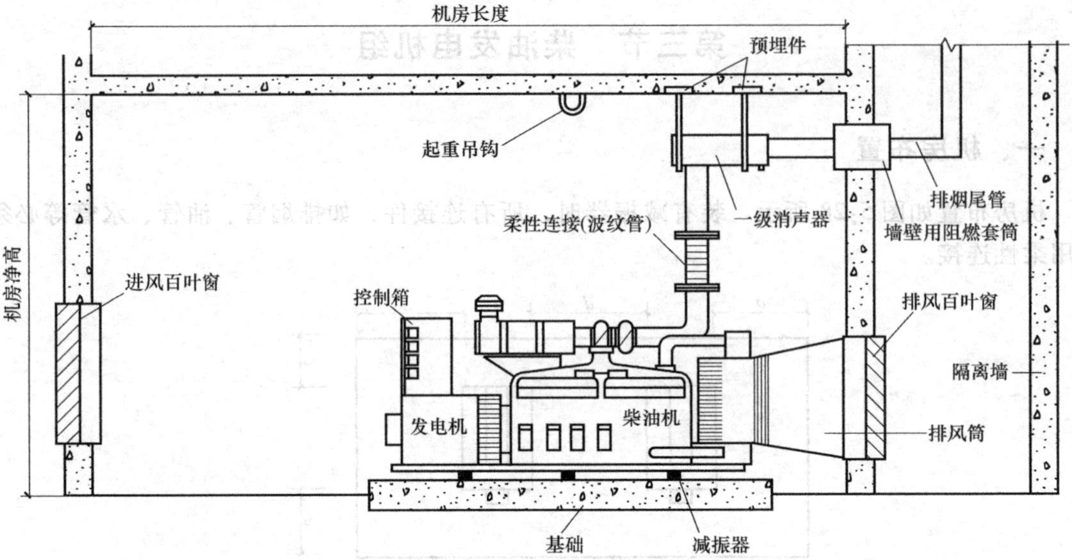

A—A
单台

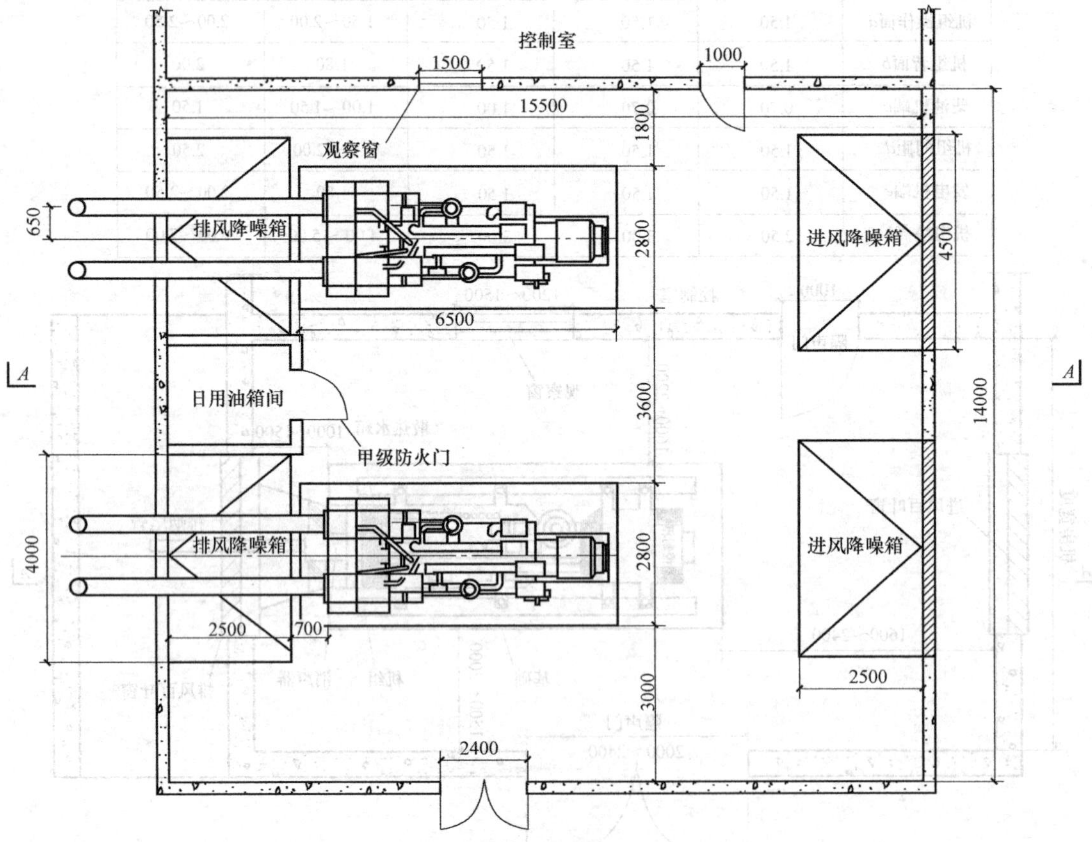

1600kW两台机组布置示意图

图 5-28 机房布置（续）

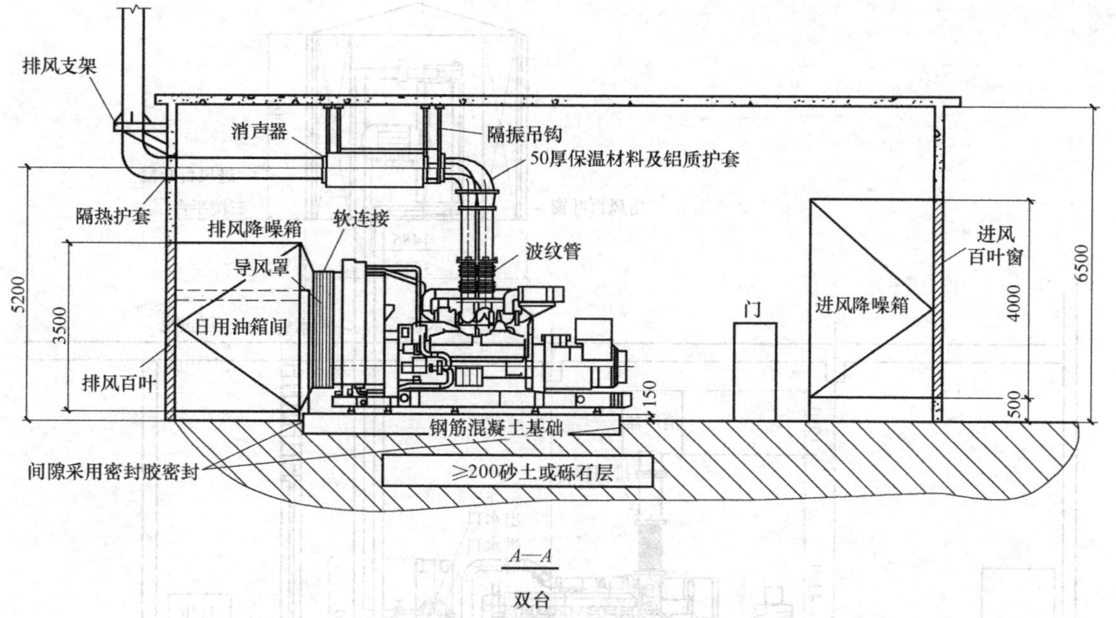

图 5-28 机房布置（续）

当建筑物解决柴油发电机房的进排风有困难时，可采用远置柴油发电机组的方式，即将柴油发电机组的前端散热器部分分离，安装在屋顶或其他室外场所，如图 5-29 所示。

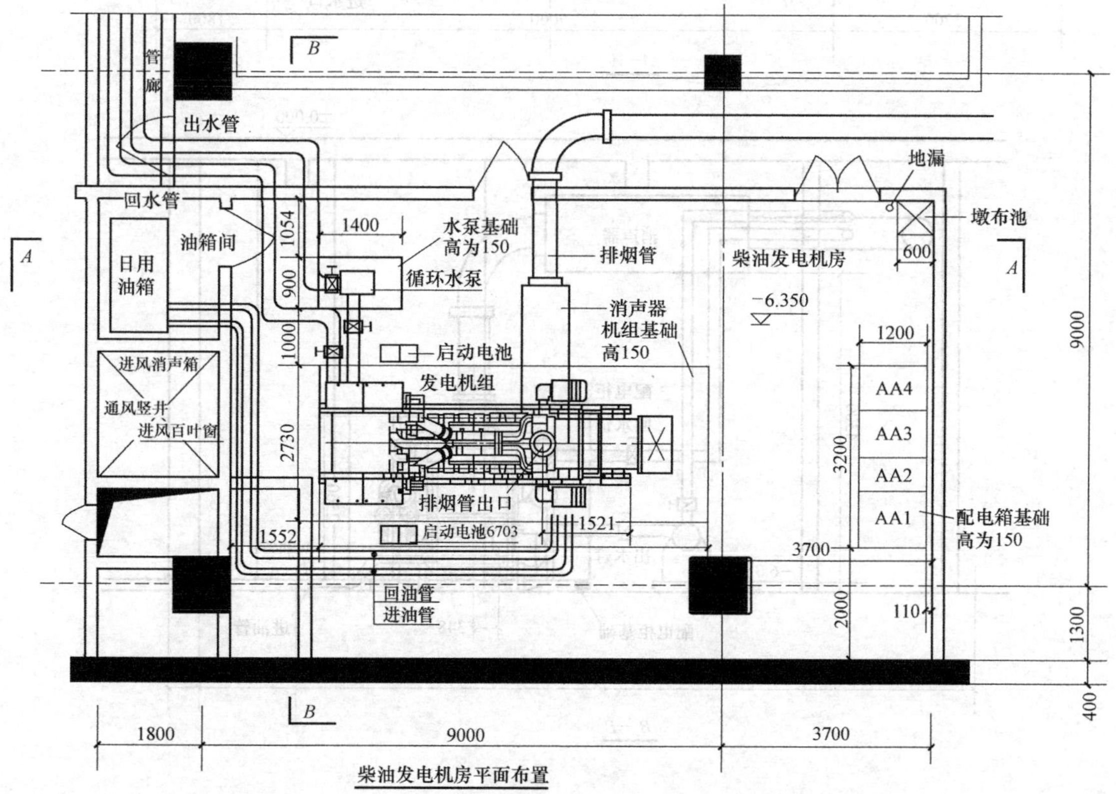

图 5-29 远置柴油发电机组

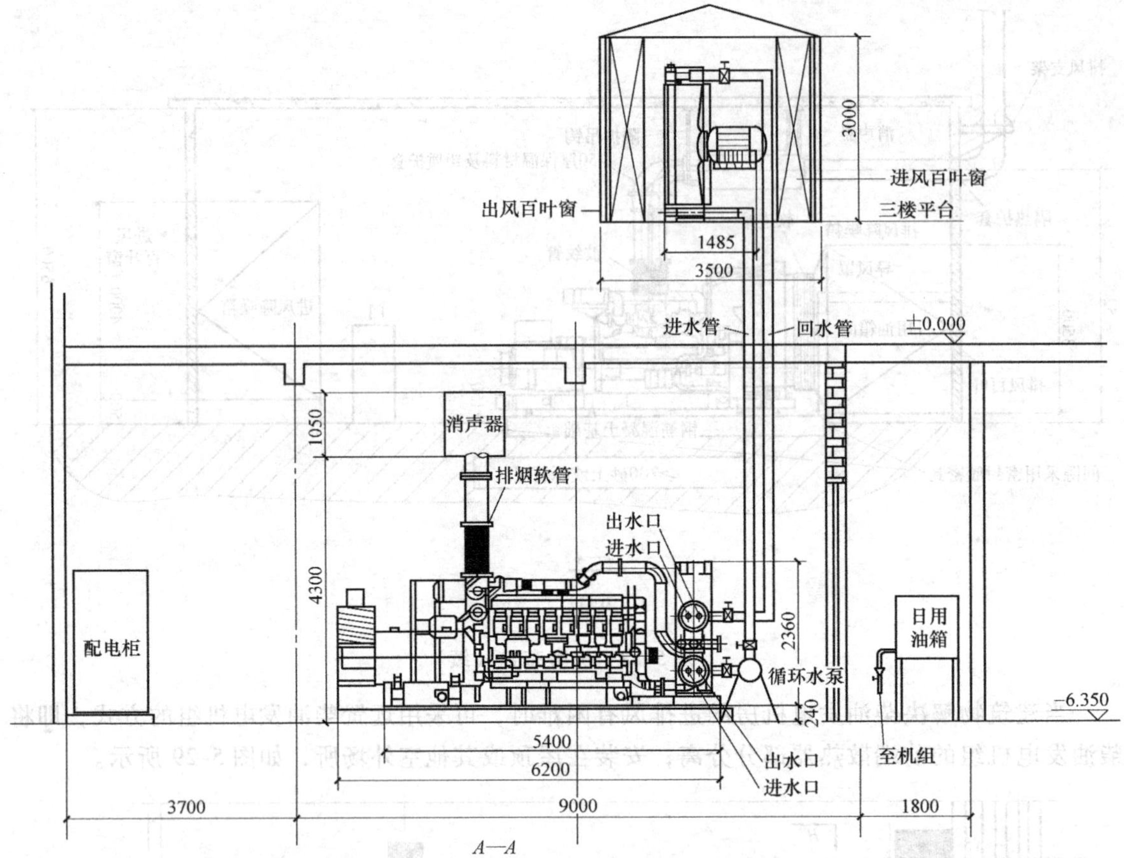

A—A

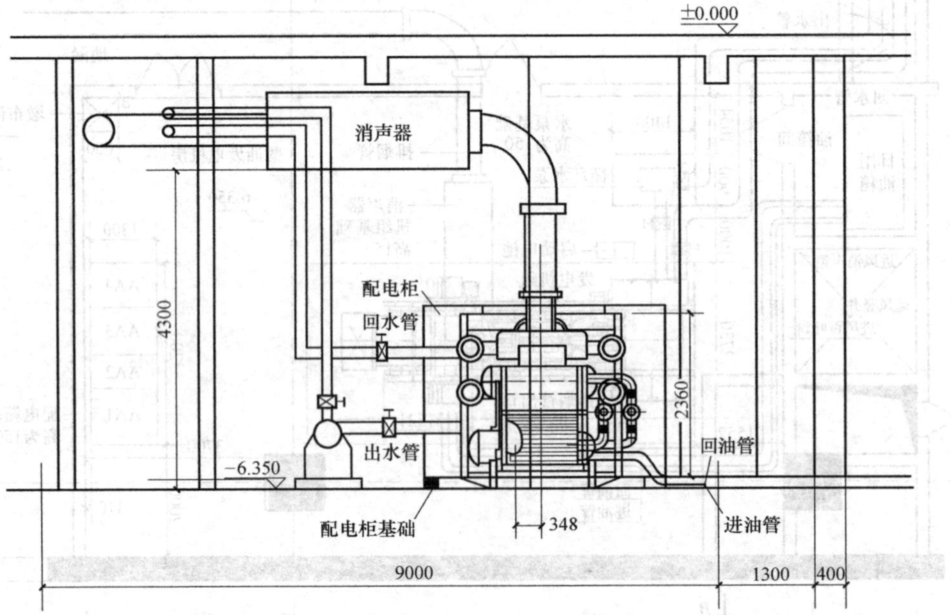

B—B

图 5-29 远置柴油发电机组（续）

二、安装

1. 定位

按照机组平面布置图所标注的机组与墙或者柱中心之间、机组与机组之间的关系尺寸，划定机组安装地点的纵、横基准线。机组中心与墙或者柱中心之间的允许偏差为20mm，机组与机组之间的允许偏差为10mm。

2. 机组

（1）基础

柴油发电机组的混凝土基础应符合柴油发电机组制造厂家的要求，基础上安装机组地脚螺栓孔，采用二次灌浆，其孔距尺寸应按机组外形安装图确定。基座的混凝土强度等级必须符合设计要求。

机组在就位前，应依照图纸“放线”画出基础和机组的纵横中心线及减振器定位线。基础安装如图5-30所示。

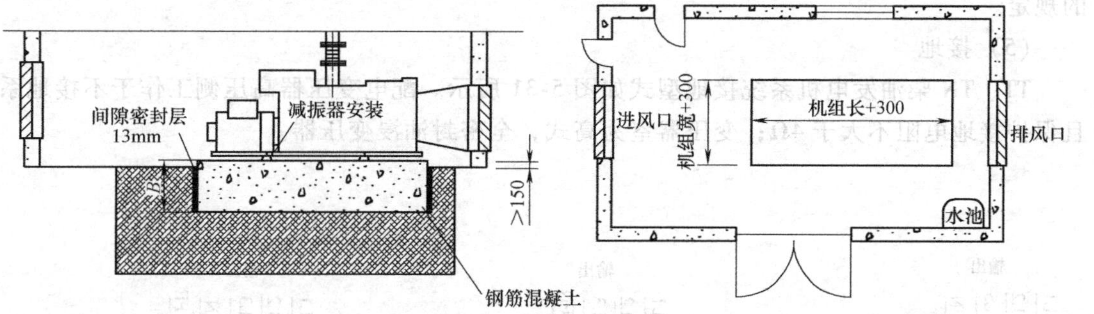

图5-30　基础

（2）吊装机组

如果安装现场允许吊车作业时，用吊车将机组整体吊起，把随机配的减振器装在机组的底下。

在柴油发电机组施工完成的基础上，放置好机组。一般情况下，减振器无须固定，只需在减振器下垫一层薄薄的橡胶板。如果需要固定，划好减振器的地脚孔的位置，吊起机组，埋好螺栓后，放好机组，最后拧紧螺栓。

现场不允许吊车作业，可将机组放在滚杠上，滚至选定位置。

用千斤顶（千斤顶规格根据机组重量选定）将机组一端抬高，注意机组两边的升高一致，直至底座下的间隙能安装抬高一端的减振器。

释放千斤顶，再抬机组另一端，装好剩余的减振器，撤出滚杠，释放千斤顶。

（3）就位

1）柴油发电机组就位之前，首先应对机组进行复查、调整和准备工作。

2）发电机组各联轴器的连接螺栓应紧固。机座地脚螺栓应紧固。安装时应检查主轴承盖、连杆、气缸体、贯穿螺栓、气缸盖等的螺栓与螺母的紧固情况，不应松动。

3）柴油机与发电机用联轴器连接时，其不同轴度应参考表5-5的要求。

表 5-5　整体安装的柴油机联轴器两轴的不同轴度

联轴器类型	联轴器外形最大直径/mm	两轴的不同轴度不应超过	
		径向位移/mm	倾斜
弹性联轴器	<300	0.05	0.20/1000
	≥300	0.10	
刚性联轴器		0.03	0.04/1000

4）所设置的仪表应完好齐全，位置应正确。操作系统的动作灵活可靠。

（4）调校机组

1）机组就位后，首先调整机组的水平度，找正找平，紧固地脚螺栓牢固、可靠，并应设有防松措施。柴油发电机组的水平度一般不应超过0.05/1000，机组连接螺栓拧紧后，柴油机组的不水平度仍应在0.05/1000范围内。

2）调校油路、传动系统、发电系统（电流、电压、频率）、控制系统等。

3）发电机、发电机的励磁系统、发电机控制箱调试数据，应符合设计要求和技术标准的规定。

（5）接地

TT、TN柴油发电机系统接地型式如图5-31所示。配电变压器高压侧工作于不接地系统且保护接地电阻不大于4Ω；变压器室为高式，全密封油浸变压器。

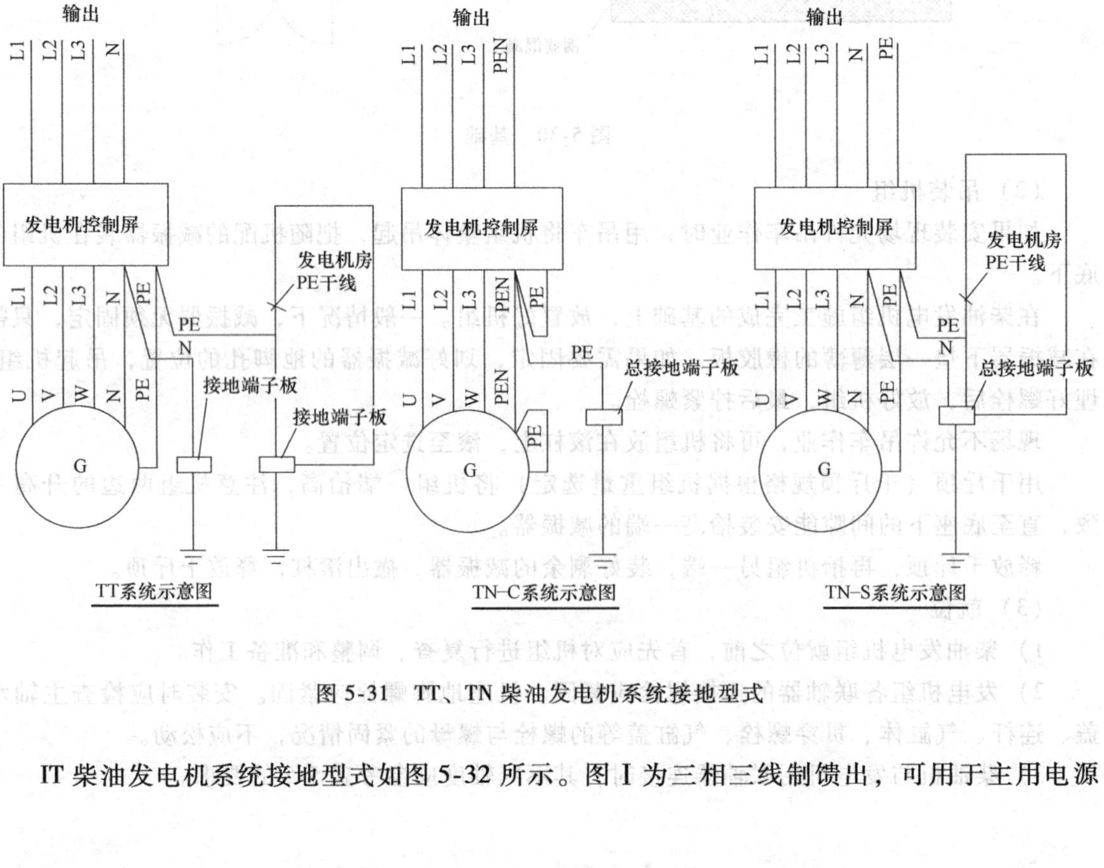

图 5-31　TT、TN柴油发电机系统接地型式

IT柴油发电机系统接地型式如图5-32所示。图Ⅰ为三相三线制馈出，可用于主用电源

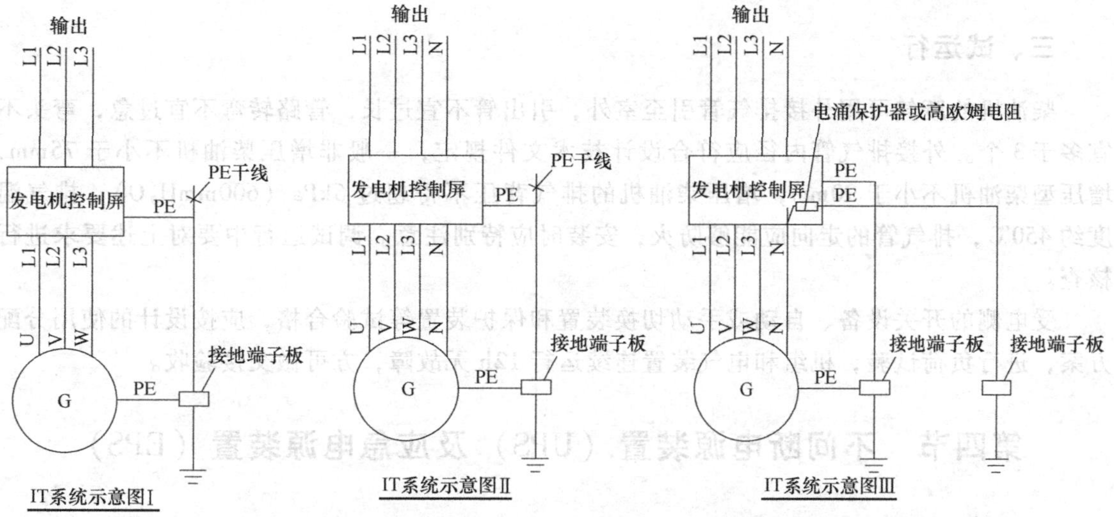

图 5-32 IT 柴油发电机系统接地型式

系统接地的型式为 IT 的应急电源。图Ⅱ为三相四线制馈出，中性点不接地，可用于主用电源系统接地的型式为 TN-S 的应急电源。图Ⅲ为三相四线制馈出，中性点经电涌保护器或高欧姆电阻接地，可用于主用电源系统接地的型式为 TN-S 的应急电源。

1）发电机中性导体（工作零线）应与接地母线引出线直接连接，螺栓防松装置齐全，有接地标志。

2）发电机本体和机械部分的可接近导体均应保护接地（PE）或接地线（PEN），且有标志。

(6) 安装机组附属设备

发电机控制箱（屏）是同步发电机组的配套设备，主要是控制发电机送电及调压。小容量发电机的控制箱一般（经减振器）直接安装在机组上，大容量发电机的控制屏，则固定在机房的地面上，或安装在与机组隔离的控制室内。

开关箱（屏）或励磁箱，各生产厂家的开关箱（屏）种类较多，型号不一，一般 500kW 以下的机组有柴油发电机组相应的配套控制箱（屏），500kW 以上机组，可向机组厂家提出控制屏的特殊订货要求。

(7) 机组接线

1）发电机及控制箱接线应正确可靠。馈电出线两端的相序必须与电源原供电系统的相序一致。

2）发电机随机的配电柜和控制柜接线应正确无误，所有紧固件应紧固牢固，无遗漏脱落。开关、保护装置的型号、规格必须符合设计要求。

(8) 机组检测

1）柴油发电机的试验必须符合设计要求和相关技术标准的规定。

2）发电机的试验必须符合发电机交接试验的规定。

3）发电机至配电柜的馈电线路其相间、相对地间的绝缘电阻值大于 0.5MΩ。塑料绝缘电缆出线，其直流耐压试验为2.4kV，时间15min，泄漏电流稳定，无击穿现象。

三、试运行

柴油机的废气可用外接排气管引至室外，引出管不宜过长，管路转弯不宜过急，弯头不宜多于3个。外接排气管内径应符合设计技术文件规定，一般非增压柴油机不小于75mm，增压型柴油机不小于90mm，增压柴油机的排气背压不得超过6kPa（600mmH_2O），排气温度约450℃，排气管的走向应能够防火，安装时应特别注意。调试运行中要对上述要求进行核查。

受电侧的开关设备、自动或手动切换装置和保护装置等试验合格，应按设计的使用分配方案，进行负荷试验，机组和电气装置连续运行12h无故障，方可做交接验收。

第四节　不间断电源装置（UPS）及应急电源装置（EPS）

一、施工工序

不间断电源装置（UPS）或应急电源装置（EPS）按产品技术要求试验调整，经检查确认，才能接至馈电线路。

二、施工

1. 基础型钢

1）调直型钢。将型钢有弯曲部分调直；然后按图样要求预制加工基础型钢架，并刷好防锈漆。

2）按施工图所标位置，将预制好的基础型钢架放在预留铁件上，利用水准仪水平找平、找正。找平过程中，需用垫片的地方最多不能超过三片。然后，将基础型钢架、预留铁件、垫片用电焊焊牢，基础型钢顶部宜超过地面10mm，手车柜按产品技术要求执行。基础型钢安装允许偏差见表5-3。

3）基础型钢与地线连接。基础型钢安装完毕后，将室外扁钢分别引入室内（与变压器安装地线配合）与基础型钢的两端焊牢，焊接面为扁钢宽度的两倍。然后将基础型钢刷两遍灰漆。

2. 弹线定位

按照施工图找出不间断电源箱（盘）位置，并按照箱（盘）的外形尺寸进行弹线定位，确定预埋件或者金属胀管螺栓的位置。

3. 电源柜、箱（盘）

应按施工图的布置，按顺序将电源柜（盘）放在基础型钢上。单独柜（盘）只找柜面和侧面的垂直度。

成列柜（盘）各台就位后，先找正两端的柜，再从柜下至上三分之二高的位置绷上小线，逐台找正，柜不标准以柜面为准。找正时采用0.5mm铁片进行调整，每处垫片最多不能超过三片。然后根据固定螺孔尺寸在基础型钢上用手电钻钻孔。

电源柜（盘）就位，找正、找平后，将柜体与基础型钢固定，柜体与柜体、柜体与侧挡板均用镀锌螺钉连接。

电源柜（盘）接地：每台柜（盘）单独与基础型钢连接。每台柜从后面左下部的基础型钢侧面上焊上鼻子，用 $6mm^2$ 铜线与柜上的接地端子连接牢固。

4. 电源箱（盘）

电源箱（盘）应安装在安全、干燥、易操作的场所。不间断电源箱（盘）安装时，其底面距地一般为1.5m，明装时底面距地一般为1.2m。

安装电源箱（盘）应采用金属膨胀螺栓固定。

电源箱（盘）带有器具的铁制盘面和装有器具的门及电器的金属外壳均应有明显可靠的PE保护导体（PE导体为黄绿相间的双色线，也可采用编织软裸铜线），但PE保护导体不允许利用箱体或盒体串接。

电源箱（盘）配线排列整齐，并绑扎成束，在活动部位应固定。盘面引出及引进的导线应留有适当余地，以便于检修。

导线剥削处不应伤线芯过长，导线压头应牢固可靠，多股导线不应盘圈压接，应加装压线端子（有压线孔者除外）。如必须穿孔用顶丝压接时，多股线应涮锡后再压接，不得减少导线股数。

TN-C低压配电系统中的中性导体N应在箱体或盘面上，引入接地干线做好重复接地。

电源箱（盘）内的交流、直流或不同电压等级的电源，并具有明显标志。

电源箱（盘）内，应分别设置中性导体N和保护导体（PE导体）汇流排，中性导体N和保护导体应在汇流排上连接，不得绞接，并应有编号。

PE保护导体若不是供电电缆或电缆外护层的组成部分时，按机械强度要求，截面积不应小于下列数值：

1）有机械性保护时为 $2.5mm^2$。

2）无机械性保护时为 $4mm^2$。

电源箱（盘）上的母线其相线应涂颜色标出。

电源箱（盘）应安装牢固、平正，其垂直度偏差不应大于3mm。

电源箱（盘）面板较大时，应用角钢加固，当宽度超过500mm时，箱门应做双开门。

立式盘背面距建筑物应不大于800mm；基础型钢安装前应调直后埋设固定，其水平误差每米不应大于1mm，全长总误差不大于5mm，盘面底部距地面不应大于500mm。

5. 明装电源箱（盘）

（1）铁架固定

将角钢调直，按照施工图的要求制作铁架，然后除锈，刷防锈漆。

按照标高用水泥砂浆将铁架埋设牢固，并确定铁架的相对位置。

待水泥砂浆凝固后方可进行电源箱（盘）的安装。

（2）金属膨胀螺栓固定

找出准确的固定点位置，用冲击钻在固定点位置钻孔，其孔径应刚好将金属膨胀螺栓的膨胀管部分埋入墙内，且孔洞应平直不得歪斜。

采用金属膨胀螺栓可在混凝土墙上固定电源箱（盘）。

6. 暗装电源箱（盘）

根据预留孔洞的尺寸先将箱体找好标高及水平尺寸，并将箱体固定好，然后用水泥砂浆填实周边并抹平，待水泥砂浆凝固后再安装盘面。如箱体与外墙平齐时，应在外墙固定金属网后再做墙面抹灰。不得在箱底板上抹灰。安装盘面要求平整，周边间隙均匀对称、平正、不歪斜，螺钉垂直受力均匀。

三、测量与试验

1. 绝缘摇测

电源箱（盘）全部电器安装完毕后，用500V绝缘电阻表对线路进行绝缘摇测。摇测项目包括相线与相线之间、相线与地之间。两人进行摇测，同时做好记录，作为技术资料存档。

2. 电源箱（盘）柜试验调整

试验内容：整流装置、逆变装置、静态开关、蓄电池等功能试验。

调整内容：过电流继电器、时间继电器、信号继电器的调整。

3. 二次控制小线调整及模拟试验

将所有的接线端子螺钉再紧一次。

绝缘摇测：用500V绝缘电阻表在端子板处测试每条回路的电阻，电阻必须大于0.5MΩ。

二次母线回路如有集成电路、电子元件时，使用万用表测试回路是否接通。

接通临时的控制电源和操作电源；电源箱（盘）柜内的控制、操作；电源回路熔断器上端相线拆掉，接上临时电源。

模拟试验：按图样要求，分别模拟试验控制、联锁、操作、继电保护和信号动作，正确无误，灵敏可靠。

拆除临时电源，将被拆除的电源线复位。

四、送电

1. 准备

送电前的准备工作：

1）彻底清扫室内的灰尘。用吸尘器清扫电器、仪表元件，另外，室内除送电需用的设备用具外，其他物品不得堆放。

2）检查母线上、设备上有无遗留下的工具、金属材料及其他物件。

3）试运行的组织工作，明确试运行指挥者、操作者和监护人。

4）安装作业全部完毕，质量检查部门检查全部合格。

5）试验项目全部合格，并有试验报告单。

6）继电保护动作灵敏可靠，控制、联锁、信号等都准确无误。

2. 送电运行

略。

3. 验收

送电空载运行24h，无异常现象即可办理验收手续，交建设单位使用。同时提交变更洽商记录、产品合格证、说明书、试验报告单等技术资料。

第五节 电动机、电加热器及电动执行机构检查接线

一、电动机

1. 机体

电动机安装应由电工、钳工操作，大型电动机的安装需要有起重工配合进行。

地脚螺栓应与混凝土基础牢固地结合成一体，浇灌前预留孔应清洗干净，螺栓本身不应歪斜，机械强度应满足要求。

稳装电动机垫铁一般不超过三块，垫铁与基础面接触应严密，电动机底座安装完毕后进行二次灌浆。

采用带式传动的电动机轴及传动装置轴的中心线应平行，电动机及传动装置的带轮，自身垂直度全高不超过0.5mm，两轮的相应槽应在同一直线上。

采用齿轮传动时，圆齿轮中心线应平行，接触部分不应小于齿宽的2/3，伞形齿轮中心线应按规定角度交叉，咬合程度应一致。

采用靠背轮传动时，轴向与径向允许误差，弹性连接的不应小于0.05mm，钢性连接的不大于0.02mm。互相连接的靠背轮螺栓孔应一致，螺母应有防松装置。

2. 电刷

电刷的刷架、刷握及电刷的安装：

1）同一组刷握应均匀排列在与轴线平行的同一直线上。

2）刷握的排列，应使相邻不同极性的一对刷架彼此错开，以使换向器产生均匀的磨损。

3）各组电刷应调整在换向器的电气中性导体上。

4）带有倾斜角的电刷，其锐角尖应与转动方向相反。

5）电刷架及其横杆应固定紧固，绝缘衬管和绝缘垫应无损伤、污垢，并应测量其绝缘电阻。

6）电刷的铜编带应连接牢固、接触良好，不得与转动部分或弹簧片相碰撞，且有绝缘垫的电刷，绝缘垫应完好。

7）电刷在刷握内应能上下自由移动，电刷与刷握的间隙应符合厂方规定，一般为0.1～0.2mm。

3. 转子

定子和转子分箱装运的电动机，安装转子时，不可将吊绳绑在集电环、换向器或轴颈部分。

4. 电阻值

用1000V绝缘电阻表测定电动机绝缘电阻值不应小于0.5MΩ。100kW以上的电动机，应测量各相直流电阻值，相互差值不应大于最小值的2%；无中性点引出的电动机，测量线间直流电阻值，相互差值不应大于最小值的1%。

5. 换向器或集电环

电动机的换向器或集电环应符合下列要求：

1）表面应光滑，无毛刺、黑斑、油垢。当换向器的表面不平程度达到0.2mm时，应进行车光。

2）换向器片间绝缘应凹下0.5~1.5mm。整流片与绕组的焊接应良好。

6. 接线

电动机接线应牢固可靠，接线方式应与供电电压相符。

电动机安装后，应用手盘动数圈进行转动试验。

电动机外壳保护接地必须良好。

7. 抽心检查

除电动机随带技术文件说明不允许在施工现场抽芯检查外，当电动机有下列情况之一时，应做抽心检查：

1）出厂日期超过制造厂保证期限。

2）当制造厂无保证期限时，出厂日期已超过一年。

3）经外观检查或电气试验，质量可疑时。

4）开启式电动机经端部检查可疑时。

5）试运转时有异常情况。

抽心检查应符合下列要求：

1）电动机内部清洁无杂物。

2）电动机的铁心、轴颈、集电环和换向器应清洁，无伤痕和锈蚀现象，通风口无堵塞。

3）绕组绝缘层应完好，绑线无松动现象。

4）定子槽楔应无断裂、凸出和松动现象，每根槽楔的空响长度不得超过其1/3，端部槽楔必须牢固。

5）转子的平衡块及平衡螺钉应紧固锁牢，风扇方向应正确，叶片无裂纹。

6）磁极及铁轭固定良好，励磁绕组紧贴磁极，不应松动。

7）笼型电动机转子铜导电条和端环应无裂纹，焊接应良好；浇铸的转子表面应光滑平整；导电条和端环不应有气孔、缩孔、夹渣、裂纹、细条、断条和浇注不满等现象。

8）电动机绕组应连接正确，焊接良好。

9）直流电动机的磁极中心线与几何中心线应一致。

10）电动机的滚动轴承工作面应光滑清洁，无麻点、裂纹或锈蚀，滚动体与内外圈接触良好，无松动；加入轴承内的润滑脂应填满内部空隙的2/3，同一轴承内不得填入不同品种的润滑脂。

8. 电动机干燥

电动机由于运输、保存或安装后受潮，绝缘电阻或吸收比达不到规范要求，应进行干燥处理。

在进行电动机干燥前，应根据电动机受潮情况编制干燥方案。

烘干温度要缓慢上升，中、小型温升速度为7~15℃/h，铁心和线圈的最高温度应控制在80℃。

当电动机绝缘电阻值达到规范要求时，在同一温度下经5h稳定不变时，方可认为干燥完毕。

干燥方法：

1）电阻器干燥法：利用大型电动机下面的通风道内放置电阻箱，通风加热干燥电动机。

2）灯泡照射干燥法：灯泡采用红外线灯泡或一般灯泡，把转子取出来，把灯泡放在定子内，通电照射。温度高低的调节可用改变灯泡瓦数来实现。

3）电流干燥法：采用低电压，用变阻器调节电流，其电流大小宜控制在电动机额定电流的60%以内，并用测温计随时监测干燥温度。

9. 控制、起动和保护设备安装

电动机的控制和保护设备安装前应检查是否与电动机容量相符，安装按设计要求进行，一般应装在电动机附近。

引至电动机接线盒的明敷导线长度应小于0.3m，并应加强绝缘保护，易受机械损伤的地方应套保护管。

直流电动机、同步电动机与调节电阻回路及励磁回路的连接，应采用铜导线，导线不应有接头。调节电阻器应接触良好，调节均匀。

电动机应装设过电流和短路保护装置，并应根据设备需要装设相序断相和低电压保护装置。

电动机保护元件的选择：

1）采用热元件时按电动机额定电流的1.1~1.25倍来选。

2）采用熔丝（片）时按电动机额定电流的1.5~2.5倍来选。

10. 试运行前的检查

土建工程全部结束，现场清扫整理完毕。

电动机本体安装检查结束，起动前应进行的试验项目已按现行国家标准GB 50150—2006《电气装置安装工程　电气设备交接试验标准》试验合格。

冷却、调速、润滑、水、氢、密封油等附属系统安装完毕，验收合格，分部试运行情况良好。

电动机的保护、控制、测量、信号、励磁等回路调试完毕，动作正常。

测定电动机定子绕组、转子绕组及励磁回路的绝缘电阻，应符合要求；有绝缘的轴承座的绝缘板、轴承座及台板的接触面应清洁干燥，使用1000V绝缘电阻表测量，绝缘电阻值不得小于0.5MΩ。

电刷与换向器或集电环的接触应良好。

盘动电动机转子时应转动灵活，无碰卡现象。

电动机引出线应相序正确，固定牢固，连接紧密。

电动机外壳油漆应完整，接地良好。

照明、通信、消防装置应齐全。

11. 试运行

电动机宜在空载情况下做第一次起动，空载运行时间宜为2h，并记录电动机的空载电流。

电动机试运行时通电后，如发现电动机不能起动或起动时转速很低、声音不正常等现象，应立即断电检查原因。

起动多台电动机时，应按容量从大到小逐台起动，严禁同时起动。

电动机试运行中应进行下列检查：

1）电动机的旋转方向符合要求，无异声。

2）换向器、集电环及电刷的工作情况正常。

3）检查电动机各部分温度，不应超过产品技术条件的规定。

4）滑动轴承温度不应超过80℃，滚动轴承不应超过95℃。

5）电动机振动的双倍振幅值不应大于表5-6的规定。

表5-6 电动机振动的双倍振幅值

同步转速/(r/min)	3000	1500	1000	750及以下
双倍振幅值/mm	0.05	0.085	0.10	0.12

交流电动机的带负荷起动次数，应符合产品技术条件的规定；当产品技术条件无规定时，可符合下列规定：

1）在冷态时，可起动2次。每次间隔时间不得小于5min。

2）在热态时，可起动1次。当在处理事故以及电动机起动时间不超过2～3s时，可再起动1次。

二、电加热器

电加热器在安装前，要对各个部位、各个仪器仪表等进行检查，是否有松动、损伤、损坏等问题，如有应先进行处理，不能进行安装。

进出口法兰在焊接时，应先将其用螺栓连接好，然后再进行焊接。在焊接过程中，周围应没有易燃物，以确保焊接工作的安全性。

热电阻安装时，应先检查一下插入孔是否有毛刺，如有应进行清除，然后再插入，插入时也不要用力过猛。

电加热器的外壳应可靠接地，底座要安装牢固，螺母要拧紧，不能有松动。

三、电动执行机构

安装必须正确、牢固，操作时无晃动，角行程电动执行机构的操作手轮中心距地面应为900mm左右。

执行机构应有明显的开关方向标志，应与手轮操作方向的规定一致，宜顺时针为关。

电动执行机构的接线必须正确、牢固，在满足上述要求前提下应尽可能做到美观，明了。

电动执行机构在接线完毕后应对其进行复查，核对其各端子，做到与说明书出线图一致。

各连接处密封应良好、防雨、防潮、防火花。

连杆各连接关节，不应有松动间隙，但亦不应太紧而卡涩，锁紧螺母应锁紧，销轴孔配配合适当，以保证有良好的调节效果。

四、试验和试运行

电气动力设备试验和试运行应按以下程序进行：

1）设备的外露可导电部分与保护导体连接完成，经检查合格，才能进行试验。

2）动力成套配电（控制）柜、屏、台、箱、盘的交流工频耐压试验、保护装置的动作试验合格，才能通电。

3）控制回路模拟动作试验合格，盘车或手动操作，电气部分与机械部分的转动或动作协调一致，经检查确认，才能空载试运行。

思考题

5-1　变压器送电试运行有何要求？

5-2　不同种类预装式箱式变如何安装？

5-3　变电所、箱式变和变压器中性点的接地如何实现？

5-4　高压、低压开关柜如何固定？

5-5　配电箱的明装、暗装应注意哪些？

5-6　柴油发电机房如何布置？

5-7　电动机安装包括哪些内容？

第六章　电气照明灯具的安装

第一节　普 通 灯 具

一、安装方式

普通灯具提供防止与带电部件意外接触的保护，但没有特殊的防尘、防固体异物和防水等级的灯具。

1. 吸顶式

吸顶安装的灯具固定用的螺栓或螺钉不应少于2个。室外安装的壁灯其泄水孔应在灯具腔体的底部，绝缘台与墙面接线盒盒口之间应有防水措施。

暗配线吸顶灯安装如图6-1所示。楼板可以是现场预制槽形板或空心楼板，施工时应根据工程设计情况采用合适的安装方式，并配合土建埋设预埋件。

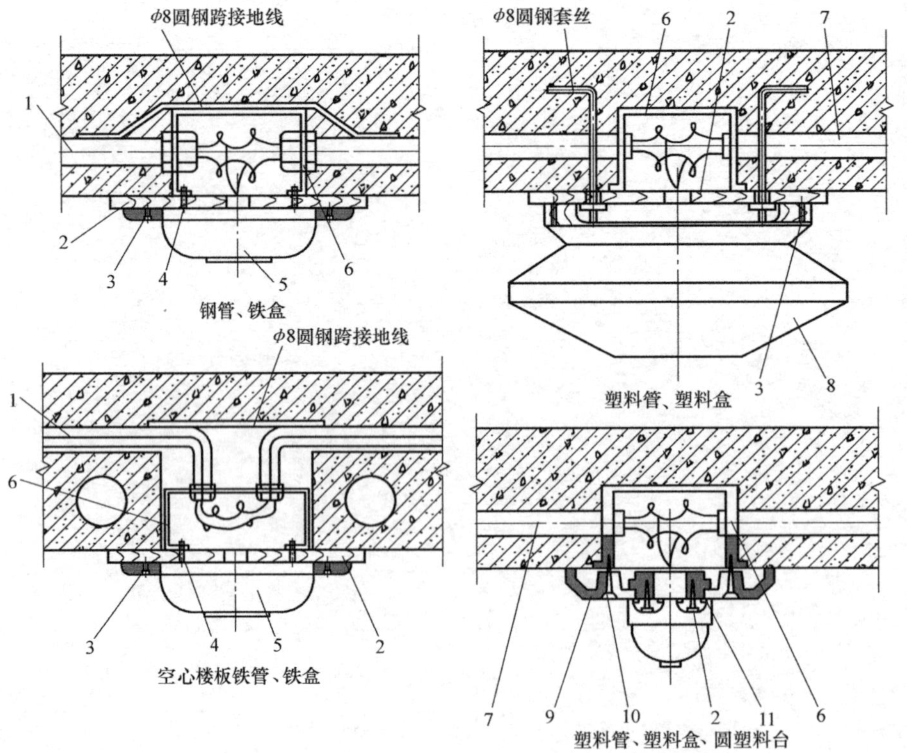

编号	名称
1	钢管
2	圆木台
3	木螺钉
4	螺钉
5	胶木灯头吊盒
6	接线盒
7	电线管
8	灯具
9	圆塑料台外台
10	木螺钉
11	圆塑料台内台

图6-1　暗配线吸顶灯安装

2. 悬吊式

悬吊式灯具是用吊绳、吊链、吊管等悬吊在顶棚或墙支架上的灯具。

悬吊式灯具安装应符合下列规定：

1）带升降器的软线吊灯在吊线展开后，灯具下沿应高于工作台面0.3m。

2）质量大于0.5kg的软线吊灯，应增设吊链（绳）。

3）质量大于3kg的悬吊灯具，应固定在吊钩上，吊钩圆钢直径不应小于灯具挂销直径，且不应小于6mm。

4）采用钢管作灯具吊杆时，钢管应有防腐措施，其内径不应小于10mm，壁厚不应小于1.5mm。

5）灯具与固定装置及灯具连接件之间采用螺纹连接的，螺纹啮合扣数不应少于5扣。

大型吊灯安装于结构层上，如楼板、屋架下弦和梁上，小的吊灯常安装在格栅上或补强格栅上。单个吊灯可直接安装，组合吊灯要在组合后安装或安装时组合。对于大面积和条带形照明，多采用吊杆悬吊灯箱和灯架的形式。

花灯在吊顶下安装如图6-2所示。楼板厚度 H_1、吊顶高 H_2 和花灯外形尺寸 H_3 选用时按实际数据确定。所有孔均于焊接后加工。

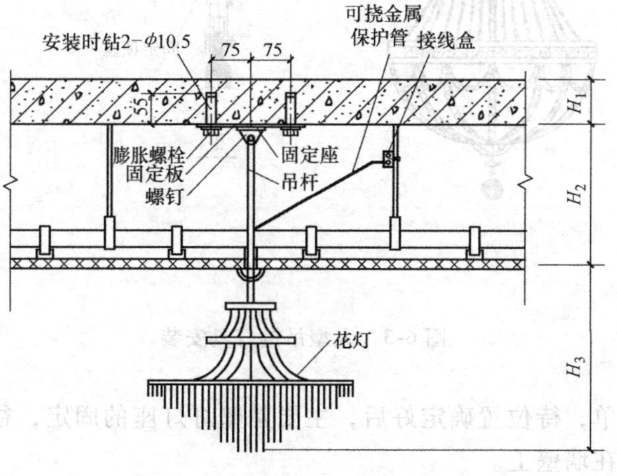

图6-2　吊顶下安装

大型灯具质量不大于100kg的吊链灯具安装如图6-3所示。单头螺栓直径不小于6mm且应等于吊挂附件吊链环材料断面。电源线保护金属软管或可挠性管长度不宜超过2m，灯具悬吊装置拉力应按灯具质量的2倍做过载试验。

3. 壁装式

墙面上安装的灯具固定用的螺栓或螺钉不应少于2个。室外安装的壁灯其泄水孔应在灯具腔体的底部，绝缘台与墙面接线盒盒口之间应有防水措施。

安装位置确定：

1）一般壁灯的高度，距离工作面（指距离地面80～85cm的水平面）为1440～1850mm，即距离地面2240～2650mm。卧室的壁灯距离地面可以近些，为1400～1700mm。

2）壁灯挑出墙面的距离，为95～400mm。

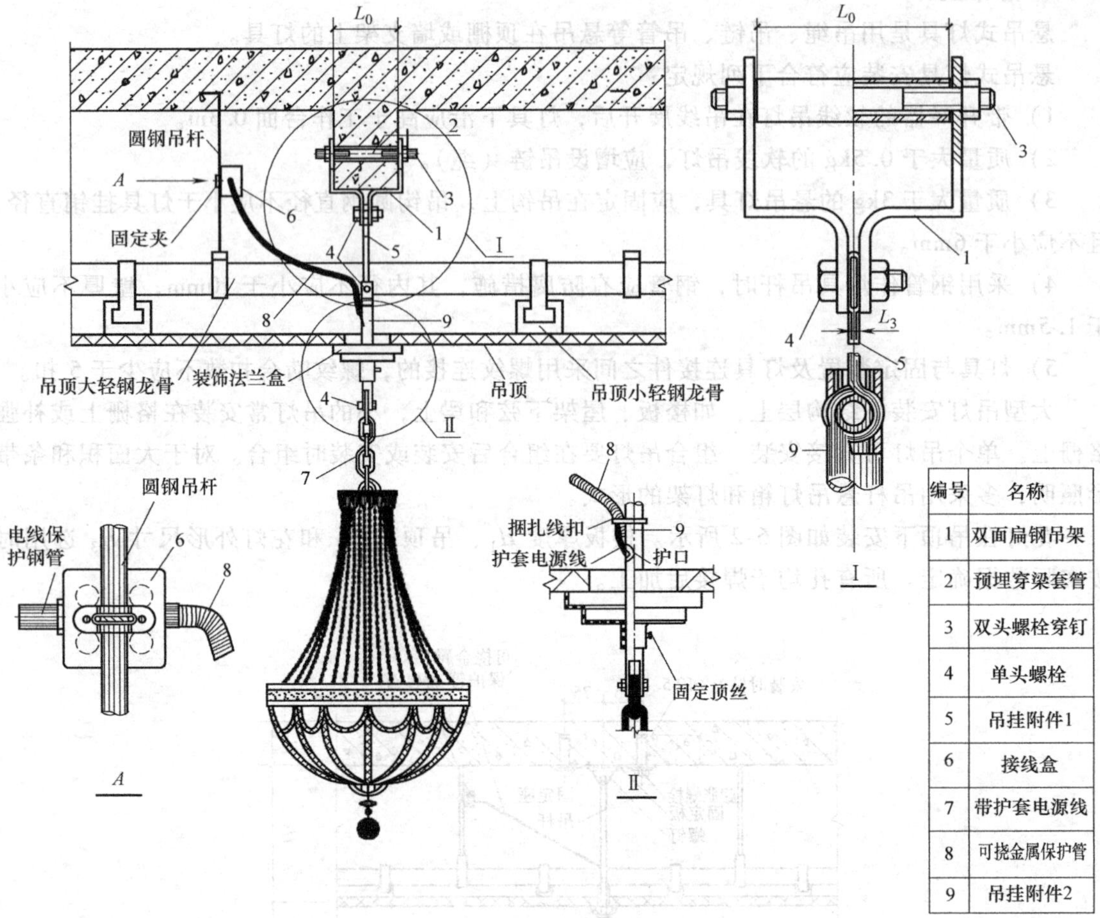

编号	名称
1	双面扁钢吊架
2	预埋穿梁套管
3	双头螺栓穿钉
4	单头螺栓
5	吊挂附件1
6	接线盒
7	带护套电源线
8	可挠金属保护管
9	吊挂附件2

图 6-3 大型吊链灯具安装

安装方法比较简单，待位置确定好后，主要是壁灯灯座的固定，往往采用预埋件或打孔的方法，将壁灯固定在墙壁上。

钢管明配支臂壁灯的安装如图 6-4 所示。尺寸 L_1、L_2 由工程设计确定，若工程设计中未做规定，按 L_1 = 600mm 施工。

4. 嵌入式

嵌入式灯具安装应符合下列规定：

1）灯具的边框应紧贴安装面。

2）多边形灯具应固定在专设的框架或专用吊链（杆）上，固定用的螺钉不应少于 4 个。

3）接线盒引向灯具的电线应采用导管保护，电线不得裸露；导管与灯具壳体应采用专用接头连接。当采用金属软管时，其长度不宜大于 1.2m。

多支荧光灯组合的开启式灯具，灯管排列应整齐，灯内金属间隔片或隔栅安装排列整齐，不应有弯曲、扭、斜等缺陷。

大型嵌入式荧光灯安装如图 6-5 所示。荧光灯嵌入在吊顶内，用吊杆分两段吊挂。钢管

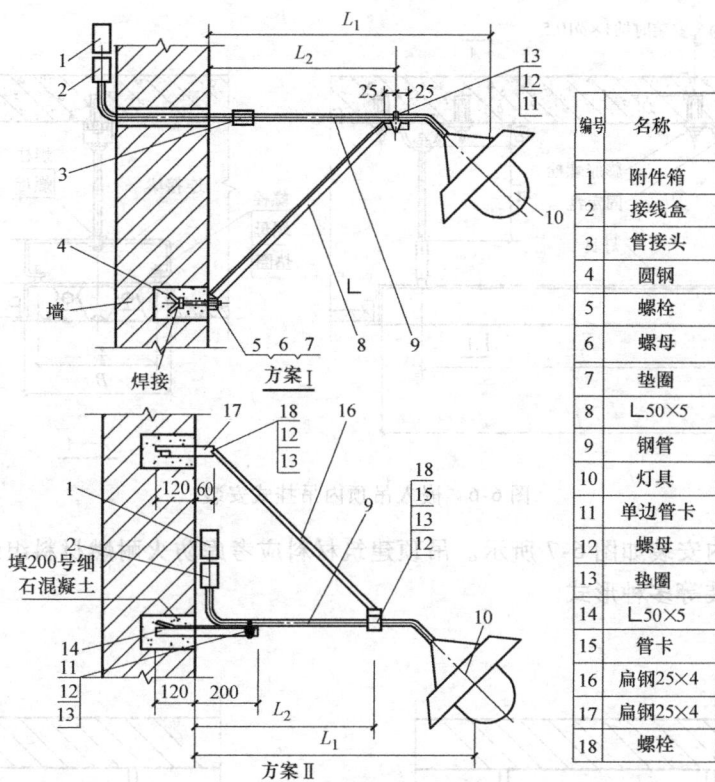

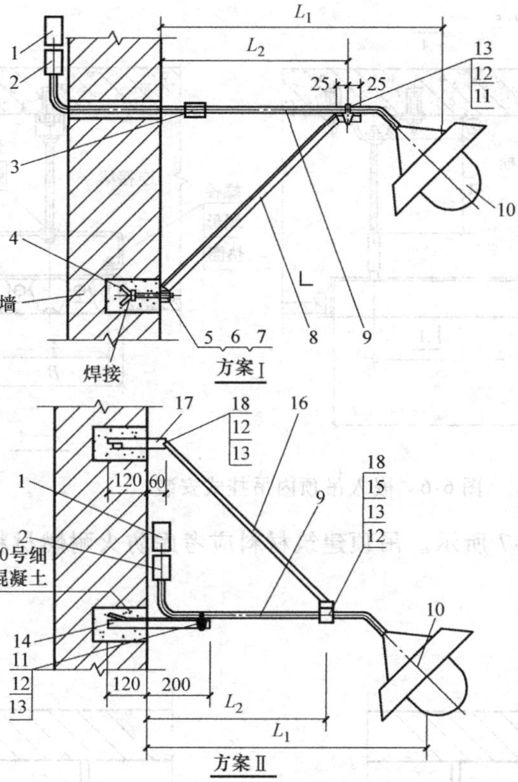

编号	名称
1	附件箱
2	接线盒
3	管接头
4	圆钢
5	螺栓
6	螺母
7	垫圈
8	∟50×5
9	钢管
10	灯具
11	单边管卡
12	螺母
13	垫圈
14	∟50×5
15	管卡
16	扁钢25×4
17	扁钢25×4
18	螺栓

图 6-4 钢管明配支臂安装

和接线盒预埋在混凝土中，尺寸 H、H_1、L_1、L_2、L_3、C、D 等教值由工程设计确定。

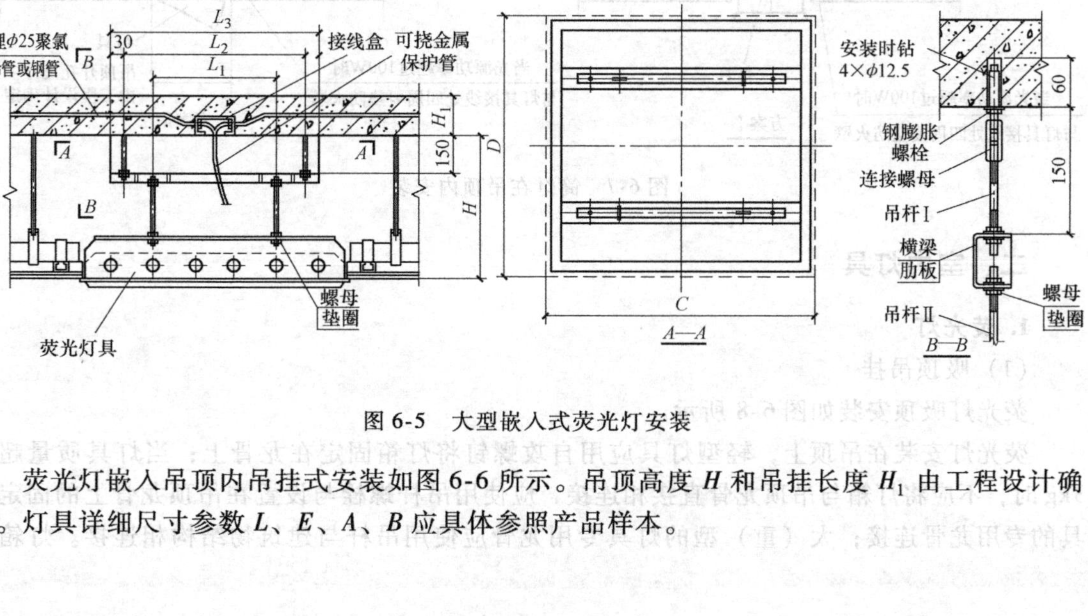

图 6-5 大型嵌入式荧光灯安装

荧光灯嵌入吊顶内吊挂式安装如图 6-6 所示。吊顶高度 H 和吊挂长度 H_1 由工程设计确定。灯具详细尺寸参数 L、E、A、B 应具体参照产品样本。

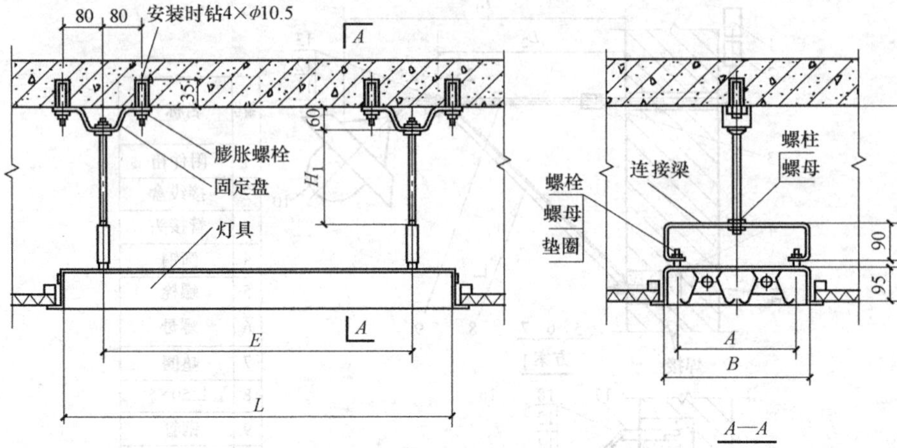

图 6-6　嵌入吊顶内吊挂式安装

筒灯在吊顶内安装如图 6-7 所示。吊顶建筑材料应考虑防火耐燃材料组装，接线盒安装形式分明装、暗装等多种形式。

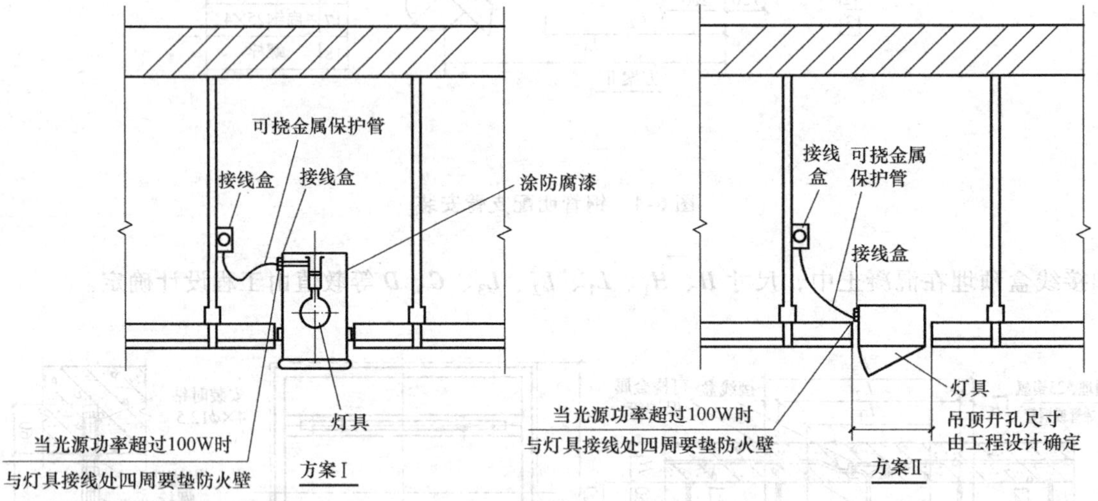

图 6-7　筒灯在吊顶内安装

二、室内灯具

1. 荧光灯

(1) 吸顶吊挂

荧光灯吸顶安装如图 6-8 所示。

荧光灯安装在吊顶上，轻型灯具应用自攻螺钉将灯箱固定在龙骨上；当灯具质量超过 3kg 时，不应将灯箱与吊顶龙骨直接相连接，应使用吊杆螺栓与设置在吊顶龙骨上的固定灯具的专用龙骨连接；大（重）型的灯具专用龙骨应使用吊杆与建筑物结构相连接。灯箱固

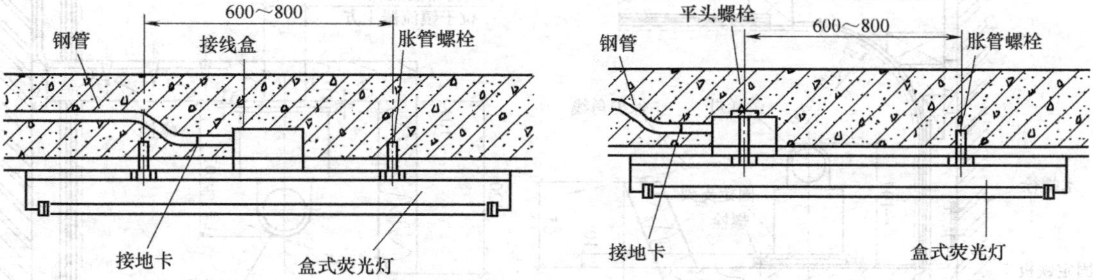

图 6-8 吸顶安装

定后，将电源线压入灯箱内的接头上，把灯具的反光板固定在灯箱上，并将灯箱调整顺直，最后把荧光灯管装好即可。

荧光灯具吸顶吊挂安装如图 6-9 所示。吊顶高 H、吊板长度 H_1 及顶棚开洞尺寸由工程设计确定。接线盒安装形式分明装、暗装等多种类型。

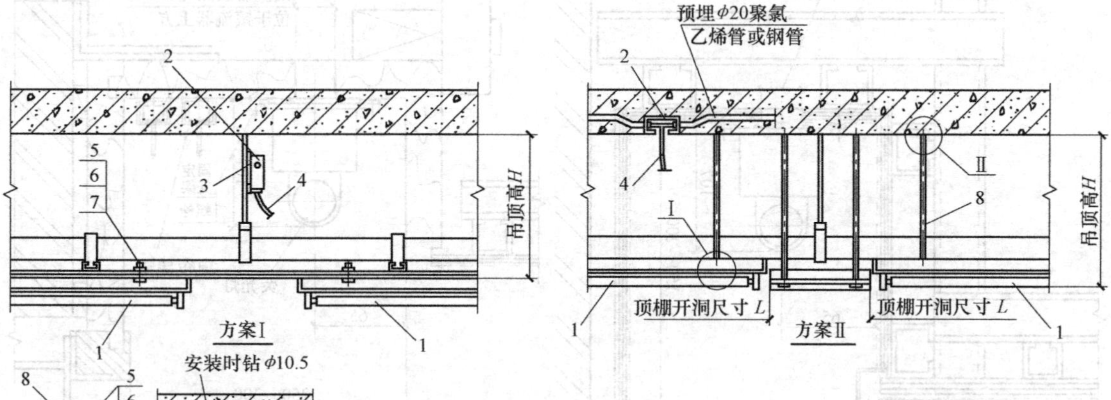

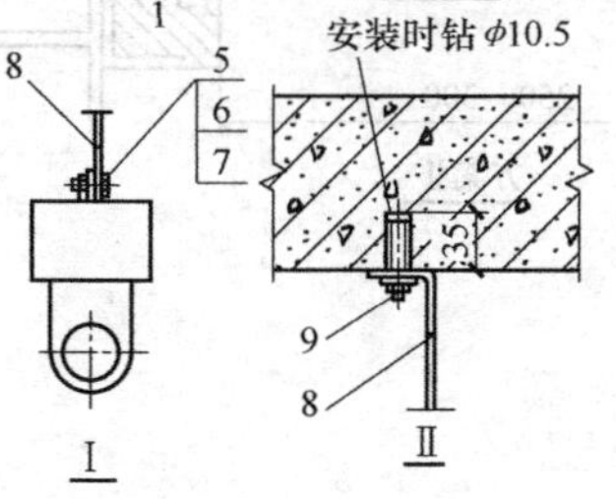

编号	名称
1	荧光灯具
2	接线盒
3	接线盒固定板
4	可挠金属保护管
5	螺栓
6	螺母
7	垫圈
8	吊板
9	膨胀螺栓

图 6-9 吸顶吊挂安装

（2）灯槽

荧光灯在灯槽内安装如图 6-10 所示。内壁虚线所示为反射面，应用漫反射材料作面层。建筑材料应采取防火措施。

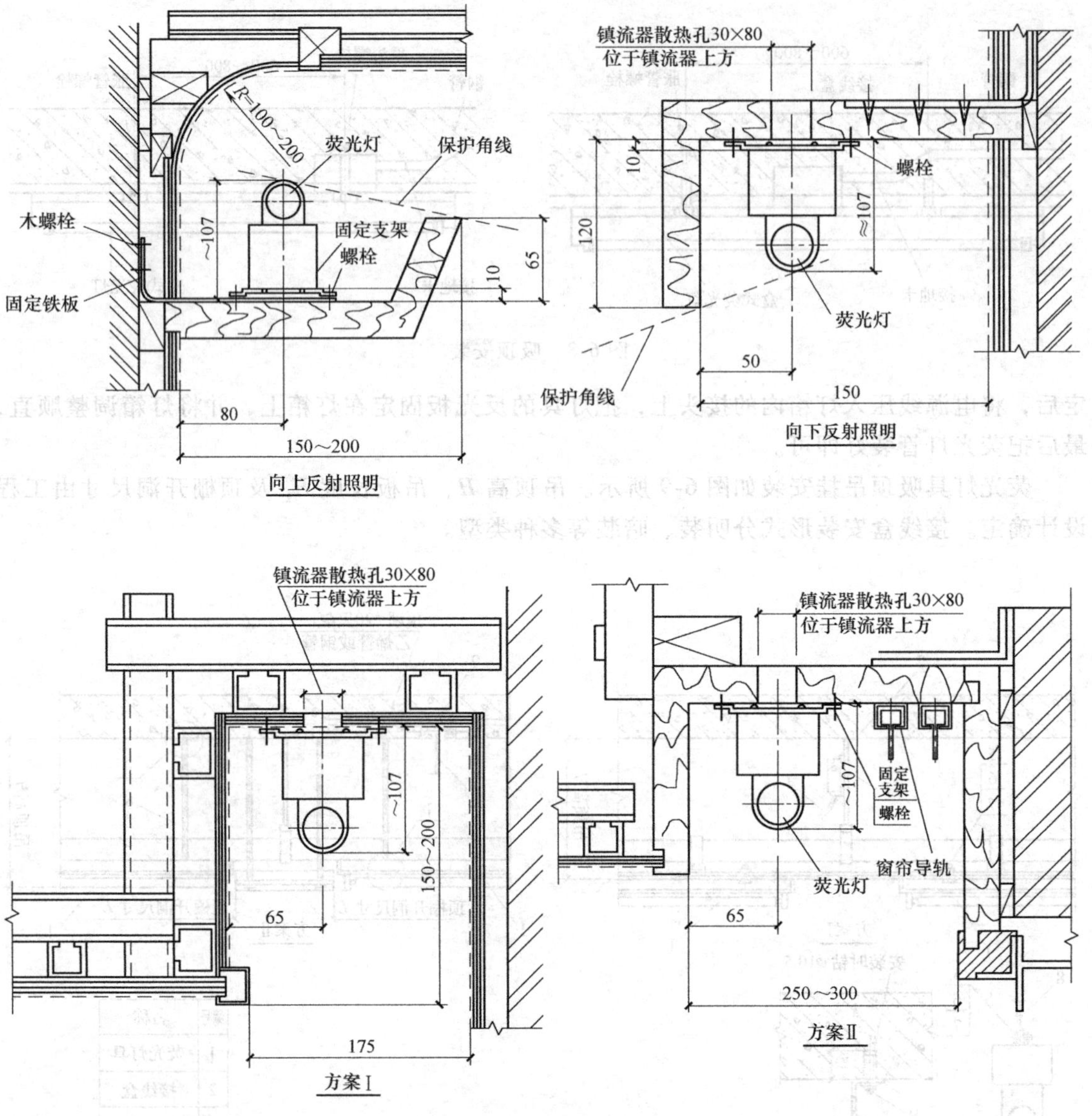

图 6-10　灯槽内安装

（3）综合管线支架

荧光灯在综合管线支架上安装如图 6-11 所示。荧光灯主要用于表面处理车间，利用厂房内的综合管线支架安装荧光灯，插座规格：三相电压 380V，电流 16A；单相电压 250V，电流 10A。接线盒应密封良好，所有金属构件应做防腐处理。

（4）空调格栅

空调格栅荧光灯吊挂式安装如图 6-12 所示。嵌入式空调荧光灯下部装有格栅片，属于漫反射式照明装置，可连接成灯带。在灯具顶部和一侧有送风、回风装置，和灯具成为一体。灯具安装时由送、回风口与空调系统连接后即可起到照明和空调两方面的作用，这种灯具有回风散热式、送回风组合式。更换灯管等电气元件时，通过灯具下部一侧的挂钩开启格

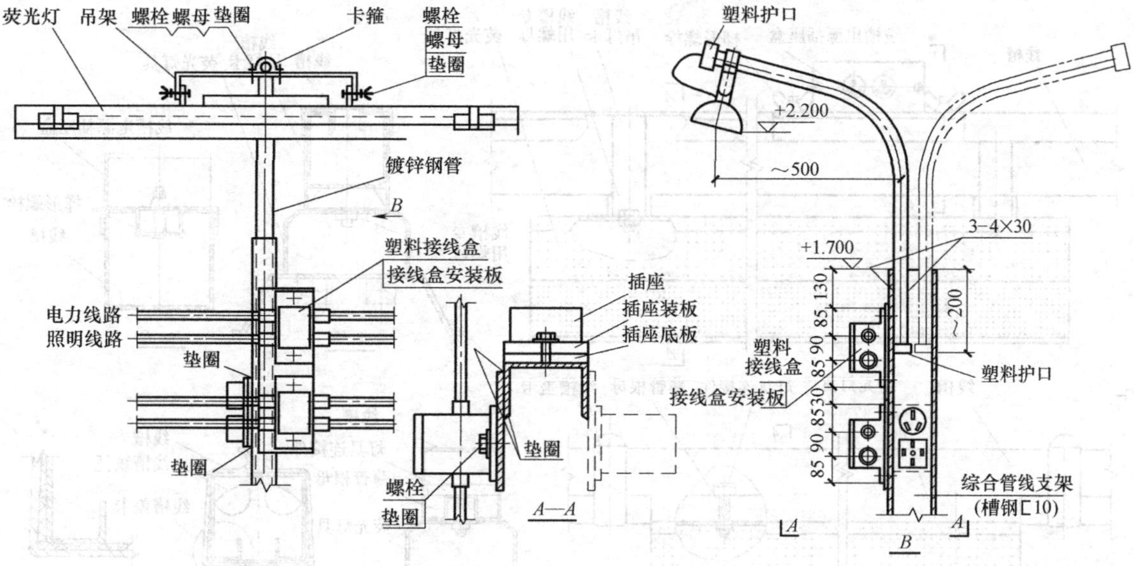

图 6-11 综合管线支架上安装

栅框。吊顶高度 H 和吊板长度 H_2 及楼板厚度 H_1 由工程设计确定。尺寸 B、B_1、B_2、L_1、L_2、L 等数值由工程设计确定。

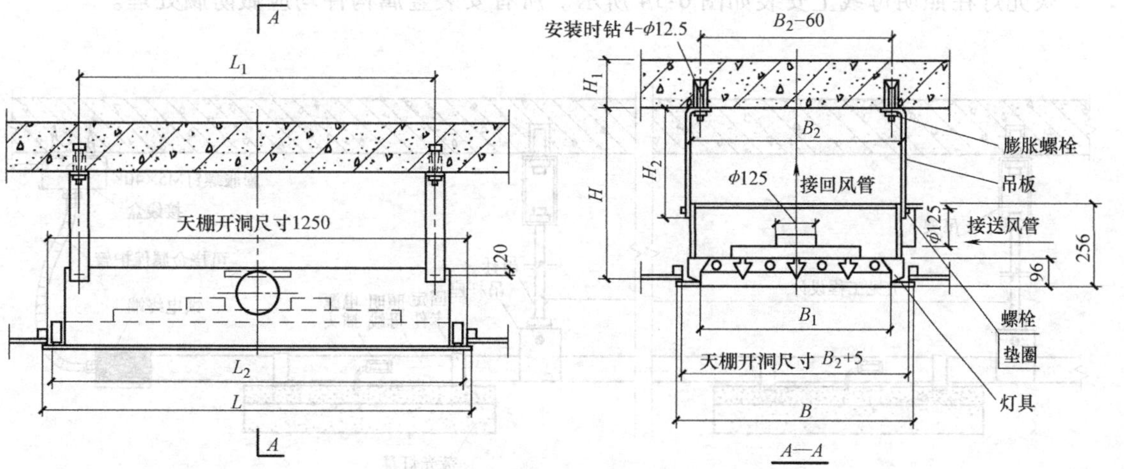

图 6-12 空调格栅荧光灯吊挂式安装

（5）线槽或封闭插接式照明母线

安装于线槽或封闭插接式照明母线下方的灯具应符合下列规定：

1）灯具与线槽或封闭插接式照明母线连接应采用专用固定件，固定应可靠。

2）线槽或封闭插接式照明母线应带有插接灯具用的电源插座；电源插座宜设置在线槽或封闭插接式照明母线的侧面。

荧光灯在金属线槽安装如图 6-13 所示。电源插座盒尺寸与线槽规格相配合，盒上可装单相或三相不同容量和个数的插座。灯具电源引自电源插座盒。

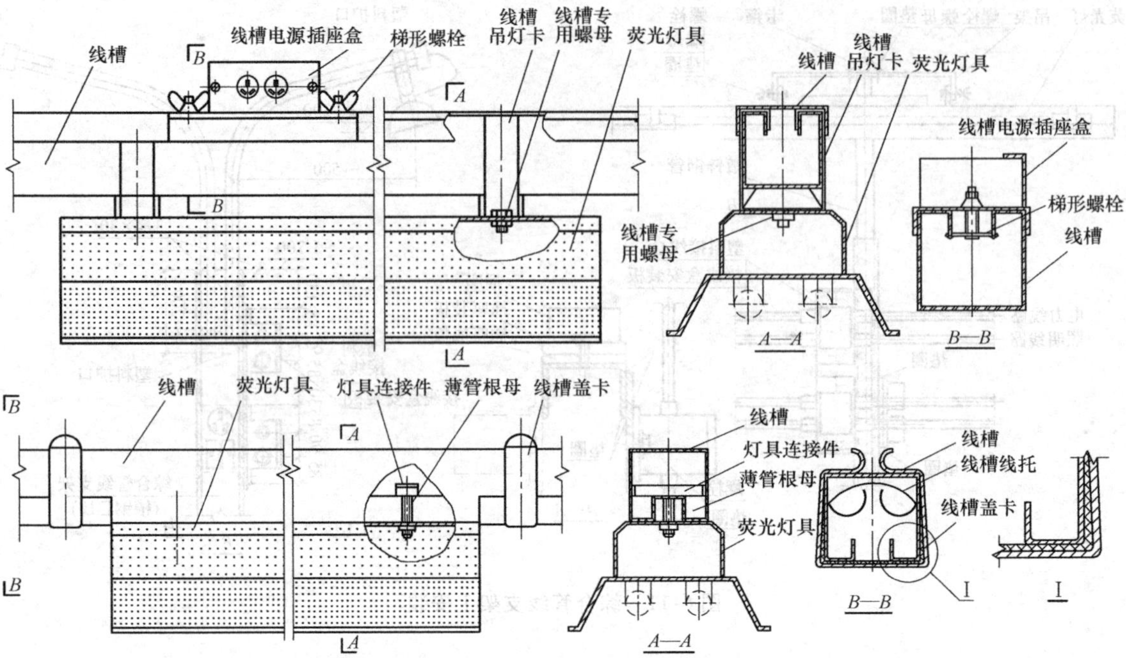

图 6-13 荧光灯在金属线槽安装

荧光灯在照明母线上安装如图 6-14 所示。所有安装金属构件均应做防腐处理。

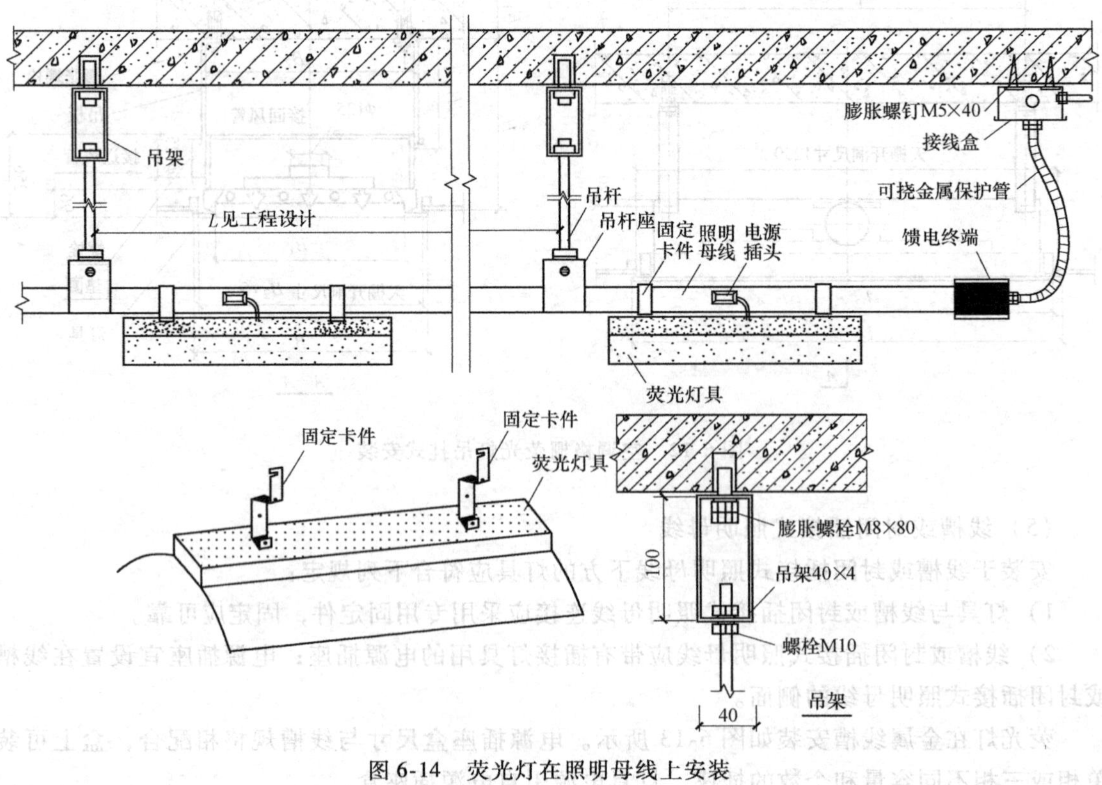

图 6-14 荧光灯在照明母线上安装

2. 广照灯

广照灯安装如图 6-15 所示。

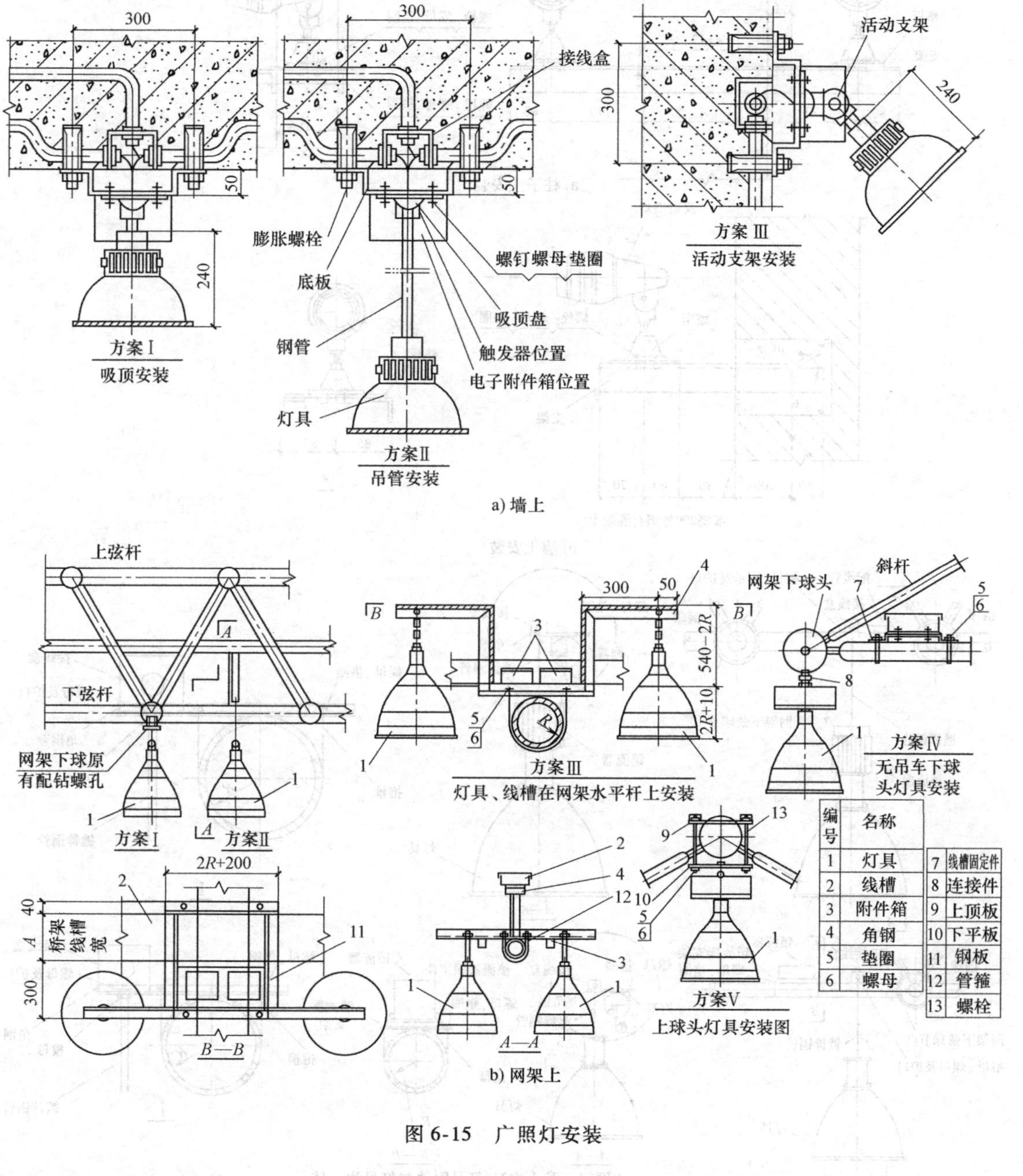

图 6-15 广照灯安装

三、室外灯具

1. 投光灯

投光灯的底座及支架应固定牢固，枢轴应沿需要的光轴方向拧紧固定。

投光灯安装如图 6-16 所示。*A*、*B* 为柱尺寸，垫板的留孔尺寸及孔径大小应按投光灯底座固定孔确定。如为单灯安装，支架到虚线为止。

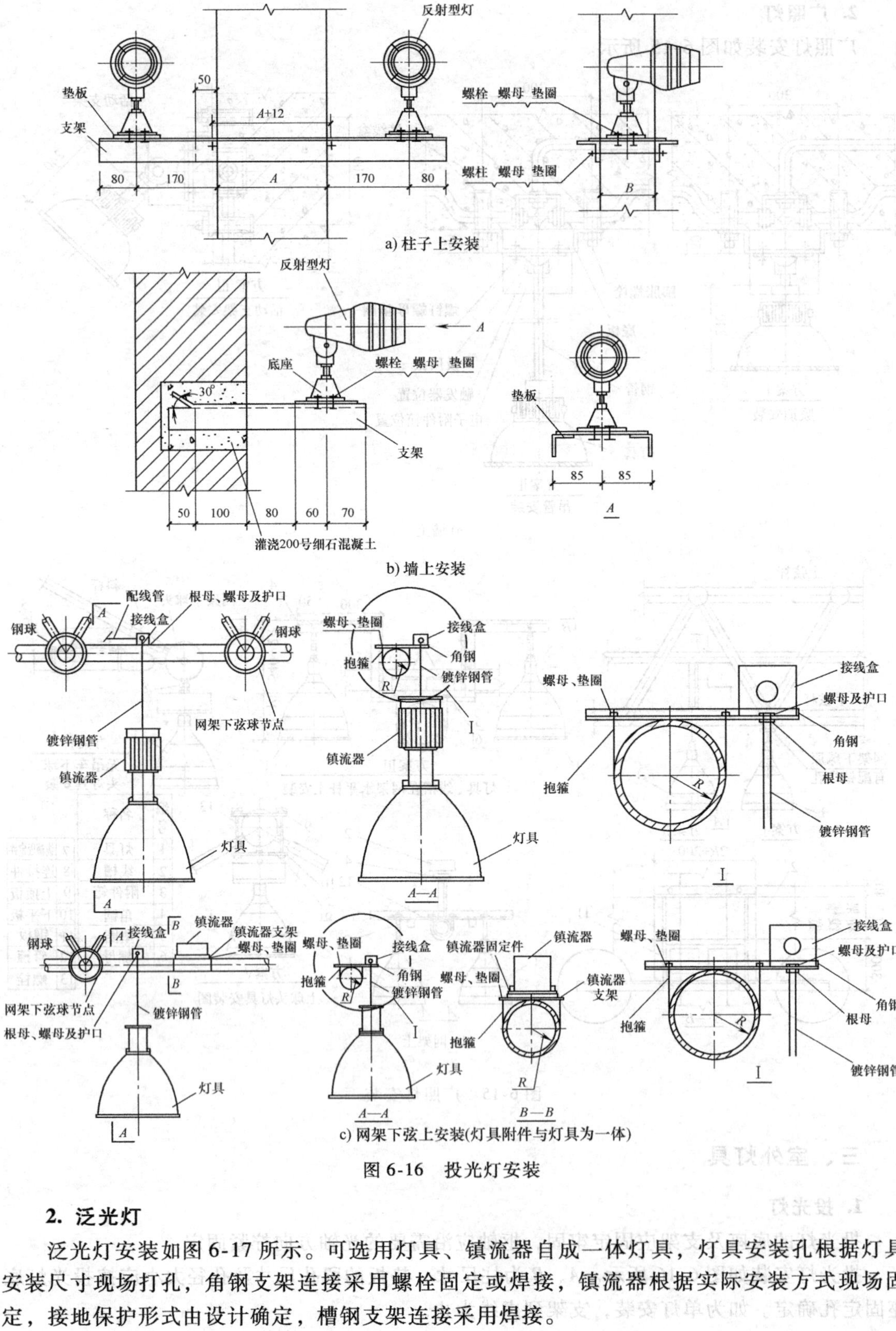

图 6-16 投光灯安装

2. 泛光灯

泛光灯安装如图 6-17 所示。可选用灯具、镇流器自成一体灯具，灯具安装孔根据灯具安装尺寸现场打孔，角钢支架连接采用螺栓固定或焊接，镇流器根据实际安装方式现场固定，接地保护形式由设计确定，槽钢支架连接采用焊接。

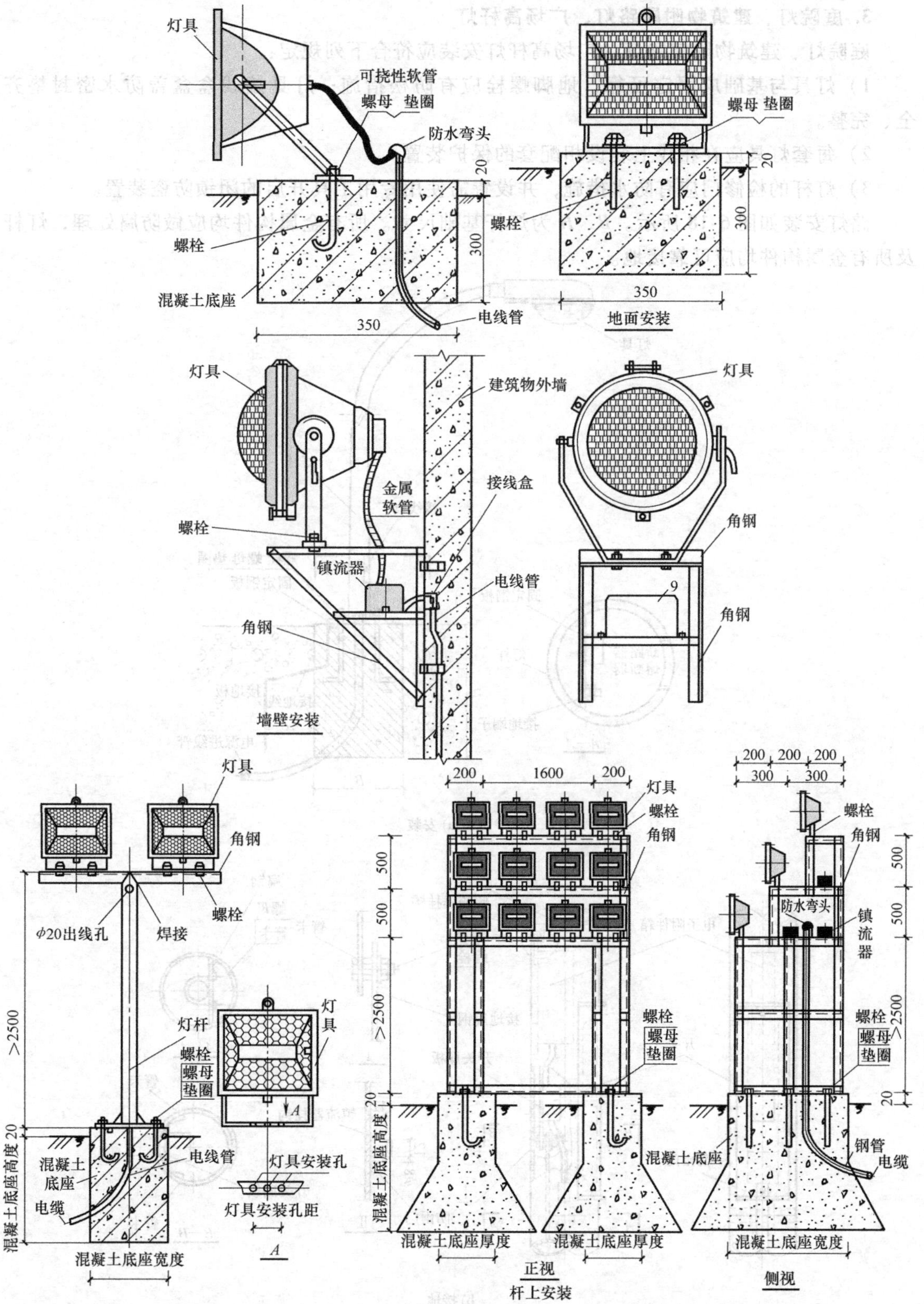
灯具
可挠性软管
螺母 垫圈
防水弯头
20
螺栓
300
混凝土底座
电线管
350
螺母 垫圈
20
螺栓
300
350
地面安装
灯具
建筑物外墙
金属
软管
接线盒
螺栓
镇流器
电线管
角钢
墙壁安装
灯具
角钢
9
角钢
灯具
角钢
螺栓
ϕ20出线孔
焊接
>2500
灯杆
螺栓
螺母
垫圈
20
混凝土
底座
电线管
电缆
混凝土底座高度
混凝土底座宽度
灯具
A
灯具安装孔
灯具安装孔距
A
200
1600
200
灯具
螺栓
角钢
500
500
>2500
螺栓
螺母
垫圈
20
混凝土底座高度
混凝土底座
混凝土底座厚度
混凝土底座厚度
正视
杆上安装
200 200 200
300 300
螺栓
角钢
500
防水弯头
镇
流
器
500
螺栓
螺母
垫圈
>2500
20
钢管
电缆
混凝土底座宽度
侧视

图 6-17　泛光灯安装

3. 庭院灯、建筑物附属路灯、广场高杆灯

庭院灯、建筑物附属路灯、广场高杆灯安装应符合下列规定：

1）灯具与基础应固定可靠，地脚螺栓应有防松措施；灯具接线盒盒盖防水密封垫齐全、完整。

2）每套灯具应在相线上装设相配套的保护装置。

3）灯杆的检修门应有防水措施，并设置需使用专用工具开启的闭锁防盗装置。

路灯安装如图6-18所示。*B*、*H*为灯杆基础尺寸。所有金属构件均应做防腐处理，灯杆及所有金属构件均应可靠接地。

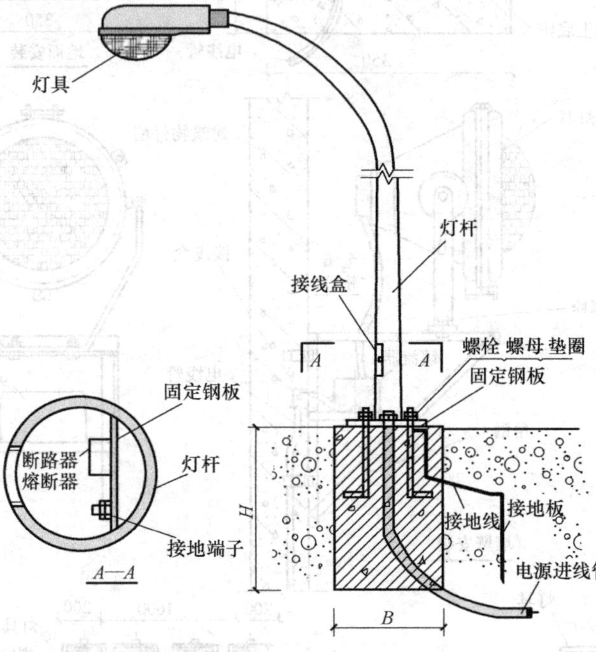

a) 安装

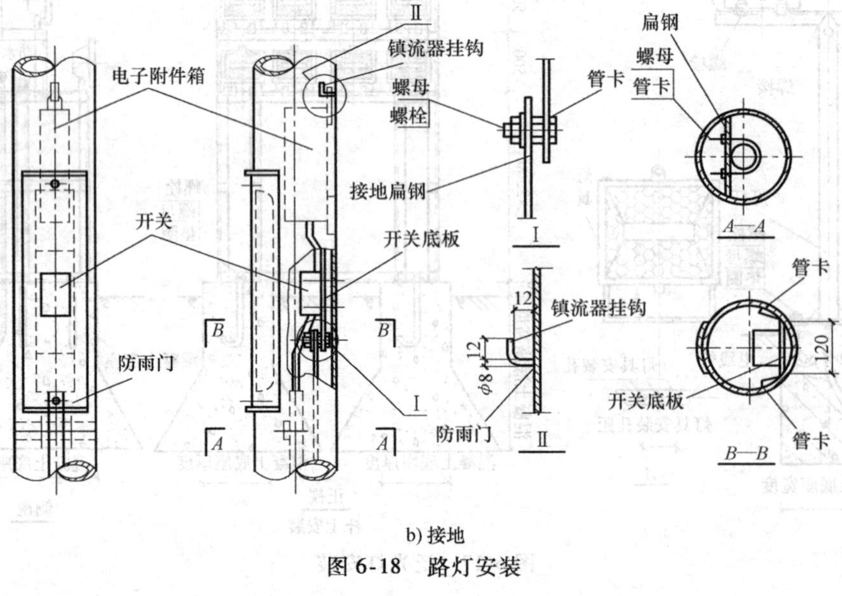

b) 接地

图6-18 路灯安装

庭院灯安装如图6-19所示。

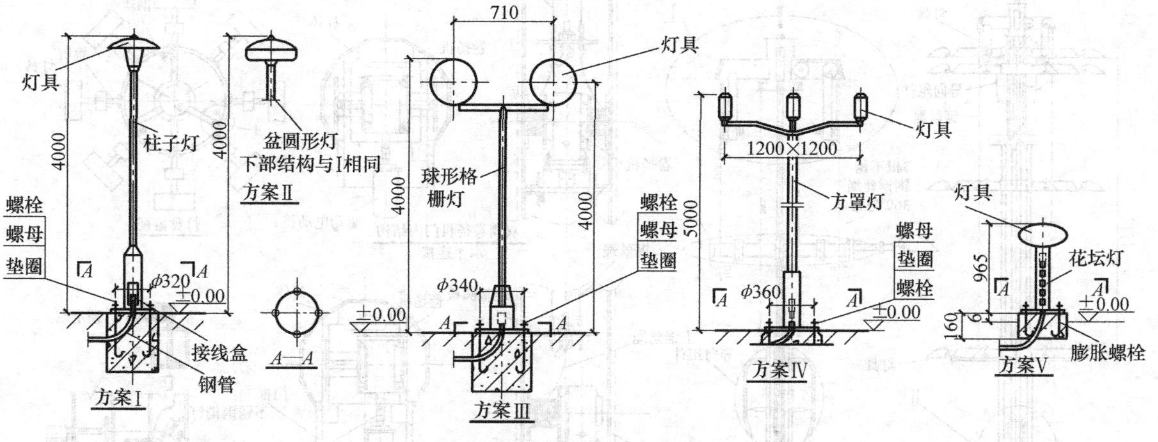

图6-19 庭院灯安装

草坪灯安装如图6-20所示。所有金属构件均应做防腐处理，混凝土底座下素土夯实，灯具的金属外壳应可靠接地。

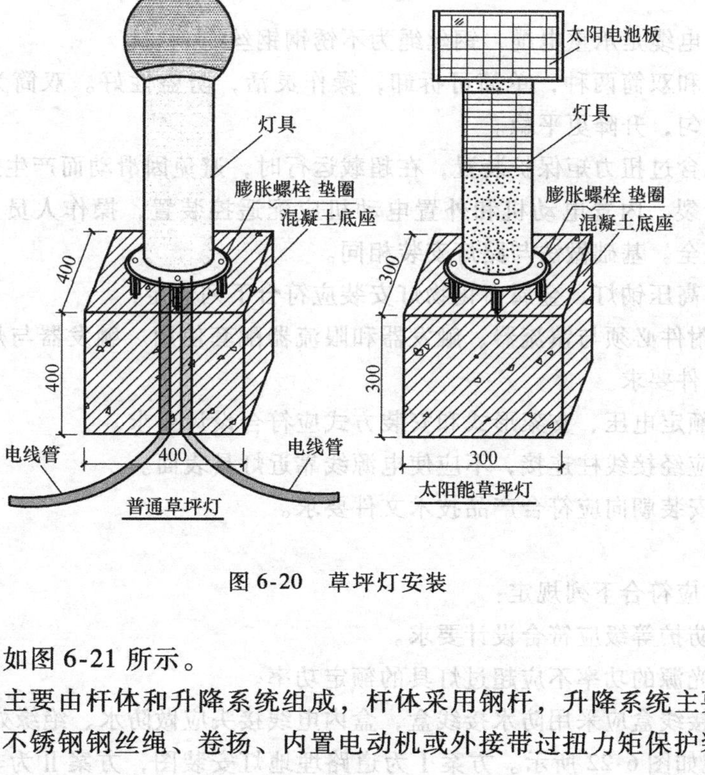

图6-20 草坪灯安装

高杆照明安装如图6-21所示。

高杆照明系统主要由杆体和升降系统组成，杆体采用钢杆，升降系统主要由框架支臂式灯盘、供电电缆及不锈钢钢丝绳、卷扬、内置电动机或外接带过扭力矩保护装置的驱动电动机等组成。

灯盘采用热镀锌处理，框架支臂式结构减轻了灯盘的重量及迎风面积，减少了杆体在设计风速下的尺寸，灯盘由一根钢丝绳为主绳卷扬的情况下，必须在灯盘和杆体之间采用自锁装置，如果主绳数量为一根以上则可以无自锁装置。

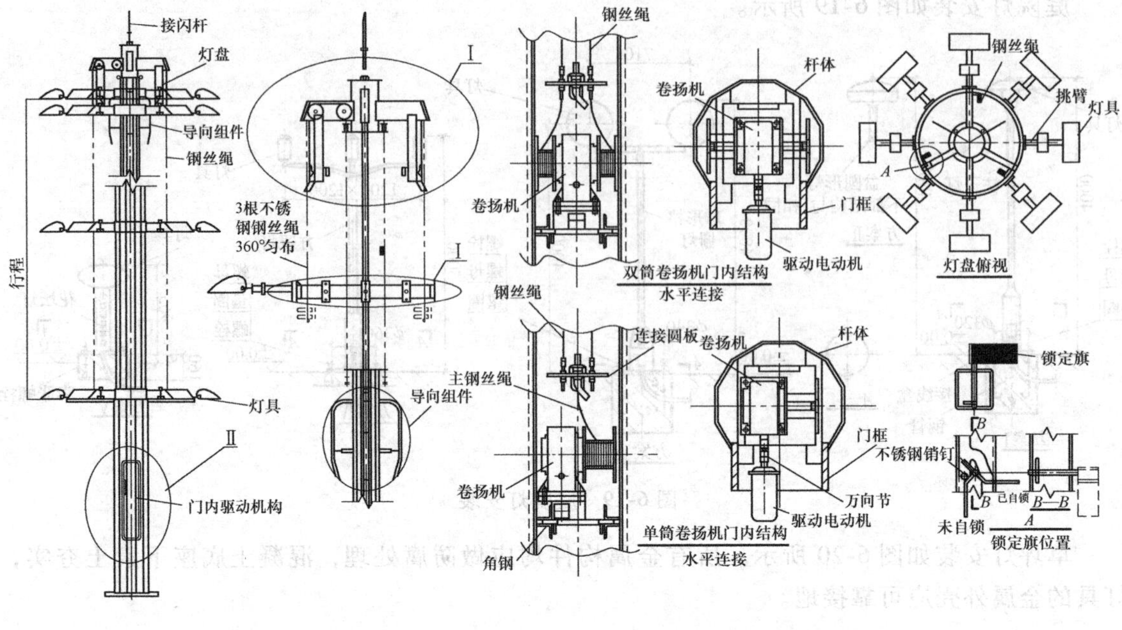

图 6-21 高杆照明安装

灯盘的供电电缆是承重电缆，钢丝绳为不锈钢钢丝绳。

卷扬分单筒和双筒两种，单筒可拆卸，操作灵活，防盗性好。双筒为内藏式，设计紧凑，使受力更均匀，升降更平稳。

驱动电动机含过扭力矩保护装置，在超载运行时，避免因滑动而产生过大的扭力而造成提升钢丝绳的断裂。内置电动机和外置电动机应配遥控装置，操作人员可在10m处操作，使操作人员更安全。基础做法与路灯安装相同。

高压汞灯、高压钠灯、金属卤化物灯安装应符合下列规定：

1）光源及附件必须与镇流器、触发器和限流器配套使用。触发器与灯具本体的距离应符合产品技术文件要求。

2）灯具的额定电压、支架形式和安装方式应符合设计要求。

3）电源线应经接线柱连接，不应使电源线靠近灯具表面。

4）光源的安装朝向应符合产品技术文件要求。

4. 埋地灯

埋地灯安装应符合下列规定：

1）埋地灯防护等级应符合设计要求。

2）埋地灯光源的功率不应超过灯具的额定功率。

3）埋地灯接线盒应采用防水接线盒，盒内电线接头应做防水、绝缘处理。

埋地灯安装如图6-22所示。方案Ⅰ为道路埋地灯安装图，方案Ⅱ为非道路埋地灯安装图，底座下充填300mm砂砾，周围素土夯实。埋地灯防护等级应达到IP67以上，灯具的金属外壳应可靠接地。当埋地灯光源采用金属卤化物灯、钠灯等气体放电灯光源时，应采用双层玻璃或网状防护罩作隔热防护。

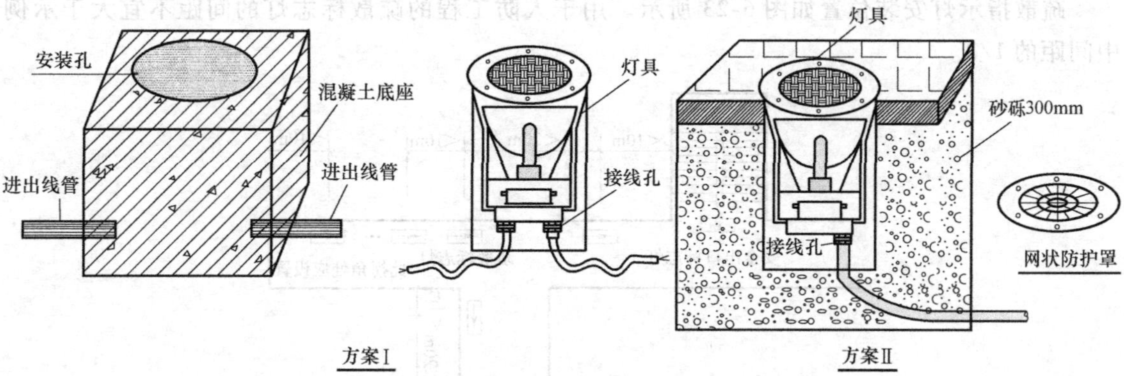

图 6-22 埋地灯安装

第二节 专用灯具

一、应急照明灯具

1. 设置

应急照明供电时间及照度选用见表 6-1。

表 6-1 应急照明供电时间及照度选用

名称		供电时间	照度	场所举例	安装方式
火灾疏散标志照明	出口标志	不少于 30min 人防:战时大于隔绝防护时间	一般场所:不应低于 0.5lx;人防、竖向疏散区域、人员密集流动区域疏散及地下疏散区域:疏散通道不应低于 5lx	安全出口、疏散通道、主要疏散路线、台阶处等	安全出口顶部
	疏散方向标志				1m 以下的墙面上
备用照明		场所内工作或生产操作的具体需要时间一般大于 20min;航空疏散场所,避难疏散区域不小于 60min;消防工作区域不小于 180min;人防:战时大于隔绝防护时间	一般场所,人防:高于正常照度的 10%,最少不低于 5lx 重要场所:不低于正常照明照度	一般场所:展览厅,多功能厅,餐厅,营业厅,歌舞娱乐放映游艺场所等 重要场所:屋顶消防救护用直升机停机坪,避难层,配电室,消防控制室,备用电源室,应急广播室,电话站,安全防范控制中心,计算机中心,消防水泵风机房	1. 墙面上 2. 顶棚上
安全照明		场所内工作或生产操作的具体需要时间 人防:战时大于隔绝防护时间	一般场所,人防:高于正常照度的 5% 重要场所:正常照明照度	一般场所:裸露的圈盘锯,放置炽热金属而没有防护的场地等 重要场所:重要手术室,急救室等	1. 墙面上 2. 顶棚上

疏散指示灯安装位置如图6-23所示。用于人防工程的疏散标志灯的间距不宜大于示例中间距的1/2。

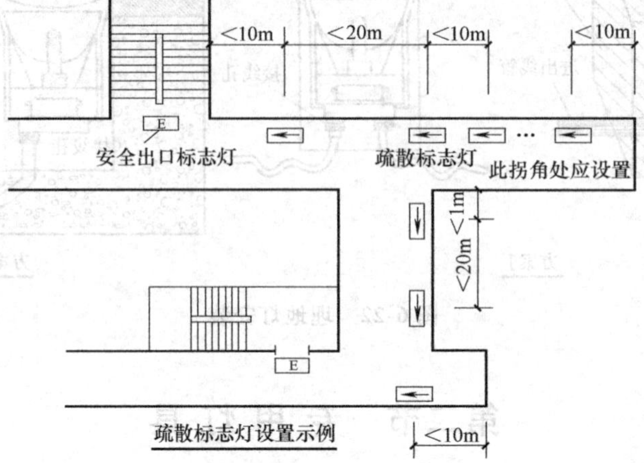

图6-23 疏散指示灯安装位置

2. 要求

应急照明灯具安装应符合下列规定：

1）应急照明灯具必须采用经消防检测中心检测合格的产品。

2）安全出口标志灯应设置在疏散方向的里侧上方，灯具底边宜在门框（套）上方0.2m。地面上的疏散指示标志灯，应有防止被重物或外力损坏的措施。当厅室面积较大，疏散指示标志灯无法装设在墙面上时，宜装设在顶棚下且距地面高度不宜大于2.5m。

3）疏散照明灯投入使用后，应检查灯具始终处于点亮状态。

4）应急照明灯回路的设置除符合设计要求外，尚应符合防火分区设置的要求。

5）应急照明灯具安装完毕，应检验灯具电源转换时间，其值为：备用照明不应大于5s；金融商业交易场所不应大于1.5s；疏散照明不应大于5s；安全照明不应大于0.25s。应急照明最少持续供电时间应符合设计要求。

3. 安装

应急疏散标志灯安装如图6-24所示。所有金属构件均应做防腐处理，安装高度H由工程设计确定。应急疏散标志灯必须采用消防认证产品。

蓄光自发光地面疏散标志安装如图6-25所示。蓄光自发光地面疏散指示标志应连续设置在建筑内的疏散走道和主要疏散路线的地面上，疏散标志镶嵌安装时，参照镶地砖施工工艺。疏散标志粘贴安装时应保证地面干燥平整，需使用溶剂清洁粘贴面。

蓄光自发光疏散楼梯台阶、扶手标志安装如图6-26所示。蓄光自发光疏散楼梯踏步、扶手指示标志应设置在建筑内的疏散楼梯内。

蓄光自发光疏散标牌、疏散指示带安装如图6-27所示。

蓄光自发光疏散指示标牌应设置在建筑内的疏散走道和主要疏散路线靠近地面的墙上，安装高度距地面不大于1m，设置间距由设计确定。蓄光自发光疏散指示带应在建筑内疏散路线超过20m疏散通道及疏散楼梯间的墙面连续设置，标志中心线距室内地坪、踏步斜面不宜大于0.3m。当墙体为石膏板等疏散材料时，采用相应专用塑料胀塞。

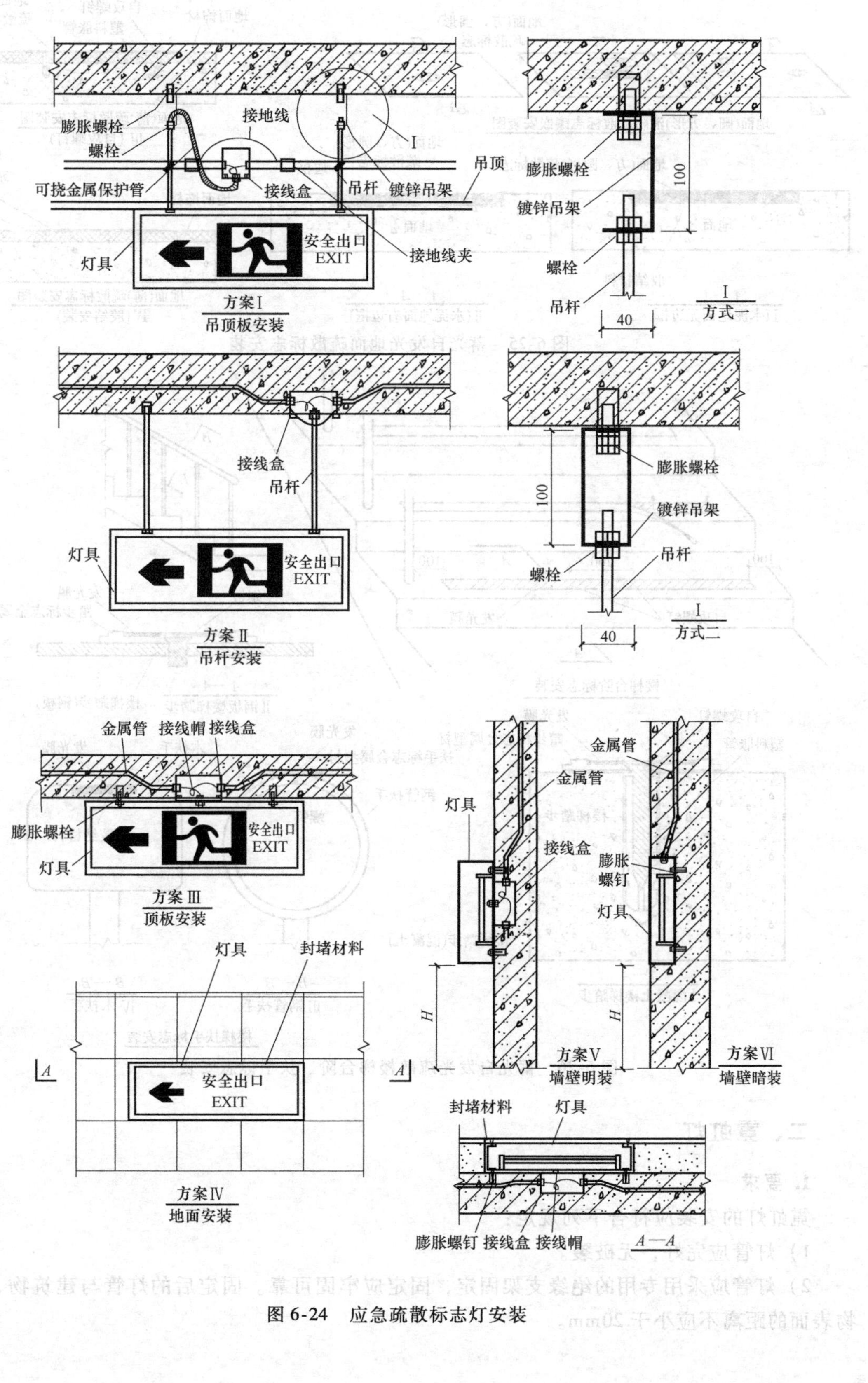

图 6-24 应急疏散标志灯安装

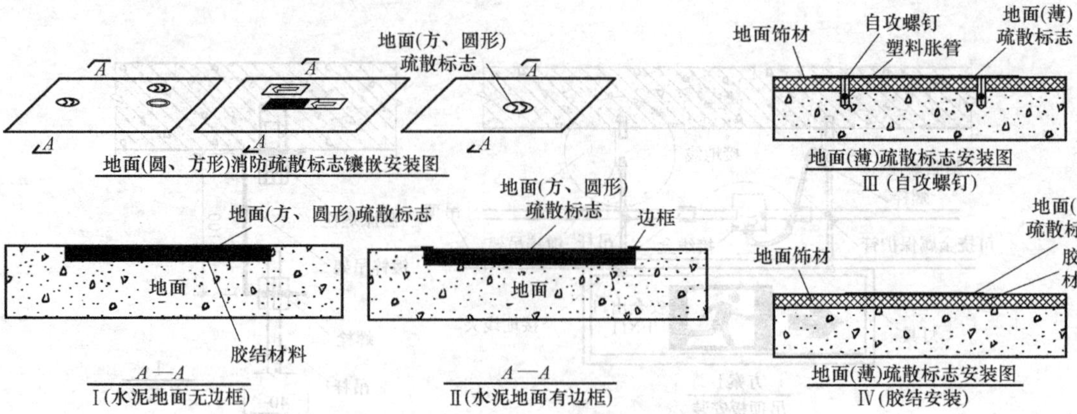

图 6-25 蓄光自发光地面疏散标志安装

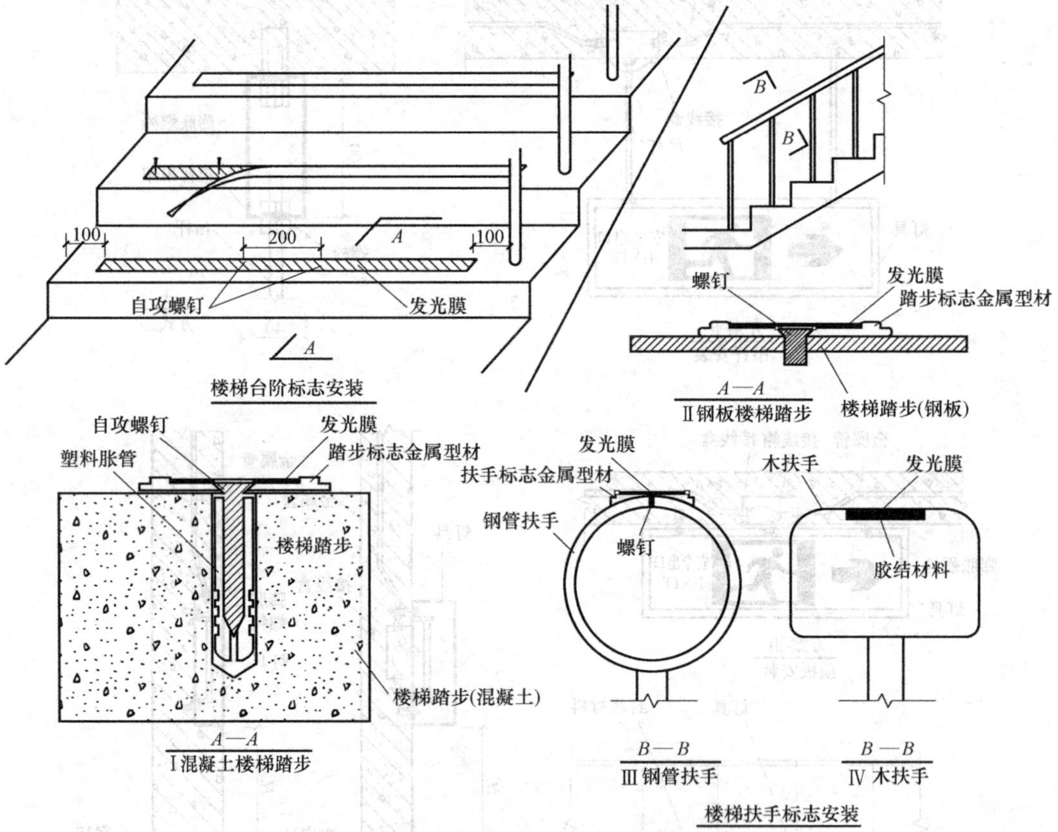

图 6-26 蓄光自发光疏散楼梯台阶、扶手标志安装

二、霓虹灯

1. 要求

霓虹灯的安装应符合下列规定：

1）灯管应完好，无破裂。

2）灯管应采用专用的绝缘支架固定，固定应牢固可靠。固定后的灯管与建筑物、构筑物表面的距离不应小于20mm。

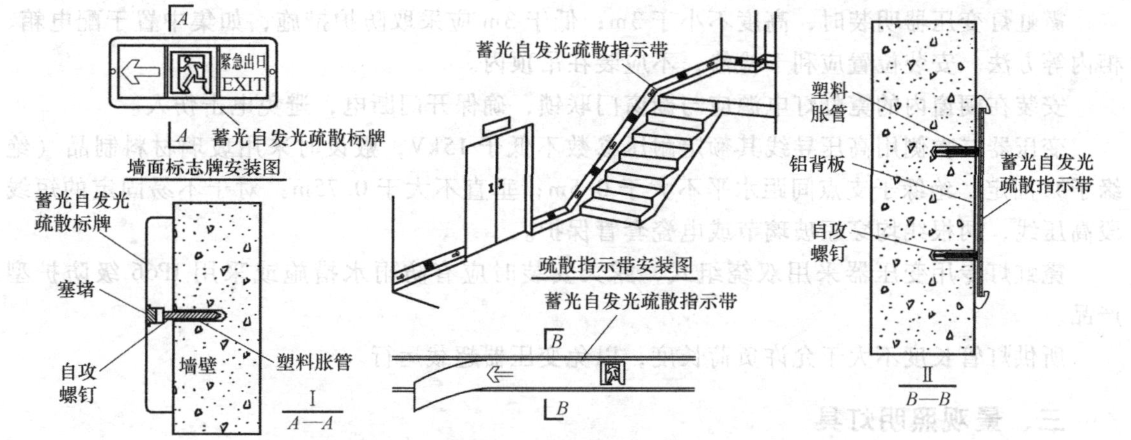

图 6-27 蓄光自发光疏散标牌、疏散指示带安装

3）霓虹灯灯管长度不应超过允许最大长度。专用变压器在顶棚内安装时，应固定可靠，有防火措施，并不宜被非检修人员触及；在室外安装时，应有防雨措施。

4）霓虹灯专用变压器的二次侧电线和灯管间的连接线应采用额定电压不低于 15kV 的高压绝缘电线。二次侧电线与建筑物、构筑物表面的距离不应小于 20mm。

5）霓虹灯托架及其附着基面应用难燃或不燃材料制作，固定可靠。室外安装时，应耐风压，安装牢固。

2. 安装

霓虹灯安装如图 6-28 所示。

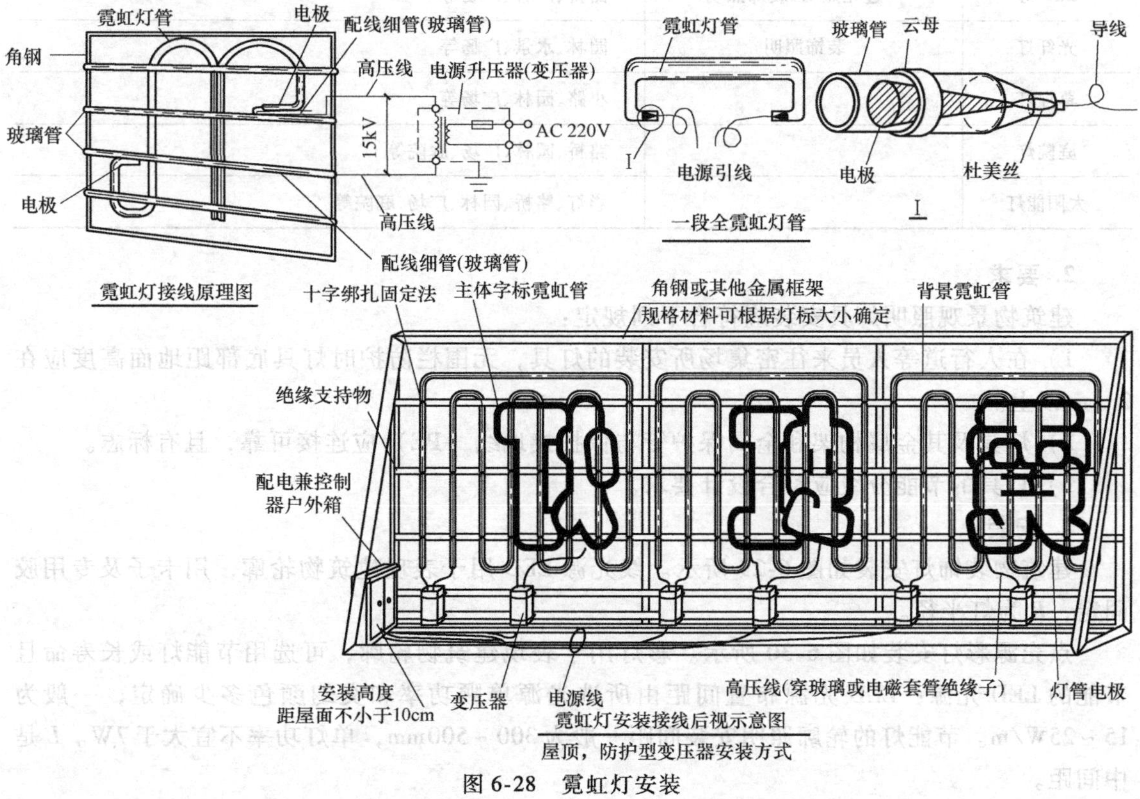

图 6-28 霓虹灯安装

霓虹灯变压器明装时，高度不小于3m；低于3m应采取防护措施，如集中置于配电箱、柜内等方法。安装位置应利于检修，不应装在吊顶内。

安装在橱窗内的霓虹灯电源应与橱窗门联锁，确保开门断电，避免电击伤人。

变压器二次侧用高压导线其额定耐压参数不低于15kV，敷设时采用玻璃材料制品（绝缘子）固定，绝缘子支点间距水平不大于0.5m；垂直不大于0.75m：对于不易固定的短线段高压线，两根线均穿短玻璃节或电瓷套管保护。

霓虹灯专用变压器采用双绕组式，露天安装时应有防雨水措施或采用IP66级防护型产品。

所供灯管长度不大于允许负荷长度，以免变压器超载运行。

三、景观照明灯具

1. 设置

景观照明常用的灯具见表6-2。

表6-2 景观照明常用的灯具

灯具	应用照明方式	应用场所
荧光灯	内透光照明、装饰照明	路桥、园林、广告、广场等
投光灯	泛光照明	路桥、树木、广告、广场、水景、山石等
埋地灯	泛光照明	步道、树木、广场、山石等
LED灯	内透光照明、装饰照明	路桥、广告、广场等
光纤灯	装饰照明	园林、水景、广场等
草坪灯		小路、园林、广场等
庭院灯		路桥、园林、广场、庭院等
太阳能灯		彩灯、路桥、园林、广场、庭院等

2. 要求

建筑物景观照明灯具安装应符合下列规定：

1）在人行道等人员来往密集场所安装的灯具，无围栏防护时灯具底部距地面高度应在2.5m以上。

2）灯具及其金属构架和金属保护管与保护接地线（PE）应连接可靠，且有标志。

3）灯具的节能分级应符合设计要求。

3. 安装

建筑物装饰灯安装如图6-29所示。线光源LED用于表现建筑物轮廓，用卡子及专用胶固定，R为灯半径。

点光源彩灯安装如图6-30所示。彩灯用于表现建筑物轮廓，可选用节能灯或长寿命且节能的LED光源：LED光源布置间距由所选光源单颗功率和交幻颜色多少确定，一般为15～25W/m。节能灯的轮廓照明安装间距一般为300～500mm，单灯功率不宜大于7W。L是中间距。

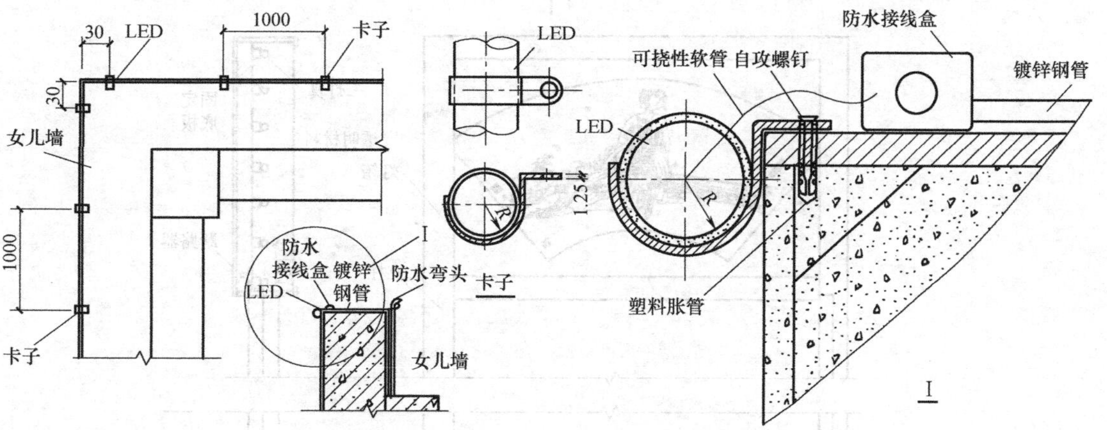

图 6-29　建筑物装饰灯安装

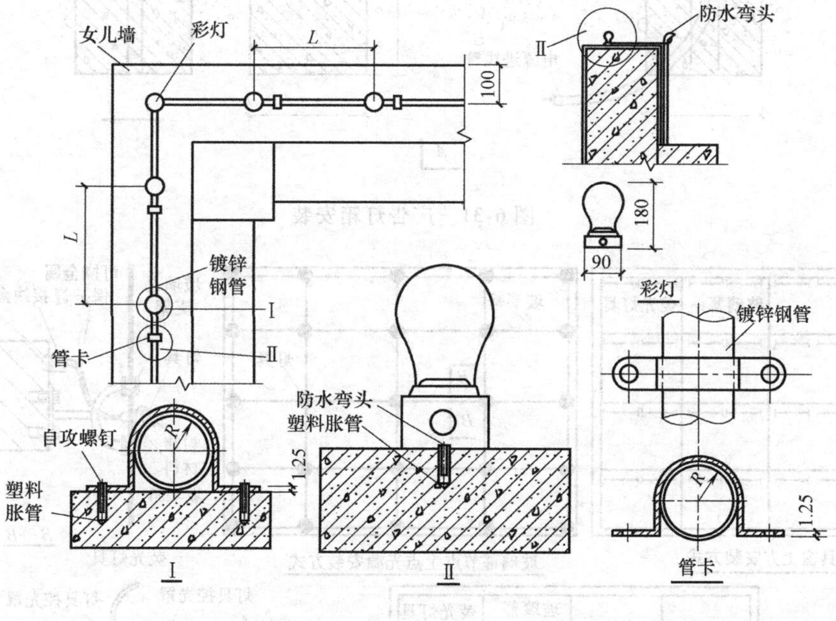

图 6-30　点光源彩灯安装

广告灯箱安装如图 6-31 所示。*B*、*H* 是立柱基础尺寸，所有金属构件均应做防腐处理，灯具的金属外壳、金属构件均应可靠接地，宣传栏、广告牌周围布灯方式应避免眩光。

玻璃幕墙照明灯具安装如图 6-32 所示。所有金属构件均应做防腐处理，灯具的金属外壳应可靠接地。玻璃幕内透光照明宜采用线光源，玻璃幕节点装饰照明宜采用 LED 等点光源。

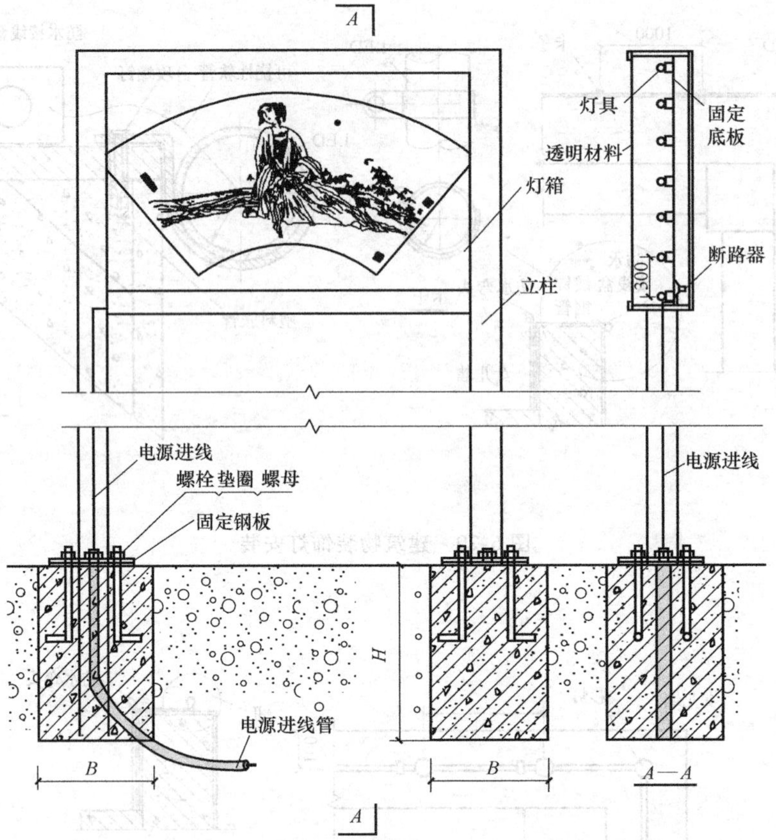

图 6-31 广告灯箱安装

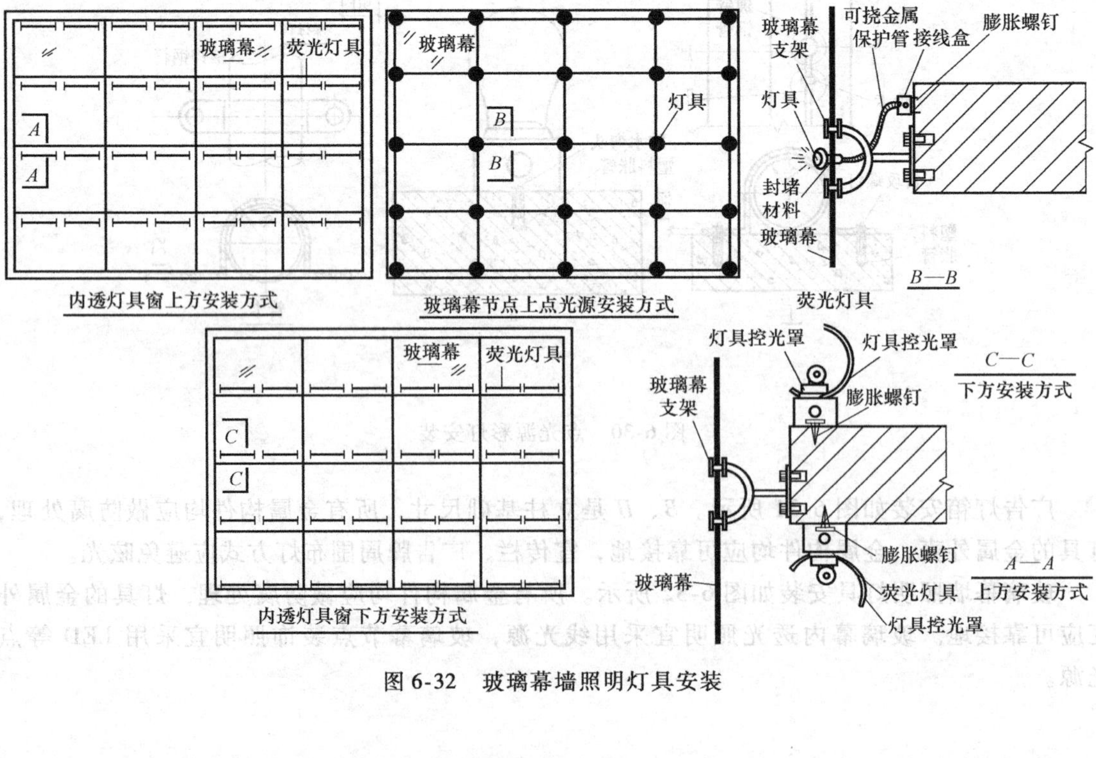

图 6-32 玻璃幕墙照明灯具安装

四、航空障碍灯

1. 设置

障碍物就其障碍灯的设置应标志出障碍物的最高点和最边缘（即视高和视宽）。航空障碍灯设置如图 6-33 所示。外形高大的建筑群所设置的障碍灯应能从各个方位看出物体的轮廓，水平方向也可参考以 45m 左右的间距设置障碍灯，图 6-33 中 2km 为跑道宽度，5km 为进近面宽度。A、B = 45 ~ 90m，C、D、E < 45m。

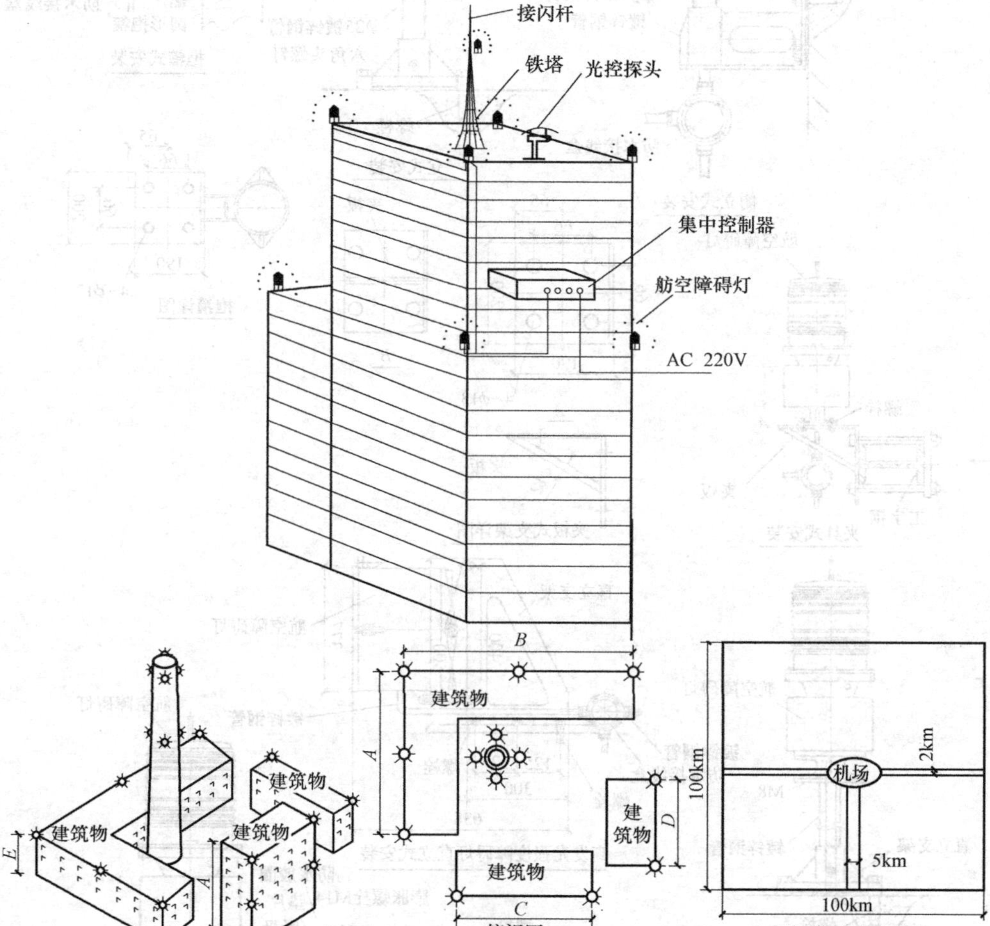

图 6-33 航空障碍灯设置

2. 要求

航空障碍灯安装应符合下列规定：

1）灯具安装牢固可靠，且应设置维修和更换光源的设施。

2）灯具安装在屋面接闪器保护范围外时，应设置小接闪杆，并与屋面接闪器可靠连接。

3）当灯具在烟囱顶上安装时，应安装在低于烟囱口 1.5 ~ 3m 的部位且呈正三角形水平布置。

3. 安装

航空障碍灯安装示意如图 6-34 所示。灯具的电源按主体建筑中最高负荷等级要求供电，安装的金属构件应做防腐处理，灯具安装牢固可靠，且设置维修和更换光源的措施。

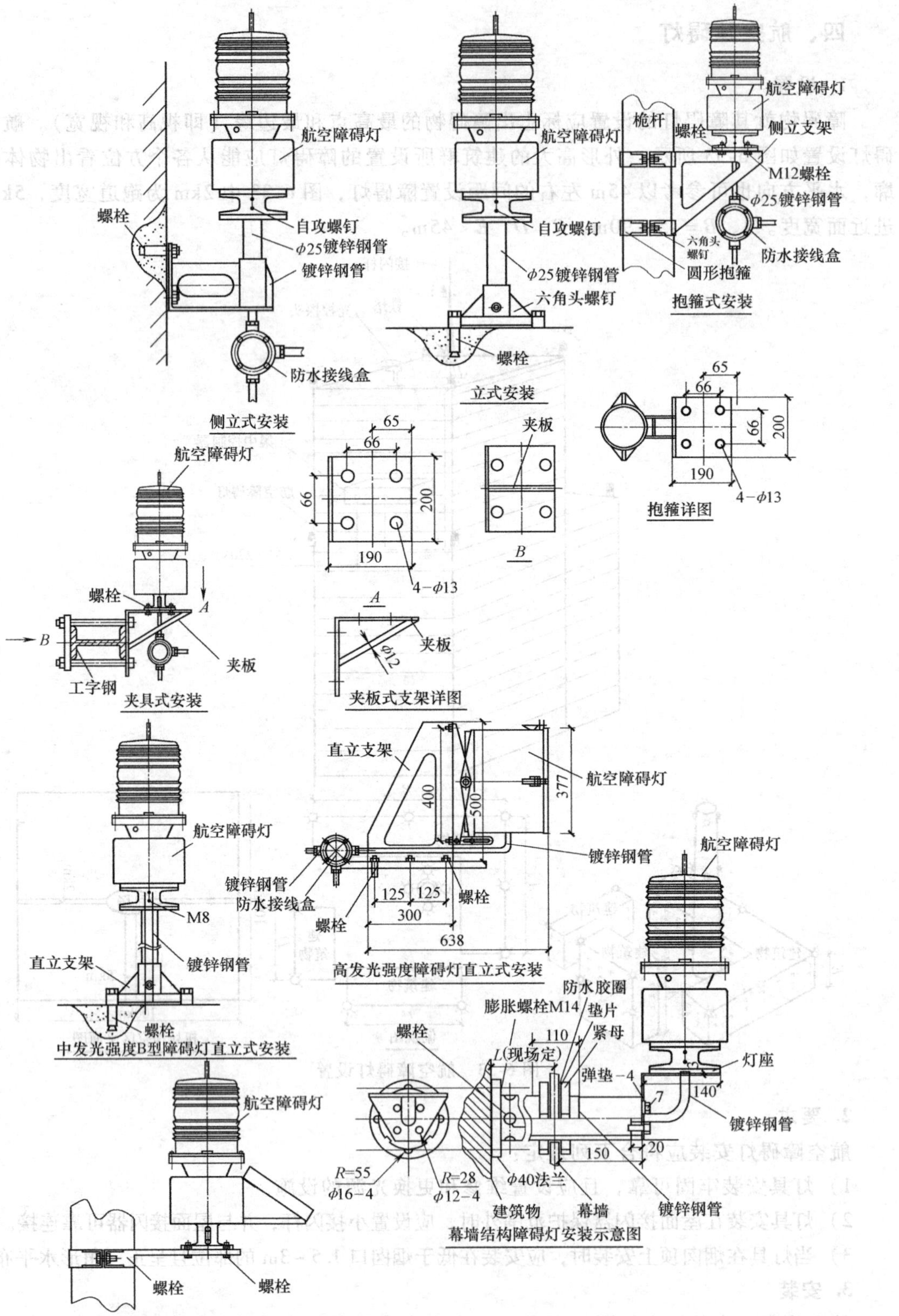

图6-34 航空障碍灯安装示意

航空障碍灯在烟囱上安装如图 6-35 所示。

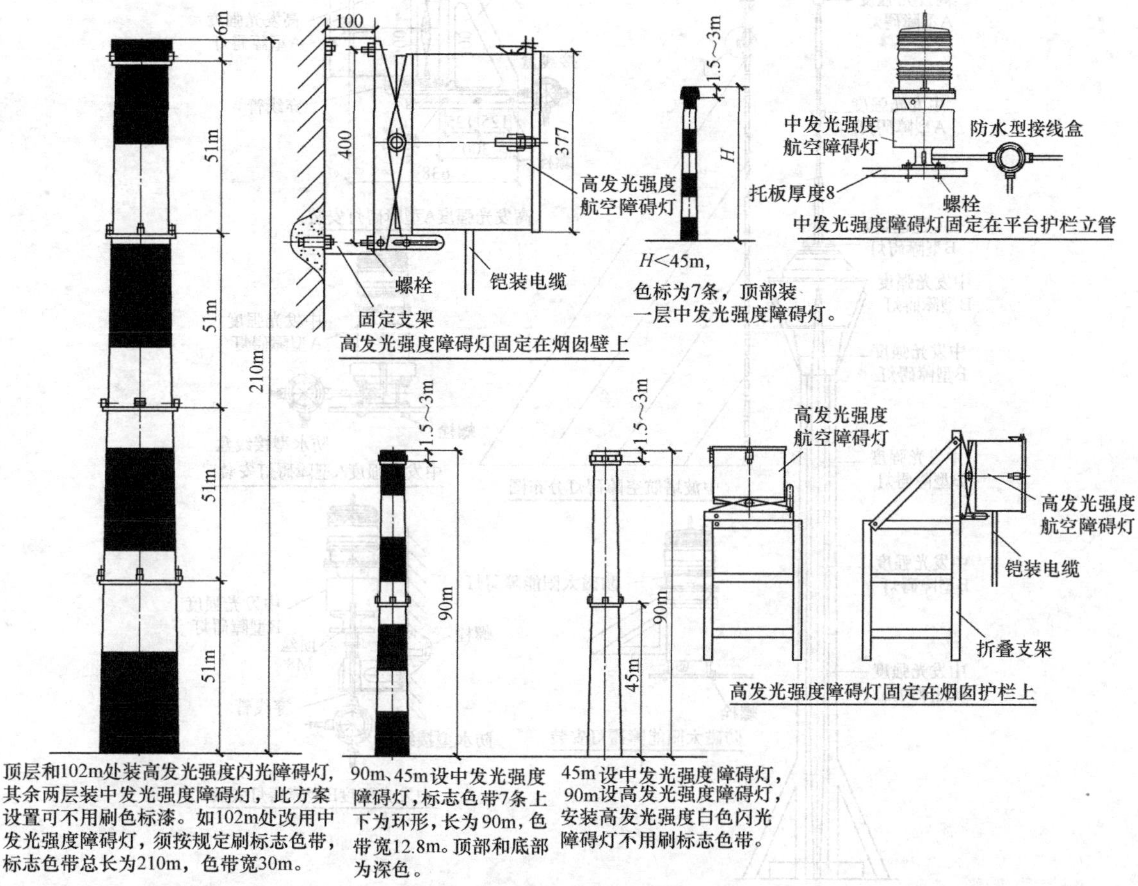
100
6m
51m
51m
210m
51m
51m
400
377
高发光强度
航空障碍灯
螺栓
铠装电缆
固定支架
高发光强度障碍灯固定在烟囱壁上
1.5～3m
H
H<45m,
色标为7条，顶部装
一层中发光强度障碍灯。
中发光强度
航空障碍灯
防水型接线盒
托板厚度8
螺栓
中发光强度障碍灯固定在平台护栏立管
90m
45m
高发光强度
航空障碍灯
铠装电缆
折叠支架
高发光强度障碍灯固定在烟囱护栏上
顶层和102m处装高发光强度闪光障碍灯，其余两层装中发光强度障碍灯，此方案设置可不用刷色标漆。如102m处改用中发光强度障碍灯，须按规定刷标志色带，标志色带总长为210m，色带宽30m。
90m、45m设中发光强度障碍灯，标志色带7条上下为环形，长为90m，色带宽12.8m。顶部和底部为深色。
45m设中发光强度障碍灯，90m设高发光强度障碍灯，安装高发光强度白色闪光障碍灯不用刷标志色带。

图 6-35 航空障碍灯在烟囱上安装

航空障碍灯在广播电视塔上安装如图 6-36 所示。每层设置障碍灯之间的层间距不得大于 45m。

航空障碍灯和障碍球在电力塔上的安装如图 6-37 所示。

如现场有 220V 工作电源条件，应考虑设置高发光强度 B 型障碍灯（白色单方向闪光障碍灯）。每层设置 4 盏，并分层顺序闪光。闪光顺序为：首先中层灯，然后顶层灯，最后底层灯。各层闪光之间的间隔时间之比大致为：中间距顶层 1/13，顶层距底层 2/13，底层距中间层 10/13。如现场不具备工作电源，应考虑太阳能集中供电方式的中发光强度 B 型障碍灯（红色全方向闪光障碍灯），使其同步闪光，并按照相应标准在铁塔上涂刷标志漆。电力塔上安装障碍球应进行荷载等计算。

五、医用及洁净场所灯具

1. 手术台无影灯

手术台无影灯安装应符合下列规定：

1）固定灯座的螺栓数量不应少于灯具法兰底座上的固定孔数，螺栓直径应与孔径匹配，螺栓应采用双螺母锁紧。

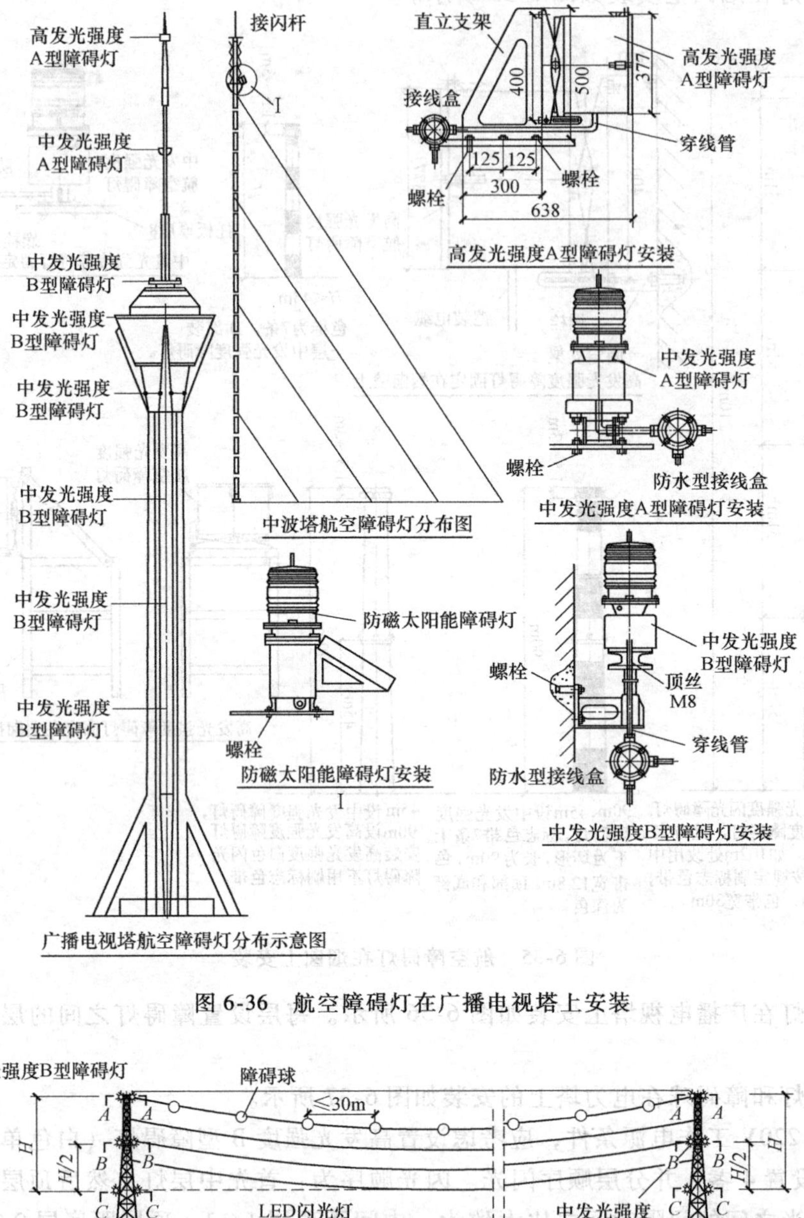

图 6-36 航空障碍灯在广播电视塔上安装

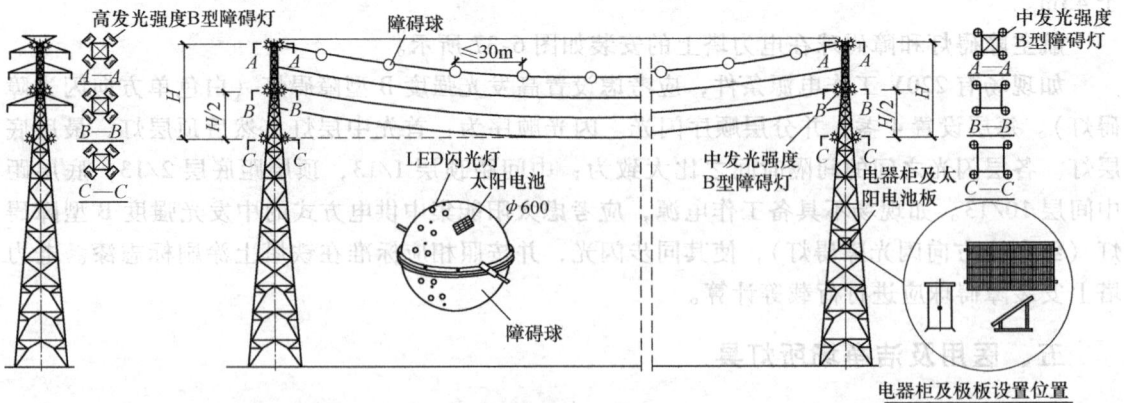

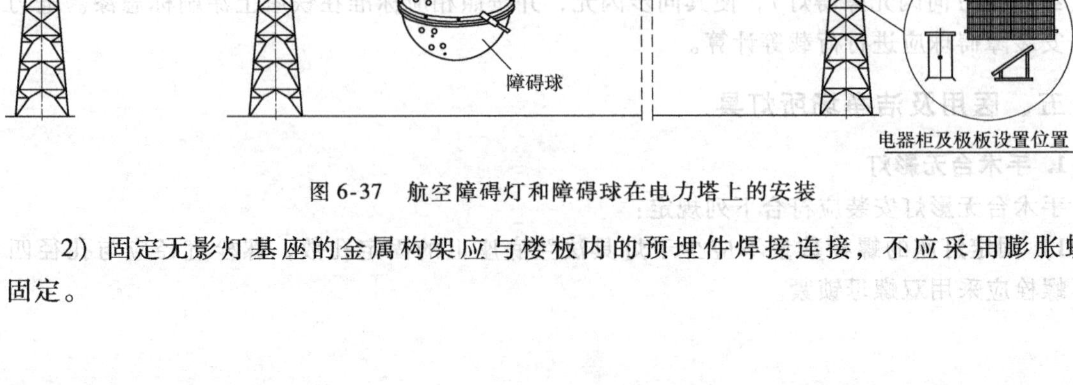

图 6-37 航空障碍灯和障碍球在电力塔上的安装

2）固定无影灯基座的金属构架应与楼板内的预埋件焊接连接，不应采用膨胀螺栓固定。

3）开关至灯具的电线应采用额定电压不低于450V/750V的铜芯多股绝缘电线。

手术无影灯安装如图6-38所示。所有金属构件均应可靠焊接并做防腐处理，下安装板灯具安装孔距由施工确定，灯具底座金属部分应可靠接地。角钢之间、角钢和灯具的焊接应牢固。*B*为预制梁的宽度，*H*为空心楼板的厚度。

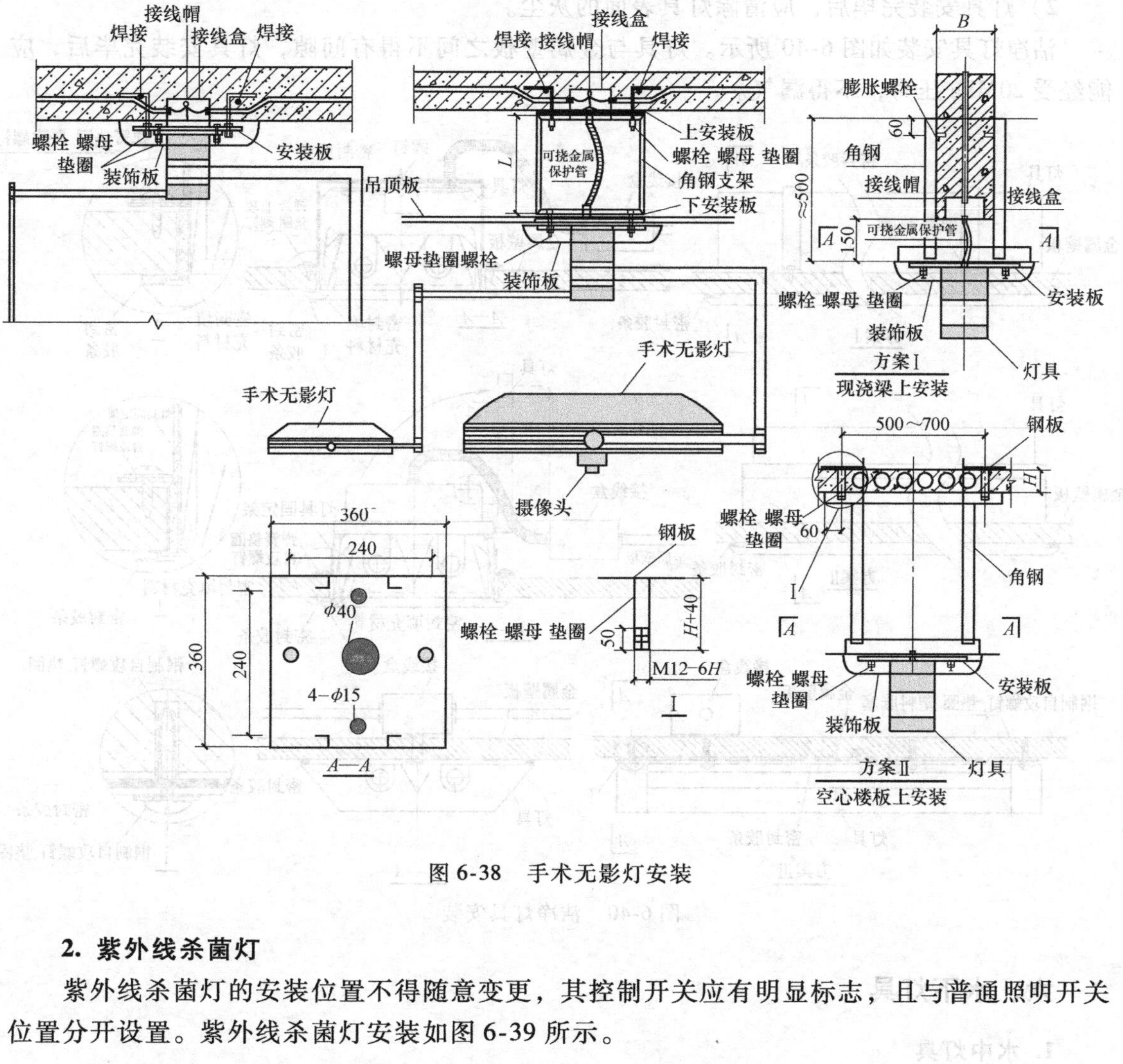

图6-38 手术无影灯安装

2. 紫外线杀菌灯

紫外线杀菌灯的安装位置不得随意变更，其控制开关应有明显标志，且与普通照明开关位置分开设置。紫外线杀菌灯安装如图6-39所示。

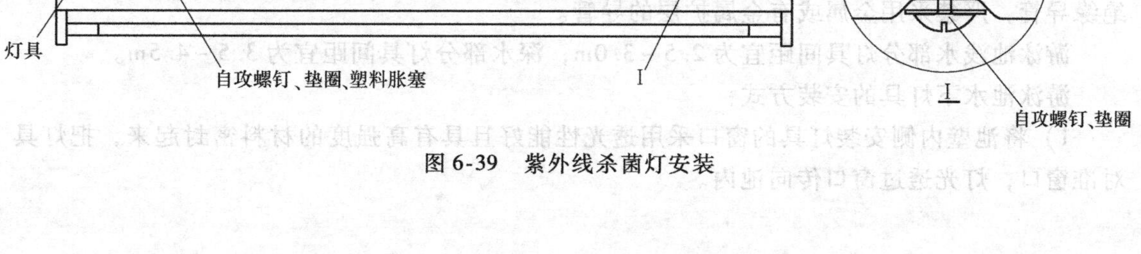

图6-39 紫外线杀菌灯安装

3. 洁净场所

洁净场所灯具安装应符合下列规定：

1）灯具安装时，灯具与顶棚之间的间隙应用密封胶条和衬垫密封。密封胶条和衬垫应平整，不得扭曲、折叠。

2）灯具安装完毕后，应清除灯具表面的灰尘。

洁净灯具安装如图6-40所示。灯具与金属壁板之间不得有间隙，灯具安装完毕后，应能经受20MPa压力，不得漏气。

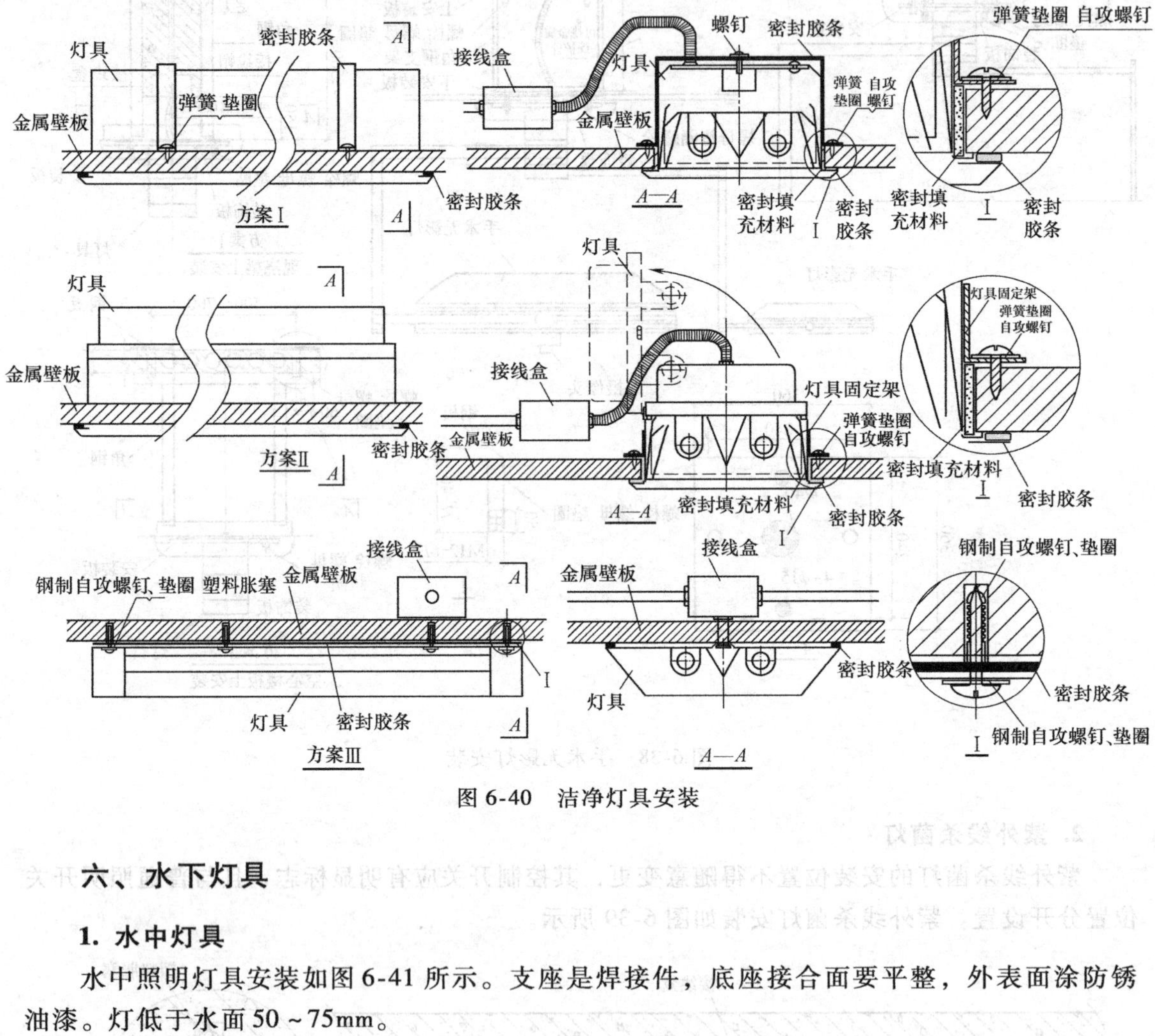

图6-40 洁净灯具安装

六、水下灯具

1. 水中灯具

水中照明灯具安装如图6-41所示。支座是焊接件，底座接合面要平整，外表面涂防锈油漆。灯低于水面50～75mm。

2. 游泳池水下灯具

游泳池和类似场所用灯具，安装前应检查其防护等级。自电源引入灯具的导管必须采用绝缘导管，严禁采用金属或有金属护层的导管。

游泳池浅水部分灯具间距宜为2.5～3.0m，深水部分灯具间距宜为3.5～4.5m。

游泳池水下灯具的安装方式：

1）将池壁内侧安装灯具的窗口采用透光性能好且具有高强度的材料密封起来，把灯具对准窗口，灯光透过窗口传向池内。

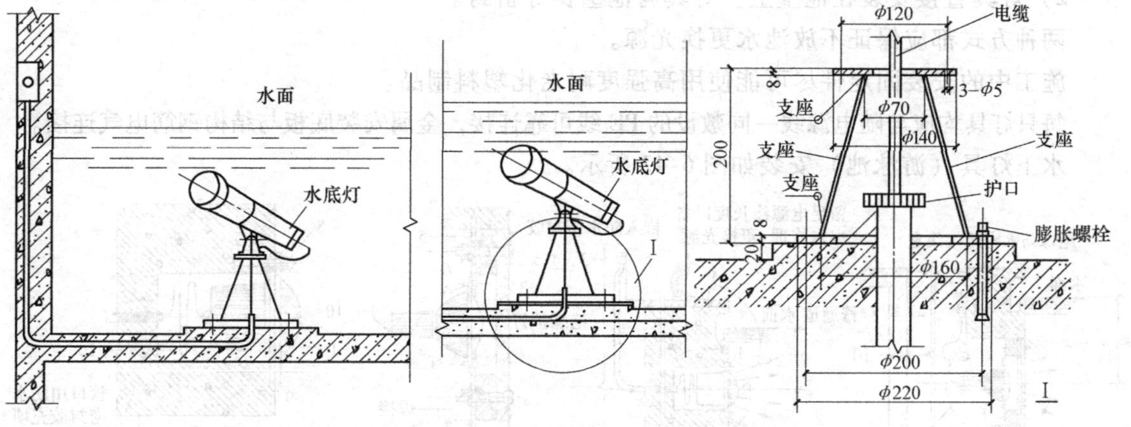

a) 水底支座

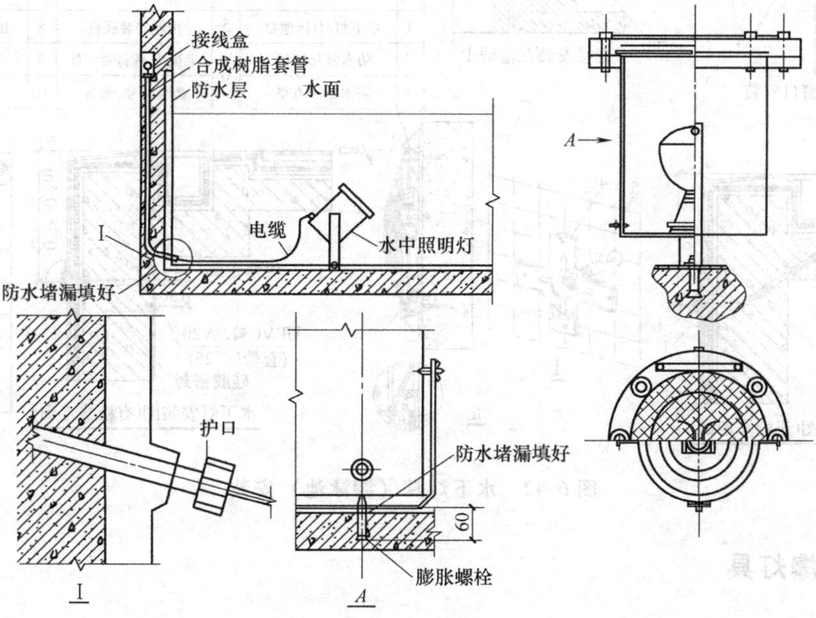

b) 水底固定

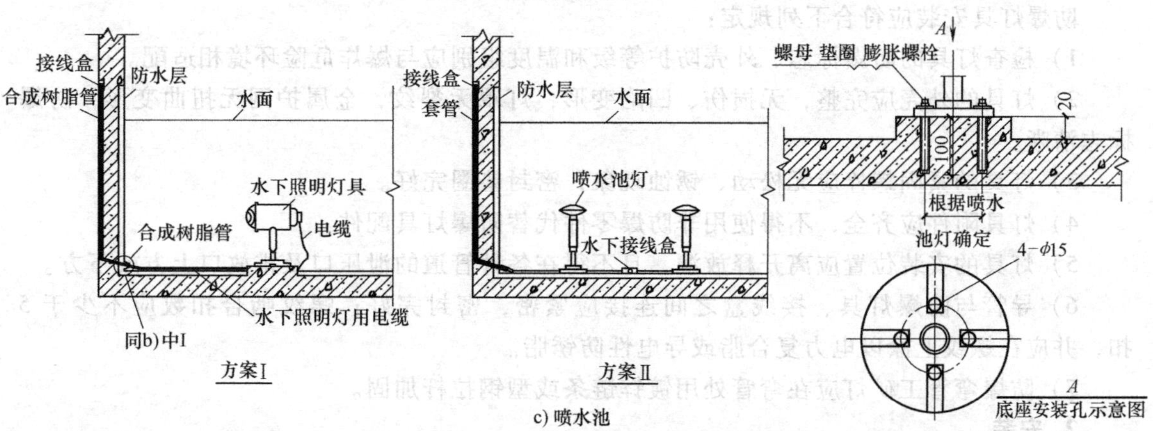

c) 喷水池

图 6-41　水中照明灯具安装

2）灯具直接安装在池壁上。灯具与池壁良好密封。

两种方式都应保证不放池水更换光源。

施工中的安装固定件尽可能使用高强度耐老化塑料制品。

每只灯具均应与随电源线一同敷设的PE线可靠连接，金属安装底板与结构钢筋电气连接。

水下灯具（游泳池）安装如图6-42所示。

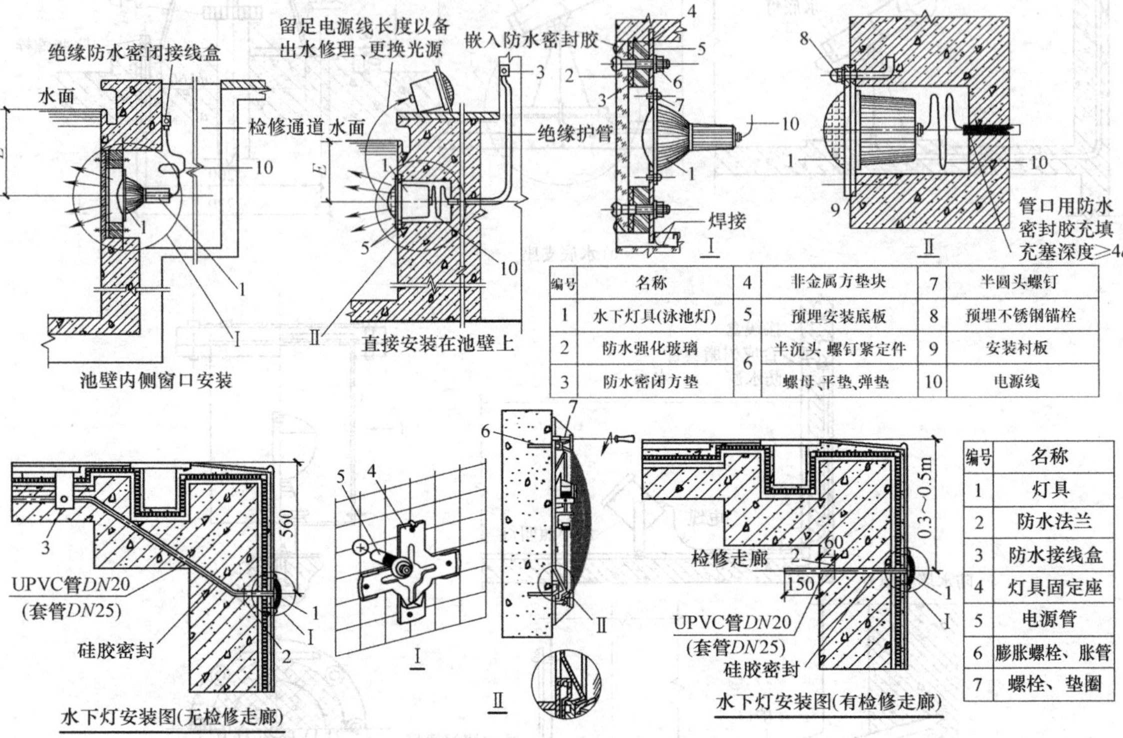

编号	名称	4	非金属方垫块	7	半圆头螺钉
1	水下灯具(泳池灯)	5	预埋安装底板	8	预埋不锈钢锚栓
2	防水强化玻璃	6	半沉头 螺钉紧定件	9	安装衬板
3	防水密闭方垫		螺母、平垫、弹垫	10	电源线

编号	名称
1	灯具
2	防水法兰
3	防水接线盒
4	灯具固定座
5	电源管
6	膨胀螺栓、胀管
7	螺栓、垫圈

图6-42 水下灯具（游泳池）安装

七、防爆灯具

1. 要求

防爆灯具安装应符合下列规定：

1）检查灯具的防爆标志、外壳防护等级和温度组别应与爆炸危险环境相适配。

2）灯具的外壳应完整，无损伤、凹陷变形，灯罩无裂纹，金属护网无扭曲变形，防爆标志清晰。

3）灯具的紧固螺栓应无松动、锈蚀现象，密封垫圈完好。

4）灯具附件应齐全，不得使用非防爆零件代替防爆灯具配件。

5）灯具的安装位置应离开释放源，且不得在各种管道的泄压口及排放口上方或下方。

6）导管与防爆灯具、接线盒之间连接应紧密，密封完好；螺纹啮合扣数应不少于5扣，并应在螺纹上涂以电力复合脂或导电性防锈脂。

7）防爆弯管工矿灯应在弯管处用镀锌链条或型钢拉杆加固。

2. 安装

防爆灯具安装如图6-43所示。

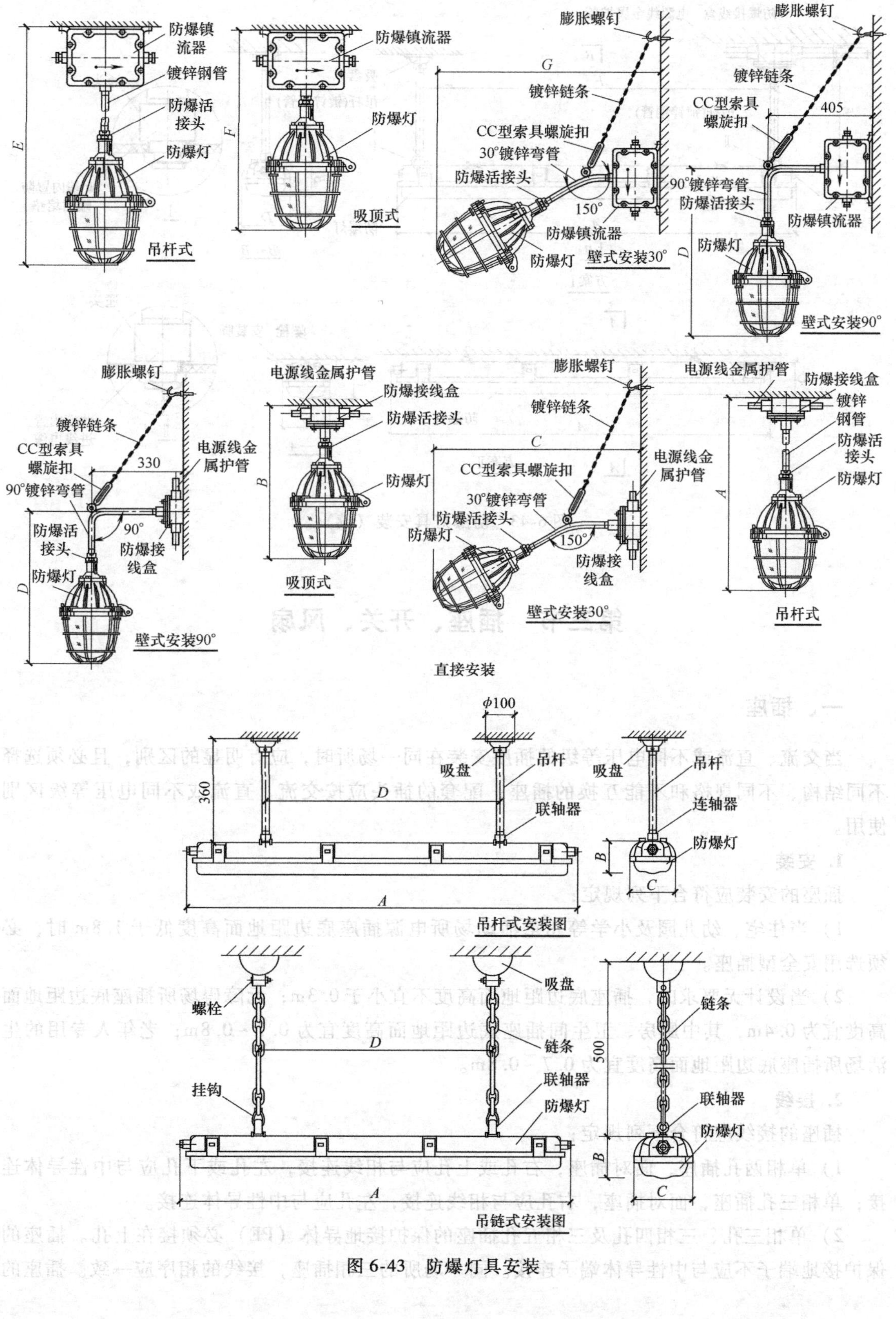
防爆镇流器
镀锌钢管
防爆活接头
防爆灯
吊杆式
E
防爆镇流器
防爆灯
吸顶式
F
膨胀螺钉
G
镀锌链条
CC型索具螺旋扣
30°镀锌弯管
防爆活接头
150°
防爆镇流器
防爆灯
壁式安装30°
膨胀螺钉
镀锌链条
CC型索具螺旋扣
405
90°镀锌弯管
防爆活接头
防爆镇流器
防爆灯
D
壁式安装90°
膨胀螺钉
镀锌链条
CC型索具螺旋扣
330
电源线金属护管
90°镀锌弯管
防爆活接头
90°
防爆接线盒
防爆灯
D
壁式安装90°
电源线金属护管
防爆接线盒
防爆活接头
防爆灯
B
吸顶式
膨胀螺钉
镀锌链条
C
CC型索具螺旋扣
电源线金属护管
30°镀锌弯管
防爆活接头
防爆灯
150°
防爆接线盒
壁式安装30°
电源线金属护管
防爆接线盒
镀锌钢管
防爆活接头
防爆灯
A
吊杆式
直接安装
ϕ100
吸盘
吊杆
360
D
联轴器
吸盘
吊杆
连轴器
防爆灯
B
C
A
吊杆式安装图
吸盘
螺栓
链条
D
链条
500
挂钩
联轴器
防爆灯
联轴器
防爆灯
B
C
A
吊链式安装图

图 6-43 防爆灯具安装

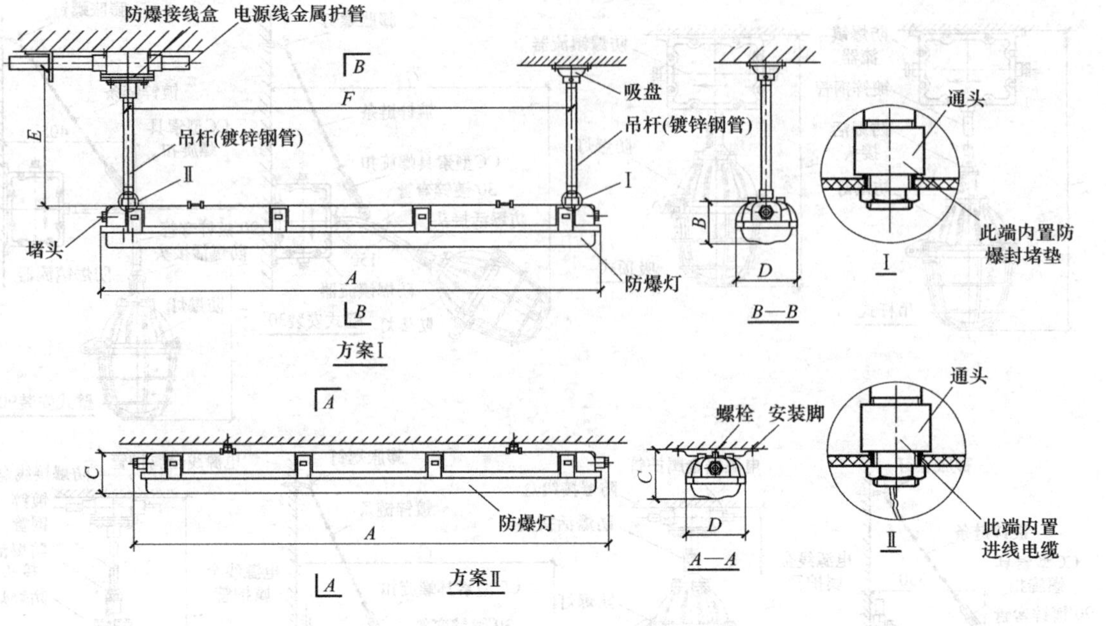

图6-43 防爆灯具安装（续）

第三节 插座、开关、风扇

一、插座

当交流、直流或不同电压等级的插座安装在同一场所时，应有明显的区别，且必须选择不同结构、不同规格和不能互换的插座；配套的插头应按交流、直流或不同电压等级区别使用。

1. 安装

插座的安装应符合下列规定：

1）当住宅、幼儿园及小学等儿童活动场所电源插座底边距地面高度低于1.8m时，必须选用安全型插座。

2）当设计无要求时，插座底边距地面高度不宜小于0.3m；无障碍场所插座底边距地面高度宜为0.4m，其中厨房、卫生间插座底边距地面高度宜为0.7～0.8m；老年人专用的生活场所插座底边距地面高度宜为0.7～0.8m。

2. 接线

插座的接线应符合下列规定：

1）单相两孔插座，面对插座，右孔或上孔应与相线连接，左孔或下孔应与中性导体连接；单相三孔插座，面对插座，右孔应与相线连接，左孔应与中性导体连接。

2）单相三孔、三相四孔及三相五孔插座的保护接地导体（PE）必须接在上孔。插座的保护接地端子不应与中性导体端子连接。同一场所的三相插座，接线的相序应一致。插座的接线如图 6-44 所示。

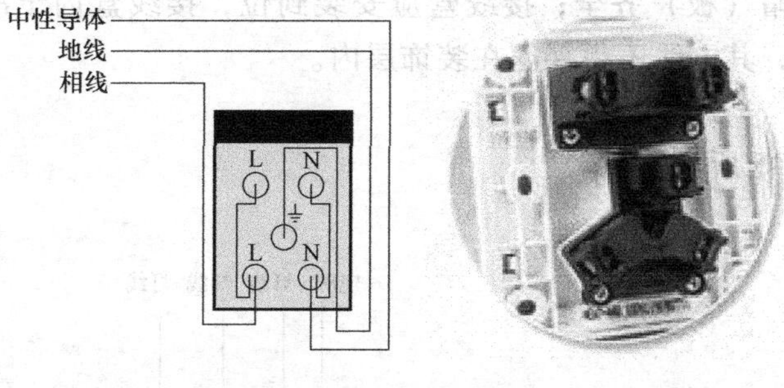

图 6-44 插座的接线

3）保护接地线（PE）在插座间不得串联连接。

4）相线与中性导体不得利用插座本体的接线端子转接供电。

5）暗装的插座面板紧贴墙面或装饰画，四周无缝隙，安装牢固，表面光滑整洁、无碎裂、划伤，装饰帽（板）齐全；接线盒应安装到位，接线盒内干净整洁，无锈蚀。暗装在装饰面上的插座，电线不得裸露在装饰层内。

6）地面插座应紧贴地面，盖板固定牢固，密封良好。地面插座应用配套接线盒。插座接线盒内应干净整洁，无锈蚀。

7）同一室内相同标高的插座高度差不宜大于 5mm；并列安装相同型号的插座高度差不宜大于 1mm。

8）应急电源插座应有标志。

9）当设计无要求时，有触电危险的家用电器和频繁插拔的电源插座，宜选用能断开电源的带开关的插座，开关断开相线。

插座回路应设置剩余电流动作保护装置；每一回路插座数量不宜超过 10 个；用于计算机电源的插座数量不宜超过 5 个（组），并应采用 A 型剩余电流动作保护装置；潮湿场所应采用防溅型插座，安装高度不应低于 1.5m。

二、开关

1. 安装

同一建筑物、构筑物内，开关的通断位置应一致，操作灵活，接触可靠。同一室内安装的开关控制有序不错位，相线应经开关控制。

开关的安装位置应便于操作，同一建筑物内开关边缘距门框（套）的距离宜为 0.15～0.2m。同一室内相同规格相同标高的开关高度差不宜大于 5mm；并列安装相同规格的开关高度差不宜大于 1mm；并列安装不同规格的开关宜底边平齐；并列安装的拉线开关相邻间距不小于 20mm。

当设计无要求时，开关安装高度应符合下列规定：

1）开关面板底边距地面高度宜为 1.3～1.4m。

2）拉线开关底边距地面高度宜为 2～3m，距顶板不小于 0.1m，且拉线出口应垂直向下。

3）无障碍场所开关底边距地面高度宜为 0.9～1.1m。

4）老年人生活场所开关宜选用宽板按键开关，开关底边距地面高度宜为 1.0～1.2m。

暗装的开关面板应紧贴墙面或装饰面，四周应无缝隙，安装应牢固，表面应光滑整洁、无碎裂、划伤，装饰帽（板）齐全；接线盒应安装到位，接线盒内干净整洁，无锈蚀。安装在装饰面上的开关，其电线不得裸露在装饰层内。

2. 接线

开关接线如图6-45所示。

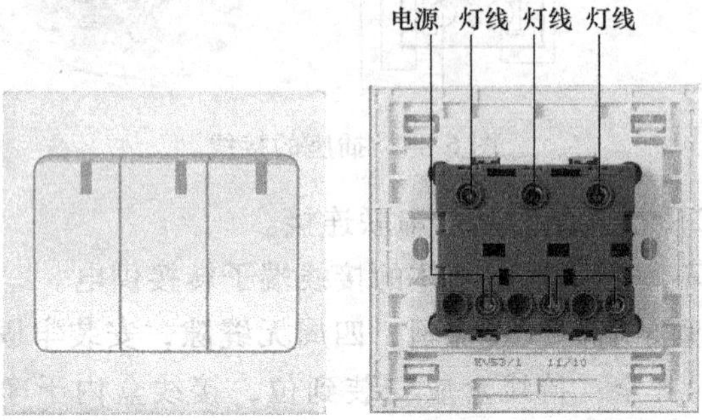

图6-45 开关接线

三、风扇

1. 吊扇

吊扇安装应符合下列规定：

1）吊扇挂钩应安装牢固，挂钩的直径不应小于吊扇挂销的直径，且不应小于8mm；挂钩销钉应设防振橡胶垫；销钉的防松装置应齐全可靠。

2）吊扇扇叶距地面高度不应小于2.5m。

3）吊扇组装严禁改变扇叶角度，扇叶固定螺栓防松装置应齐全。

4）吊扇应接线正确，不带电的外露可导电部分保护接地应可靠。运转时扇叶不应有明显颤动。

5）吊扇涂层应完整，表面无划痕，吊杆上下扣碗安装应牢固到位。

6）同一室内并列安装的吊扇开关安装高度应一致，控制有序不错位。

2. 壁扇

壁扇安装应符合下列规定：

1）壁扇底座应采用膨胀螺栓固定，膨胀螺栓的数量不应少于3个，且直径不应小于8mm。底座固定应牢固可靠。

2）壁扇防护罩应扣紧，固定可靠，运转时扇叶和防护罩均应无明显颤动和异常声响。壁扇不带电的外露可导电部分保护接地应可靠。

3）壁扇下侧边缘距地面高度不应小于1.8m。

4）壁扇涂层完整，表面无划痕，防护罩无变形。

换气扇安装应紧贴安装面，固定可靠。无专人管理场所的换气扇宜设置定时开关。

3. 换气扇

换气扇安装如图6-46所示。

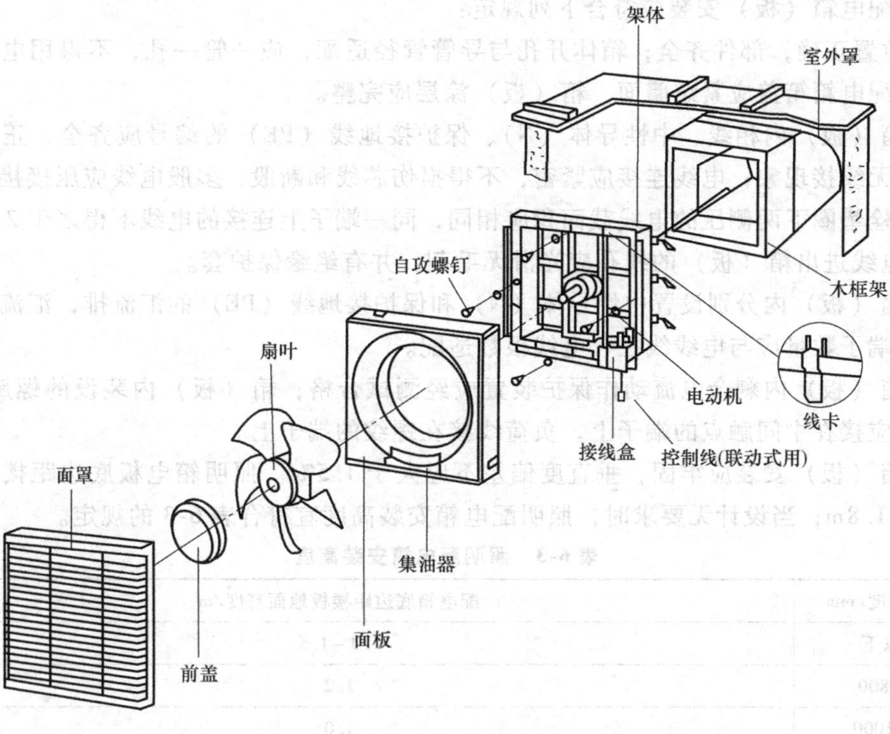

图 6-46　换气扇安装

第四节　照明配电箱（板）

一、照明配电箱

照明配电箱有明装、暗装和半暗装三种方式。

1）配电箱明装。明装配电箱应在土建墙面装修完毕后进行，根据图样设计位置和标高确定配电箱的位置，画出固定螺栓的位置。

2）配电箱暗装。暗装配电箱应在土建施工时预留安装洞口，位置和标高依设计图样而定。

3）保护管与箱体的连接。保护管进入落地安装的箱体内时，其预留长度约为 50mm；进入壁挂安装或暗装配电箱时，则应用金属锁紧螺母（钢管）或塑料锁紧螺母（塑料管）与箱体连接，管口伸出锁紧螺母外 2～3 螺纹；保护管应排列整齐，间隔 10～20mm；金属导管应与配电箱体进行连接，管口加装塑料或橡胶护口。

4）箱内配线。导线进入配电箱后，应按接入位置确定导线的敷设路径，依次排列并固定。

二、安装

照明配电箱（板）内的交流、直流或不同电压等级的电源，应具有明显的标志。

照明配电箱（板）不应采用可燃材料制作。

照明配电箱（板）安装应符合下列规定：

1）位置正确，部件齐全；箱体开孔与导管管径适配，应一管一孔，不得用电、气焊割孔；暗装配电箱箱盖应紧贴墙面，箱（板）涂层应完整。

2）箱（板）内相线、中性导体（N）、保护接地线（PE）的编号应齐全、正确；配线应整齐，无绞接现象；电线连接应紧密，不得损伤芯线和断股，多股电线应压接接线端子或搪锡；螺栓垫圈下两侧压的电线截面积应相同，同一端子上连接的电线不得多于2根。

3）电线进出箱（板）的线孔应光滑无毛刺，并有绝缘保护套。

4）箱（板）内分别设置中性导体（N）和保护接地线（PE）的汇流排，汇流排端子孔径大小、端子数量应与电线线径、电线根数适配。

5）箱（板）内剩余电流动作保护装置应经测试合格；箱（板）内装设的螺旋熔断器，其电源线应接在中间触点的端子上，负荷线接在螺纹的端子上。

6）箱（板）安装应牢固，垂直度偏差不应大于1.5‰。照明箱电板底边距楼地面高度不应小于1.8m；当设计无要求时，照明配电箱安装高度宜符合表6-3的规定。

表6-3 照明配电箱安装高度

配电箱高度/mm	配电箱底边距楼板地面高度/m
600以下	1.3～1.5
600～800	1.2
800～1000	1.0
1000～1200	0.8
1200以上	落地安装,潮湿场所箱柜下应设200mm高的地基

7）照明配电箱（板）不带电的外露可导电部分应与保护接地线（PE）连接可靠；装有电器的可开启门，应用裸铜编织软线与箱体内接地的金属部分做可靠连接。

8）应急照明箱应有明显标志。

建筑智能化控制或信号线路引入照明配电箱时应减少与交流供电线路和其他系统的线路交叉，且不得并排敷设或共用同一管槽。

第五节 通电试运行及测量

一、通电试运行

1. 检查

照明系统通电试运行时，应检查下列内容：

1）灯具控制回路与照明配电箱的回路标志应一致。

2）开关与灯具控制顺序相对应。

3）风扇运转应正常。

4）剩余电流动作保护装置应动作准确。

2. 通电连续试运行时间

公用建筑照明系统通电连续试运行时间应为24h，民用住宅照明系统通电连续试运行时间应为 8h。所有照明灯具均应开启，且每 2h 记录运行状态 1 次，连续试运行时间内无故障。

3. 照明控制

有自控要求的照明工程应先进行就地分组控制试验，后进行单位工程自动控制试验，试验结果应符合设计要求。

4. 三相平衡

照明系统通电试运行后，三相照明配电干线的各相负荷宜分配平衡，其最大相负荷不宜超过三相负荷平均值的 115%，最小相负荷不宜小于三相负荷平均值的 85%。

二、照度和功率密度值测量

1. 被检测区域

当有照度和功率密度测试要求时，应在无外界光源的情况下，测量并记录被检测区域内的平均照度和功率密度值，每种功能区域检测不少于 2 处。

1）照度值不得小于设计值。

2）功率密度值应符合现行国家标准 GB 50034—2013《建筑照明设计标准》的规定或设计要求。

2. 照度测量

照度测量时应待光源的光输出稳定后进行测量，并符合下列规定：

1）白炽灯需燃点 5min。

2）荧光灯需燃点 15min。

3）高强气体放电灯需燃点 30min。

4）新安装的照明系统，宜在点燃 100h（气体放电灯）和 10h（白炽灯）后再测量其照度。

3. 照度计

室内照度测量宜采用准确度等级为二级以上的照度计；室外照度测量宜采用准确度等级为一级的照度计，对于道路和广场的照度测量，应采用能读到 0.1lx 的照度计。

4. 记录

照度和功率密度值测量应做记录，记录内容包括：

1）测量场所名称。

2）标有尺寸的测试点布置图。

3）各测量点的照度值。

4）平均照度计算结果。

5）光源、功率、灯具型号规格、镇流器类型、总灯数、总功率、照明功率密度。

6）灯具布置方式及安装高度。

7）测量时的电源电压。

8）照度计型号、编号、检定日期。

9）测量点高度。

10）测量日期、时间、测量人员姓名。

5. 照明质量

照明质量有特定要求的场所，应委托有资质的专业检测机构进行检测。

思 考 题

6-1 普通照明灯具有几种安装方式？各种方式有何安装要求？

6-2 荧光灯和深照灯有几种安装方式？各种方式有何安装要求？

6-3 投光灯和泛光灯有几种安装方式？各种方式有何安装要求？

6-4 应急疏散指示灯有几种安装方式？各种方式有何安装要求？

6-5 航空障碍灯安装有何要求？

6-6 洁净灯具安装有何要求？

6-7 开关的安装高度有何要求？如何接线？

6-8 插座的安装高度有何要求？如何接线？

6-9 照明配电箱的安装高度有何要求？

6-10 照明系统通电试运行有何要求？

第七章　防雷与接地工程安装

第一节　接闪器及附件

一、接闪器

1.　组成

接闪器由拦截闪击的接闪杆、接闪带、接闪线、接闪网以及金属屋面、金属构件等组成。

2. 材料规格

接闪线（带）、接闪杆和引下线的材料、结构和最小截面积应符合表7-1的规定。

表7-1　接闪线（带）、接闪杆和引下线的材料、结构和最小截面积

材料	结构	最小截面积/mm^2	备注⑩
铜，镀锡铜①	单根扁铜	50	厚度2mm
	单根圆铜⑦	50	直径8mm
	铜绞线	50	每股线直径1.7mm
	单根圆铜③④	176	直径15mm
铝	单根扁铝	70	厚度3mm
	单根圆铝	50	直径8mm
	铝绞线	50	每股线直径1.7mm
铝合金	单根扁形导体	50	厚度2.5mm
	单根圆形导体③	50	直径8mm
	绞线	50	每股线直径1.7mm
	单根圆形导体	176	直径15mm
	外表面镀铜的单根圆形导体	50	直径8mm，径向镀铜厚度至少70μm，铜纯度99.9%
热浸镀锌钢②	单根扁钢	50	厚度2.5mm
	单根圆钢⑨	50	直径8mm
	绞线	50	每股线直径1.7mm
	单根圆钢③④	176	直径15mm
不锈钢⑤	单根扁钢⑥	50⑧	厚度2mm
	单根圆钢⑥	50⑧	直径8mm
	绞线	70	每股线直径1.7mm
	单根圆钢③④	176	直径15mm
外表面镀铜的钢	单根圆钢（直径8mm） 单根扁钢（厚2.5mm）	50	镀铜厚度至少70μm，铜纯度99.9%

① 热浸或电镀锡的锡层最小厚度为1μm。
② 镀锌层宜光滑连贯、无焊剂斑点，镀锌层圆钢至少$22.7g/m^2$、扁钢至少$32.4g/m^2$。
③ 仅应用于接闪杆。当应用于机械应力没达到临界值之处，可采用直径10mm，最长1m的接闪杆，并增加固定。
④ 仅应用于入地之处。
⑤ 不锈钢中，铬的含量等于或大于16%，镍的含量等于或大于8%，碳的含量等于或小于0.08%。
⑥ 对埋于混凝土中以及与可燃材料直接接触的不锈钢，其最小尺寸宜增大至直径10mm，截面积为$78mm^2$（单根圆钢）和最小厚度3mm，截面积为$75mm^2$（单根扁钢）。
⑦ 在机械强度没有重要要求之处，$50mm^2$（直径8mm）可减为$28mm^2$（直径6mm）。并应减小固定支架间的间距；当使用截面积$28mm^2$（直径6mm）的单根圆铜作为接闪器或引下线时，固定支架的间距应小于表7-2规定的数值。
⑧ 当温升和机械受力是重点考虑之处，$50mm^2$加大至$75mm^2$。
⑨ 避免在单位能量10MJ/Ω下熔化的最小截面积是铜为$16mm^2$、铝为$25mm^2$、钢为$50mm^2$、不锈钢为$50mm^2$。
⑩ 截面积允许误差为−3%。

利用金属屋面做第二类、第三类防雷建筑物的接闪器时，接闪的金属屋面的材料和规格应符合下列规定：

1）金属板下无易燃物品时，应符合下列规定：

① 铅板厚度大于或等于2mm。

② 钢、钛、铜板厚度大于或等于0.5mm。

③ 铝板厚度大于或等于0.65mm。

④ 锌板厚度大于或等于0.7mm。

2）金属板下有易燃物品时，应符合下列规定：

① 钢、钛板厚度大于或等于4mm。

② 铜板厚度大于或等于5mm。

③ 铝板厚度大于或等于7mm。

3）使用单层彩钢板为屋面接闪器时，其厚度分别满足1）、2）的要求；使用双层夹保温材料的彩钢板，且保温材料为非阻燃材料和（或）彩钢板下无阻隔材料时，不宜在有易燃物品的场所使用。

当利用建筑物金属屋面、旗杆、铁塔等金属物作接闪器时，建筑物金属屋面、旗杆、铁塔等金属物的材料、规格应符合表7-1和表7-2的有关规定。

表7-2 引下线和接闪导体固定支架的间距

布置方式	扁形导体和绞线固定支架的间距/mm	单根圆形导体固定支架的间距/mm
水平面上的水平导体	500	1000
垂直面上的水平导体	500	1000
地面至20m处的垂直导体	1000	1000
从20m处起往上的垂直导体	500	1000

当独立烟囱上采用热镀锌接闪杆时，其圆钢直径不应小于12mm；扁钢截面积不应小于$100mm^2$，其厚度不应小于4mm。

架空接闪线和接闪网宜采用截面积不小于$50mm^2$的热镀锌钢绞线或铜绞线。

3. 金属屋面

除第一类防雷建筑物外，金属屋面的建筑物宜利用其屋面作为接闪器，并应符合下列要求：

1）板间的连接应是持久的电气贯通，例如，采用铜锌合金焊、熔焊、卷边压接、缝接、螺钉或螺栓连接。

2）金属板下面无易燃物品时，其厚度：铅板不应小于2mm，不锈钢、热镀锌钢、钛和铜板不应小于0.5mm，铝板不应小于0.65mm，锌板不应小于0.7mm。

3）金属板下面有易燃物品时，其厚度：不锈钢、热镀锌钢和钛板不应小于4mm，铜板不应小于5mm，铝板不应小于7mm。

4）金属板无绝缘被覆层。

注：薄的油漆保护层或1mm厚沥青层或0.5mm厚聚氯乙烯层均不属于绝缘被覆层。

4. 永久性金属物

除第一类防雷建筑物和规定外，屋顶上永久性金属物宜作为接闪器，但其各部件之间均应连成电气贯通，并应符合下列规定：

1）旗杆、栏杆、装饰物、女儿墙上的盖板等，其截面积应符合表7-1的规定，其壁厚应符合金属屋面的建筑物宜利用其屋面作为接闪器的规定。

2）输送和储存物体的钢管和钢罐的壁厚不应小于2.5mm；当钢管、钢罐一旦被雷击穿，其内的介质对周围环境造成危险时，其壁厚不应小于4mm。

注：利用屋顶建筑构件内钢筋作接闪器应符合规定。

5. 专门敷设的接闪器

专门敷设的接闪器应由下列的一种或多种组成：

1）独立接闪杆。

2）架空接闪线或架空接闪网。

3）直接装设在建筑物上的接闪杆、接闪带或接闪网。

专门敷设的接闪器，其布置应符合表7-3的规定。

表7-3　接闪器布置

建筑物防雷类别	滚球半径 h_r/m	接闪网网格尺寸/m
第一类防雷建筑物	30	≤5×5 或≤6×4
第二类防雷建筑物	45	≤10×1 或≤12×8
第三类防雷建筑物	60	≤20×20 或≤24×16

专用接闪杆应能承受0.7kN/m^{2}的基本风压，在经常发生台风和大于11级大风的地区，宜增大接闪杆的尺寸。

不得利用安装在接收无线电视广播天线杆顶上的接闪器保护建筑物。

二、接闪杆

1. 要求

接闪杆宜采用热镀锌圆钢或钢管制成，其直径不应小于下列数值：

1）杆长1m以下：圆钢为12mm；钢管为20mm。

2）杆长1~2m：圆钢为16mm；钢管为25mm。

3）独立烟囱顶上的杆：圆钢为20mm；钢管为40mm。

接闪杆的接闪端宜做成半球状，其弯曲半径为最小4.8mm至最大12.7mm。

2. 安装

图7-1是用于基本风压为0.7kN/m^{2}以下的地区，建筑物高度不超过50m的接闪杆在屋面上安装。

方案Ⅰ：底脚螺栓预埋在支座内，最少应有2个与支座钢筋焊接，支座与屋面板同时捣制。

方案Ⅱ：预埋板与底板铁脚预埋在支座内，最少应有2个与支座钢筋焊接，支座与屋面板同时捣制。支座应在墙或梁上，否则应对支撑强度进行校验。

接闪带及接闪短杆在女儿墙上安装如图7-2所示。

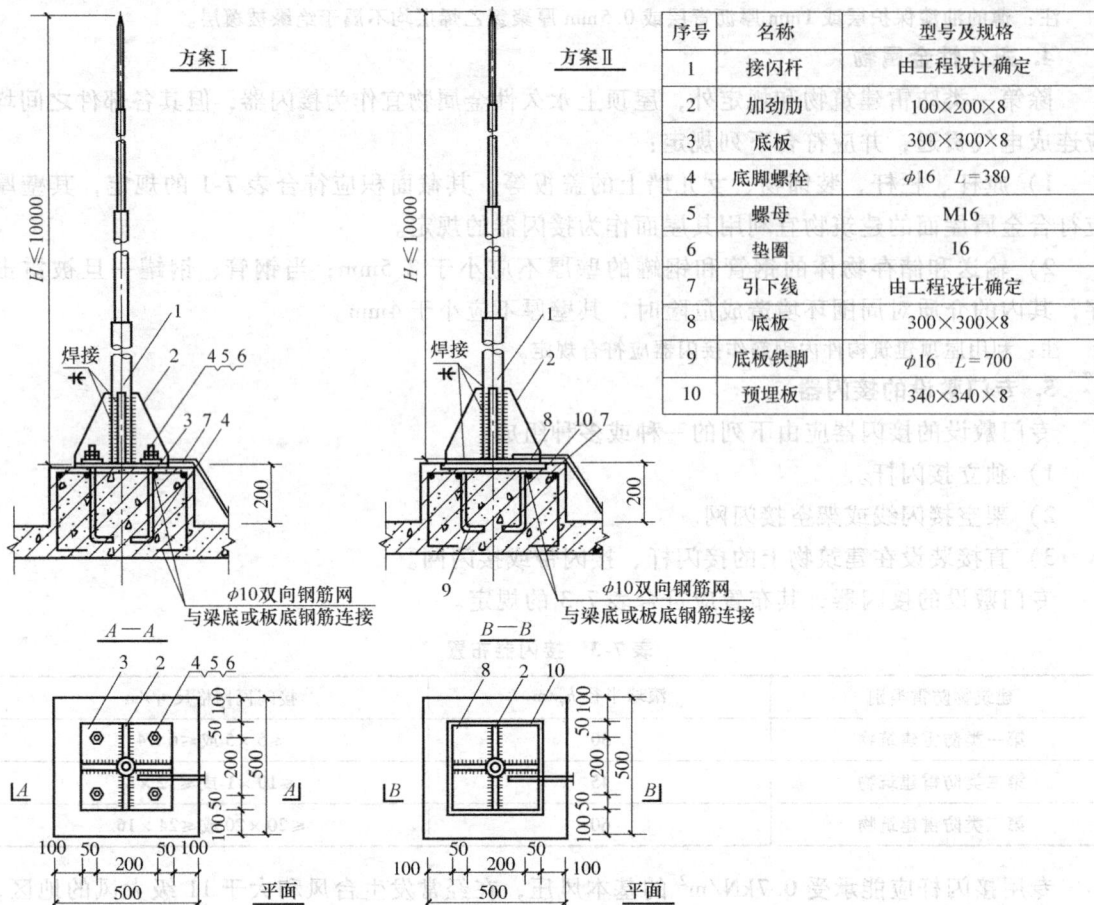

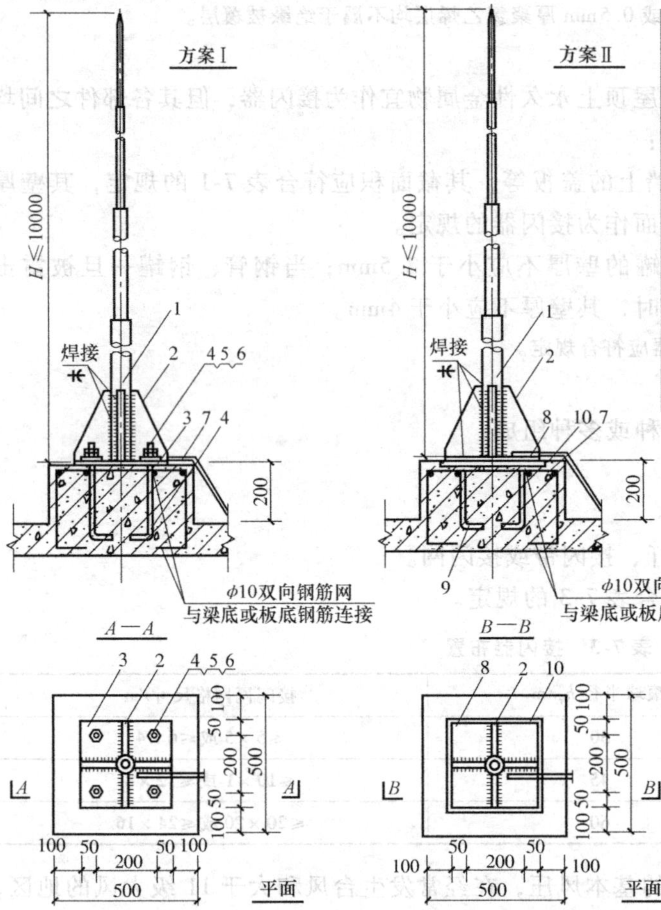

序号	名称	型号及规格
1	接闪杆	由工程设计确定
2	加劲肋	100×200×8
3	底板	300×300×8
4	底脚螺栓	φ16 L=380
5	螺母	M16
6	垫圈	16
7	引下线	由工程设计确定
8	底板	300×300×8
9	底板铁脚	φ16 L=700
10	预埋板	340×340×8

图 7-1 接闪杆在屋面上安装

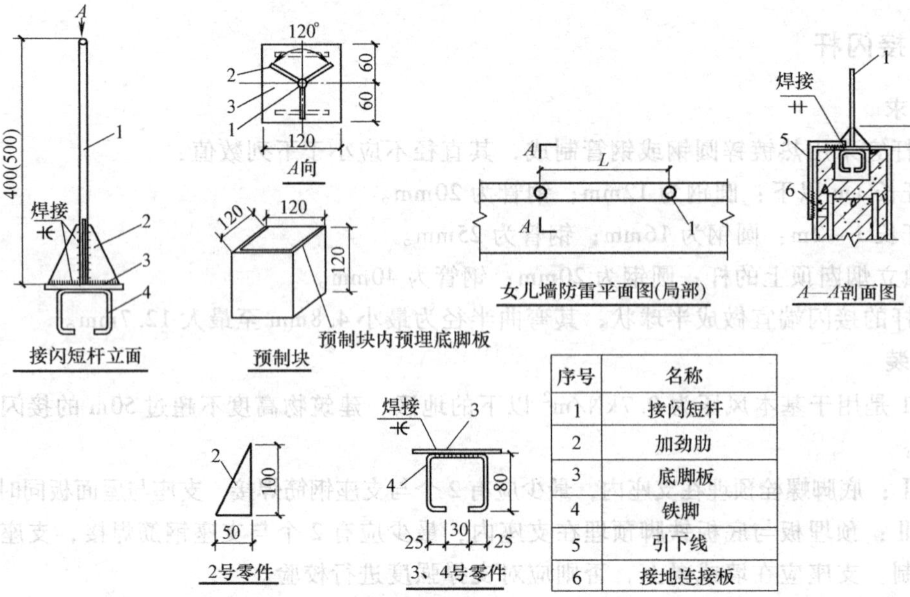

序号	名称
1	接闪短杆
2	加劲肋
3	底脚板
4	铁脚
5	引下线
6	接地连接板

图 7-2 接闪带及接闪短杆在女儿墙上安装

接闪带的固定采用焊接或卡固，接闪带水平敷设时，支架间距为1m，转弯处为0.5m。接地端子板的安装连接可采用100mm×100mm×6mm钢板，钢板及其与接闪带的连接线可暗敷。

三、接闪带

1. 天沟、屋面

接闪带在天沟、屋面上安装如图7-3所示。

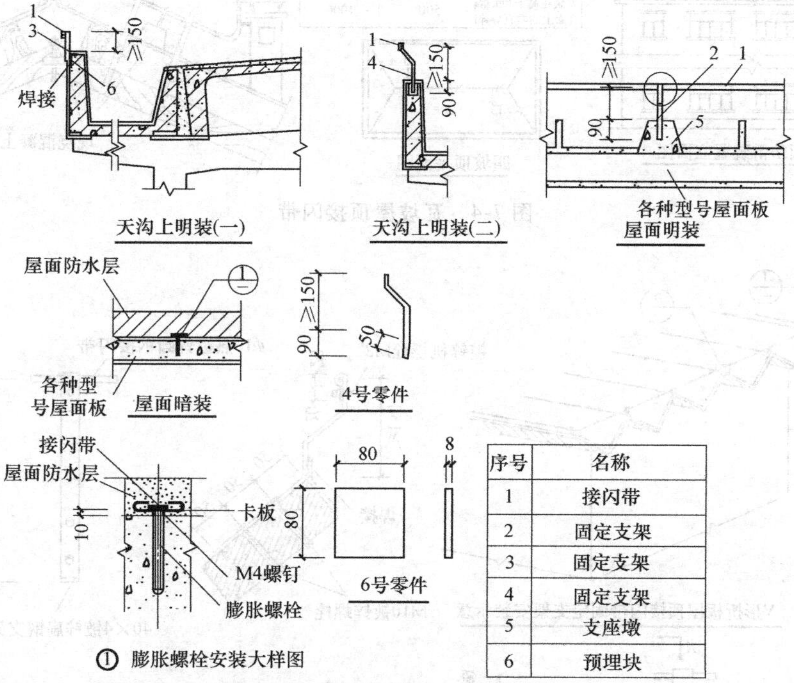

序号	名称
1	接闪带
2	固定支架
3	固定支架
4	固定支架
5	支座墩
6	预埋块

注:1.当屋面上的防水和混凝土层允许不保护时，接闪带可在屋面进行暗敷。
2.支座在粉面层时浇制，也可预制再砌牢。
3.接闪带与固定支架间的固定方式由工程设计选择。

图7-3　接闪带在天沟、屋面、女儿墙上安装

支座在施工面层时浇制，也可预制再砌牢。接闪带的固定采用焊接或卡固。水平敷设时，支架间距为1m，转弯处为0.5m。

2. 瓦坡屋顶

瓦坡屋顶所有凸起的金属构筑物或管道均与接闪带连接，如图7-4所示。

3. V形折板

V形折板内钢筋作接闪带安装如图7-5所示。

V形折板建筑物有防雷要求时，可明装接闪网，也可利用V形折板内钢筋作接闪网暗装，此插筋与吊环应和网筋绑扎，通长筋应和插筋、吊环绑扎。折板接头部位（节点1）的通长筋在端部（*B-B*）预留有钢筋头，便于与引下线连接，引下线的位置由工程设计确定。等高多跨搭接处通长筋与通长筋应绑扎，不等高多跨搭接处、通长筋之间应用$\phi 8$圆钢连接

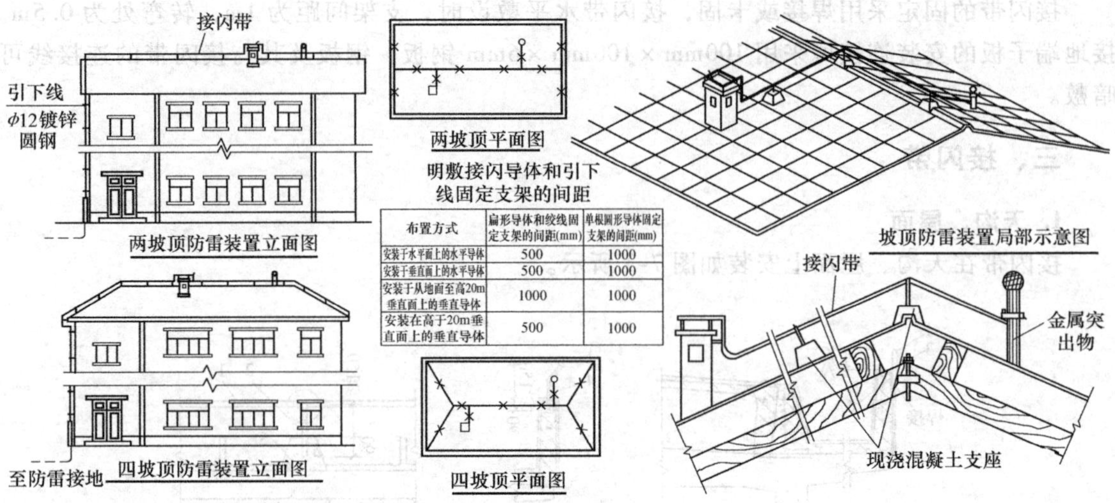

布置方式	扁形导体和绞线固定支架的间距(mm)	单根圆形导体固定支架的间距(mm)
安装于水平面上的水平导体	500	1000
安装于垂直面上的水平导体	500	1000
安装于从地面至高20m垂直面上的垂直导体	1000	1000
安装在高于20m垂直面上的垂直导体	500	1000

图 7-4 瓦坡屋顶接闪带

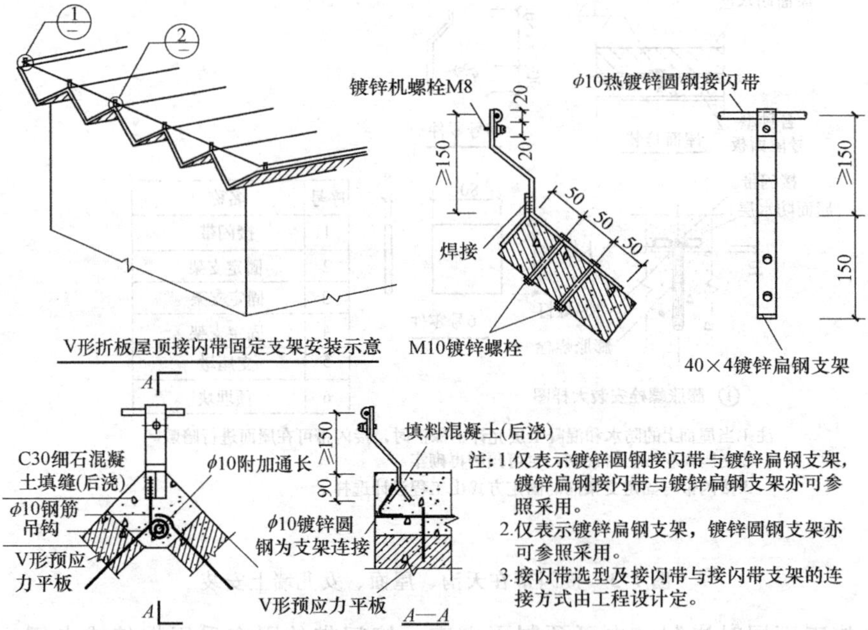

图 7-5 V 形折板内钢筋作接闪带安装

焊牢，绑扎或连接的间距为6m。

4. 加气混凝土板平屋顶

加气混凝土板平屋顶接闪带安装如图7-6所示。支架安装好后，抹入抹灰层内。

四、安装

1. 布置

布置接闪器时，可单独或任意组合采用接闪杆、接闪带、接闪网，其中包括采用滚球法。

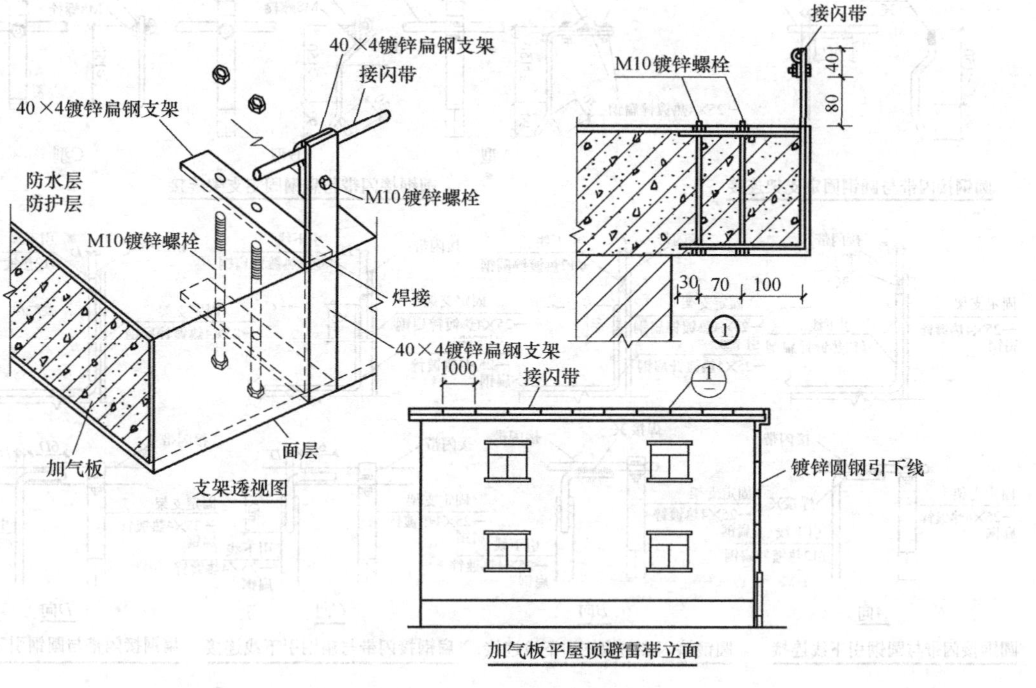

图 7-6 加气混凝土板平屋顶接闪带安装

接闪器的安装布置应符合工程设计文件的要求，并应符合现行国家标准 GB 50057—2010《建筑物防雷设计规范》中对不同类别防雷建筑物接闪器布置的要求。

2. 固定

在一般情况下，明敷接闪导体固定支架的间距不宜大于表 7-2 的规定。固定支架的高度不宜小于 150mm。

固定接闪导线的固定支架应固定可靠，每个固定支架应能承受 49N 的垂直拉力。固定支架应均匀，并应符合表 7-2 的要求。

接闪带、引下线固定安装如图 7-7 所示。

3. 防腐

除利用混凝土构件钢筋或在混凝土内专设钢材作接闪器外，钢质接闪器应热镀锌。在腐蚀性较强的场所，尚应采取加大其截面积或其他防腐措施。

4. 连接

建筑物顶部和外墙上的接闪器必须与建筑物栏杆、旗杆、吊车梁、管道、设备、太阳能热水器、门窗、幕墙支架等外露的金属物进行电气连接。

接闪器上应无附着的其他电气线路或通信线、信号线，设计文件中有其他电气线和通信线敷设在通信塔上时，应符合规范的规定。

专用接闪杆位置应正确，焊接固定的焊缝应饱满无遗漏，焊接部分防腐应完整。接闪导线应位置正确、平正顺直、无急弯。焊接的焊缝应饱满无遗漏，螺栓固定的应有防松零件。

接闪导线焊接时的搭接长度及焊接方法应符合表 7-4 的规定。

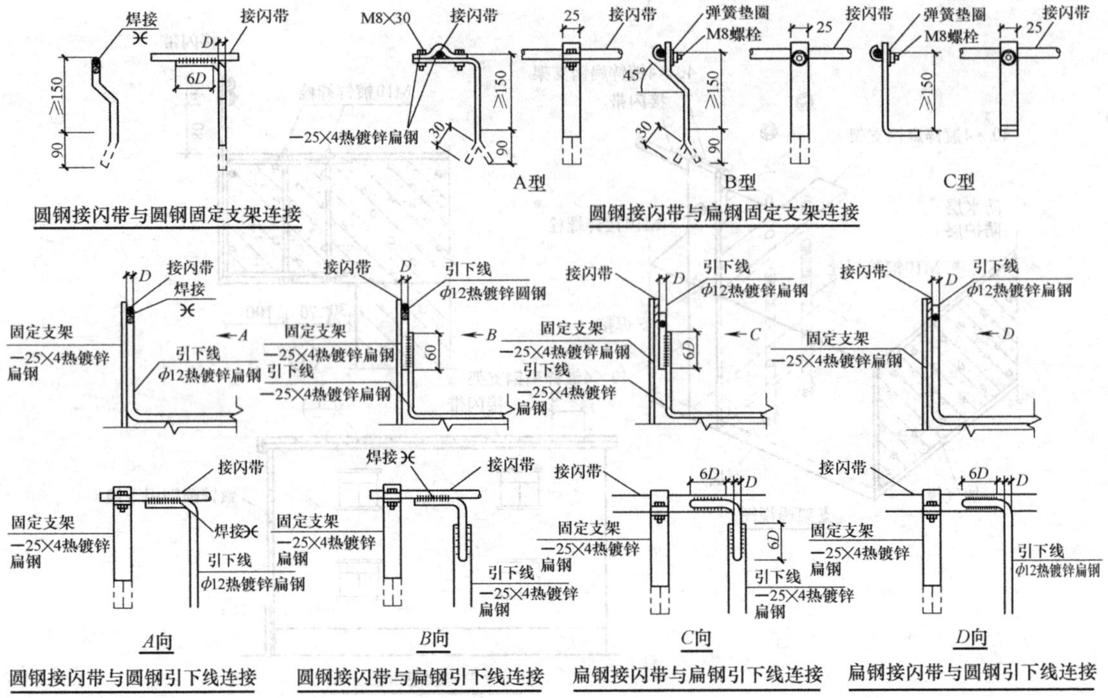

图 7-7 接闪带、引下线固定安装

表 7-4 防雷装置钢材焊接时的搭接长度及焊接方法

焊接材料	搭接长度	焊接方法
扁钢与扁钢	不应少于扁钢宽度的 2 倍	两个大面不应少于 3 个棱边焊接
圆钢与圆钢	不应少于圆钢直径的 6 倍	双面施焊
圆钢与扁钢	不应少于圆钢直径的 6 倍	双面施焊
扁钢与钢管 扁钢与角钢	紧贴角钢外侧两面或紧贴 3/4 钢管表面，上、下两侧施焊，并应焊以由扁钢弯成的弧形（或直角形）卡子或直接由扁钢本身弯成弧形或直角形与钢管或角钢焊接	

多层、高层现浇框架节点连接如图 7-8 所示。柱顶预留 $\phi10$ 圆铜和楼面处预埋连接板所处的具体柱位以具体设计为准。

当纵/横梁主筋与柱主筋能直接焊接时，则取消 $\phi10$ 圆钢连接线。对高层建筑物，当柱的纵筋不允许与预埋件焊接时，图 7-8 中与柱纵筋的焊接改用卡夹器连接。当伸缩缝处跨接线应用于电气装置时，其规格改为 $\phi12$ 圆钢（焊缝长 80mm）或 25×4 扁钢。

5. 敷设

位于建筑物顶部的接闪导线可按工程设计文件要求暗敷在混凝土女儿墙或混凝土屋面内。当采用暗敷时，作为接闪导线的钢筋施工应符合现行国家标准 GB 50204—2015《混凝土结构工程施工质量验收规范》中的规定。高层建筑物的接闪器应采取明敷方法。在多雷区，宜在屋面拐角处安装短接闪杆。

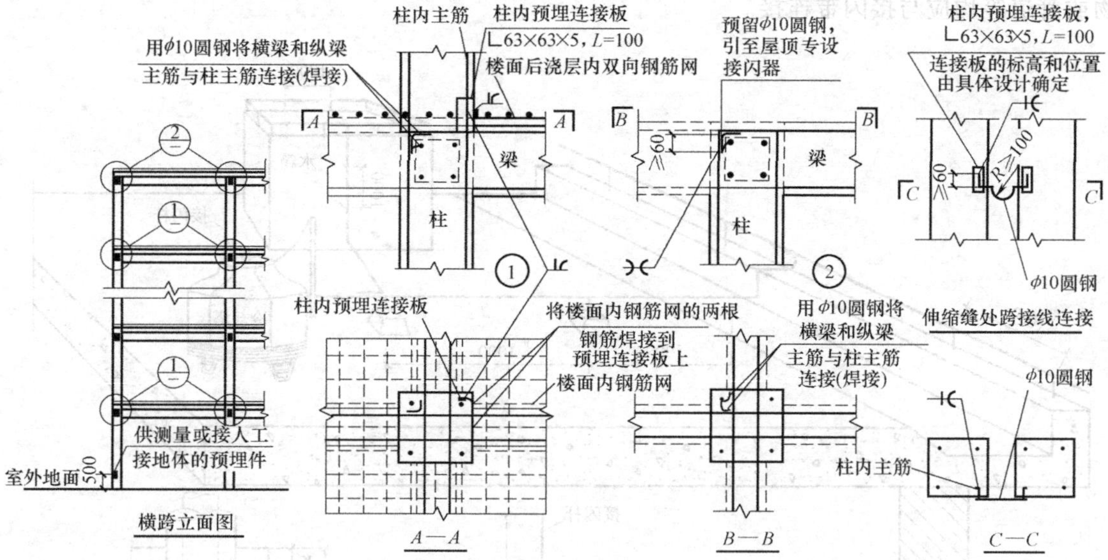

图 7-8 多层、高层现浇框架节点连接

6. 伸缩缝处的跨接

防雷装置过建筑物伸缩缝安装做法如图 7-9 所示。

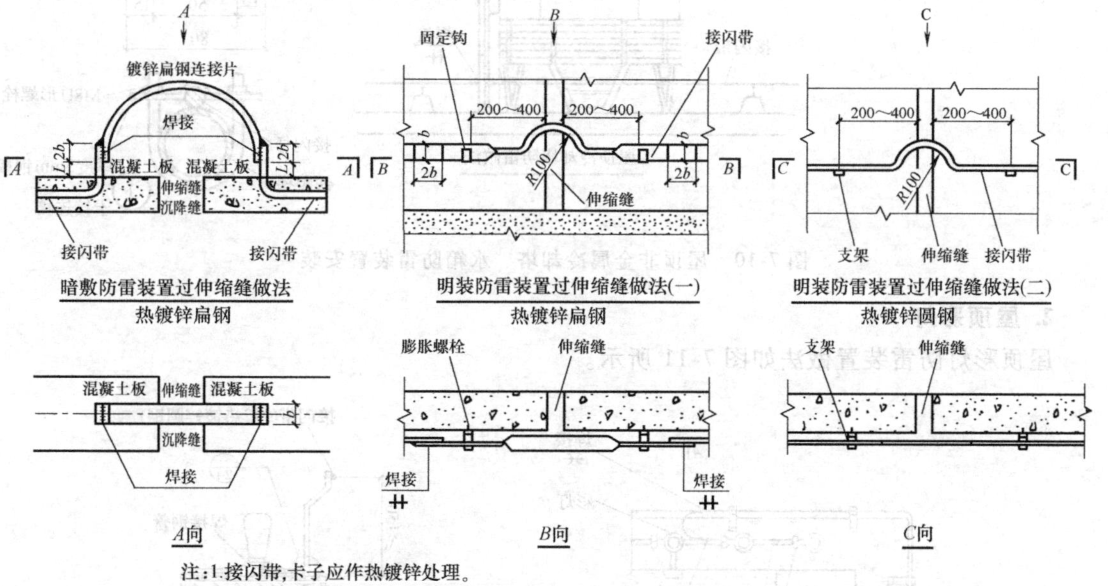

注：1.接闪带，卡子应作热镀锌处理。
2.仅表示了暗敷热镀锌扁钢防雷装置过伸缩缝做法，热镀锌圆钢防雷装置亦可参照执行。
3. L尺寸由工程设计决定。

图 7-9 防雷装置过建筑物伸缩缝安装做法

五、屋顶防雷装置

1. 屋顶非金属冷却塔、水箱

屋顶非金属冷却塔、水箱防雷装置安装如图 7-10 所示。平屋顶上所有凸起的金属构筑物或管道等均应与接闪带连接。

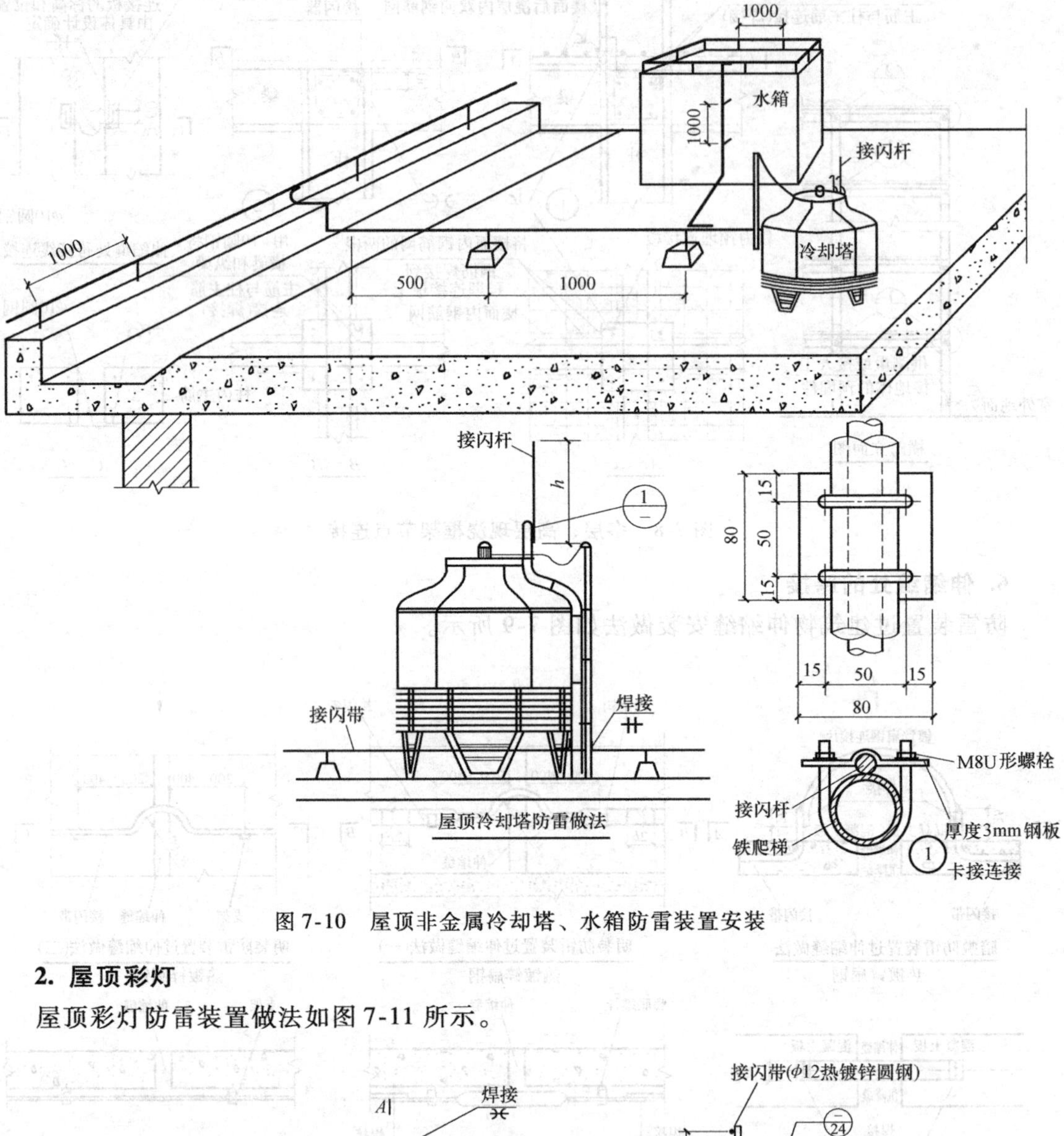

图 7-10 屋顶非金属冷却塔、水箱防雷装置安装

2. 屋顶彩灯

屋顶彩灯防雷装置做法如图 7-11 所示。

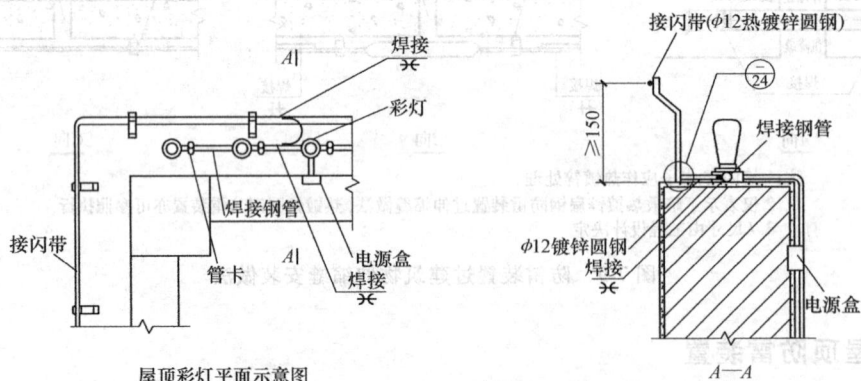

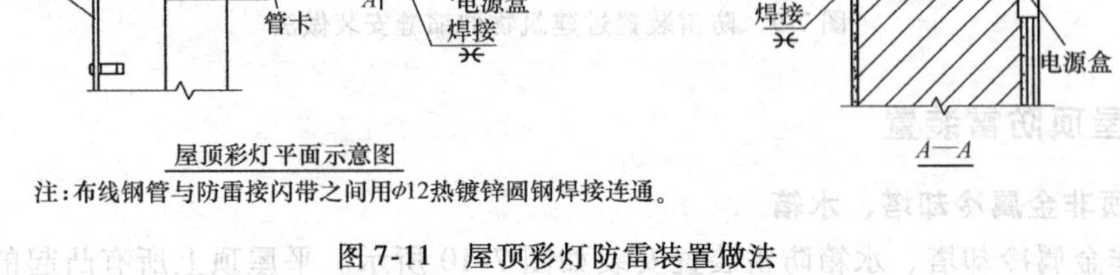

注：布线钢管与防雷接闪带之间用φ12热镀锌圆钢焊接连通。

图 7-11 屋顶彩灯防雷装置做法

3. 航空障碍灯

航空障碍灯在屋顶上安装防雷做法如图 7-12 所示。

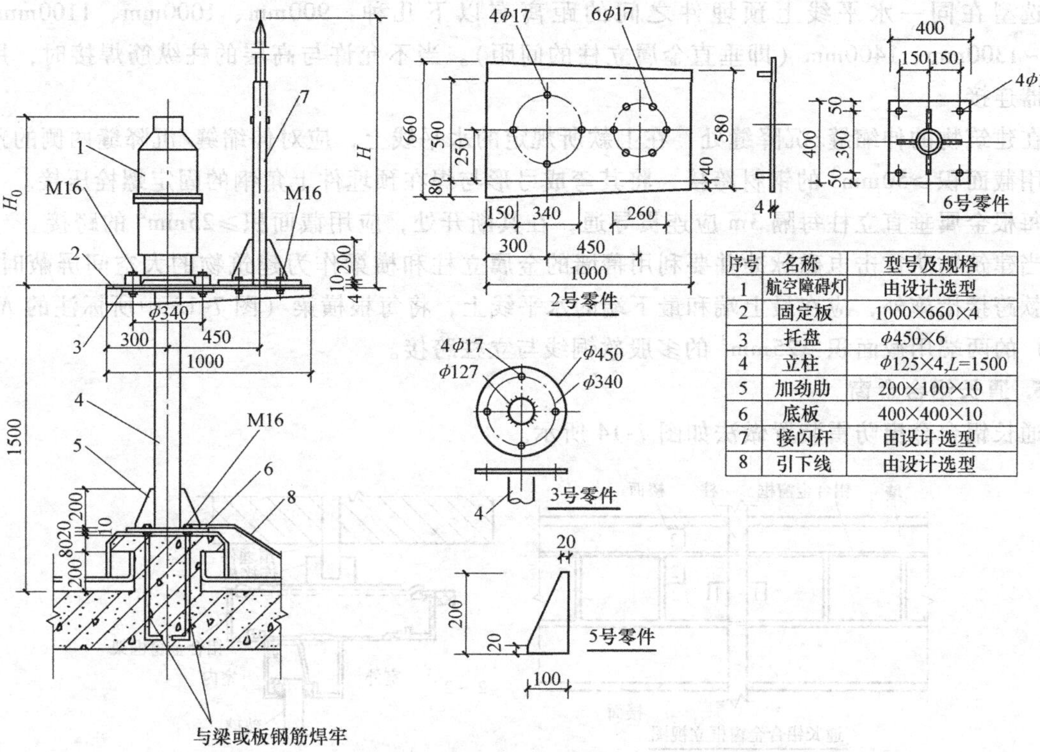

序号	名称	型号及规格
1	航空障碍灯	由设计选型
2	固定板	1000×660×4
3	托盘	ϕ450×6
4	立柱	ϕ125×4,L=1500
5	加劲肋	200×100×10
6	底板	400×400×10
7	接闪杆	由设计选型
8	引下线	由设计选型

图 7-12 航空障碍灯在屋顶上安装防雷做法

底座与屋面板同时捣制，并预埋螺栓或底板铁脚。用 E43 焊条焊成连续焊缝，焊脚高为 3mm。超过接闪保护范围时应加短针。

4. 幕墙

幕墙防雷措施如图 7-13 所示。

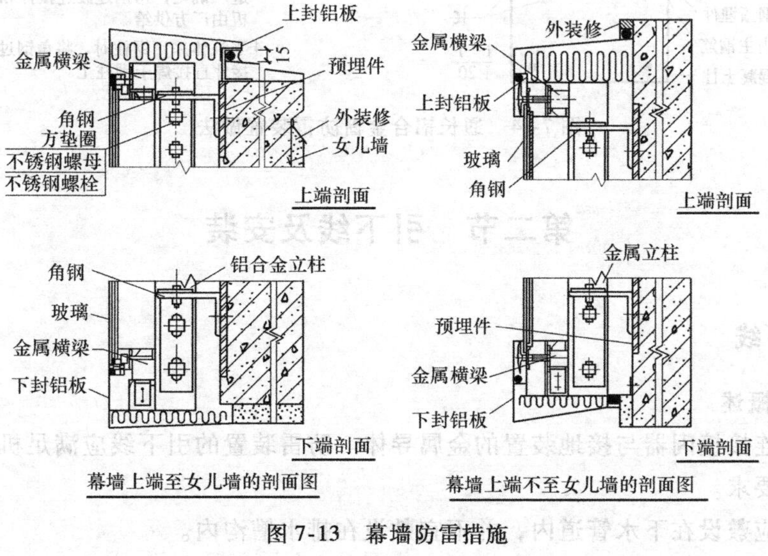

图 7-13 幕墙防雷措施

建筑预埋件在下列位置应将其与柱子或圈梁内钢筋焊接（用≥ϕ10 钢材、ϕ12 的一根支腿与上述钢筋跨焊，焊缝长度≥60mm）：最上端处、最下端处以及每隔约 20m 处，根据不同的选型在同一水平线上预埋件之间的距离有以下几种：900mm、1000mm、1100mm、1200～1300mm、1400mm（即垂直金属立柱的间距）。当不允许与高层的柱纵筋焊接时，用卡夹器连接。

在建筑物的伸缩缝/沉降缝处，在上款所规定的水平线上，应对伸缩缝/沉降缝两侧的预埋件用截面积≥50mm^2 的钢材跨接，将其弯成弓形与焊在预埋件上角钢的固定螺栓压接。

每根金属垂直立柱每隔 3m 应连贯导通，在其断开处，应用截面积≥25mm^2 的跨接。

当建筑物防雷击电磁脉冲并要利用幕墙的金属立柱和横梁作为建筑物的大空间屏蔽时，除上款跨接措施外，应在最上端和最下端的水平线上，将每根横梁（图 7-13 中所标注的 A、B 处）的两端用截面积≥25mm^2 的多股软铜线与立柱跨接。

5. 通长铝合金窗

通长铝合金窗防雷装置做法如图 7-14 所示。

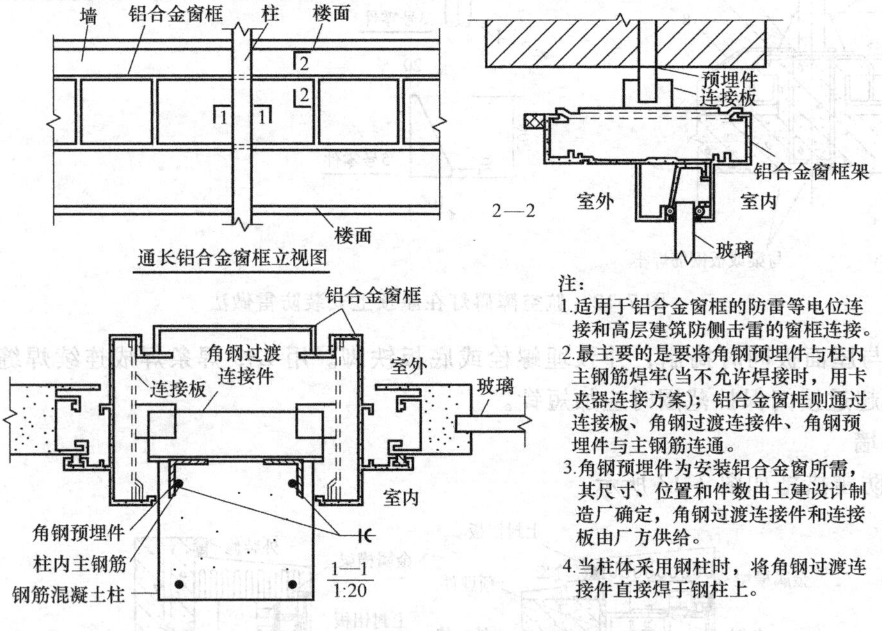

注：
1.适用于铝合金窗框的防雷等电位连接和高层建筑防侧击雷的窗框连接。
2.最主要的是要将角钢预埋件与柱内主钢筋焊牢(当不允许焊接时，用卡夹器连接方案)；铝合金窗框则通过连接板、角钢过渡连接件、角钢预埋件与主钢筋连通。
3.角钢预埋件为安装铝合金窗所需，其尺寸、位置和件数由土建设计制造厂确定，角钢过渡连接件和连接板由厂方供给。
4.当柱体采用钢柱时，将角钢过渡连接件直接焊于钢柱上。

图 7-14　通长铝合金窗防雷装置做法

第二节　引下线及安装

一、引下线

1. 引下线概述

引下线指连接接闪器与接地装置的金属导体。防雷装置的引下线应满足机械强度、耐腐蚀和热稳定的要求。

引下线不应敷设在下水管道内，并不宜敷设在排水槽沟内。

2. 材料

引下线宜采用热镀锌圆钢或扁钢，宜优先采用圆钢。

引下线的材料、结构和最小截面积应按表 7-1 的规定取值。

当独立烟囱上的引下线采用圆钢时，其直径不应小于 12mm；采用扁钢时，其截面积不应小于 $100mm^2$，厚度不应小于 4mm。

专设引下线应沿建筑物外墙外表面明敷，并经最短路径接地；建筑艺术要求较高者可暗敷，但其圆钢直径不应小于 10mm，扁钢截面积不应小于 $80mm^2$。

建筑物的钢梁、钢柱、消防梯等金属构件以及幕墙的金属立柱宜作为引下线，但其各部件之间均应连成电气贯通，例如，采用铜锌合金焊、熔焊、卷边压接、缝接、螺钉或螺栓连接；其截面积应按表 7-1 的规定取值；各金属构件可被覆有绝缘材料。

二、安装

1. 间距

引下线的安装布置应符合现行国家标准 GB 50057—2010《建筑物防雷设计规范》的有关规定，第一类、第二类和第三类防雷建筑物专设引下线不应少于两根，并应沿建筑物周围均匀布设，其平均间距分别不应大于 12m、18m 和 25m。

第二类或第三类防雷建筑物为钢结构或钢筋混凝土建筑物时，在其钢构件或钢筋之间的连接满足规范规定并利用其作为引下线的条件下，当其垂直支柱均起到引下线的作用时，可不要求满足专设引下线之间的间距。

引下线安装与易燃材料的墙壁或墙体保温层间距应大于 0.1m。

2. 固定

引下线固定支架应固定可靠，每个固定支架应能承受 49N 的垂直拉力。固定支架的高度不宜小于 150mm。

在一般情况下，明敷引下线固定支架应均匀，引下线和接闪导体固定支架的间距应符合表 7-2 的要求。

3. 防腐

明敷的专用引下线应分段固定，并应以最短路径敷设到接地体，敷设应平正顺直、无急弯。焊接固定的焊缝应饱满无遗漏，螺栓固定的焊缝应有防松零件（垫圈），焊接部分的防腐应完整。

引下线出防水层做法如图 7-15 所示。所有金属件均镀锌。

4. 断接卡

采用多根专设引下线时，应在各引下线上于距地面 0.3m 至 1.8m 之间装设断接卡。

利用混凝土内钢筋、钢柱作为自然引下线并同时采用基础接地体时，可不设断接卡，但利用钢筋作引下线时应在室内外的适当地点设若干连接板，这些连接板可供测量、接人工接地体和作等电位联结用。

当仅利用钢筋作引下线并采用埋于土壤中的人工接地体时，应在每根引下线上于距地面不低于 0.3m 处设接地体连接板。采用埋于土壤中的人工接地体时应设断接卡，其上端应与连接板或钢柱焊接。连接板处宜有明显标志。

断接卡与金属屋面及引下线连接安装如图 7-16 所示。

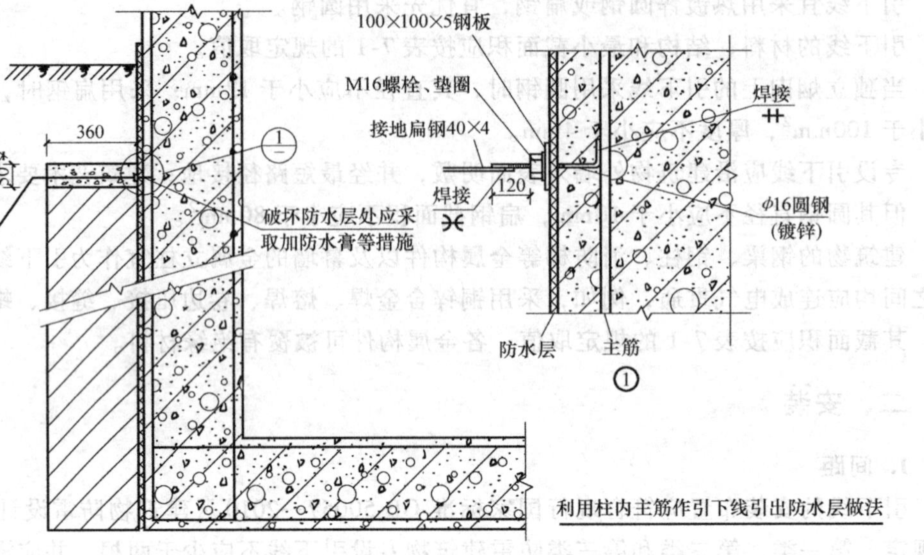

图 7-15 引下线出防水层做法

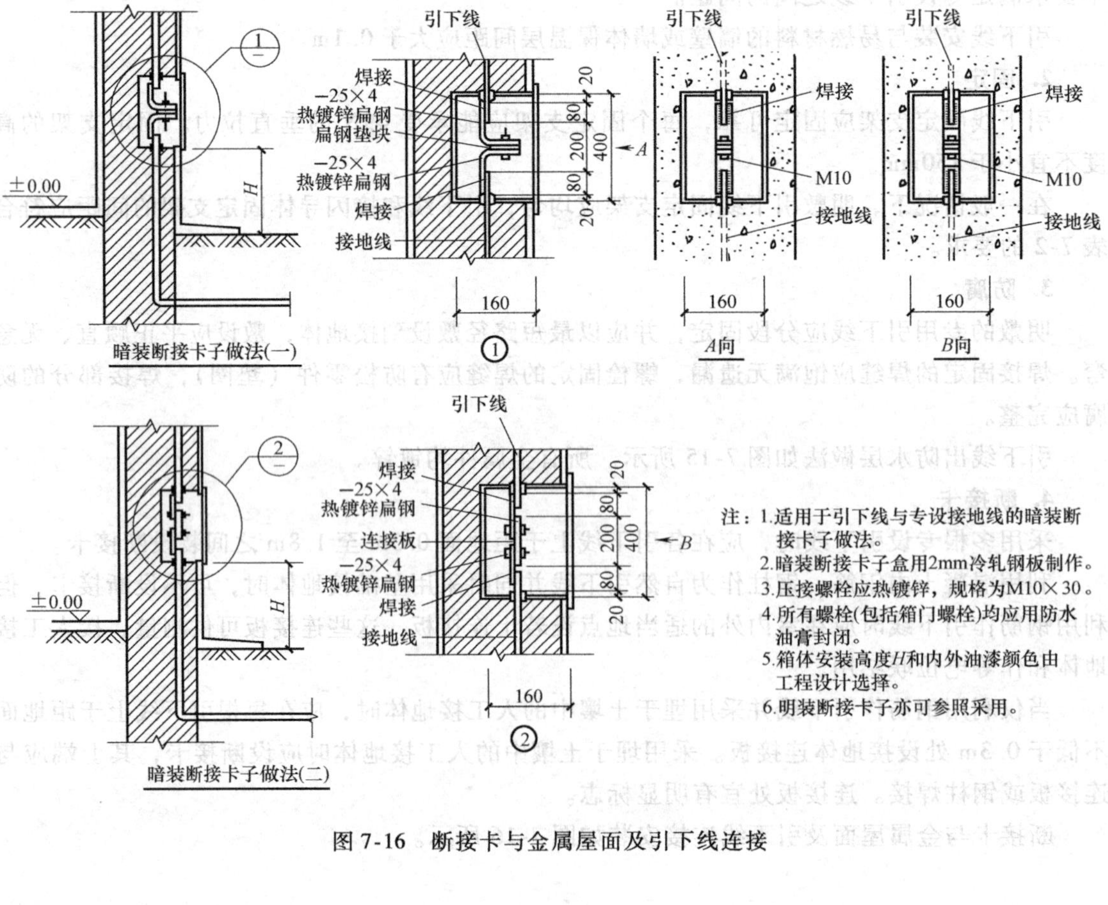

图 7-16 断接卡与金属屋面及引下线连接

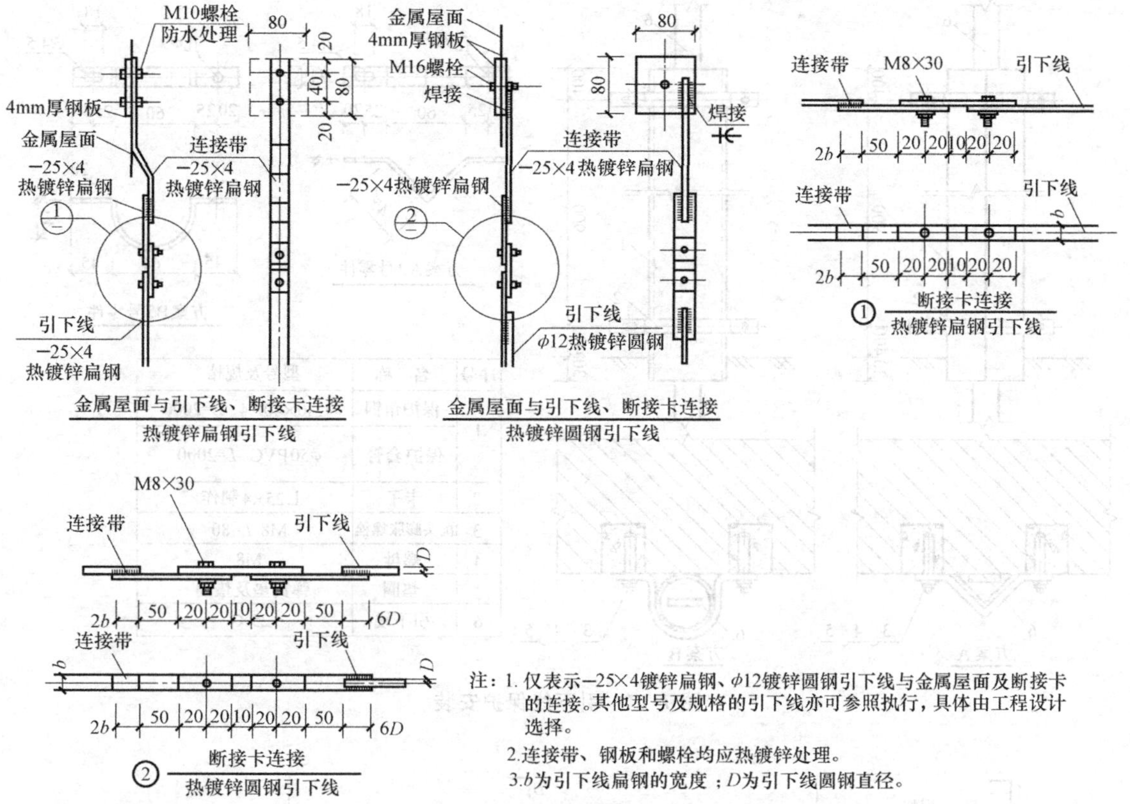

注：1. 仅表示−25×4镀锌扁钢、ϕ12镀锌圆钢引下线与金属屋面及断接卡的连接。其他型号及规格的引下线亦可参照执行，具体由工程设计选择。

2.连接带、钢板和螺栓均应热镀锌处理。

3.b为引下线扁钢的宽度；D为引下线圆钢直径。

图 7-16 断接卡与金属屋面及引下线连接（续）

引下线距地面 1.8m 处设断接卡，连接板和钢板应热镀锌。接闪带或引下线的连接在焊接有困难时，可采用螺栓连接。B 为引下线扁钢的宽度，D 为引下线圆钢的直径。

5. 保护

在易受机械损伤之处，地面上 1.7m 至地面下 0.3m 的一段接地线应采用暗敷或采用镀锌角钢、改性塑料管或橡胶管等加以保护。

引下线保护安装如图 7-17 所示。卡子做热镀锌处理。

建筑物外的引下线敷设在人员可停留或经过的区域时，应采用下列一种或多种方法，防止接触电压和旁侧闪络电压对人员造成伤害：

1）外露引下线在高 2.7m 以下部分穿不小于 3mm 厚的交联聚乙烯管，交联聚乙烯管应能耐受 100kV 冲击电压（1.2/50μs 波形）。

2）应设立阻止人员进入的护栏或警示牌。护栏与引下线水平距离不应小于 3m。

6. 连接

引下线可利用建筑物的钢梁、钢柱、消防梯等金属构件作为自然引下线，金属构件之间应电气贯通。

引下线两端应分别与接闪器和接地装置做可靠的电气连接。

引下线的连接如图 7-18 所示。

暗敷的自然引下线（柱内钢筋）的施工应符合现行国家标准 GB 50204—2015《混凝土结构工程施工质量验收规范》中的规定。

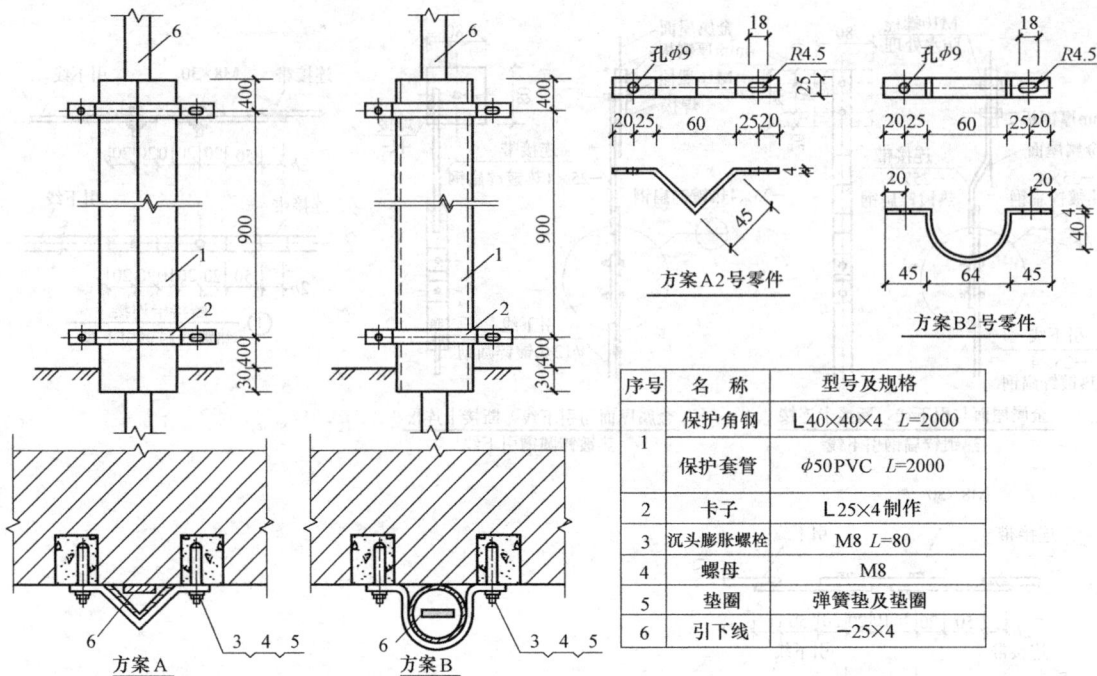

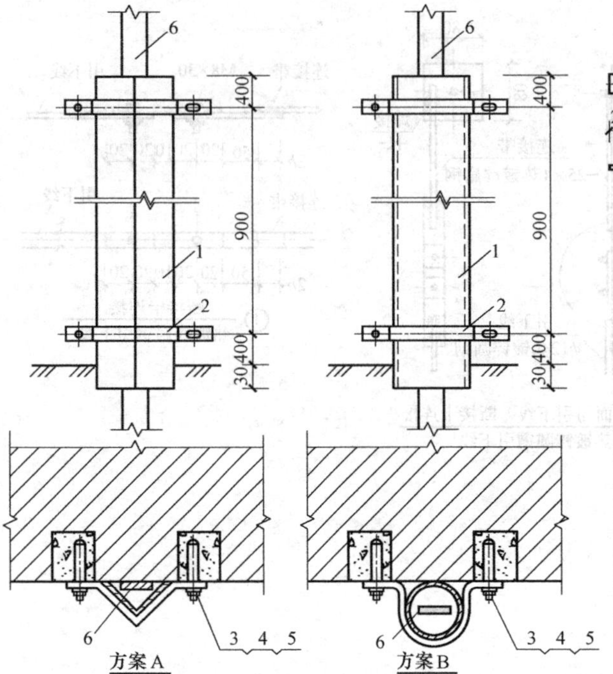

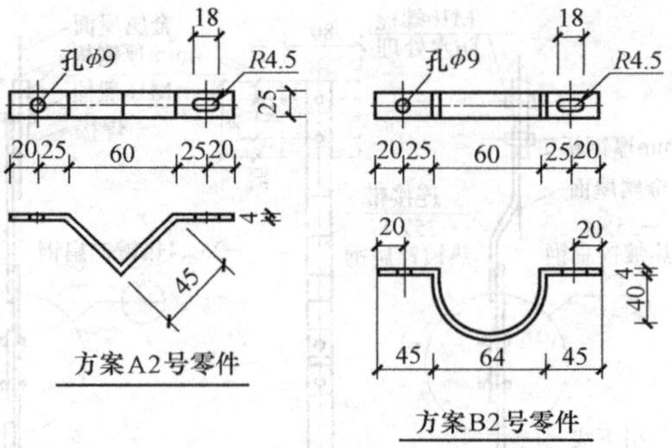

序号	名 称	型号及规格
1	保护角钢	∟40×40×4 L=2000
	保护套管	ϕ50PVC L=2000
2	卡子	∟25×4制作
3	沉头膨胀螺栓	M8 L=80
4	螺母	M8
5	垫圈	弹簧垫及垫圈
6	引下线	−25×4

图 7-17 引下线保护安装

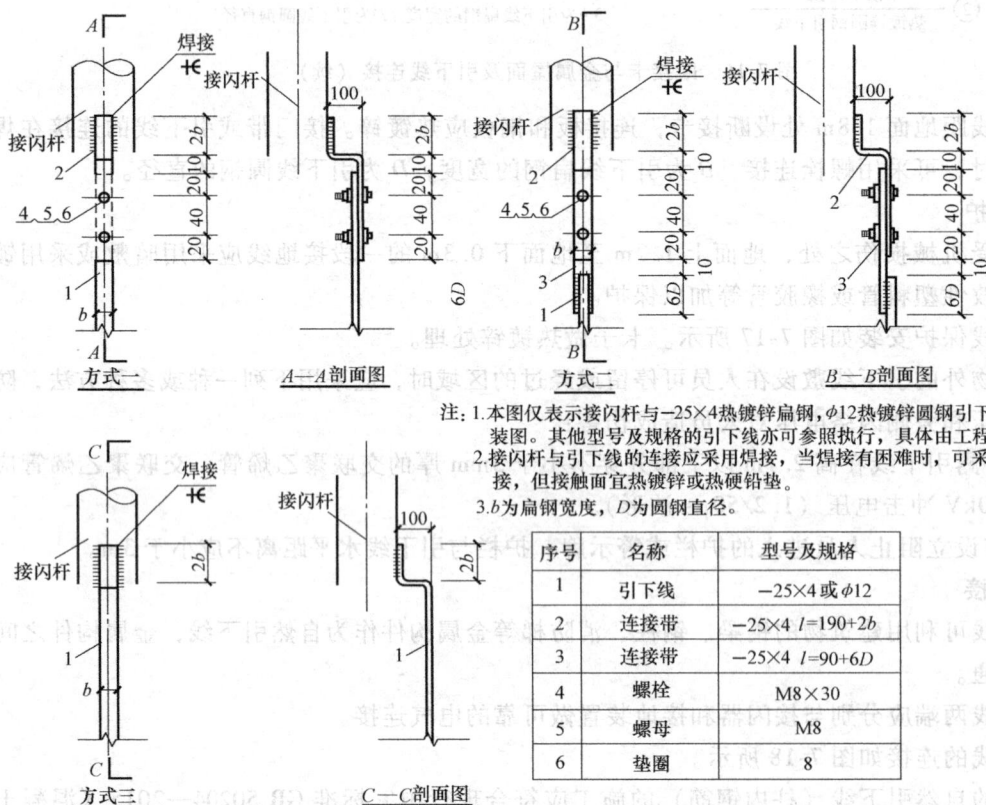

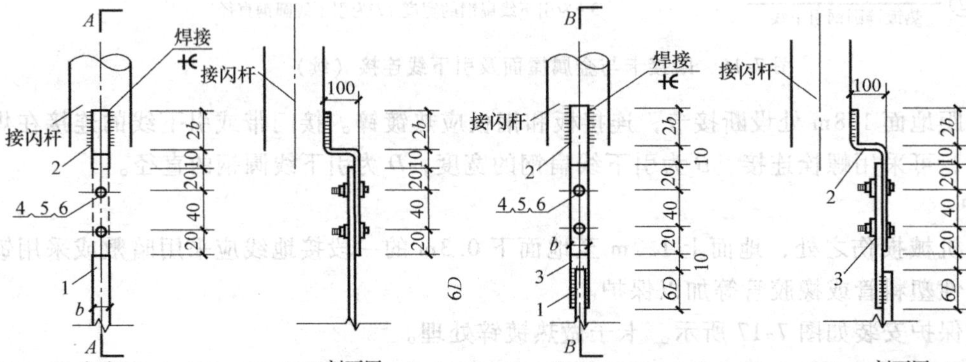

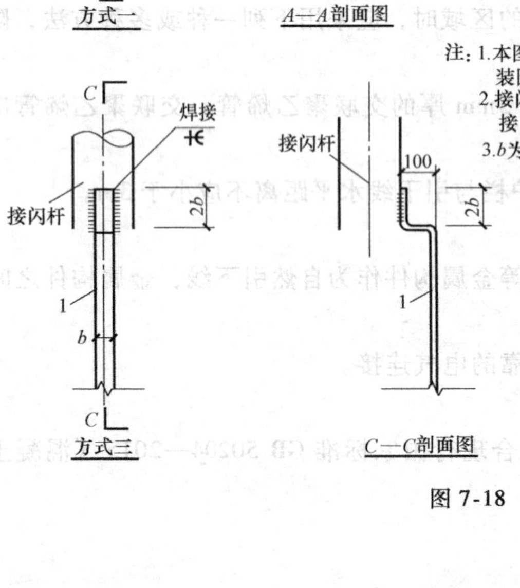

注：1.本图仅表示接闪杆与−25×4热镀锌扁钢，ϕ12热镀锌圆钢引下线的连接安装图。其他型号及规格的引下线亦可参照执行，具体由工程设计选择。
2.接闪杆与引下线的连接应采用焊接，当焊接有困难时，可采用螺栓连接，但接触面宜热镀锌或热硬铅垫。
3.b为扁钢宽度，D为圆钢直径。

序号	名称	型号及规格
1	引下线	−25×4或ϕ12
2	连接带	−25×4 l=190+2b
3	连接带	−25×4 l=90+6D
4	螺栓	M8×30
5	螺母	M8
6	垫圈	8

图 7-18 引下线的连接

混凝土柱内钢筋，应按工程设计文件要求采用土建施工的绑扎法、螺钉扣连接等机械连接或对焊、搭焊等焊接连接。当设计要求引下线的连接采用焊接时，焊接要求应符合表 7-4 的规定。

引下线上应无附着的其他电气线路，在通信塔或其他高耸金属构架起接闪作用的金属物上敷设电气线路时，线路应采用直埋于土壤中的铠装电缆或穿金属管敷设的导线。电缆的金属护层或金属管应两端接地，埋入土壤中的长度不应小于 10m。

引下线安装中应避免形成环路，引下线与接闪器连接的施工可按图 7-19 ~ 图 7-23 执行。

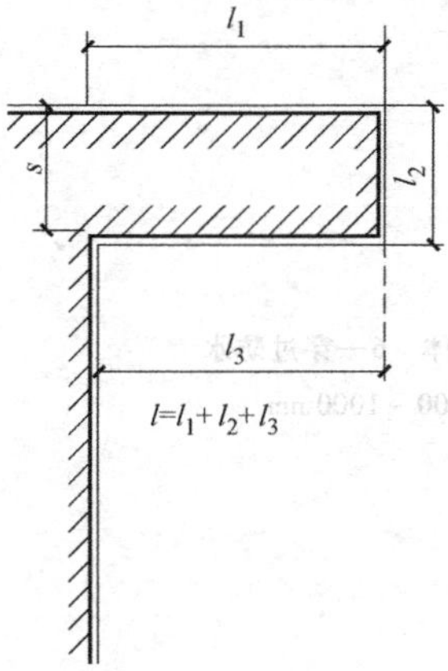

图 7-19 引下线安装中避免形成小环路的安装

s—隔距 l—计算隔距的长度

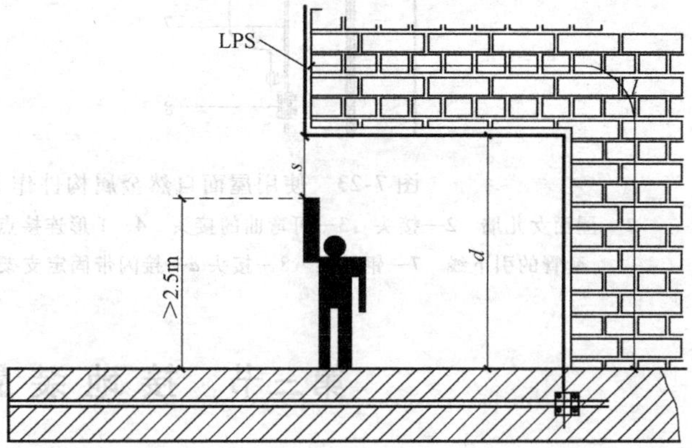

图 7-20 明敷引下线避免对人体闪络的安装

d—实际距离应大于 $s+2.5$ s—隔距，$s=k_ik_e/k_m l$

k_i——第一类防雷建筑物取 0.08，第二类防雷建筑物取 0.06，第三类防雷建筑物取 0.04

k_e——引下线为 1 根时取 1，引下线为 2 根时取 0.66，引下线为 3 根或以上时取 0.44

k_m——绝缘介质为空气时取 1，绝缘介质为钢筋混凝土或砖瓦时取 0.5

l——需考虑隔离的点到最近某电位连接点的长度

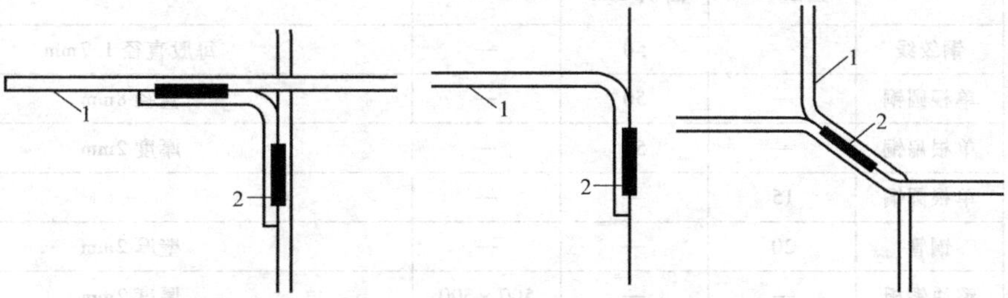

图 7-21 引下线（接闪导线）在弯曲处焊接要求

1—钢筋 2—焊接缝口

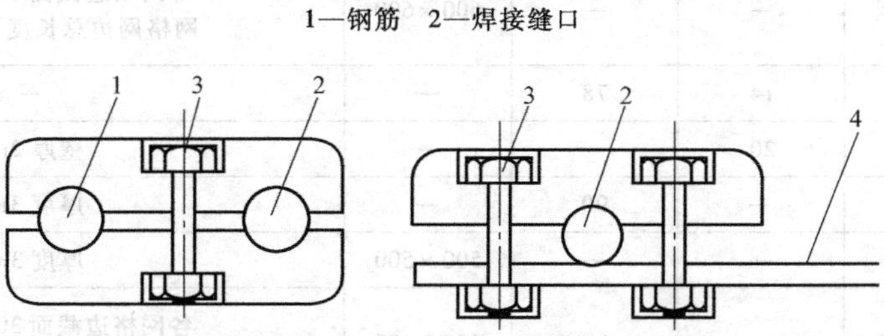

a) 钢筋与圆形导体卡接 b) 钢筋与带状导体卡接

图 7-22 钢筋与导体间的卡接施工

1—钢筋 2—圆形导体 3—螺栓 4—带状导体

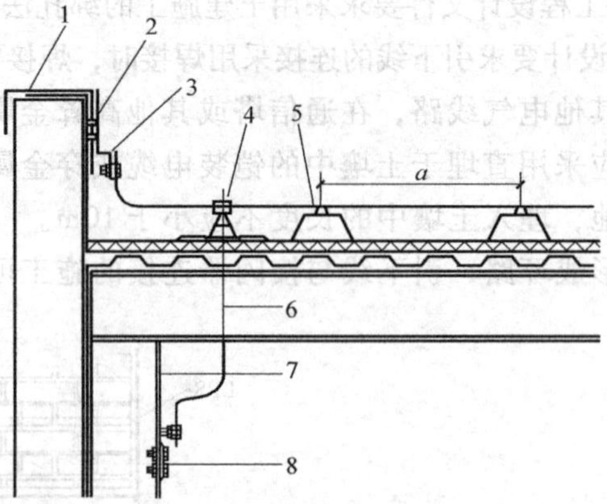

图7-23 使用屋面自然金属构件作LPS施工

1—屋面女儿墙 2—接头 3—可弯曲的接头 4—T形连接点 5—接闪导体 6—穿过防水套管的引下线 7—钢筋梁 8—接头 a—接闪带固定支架的间距，取500~1000mm

第三节 接地装置

一、接地体材料、结构和最小截面积

接地体的材料、结构和最小截面积应符合表7-5的规定。

表7-5 接地体的材料、结构和最小尺寸

材料	结构	最小尺寸			备注
		垂直接地体直径/mm	水平接地体截面积/mm²	接地板/mm	
铜	铜绞线	—	50	—	每股直径1.7mm
	单根圆铜	—	50	—	直径8mm
	单根扁铜	—	50	—	厚度2mm
	单根圆铜	15	—	—	—
	铜管	20	—	—	壁厚2mm
	整块铜板	—	—	500×500	厚度2mm
	网格铜板	—	—	600×600	各网格边截面25mm×2mm，网格网边总长度不少于4.8m
热镀锌钢	圆钢	14	78	—	—
	钢管	20	—	—	壁厚2mm
	扁钢	—	90	—	厚度3mm
	钢板	—	—	500×500	厚度3mm
	网格钢板	—	—	600×600	各网格边截面30mm×3mm，网格网边总长度不少于4.8m
	型钢	注3	—	—	—

（续）

材料	结构	最小尺寸			备注
		垂直接地体直径/mm	水平接地体截面积/mm²	接地板/mm	
裸钢	钢绞线	—	70	—	每股直径 1.7mm
	圆钢	—	78	—	—
	扁钢	—	75	—	厚度 3mm
外表面镀铜的钢	圆钢	14	50	—	镀铜厚度至少 250μm，铜纯度 99.9%
	扁钢	—	90（厚 3mm）	—	—
不锈钢	圆形导体	15	78	—	—
	扁形导体	—	100	—	厚度 2mm

注：1. 热镀锌层应光滑连贯、无焊剂斑点，镀锌层圆钢至少 $22.7g/m^2$、扁钢至少 $32.4g/m^2$。
2. 热镀锌之前螺纹应先加工好。
3. 不同截面积的型钢，其截面积不小于 $290mm^2$，最小厚度 3mm，可采用 50mm×50mm×3mm 角钢。
4. 裸圆钢、裸扁钢和钢绞线作为接地体时，只有在完全埋在混凝土中时才允许采用。
5. 外表面镀铜的钢，铜应与钢结合良好。
6. 不锈钢中，铬的含量等于或大于 16%，镍的含量等于或大于 5%，钼的含量等于或大于 2%，碳的含量等于或小于 0.08%。
7. 截面积允许误差为 -3%。
8. 裸扁钢或热镀锌扁钢、热镀锌钢绞线，只适用于与建筑物内的钢筋或钢结构每隔 5m 的连接。

二、接地极安装

1. 埋地人工接地极

当设计无要求时，人工接地体在土壤中的埋设深度不应小于 0.5m，并宜敷设在地冻土层以下，其距墙或基础不宜小于 1m。接地体宜远离由于烧窑、烟道等高温影响使土壤电阻率升高的地方。

埋于土壤中的人工垂直接地体宜采用热镀锌角钢、钢管或圆钢；埋于土壤中的人工水平接地体宜采用热镀锌扁钢或圆钢。接地线应与水平接地体的截面积相同。

人工钢质垂直接地体的长度宜为 2.5m，其间距以及人工水平接地体的间距均宜为 5m，当受地方限制时可适当减小。

人工接地体与建筑物外墙或基础之间的水平距离不宜小于 1m。

在敷设于土壤中的接地体连接到混凝土基础内起基础接地体作用的钢筋或钢材的情况下，土壤中的接地体宜采用铜质或镀铜或不锈钢导体。

（1）棒形接地极

接地极如埋入建筑物或构筑物旁边时，其规格可采用 $\phi10$ 的圆钢，长度由工程设计确定。为了使圆钢接地极便于打入地下，将接地极端部锻尖，如图 7-24 所示。

（2）管型接地极

钢管接地极尖端的做法：在距管口 120mm 长的一段，锯成四块锯齿形，尖端向内打合焊接而成，如图 7-25 所示。接地极、连接线及卡箍规格有特殊要求时，由工程设计确定。

（3）角钢接地极

接地极和连接线表面应镀锌，规格有特殊要求时，由工程设计确定。为了避免将接地极

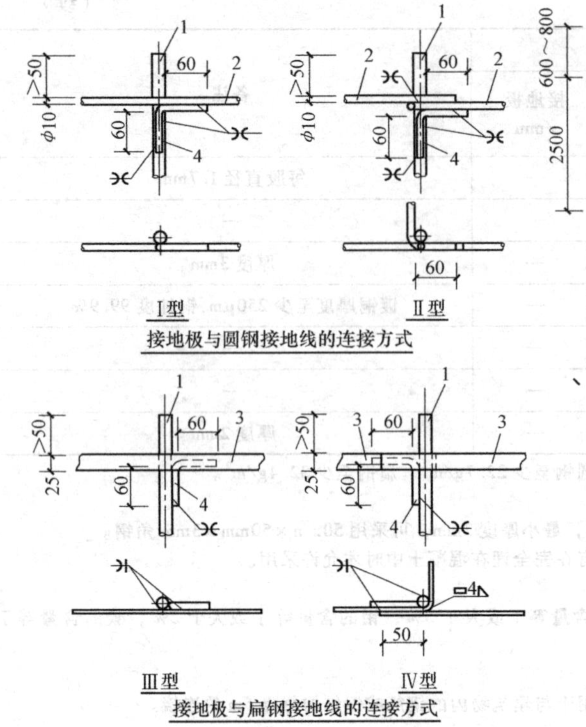

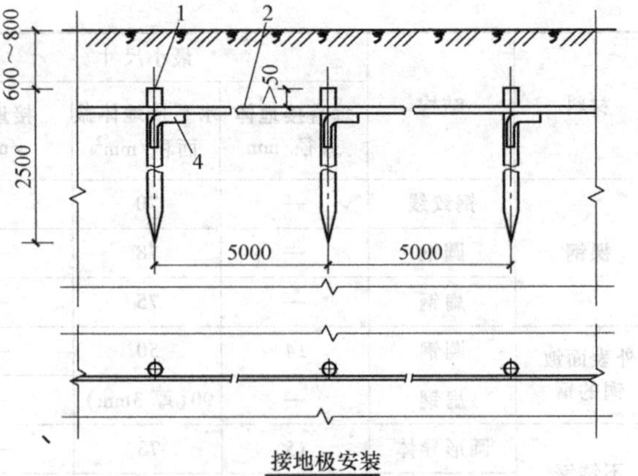

接地极安装

序号	名称	型号及规格
1	接地极	圆钢$\phi18$ L=2500
2	接地线	圆钢$\phi10$
3	接地线	25×4
4	连接导体	圆钢$\phi10$ L=160

图 7-24 棒形接地极

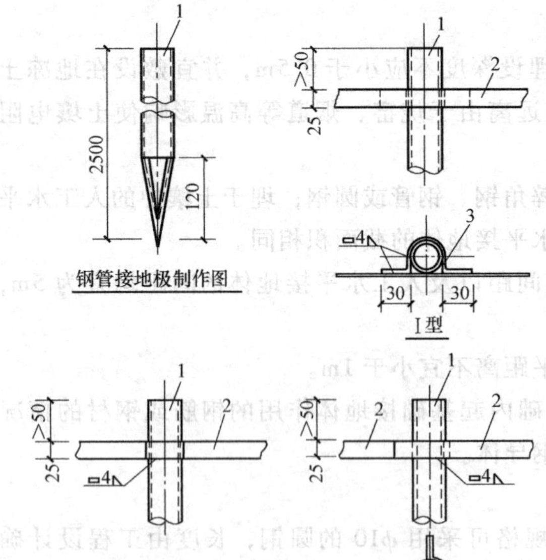

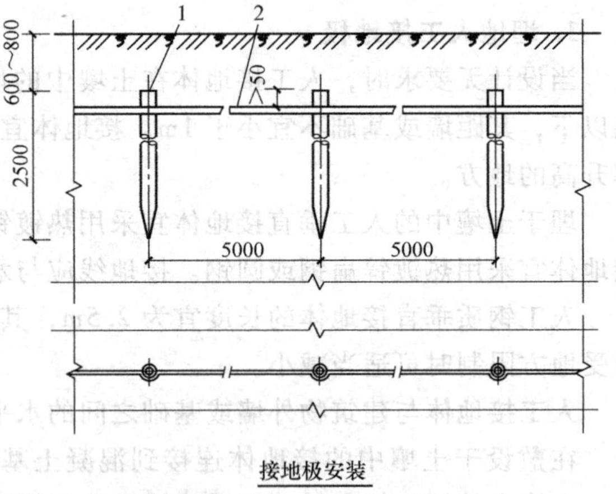

接地极安装

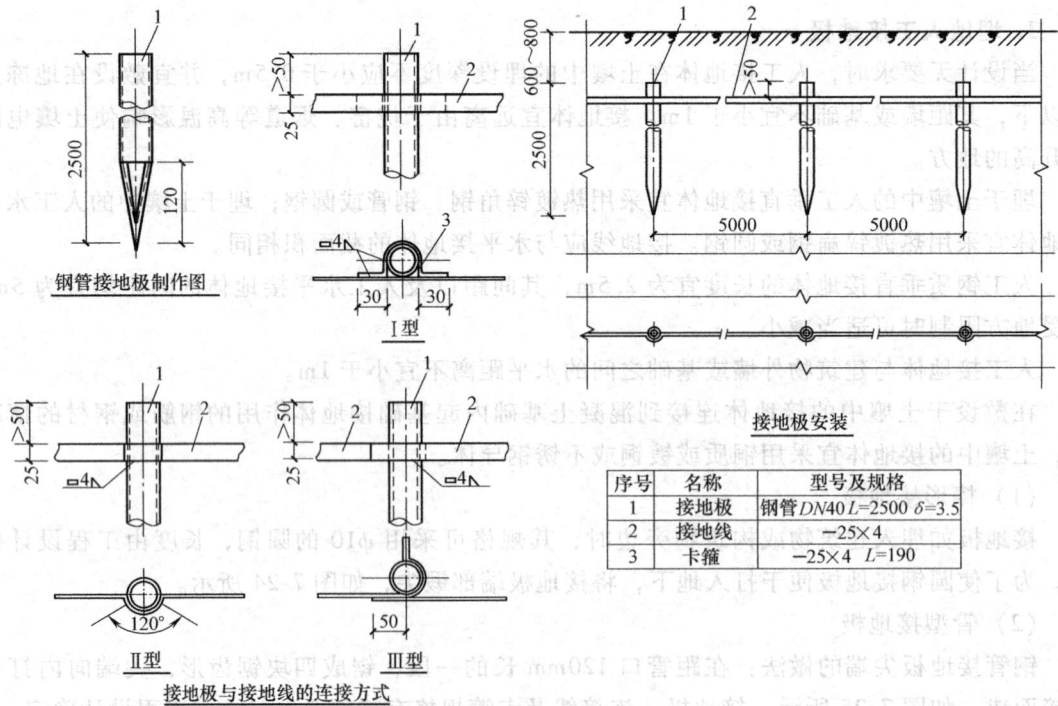

序号	名称	型号及规格
1	接地极	钢管$DN40$ L=2500 δ=3.5
2	接地线	−25×4
3	卡箍	−25×4 L=190

图 7-25 管型接地极

顶部打裂，制成如图 7-26 的保护帽，套在顶部施工。

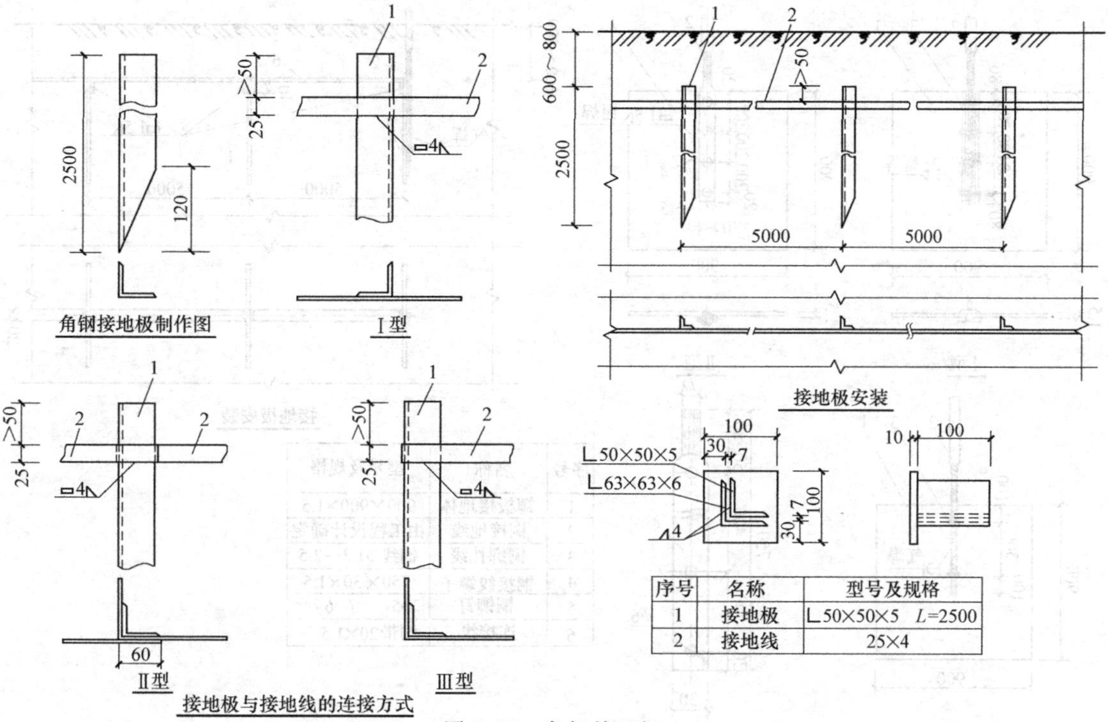

序号	名称	型号及规格
1	接地极	L50×50×5 L=2500
2	接地线	25×4

图 7-26 角钢接地极

（4）带型接地极

接地极、接地线的规格有特殊要求时，由工程设计确定。带型接地极如图 7-27 所示。

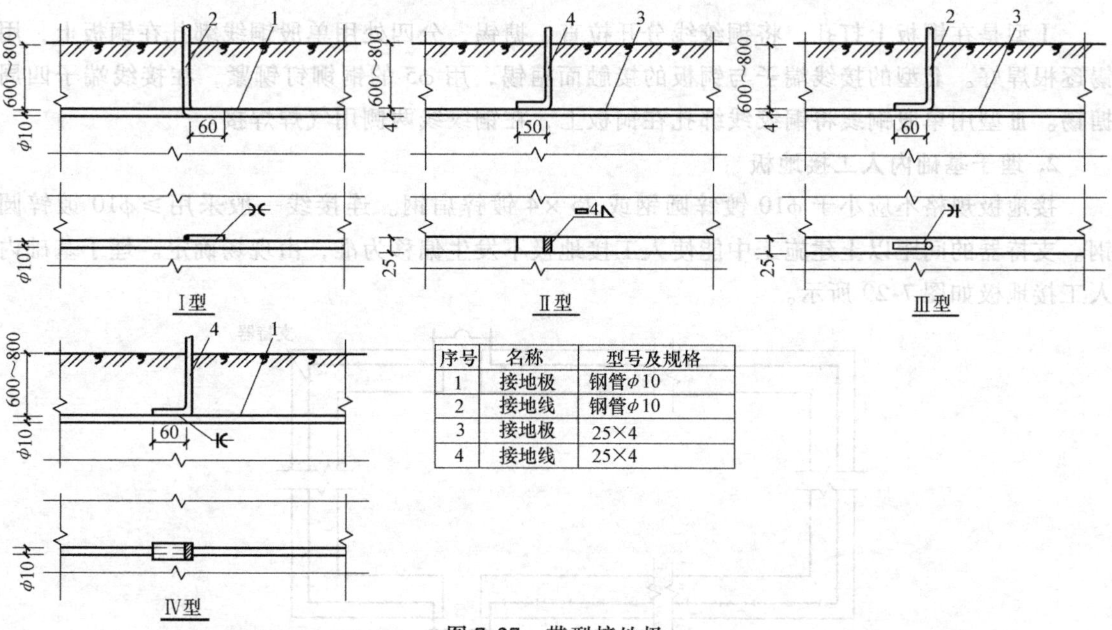

序号	名称	型号及规格
1	接地极	钢管ϕ10
2	接地线	钢管ϕ10
3	接地极	25×4
4	接地线	25×4

图 7-27 带型接地极

（5）板型接地极

板型接地极如图 7-28 所示。

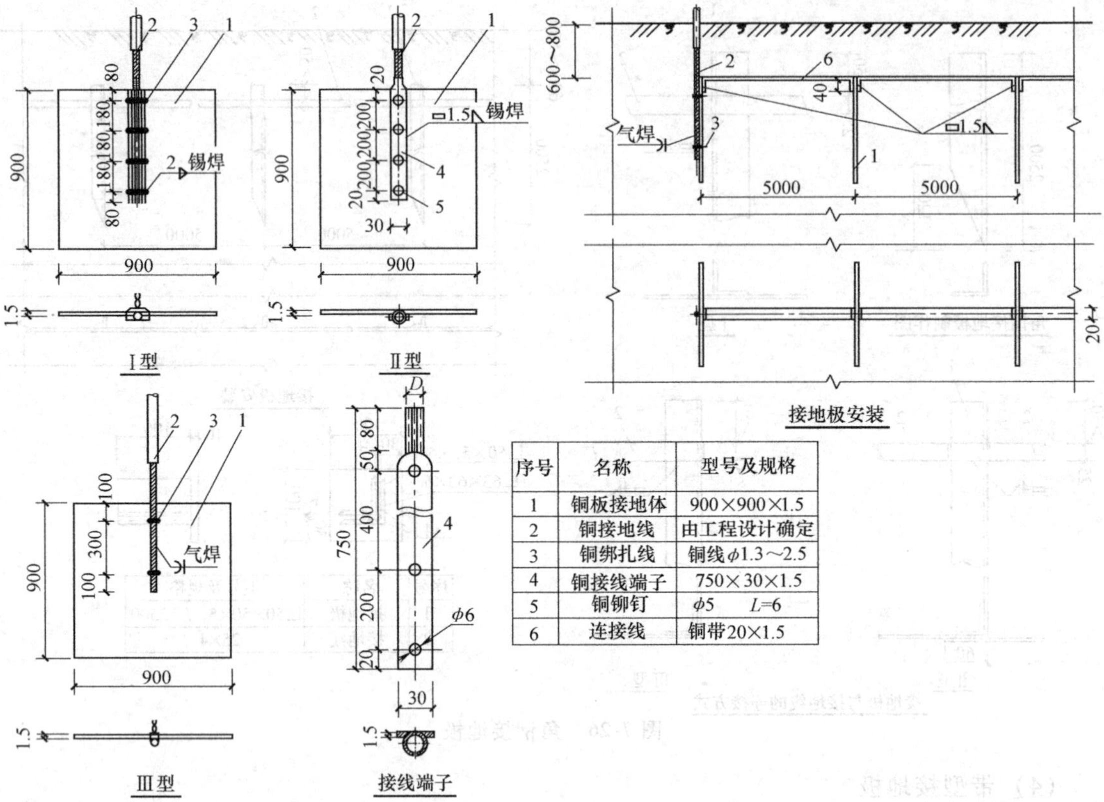

序号	名称	型号及规格
1	铜板接地体	900×900×1.5
2	铜接地线	由工程设计确定
3	铜绑扎线	铜线ϕ1.3～2.5
4	铜接线端子	750×30×1.5
5	铜铆钉	ϕ5　L=6
6	连接线	铜带20×1.5

图 7-28　板型接地极

Ⅰ型是在铜板上打孔，将铜绞线分开拉直、搪锡，分四处用单股铜线绑扎在铜板上，用锡逐根焊好。Ⅱ型的接线端子与铜板的接触面搪锡，用 ϕ5 的铜铆钉铆紧，在接线端子四周搪锡。Ⅲ型用单股铜线将铜绞线绑扎在铜板上，在铜绞线两侧用气焊焊接。

2. 埋于基础内人工接地极

接地极规格不应小于 ϕ10 镀锌圆钢或 25×4 镀锌扁钢。连接线一般采用≥ϕ10 镀锌圆钢。支持器的间距以土建施工中能使人工接地极不发生偏移为准，由现场确定。埋于基础内人工接地极如图 7-29 所示。

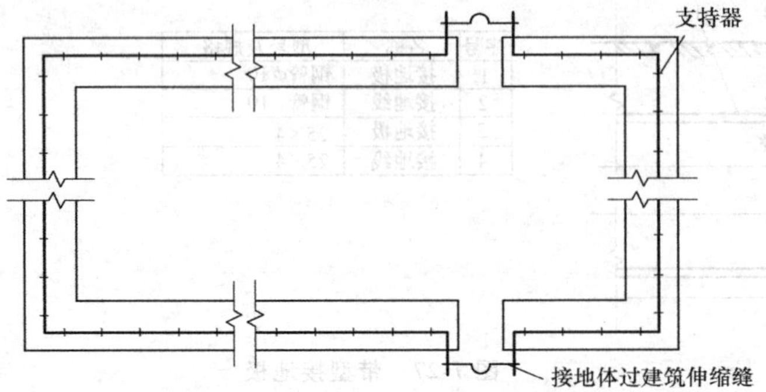

图 7-29　埋于基础内人工接地极

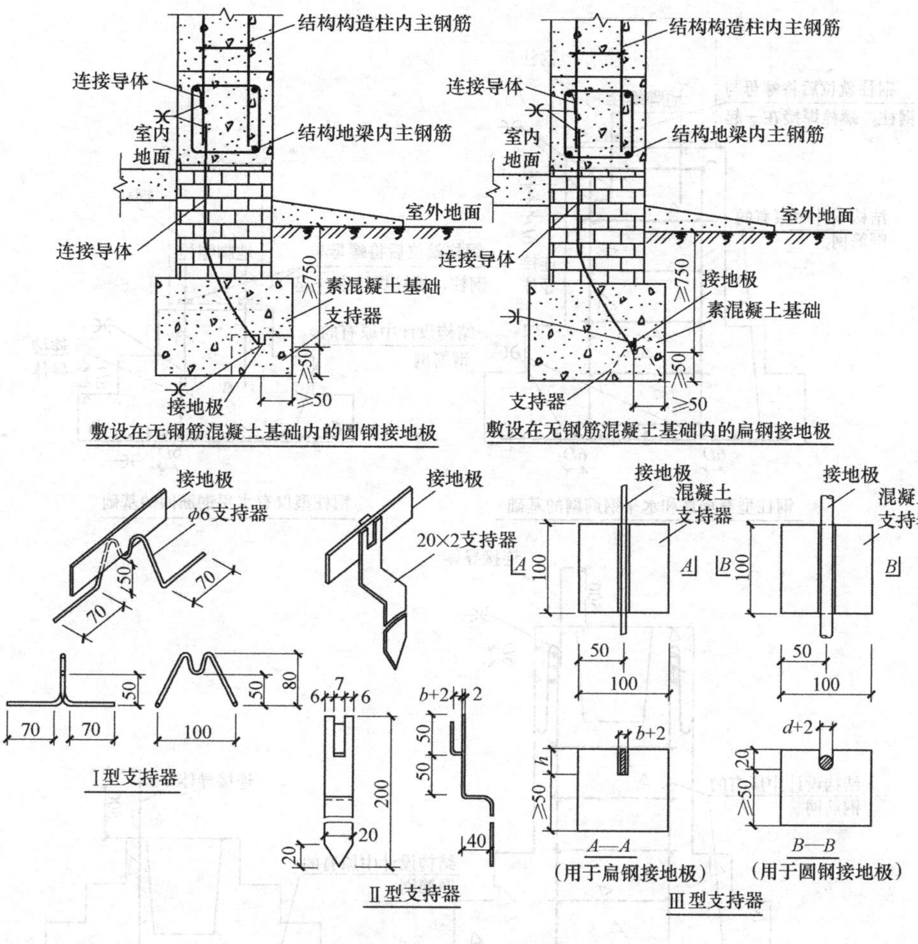

图 7-29 埋于基础内人工接地极(续)

3. 钢筋混凝土基础中的钢筋作接地极

每个基础中仅需一个地脚螺栓通过连接导体与钢筋网连接。连接导体与地脚螺栓和钢筋网的连接采用焊接，在施工现场没有条件进行焊接时，应预先在钢筋网加工场地焊好后运往施工现场。当不能按图 7-30 利用地脚螺栓时，则应采用焊接施工，此时连接导体（$D\geqslant\phi10$ 镀锌圆钢）引出基础的地方应在钢柱就位的边线外面，并在钢柱就位后焊接到钢柱底板上。将与地脚螺栓焊接的那一根垂直钢筋焊接到水平钢筋网上（当不能直接焊接时，采用一段 $\phi10$ 钢筋或圆钢铸焊）。当基础底有桩基时，将每一桩基的一根主筋同承台钢筋焊接，当不能直接焊接时可采用卡夹器连接。

连接导体引出位置是在杯口一角的附近，与预制的钢筋混凝土柱上的预埋连接板相对应。在连接导体焊到柱上预埋连接板后，与土壤接触的外露连接导体和连接板均用 1:3 水泥砂浆保护，保护层厚度不小于 50mm。连接导体与钢筋网的连接一般应采用焊接。在施工现场没有条件进行焊接时，应预先在钢筋网加工场地焊好后运往施工现场。将与引出线连接的那一根垂直钢筋焊接到水平钢筋网上（当不能直接焊接时，采用一段 $\phi10$ 钢筋或圆钢跨焊）。当基础底有桩基时，将每一桩基的一根主筋同承台钢筋焊接，当不能直接焊接时可采用卡夹器连接。

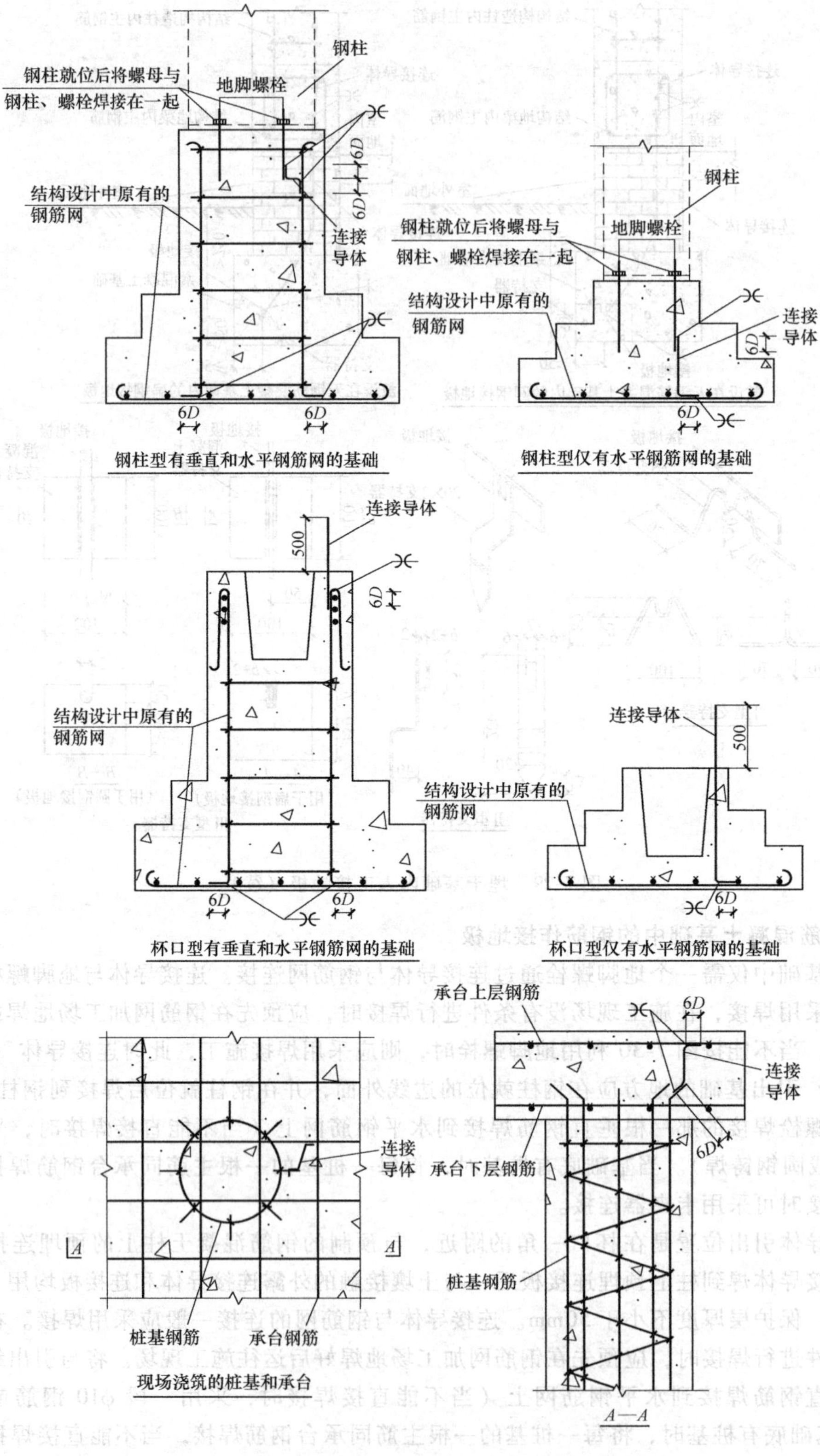
钢柱
钢柱就位后将螺母与
钢柱、螺栓焊接在一起
地脚螺栓
结构设计中原有的
钢筋网
连接
导体
6D
钢柱型有垂直和水平钢筋网的基础
钢柱
钢柱就位后将螺母与
钢柱、螺栓焊接在一起
地脚螺栓
结构设计中原有的
钢筋网
连接
导体
6D
钢柱型仅有水平钢筋网的基础
连接导体
500
6D
结构设计中原有的
钢筋网
杯口型有垂直和水平钢筋网的基础
连接导体
500
结构设计中原有的
钢筋网
6D
杯口型仅有水平钢筋网的基础
连接
导体
A
A
桩基钢筋
承台钢筋
现场浇筑的桩基和承台
承台上层钢筋
6D
连接
导体
承台下层钢筋
桩基钢筋
A—A

图 7-30 钢筋混凝土基础中的钢筋作接地极

当建筑物的基础采用以硅酸盐为基料的水泥和周围土壤的含水量不低于4%以及基础的外表面无防腐层或有沥青质的防腐层时，钢筋混凝土基础内的钢筋宜作为接地极。但应符合下列要求：

1）每根引下线处的冲击接地电阻不宜大于5Ω。

2）敷设在钢筋混凝土中的单根钢筋或圆钢，其直径不应小于10mm，被利用作为防雷装置的混凝土构件内箍筋连接的钢筋，其截面积总和不应小于一根直径10mm钢筋的截面积。

3）利用基础内钢筋网作为接地体时，每根引下线在距地面0.5m以下的钢筋表面积总和，对第一级防雷建筑物不应小于 $4.24K_c$（m^2），对第二、三级防雷建筑物不应少于 $1.89K_c$（m^2）。单根引下线 $K_c=1$，两根引下线及接闪器不成闭合环的多根引下线 $K_c=0.66$，接闪器成闭合环或网状的多根引下线 $K_c=0.44$。

4. 箱形基础防雷接地装置

箱形基础防雷接地装置做法如图7-31所示。

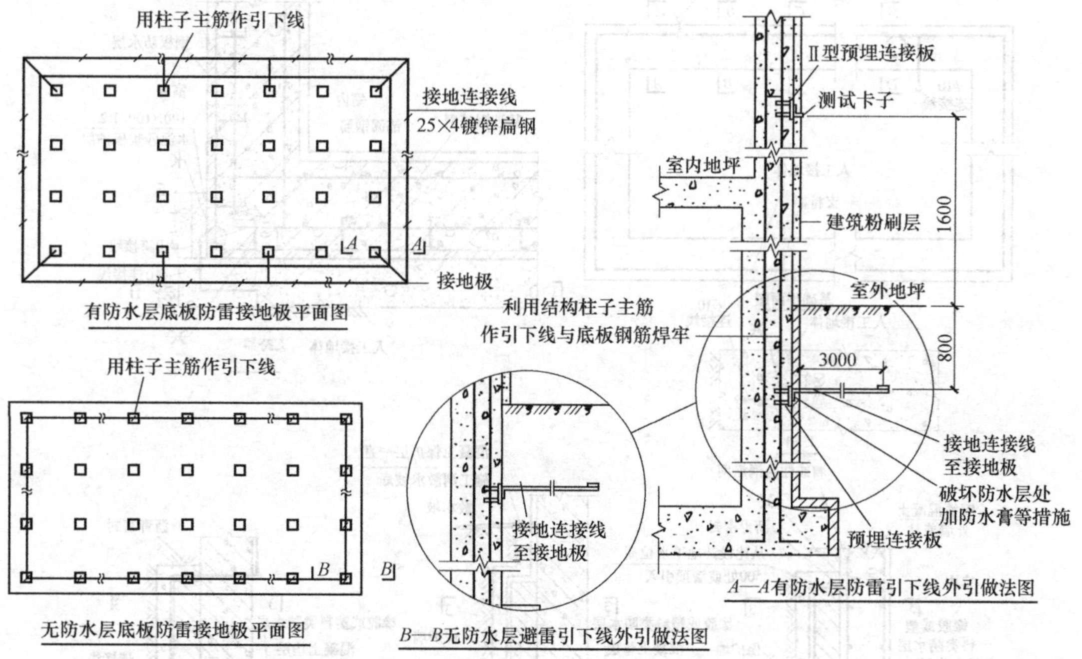

图7-31　箱形基础防雷接地装置做法

5. 护坡桩内钢筋作接地极

建筑物底板钢筋在标高处应与护坡桩的钢筋就近连接。连接点数量与引下线相同，位置与引下线对应，如图7-32所示。

6. 防水层下方混凝土垫层内的人工接地体

人工接地体沿基础混凝土垫层周边敷设一圈，防水层为橡胶或塑料类，如图7-33所示。

图7-33中人工接地体沿基础混凝土垫层周边敷设一圈。连接线沿基础周边约每隔5m与钢板防水层焊接一次，焊接处应涂防锈漆或沥青层保护。跨接线沿基础底周边约每隔5m做一次，一端与锚固钢筋焊接，另一端与基础底钢筋网焊接。

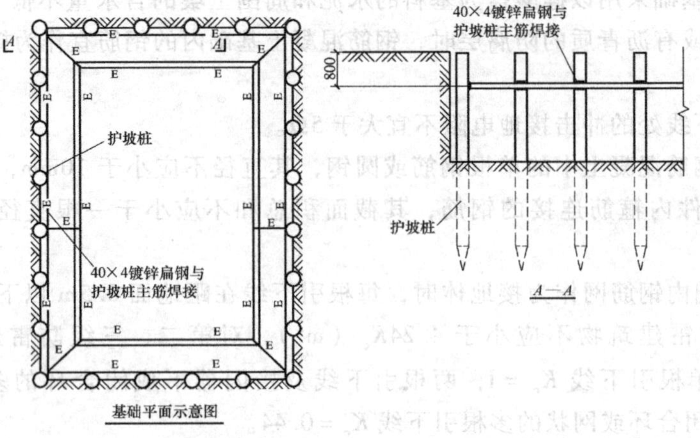

图 7-32 护坡桩内钢筋作接地极

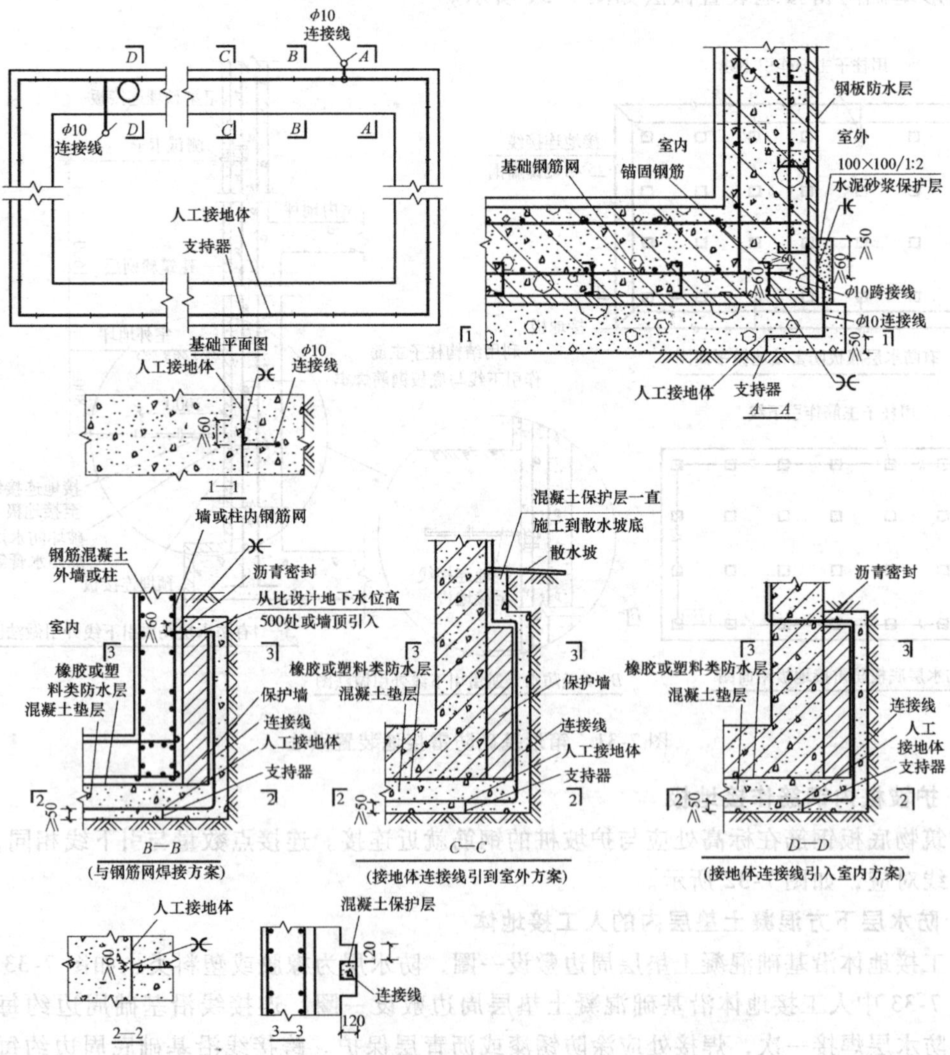

图 7-33 防水层下方混凝土垫层内的人工接地体

7. 接地体的连接

接地体的连接应采用焊接，并宜采用放热焊接（热剂焊）。当采用通用的焊接方法时，应在焊接处做防腐处理。钢材、铜材的焊接应符合下列规定：

1）导体为钢材时，焊接时的搭接长度及焊接方法要求应符合表 7-4 的规定。

2）导体为铜材与铜材或铜材与钢材时，连接工艺应采用放热焊接，熔接接头应将被连接的导体完全包在接头里，要保证连接部位的金属完全熔化，并应连接牢固。

焊接处焊缝应饱满并有足够的机械强度，不得有夹渣、咬肉、裂纹、虚焊、气孔等缺陷，焊接处的药皮敲净后，刷沥青做防腐处理。

8. 与引下线的连接

接地装置在地面处与引下线的连接施工图示和不同地基的建筑物基础接地施工如图 7-34～图 7-36 所示。

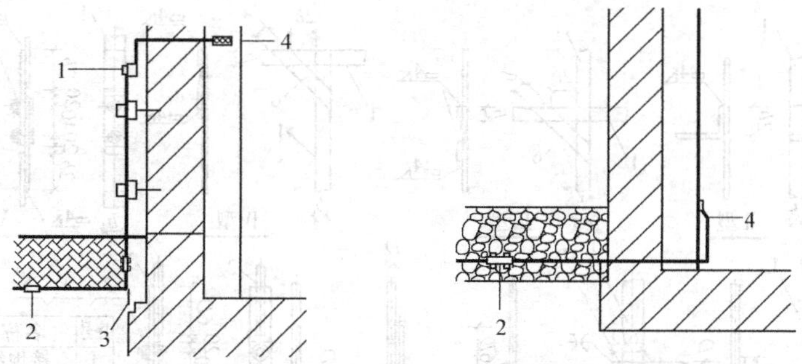

a) 墙上的测试接头　　b) 地面的测试接头

图 7-34　在建筑物地面处连接板（测试点）的安装

1—墙上的测试点　2—土壤中抗腐蚀的 T 形接头　3—土壤中抗腐蚀的接头　4—钢梁与接地线的接点

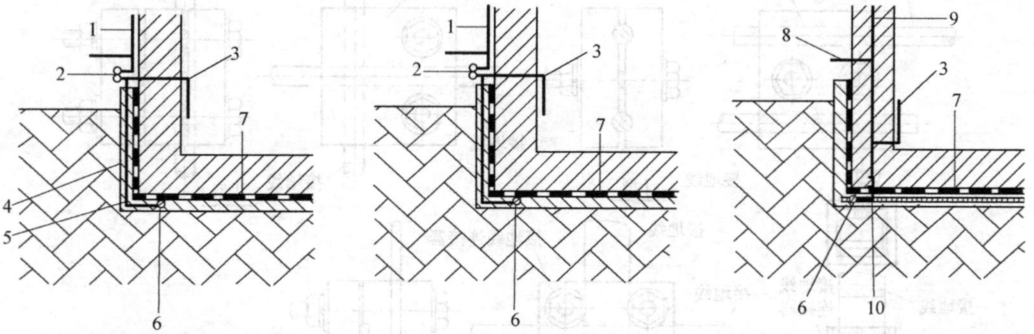

a) 接地极位于沥青防水层下无钢筋的混凝土中　　b) 部分接地导体穿过土壤　　c) 穿过沥青防水层将基础接地极与接地排相连的连接导体

图 7-35　地基防水层外接地极连接安装

1—引下线　2—测试接头　3—与内部 LPS 相连的等电位联结导体　4—无钢筋的混凝土
5—LPS 的连接导体　6—基础接地极　7—沥青防水层　8—测试接头与钢筋的连接导体
9—混凝土中的钢筋　10—穿过沥青防水层的防水套管

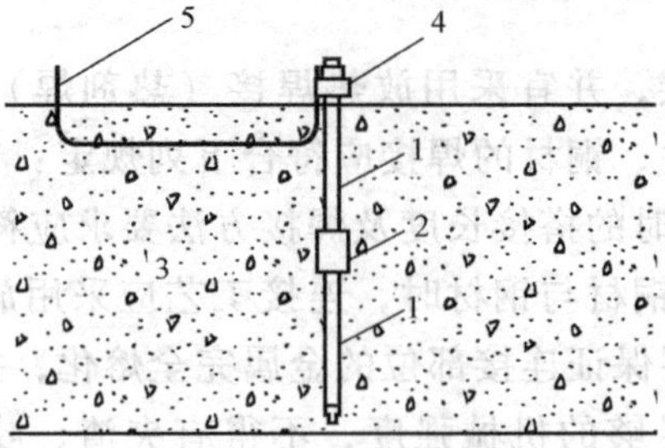

图 7-36 A 型接地装置与接地线连接安装

1—可延伸的接地体 2—接地体接合器 3—土壤 4—接地线与接地体连接的夹具 5—接地线

三、接地线

接地线之间的连接如图 7-37 所示。

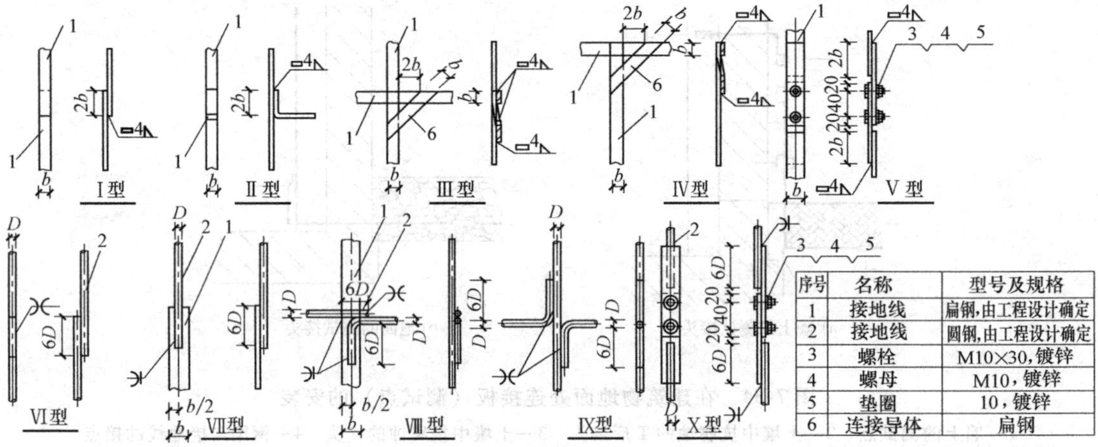

序号	名称	型号及规格
1	接地线	扁钢，由工程设计确定
2	接地线	圆钢，由工程设计确定
3	螺栓	M10×30，镀锌
4	螺母	M10，镀锌
5	垫圈	10，镀锌
6	连接导体	扁钢

a) 焊接

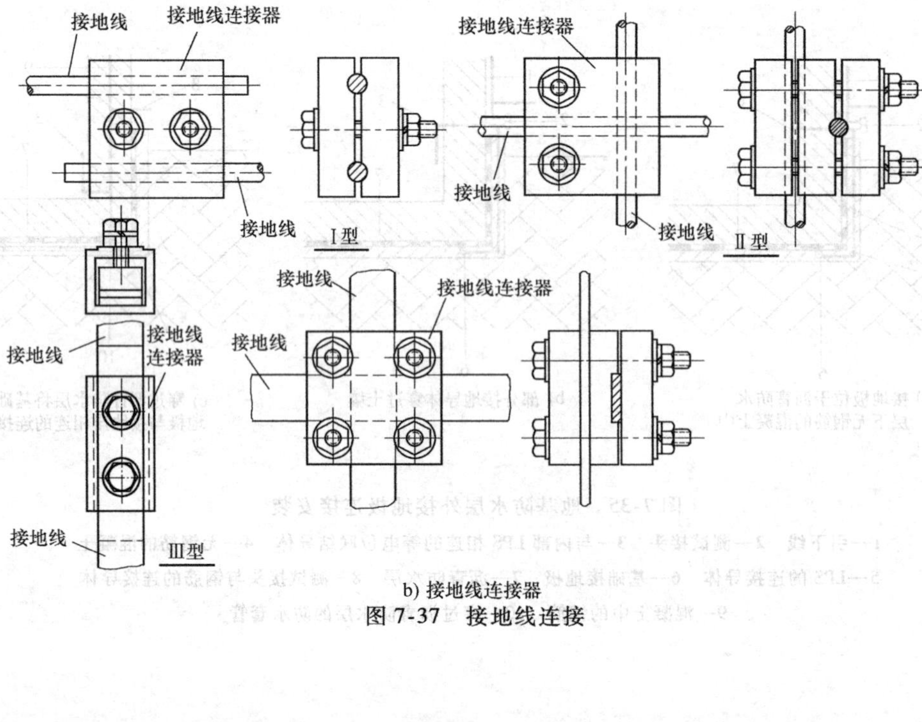

b) 接地线连接器

图 7-37 接地线连接

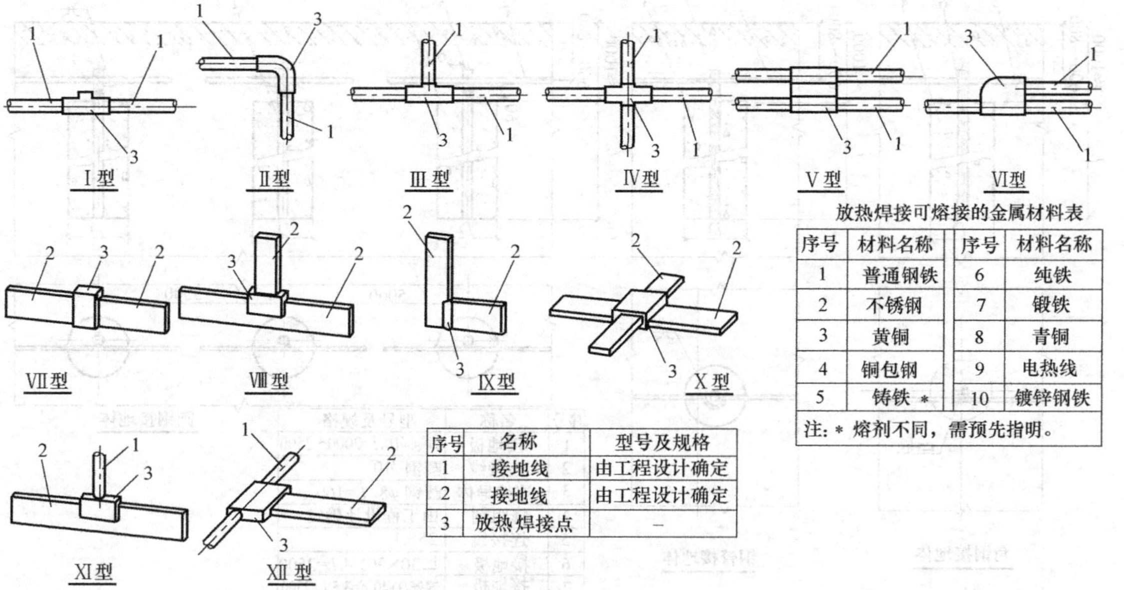

放热焊接可熔接的金属材料表

序号	材料名称	序号	材料名称
1	普通钢铁	6	纯铁
2	不锈钢	7	锻铁
3	黄铜	8	青铜
4	铜包钢	9	电热线
5	铸铁 *	10	镀锌钢铁

注：* 熔剂不同，需预先指明。

序号	名称	型号及规格
1	接地线	由工程设计确定
2	接地线	由工程设计确定
3	放热焊接点	—

c) 放热焊接连接

图 7-37 接地线连接（续）

采用焊接，只有在接地电阻检测点或不允许焊接的地方采用螺栓连接，连接处应镀锌或接触面涮锡，如图 7-37a 所示。

接地线连接器的型号、规格根据使用要求选用专业厂家产品，如图 7-37b 所示。

接地体间采用火泥熔焊连接的几种形式，火泥熔焊工艺可用于多种不同材质接地体之间的可靠连接，适用于接地要求高或不便于采用焊接的地方，如图 7-37c 所示。

四、降阻

采用降阻剂的棒型、管型、角钢接地极的安装如图 7-38 所示。

图 7-38 中的 D 和 L 为化学降阻剂的直径和高度，由降阻剂的要求而定。采用脲醛树脂降阻剂时，在接地体表面均匀热烫或喷涂一层 0.1～0.2mm 的锡以防腐蚀。接地体、连接线及连接件的规格有特殊要求时，由工程设计确定。

五、均压带

1. 要求

在建筑物外人员可经过或停留的引下线与接地体连接处 3m 范围内，应采用防止跨步电压对人员造成伤害的下列一种或多种方法如下：

1）铺设使地面电阻率不小于 50kΩ · m 的 5cm 厚的沥青层或 15cm 厚的砾石层。

2）设立阻止人员进入的护栏或警示牌。

3）将接地体敷设成水平网格。

2. 敷设

建筑物人行通道均压带做法如图 7-39 所示。

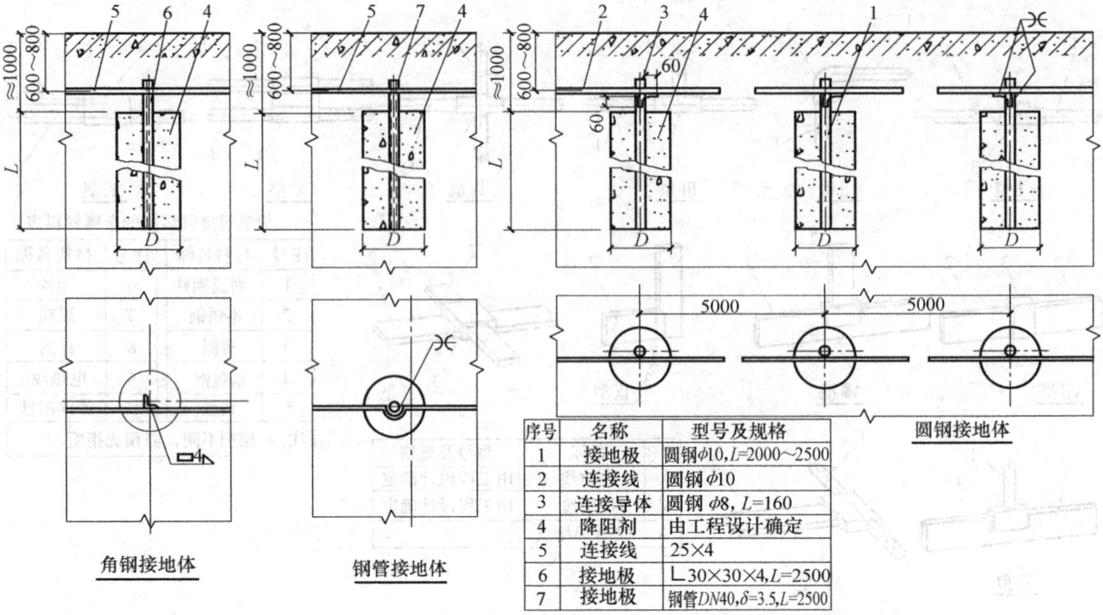

序号	名称	型号及规格
1	接地极	圆钢ϕ10,L=2000~2500
2	连接线	圆钢ϕ10
3	连接导体	圆钢 ϕ8, L=160
4	降阻剂	由工程设计确定
5	连接线	25×4
6	接地极	∟30×30×4,L=2500
7	接地极	钢管DN40,δ=3.5,L=2500

图7-38 采用降阻剂的棒型、管型、角钢接地极的安装

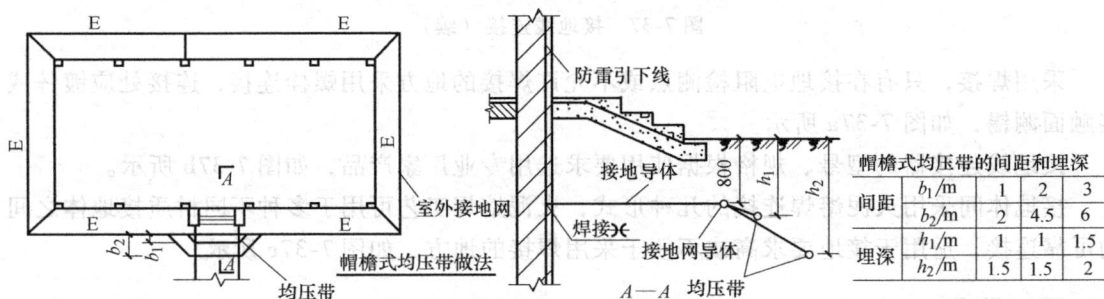

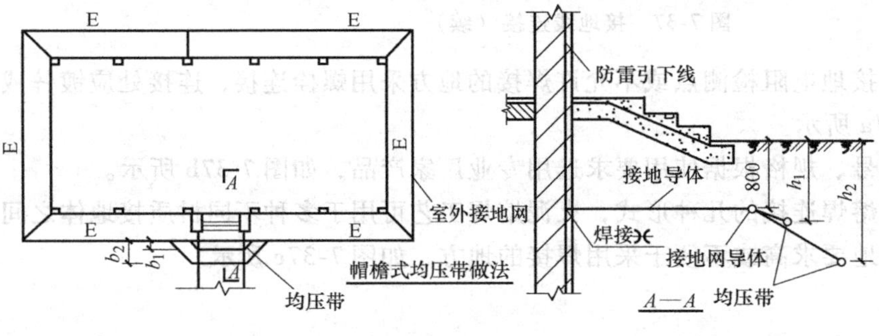

帽檐式均压带的间距和埋深

间距	b_1/m	1	2	3
	b_2/m	2	4.5	6
埋深	h_1/m	1	1	1.5
	h_2/m	1.5	1.5	2

图7-39 建筑物人行通道均压带做法

水平接地体局部埋深不应小于1.0m。水平接地体局部应包绝缘物，可采用50～80mm厚的沥青层。采用沥青碎石地面或在接地体上方铺50～80mm厚的沥青层，其宽度应超过接地体2m。埋设帽檐式辅助均压带。

六、接地电阻测量点

接地装置的接地电阻值应符合设计文件的要求。

利用建筑物桩基、梁、柱内钢筋作接地装置的自然接地体和为接地需要而专门埋设的人工接地体，应在地面以上按设计要求的位置设置可供测量、接人工接地体和做等电位联结用的连接板。

1. 暗装断接卡子兼接地电阻检测点

暗装断接卡子兼接地电阻检测点如图7-40所示。

方案Ⅰ适用于利用钢筋混凝土柱内主筋作引下线，同时采用人工接地体，接地电阻检测点嵌入墙内安装的情况。方案Ⅱ适用于室内接地线（实线部分）、防雷暗敷引下线（虚线部

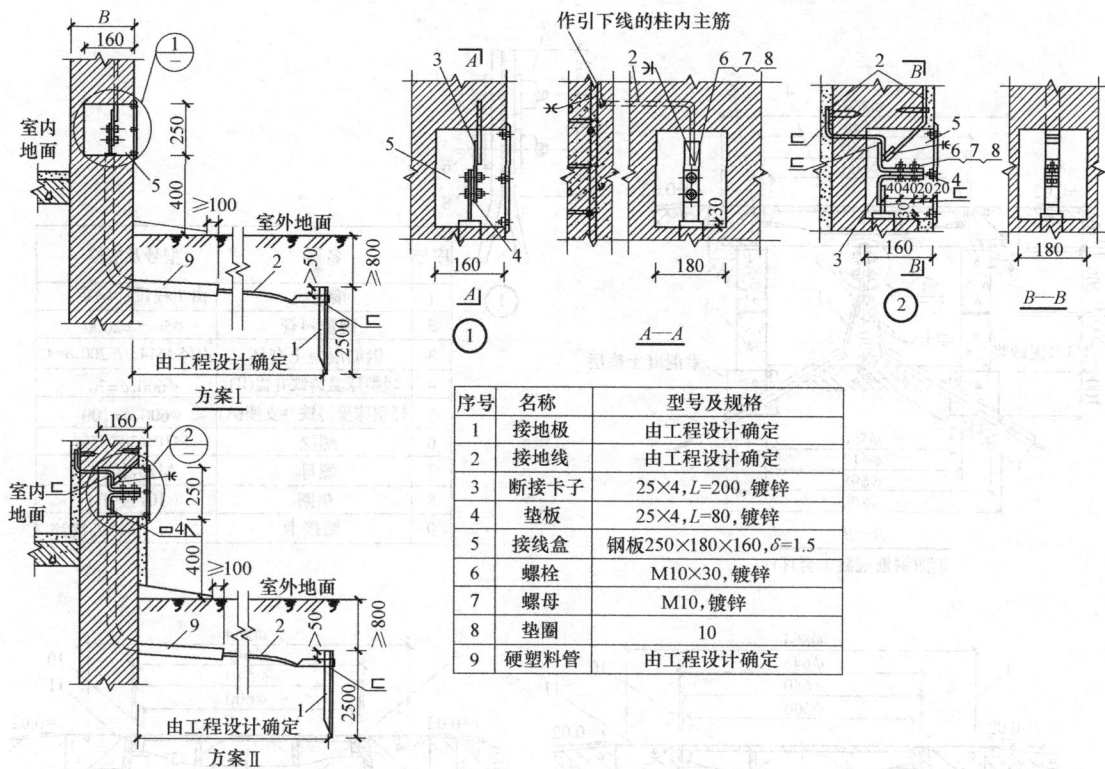

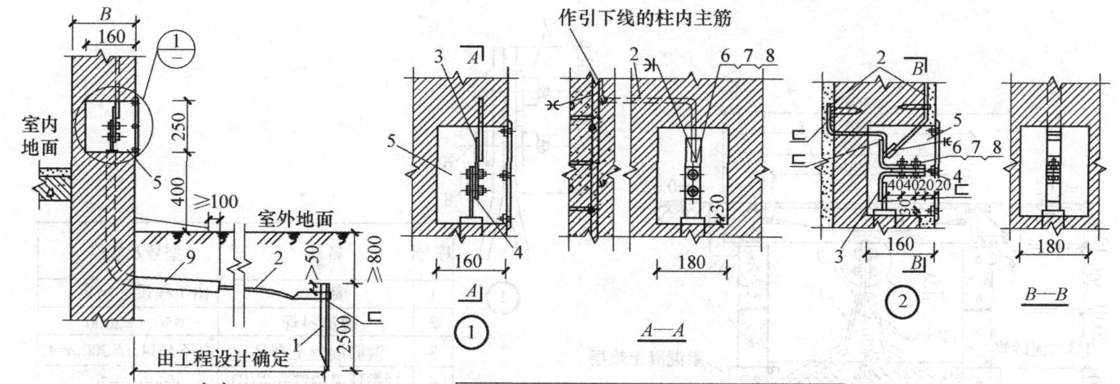

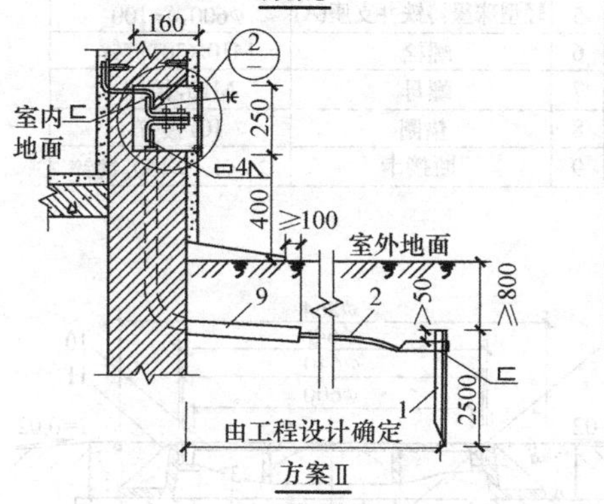

序号	名称	型号及规格
1	接地极	由工程设计确定
2	接地线	由工程设计确定
3	断接卡子	25×4，L=200，镀锌
4	垫板	25×4，L=80，镀锌
5	接线盒	钢板250×180×160，δ=1.5
6	螺栓	M10×30，镀锌
7	螺母	M10，镀锌
8	垫圈	10
9	硬塑料管	由工程设计确定

图 7-40　暗装断接卡子兼接地电阻检测点

分）经室外暗装检测点与接地体安装的情况。方案是按有接线盒设计的，如取消接线盒，应在洞壁上预埋洞盖的固定件，内壁用水泥砂浆抹光。

2. 地下接地电阻检测点

地下接地电阻检测点如图 7-41 所示，适用于利用其他专业的埋地金属管道、结构桩基等多种自然并人工接地体组成的地下接地装置，便于相互间的连接及分别测量接地电阻的需要，检测点应分别设置在建筑物接地引出线与各接地体地下连接处。

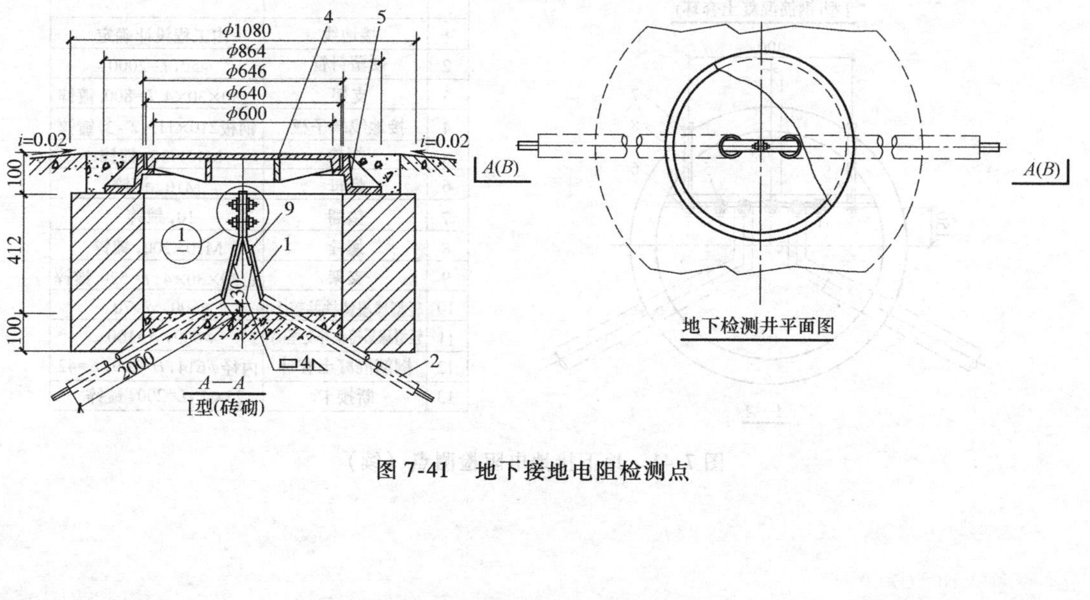

图 7-41　地下接地电阻检测点

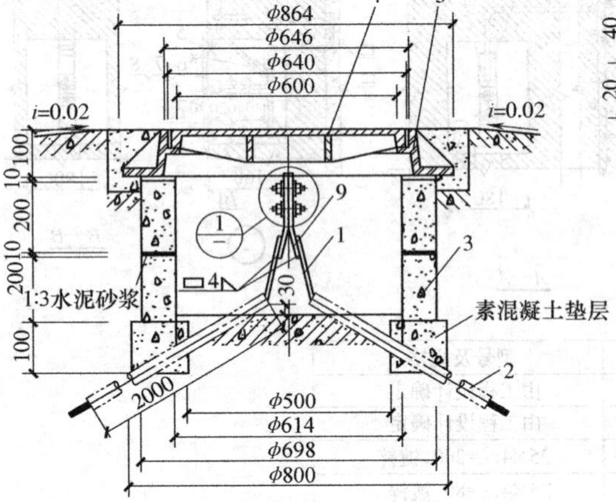

B—B

Ⅱ型(钢筋混凝土套环)

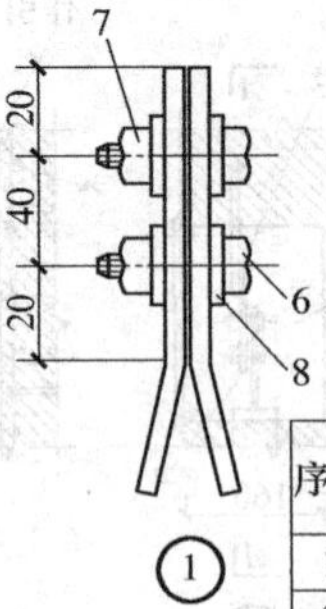

序号	名称	型号及规格
1	接地线	由工程设计确定
2	硬塑料管	φ50, L=2000
3	钢筋混凝土套环	内径φ614, H=200, δ=42
4	轻型球墨铸铁井盖(B)	φ600, δ=70
5	轻型球墨铸铁井支座(A)	φ600, δ=100
6	螺栓	M10×30, 镀锌
7	螺母	M10, 镀锌
8	垫圈	10, 镀锌
9	断接卡	25×4 L=160, 镀锌

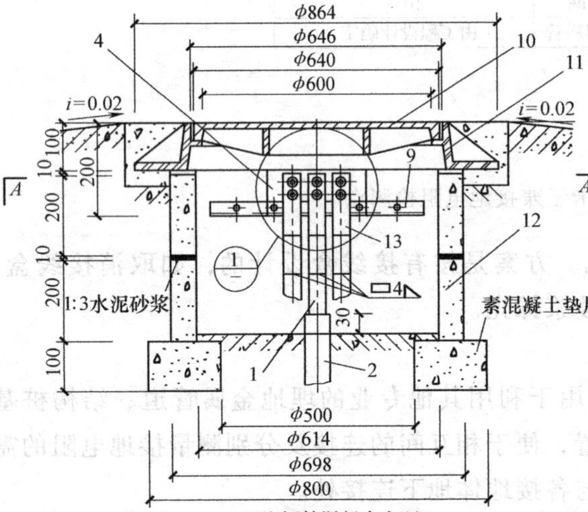

Ⅰ型(钢筋混凝土套环)

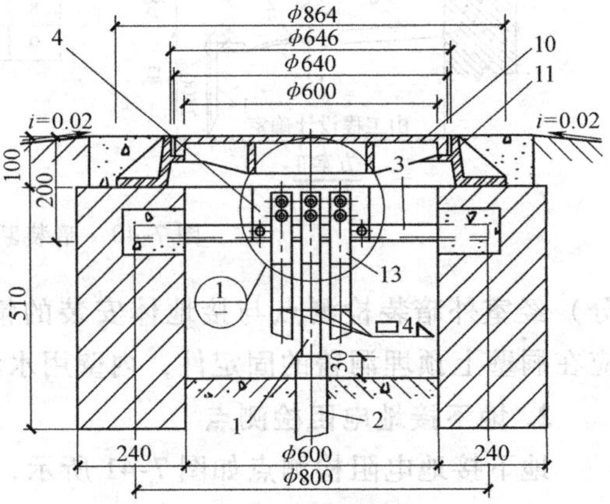

Ⅱ型(砖砌)

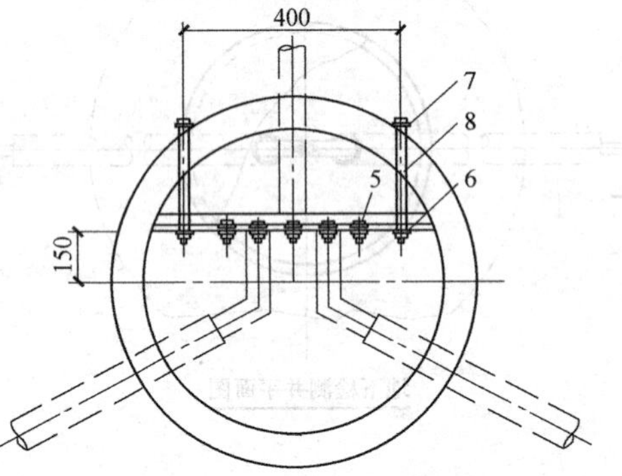

A—A

序号	名称	型号及规格
1	接地线	由工程设计确定
2	硬塑料管	φ50, L=2000
3	支架	∟30×30×4, L=800, 镀锌
4	接地线端子板	钢板210×115, δ=3, 镀锌
5	螺栓	M10×30, 镀锌
6	螺母	M10, 镀锌
7	垫圈	10, 镀锌
8	螺栓	M10×200, 镀锌
9	支架	∟30×30×4, L=520, 镀锌
10	轻型球墨铸铁井盖(B)	φ600, δ=70
11	轻型球墨铸铁井支座(A)	φ600, δ=100
12	钢筋混凝土套环	内径φ614, H=200, δ=42
13	断接卡	25×4, L=200, 镀锌

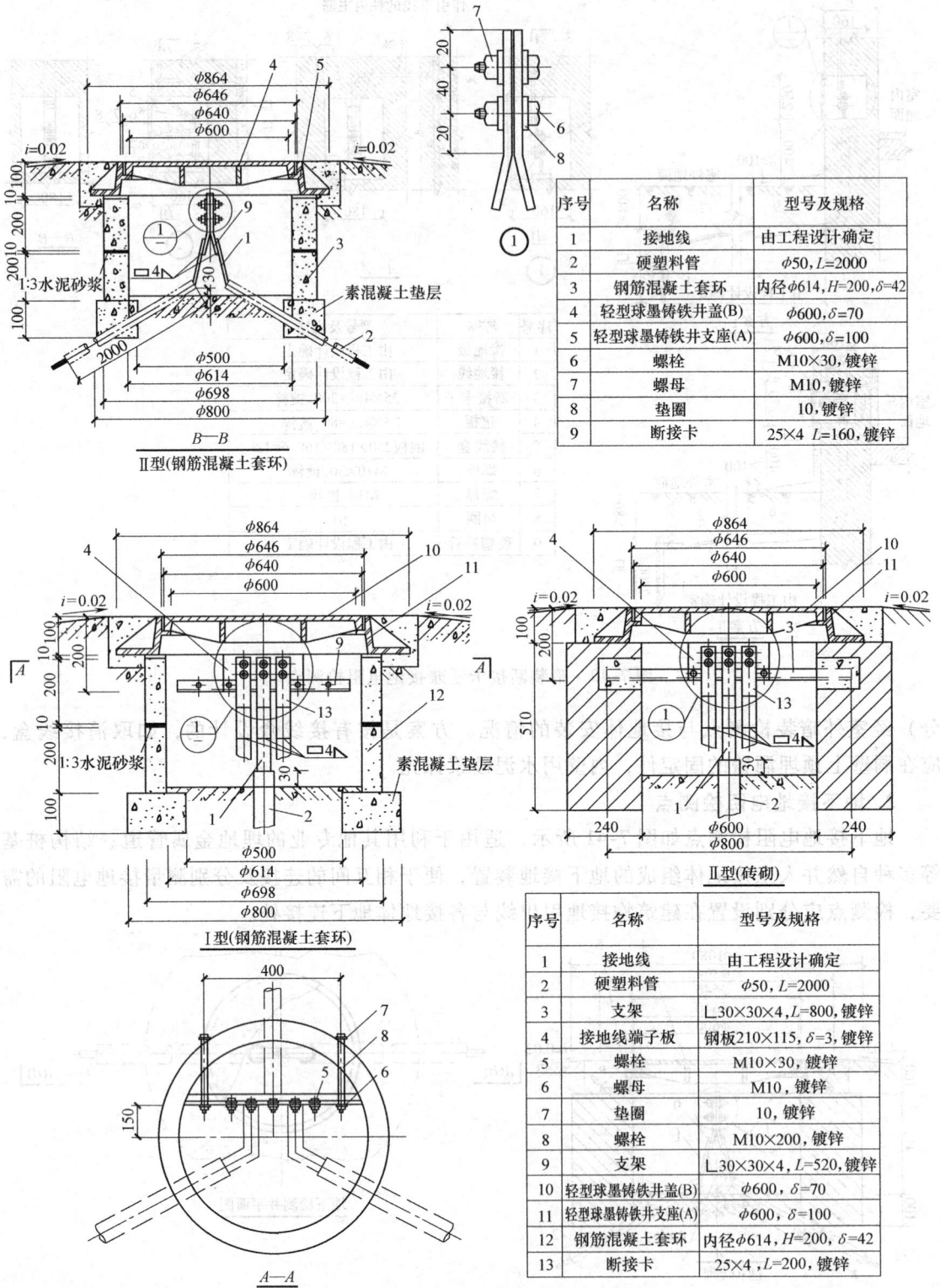

图 7-41 地下接地电阻检测点（续）

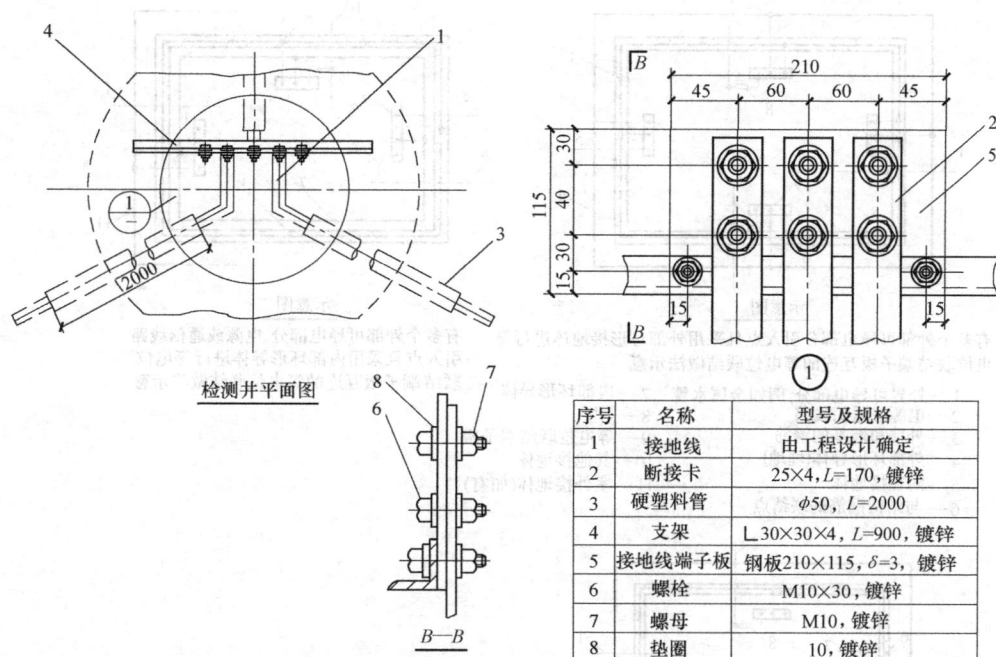

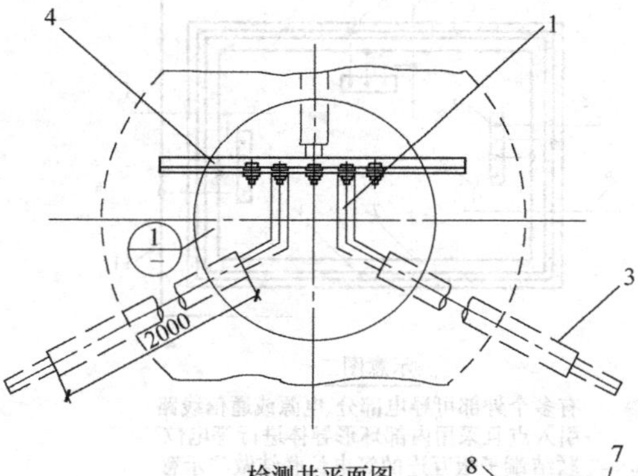

检测井平面图

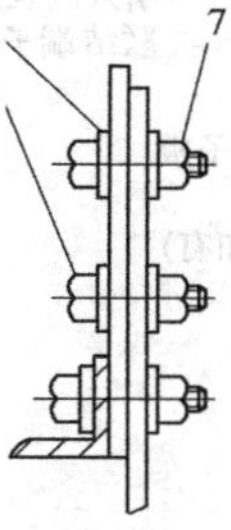

B—B

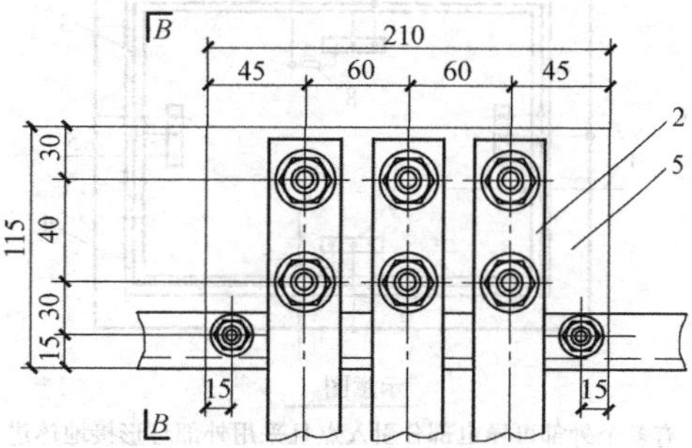

①

序号	名称	型号及规格
1	接地线	由工程设计确定
2	断接卡	25×4，L=170，镀锌
3	硬塑料管	ϕ50，L=2000
4	支架	∟30×30×4，L=900，镀锌
5	接地线端子板	钢板210×115，δ=3，镀锌
6	螺栓	M10×30，镀锌
7	螺母	M10，镀锌
8	垫圈	10，镀锌

图 7-41 地下接地电阻检测点（续）

钢筋混凝土套环是采用给水排水内径为 ϕ614 的钢筋混凝土管的套环。铸件井盖及井支座，按给水排水标准图样加工，并做接地井标记。当断接卡用螺栓固定后，涂黄油用塑料薄膜包好扎紧，以防腐蚀。为方便单独敷设的人工接地体接地电阻值的定期检测，检测点应设在各接地线引至接地体的地下线路上。

第四节 等电位及安装

一、等电位联结

防雷等电位联结（LEB）：将分开的诸金属物体直接用连接导体或经电涌保护器连接到防雷装置上以减小雷电流引发的电位差，如图 7-42 所示。

1. 总等电位联结（MEB）

总等电位联结作用于全建筑物，它在一定程度上可降低建筑物内间接接触电击的接触电压和不同金属部件间的电位差，并消除自建筑物外经电气线路和各种金属管道引入的危险故障电压的危害。

通过进线配电箱近旁的接地母排（总等电位联结端子板）将下列可导电部分互相连通：

1）进线配电箱的 PE（PEN）母排。

2）公用设施的金属管道，如上下水、热力、燃气等管道。

3）建筑物金属结构。

4）如果设置有人工接地，也包括其接地极引线。

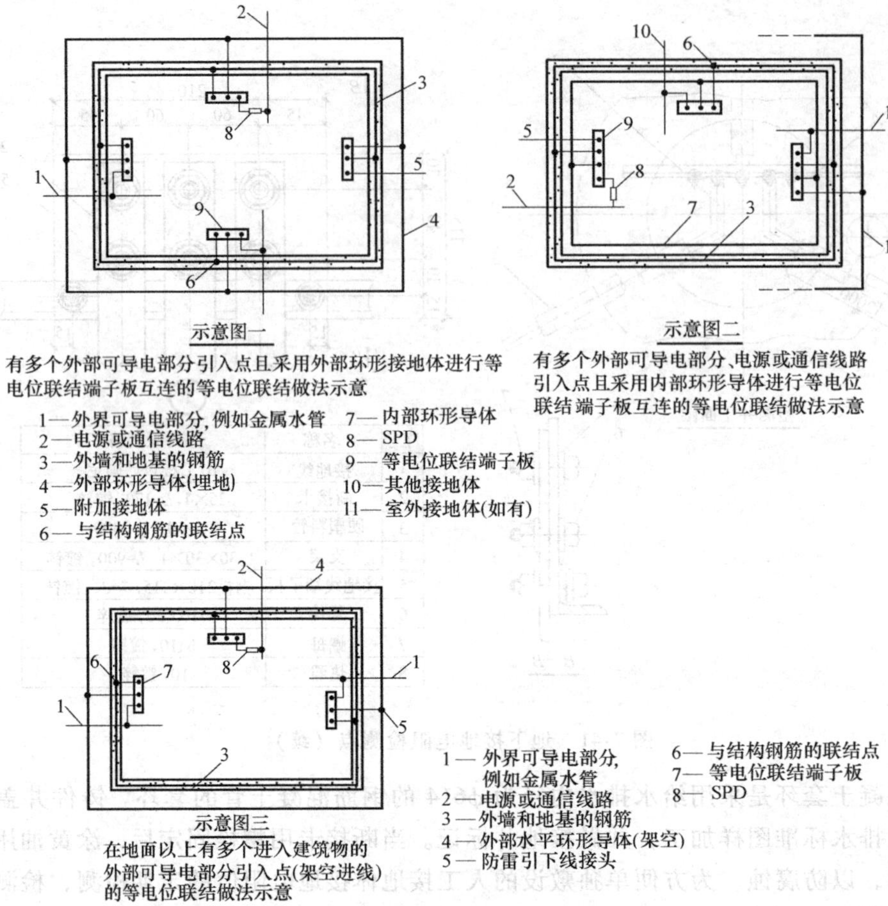

图7-42 等电位联结

2. 辅助等电位联结（SEB）

在导电部分间，用导线直接连通，使其电位相等或接近，称作辅助等电位联结，如图7-43示。

如果在一个装置内或装置的一部分内，或供电线路的末端，不能满足自动切除供电的安全条件时，如TN系统中，不能满足安全关系式的要求，即不能达到“自动切除供电”的要求时，应实施辅助等电位联结。

辅助等电位联结应包括所有可同时触及的固定式设备的外露可导电部分和外部可导电部分的相互连接，如有可能还应包括钢筋混凝土结构中的主钢筋。等电位联结系统必须与包括插座在内的保护导体在内的所有保护导体相连接。

3. 局部等电位联结（LEB）

在一局部场所范围内将各可导电部分连通，称作局部等电位联结，如图7-44所示。可通过局部等电位联结端子板将下列部分互相连通：

1）PE母线或PE干线。

2）公用设施的金属管道。

3）建筑物金属结构。

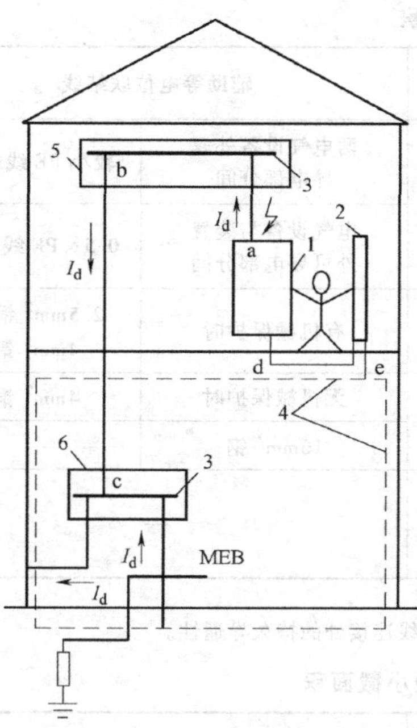

图 7-43 辅助等电位联结

1—电气设备 2—暖气片 3—保护导体 4—结构钢筋

5—末端配电箱 6—进线配电箱 I_d—故障电流

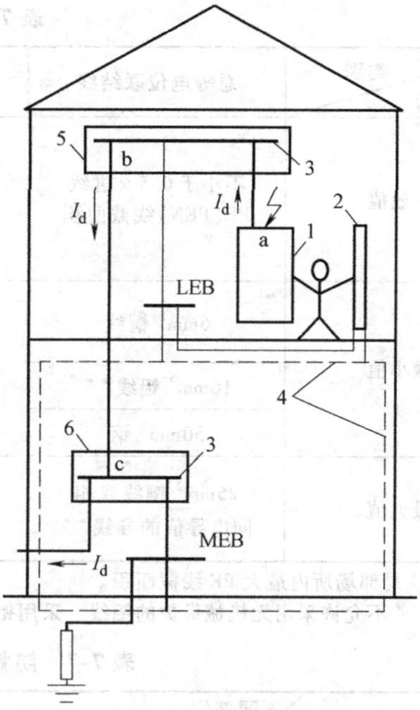

图 7-44 局部等电位联结

1—电气设备 2—暖气片 3—保护导体 4—结构钢筋

5—末端配电箱 6—进线配电箱 I_d—故障电流

下列情况下需做局部等电位联结：

1）电源网络阻抗过大，使自动切断电源时间过长，不能满足防电击要求时。

2）TN 系统内自同一配电箱供电给固定式和移动式两种电气设备，而固定式设备保护电器切断电源时间不能满足移动式设备防电击要求时。

3）为满足浴室、游泳池、医院手术室、农牧业等场所对防电击的特殊要求时。

4）为满足防雷和信息系统抗干扰的要求时。

二、联结线和等电位联结端子板

1. 端子板

联结线和等电位联结端子板宜采用铜质材料。等电位联结端子板的截面积应满足机械强度要求，并不得小于所接联结线截面积。

信息技术设备等电位联结端子板（铜）的截面积不应小于 50mm^2。

2. 联结线

一般场所联结线的截面积见表 7-6。

防雷等电位联结线的最小截面积见表 7-7。

不允许用下列金属部分当作联结线：

1）金属水管。

2）输送爆炸气体或液体的金属管道。

3）正常情况下承受机械压力的结构部分。

4）易弯曲的金属部分。

表 7-6 联结线的截面积

<table>
<tr><th>类别
取值</th><th>总等电位联结线</th><th>局部等电位联结线</th><th colspan="2">辅助等电位联结线</th></tr>
<tr><td rowspan="2">一般值</td><td rowspan="2">不小于 0.5 × 进线 PE(PEN)线截面积</td><td rowspan="2">不小于 0.5 × PE 线截面积*</td><td>两电气设备外露导电部分间</td><td>较小 PE 线截面积</td></tr>
<tr><td>电气设备与装置外可导电部分间</td><td>0.5 × PE 线截面积</td></tr>
<tr><td rowspan="3">最小值</td><td>6mm² 铜线</td><td rowspan="3">同右</td><td>有机械保护时</td><td>2.5mm² 铜线或 4mm² 铝线</td></tr>
<tr><td>16mm² 铝线**</td><td>无机械保护时</td><td>4mm² 铜线</td></tr>
<tr><td>50mm² 钢</td><td>16mm² 钢</td><td></td></tr>
<tr><td>最大值</td><td>25mm² 铜线或相同电导值的导线**</td><td>同左</td><td colspan="2">—</td></tr>
</table>

注：* 局部场所内最大 PE 线截面积。
** 不允许采用无机械保护的铝线，采用铝线时，应注意保证铝线连接处的持久导通性。

表 7-7 防雷等电位联结线的最小截面积

不同部位 截面积 材料	总等电位联结处 LPZOB 与 LPZ1 交界处	局部等电位联结处 LPZ1 与 LPZ 交界处及以下交界处
铜线	$16mm^2$	$6mm^2$
铝线	$25mm^2$	$10mm^2$
钢材	$50mm^2$	$16mm^2$

注：防雷等电位联结端子板（铜或热镀锌铜）的截面积不应小于 $50mm^2$。

5）钢索配线的钢索。

三、安装

1. 总等电位联结

1）一处电源进线的总等电位联结平面如图 7-45 所示。

当防雷设施利用建筑物金属体和基础钢筋作引下线和接地板时，引下线应与等电位联结系统连通以实现等电位。图 7-45 中总等电位线均采用 40×4 镀锌扁钢或 $25mm^2$ 铜导线在墙内或地面内暗敷。

2）多处电源进线的总等电位联结平面如图 7-46 示。

方案Ⅰ、Ⅱ均适用于多处电源进线，采用室内环形导体将总等电位联结端子板互相连通。对于方案Ⅱ，如有室外水平环形接地极，等电位联结端子板应就近与其连通。图 7-47 中室外环形接地体可采用 40×4 镀锌扁钢，室内环形导体可采用 40×4 镀锌扁钢或铜带，室内环形导体宜明敷，在支撑点处或过墙处为了防腐应有绝缘防护。

接地母排应尽量在或靠近两防雷区界面处设置，各个总等电位联结的接地母排应互相连通。

3）电源进线、信息进线等电位联结如图 7-47 所示。

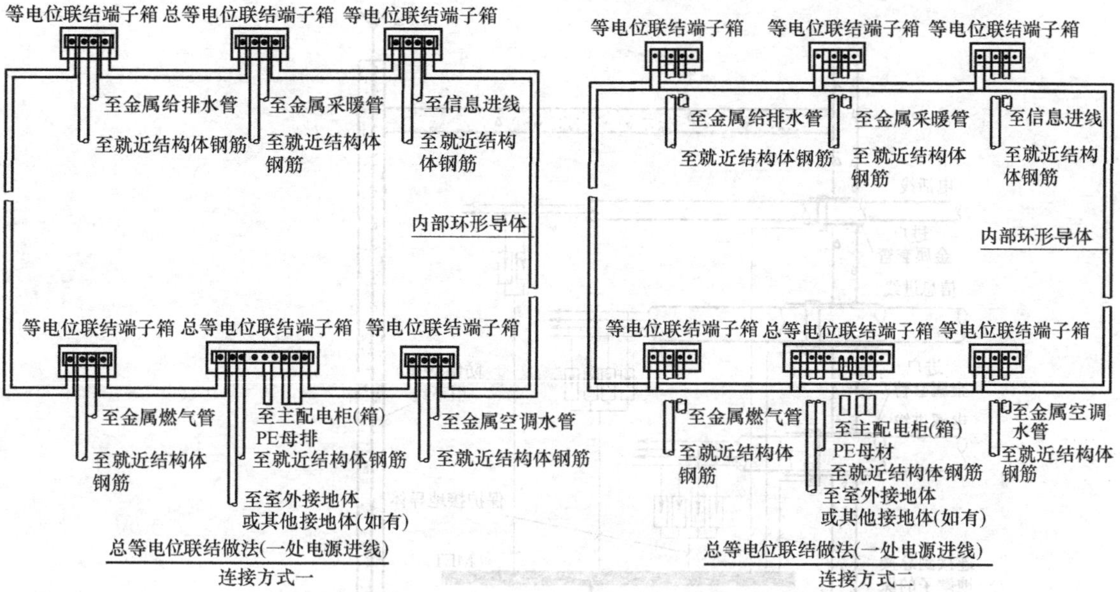

图 7-45　一处电源进线的总等电位联结平面

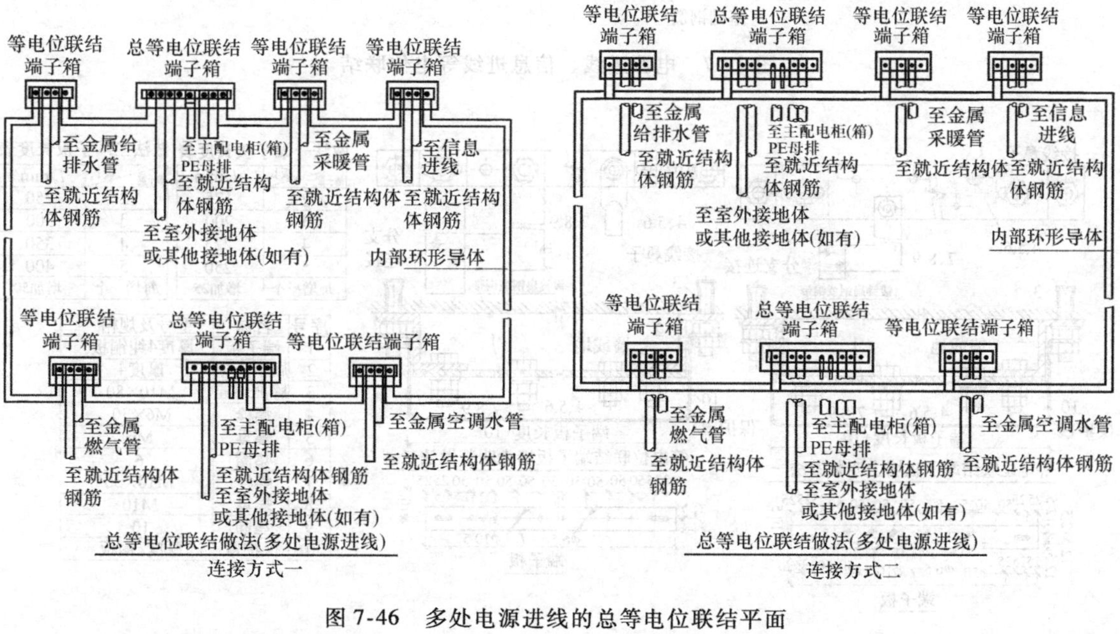

图 7-46　多处电源进线的总等电位联结平面

当采用屏蔽电缆时，应至少在两端并宜在防雷区交界处做等电位联结，当系统要求只在一端做等电位联结时，应采用两层屏蔽，外层屏蔽与等电位联结端子板连通。所有进入建筑物的金属套管应与接地母排连接。为使电涌防护器两端引线最短，电涌防护器宜安装在配电箱或信息系统的配线设备内，SPD 连接线全长不宜超过 0.5m。

2. 端子板带保护罩墙上明装

等电位联结端子板带保护罩墙上明装做法如图 7-48 所示。

端子板采用铜板，根据等电位联结线的出线数决定端子板长度。

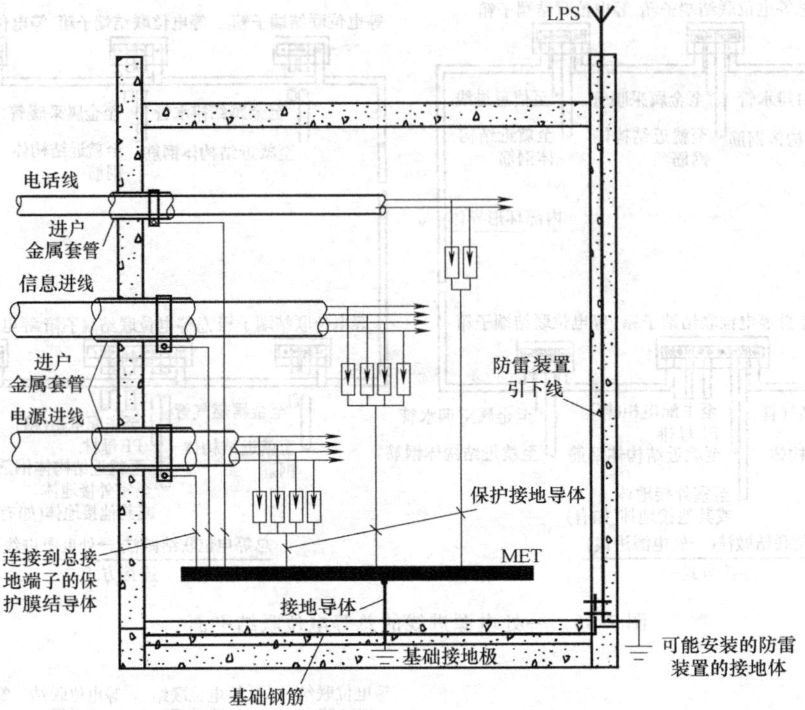

图 7-47 电源进线、信息进线等电位联结

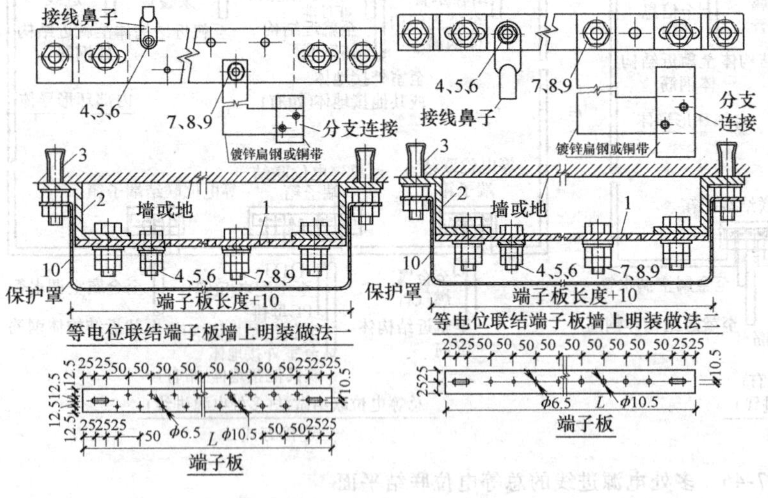

做法一端子板长度表

端子数＼板长	L/mm
2	175
3	200
4	225
5	250
每增一个	增加25

做法二端子板长度表

端子数＼板长	L/mm
2	250
3	300
4	350
5	400
每增一个	增加50

序号	名称	型号及规格
1	端子板	厚度4纯铜板
2	扁钢支架	厚度4
3	膨胀螺栓	M10×80
4	螺栓	M6×30
5	螺母	M6
6	垫圈	6
7	螺栓	M10×30
8	螺母	M10
9	垫圈	10
10	保护罩	厚度2钢板

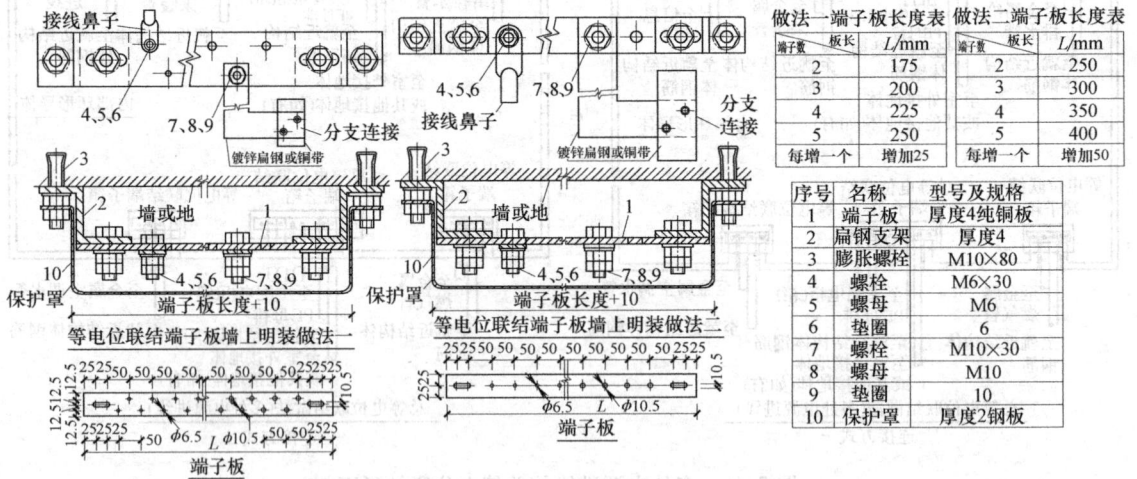

图 7-48 等电位联结端子板带保护罩墙上明装做法

3. 联结线与各种管道的连接

等电位联结线与金属管道的连接如图 7-49 所示。

抱箍与管道接触处的接触表面需刮拭干净，安装完毕后刷防护漆，抱箍内径等于管道外径，其大小依管道大小而定。

施工完毕后需测试导电的连续性，导电不良的连接处需做跨接线。金属管道的连接处一般不需加跨接线。给水系统的水表需加跨接线，以保证水管的等电位联结和接地的有效。

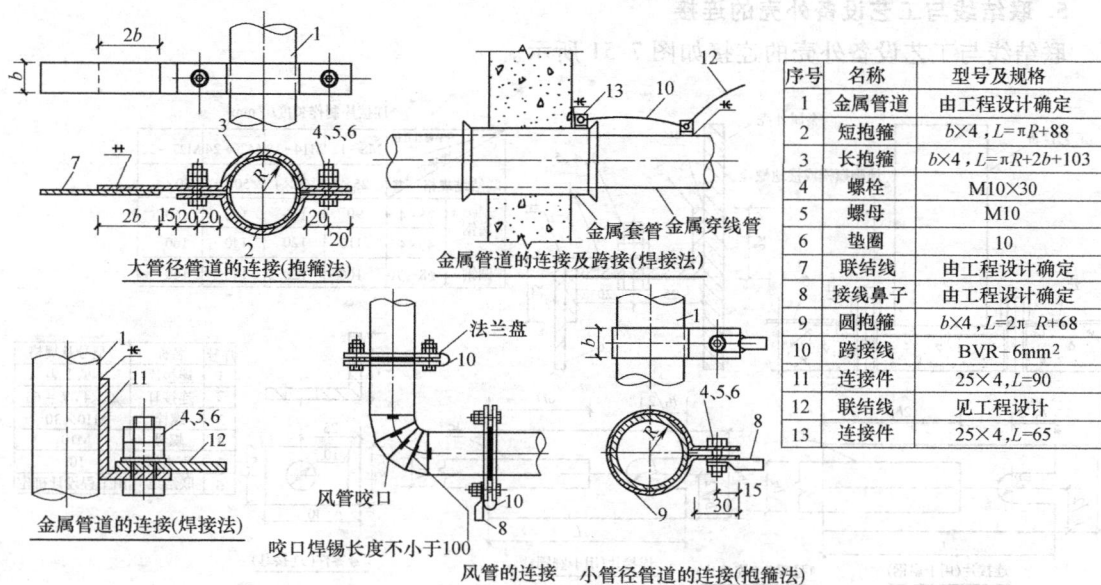

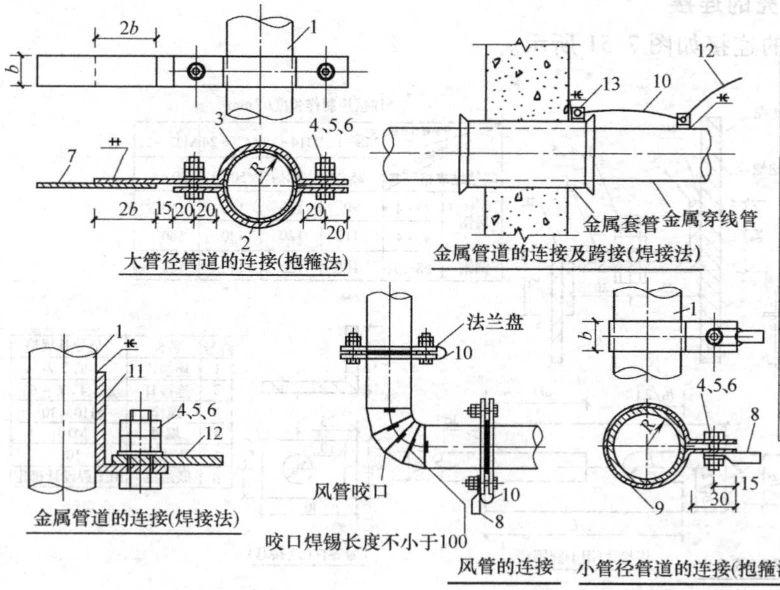

序号	名称	型号及规格
1	金属管道	由工程设计确定
2	短抱箍	$b\times4$，$L=\pi R+88$
3	长抱箍	$b\times4$，$L=\pi R+2b+103$
4	螺栓	M10×30
5	螺母	M10
6	垫圈	10
7	联结线	由工程设计确定
8	接线鼻子	由工程设计确定
9	圆抱箍	$b\times4$，$L=2\pi R+68$
10	跨接线	BVR-6mm²
11	连接件	25×4，L=90
12	联结线	见工程设计
13	连接件	25×4，L=65

图 7-49　等电位联结线与金属管道的连接

金属管道与连接件焊接后需做防锈处理。

4. 计量表计跨接线

计量表计跨接线如图 7-50 所示。其中，抱箍与管道接触表面须刮拭干净，安装完毕后刷防护漆，抱箍内径等于管道外径，其大小依管道大小而定。金属管道与连接件焊接后须做防锈处理。

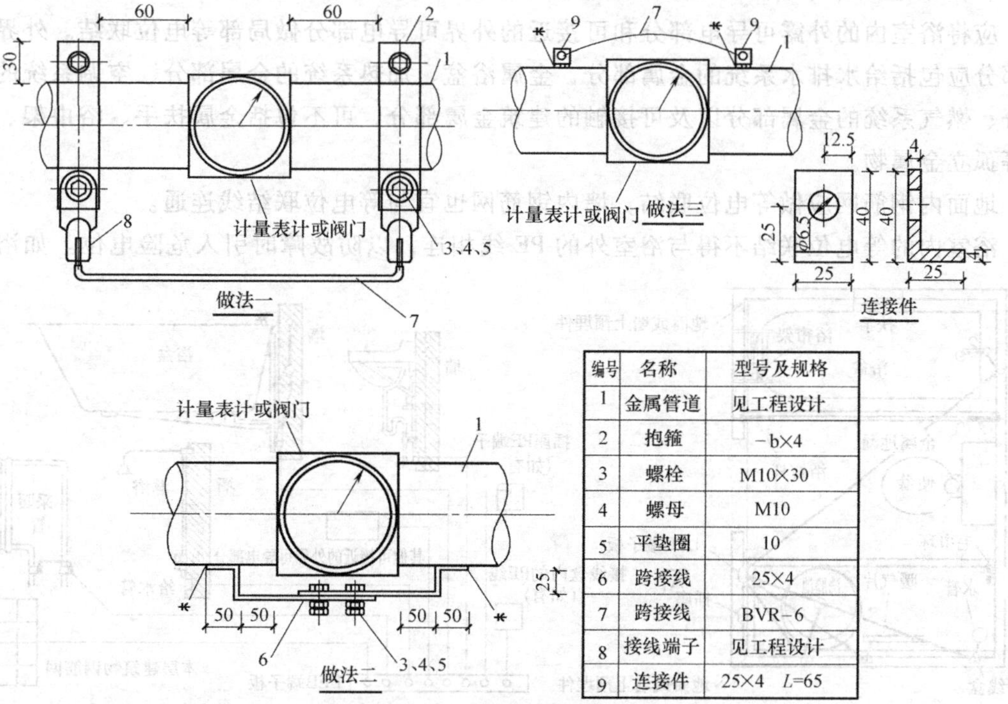

编号	名称	型号及规格
1	金属管道	见工程设计
2	抱箍	-b×4
3	螺栓	M10×30
4	螺母	M10
5	平垫圈	10
6	跨接线	25×4
7	跨接线	BVR-6
8	接线端子	见工程设计
9	连接件	25×4　L=65

图 7-50　计量表计跨接线

5. 联结线与工艺设备外壳的连接

联结线与工艺设备外壳的连接如图 7-51 所示。

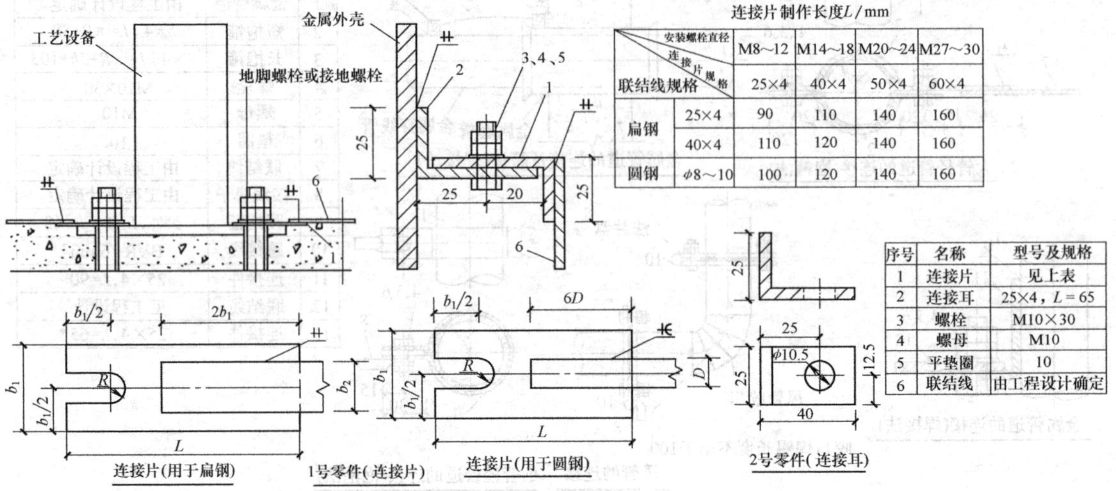

连接片制作长度L/mm

联结线规格 \ 安装螺栓直径 / 连接片规格		M8~12	M14~18	M20~24	M27~30
		25×4	40×4	50×4	60×4
扁钢	25×4	90	110	140	160
扁钢	40×4	110	120	140	160
圆钢	φ8~10	100	120	140	160

序号	名称	型号及规格
1	连接片	见上表
2	连接耳	25×4，L=65
3	螺栓	M10×30
4	螺母	M10
5	平垫圈	10
6	联结线	由工程设计确定

图 7-51　联结线与工艺设备外壳的连接

图 7-51 适用于非电气的工艺设备与邻近管线或设备直接连接，以实现辅助等电位联结。连接片上的 R 根据地脚螺栓或接地螺栓大小而定。工艺设备及金属外壳如已接有 PE 线，不需另加线连接。

6. 特殊场所

(1) 浴室局部等电位联结如图 7-52 所示。

应将浴室内的外露可导电部分和可接近的外界可导电部分做局部等电位联结。外界可导电部分应包括给水排水系统的金属部分、金属浴盆、加热系统的金属部分、空调系统的金属部分、燃气系统的金属部分以及可接触的建筑金属部分，可不包括金属扶手、浴巾架、肥皂盒等孤立金属物。

地面内钢筋网应做等电位联结，墙内钢筋网也宜与等电位联结线连通。

浴室内的等电位联结不得与浴室外的 PE 线相连，以防故障时引入危险电位。如浴室内

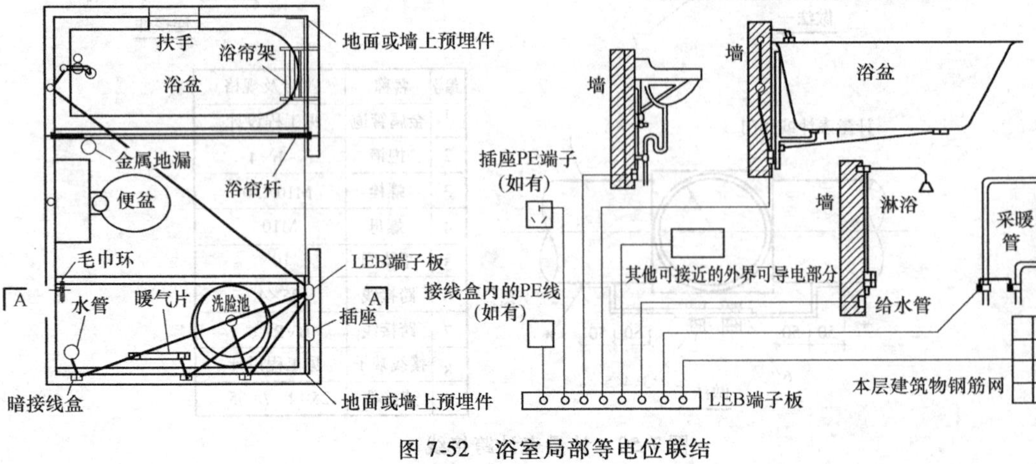

图 7-52　浴室局部等电位联结

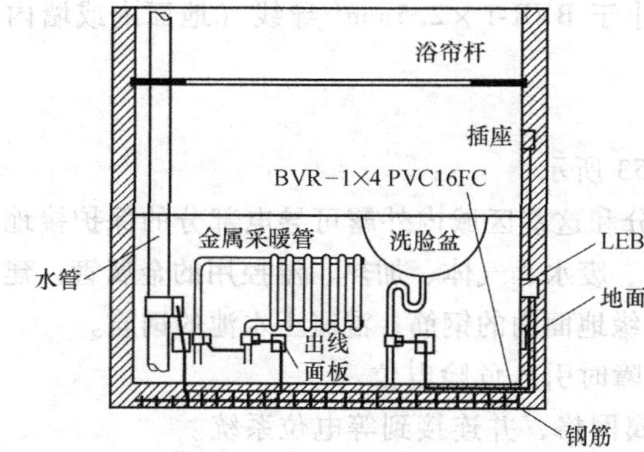

a)等电位联结线采用放射式布线安装

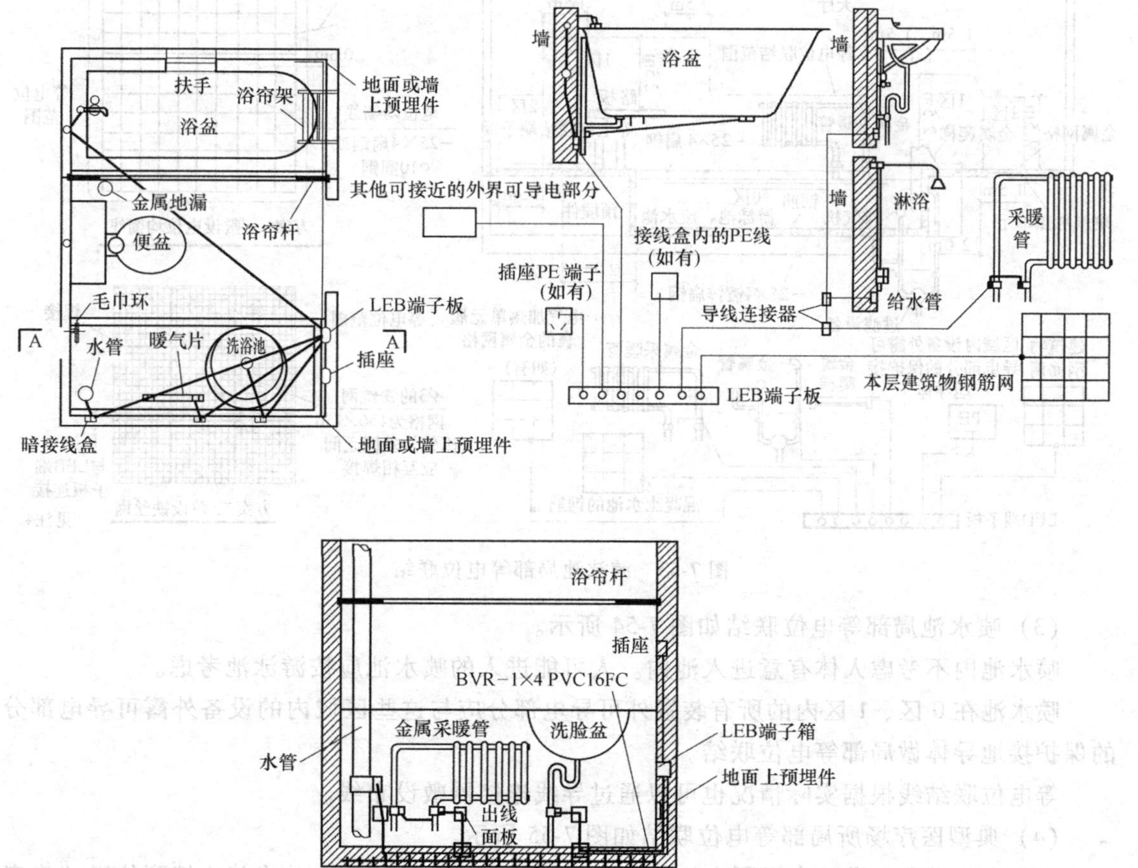

b)等电位联结线通过导线连接器敷设安装

图 7-52 浴室局部等电位联结（续）

有 PE 线，则必须与该 PE 线做联结（例如插座有 PE 端子或接线盒内有 PE 线）。

目前住宅卫生间多采用铝塑管、PPR 管等非金属管，但考虑二次装修管材更换等因素，仍预留局部等电位联结端子箱。

等电位联结线可采用 –25 ×4 镀锌扁钢或不小于 BVR-1 ×2.5mm^2 导线（地面内或墙内穿管暗敷）。

浴室等电位端子箱的设置位置应方便检测。

（2）游泳池、戏水池局部等电位联结如图 7-53 所示。

在 0 区、1 区、2 区内的所有装置外可导电部分和这些区域内外露可导电部分的保护接地导体等做等电位联结。外露可导电部分包括：淡水、废水、气体、加热、温控用的金属管；建筑物结构的金属构件；水池结构的金属构件；非绝缘地面内的钢筋；混凝土水池的钢筋。

区域内无 PE 线，则不应引入 PE 线，以防故障时引入危险电位。

装设于 2 区内的电气加热单元，应覆盖以金属网格，并连接到等电位系统。

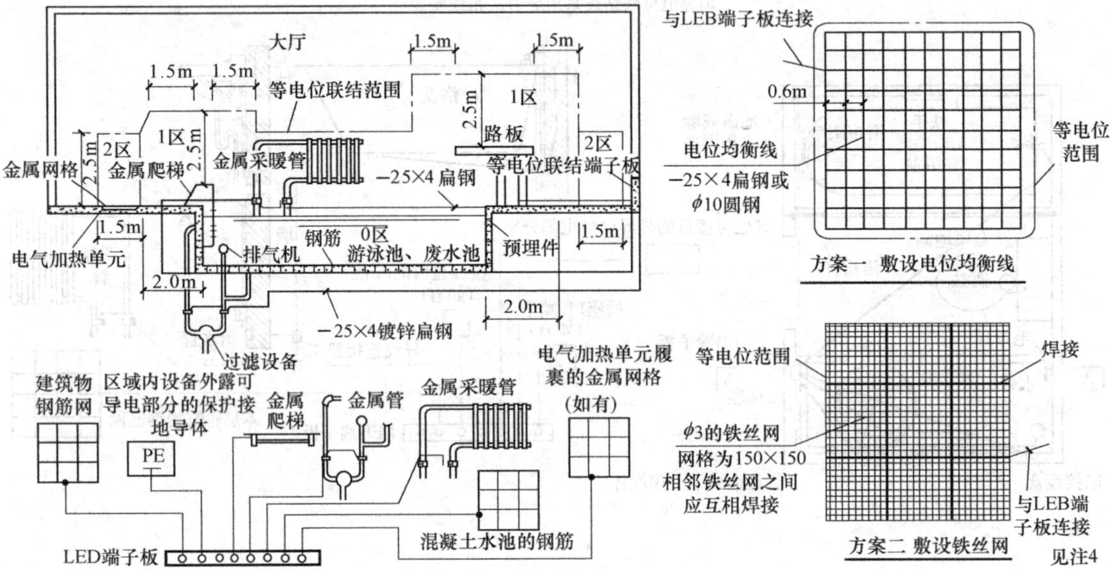

图 7-53 游泳池局部等电位联结

（3）喷水池局部等电位联结如图 7-54 所示。

喷水池内不考虑人体有意进入池内。人可能进入的喷水池应按游泳池考虑。

喷水池在 0 区、1 区内的所有装置外可导电部分应与这些区域内的设备外露可导电部分的保护接地导体做局部等电位联结。

等电位联结线根据实际情况也可以通过导线连接器敷设布线。

（4）典型医疗场所局部等电位联结如图 7-55 所示。

在每个 1 类和 2 类医疗场所内，应安装局部等电位联结导体，并将其连接到位于“患者区域”内的等电位联结母线上，以实现下列部分之间等电位：保护接地导体、外界可导电部分、抗电磁干扰的屏蔽物（如有）、导电地板网络（如有）、隔离变压器的金属外壳（如有）。其中，固定安装的可导电的患者非电支撑物，诸如手术台、理疗椅和牙科治疗椅，宜与等电位联结导体连接，除非这些部分要求与地绝缘。

在 2 类医疗场所内，电源插座的保护接地导体端子、固定电气设备的保护接地导体端子和任何外界可导电部分，这些部分和等电位联结母线之间的导体的电阻（包括接头的电阻在内）不应超过 0.2Ω。

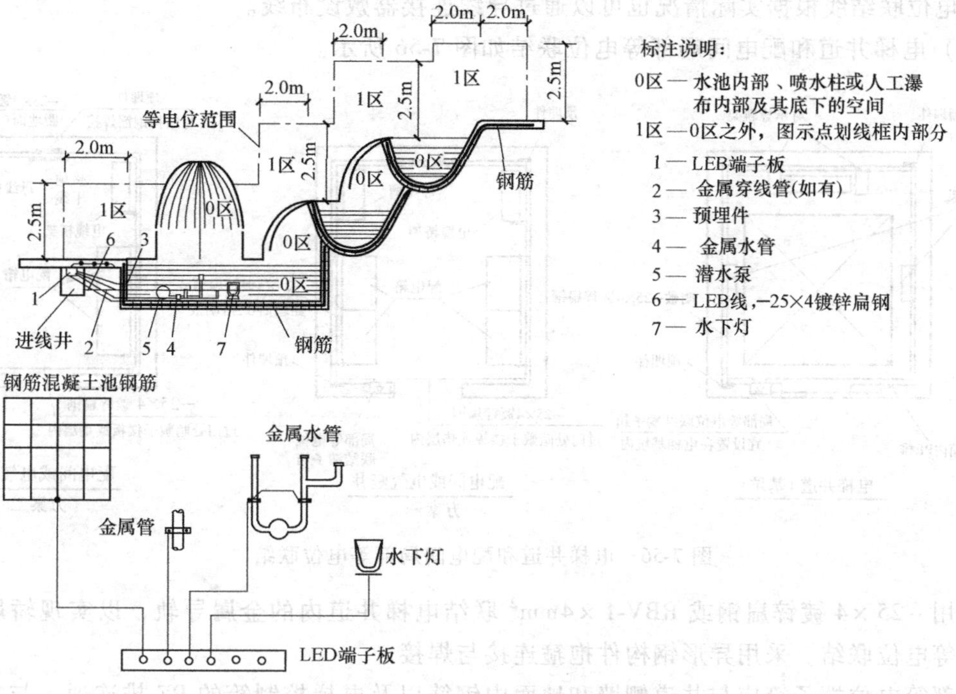

图 7-54 喷水池局部等电位联结

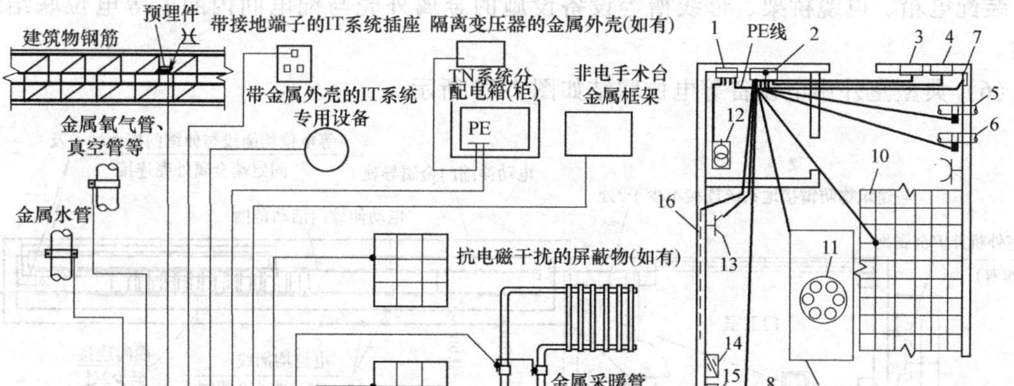

不同截面导线每10m的电阻值(Ω)(20℃)

铜导线截面(mm^2)	每10m的电阻值(Ω)
2.5	0.069
4	0.043
6	0.029
10	0.018
16	0.011
25	0.007
35	0.005

1—TN系统分配电箱(柜)
2— LEB端子板
3—无影灯控制箱
4—手术台控制箱
5— 金属水管
6—金属氧气管、真空管等
7—预埋件
8—金属采暖管
9—非电手术台
10—导电地板的金属网格
11—特低电压手术灯
12—隔离变压器
13—带接地端子的IT系统插座
14—冰箱
15—保温箱
16—抗电磁干扰的屏蔽物

图 7-55 典型医疗场所局部等电位联结

等电位联结线根据实际情况也可以通过导线连接器敷设布线。

(5) 电梯井道和配电间局部等电位联结如图7-56所示。

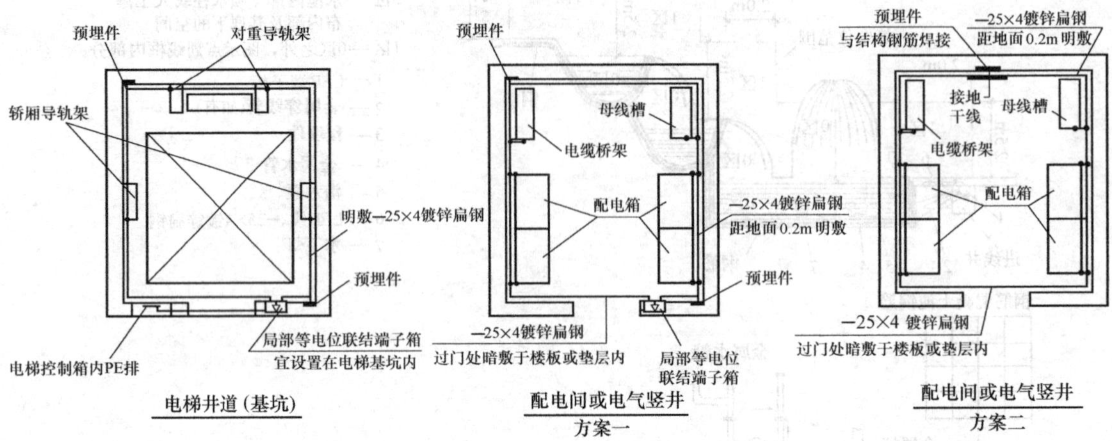

图7-56 电梯井道和配电间局部等电位联结

采用 -25×4 镀锌扁钢或 RBV-1 $\times 4mm^2$ 联结电梯井道内的金属导轨，以实现轿厢和金属件的等电位联结。采用异形钢构件抱箍连接与焊接。

局部等电位端子箱应与井道侧墙和地面内钢筋以及电梯控制箱的PE排连通，与本层地面内钢筋网连通。

装配电箱、电缆桥架、母线槽等设备设施的金属外壳与配电间内圈的等电位联结线做联结。

(6) 典型室外用电设备等电位联结如图7-57所示。

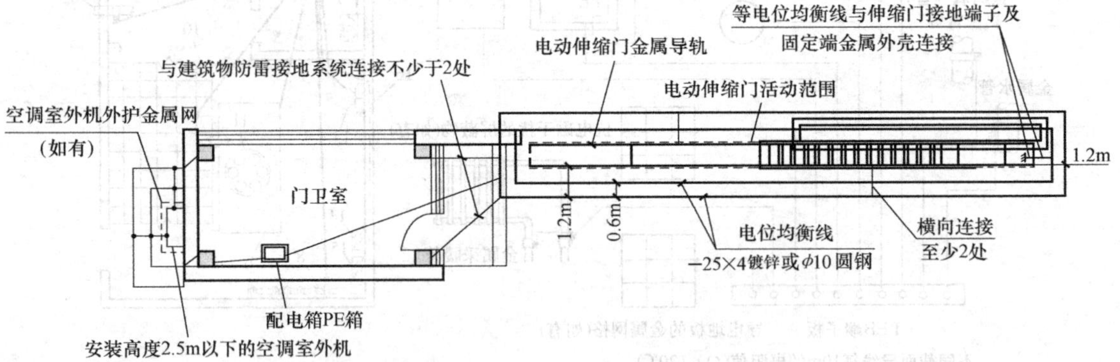

图7-57 典型室外用电设备等电位联结

如室外用电设备周边地面下无钢筋时，室外用电设备周围局部范围内做等电位联结，采取地面电位均衡措施。

在室外设备周边地面下敷设电位均衡线，间距约为0.6m，最少在2处做横向连接。

电位均衡线也可以是网格为150mm×150mm、$\phi3$ 的铁丝网，相邻铁丝网之间应相互焊接。电位均衡线宜接近地表面，并有足够的防护层。

7. 电子系统设备机房的等电位联结

电子系统设备机房的等电位联结的基本类型见表7-8。

表 7-8　电子系统设备机房的等电位联结的基本类型

序号	类型	特点	示　　意
1	保护联结导体连接到联结环形导体(BRC)	联结环形导体优先选用裸或绝缘的铜材，以处处可接近的方式安装。例如：采用电缆托盘，明敷金属导管或电缆槽盒。所有的保护和功能联结导体可连接到联结环形导体。	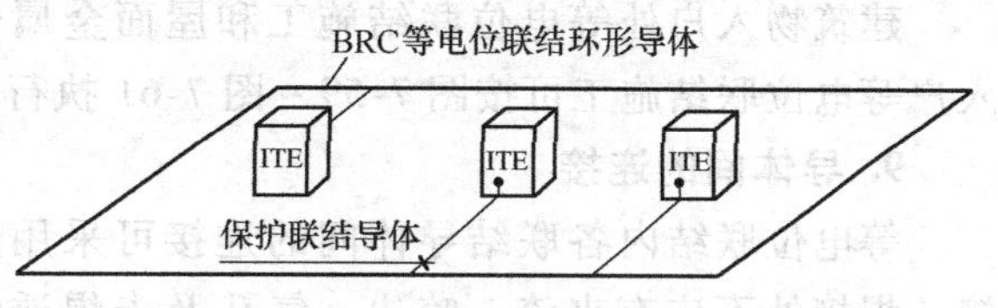
2	利用保护接地导体连接的星形网络	本类型网络适用于使用有限量电子设备的住宅和小型商业建筑，相互之间没有信号电缆连接。	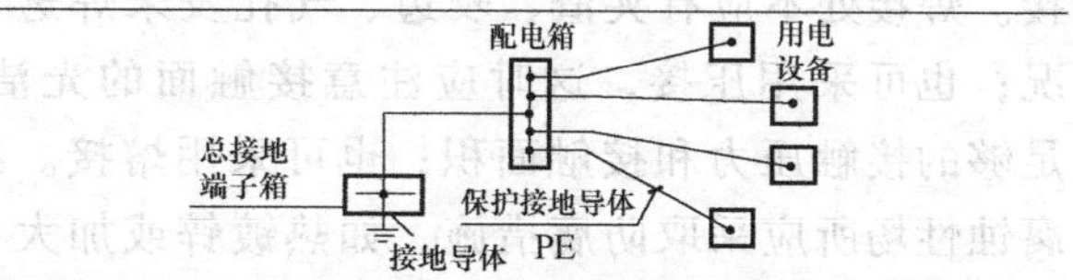
3	多个网格等电位联结的星形网络	有不同的小型组合采用通信设备相连的小型装置，可就地泄放由于电磁干扰产生的电流。	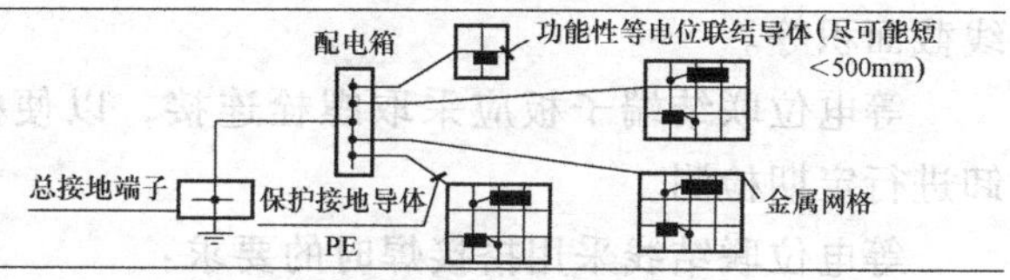
4	共用网状联结星形网络	适用于含有高密度通信设备的装置，例如中央数据处理系统的网络。 网格的大小由被保护装置的尺寸而定，但不应 >2m×2m。	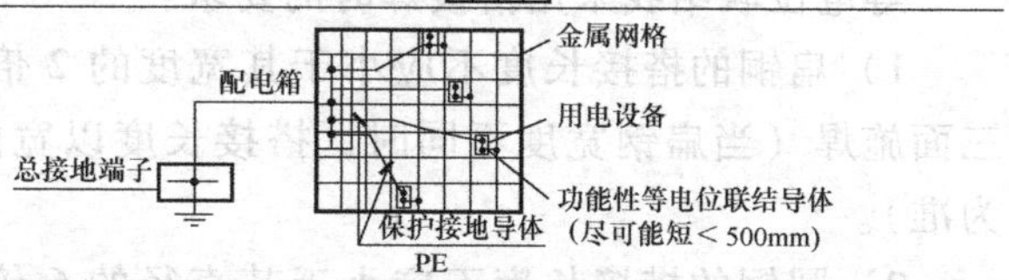

注：图中序号 3、4 方案中的金属网格应与本层的结构钢筋连接，金属网格内设置的外露和外界可导电部分均应与金属网格相连，宜采用两个不同长度的联结线与网格连接。

电子信息机房的等电位联结如图 7-58 所示。

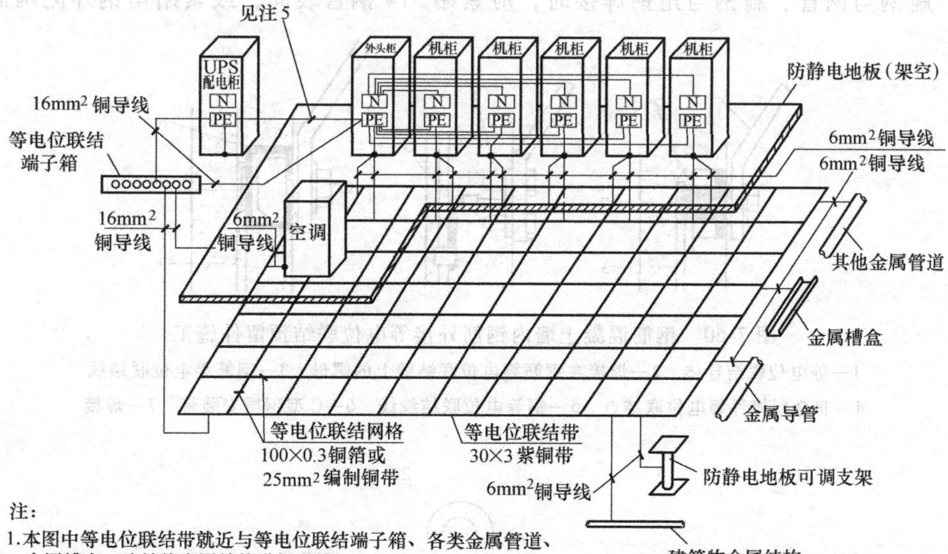

注：
1. 本图中等电位联结带就近与等电位联结端子箱、各类金属管道、金属槽盒、建筑物金属结构进行联结。
2. 机柜采用两根不同长度的 6mm² 铜导线与等电位联结网格(或等电位联结带)联结。
3. 本图中的列头柜带隔离变压器。当列头柜不带隔离变压器时，列头柜的N线需与UPS配电柜的N线连接。
4. 从列头柜至机柜的N, PE线的截面积与相线相同。
5. 从UPS配电柜至列头柜的PE线最小截面见右表。

PE线最小截面

相线芯线截面 S(mm²)	PE线最小截面(mm²)
$S \leqslant 16$	S
$16 < S \leqslant 35$	16
$S > 35$	$S/2$

图 7-58　电子信息机房的等电位联结

8. 建筑物入户处等电位联结施工和屋面金属管入户等电位联结

建筑物入户处等电位联结施工和屋面金属管入户等电位联结施工可按图7-59～图7-61执行。

9. 导体间的连接

等电位联结内各联结导体间的连接可采用焊接。焊接处不应有夹渣、咬边、气孔及未焊透情况；也可采用压接，这时应注意接触面的光洁、足够的接触压力和接触面积；也可采用熔接。在腐蚀性场所应采取防腐措施，如热镀锌或加大导线截面积等。

等电位联结端子板应采取螺栓连接，以便拆卸进行定期检测。

等电位联结线采用搭接焊时的要求：

1）扁铜的搭接长度不应小于其宽度的2倍，三面施焊（当扁钢宽度不同时，搭接长度以宽的为准）。

2）圆铜的搭接长度不应小于其直径的6倍，双面施焊（当直径不同时，搭接长度以直径大的为准）。

3）圆铜与扁钢连接时，其搭接长度不应小于圆钢直径的6倍，双面施焊。

4）扁钢与钢管、扁钢与角钢焊接时，应紧贴314钢管表面，或紧贴角钢外侧两面，上、

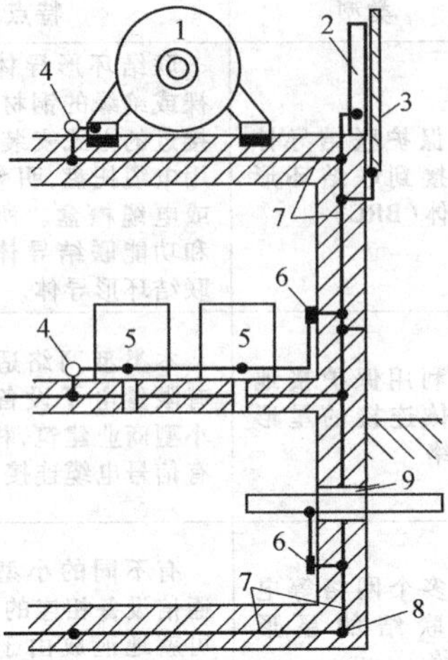

图7-59 钢筋混凝土建筑物等电位联结位置

1—屋面配电设备 2—钢梁 3—立面的金属覆盖物 4—等电位联结点 5—电气设备或电子设备 6—等电位联结带 7—混凝土中的钢筋（含网状导体） 8—基础接地极 9—各种管线的公共入口

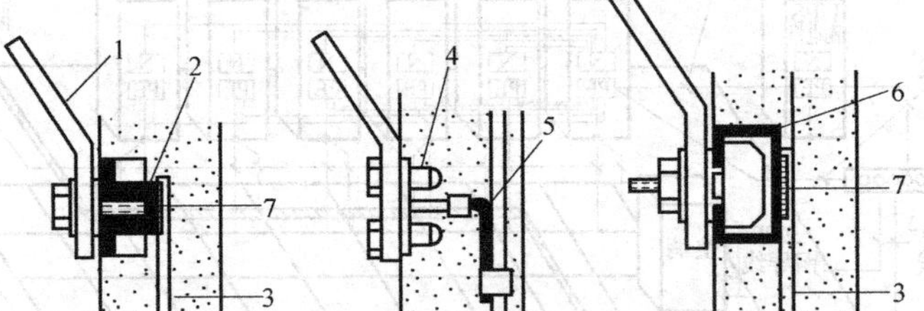

图7-60 钢筋混凝土墙内钢筋外接等电位联结预留件施工

1—等电位联结导体 2—焊接在钢筋等电位联结线上的螺母 3—钢筋等电位联结线 4—非金属铸件等电位联结点 5—铜等电位联结绞线 6—C型钢质安装带 7—焊接

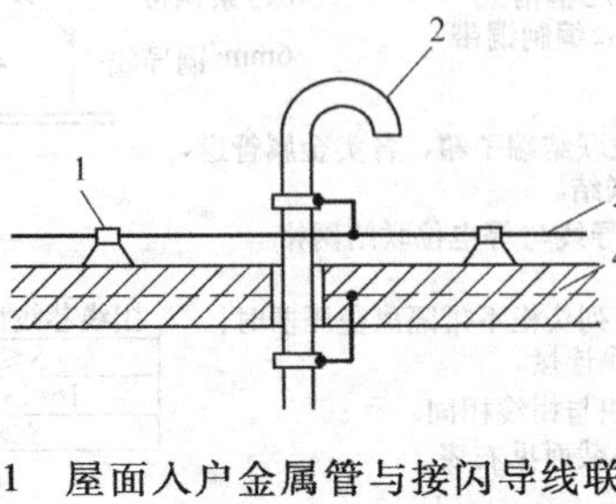

图7-61 屋面入户金属管与接闪导线联结施工

1—接闪导体支架 2—金属管道 3—水平接闪导体 4—混凝土中钢筋

下两侧施焊。

10. 防腐

除埋设在混凝土中的焊接接头外，应有防腐措施。

1）当等电位联结线采用不同材质的导体连接时，可采用熔接法进行连接，也可采用压接法，压接时压接处应进行热搪锡处理。

2）等电位联结线在地下暗敷时，其导体之间的连接禁止采用螺栓压接。

3）等电位联结用的螺栓、垫圈、螺母等应进行热镀锌处理。

4）等电位联结线应有黄绿相间的色标，在等电位联结端子板上应刷黄色底漆并标以黑色记号，其符号为“专”。

5）对建筑物内塑料管的处理；塑料管是不导电的，它不传导电位，等电位联结时不需对其做联结，但对金属管道系统中的小段塑料管需做跨接，当住宅所有设备水管采用 PPR 或其他塑料管材时，浴室可不再单独做等电位联结。

6）对每个电源进线的处理：每个电源进线都需做各自的总等电位联结。所有总等电位联结系统之间应就近互相连通，使整个建筑物电气装置处于同一电位水平上。

7）关于浴室的局部等电位联结：如果浴室内原无 PE 线，浴室内的局部等电位联结不得与浴室外的 PE 线相连，因 PE 线有可能因别处的故障而带电位，反而能引入别处的电位，如果浴室内有 PE 线，浴室内的局部等电位联结必须与该 PE 线相连。

8）对于暗敷的等电位联结线及其连接处，电气施工人员应做隐检记录及检测报告，对于隐蔽部分的等电位联结线及其连接处，应在竣工图上注明其实际走向和部位。

9）为保证等电位联结的顺利施工和安全运行，电气、土建、水、暖等施工和管理人员需密切配合，管道检修时，应在断开管道前预先接通跨接线，以保证等电位联结的始终导通。

思 考 题

7-1 接闪线（带）、接闪杆和引下线的材料、结构和最小截面积是多少？

7-2 接闪杆、接闪带、接闪网在屋顶安装的要求是什么？

7-3 接闪器过伸缩缝处的跨接是如何施工的？

7-4 屋顶彩灯、航空障碍灯防雷是如何进行的？

7-5 断接卡与金属屋面及引下线是如何连接的？

7-6 不同的接地体材料，其最小截面积尺寸是多少？

7-7 人工接地体在基础和混凝土内是如何施工的？

7-8 接地体、接地线、引下线是如何连接的？

7-9 等电位联结线对截面积的要求是多少？

7-10 不同电源进线的总等电位联结是如何实现的？

7-11 浴室局部等电位联结是如何实现的？

7-12 防雷装置和接地装置是如何进行防腐处理的？

参 考 文 献

[1] 中华人民共和国住房和城乡建设部. GB 50173—2014 电气装置安装工程 66kV 及以下架空电力线路施工及验收规范 [S]. 北京：中国计划出版社，2015.

[2] 中华人民共和国住房和城乡建设部. GB 50254—2014 电气装置安装工程 低压电器施工及验收规范 [S]. 北京：中国计划出版社，2014.

[3] 中华人民共和国住房和城乡建设部. GB/T 50065—2011 交流电气装置的接地设计规范 [S]. 北京：中国计划出版社，2012.

[4] 中华人民共和国住房和城乡建设部. GB 50149—2010 电气装置安装工程 母线装置施工及验收规范 [S]. 北京：中国计划出版社，2011.

[5] 中华人民共和国住房和城乡建设部. GB 50617—2010 建筑电气照明装置施工与验收规范 [S]. 北京：中国计划出版社，2010.

[6] 中华人民共和国住房和城乡建设部. GB 50148—2010 电气装置安装工程 电力变压器、油浸电抗器、互感器施工及验收规范 [S]. 北京：中国计划出版社，2010.

[7] 中华人民共和国建设部. 中华人民共和国国家质量监督检验检疫总局. GB 50168—2006 电气装置安装工程 电缆线路施工及验收规范 [S]. 北京：中国计划出版社，2010.

[8] 中华人民共和国建设部. 中华人民共和国国家质量监督检验检疫总局. GB 50169—2006 电气装置安装工程 接地装置施工及验收规范 [S]. 北京：中国计划出版社，2006.

[9] 中华人民共和国住房和城乡建设部. GB 50150—2016 电气装置安装工程 电气设备交接试验标准 [S]. 北京：中国计划出版社，2016.

[10] 中华人民共和国住房和城乡建设部. GB 50303—2015 建筑电气工程施工质量验收规范 [S]. 北京：中国计划出版社，2015.

[11] 中华人民共和国住房和城乡建设部. GB 50575—2010 1kV 及以下配线工程施工与验收规范 [S]. 北京：中国计划出版社，2010.

[12] 中华人民共和国住房和城乡建设部. GB 50212—2014 建筑防腐蚀工程施工规范 [S]. 北京：中国计划出版社，2015.

[13] 中华人民共和国住房和城乡建设部. GB 50257—2014 电气装置安装工程 爆炸和火灾危险环境电气装置施工及验收规范 [S]. 北京：中国计划出版社，2015.

[14] 中华人民共和国住房和城乡建设部. 中华人民共和国国家质量监督检验检疫总局. GB 50601—2010 建筑物防雷工程施工与质量验收规范 [S]. 北京：中国计划出版社，2011.

[15] 中华人民共和国住房和城乡建设部. 中华人民共和国国家质量监督检验检疫总局. GB 50061—2010 66kV 及以下架空电力线路设计规范 [S]. 北京：中国计划出版社，2010.

[16] 中华人民共和国国家发展和改革委员会. DL/T 5221—2005 城市电力电缆线路设计技术规定 [S]. 北京：中国电力出版社，2005.

[17] 中华人民共和国住房和城乡建设部. GB 50034—2013 建筑照明设计标准 [S]. 北京：中国建筑工业出版社，2014.

[18] 中华人民共和国住房和城乡建设部. JGJ 16—2008 民用建筑电气设计规范 [S]. 北京：中国建筑工业出版社，2008.

[19] 中华人民共和国住房和城乡建设部. GB 50054—2011 低压配电设计规范 [S]. 北京：中国计划出版社，2012.

[20] 中华人民共和国住房和城乡建设部. GB 50057—2010 建筑物防雷设计规范 [S]. 北京：中国计划出版社，2011.

[21] 中华人民共和国住房和城乡建设部. GB 50059—2011 35kV～110kV 变电站设计规范 [S]. 北京：中

国计划出版社，2012.
[22] 中华人民共和国住房和城乡建设部. GB 50053—2013 20kV及以下变电所设计规范［S］. 北京：中国计划出版社，2014.
[23] 中华人民共和国国家质量监督检验检疫总局，中国国家标准化管理委员会. GB/T 16895.6—2014 低压电气装置 第5-52部分：电气设备的选择和安装 布线系统［S］. 北京：中国计划出版社，2015.
[24] 中华人民共和国住房和城乡建设部. GB 50838—2015 城市综合管廊工程技术规范［S］. 北京：中国计划出版社，2015.
[25] 中华人民共和国建设部，中华人民共和国国家质量监督检验检疫总局. GB 50217—2007 电力工程电缆设计规范［S］. 北京：中国计划出版社，2007.
[26] 中华人民共和国住房和城乡建设部. 15D202-2 柴油发电机组设计与安装［S］. 北京：中国计划出版社，2015.
[27] 中华人民共和国住房和城乡建设部. 15D202-3 UPS与EPS电源装置的设计与安装［S］. 北京：中国计划出版社，2015.
[28] 中华人民共和国建设部. 03D201-4 10/0.4kV变压器室布置及变配电所常用设备构件安装［S］. 北京：中国计划出版社，2003.
[29] 中华人民共和国住房和城乡建设部. 08D800—1 民用建筑电气设计要点［S］. 北京：中国计划出版社，2008.
[30] 中华人民共和国住房和城乡建设部. 08D800—2 民用建筑电气设计与施工—供电电源［S］. 北京：中国计划出版社，2008.
[31] 中华人民共和国住房和城乡建设部. 08D800—3 民用建筑电气设计与施工—变配电所［S］. 北京：中国计划出版社，2008.
[32] 中华人民共和国住房和城乡建设部. 08D800—4 民用建筑电气设计与施工—照明控制与灯具安装［S］. 北京：中国计划出版社，2008.
[33] 中华人民共和国住房和城乡建设部. 08D800—5 民用建筑电气设计与施工—常用电气设备安装与控制［S］. 北京：中国计划出版社，2008.
[34] 中华人民共和国住房和城乡建设部. 08D800—6 民用建筑电气设计与施工—室内布线［S］. 北京：中国计划出版社，2008.
[35] 中华人民共和国住房和城乡建设部. 08D800—7 民用建筑电气设计与施工—室外布线［S］. 北京：中国计划出版社，2008.
[36] 中华人民共和国建设部. 04D201-3 室外变压器安装［S］. 北京：中国建筑标准设计研究院，2004.
[37] 全国工程建设标准设计强电专业专家委员会、五洲工程设计研究院. 07SD101-8 电力电缆井设计与安装［S］. 北京：中国计划出版社，2007.
[38] 中华人民共和国住房和城乡建设部. 12D101-5 110kV及以下电缆敷设［S］. 北京：中国计划出版社，2013.
[39] 中华人民共和国住房和城乡建设部. 09D101-6 矿物绝缘电缆敷设［S］. 北京：中国计划出版社，2009.
[40] 李英姿. 建筑电气施工技术［M］. 北京：机械工业出版社，2003.